全国科学技术名词审定委员会

公　　布

科学技术名词·工程技术卷（全藏版）

35

石　油　名　词

CHINESE TERMS IN PETROLEUM

石油名词审定委员会

国家自然科学基金资助项目

科　学　出　版　社
北　京

内 容 简 介

本书是全国科学技术名词审定委员会审定公布的第一批石油名词。包括总类、油气地质勘探、石油地球物理、地球物理测井、钻井工程、油气田开发与开采、石油炼制、石油化工、海洋石油技术、油气收集与储运工程、石油钻采机械与设备、油田化学等十二类，共 7 875 条。部分名词有简明的定义性注释。书末附有英汉和汉英两种索引，以利读者检索。本书是科研、教学、生产、经营以及新闻出版等部门使用的石油规范名词。

图书在版编目（CIP）数据

科学技术名词. 工程技术卷：全藏版 / 全国科学技术名词审定委员会审定.
—北京：科学出版社，2016.01
ISBN 978-7-03-046873-4

I. ①科…　II. ①全…　III. ①科学技术–名词术语 ②工程技术–名词术语
IV. ①N-61 ②TB-61

中国版本图书馆 CIP 数据核字(2015)第 307218 号

责任编辑：李玉英 / 责任校对：陈玉凤
责任印制：张　伟 / 封面设计：铭轩堂

科学出版社 出版
北京东黄城根北街 16 号
邮政编码：100717
http://www.sciencep.com
北京厚诚则铭印刷科技有限公司印刷
科学出版社发行　各地新华书店经销
*
2016 年 1 月第　一　版　　开本：787×1092 1/16
2016 年 1 月第一次印刷　　印张：30 1/2
字数：822 000
定价：7800.00 元（全 44 册）
（如有印装质量问题，我社负责调换）

全国自然科学名词审定委员会
第二届委员会委员名单

主　任：卢嘉锡

副主任：章　综　　林　泉　　王冀生　　林振申　　胡兆森
　　　　鲁绍曾　　于永湛　　苏世生　　潘书祥

委　员（以下按姓氏笔画为序）：

马大猷	马少梅	王大珩	王子平	王平宇
王民生	王伏雄	王树岐	石元春	叶式辉
叶连俊	叶笃正	叶蜚声	田方增	朱弘复
朱照宣	任新民	庄孝德	李　竞	李正理
李茂深	杨　凯	杨泰俊	吴　青	吴大任
吴中伦	吴凤鸣	吴本玠	吴传钧	吴阶平
吴钟灵	吴鸿适	宋大祥	张　伟	张光斗
张青莲	张钦楠	张致一	阿不力孜·牙克夫	
陈鉴远	范维唐	林盛然	季文美	周明镇
周定国	郑作新	赵凯华	侯祥麟	姚贤良
钱伟长	钱临照	徐士珩	徐乾清	翁心植
席泽宗	谈家桢	梅镇彤	黄成就	黄昭厚
黄胜年	曹先擢	康文德	章基嘉	梁晓天
程开甲	程光胜	程裕淇	傅承义	曾呈奎
蓝　天	豪斯巴雅尔		潘际銮	魏佑海

石油名词审定委员会委员名单

序

科技名词术语是科学概念的语言符号。人类在推动科学技术向前发展的历史长河中,同时产生和发展了各种科技名词术语,作为思想和认识交流的工具,进而推动科学技术的发展。

我国是一个历史悠久的文明古国,在科技史上谱写过光辉篇章。中国科技名词术语,以汉语为主导,经过了几千年的演化和发展,在语言形式和结构上体现了我国语言文字的特点和规律,简明扼要,蓄意深切。我国古代的科学著作,如已被译为英、德、法、俄、日等文字的《本草纲目》、《天工开物》等,包含大量科技名词术语。从元、明以后,开始翻译西方科技著作,创译了大批科技名词术语,为传播科学知识,发展我国的科学技术起到了积极作用。

统一科技名词术语是一个国家发展科学技术所必须具备的基础条件之一。世界经济发达国家都十分关心和重视科技名词术语的统一。我国早在1909年就成立了科技名词编订馆,后又于1919年中国科学社成立了科学名词审定委员会,1928年大学院成立了译名统一委员会。1932年成立了国立编译馆,在当时教育部主持下先后拟订和审查了各学科的名词草案。

新中国成立后,国家决定在政务院文化教育委员会下,设立学术名词统一工作委员会,郭沫若任主任委员。委员会分设自然科学、社会科学、医药卫生、艺术科学和时事名词五大组,聘任了各专业著名科学家、专家,审定和出版了一批科学名词,为新中国成立后的科学技术的交流和发展起到了重要作用。后来,由于历史的原因,这一重要工作陷于停顿。

当今,世界科学技术迅速发展,新学科、新概念、新理论、新方法不断涌现,相应地出现了大批新的科技名词术语。统一科技名词术语,对科学知识的传播,新学科的开拓,新理论的建立,国内外科技交流,学科和行业之间的沟通,科技成果的推广、应用和生产技术的发展,科技图书文献的编纂、出版和检索,科技情报的传递等方面,都是不可缺少的。特别是计算机技术的推广使用,对统一科技名词术语提出了更紧迫的要求。

为适应这种新形势的需要,经国务院批准,1985年4月正式成立了全国自然科学名词审定委员会。委员会的任务是确定工作方针,拟定科技名词术语审定工作计划、实施方案和步骤，组织审定自然科学各学科名词术语，并予以公布。根据国务院授权，委员会审定公布的名词术语，科研、教学、生产、经营以及新闻出版等各部门，均应遵照使用。

全国自然科学名词审定委员会由中国科学院、国家科学技术委员会、国家教育委员会、中国科学技术协会、国家技术监督局、国家新闻出版署、国家自然科学基金委员会分别委派了正、副主任担任领导工作。在中国科协各专业学会密切配合下，逐步建立各专业审定分委员会，并已建立起一支由各学科著名专家、学者组成的近千人的审定队伍，负责审定本学科的名词术语。我国的名词审定工作进入了一个新的阶段。

这次名词术语审定工作是对科学概念进行汉语订名，同时附以相应的英文名称，既有我国语言特色，又方便国内外科技交流。通过实践，初步摸索了具有我国特色的科技名词术语审定的原则与方法，以及名词术语的学科分类、相关概念等问题，并开始探讨当代术语学的理论和方法，以期逐步建立起符合我国语言规律的自然科学名词术语体系。

统一我国的科技名词术语，是一项繁重的任务，它既是一项专业性很强的学术性工作，又涉及到亿万人使用习惯的问题。审定工作中我们要认真处理好科学性、系统性和通俗性之间的关系；主科与副科间的关系；学科间交叉名词术语的协调一致；专家集中审定与广泛听取意见等问题。

汉语是世界五分之一人口使用的语言，也是联合国的工作语言之一。除我国外，世界上还有一些国家和地区使用汉语，或使用与汉语关系密切的语言。做好我国的科技名词术语统一工作，为今后对外科技交流创造了更好的条件，使我炎黄子孙，在世界科技进步中发挥更大的作用，作出重要的贡献。

统一我国科技名词术语需要较长的时间和过程，随着科学技术的不断发展，科技名词术语的审定工作，需要不断地发展、补充和完善。我们将本着实事求是的原则，严谨的科学态度作好审定工作，成熟一批公布一批，提供各界使用。我们特别希望得到科技界、教育界、经济界、文化界、新闻出版界等各方面同志的关心、支持和帮助，共同为早日实现我国科技名词术语的统一和规范化而努力。

全国自然科学名词审定委员会主任

钱 三 强

1990 年 2 月

前　言

　　石油学科是工程技术学科领域之一,它与自然科学基础学科、应用技术学科及其它工程技术学科有着密切的联系。石油工业是一个国际性很强的行业,我国的石油科技在发展历程中,一部分名词是从国外借鉴翻译过来的。对同一外文名词,有的译名不同,有的译名"词义不符",有的定名不准确,这就给国内外信息交流,科技成果推广,新技术应用,以及书刊编写等均带来不少困难。因此,进行石油名词的审定工作是一项刻不容缓的任务,也是广大石油科技工作者的迫切愿望。这次审定石油名词的目的是为了统一石油科技词汇,促进科技名词的规范化、标准化。这项工作对石油科学技术的交流与现代化建设有着十分重要的意义。

　　近40年来,不少专家学者编写了石油科技的英汉、俄汉工具书,以及石油技术词典等,为统一名词作了许多有益的工作。1989年石油工业出版社出版了《英汉石油技术词典》,收词约14万条。1990年起又以分册形式陆续出版附有定义和注释的《英汉石油大辞典》。有关石油名词的标准化工作也在进行中,这些都已为国内外学术交流和我国石油名词的统一起了积极作用。

　　中国石油学会受全国自然科学名词审定委员会(以下简称全国名委)的委托,于1989年7月召开了石油名词审定工作筹备会,并成立了石油名词审定委员会,在全国名委领导下,开始了石油名词的审定工作。根据全国名委制定的"自然科学名词审定的原则和方法",石油名词在审定过程中力求从科学概念出发,贯彻"一词一义"的原则,一个概念确定一个规范的、科学的汉文名,附以相应的英文名,一般不作解释。力求体现定名的单义性、科学性、系统性、简明通俗性及约定俗成的原则,以达到我国石油名词术语统一的目的。

　　这次审定公布的石油名词共包括总类、油气地质勘探、石油地球物理、地球物理测井、钻井工程、油气田开发与开采、石油炼制、石油化工、海洋石油技术、油气收集与储运工程、石油钻采机械与设备、油田化学等十二大类,各专业组分别于1989年8月—1991年5月完成初稿,并召开第一次小组审定会,对初稿逐词进行审定,会后将经过认真修改形成的征求意见稿分别寄给各有关院校、科研、生产及出版等200多个单位的500多位专家、教授进行书面审查,广泛听取广大石油工作者的意见。经再次修改后形成一审稿。于1991年8月底提交第一次全体委员会(以下简称全委会)逐条进行了审定,反复磋商、推敲,再次修改后,又分别召开了第二次小组审定会进行审定。1992年6月将二审稿提交第二次全委会审定,该次会议着重解决了各个专业间的重复和交叉问题,会后又与地质、地球物理、航海、船舶、化学、化工等有关学科进行了协调,修改后形成三审稿。1993 年 2 月召开了第三次全委会,对三审稿进行了终审工作。会后由全国名委组织召开了人名译名协调会,对以科学家人名命名的名词的译名按有关统一规范协商定名。于 1993 年 4 月将终审稿上报全国名委。全国名委委托朱亚杰、李德生、童宪章、尤德华、胡泽明、潘家华、朱德一、冯启宁等八位专家对上报稿进行了复审。1993 年 9 月全委会对复审意见进行了认真的讨论,再次对词条进行了修改。现经全国名委批准公布。

此次公布的石油名词为基本词和常用词,共十二个专业 7 875 条词。汉文名词是按专业系统和相关概念排列的,以便有关专业工作者进行查找。几个专业共用的词,如石油、天然气等词列入总类内。两个专业共用的同一个名词,为避免重复,只在一个专业中出现,一些概念相同,但在不同专业中长期使用不一致的名词,如"萃取"与"抽提",在石油炼制中称"抽提",而在石油化工中则称"萃取",因各专业已长期习惯使用,很难改变,故未作统一,用"又称"的方法将二者联系起来。有些名词,经反复推敲其科学概念,确切定义之后,选择其最恰当的定名。例如:油气地质勘探中"边缘"一词,在不同的复合词中,有的用的英文不同,其含义也不相同。如:"大陆边缘 continental margin"与"板块边缘 plate boundary",其中英文"margin"是"边缘",而"boundary"译为"界";中文含义前者称"边缘"贴切,而后者指"板块"之间的界限,故定名为"板块边界"更为适宜。经过专家们慎重反复讨论,最后纠正了类似的词条,如:"离散边缘 divergent boundary"、"会聚边缘 convergent boundary"、"转换边缘 transform boundary"中的"边缘"改为"边界"。"潮汐水道"改为"潮汐通道";炼油中"重油"一词含义广而不确切,改用"常压渣油"、"减压渣油"等含义明确的词;又如钻井中"崩落"改为"坍塌"、"软泥岩"改为"粘泥岩",海洋石油中"吸震块"改为"防碰块"、"救生衣"改为"[防寒]救生服"等均较前确切;又如测井中的"马笼头"改为"电缆连接器",便于理解;有些俗名,如"死猫头"改定为较科学雅致的名称为"上卸扣猫头"等。

在四年多的审定过程中,在全国名委和中国石油学会的指导下,全国各石油单位及有关专家,教授均给予了热情的支持、帮助和指导,提出了许多有益的意见和建议,在此我们表示衷心的感谢。希望读者在使用过程中继续提出宝贵意见,以便再版时进行补充,修订,使其更趋完善。

石油名词审定委员会

1993 年 9 月

编 排 说 明

一、 本批公布的是石油的基本名词。

二、 全书按学科分为总类、油气地质勘探、石油地球物理、地球物理测井、钻井工程、油气田开发与开采、石油炼制、石油化工、海洋石油技术、油气收集与储运工程、石油钻采机械与设备、油田化学等十二类。

三、 正文中的汉文名词按学科的相关概念排列，并附与该词概念对应的英文名。

四、 一个汉文名词如对应几个英文同义词时，一般只配最常用的一个或两个英文，并用"，"分开。

五、 凡英文词的首字母大、小写均可时，一律小写。

六、 对某些新词及概念易混淆的词给出简明的定义性注释。

七、 主要异名列在注释栏内。"又称"为不推荐用名；"曾用名"为被淘汰的旧名。

八、 名词中[ ]部分的内容表示可以省略。

九、 书末所附的英汉索引，按英文名词字母顺序排列；汉英索引，按名词汉语拼音顺序排列。所示号码为该词在正文中的序号。索引中带"＊"者为在注释栏内的条目。

十、 对应的外文词为非英语时(如俄文等)，在该词后用( )注明文种。

目　　录

01. 总 类

序　码	汉　文　名	英　文　名	注　释
01.0001	油气地质勘探	petroleum and gas geology and exploration	
01.0002	石油地球物理	petroleum geophysics	
01.0003	地球物理测井	geophysical well logging	
01.0004	石油工程	petroleum engineering	
01.0005	钻井工程	drilling engineering	
01.0006	油气田开发与开采	oil-gas field development and exploitation	
01.0007	石油炼制	petroleum processing	
01.0008	石油化工	petrochemical processing	
01.0009	海洋石油技术	offshore oil technique	
01.0010	油气集输与储运工程	oil and gas gathering-transportation and storage engineering	
01.0011	石油钻采机械与设备	petroleum drilling and production equipment	
01.0012	油田化学	oilfield chemistry	
01.0013	油气藏	hydrocarbon reservoir	
01.0014	油藏	oil reservoir	
01.0015	气藏	gas reservoir	
01.0016	商业油气藏	commercial hydrocarbon reservoir	又称"工业油气藏"。
01.0017	油气田	oil-gas field	
01.0018	油田	oil field	
01.0019	气田	gas field	
01.0020	大油气田	large oil-gas field	
01.0021	特大油气田	giant oil-gas field	又称"巨型油气田"。
01.0022	岩石物性	physical properties of rock	
01.0023	岩石物理学	petrophysics	
01.0024	野外方法	field method	
01.0025	野外装备	field equipment	
01.0026	石油	petroleum	
01.0027	天然石油	natural oil	
01.0028	人造石油	artificial oil	
01.0029	原油	crude oil	
01.0030	原油性质	oil property	

序 码	汉文名	英文名	注 释
01.0031	石蜡基原油	paraffin-base crude [oil]	
01.0032	环烷基原油	naphthene-base crude [oil]	又称"沥青基原油"。
01.0033	中间基原油	intermediate-base crude [oil]	又称"混合基原油"。
01.0034	芳香基原油	aromatic base crude [oil]	
01.0035	含硫原油	sulfur-bearing crude, sour crude	
01.0036	拔头原油	topped crude	
01.0037	重质原油	heavy crude [oil]	
01.0038	含蜡原油	waxy crude [oil]	
01.0039	合成原油	synthetic crude	
01.0040	凝析油	condensate, condensed oil	
01.0041	原油分析	crude oil analysis, crude assay	
01.0042	原油评价	crude oil evaluation	
01.0043	石油颜色	oil colour	
01.0044	石油密度	oil density	
01.0045	API 度	API degree	
01.0046	波美度	Baumé degree	
01.0047	沥青	bitumen, asphalt	
01.0048	沥青质	asphaltene	
01.0049	胶质	gum	
01.0050	熔点	melting point	
01.0051	倾点	pour point	
01.0052	凝点	freezing point	
01.0053	闪点	flash point	
01.0054	燃点	fire point	
01.0055	浊点	cloud point	
01.0056	液化天然气	liquified natural gas, LNG	
01.0057	天然气	natural gas	
01.0058	湿气	wet gas	
01.0059	干气	dry gas	
01.0060	酸气	sour gas	
01.0061	净气	sweet gas	又称"甜气"。
01.0062	伴生气	associated gas	
01.0063	天然气绝对湿度	absolute humidity of natural gas	
01.0064	天然气相对湿度	relative humidity of natural gas	
01.0065	天然气密度	natural gas density	
01.0066	天然气溶解度	natural gas solubility	
01.0067	天然气发热量	calorific capacity of natural gas	

序　码	汉　文　名	英　文　名	注　释
01.0068	天然气[燃烧]热值	heating value of natural gas	
01.0069	凝析气	condensate gas	
01.0070	烃	hydrocarbon	又称"碳氢化合物"。
01.0071	轻烃	light hydrocarbon	
01.0072	烷烃	paraffin hydrocarbon, alkane	
01.0073	烯烃	olefin, alkene	
01.0074	环烷烃	naphthenic hydrocarbon	
01.0075	芳香烃	aromatic hydrocarbon, arene	
01.0076	含氧化合物	oxygen compound	
01.0077	含氮化合物	nitrogen compound	
01.0078	含硫化合物	sulfur compound	
01.0079	天然气液	natural gas liquid, NGL	
01.0080	液化石油气	liquified petroleum gas , LPG	
01.0081	临界点	critical point	
01.0082	临界状态	critical state	
01.0083	临界体积	critical volume	
01.0084	临界温度	critical temperature	
01.0085	临界压力	critical pressure	
01.0086	临界凝析温度	cricondentherm	
01.0087	临界凝析压力	cricondenbar	
01.0088	露点	dew point	
01.0089	露点曲线	dew point curve	
01.0090	烃露点	hydrocarbon dew point	
01.0091	平衡露点	equilibrium dew point	
01.0092	泡点	bubble point	
01.0093	泡点曲线	bubble point curve	
01.0094	油气系统相图	phase diagram of oil-gas system	
01.0095	逆蒸发	retrograde evaporation	
01.0096	反凝析	retrograde condensation	
01.0097	里德蒸气压	Reid vapor pressure	曾用名"雷德蒸气压"。
01.0098	饱和蒸气压	saturated vapor pressure	
01.0099	湍流	turbulent flow	
01.0100	层流	laminar flow	
01.0101	流变学	rheology	
01.0102	流变性	rheological characteristic	

序　码	汉 文 名	英 文 名	注　释
01.0103	牛顿流体	Newtonian fluid	
01.0104	非牛顿流体	non-Newtonian fluid	
01.0105	宾厄姆流体	Bingham fluid	曾用名"宾汉流体"。
01.0106	塑性流体	plastic fluid	
01.0107	假塑性流体	pseudoplastic fluid	
01.0108	胀流型流体	dilatant fluid	
01.0109	触变性流体	thixotropic fluid	
01.0110	震凝性流体	rheopectic fluid	
01.0111	粘弹性流体	viscoelastic fluid	
01.0112	粘弹效应	viscoelastic effect	
01.0113	幂律流体	power law fluid	
01.0114	屈服幂律流体	modified power law fluid	
01.0115	剪切率	shear rate	
01.0116	屈服值	yield value	
01.0117	流变行为指数	rheological behavior index	
01.0118	稠度系数	consistency coefficient	
01.0119	动力粘度	dynamic viscosity	
01.0120	运动粘度	kinematical viscosity	
01.0121	表观粘度	apparent viscosity	
01.0122	绝对粘度	absolute viscosity	
01.0123	相对粘度	relative viscosity	
01.0124	结构粘度	structural viscosity	
01.0125	视密度	observent density	
01.0126	双电层	electrostatic double layer	又称"偶电层"。
01.0127	水合作用	hydration	又称"水化作用"。
01.0128	生物降解[作用]	biodegradation	

02.　油气地质勘探

序　码	汉 文 名	英 文 名	注　释

02.1　总　论

序　码	汉 文 名	英 文 名	注　释
02.0001	石油及天然气地质学	geology of oil and gas	
02.0002	石油地质学	petroleum geology	
02.0003	天然气地质学	geology of natural gas	

序 码	汉 文 名	英 文 名	注 释
02.0004	石油地球化学	petroleum geochemistry	
02.0005	储层地质学	reservoir geology	
02.0006	油气田地质学	geology of oil and gas field	
02.0007	油气田水文地质学	hydrogeology of oil and gas field	
02.0008	应用地球物理学	applied geophysics	
02.0009	油气田勘探	exploration of oil and gas field	
02.0010	地质勘探	geological exploration	
02.0011	地球物理勘探	geophysical exploration	
02.0012	地球化学勘探	geochemical exploration	
02.0013	海上油气勘探	offshore petroleum exploration	
02.0014	地热勘探	geothermal exploration	
02.0015	数学地质[学]	mathematical geology	
02.0016	遥感地质	remote-sensing geology	
02.0017	实验室分析	laboratory analysis	
02.0018	油气资源预测	assessment of petroleum resources	

02.2 含油气盆地构造学

序 码	汉 文 名	英 文 名	注 释
02.0019	构造地质学	structural geology	
02.0020	大地构造学	geotectonics	
02.0021	板块构造学	plate tectonics	
02.0022	地球动力学	geodynamics	
02.0023	地质力学	geomechanics	
02.0024	构造	structure	
02.0025	构造作用	tectonism	
02.0026	地壳运动	crustal movement	
02.0027	水平运动	horizontal movement	
02.0028	垂直运动	vertical movement	
02.0029	造山运动	orogeny	
02.0030	造陆运动	epeirogeny	
02.0031	构造模式	structural model	
02.0032	构造样式	structural style	又称"构造风格"。
02.0033	构造类型	tectonic type	
02.0034	构造格架	tectonic framework	
02.0035	应力型式	stress pattern	
02.0036	压[缩]应力	compressive stress	
02.0037	张应力	tensile stress	

序 码	汉 文 名	英 文 名	注 释
02.0038	剪应力	shear stress	
02.0039	挤压作用	compression	
02.0040	拉张作用	extension	
02.0041	压扭作用	transpression	又称"压剪"。
02.0042	张扭作用	transtension	又称"张剪"。
02.0043	左旋	sinistral rotation, left lateral	
02.0044	右旋	dextral rotation, right lateral	
02.0045	地幔隆起	mantle bulge	
02.0046	地幔柱	mantle plume	
02.0047	结晶基底	crystalline basement	
02.0048	沉积盖层	sedimentary cover	
02.0049	构造旋回	tectonic cycle	
02.0050	构造单元	tectonic unit	
02.0051	地槽	geosyncline	
02.0052	地台	platform	曾用名"陆台"。
02.0053	克拉通	craton	
02.0054	准地槽	parageosyncline	
02.0055	准地台	paraplatform	
02.0056	地盾	shield	
02.0057	地块	massif	
02.0058	地向斜	geosyncline	
02.0059	地背斜	geoanticline	
02.0060	台向斜	platform syneclise	
02.0061	台背斜	platform anticlise	
02.0062	隆起	uplift	
02.0063	拗陷	depression	
02.0064	凸起	swell, convex	
02.0065	凹陷	sag, concave	
02.0066	长垣	placanticline	
02.0067	褶皱	fold	
02.0068	斜坡	slope	
02.0069	阶地	terrace	
02.0070	构造鼻	structural nose	
02.0071	背斜	anticline	
02.0072	向斜	syncline	
02.0073	单斜	monocline	
02.0074	穹窿	dome	

序 码	汉 文 名	英 文 名	注 释
02.0075	滚动背斜	rollover anticline	
02.0076	牵引褶皱	drag fold	
02.0077	披覆褶皱	drape fold	又称"披盖褶皱"。
02.0078	底辟构造	diapiric structure	又称"刺穿构造"。
02.0079	盐丘	salt dome	
02.0080	刺穿盐丘	salt diapir	
02.0081	盐构造作用	halokinesis	
02.0082	断层	fault	
02.0083	断层生长指数	fault growth index	
02.0084	同生断层	contemporaneous fault, synsedimentary fault, growth fault	
02.0085	正断层	normal fault	
02.0086	逆断层	reverse fault	
02.0087	冲断层	thrust	
02.0088	上冲断层	overthrust	又称"逆掩断层"。
02.0089	下冲断层	underthrust	
02.0090	上冲席	overthrust sheet	
02.0091	走滑断层	strike-slip fault	
02.0092	转换断层	transform fault	
02.0093	倾向滑动断层	dip-slip fault	
02.0094	犁式断层	listric fault	又称"铲形断层"。
02.0095	滑脱断层	detachment fault	又称"挤离断层"。
02.0096	地堑	graben	
02.0097	地垒	horst	
02.0098	半地堑	half-graben	又称"箕状凹陷"。
02.0099	推覆体	nappe	
02.0100	整合	conformity	
02.0101	不整合	unconformity	
02.0102	假整合	disconformity	
02.0103	块断作用	block faulting	
02.0104	重力滑动作用	gravitational sliding	
02.0105	地裂运动	taphrogeny	
02.0106	板块运动	plate movement	
02.0107	贝尼奥夫带	Benioff zone	
02.0108	A 型俯冲	A-subduction	
02.0109	B 型俯冲	B-subduction	
02.0110	俯冲	subduction	

序 码	汉 文 名	英 文 名	注 释
02.0111	仰冲	obduction	
02.0112	板块边界	plate boundary	
02.0113	离散边界	divergent boundary	
02.0114	会聚边界	convergent boundary	
02.0115	转换边界	transform boundary	
02.0116	大陆边缘	continental margin	
02.0117	活动大陆边缘	active continental margin	
02.0118	被动大陆边缘	passive continental margin	
02.0119	大陆漂移	continental drift	
02.0120	板块碰撞	plate collision	
02.0121	大陆增生	continental accretion	
02.0122	岛弧	island arc	
02.0123	海沟	trench	
02.0124	沟弧盆系	trench-arc-basin system	
02.0125	弧前盆地	fore-arc basin	
02.0126	弧后盆地	back-arc basin, retroarc basin	
02.0127	弧间盆地	interarc basin	
02.0128	边缘海盆地	marginal sea basin	
02.0129	拗拉槽盆地	aulacogen basin	
02.0130	斜坡盆地	slope basin	
02.0131	冒地斜棱柱体	miogeocline prism	
02.0132	大陆边缘断陷盆地	continent-marginal faulted basin	
02.0133	大陆边缘三角洲盆地	continent-marginal delta basin	
02.0134	裂谷盆地	rift basin	
02.0135	内克拉通盆地	intracratonic basin	
02.0136	周缘前陆盆地	peripheral foreland basin	
02.0137	弧后前陆盆地	retroarc foreland basin	
02.0138	破裂前陆盆地	broken foreland basin	
02.0139	山前拗陷盆地	piedmont depression basin	
02.0140	复合型盆地	composite basin	
02.0141	山间盆地	intermontane basin	
02.0142	残留大洋盆地	remnant ocean basin	
02.0143	原始大洋裂谷盆地	protoceanic rift basin	
02.0144	新生大洋盆地	nascent ocean basin	

序　码	汉　文　名	英　文　名	注　释
02.0145	深海平原盆地	deep-sea plain basin	
02.0146	扭张盆地	transtensional basin	
02.0147	扭压盆地	transpressional basin	
02.0148	拉分盆地	pull-apart basin	
02.0149	洋壳型盆地	ocean-crust type basin	
02.0150	过渡壳型盆地	transition-crust type basin	
02.0151	陆壳型盆地	continent-crust type basin	
02.0152	多旋回盆地	polycyclic basin	
02.0153	块断盆地	block fault basin	
02.0154	地堑盆地	graben basin	
02.0155	含油气大区	petroliferous province	
02.0156	含油气盆地	petroliferous basin	
02.0157	含油气区	petroliferous region	
02.0158	油气聚集带	petroleum accumulation zone	
02.0159	盆地分析	basin analysis	
02.0160	盆地数值模拟	basin numerical simulation	

02.3　含油气盆地沉积学

序　码	汉　文　名	英　文　名	注　释
02.0161	沉积学	sedimentology	
02.0162	沉积物	sediment	
02.0163	沉积岩	sedimentary rock	
02.0164	沉积作用	sedimentation, deposition	
02.0165	沉积分异作用	sedimentary differentiation	
02.0166	沉积旋回	sedimentary cycle, depositional-cycle	
02.0167	同生作用	syngenesis	
02.0168	成岩作用	diagenesis	
02.0169	后生作用	epigenesis, catagenesis	又称"晚期成岩作用"。
02.0170	变生作用	metagenesis	曾用名"深变作用"。
02.0171	碎屑岩	clastic rock, detrital rock	
02.0172	砂岩	sandstone	
02.0173	粉砂岩	siltstone	
02.0174	砾岩	conglomerate	
02.0175	角砾岩	breccia	
02.0176	火山碎屑岩	pyroclastic rock, volcanoclastic rock	

序　码	汉　文　名	英　文　名	注　释
02.0177	碳酸盐岩	carbonate rock	
02.0178	石灰岩	limestone	
02.0179	白云岩	dolomite, dolostone	
02.0180	泥灰岩	marl	
02.0181	粘土岩	claystone	
02.0182	泥质岩	argillite	
02.0183	泥岩	mudstone	
02.0184	页岩	shale	
02.0185	蒸发岩	evaporite	
02.0186	盐岩	salt rock	
02.0187	可燃有机岩	caustobiolith	
02.0188	沉积中心	depocenter	
02.0189	沉降中心	subsiding center	
02.0190	岩相古地理	lithofacies palaeogeography	
02.0191	沉积环境	sedimentary environment	
02.0192	沉积条件	sedimentary condition	
02.0193	沉积体系	sedimentary system, depositional system	
02.0194	沉积相	sedimentary facies	
02.0195	岩相	lithofacies	
02.0196	生物相	biofacies	
02.0197	地球化学相	geochemical facies	
02.0198	相标志	facies marker	
02.0199	相模式	facies model	
02.0200	相分析	facies analysis	
02.0201	山麓洪积相	piedmont pluvial facies	
02.0202	碎屑流沉积	debris flow deposit	
02.0203	泥石流沉积	mud-debris flow deposit	
02.0204	冲积扇相	alluvial fan facies	
02.0205	河流相	fluvial facies	
02.0206	辫状河沉积	braided stream deposit	
02.0207	曲流河沉积	meandering stream deposit	
02.0208	网状河沉积	anastomosed stream deposit	
02.0209	河床滞留沉积	channel-lag deposit	
02.0210	凸岸坝沉积	point bar deposit	又称"点沙坝沉积"，"边滩沉积"。
02.0211	心滩沉积	mid-channel bar deposit	

序　码	汉　文　名	英　文　名	注　释
02.0212	天然堤沉积	natural levee deposit	
02.0213	决口扇沉积	crevasse-splay deposit	
02.0214	废弃河道沉积	abandoned channel deposit	
02.0215	牛轭湖沉积	oxbow lake deposit	
02.0216	河漫滩沉积	flood-plain deposit	又称"洪泛平原沉积"。
02.0217	侧向加积	lateral accretion	
02.0218	垂向加积	vertical accretion	
02.0219	湖泊相	lacustrine facies	
02.0220	盐湖相	salt-lake facies	
02.0221	沼泽相	swamp facies	
02.0222	冰川相	glacial facies	
02.0223	沙漠相	desert facies	
02.0224	风成沉积	eolian deposit	
02.0225	海相	marine facies	
02.0226	深海相	abyssal facies	
02.0227	半深海相	bathyal facies	
02.0228	浅海相	neritic facies	
02.0229	浅海陆架相	neritic shelf facies	
02.0230	滨海相	littoral facies	
02.0231	陆相	nonmarine facies, continental facies	
02.0232	海岸沙丘	coastal dune	
02.0233	内陆沙丘	interior dune	
02.0234	沙漠沙丘	desert dune	
02.0235	正常浪基面	normal wave base	又称"正常浪底"。
02.0236	风暴浪基面	storm wave base	又称"风暴浪底"。
02.0237	过渡相	transition facies	
02.0238	三角洲相	delta facies	
02.0239	扇三角洲相	fan-delta facies	
02.0240	三角洲平原	delta plain, deltaic plain	
02.0241	三角洲前缘	delta front, deltaic front	
02.0242	前三角洲	prodelta	
02.0243	建设性三角洲	constructive delta	
02.0244	破坏性三角洲	destructive delta	
02.0245	河口沙坝	river mouth bar	
02.0246	远沙坝	distal bar	

序　码	汉　文　名	英　文　名	注　释
02.0247	指状沙坝	finger bar	
02.0248	三角洲前缘席状砂	delta front sheet sand	
02.0249	分流间湾沉积	interdistributary bay deposit	
02.0250	河口湾沉积	estuary deposit	
02.0251	潟湖相	lagoon facies	曾用名"泻湖相"。
02.0252	蒸发岩相	evaporite facies	
02.0253	潮滩	tidal flat	又称"潮坪"。
02.0254	潮汐通道	tidal channel	
02.0255	潮汐三角洲	tidal delta	
02.0256	潮上带	supratidal zone	
02.0257	潮间带	intertidal zone	
02.0258	潮下带	subtidal zone	
02.0259	塞卜哈环境	Sabkha environment	
02.0260	浅滩	shoal	又称"沙洲"。
02.0261	海滩	beach	
02.0262	湖滩	beach	
02.0263	岸堤	bank	
02.0264	障壁岛	barrier island	
02.0265	浊流	turbidity current	
02.0266	浊积岩	turbidite	
02.0267	浊积岩相	turbidite facies	
02.0268	湖底扇	sublacustrine fan	
02.0269	海底扇	submarine fan	
02.0270	鲍马序列	Bouma sequence	
02.0271	碳酸盐台地	carbonate platform	
02.0272	局限海	restricted sea	
02.0273	广海	open sea	又称"开阔海"。
02.0274	陆表海	epicontinental sea, epeiric sea	
02.0275	陆缘海	pericontinental sea	
02.0276	边缘海	margin sea	
02.0277	盆地相	basin facies	
02.0278	深海平原	abyssal plain	
02.0279	广海陆架相	open sea shelf facies	
02.0280	台地前缘斜坡相	platform foreslope facies	
02.0281	生物丘相	biohermal facies	
02.0282	生物礁相	organic reef facies	

序　码	汉　文　名	英　文　名	注　释
02.0283	台地边缘浅滩相	shoal facies of platform margin	

02.4　油气性质

序　码	汉　文　名	英　文　名	注　释
02.0284	石油荧光性	oil fluorescence	
02.0285	石油旋光性	oil rotary polarization	
02.0286	石油灰分	oil ash	
02.0287	钒－镍比	vanadium to nickel ratio, V/Ni	
02.0288	游离气	free gas	
02.0289	溶解气	dissolved gas	
02.0290	沼气	marsh gas	
02.0291	泥火山气	mud volcano gas	
02.0292	惰性气	inert gas	
02.0293	固体沥青	solid bitumen	
02.0294	基尔沥青	kir	
02.0295	高氮沥青	algarite	
02.0296	软沥青	maltha	
02.0297	地沥青	asphalt	
02.0298	石沥青	asphaltite	
02.0299	硬沥青	gilsonite	
02.0300	脆沥青	grahamite	
02.0301	黑沥青	albertite	
02.0302	焦性沥青	impsonite	
02.0303	碳质沥青	кериты(俄)	
02.0304	酸性碳质沥青	оксикериты(俄)	
02.0305	腐殖碳质沥青	гуминокериты(俄)	
02.0306	碳沥青	anthraxolite	
02.0307	次石墨	graphitoid, schungite	
02.0308	地沥青化作用	asphaltization	
02.0309	沥青化作用	bituminization	
02.0310	碳青质	carbene	又称"卡宾"。
02.0311	高碳青质	carboid	
02.0312	总烃	total hydrocarbon	
02.0313	岩屑气	cutting gas	
02.0314	吸附烃	adsorbed hydrocarbon	
02.0315	溶解烃	dissolved hydrocarbon	
02.0316	游离沥青	free bitumen	
02.0317	束缚沥青	fixed bitumen	

序 码	汉 文 名	英 文 名	注 释
02.0318	抽提沥青	extractable bitumen	
02.0319	氯仿沥青	chloroform bitumen	
02.0320	酒精－苯沥青	alcohol-benzene bitumen	
02.0321	甲醇－丙酮－苯抽提物	methanol-acetone-benzene extract	简称"MAB抽提物"。
02.0322	分散沥青	dispersed bitumen	
02.0323	荧光沥青	fluorescent bitumen	

02.5 油 气 成 因

序 码	汉 文 名	英 文 名	注 释
02.0324	无机成因论	inorganic origin theory	
02.0325	碳化物论	carbide theory	
02.0326	宇宙论	universal theory	
02.0327	岩浆论	magmatic theory	
02.0328	[石油]高温成因论	pyrogenetic theory	
02.0329	蛇纹石化生油论	serpentinization theory	
02.0330	有机成因论	organic origin theory	
02.0331	动物论	animal theory	
02.0332	植物论	plant theory	
02.0333	动植物混合论	animal-plant theory	
02.0334	干酪根降解论	kerogen degradation theory	
02.0335	分散有机质	dispersed organic matter	
02.0336	前身物	precursor	
02.0337	腐泥质	sapropelic substance	
02.0338	腐泥化作用	saprofication	
02.0339	腐殖质	humic substance	
02.0340	腐殖酸	humic acid	
02.0341	腐殖化作用	humification	
02.0342	干酪根	kerogen	曾用名"油母质"，"油母"。
02.0343	腐泥型干酪根	sapropel-type kerogen, Ⅰ-type kerogen	又称"Ⅰ型干酪根"。
02.0344	混合型干酪根	mixed-type kerogen, Ⅱ-type kerogen	又称"Ⅱ型干酪根"。
02.0345	腐殖型干酪根	humic-type kerogen, Ⅲ-type kerogen	又称"Ⅲ型干酪根"。
02.0346	显微组分	maceral	曾用名"煤素质"。

序　码	汉　文　名	英　文　名	注　　释
02.0347	壳质组	exinite, liptinite	又称"稳定组"。
02.0348	孢子体	sporinite	
02.0349	角质体	cutinite	
02.0350	藻类体	alginite	
02.0351	树脂体	resinite	
02.0352	镜质组	vitrinite	
02.0353	结构镜质体	telinite	
02.0354	无结构镜质体	collinite	
02.0355	惰质组	inertinite	
02.0356	微粒体	micrinite	
02.0357	菌类体	sclerotinite	
02.0358	丝质体	fusinite	
02.0359	半丝质体	semifusinite	
02.0360	无定形	amorphous	
02.0361	草质	herbaceous	
02.0362	木质	woody	
02.0363	煤质	coaly	
02.0364	还原环境	reducing environment	
02.0365	铁还原系数	reduced coefficient of ferrite	
02.0366	还原硫	reduced sulfur	
02.0367	自生矿物	authigenic mineral	
02.0368	黄铁矿	pyrite	
02.0369	菱铁矿	siderite	
02.0370	赤铁矿	hematite	
02.0371	有机质演化	organic matter evolution	
02.0372	有机质成岩作用	organic matter diagenesis	
02.0373	有机质后生作用	organic matter catagenesis	曾用名"有机质退化作用"。
02.0374	有机质变生作用	organic matter metagenesis	
02.0375	有机质变质作用	organic matter metamorphism	
02.0376	生物化学降解作用	biochemical degradation	
02.0377	碳化作用	carbonization	
02.0378	生物化学生气阶段	biochemical gas-genous stage	
02.0379	热催化生油气阶段	thermo-catalytic oil-gas-genous stage	

序 码	汉 文 名	英 文 名	注 释
02.0380	热裂解生凝析气阶段	thermo-cracking condensate-genous stage	
02.0381	深部高温生气阶段	deep pyrometric gas-genous stage	
02.0382	未熟期	immature phase	
02.0383	成熟期	mature phase	
02.0384	过熟期	postmature phase	
02.0385	生油门限	threshold of oil generation	
02.0386	液态窗	liquid window	又称"主要生油期"。
02.0387	死亡线	death line	
02.0388	海相生油	marine origin	
02.0389	陆相生油	nonmarine origin	
02.0390	二次生油	secondary generation of oil	
02.0391	烃源岩	source rock	曾用名"生油气岩"。
02.0392	油源层	oil source bed	曾用名"生油层"。
02.0393	气源层	gas source bed	曾用名"生气层"。
02.0394	油源层系	oil source sequence	曾用名"生油层系"。
02.0395	有效烃源层	effective source bed	
02.0396	潜在烃源层	potential source bed	
02.0397	油页岩	oil shale	
02.0398	生油指标	source rock index	
02.0399	有机质丰度	organic matter abundance	
02.0400	有机碳	organic carbon	
02.0401	耗氧量	oxygen consumption	
02.0402	成熟作用	maturation	
02.0403	有机质成熟度	organic matter maturity	
02.0404	有机变质程度	level of organic metamorphism, LOM	
02.0405	时间－温度指数	time-temperature index, TTI	
02.0406	镜质组反射率	vitrinite reflectance	符号"Ro"。
02.0407	定碳比	carbon ratio	
02.0408	孢粉颜色指数	sporopollen color index	
02.0409	热变指数	thermal alteration index, TAI	
02.0410	牙形石色变指数	conodont alteration index, CAI	
02.0411	碳优势指数	carbon preference index, CPI	
02.0412	奇偶优势	odd-even predominance, OEP	
02.0413	正烷烃成熟指数	normal paraffin maturity index,	

序 码	汉 文 名	英 文 名	注 释
		NPMI	
02.0414	环烷烃指数	naphthene index, NI	
02.0415	芳香烃结构分布指数	aromatic structural index, ASI	
02.0416	自由基浓度	number of free radical	
02.0417	电子自旋共振信号	electron spin resonance signal, ESR signal	
02.0418	顺磁磁化率	paramagnetic susceptibility	
02.0419	自旋密度	spin density	
02.0420	转化率	transformation ratio, hydrocarbon-generating ratio	又称"生烃率"。
02.0421	沥青系数	bitumen coefficient	
02.0422	生油率	oil-generating ratio	
02.0423	生气率	gas-generating ratio	
02.0424	生油量	oil-generating quantity	
02.0425	生油潜量	potential oil-generating quantity	
02.0426	氢碳原子比	hydrogen to carbon atomic ratio, H/C	
02.0427	氧碳原子比	oxygen to carbon atomic ratio, O/C	
02.0428	源岩评价仪	Rock-Eval	
02.0429	氢指数	hydrogen index, HI	
02.0430	氧指数	oxygen index, OI	
02.0431	油源对比	oil and source rock correlation	
02.0432	气源对比	gas and source rock correlation	
02.0433	地球化学化石	geochemical fossil	
02.0434	指纹化合物	fingerprint compound	
02.0435	生物标志[化合]物	biomarker, biological marker	
02.0436	生物构型	biological configuration	
02.0437	地质构型	geological configuration	
02.0438	立体异构化	stereoisomerism	
02.0439	立体异构体	stereoisomer, stereomer	
02.0440	甾类	steroid	又称"甾族化合物"。
02.0441	甾烷	sterane	
02.0442	降甾烷	norsterane	
02.0443	胆甾烷	cholestane	

序 码	汉 文 名	英 文 名	注 释
02.0444	谷甾烷	sitostane	
02.0445	豆甾烷	stigmastane	
02.0446	粪甾烷	coprostane	
02.0447	麦角甾烷	ergostane	
02.0448	正常甾烷	regular sterane	又称"规则甾烷"。
02.0449	重排甾烷	rearranged sterane	
02.0450	孕甾烷	pregnane	
02.0451	萜类	terpenoid	又称"萜族化合物"。
02.0452	萜烷	terpane	
02.0453	三环萜烷	tricyclic terpane	
02.0454	四环萜烷	tetracyclic terpane	
02.0455	五环三萜烷	pentacyclic triterpane	
02.0456	藿烷	hopane	
02.0457	降藿烷	norhopane	
02.0458	羽扇烷	lupane	
02.0459	莫烷	moretane	
02.0460	降莫烷	normoretane	
02.0461	γ蜡烷	gammacerane	
02.0462	奥利烷	oleanane	
02.0463	乌散烷	ulsane	
02.0464	松香烷	abietane	
02.0465	杜松烷	cadinane	
02.0466	雪松烷	cedarane	
02.0467	补身烷	drimane	
02.0468	海松烷	pimarane	
02.0469	罗汉松烷	podocarpane	
02.0470	角鲨烷	squalane	
02.0471	甾烷-藿烷比	sterane to hopane ratio	
02.0472	倍半萜	sesquiterpene	
02.0473	二萜	diterpene	
02.0474	三萜	triterpene	
02.0475	多萜	polyterpene	
02.0476	胡萝卜烷	carotane	
02.0477	类胡萝卜素	carotenoid	
02.0478	类异戊二烯	isoprenoid	
02.0479	类异戊二烯烃	isoprenoid hydrocarbon	
02.0480	植烷	phytane	

序 码	汉 文 名	英 文 名	注 释
02.0481	姥鲛烷	pristane	
02.0482	姥植比	pristane to phytane ratio, Pr/Ph	
02.0483	降姥鲛烷	norpristane	
02.0484	法呢烷	farnesane	
02.0485	卟啉	porphyrin	
02.0486	天然气成因类型	genetic types of natural gas	
02.0487	无机成因气	inorganic genetic gas, abiogenetic gas	
02.0488	火山气	volcanic gas	
02.0489	深源气	deep source gas	
02.0490	幔源气	mantle source gas	
02.0491	岩浆岩气	magmatic rock gas	
02.0492	变质岩气	metamorphic rock gas	
02.0493	宇宙气	universal gas	
02.0494	无机盐类分解气	decomposition gas of inorganic salt	
02.0495	有机成因气	organic genetic gas	
02.0496	腐泥型天然气	sapropel-type natural gas	
02.0497	腐殖型天然气	humic-type natural gas	
02.0498	腐殖煤型天然气	humolith-type natural gas	
02.0499	生物气	biogenic gas, bacterial gas	又称"生物化学气"，"细菌气"。
02.0500	油型气	petroliferous gas	
02.0501	煤型气	coaliferous gas	
02.0502	煤成气	coal-genetic gas	
02.0503	煤系气	coal-measure gas	
02.0504	煤层气	coal seam gas	
02.0505	腐泥型裂解气	sapropel-type cracking gas	
02.0506	腐殖型裂解气	humic-type cracking gas	
02.0507	非常规气	unconventional gas	
02.0508	地热气	geothermal gas	
02.0509	饱气带	aeration zone	
02.0510	异丁烷－正丁烷比	isobutane to normal butane ratio	
02.0511	正庚烷	normal heptane	
02.0512	甲基环己烷	methylcyclohexane	
02.0513	二甲基环戊烷	dimethyl cyclopentane	
02.0514	庚烷值	heptane value	

序 码	汉 文 名	英 文 名	注 释
02.0515	甲烷系数	methane coefficient	
02.0516	干燥系数	drying coefficient	
02.0517	碳同位素	carbon isotope	
02.0518	氢同位素	hydrogen isotope	
02.0519	氧同位素	oxygen isotope	
02.0520	氦同位素比率	helium isotope ratio	
02.0521	氩同位素比率	argon isotope ratio	

02.6 油气储集层

序 码	汉 文 名	英 文 名	注 释
02.0522	储集岩	reservoir rock	
02.0523	储集层	reservoir bed	
02.0524	含油层	oil-bearing horizon	
02.0525	含油层系	oil-bearing sequence	
02.0526	碎屑岩类储集层	clastic reservoir	
02.0527	碳酸盐岩类储集层	carbonate reservoir	
02.0528	结晶岩类储集层	crystalline reservoir	
02.0529	泥质岩类储集层	argillaceous reservoir	
02.0530	孔隙型储集层	porous-type reservoir	
02.0531	裂隙型储集层	fractured reservoir	
02.0532	储层连续性	reservoir continuity	
02.0533	储层非均质性	reservoir heterogeneity	
02.0534	胶结作用	cementation	
02.0535	胶结类型	cementation type	
02.0536	基底胶结	basal cement	
02.0537	孔隙胶结	porous cement	
02.0538	接触胶结	contact cement	
02.0539	杂乱胶结	chaotic cement	
02.0540	溶解作用	dissolution	
02.0541	压溶作用	pressolution	
02.0542	交代作用	replacement	
02.0543	白云石化作用	dolomitization	
02.0544	去白云石化作用	dedolomitization	
02.0545	储集空间	reservoir space	
02.0546	原生孔隙	primary pore	
02.0547	次生孔隙	secondary pore	
02.0548	粒间孔隙	intergranular pore	

序　码	汉　文　名	英　文　名	注　释
02.0549	粒内孔隙	intragranular pore	
02.0550	生物骨架孔隙	bioskeleton pore	
02.0551	生物钻孔孔隙	bioboring pore	
02.0552	鸟眼孔隙	bird's-eye pore	
02.0553	晶间孔隙	intercrystalline pore	
02.0554	溶孔	dissolved pore	
02.0555	粒内溶孔	intragranular dissolved pore	
02.0556	粒间溶孔	intergranular dissolved pore	
02.0557	印模孔隙	moldic pore	曾用名"溶模孔隙"。
02.0558	溶洞	dissolved cavern	
02.0559	溶缝	dissolved fracture	
02.0560	裂缝	fracture, fissure	
02.0561	构造裂缝	structural fracture	
02.0562	成岩裂缝	diagenetic fracture	
02.0563	压溶裂缝	pressolutional fracture	
02.0564	缝合线	stylolite	
02.0565	储层性质	reservoir property	
02.0566	超毛细管空隙	super-capillary interstice	
02.0567	毛细管空隙	capillary interstice	
02.0568	微毛细管空隙	micro-capillary interstice	
02.0569	孔隙度	porosity	
02.0570	总孔隙度	total porosity	曾用名"绝对孔隙度"。
02.0571	有效孔隙度	effective porosity	
02.0572	裂缝密度	fracture density	
02.0573	裂缝系数	fracture coefficient	
02.0574	裂缝强度指数	fracture intensity index, FII	
02.0575	渗透率	permeability	
02.0576	达西定律	Darcy law	
02.0577	孔隙	pore	
02.0578	喉道	throat	
02.0579	盖层	caprock	
02.0580	夹层	intercalated bed	
02.0581	隔层	barrier bed, impervious bed	
02.0582	排替压力	displacement pressure	
02.0583	突破压力	breakthrough pressure	
02.0584	突破时间	breakthrough time	

序 码	汉 文 名	英 文 名	注 释
02.0585	生储盖组合	source-reservoir-caprock assemblage, SRCA	
02.0586	旋回式生储盖组合	cyclic SRCA	
02.0587	侧变式生储盖组合	lateral changed SRCA	
02.0588	同生式生储盖组合	syngenetic SRCA	又称"自生自储式生储盖组合"。

02.7 油气运移

序 码	汉 文 名	英 文 名	注 释
02.0589	初始运移	initial migration	
02.0590	层内运移	internal migration	
02.0591	排驱作用	expulsion	
02.0592	初次运移	primary migration	
02.0593	二次运移	secondary migration	
02.0594	侧向运移	lateral migration	
02.0595	垂向运移	vertical migration	
02.0596	区域运移	regional migration	
02.0597	局部运移	local migration	
02.0598	同期运移	synchronous migration	
02.0599	后期运移	postchronous migration	
02.0600	运移方向	migration direction	
02.0601	运移通道	migration pathway	
02.0602	运移距离	migration distance	
02.0603	运移时期	migration period	
02.0604	输导层	carrier bed	
02.0605	水相	water phase	
02.0606	烃相	hydrocarbon phase	
02.0607	固相	solid phase	
02.0608	油珠	oil droplet	
02.0609	连续油相	oil-continuous phase	
02.0610	气泡	gas bubble	
02.0611	气相	gas phase	
02.0612	排烃临界值	expulsion threshold value of hydrocarbon, critical release factor of oil and gas	又称"油气临界释放因子"。
02.0613	排烃效率	expulsion efficiency of hydrocarbon	

序 码	汉 文 名	英 文 名	注 释
02.0614	有效排烃厚度	effective thickness of expulsion hydrocarbon	
02.0615	压实[作用]	compaction	
02.0616	初期压实阶段	initial compaction stage	
02.0617	稳定压实阶段	steady compaction stage	
02.0618	突变压实阶段	saltatory compaction stage	
02.0619	紧密压实阶段	close compaction stage	
02.0620	欠压实页岩	undercompaction shale	
02.0621	水热增压作用	aquathermal pressuring	
02.0622	渗析作用	osmosis	曾用名"渗透作用"。
02.0623	粘土脱水作用	clay dehydration	
02.0624	结晶水	crystalline water	
02.0625	层间水	interlayer water	
02.0626	吸附水	adsorbed water	
02.0627	结构水	textural water	
02.0628	甲烷增生作用	methane accreting, methane generating	
02.0629	地层压力	formation pressure	
02.0630	上覆岩层压力	overburden pressure	
02.0631	岩石压力	rock pressure	
02.0632	孔隙流体压力	pore fluid pressure	又称"孔隙压力"。
02.0633	地静压力	geostatic pressure	
02.0634	静水压力	hydrostatic pressure	
02.0635	动水压力	hydrodynamic pressure	又称"水动力"。
02.0636	折算压力	reduced pressure	
02.0637	总水头	total head	又称"水势"。
02.0638	承压水头	pressure head, confined head	
02.0639	高程水头	elevation head	
02.0640	压力系数	pressure coefficient	
02.0641	供水区	recharge area	
02.0642	承压区	confined area	
02.0643	泄水区	discharge area	
02.0644	含水层	aquifer	
02.0645	不透水层	aquifuge	
02.0646	自流水	artesian water	
02.0647	承压水	confined water	
02.0648	土壤水	soil water	

序 码	汉 文 名	英 文 名	注 释
02.0649	潜水	phreatic water	
02.0650	测压面	piezometric surface	
02.0651	测势面	potentiometric surface	
02.0652	静液面	static liquid level	
02.0653	动液面	dynamic liquid level	
02.0654	潜水面	phreatic water table	
02.0655	水力梯度	hydraulic gradient	
02.0656	势分析	potential analysis	
02.0657	气势分析	gas potential analysis	
02.0658	油势分析	oil potential analysis	
02.0659	水势分析	water potential analysis	又称"总水头分析"。
02.0660	等势面	isopotential surface	
02.0661	等压面	isopressure surface	
02.0662	构造作用力	tectonic force	
02.0663	浮力	buoyancy	
02.0664	扩散	diffusion	
02.0665	异常高压	abnormal pressure, overpressure	又称"超压"。
02.0666	异常低压	subnormal pressure, subpressure	
02.0667	地压	geopressure	
02.0668	地热	geotherm, terrestrial heat	
02.0669	地热田	geothermal field, terrestrial heat field	
02.0670	岩石热导率	thermal conductivity of rock	
02.0671	大地热流值	terrestrial heat flow value	
02.0672	地热梯度	geothermal gradient	又称"地温梯度"。
02.0673	地热增温级	geothermal degree	

02.8 油 气 聚 集

序 码	汉 文 名	英 文 名	注 释
02.0674	圈闭	trap	
02.0675	有效圈闭	effective trap	
02.0676	隐蔽圈闭	subtle trap	
02.0677	成岩圈闭	diagenetic trap	
02.0678	水动力圈闭	hydrodynamic trap	
02.0679	压力封闭	pressure seal	
02.0680	重力分异	gravitational differentiation	
02.0681	差异聚集	differential accumulation	
02.0682	背斜理论	anticlinal theory	

序　码	汉　文　名	英　文　名	注　　释
02.0683	集油面积	collecting area	
02.0684	储油构造	oil-bearing structure	又称"含油构造"。
02.0685	储气构造	gas-bearing structure	
02.0686	原生油气藏	primary hydrocarbon reservoir	
02.0687	次生油气藏	secondary hydrocarbon reservoir	
02.0688	构造油气藏	structural hydrocarbon reservoir	
02.0689	背斜油气藏	anticlinal hydrocarbon reservoir	
02.0690	挤压背斜油气藏	squeezed anticline hydrocarbon reservoir	
02.0691	长垣背斜油气藏	placanticline anticline hydrocarbon reservoir	
02.0692	底辟背斜油气藏	diapir anticline hydrocarbon reservoir	
02.0693	滚动背斜油气藏	rollover anticline hydrocarbon reservoir	
02.0694	披盖背斜油气藏	drape anticline hydrocarbon reservoir	
02.0695	向斜油气藏	synclinal hydrocarbon reservoir	
02.0696	断层遮挡油气藏	fault-screened hydrocarbon reservoir	
02.0697	断块油气藏	fault block hydrocarbon reservoir	
02.0698	裂缝油气藏	fractured hydrocarbon reservoir	
02.0699	盐丘遮挡油气藏	salt diapir screened hydrocarbon reservoir	
02.0700	泥火山遮挡油气藏	mud volcano screened hydrocarbon reservoir	
02.0701	岩浆柱遮挡油气藏	magmatic plug screened hydrocarbon reservoir	
02.0702	地层油气藏	stratigraphic hydrocarbon reservoir	
02.0703	地层超覆油气藏	stratigraphic onlap hydrocarbon reservoir	
02.0704	地层不整合油气藏	stratigraphic unconformity reservoir	
02.0705	潜山油气藏	buried hill hydrocarbon reservoir	
02.0706	基岩油气藏	basement hydrocarbon reservoir	
02.0707	生物礁块油气藏	reef hydrocarbon reservoir, bioherm hydrocarbon reservoir	

序 码	汉 文 名	英 文 名	注 释
02.0708	岩性油气藏	lithologic hydrocarbon reservoir	
02.0709	岩性尖灭油气藏	lithologic pinchout hydrocarbon reservoir	
02.0710	岩性透镜体油气藏	lithologic lenticular hydrocarbon reservoir	
02.0711	古河道油气藏	palaeochannel hydrocarbon reservoir	
02.0712	古海岸沙洲油气藏	palaeooffshore bar hydrocarbon reservoir	
02.0713	带状油气藏	banded hydrocarbon reservoir	
02.0714	层状油气藏	stratified hydrocarbon reservoir	
02.0715	块状油气藏	massive hydrocarbon reservoir	
02.0716	不规则状油气藏	irregular hydrocarbon reservoir	
02.0717	喀斯特油气藏	karst hydrocarbon reservoir	
02.0718	沥青塞封闭油藏	asphalt-sealed oil reservoir	
02.0719	饱和油气藏	saturated hydrocarbon reservoir	
02.0720	凝析气藏	condensate gas reservoir	
02.0721	背斜油气藏参数	parameter of anticlinal reservoir	
02.0722	圈闭容积	trap volume	
02.0723	闭合面积	closure area	
02.0724	闭合度	closure	
02.0725	溢出点	spill point	
02.0726	油气藏高度	height of hydrocarbon pool, height of hydrocarbon reservoir	
02.0727	油柱高度	oil column height	
02.0728	气柱高度	gas column height	
02.0729	气顶	gas cap	
02.0730	边水	edge water	
02.0731	底水	bottom water	
02.0732	有效厚度	net-pay thickness	
02.0733	含油面积	oil-bearing area	
02.0734	含气面积	gas-bearing area	
02.0735	纯油带面积	area of inner-boundary of oil zone	
02.0736	油水过渡带面积	area of transitional zone from oil to water	
02.0737	含油边界	oil boundary	
02.0738	含气边界	gas boundary	

序　码	汉　文　名	英　文　名	注　释
02.0739	含水边界	water boundary	
02.0740	油水界面	water-oil contact, WOC	
02.0741	油气界面	gas-oil contact, GOC	
02.0742	油藏描述	reservoir description	
02.0743	油藏评价	reservoir evaluation, pool evaluation	

02.9　油气地质勘探

序　码	汉　文　名	英　文　名	注　释
02.0744	区域勘探	regional exploration	
02.0745	工业勘探	industrial exploration	
02.0746	预探	preliminary prospecting	
02.0747	详探	detailed prospecting	
02.0748	地质测量	geological survey	
02.0749	构造地质测量	structural geological survey	
02.0750	地质剖面	geologic section	
02.0751	构造剖面	structural section	
02.0752	区域综合大剖面	regional comprehensive section, regional composite cross section	
02.0753	区域地层对比	regional stratigraphic correlation	
02.0754	岩性对比	lithological correlation	
02.0755	古生物对比	palaeontological correlation	
02.0756	沉积旋回对比	sedimentary cycle correlation	
02.0757	重砂矿物对比	placer mineral correlation	
02.0758	元素对比	element correlation	
02.0759	古地磁对比	paleomagnetic correlation	
02.0760	露头	outcrop	
02.0761	油气显示	indication of oil and gas, oil and gas show	
02.0762	直接油气显示	direct hydrocarbon indication, DHI	
02.0763	间接油气显示	indirect hydrocarbon indication, IHI	
02.0764	油气苗	oil and gas seepage	
02.0765	油苗	oil seepage	
02.0766	气苗	gas seepage	
02.0767	沥青苗	asphalt seepage	
02.0768	沥青湖	pitch lake	

序 码	汉 文 名	英 文 名	注 释
02.0769	沥青丘	asphalt mound	
02.0770	沥青脉	bituminous vein	
02.0771	沥青砂	tar sand	曾用名"重油砂"，"焦油砂"。
02.0772	油砂	oil sand	
02.0773	泥火山	mud volcano	
02.0774	地质模型	geologic model	
02.0775	地质模拟	geologic modelling	
02.0776	地下地质	subsurface geology	
02.0777	取心井	coring hole	
02.0778	参数井	parameter well	曾用名"基准井"。
02.0779	探井	prospecting well, exploratory well	
02.0780	预探井	preliminary prospecting well, wildcat	曾用名"野猫井"。
02.0781	发现井	discovery well	
02.0782	详探井	detailed prospecting well	
02.0783	探边井	delineation well, extension well	
02.0784	评价井	assessment well, appraisal well, evaluation well	
02.0785	开发井	development well	
02.0786	生产井	producing well, producer	
02.0787	注水井	water injection well, injector	
02.0788	注气井	gas injection well	
02.0789	布井系统	well pattern	
02.0790	单井设计	well design	
02.0791	井身结构	casing programme	
02.0792	固井	cementing	
02.0793	试井	well testing	
02.0794	试油	testing for oil	
02.0795	试采	production testing	
02.0796	标准层	marker bed, key bed, datum bed	
02.0797	目的层	target stratum	
02.0798	地质录井	geological logging	
02.0799	岩心录井	core logging	
02.0800	岩屑录井	cutting logging	
02.0801	岩屑滞后时间	lag time of cutting	

序 码	汉 文 名	英 文 名	注 释
02.0802	钻时录井	drilling-time logging	
02.0803	钻速录井	drilling rate logging	
02.0804	泥浆录井	mud logging	
02.0805	荧光录井	fluorescent logging	
02.0806	井斜平面图	drill-hole inclination plan	
02.0807	地层对比	stratigraphic correlation	
02.0808	含油级别	oil-bearing grade	
02.0809	完井方案	completion program	
02.0810	圈闭发现率	trap discovery ratio	
02.0811	商业油气流	commercial oil and gas flow	
02.0812	油藏驱动机理	reservoir drive mechanism	又称"油层驱动机理"。
02.0813	单井产量	well production rate	
02.0814	年产量	annual output, annual yield	
02.0815	圈闭勘探成功率	trap exploration success ratio	
02.0816	储量增长率	reserves increase ratio	
02.0817	勘探效率	exploration efficiency	
02.0818	勘探成本	exploration cost	
02.0819	探井成本	cost of prospecting well	

02.10 油气地球化学勘探

序 码	汉 文 名	英 文 名	注 释
02.0820	△碳法	delta-carbon method	
02.0821	K-V指纹法	K-V fingerprint technique	
02.0822	吸附烃法	adsorbed hydrocarbon method	
02.0823	气体测量	gas survey	
02.0824	沥青测量	bitumen survey	
02.0825	水化学测量	hydrochemical survey	
02.0826	水文地球化学测量	hydrogeochemical survey	
02.0827	细菌勘探	bacteria prospecting	
02.0828	土壤盐测量	soil salt survey	
02.0829	地植物法	geobotanical method	
02.0830	放射性测量	radioactive survey	
02.0831	氧化还原电位法	oxidation-reduction potential method	

序 码	汉 文 名	英 文 名	注 释

02.11 地震地层学

序 码	汉 文 名	英 文 名	注 释
02.0832	区域地震地层学	regional seismic stratigraphy	
02.0833	储层地震地层学	reservoir seismic stratigraphy	
02.0834	层序地层学	sequence stratigraphy	
02.0835	成因层序地层学	genetic sequence stratigraphy	
02.0836	年代地层学	chronostratigraphy	
02.0837	生物地层学	biostratigraphy	
02.0838	磁性地层学	magnetostratigraphy	
02.0839	地震岩性学	seismic lithology	
02.0840	横向预测	lateral prediction	
02.0841	确定性储层模拟	deterministic reservoir modeling	
02.0842	随机性储层模拟	stochastic reservoir modeling	
02.0843	地质统计储层模拟	geostatistical reservoir modeling	
02.0844	人机[交互]联作解释	interactive interpretation	
02.0845	反射终端	reflection termination	又称"反射终止"。
02.0846	整一	concordance	
02.0847	不整一	unconcordance	
02.0848	上超	onlap	
02.0849	退覆	offlap	
02.0850	顶超	toplap	
02.0851	浅水顶超	shallow-water toplap	
02.0852	深水顶超	deep-water toplap	
02.0853	湖岸上超	coastal onlap	
02.0854	深水上超	deep-water onlap	
02.0855	下超	downlap	
02.0856	底超	baselap	
02.0857	削截	truncation	曾用名"削蚀"。
02.0858	视削截	apparent truncation	曾用名"视削蚀"。
02.0859	沉积间断	hiatus	
02.0860	超层序	supersequence	
02.0861	层序	sequence	
02.0862	亚层序	subsequence	
02.0863	最大洪水界面	maximum flooding surface	
02.0864	缓慢沉积剖面	condensed section	又称"饥饿剖面"。

序 码	汉 文 名	英 文 名	注 释
02.0865	高水位期	highstand period	
02.0866	低水位期	lowstand period	
02.0867	体系域	system tract	
02.0868	低水位体系域	low system tract, LST	
02.0869	海进体系域	transgressive system tract, TST	
02.0870	高水位体系域	high system tract, HST	
02.0871	陆架边缘体系	shelf margin system tract, SMST	
02.0872	盆底扇	basin floor fan	
02.0873	斜坡扇	slope fan	
02.0874	滑塌块体	slump block	
02.0875	滑塌扇	slump fan	
02.0876	楔状前积体	wedge-prograding complex	
02.0877	地震层序	seismic sequence	
02.0878	地震相	seismic facies	
02.0879	反射结构	reflection configuration	
02.0880	前积反射结构	progradational reflection configuration	
02.0881	S 形前积结构	sigmoid progradation configuration	
02.0882	斜交前积结构	oblique progradation configuration	
02.0883	叠瓦状前积结构	shingled progradation configuration	
02.0884	帚状前积结构	brush progradation configuration	
02.0885	杂乱前积结构	chaotic progradation configuration	
02.0886	前积－退积结构	progradation-retrogradation configuration	
02.0887	非前积反射结构	nonprogradational reflection configuration	
02.0888	平行结构	parallel configuration	
02.0889	亚平行结构	subparallel configuration	
02.0890	乱岗状结构	hummocky configuration	
02.0891	波状结构	wave configuration	
02.0892	扭曲形结构	contorted configuration	
02.0893	断开结构	disrupted configuration	
02.0894	发散结构	divergent configuration	
02.0895	杂乱结构	chaotic configuration	
02.0896	无反射结构	reflection-free configuration	
02.0897	反射外形	reflection external form	

序 码	汉 文 名	英 文 名	注 释
02.0898	席状相	sheet facies	
02.0899	席状披盖相	sheet drape facies	
02.0900	楔状相	wedged facies	
02.0901	丘状相	mounded facies	
02.0902	滩状相	bank facies	
02.0903	透镜状相	lens facies	
02.0904	滑塌相	slump facies	
02.0905	火山丘相	volcanic mound facies	
02.0906	充填相	filled facies	
02.0907	反射连续性	reflection continuity	
02.0908	振幅	amplitude	
02.0909	频率	frequency	
02.0910	极性	polarity	
02.0911	岩性指数	lithologic index	
02.0912	砂岩百分含量	sandstone percent content	
02.0913	偏砂相	sand-prone facies	
02.0914	偏泥相	shale-prone facies	
02.0915	地震相单元	seismic facies unit	
02.0916	地震相分析	seismic facies analysis	
02.0917	地震相图	seismic facies map	
02.0918	测井相	log facies	
02.0919	岩心相	core facies	
02.0920	钻井－地震相剖面图	drill-seismic facies section	
02.0921	沉积环境图	depositional environment map	
02.0922	成因地层单位	genetic stratigraphic unit	
02.0923	年代地层单位	chrono stratigraphic unit	
02.0924	岩电地层单位	litho-electric stratigraphic unit	
02.0925	等时性	isochronism	
02.0926	穿时性	diachronism	
02.0927	远景地区	prospect	
02.0928	分辨率	resolution	
02.0929	保持振幅处理	preserved amplitude processing	
02.0930	地震模型	seismic model	
02.0931	反演模拟	inverse modeling	
02.0932	相位	phase	
02.0933	零相位	zero phase	

序 码	汉 文 名	英 文 名	注 释
02.0934	薄层	thin bed	
02.0935	调谐厚度	tuning thickness	
02.0936	反射强度	reflection strength	
02.0937	相对速度	relative velocity	
02.0938	绝对速度	absolute velocity	
02.0939	油气检测	hydrocarbon detection	
02.0940	声阻抗差	acoustic impedance difference	
02.0941	振幅随炮检距变化	amplitude versus offset, AVO	

02.12 遥 感 地 质

序 码	汉 文 名	英 文 名	注 释
02.0942	地理遥感	geographical remote sensing	
02.0943	航空遥感	aerial remote sensing	
02.0944	地球资源技术卫星	earth resources technology satellite, ERTS	
02.0945	地质卫星	geologic satellite	
02.0946	海洋卫星	Seasat	
02.0947	陆地卫星	Landsat	
02.0948	高级地球资源观测系统	Advanced Earth Resource Observation System, AEROS	
02.0949	红外摄影	infrared photograph	
02.0950	多谱段扫描系统	multispectral scanner system, MSS	
02.0951	多谱段图象	multispectral image	
02.0952	黑白图象	monochrome	
02.0953	彩色合成图象	color-composite image, color imagery	
02.0954	波谱分析	spectral analysis	
02.0955	地面分辨率	ground resolution	
02.0956	灰度	gray scale	
02.0957	几何校正	geometric correction	
02.0958	波段比值图象	band ratio image	
02.0959	高分辨率图象	high resolution picture	
02.0960	目标自动识别	automatic target recognition	
02.0961	地图投影转换	map projection transformation	
02.0962	矢量化	vectorization	
02.0963	光栅－矢量转换	raster-to-vector conversion	

序　码	汉　文　名	英　文　名	注　释
02.0964	视觉三色原理	trichromatic theory of vision	
02.0965	目视判读	visual interpretation	
02.0966	动态图象分析	dynamic image analysis	
02.0967	直接解释标志	mark of direct interpretation	
02.0968	间接解释标志	mark of indirect interpretation	
02.0969	线性构造	linear structure	
02.0970	环形构造	circular structure	
02.0971	地表形态分析	landform analysis	
02.0972	水系格局	drainage pattern	
02.0973	构造异常	structure anomaly	
02.0974	烃类微渗漏	hydrocarbon microseepage	

02.13　实验室分析

序　码	汉　文　名	英　文　名	注　释
02.0975	岩矿鉴定	rock-mineral identification	
02.0976	重砂矿物分析	placer mineral analysis	
02.0977	粒度分析	grain-size analysis	
02.0978	粘土矿物分析	clay mineral analysis	
02.0979	差热分析	differential thermal analysis, DTA	
02.0980	古生物鉴定	paleontology identification	
02.0981	微古生物鉴定	micropaleontology identification	
02.0982	孢粉鉴定	sporopollen identification	
02.0983	介形虫鉴定	ostracoda identification	
02.0984	牙形石鉴定	conodont identification	
02.0985	有孔虫鉴定	foraminifera identification	
02.0986	放射虫鉴定	radiolaria identification	
02.0987	轮藻鉴定	charophyta identification	
02.0988	古植物鉴定	paleobotany identification	
02.0989	钙质超微化石鉴定	calc-nannofossil identification	
02.0990	有机质丰度测定	organic matter abundance measurement	
02.0991	有机碳分析	organic carbon analysis	
02.0992	无机碳分析	inorganic carbon analysis	
02.0993	有机质类型鉴定	organic matter type identification	
02.0994	干酪根类型鉴定	kerogen type identification	
02.0995	有机质成熟度光	optical identification of organic	

序　码	汉 文 名	英 文 名	注　释
	学鉴定	matter maturity	
02.0996	镜质组反射率测定	vitrinite reflectance determination	
02.0997	孢粉颜色测定	sporopollen color determination	
02.0998	罐顶气分析	headspace gas analysis	
02.0999	元素分析	element analysis	
02.1000	组分分析	component analysis	
02.1001	同位素分析	isotope analysis	
02.1002	油气水分析	oil gas and water analysis	
02.1003	生物标志[化合]物鉴定	biomarker identification	
02.1004	扫描电镜	scanning electron microscopy, SEM	
02.1005	电子探针	electronic probe microscopy, EPM	
02.1006	阴极发光	cathodoluminescence microscopy, CLM	
02.1007	岩石快速热解分析	Rock-Eval pyrolysis	
02.1008	色谱分析	chromatographic analysis	
02.1009	热解气相色谱法	pyrolysis gas chromatography, PY-GC	
02.1010	气相色谱－质谱法	gas chromatography-mass spectrometry, GC-MS	
02.1011	串联质谱法	tandem mass spectrometry	
02.1012	红外吸收光谱法	infrared absorption spectrometry, IR	
02.1013	紫外可见光谱法	ultraviolet-visible spectrometry, UV	
02.1014	原子吸收光谱法	atomic absorption spectrometry	
02.1015	原子荧光光谱法	atomic fluorescence spectrometry	
02.1016	荧光显微镜	fluorescence microscope	
02.1017	X射线衍射仪	X-ray diffractometer	
02.1018	分光光度法	spectrophotometry	
02.1019	原子吸收分光光度法	atom absorption spectrophotometry	
02.1020	显微光度法	microphotometry	
02.1021	激光显微光谱分	laser microspectrography	

序码	汉文名	英文名	注释
	析		
02.1022	能谱仪	energy spectrometer	
02.1023	同位素质谱分析	mass-spectrometric analysis for isotope	
02.1024	核磁共振技术	nuclear magnetic resonance technique, NMR technique	
02.1025	流体包裹体分析系统	fluid-inclusion analysis system	
02.1026	热模拟试验	thermal simulating test	

02.14 油气资源评价

序码	汉文名	英文名	注释
02.1027	油气资源	petroleum resources	
02.1028	非常规油气资源	unconventional petroleum resources	
02.1029	储量	reserves	
02.1030	远景储量	prospective reserves	
02.1031	潜在储量	potential reserves	
02.1032	推测储量	inferred reserves, possible reserves	
02.1033	可采储量	recoverable reserves, industrial reserves	又称"工业储量"。
02.1034	控制储量	probable reserves, estimated reserves	又称"概算储量"。
02.1035	探明储量	demonstrated reserves, proved reserves	又称"证实储量"。
02.1036	开发储量	development reserves	
02.1037	已开发探明储量	developed proven reserves	
02.1038	未开发探明储量	undeveloped proven reserves	
02.1039	剩余油气地质储量	remaining petroleum in-place	
02.1040	原油地质储量	original oil in-place, OOIP	
02.1041	天然气地质储量	original gas in-place, OGIP	
02.1042	溶解气储量	solution gas in-place	
02.1043	凝析油储量	condensate in-place	
02.1044	动用储量	producing reserves	
02.1045	剩余可采储量	remaining recoverable reserves	
02.1046	表内储量	tabulated reserves	
02.1047	表外储量	untabulated reserves	

序　码	汉　文　名	英　文　名	注　释
02.1048	单储系数	unit reserve factor	
02.1049	储量丰度	reserves abundance	
02.1050	累积产量	cumulative production	
02.1051	容积法	volumetric method	
02.1052	物质平衡法	material balance method	
02.1053	有机碳法	organic carbon method	
02.1054	氯仿沥青"A"法	chloroform bitumen "A" method	
02.1055	烃类法	hydrocarbon method	
02.1056	热解色谱法	pyrolysis chromatography method	
02.1057	聚集系数法	accumulative coefficient method	
02.1058	地质类比法	geologic analogy method	
02.1059	统计法	statistical method	
02.1060	干酪根降解数学模拟法	mathematic simulation method of kerogen degradation	
02.1061	油藏体积法	reservoir volume method	
02.1062	沉积体积速率法	sedimentary volumetric rate method	
02.1063	圈闭体积法	trap volume method	
02.1064	蒙特卡洛法	Monte-Carlo method	
02.1065	发现率外推法	extrapolated method of discovery ratio	
02.1066	油藏规模分布法	reservoir size distribution method	
02.1067	油田规模序列法	field size order method	
02.1068	区域评价	regional assessment	
02.1069	盆地评价	basin assessment	
02.1070	区带评价	play assessment	
02.1071	圈闭评价	trap assessment	
02.1072	风险系数	risk coefficient	
02.1073	风险分析	risk analysis	
02.1074	敏感性分析	sensitivity analysis	
02.1075	可行性分析	feasibility analysis	
02.1076	资源评价系统方法	systematic approach of resource appraisal	

03. 石油地球物理

序 码	汉 文 名	英 文 名	注 释
03.0001	勘探地球物理[学]	exploration geophysics	
03.0002	[油田]开发地球物理[学]	production geophysics	
03.0003	[油田]开发地震	production seismic	
03.0004	现场测定	on-site measurement	
03.0005	[野外]数据采集	data acquisition	
03.0006	普查	reconnaissance	
03.0007	详查	detail survey	
03.0008	观测现场	observation site	
03.0009	观测点	observation point	
03.0010	测线	line	
03.0011	测网	survey grid, network	
03.0012	照相录制	paper recording	又称"光点录制"。
03.0013	照相记录	paper record	又称"光点记录"。
03.0014	模拟录制	analogue recording	
03.0015	数字录制	digital recording	
03.0016	监视记录	monitor record	
03.0017	实时系统	real time system	
03.0018	数据换算	data reduction	
03.0019	数据处理	data processing	
03.0020	Z变换	Z-transform	
03.0021	时[间]域	time domain	
03.0022	频[率]域	frequency domain	
03.0023	褶积	convolution	又称"卷积"。
03.0024	反褶积	deconvolution	
03.0025	资料解释	data interpretation	又称"数据解释"。
03.0026	均匀介质	homogeneous medium	
03.0027	非均匀介质	inhomogeneous medium	
03.0028	层状介质	layered medium	
03.0029	横向同性	transversely isotropic	
03.0030	探测深度	depth of investigation	
03.0031	模型正演	forward modeling	
03.0032	反演	inversion	

序码	汉文名	英文名	注释
03.0033	延拓	continuation	
03.0034	向上延拓	upward continuation	
03.0035	向下延拓	downward continuation	
03.0036	异常	anomaly	
03.0037	区域异常	regional anomaly	
03.0038	局部异常	local anomaly	
03.0039	正异常	positive anomaly	
03.0040	负异常	negative anomaly	
03.0041	综合解释	integrated interpretation	
03.0042	[地表]位置测量	surface location survey	
03.0043	定位系统	positioning system	
03.0044	底图	base map	
03.0045	重力	gravity	
03.0046	重力勘探法	gravity prospecting method	
03.0047	重力测量	gravity survey	
03.0048	航空重力测量	airborne gravity survey	
03.0049	万有引力	universal gravitation	
03.0050	重力矢量	gravitational vector	又称"重力向量"。
03.0051	重力势	gravitational potential	又称"重力位"。
03.0052	[万有]引力常量	gravitational constant, the universal constant	
03.0053	正常重力[值]	normal gravity	
03.0054	国际重力公式	international gravity formula	
03.0055	赫尔默特重力公式	Helmert gravity formula	
03.0056	卡西尼重力公式	Cassini gravity formula	
03.0057	地球扁率	flattening of the earth	值约为1/295.25。
03.0058	大地水准面	geoid	
03.0059	标准重力值	gravity standard	
03.0060	地壳均衡[说]	isostasy	
03.0061	艾里[均衡]假说	Airy hypothesis	
03.0062	普拉特[均衡]假说	Pratt hypothesis	
03.0063	山根	root	
03.0064	固体潮	[solid] Earth tide	又称"陆潮"。
03.0065	密度差	density contrast	
03.0066	伽	Gal	

序 码	汉 文 名	英 文 名	注 释
03.0067	毫伽	milligal, mGal	
03.0068	重力单位	gravity unit, G unit	等于0.1毫伽。
03.0069	重力仪	gravimeter	
03.0070	零长弹簧	zero-length spring	
03.0071	助动重力仪	astatic gravimeter	
03.0072	海洋重力仪	marine gravimeter	
03.0073	船载重力仪	shipboard gravimeter	
03.0074	航空重力仪	airborne gravimeter	
03.0075	井下重力仪	borehole gravimeter, BHGM	
03.0076	重力梯度	gravity gradient	
03.0077	航空梯度仪	airborne gradiometer	
03.0078	扭秤	torsion balance	
03.0079	重力测点	gravity station	
03.0080	重力基点	gravity base point	
03.0081	重力控制点	gravity control point	又称"检查点"。
03.0082	重力换算	gravity reduction	
03.0083	零点漂移	drift, null offset	
03.0084	掉格	tare, tear	
03.0085	潮汐效应	tidal effect	
03.0086	零点漂移校正	drift correction	
03.0087	潮汐校正	tidal correction	
03.0088	厄特沃什效应	Eötvos effect	
03.0089	科里奥利效应	Coriolis effect	
03.0090	高程校正	elevation correction	
03.0091	自由空气校正	free air correction	
03.0092	布格校正	Bouguer correction	
03.0093	地形校正	terrain correction, topographic correction	
03.0094	分带图板	zone chart	即地形校正量板。
03.0095	重力图	gravity map	
03.0096	布格异常	Bouguer anomaly	
03.0097	重力高	gravity high	
03.0098	重力低	gravity low	
03.0099	区域重力[场]	regional gravity	又称"区域背景"。
03.0100	区域[场]校正	regional correction	
03.0101	剩余异常	residual anomaly	
03.0102	求剩余方法	residualizing method	

序 码	汉 文 名	英 文 名	注 释
03.0103	图解法	graphical method	
03.0104	网格法	gridding method	
03.0105	多项式法	polynomial method	
03.0106	平面图褶积	map convolution	
03.0107	二次导数图	second derivative map	
03.0108	环晕效应	halo effect	指剩余或高导异常周围出现符号相反的区间。
03.0109	深度法则	depth rule	
03.0110	中心点[线]深度	depth to center	
03.0111	点质量	point mass	
03.0112	线质量	line mass	
03.0113	半幅值宽度	half-width	
03.0114	点子量板	graticule, dot chart	
03.0115	三维计算	3D calculation	
03.0116	尾端校正	end-correction	
03.0117	加德纳法则	Gardner rule	
03.0118	泊松关系式	Poisson relation	
03.0119	拟重力场	pseudo gravity	用泊松关系式自磁场计算出的重力异常。
03.0120	磁法勘探	magnetic prospecting	
03.0121	磁法测量	magnetic survey	
03.0122	航空磁测	aeromagnetic survey	
03.0123	地磁[学]	terrestrial magnetism, geomagne-tism	
03.0124	地磁场	geomagnetic field	
03.0125	地磁极	geomagnetic pole	
03.0126	地磁极性倒转	geomagnetic polarity reversal	
03.0127	磁赤道	magnetic equator, aclinic line	又称"零倾线"。
03.0128	磁倾角	inclination	
03.0129	磁偏角	declination	
03.0130	地磁图	geomagnetic chart	
03.0131	磁北	magnetic north	
03.0132	磁方位	magnetic bearing	
03.0133	等磁偏线	isogon	
03.0134	等磁倾线	isocline	
03.0135	磁性	magnetism	

序 码	汉 文 名	英 文 名	注 释
03.0136	磁势	magnetic potential	
03.0137	磁标势	magnetic scalar potential	
03.0138	磁偶极子	magnetic dipole	
03.0139	磁矩	magnetic moment	
03.0140	偶极矩	dipole moment	
03.0141	磁化强度	magnetization	指单位体积的磁矩，符号"M"。
03.0142	磁场强度	magnetic field strength	符号"H"。
03.0143	磁感应强度	magnetic induction	符号"B"。
03.0144	磁通[量]	magnetic flux	符号"Φ"。
03.0145	韦[伯]	weber	磁通量单位。符号"Wb"。
03.0146	自由空间磁导率	permeability of free space	
03.0147	磁导[率]	[magnetic] permeability, magnetic conductivity	曾用名"导磁系数"。
03.0148	相对磁导率	relative permeability	
03.0149	磁化率	magnetic susceptibility	
03.0150	特[斯拉]	tesla	磁感应强度单位。符号"T"。
03.0151	纳特	nanotesla	符号"nT"。
03.0152	永磁性	permanent magnetism	
03.0153	磁滞	magnetic retardation, magnetic hysteresis	
03.0154	磁化曲线	magnetization curve	
03.0155	磁饱和	magnetic saturation	
03.0156	顽磁性	magnetic retentivity	
03.0157	矫顽力	coercive force	
03.0158	消磁	demagnetization	
03.0159	铁磁性	ferromagnetism	
03.0160	亚铁磁性	ferrimagnetism	
03.0161	铁氧体	ferrite	
03.0162	顺磁性	paramagnetism	
03.0163	抗磁性	diamagnetism	
03.0164	软磁化	soft magnetization	
03.0165	剩[余]磁[性]	residual magnetism	
03.0166	居里点	Curie temperature, Curie point	
03.0167	古地磁学	paleomagnetism	

序 码	汉 文 名	英 文 名	注 释
03.0168	古地磁地层学	paleomagnetic stratigraphy	
03.0169	磁测基点	magnetic base station	
03.0170	磁扰	magnetic disturbance	
03.0171	地磁日变	magnetic diurnal variation	
03.0172	磁暴	magnetic storm	
03.0173	人为磁效应	magnetic artifact	
03.0174	磁力仪	magnetometer	
03.0175	磁秤	magnetic balance, Schmidt field balance	
03.0176	垂直磁力仪	vertical field balance	又称"垂直分量磁秤"。
03.0177	水平磁力仪	horizontal field balance	又称"水平分量磁秤"。
03.0178	磁通门磁力仪	flux-gate magnetometer	又称"磁饱和式磁力仪"。
03.0179	质子旋进磁力仪	proton precession magnetometer	
03.0180	核子旋进磁力仪	nuclear precession magnetometer	简称"核旋磁力仪"。
03.0181	核子共振磁力仪	nuclear resonance magnetometer	
03.0182	光泵磁力仪	optically pumped magnetometer	
03.0183	光吸收型磁力仪	optical absorption magnetometer	
03.0184	铷蒸气磁力仪	rubidium vapor magnetometer	
03.0185	超导磁力仪	superconductive magnetometer	
03.0186	感应式磁力仪	coil magnetometer	又称"线圈式磁力仪"。
03.0187	悬丝式磁力仪	suspension wire magnetometer	
03.0188	井下磁力仪	borehole magnetometer	
03.0189	磁梯度仪	magnetic gradiometer	
03.0190	航磁梯度仪	aeromagnetic gradiometer	
03.0191	卡帕仪	magnetic susceptibility Kappameter	
03.0192	测线偏离效应	herringbone effect	
03.0193	总地磁强度	total magnetic intensity	
03.0194	化[到地磁]极	reduction to the pole	
03.0195	磁力高	magnetic high	
03.0196	磁力低	magnetic low	
03.0197	磁性基底	magnetic basement	
03.0198	基内岩体	intrabasement body	

序 码	汉 文 名	英 文 名	注 释
03.0199	磁性薄层	thin magnetic layer	
03.0200	铁磁性岩墙[侵入体]	mafic dike intrusion	
03.0201	方向滤波	trend-pass filtering	
03.0202	磁性线性结构	magnetic lineation	
03.0203	斜率截距法则	slope-distance rule	又称"切线法"。
03.0204	电法勘探	electrical prospecting	
03.0205	人工场方法	artificial sources method	
03.0206	自然场方法	natural sources method	
03.0207	直流电法	direct current method	
03.0208	交流电法	alternating current method	
03.0209	垂向电测深	vertical electric sounding, VES	简称"电测深"。
03.0210	电阻率测深	resistivity sounding	
03.0211	偶极[电]测深	dipole electric sounding	
03.0212	电极排列	electrode array	又称"电极装置"。
03.0213	温纳[电极]排列	Wenner electrode array	
03.0214	施伦贝格尔排列	Schlumberger electrode array	
03.0215	三电极测深	tri-electrode sounding	
03.0216	排列系数	array factor	
03.0217	电极电阻	electrode resistance	
03.0218	极化电位	polarization potential	
03.0219	扩散电场	diffusing electric field	
03.0220	不极化电极	non-polarizing electrode	
03.0221	视电阻率	apparent resistivity	
03.0222	纵向电阻率	longitudinal resistivity	
03.0223	横向电阻率	transverse resistivity	
03.0224	各向异性系数	coefficient of anisotropy	
03.0225	电场	electric field	符号"E"。
03.0226	电流密度	current density	
03.0227	换向电流	commutated current	
03.0228	替载电阻	dummy load resistance	
03.0229	电测深量板曲线	VES master curve	
03.0230	横向电阻	transverse resistance	
03.0231	等效原理	principle of equivalence	
03.0232	地电剖面	geoelectric cross section	
03.0233	三层模型	three-layer model	
03.0234	H型剖面	H-type section	

序 码	汉 文 名	英 文 名	注 释
03.0235	K 型剖面	K-type section	
03.0236	A 型剖面	A-type section	
03.0237	Q 型剖面	Q-type section	
03.0238	纵电导	longitudinal conductance, total conductance	又称"总电导"。符号"S"。
03.0239	视电阻率剖面	apparent resistivity section	
03.0240	激发极化	induced polarization, IP	
03.0241	激发极化效应	effect of induced polarization	简称"激电效应"。
03.0242	面极化	surface polarization	
03.0243	体极化	body polarization	
03.0244	二次场电位差	voltage of secondary field	
03.0245	时[间]域激发极化法	time domain IP	
03.0246	极化率	chargeability	
03.0247	频[率]域激发极化法	frequency domain IP	
03.0248	频率效应百分数	percent frequency effect, PFE	又称"百分比频率效应"。
03.0249	相移激发极化法	phase shift IP	
03.0250	相位滞后值	phase lag value	
03.0251	大地电流法	telluric current method	
03.0252	大地电磁法	magnetotelluric method, MT	
03.0253	游散电流	stray current	
03.0254	工业干扰	cultural interference	
03.0255	雷电干扰	sferics	
03.0256	远方参考站	remote reference station	
03.0257	太阳风	solar wind	
03.0258	磁[场]敏感器	magnetic sensor	
03.0259	电[场]敏感器	electric sensor	
03.0260	十字排列装置	cross array	
03.0261	趋肤深度	skin depth	
03.0262	地响应函数	earth response function, ERF	
03.0263	标量阻抗	scalar impedance	
03.0264	张量阻抗	tensor impedance	
03.0265	椭圆极化	ellipse polarization	
03.0266	线性极化	linear polarization	
03.0267	同相位值	in-phase value	

序 码	汉 文 名	英 文 名	注 释
03.0268	正交值	quadrature value	
03.0269	倾子	tipper	
03.0270	扭曲度	skewness	
03.0271	截断效应	cut-off effect	
03.0272	博斯蒂克反演	Bostick inversion	
03.0273	广义反演	generalized inversion	
03.0274	TE 视电阻率曲线	transverse electrical mode, TE mode	
03.0275	TM 视电阻率曲线	transverse magnetic mode, TM mode	
03.0276	电导率结构	conductivity structure	
03.0277	静态移动	static shift	
03.0278	可控源声频大地电磁法	controlled source audio-frequency magnetotelluric method, CSAMT	
03.0279	激发偶极子强度	transmitter dipole strength	
03.0280	偶极子长度	dipole length	
03.0281	远场	far field	
03.0282	近场	near field	
03.0283	近场校正	near field correction	
03.0284	瞬变场电磁法	transient electromagnetic method	又称"建场法"。
03.0285	电磁法测深	electromagnetic sounding	
03.0286	频率域测深	frequency-domain sounding	
03.0287	时间域测深	time domain sounding, TDEM	
03.0288	场源矩	source moment	
03.0289	[场]源偶极子赤道轴	equatorial axis of source dipole	
03.0290	瞬变磁场	transient magnetic field	
03.0291	前期电阻率	early time resistivity	
03.0292	后期电阻率	late time resistivity	
03.0293	长偏距瞬变电磁法	long offset transient electromagnetic method, LOTEM	
03.0294	扩散深度	diffusion depth	
03.0295	地震勘探法	seismic prospecting method	
03.0296	反射法	reflection method	
03.0297	折射法	refraction method	
03.0298	地震测深	seismic sounding	

序　码	汉　文　名	英　文　名	注　释
03.0299	波传播[地震]	wave propagation	
03.0300	波动方程	wave equation	
03.0301	费马原理	Fermat principle	
03.0302	射线理论	ray path theory	
03.0303	斯内尔定律	Snell law	
03.0304	最小时间路径	minimum time path	
03.0305	惠更斯原理	Huygens principle	
03.0306	弹性介质	elastic medium	
03.0307	粘弹介质	viscoelastic medium, Voigt solid	
03.0308	体波	body wave	
03.0309	面波	surface wave	
03.0310	纵波	longitudinal wave, dilational wave, P wave	又称"压缩波", 简称"P 波"。
03.0311	横波	transverse wave, shear wave, S wave	又称"剪切波", 简称"S 波"。
03.0312	横向偏振横波	SH wave	又称"SH 波"。
03.0313	纵向偏振横波	SV wave	又称"SV 波"。
03.0314	平面偏振	plane polarization	
03.0315	转换波	converted wave	
03.0316	横波分裂	shear wave splitting	
03.0317	瑞利波	Rayleigh wave	
03.0318	勒夫波	Love wave	
03.0319	斯通莱波	Stoneley wave	
03.0320	槽波	guided wave, channel wave	又称"导波"。
03.0321	频散	dispersion	
03.0322	群速度	group velocity	
03.0323	相速度	phase velocity	
03.0324	正频散	normal dispersion	
03.0325	初至波	first arrival	
03.0326	首波	head wave	
03.0327	直达波	direct wave	
03.0328	纵测线折射法	in-line refraction profiling	
03.0329	漏出型波	leaking mode	
03.0330	互换原理	principle of reciprocity	
03.0331	相遇剖面	reversed profile	
03.0332	非纵剖面折射法	broadside refraction shooting	
03.0333	扇形[排列]折射	fan shooting	

序 码	汉 文 名	英 文 名	注 释
	法		
03.0334	对比折射法	correlative refraction method	
03.0335	续至波	second arrival	
03.0336	风化层	weathering layer	
03.0337	低速层	low velocity layer, LVL	
03.0338	高速层	high velocity layer	
03.0339	隐蔽层	hidden layer	又称"屏蔽层"。
03.0340	时距曲线	time-distance curve, hodograph	
03.0341	时距曲面	surface hodograph	
03.0342	临界距离	critical distance	
03.0343	超越[点]距离	cross-over distance	
03.0344	延迟时	delay time, intercept time	又称"截距时"。
03.0345	低速带测量	weathering shot	又称"小折射"。
03.0346	微地震测井	uphole shooting	
03.0347	声阻抗	acoustic impedance	
03.0348	阻抗差	impedance contrast	
03.0349	反射系数	reflection coefficient	
03.0350	反射率	reflectivity	
03.0351	透射系数	transmission coefficient	
03.0352	策普里兹方程	Zoeppritz equation	
03.0353	地震波识别	identification of seismic event	
03.0354	相干性	coherence	
03.0355	振幅突出	amplitude standout	
03.0356	波形特征	wave character, character	
03.0357	倾角时差	dip moveout	
03.0358	正常时差	normal moveout	
03.0359	连续性	continuity	
03.0360	主频	dominant frequency	又称"优势频率"。
03.0361	波数	wave number, spatial frequency	
03.0362	最大凸度曲线	curve of maximum convexity	
03.0363	绕射曲线	diffraction curve	又称"衍射曲线"。
03.0364	绕射波前支	forward branch of diffraction curve	
03.0365	绕射波后支	backward branch of diffraction curve	
03.0366	绕射反射波	diffracted reflection	又称"衍射反射波"。
03.0367	一次[反射]波	primary reflection	
03.0368	全程多次波	simple multiples	

序 码	汉 文 名	英 文 名	注 释
03.0369	长周期多次波	long period multiples	
03.0370	层间多次波	interbed multiples	
03.0371	微屈多次波	pegleg multiples	
03.0372	伴随波	ghost	又称"虚反射"。
03.0373	不同井深叠加	uphole stacking	
03.0374	鸣震	ringing, reverberation	
03.0375	巴克斯滤波器	Bacus filter	
03.0376	信噪比	signal to noise ratio, S/N	
03.0377	地滚波	ground roll	
03.0378	相干噪声	coherent noise	
03.0379	反射折射波	reflected refraction	
03.0380	杂乱散射	side scattering	
03.0381	空气波	air wave	
03.0382	随机噪声	random noise	
03.0383	环境噪声	ambient noise, background noise, ground unrest	
03.0384	邻队[激发]干扰	crew noise	
03.0385	井喷噪声	hole-blow noise	
03.0386	噪声观测剖面	noise profile, microspread	
03.0387	噪声分析	noise analysis	
03.0388	源致噪声	source-generated noise	
03.0389	信号源致噪声	signal-generated noise	
03.0390	组合	array, group	
03.0391	空间滤波	spatial filtering, ground mixing	
03.0392	炮井组合	pattern shot holes	
03.0393	检波器组合	pattern geophones, geophone array	
03.0394	线性组合	linear array	
03.0395	面积组合	areal array	
03.0396	[组合检波]组内距	geophone interval	
03.0397	组合基距	array length, grouping length	
03.0398	方向特性图	directivity graph	
03.0399	组合响应曲线	pattern response curve	
03.0400	压制区	reject region	
03.0401	通放区	pass region	
03.0402	垂直叠加	vertical stacking	

序 码	汉 文 名	英 文 名	注 释
03.0403	水平叠加	horizontal stacking	
03.0404	多次覆盖	multiple coverage	
03.0405	叠加次数	[stacking] fold	
03.0406	覆盖百分比	percentage of coverage	
03.0407	叠加图	stacking chart, layout chart	
03.0408	叠加剖面	stacked section	
03.0409	地震测井	check shot	
03.0410	冲激响应	impulse response	又称"脉冲响应"。
03.0411	里克子波	Ricker wavelet	曾用名"雷克子波"。
03.0412	合成地震记录	synthetic seismogram	
03.0413	复合反射波	composite reflection	
03.0414	偶极子反射率	doublet reflectivity	
03.0415	微分波形	differentiated waveform	
03.0416	渐变阻抗函数	ramp impedance function	
03.0417	积分波形	integrated waveform	
03.0418	时间分辨率	temporal resolution	
03.0419	垂向分辨率	vertical resolution	
03.0420	横向分辨率	lateral resolution	
03.0421	平面波	plane wave	
03.0422	球面波	spherical wave	
03.0423	球面发散	spherical divergence	
03.0424	几何扩展	geometrical spreading	
03.0425	透射损耗	transmission loss	
03.0426	大地滤波	earth filtering	又称"地层滤波"。
03.0427	非弹性吸收	anelastic absorption	
03.0428	吸收系数	absorption coefficient	
03.0429	固有衰减	intrinsic attenuation	
03.0430	视衰减	apparent attenuation	
03.0431	品质因子	Q-factor	
03.0432	出射角	emergence angle	
03.0433	折射角	refraction angle	
03.0434	法向入射	normal incidence	
03.0435	广角反射	wide angle reflection	
03.0436	临界反射	critical reflection	
03.0437	双程旅行时	two-way time, TWT	
03.0438	射线参数	ray parameter	
03.0439	射线折转	ray bending	

序 码	汉 文 名	英 文 名	注 释
03.0440	双折射	birefringence	
03.0441	视速度	apparent velocity	
03.0442	真速度	true velocity	
03.0443	平均速度	average velocity	
03.0444	速度函数	velocity function	
03.0445	均方根速度	rms velocity	
03.0446	迪克斯公式	Dix formula	
03.0447	时间平均公式	time average equation	
03.0448	福斯特公式	Faust equation	速度与年代和埋深的关系。
03.0449	加斯曼公式	Gassman equation	多孔物质速度表达式。
03.0450	模型预演	presurvey modeling	
03.0451	测线布设	line layout	
03.0452	主测线	dip line	
03.0453	联络测线	tie line	
03.0454	链尺定距	wire chaining	
03.0455	水准点	benchmark	
03.0456	基准点	fiducial point	
03.0457	前绘图	pre-plot	
03.0458	后绘图	post-plot	
03.0459	人工震源	artificial seismic source	
03.0460	炮点	shot point, source point, SP	
03.0461	震点	vibrator point, VP	
03.0462	炮井	shot hole	
03.0463	空气钻	air drill	
03.0464	成型炸药	packaged explosive	
03.0465	硝[酸]铵	ammonium nitrate	
03.0466	定向药包	directional charge	
03.0467	电雷管	electric blasting cap	
03.0468	起爆药包	primer	
03.0469	导爆索	detonating cord ·	
03.0470	爆炸机	blasting machine, blaster	
03.0471	重锤	weight dropper, "Thumper"	
03.0472	空中爆炸法	air shooting, Poulter method	
03.0473	双源单缆法	double source single streamer method	

序　码	汉文名	英　文　名	注　释
03.0474	双缆单源法	double streamer single source method	
03.0475	双源双缆法	double source double streamer method	
03.0476	双船法	double boat method	
03.0477	圆形观测	circle observation	
03.0478	同心圆观测	concentric circle observation	
03.0479	电缆	cable	
03.0480	[地震]加长电缆	jumper	
03.0481	光纤电缆	fiber optics cable	
03.0482	数字传输	digital transmission	
03.0483	检波器	geophone, jug	
03.0484	自然频率	natural frequency	
03.0485	阻尼	damping	
03.0486	临界阻尼	critical damping	
03.0487	动圈式检波器	moving-coil type geophone	
03.0488	动磁式检波器	moving-magnet type geophone	
03.0489	涡流式检波器	eddy-current type geophone	
03.0490	速度检波器	velocity geophone	
03.0491	加速度检波器	accelerometer	
03.0492	垂直检波器	vertical geophone	
03.0493	水平检波器	horizontal geophone	
03.0494	三分量检波器	three component geophone	
03.0495	井下检波器	well geophone	
03.0496	检波器串	[geophone] string	
03.0497	小线	flyer	
03.0498	接收点	receiver point, RP	
03.0499	[检波器]排列	spread	
03.0500	道距	group interval	
03.0501	采集形式	acquisition geometry	
03.0502	偏离	offset	
03.0503	单边排列	end-on spread, single ended spread	
03.0504	离开排列	in-line offset spread	
03.0505	双边排列	split spread	又称"中间放炮"。
03.0506	双边离开排列	split spread with shot point gap	
03.0507	非纵丁字形排列	broadside T spread	
03.0508	十字排列	cross spread	

序　码	汉　文　名	英　文　名	注　释
03.0509	扩展排列	expanded spread	
03.0510	互换位置法	transposed method	
03.0511	爆炸信号	time break	又称"时断信号"。
03.0512	井口时间	uphole time	
03.0513	井口检波器	uphole geophone	
03.0514	地震[记录]仪	seismic recording instrument, seismograph	
03.0515	计时线	timing line	
03.0516	野外录制	field recording	
03.0517	野外记录	field record	
03.0518	检流计	galvanometer	
03.0519	照相盒	camera	
03.0520	地震放大器	seismic amplifier	
03.0521	增益控制	gain control	
03.0522	自动增益控制	automatic gain control, AGC	
03.0523	压制器	suppressor	
03.0524	混波	mixing	
03.0525	磁带[模拟]录制	magnetic tape [analog] recording	
03.0526	磁鼓	magnetic drum	
03.0527	直接录制	direct recording	
03.0528	振幅调制	amplitude modulation	
03.0529	频率调制	frequency modulation	
03.0530	脉冲宽度调制	pulse-width modulation	
03.0531	公共自动增益控制	ganged automatic gain control, GAGC	简称"公控"。
03.0532	起始增益	initial gain	
03.0533	终了增益	final gain	
03.0534	增益道	gain trace	
03.0535	动态范围	dynamic range	
03.0536	解调	demodulation	
03.0537	回放	playback	
03.0538	波形曲线显示	wiggle trace display	
03.0539	变面积显示	variable area display	
03.0540	变密度显示	variable density display	
03.0541	高截滤波器	high cut filter	
03.0542	低截滤波器	low cut filter	
03.0543	陷波器	notch filter	

序　码	汉　文　名	英　文　名	注　释
03.0544	高压电干扰	high line interference	
03.0545	数字仪器	digital instruments, digital recording system	
03.0546	采样率	sampling rate	
03.0547	前置[放大器]增益	preamplifier gain	
03.0548	前置[放大器]滤波器	preamplifier filter	
03.0549	二进制增益	binary gain	
03.0550	瞬时浮点增益	instantaneous floating point gain	
03.0551	假频	aliasing	曾用名"混叠"。
03.0552	去假频滤波器	alias filter	
03.0553	多路编排器	multiplexer	
03.0554	采样－保持单元	sample and hold unit	
03.0555	模数转换器	analog to digital converter	
03.0556	录制格式	format	
03.0557	记录头	header	
03.0558	奇偶校验	parity check	
03.0559	记录终了标志	end-of-file mark, EOF	
03.0560	磁带机	tape transport, tape drive	
03.0561	野外数字带	field digital tape	
03.0562	遥测地震仪	telemetric seismic instrument	
03.0563	分布式仪器	distributed instrument	
03.0564	采集站	remote data unit, RDU, remote data acquisition unit, RDAU	
03.0565	符号位录制	sign-bit recording	
03.0566	可控震源法	vibroseis	
03.0567	可控震源	vibrator	
03.0568	连续变频信号	chirp	
03.0569	升频扫描	upsweep	
03.0570	降频扫描	downsweep	
03.0571	非线性扫描	non-linear sweep	
03.0572	扫描时间	sweeping period	
03.0573	监听时间	listening period	
03.0574	震次	times of vibration	
03.0575	相关器	correlator	
03.0576	克劳德子波	Klauder wavelet	

序　码	汉　文　名	英　文　名	注　释
03.0577	谐波畸变	harmonic distortion	
03.0578	相关虚象	correlation ghost	
03.0579	先至虚象	distortion forerunner	
03.0580	后至虚象	distortion tail	
03.0581	垂直地震剖面法	vertical seismic profiling, VSP	
03.0582	逐点激发地震剖面法	walkaway seismic profiling, WSP	
03.0583	零井源距垂直剖面法	zero-offset VSP	
03.0584	非零井源距垂直剖面法	nonzero-offset VSP	
03.0585	下行波	downgoing wave	
03.0586	上行波	upgoing wave	
03.0587	波场分离	wave field separation	
03.0588	井筒波	tube wave	
03.0589	套管波	casing wave	曾用名"管波"。
03.0590	前缘走廊	front corridor	
03.0591	走廊叠加	corridor stack	
03.0592	偏振	polarization	
03.0593	矢端图	hodogram	
03.0594	VSP – CDP 转换	VSP-CDP transform	全称"垂直地震剖面 – 共深度点转换"。
03.0595	二维地震	2D seismic	
03.0596	弯线地震	crooked line seismic	
03.0597	宽线地震	wide line seismic, WLP	
03.0598	井间地震	crosshole seismic	
03.0599	层析地震成象	seismic tomography, ST	
03.0600	旅行时层析成象	travel time tomography	又称"走时层析成象"。
03.0601	慢度	slowness	
03.0602	视慢度	apparent slowness	
03.0603	反投影	back projection	
03.0604	射线层析成象	ray path tomography	
03.0605	射线追踪	ray tracing	
03.0606	速度模型	velocity model	
03.0607	绕射波层析成象	diffraction wave tomography	又称"衍射波层析成象"。

序 码	汉 文 名	英 文 名	注 释
03.0608	三维地震	3D seismic	
03.0609	十字放炮法	cross shooting method	
03.0610	束线法	swath shooting method	
03.0611	环线法	loop method	
03.0612	数据处理流程	flow chart of data processing	
03.0613	显示	display	
03.0614	复数道	complex trace	
03.0615	瞬时属性	instantaneous attribute	
03.0616	瞬时相位	instantaneous phase	
03.0617	瞬时频率	instantaneous frequency	
03.0618	振幅包络	amplitude envelope	
03.0619	平面波分解	plane-wave decomposition	
03.0620	$\tau - p$ 变换	τ-p transform	
03.0621	相似度	semblance	
03.0622	谱分解	spectral decomposition	
03.0623	层矩阵	layer matrix	
03.0624	模型模拟	modeling	
03.0625	数值模拟	numerical simulation	
03.0626	合成声波测井	synthetic sonic log, synthetic acoustic impedance section	又称"合成声阻抗剖面"。
03.0627	预处理	preprocessing	
03.0628	[多路]解编	demultiplex	
03.0629	球面扩展校正	spherical spreading correction	
03.0630	几何扩展校正	geometric spreading correction	
03.0631	程序增益控制	programmed gain control	
03.0632	增益恢复	gain recovery	
03.0633	数据编辑	data editing	
03.0634	切除	muting, fading	
03.0635	去野值	elimination of burst noise	
03.0636	选排	sorting	又称"抽道集"。
03.0637	共中心点选排	CMP sorting	又称"抽共中心点道集"。
03.0638	共炮检距剖面	common-offset section	
03.0639	滤波	filtering	
03.0640	频带宽度	bandwidth	简称"带宽"。
03.0641	振幅谱	amplitude spectrum	
03.0642	功率谱	power spectrum	

序 码	汉 文 名	英 文 名	注 释
03.0643	相位谱	phase spectrum	
03.0644	去交混回响	dereverberation	又称"去鸣震"。
03.0645	空间假频	spatial aliasing	
03.0646	采样不足	undersampling	
03.0647	重采样	resampling	
03.0648	奈奎斯特频率	Nyquist frequency, folding frequency	又称"褶叠频率"。
03.0649	奈奎斯特波数	Nyquist wavenumber	
03.0650	去气泡	debubbling	
03.0651	带通滤波器	bandpass filter	
03.0652	低通滤波器	low-pass filter	
03.0653	高通滤波器	high-pass filter	
03.0654	矩形函数	boxcar function	
03.0655	绕射函数	diffraction function	又称"衍射函数"。用 sinc x 表示。
03.0656	吉布斯现象	Gibbs phenomenon	
03.0657	时变滤波	time-variant filtering, time variable filtering	
03.0658	匹配滤波器	matched filter	
03.0659	中值滤波	median filtering	
03.0660	多道滤波器	multichannel filter	
03.0661	倾角滤波	dip filtering	
03.0662	频率波数滤波	f-k filtering	
03.0663	速度滤波器	velocity filter	
03.0664	扇形滤波器	fan filter	
03.0665	切饼滤波器	pie slice filter	
03.0666	最大相干性滤波	maximum coherency filtering	
03.0667	卷绕噪声	wrap around noise	
03.0668	调向[叠加]	beam steering	
03.0669	共炮点道集	common shot point gather	
03.0670	共接收点道集	common receiving point gather	
03.0671	共转换点道集	common-conversion point gather	
03.0672	确定性反褶积	deterministic deconvolution	
03.0673	统计性反褶积	statistic deconvolution	
03.0674	反滤波器	inverse filter	
03.0675	最小二乘滤波器	least-square filter, Wiener filter	又称"维纳滤波器"。
03.0676	预测误差滤波器	prediction error filter	

序 码	汉 文 名	英 文 名	注 释
03.0677	预测滤波器	prediction filter	
03.0678	反 Q 滤波器	inverse Q filter	
03.0679	整形滤波器	shaping filter	
03.0680	自适应滤波器	adaptive filter	
03.0681	脉冲反褶积	spiking deconvolution	
03.0682	预测反褶积	predictive deconvolution	
03.0683	同态反褶积	homomorphic deconvolution	
03.0684	最大熵反褶积	maximum entropy deconvolution	
03.0685	最小熵反褶积	minimum entropy deconvolution	
03.0686	Q 自适应反褶积	Q-adaptive deconvolution	
03.0687	地表一致性反褶积	surface-consistent deconvolution	
03.0688	最大熵谱分析	maximum entropy spectrum analysis	
03.0689	零相位化	dephasing	
03.0690	子波整形	wavelet shaping	
03.0691	谱白化	spectral whitening	
03.0692	谱拉平	spectral flattening	
03.0693	子波处理	wavelet processing	
03.0694	地层反褶积	stratigraphic deconvolution	
03.0695	震源信号处理	signature processing	
03.0696	因果子波	causal wavelet	
03.0697	震源子波	source wavelet	
03.0698	相位滞后	phase lag	
03.0699	最小相位	minimum phase	
03.0700	最大相位	maximum phase	
03.0701	混合相位	mixed phase	
03.0702	算子	operator	
03.0703	滤波器系数	filter coefficient	
03.0704	单边算子	one-sided operator	
03.0705	双边算子	two-sided operator	
03.0706	记忆分量	memory component	
03.0707	预见分量	anticipation component	
03.0708	白噪声	white noise	简称"白噪"。
03.0709	带限白噪	bandlimited white noise	
03.0710	预测间隔	prediction distance	
03.0711	莱文森递推	Levinson recursion	

序码	汉文名	英文名	注释
03.0712	期望输出	desired output	
03.0713	实际输出	actual output	
03.0714	预白化	prewhitening	
03.0715	预白百分率	percent prewhitening	
03.0716	同态谱	cepstrum	又称"对数谱"。
03.0717	同态频率	quefrency	
03.0718	同态滤波	liftering	
03.0719	同态振幅	lamplitude	
03.0720	同态相位	saphe	
03.0721	速度分析	velocity analysis	
03.0722	速度谱	velocity spectrum	
03.0723	速度扫描	velocity scan	
03.0724	间隔速度	interval velocity	又称"层速度"。
03.0725	动校正速度	NMO velocity	又称"正常时差速度"。
03.0726	叠加速度	stacking velocity	
03.0727	速度估算	velocity estimation	
03.0728	沿层速度分析	horizon velocity analysis	
03.0729	偏移速度分析	migration velocity analysis	
03.0730	静校正量	statics	
03.0731	参考面	reference surface	
03.0732	静校正	static correction	
03.0733	自动静校正	automated static correction	
03.0734	剩余静校正	residual static correction	
03.0735	示范道	pilot trace	又称"参考道"。
03.0736	地表一致性剩余静校正量	surface-consistent residual statics	
03.0737	时变静校正	time-varying static correction	
03.0738	井口时间校正	uphole correction	
03.0739	炮点静校正量	shot statics	
03.0740	接收点静校正量	receiver statics	
03.0741	相关窗口	correlation window	
03.0742	折射静校正量	refraction statics	
03.0743	野外静校正	field static correction	
03.0744	长波长静校正量	long-wavelength statics	
03.0745	广义线性反演	generalized linear inversion, GLI	
03.0746	广义互换法	generalized reciprocal method,	

序 码	汉 文 名	英 文 名	注 释
		GRM	
03.0747	动校正	NMO correction	简称"动校"。
03.0748	动校正拉伸	NMO stretching	
03.0749	倾角时差校正	dip moveout, DMO	
03.0750	共反射点道集	CRP gather	
03.0751	共中心点道集	CMP gather	
03.0752	共中心点	common midpoint, CMP	
03.0753	共中心点叠加	common midpoint stack, CMP stack	
03.0754	真振幅保持	true-amplitude preservation	
03.0755	倾斜叠加	slant stack	
03.0756	加权叠加	weighted stack	
03.0757	偏移	migration	
03.0758	叠前偏移	prestack migration	
03.0759	叠后偏移	poststack migration	
03.0760	深度偏移	depth migration	
03.0761	偏移[校正]前剖面	unmigrated section	
03.0762	偏移[校正]剖面	migrated section	
03.0763	时间剖面	time section	
03.0764	深度剖面	depth section	
03.0765	偏移弧	smile [in migration]	
03.0766	速度－深度模型	velocity-depth model	
03.0767	波动方程偏移	wave equation migration	
03.0768	有限差分偏移	finite-difference migration	
03.0769	基尔霍夫偏移	Kirchhoff summation migration	
03.0770	绕射求和	diffraction summation	又称"衍射求和"。
03.0771	频率波数偏移	frequency-wavenumber migration, f-k migration	
03.0772	斯托尔特偏移	Stolt migration	
03.0773	相移法	phase-shift method	
03.0774	逆时偏移	reverse time migration	
03.0775	成象射线	imaging ray	
03.0776	法向入射射线	normal incident ray	
03.0777	斯托尔特拉伸因子	Stolt stretch factor	
03.0778	剩余偏移	residual migration	

序　码	汉　文　名	英　文　名	注　释
03.0779	串联偏移	cascade migration	
03.0780	频率空间偏移	frequency-space migration	
03.0781	隐式算子	implicit operator	
03.0782	显式算子	explicit operator	
03.0783	延拓步长	step size	
03.0784	爆炸反射面	exploding-reflector	
03.0785	边界条件	boundary condition	
03.0786	吸收边界条件	absorbing side boundary condition	
03.0787	偏移速度	migration velocity	
03.0788	偏移孔径	migration aperture	
03.0789	波场外推	wave field extrapolation	
03.0790	频散关系	dispersion relation	
03.0791	频散方程	dispersion equation	
03.0792	双平方根方程	double-square-root equation	
03.0793	傍轴近似	paraxial approximation	
03.0794	偏移不足	undermigration	
03.0795	偏移过量	overmigration	
03.0796	叠前部分偏移	prestack partial migration	
03.0797	波动方程基准面校正	wave equation datuming	
03.0798	层替换	layer replacement	
03.0799	替换动校正	replacement dynamics	
03.0800	三维数据处理	3D data processing	
03.0801	面元	bin	曾用名"共反射点面元"。
03.0802	面元划分	binning	
03.0803	共面元选排	common-cell sorting	又称"抽共面元道集"。
03.0804	炮检方位	source-receiver azimuth	
03.0805	三维速度分析	3D velocity analysis	
03.0806	倚方位速度	azimuth-dependent velocity	
03.0807	纵线方向	in-line direction	
03.0808	横线方向	crossline direction	
03.0809	全三维偏移	full 3D migration	
03.0810	一步法三维偏移	one-pass 3D migration	
03.0811	两步法三维偏移	two-pass 3D migration	
03.0812	折射解释	refraction interpretation	

序　码	汉　文　名	英　文　名	注　释
03.0813	延迟时法	delay time method	
03.0814	ABC 法	ABC method	即 t_0 法。
03.0815	k 因子	k-factor	用以计算垂直时间。
03.0816	波前法	wavefront method	
03.0817	加减法	plus-minus method	
03.0818	初至波静校正	first arrival refraction static correction	
03.0819	纠斜速度	skew velocity	
03.0820	校后时距曲线	reduced travel time curve	
03.0821	炮点相对静校 [量]	differential shot statics, DSS	
03.0822	接收点相对静校 [量]	differential receiver statics, DRS	
03.0823	表层速度结构	shallow velocity structure	
03.0824	表层速度异常	dimple	
03.0825	速度聚焦	velocity focusing	
03.0826	反射解释	reflection interpretation	
03.0827	同相排齐	line-up	
03.0828	同相轴	event	
03.0829	层面	horizon	
03.0830	反射面	reflector	
03.0831	反射标准层	key horizon, marker	
03.0832	联井	well-tie	
03.0833	层位追踪	tracing of horizons	
03.0834	假想层[面]	phantom horizon	
03.0835	地下焦点	buried focus	
03.0836	地下聚焦[效应]	buried focus effect	
03.0837	回转波	bow-tie	
03.0838	正常反射支	normal branch	
03.0839	回转反射支	reverse branch	
03.0840	侧反射	sideswipe out of plane reflection	
03.0841	干涉	interference	
03.0842	相长干涉	constructive interference	
03.0843	相消干涉	destructive interference	
03.0844	同相轴合并	merging of events	
03.0845	拾取反射时	reflection time picking	
03.0846	等时线绘制	isotime contouring	

序　码	汉　文　名	英　文　名	注　释
03.0847	图面空间校正	map migration	
03.0848	时深转换	time to depth conversion	
03.0849	构造显示	structural lead	
03.0850	小幅度构造	low relief structure	
03.0851	断层迹象	evidences of faulting	
03.0852	影区	shadow zone	
03.0853	断面反射	fault plane reflection	
03.0854	地震储层研究	seismic reservoir study	
03.0855	层位确定	identification of event	曾用名"层位标定"。
03.0856	精确定层	pin pointing of event	
03.0857	零相位子波	zero-phase wavelet	
03.0858	分辨能力	resolving power	
03.0859	间隔时间	interval time	
03.0860	薄层调谐	thin layer tuning	
03.0861	振幅分析	amplitude analysis	
03.0862	高分辨率	high resolution	
03.0863	幅－距分析	amplitude versus offset analysis, AVO analysis	
03.0864	远道变弱效应	dimming out effect	
03.0865	远道增强效应	brighten out effect	
03.0866	等反射角剖面	constant reflection angle section	
03.0867	速度上拉	velocity pull-up	
03.0868	速度下拉	velocity pull-down, velocity sag	
03.0869	速度陷井	velocity pitfalls	
03.0870	烃类显示	hydrocarbon indicators, HCI	
03.0871	亮点	bright spot	
03.0872	暗点	dim spot	
03.0873	平点	flat spot	
03.0874	极性反转	polarity reversal	
03.0875	双极性显示	dual polarity display	
03.0876	彩色显示	color display	
03.0877	色标	color code	
03.0878	属性	attribute	
03.0879	解释工作站	interpretative workstation	
03.0880	功能选单	functional menu	
03.0881	自动追踪	auto-tracing, auto-tracking	
03.0882	断层对比	fault correlation	

序　码	汉　文　名	英　文　名	注　释
03.0883	层拉平	flattening	
03.0884	[局部]图象放大	zooming	
03.0885	数据体	data volume	
03.0886	时间切片	time slice	
03.0887	水平切片	horizontal section, horizontal slice	
03.0888	沿层切片	horizon slice, amplitude map	
03.0889	任意垂直剖面	arbitrary vertical section	
03.0890	栅状显示	polygon display, fence diagram	
03.0891	椅状显示	chair display	
03.0892	箱式显示	boxcar display	
03.0893	[小块]并排显示	panel display	
03.0894	非整一	discordance	
03.0895	[全球性]海平面变化	eustatic change	
03.0896	S形结构	sigmoid configuration	
03.0897	叠瓦状结构	shingled configuration	
03.0898	斜交结构	oblique configuration	
03.0899	S形斜交复合结构	complex sigmoid-oblique configuration	
03.0900	齐整结构	even configuration	又称"平坦结构"。
03.0901	透镜状结构	lenticular configuration	
03.0902	滑塌地震相	slump seismic facies	
03.0903	等深流丘状地震相	contourite mound seismic facies	
03.0904	迁移波状地震相	migrating wave seismic facies	
03.0905	火山丘地震相	volcanic mound seismic facies	
03.0906	席状地震相	sheet seismic facies	
03.0907	席状披盖地震相	sheet drape seismic facies	
03.0908	楔状地震相	wedge seismic facies	
03.0909	滩状地震相	bank seismic facies	
03.0910	透镜状地震相	lens seismic facies	
03.0911	沉积体系域	systems tract	
03.0912	前积结构	progradational configuration	

04. 地球物理测井

序 码	汉 文 名	英 文 名	注 释
04.0001	地球物理测井学	borehole geophysics	
04.0002	测井	well logging	
04.0003	电缆测井	wireline well logging	
04.0004	测井理论	logging theory	
04.0005	测井技术	logging technique	
04.0006	测井系列	logging suite, logging program	
04.0007	测井作业	logging operation	
04.0008	上行测井	logged up	
04.0009	下行测井	logged down	
04.0010	测井曲线	log curve	
04.0011	测井数据	log data	
04.0012	测井响应	log response	
04.0013	测井速度	logging speed	
04.0014	测井下井仪	downhole tool, subsurface instrument	
04.0015	测井电缆	logging cable	
04.0016	地面设备	surface equipment	
04.0017	电缆测井服务	wireline logging service	
04.0018	岩石骨架	rock matrix	
04.0019	骨架矿物	matrix mineral	
04.0020	纯净地层	clean formation	
04.0021	复杂岩性	complex lithology	
04.0022	低电阻层	conductive bed	
04.0023	高电阻层	resistive bed	
04.0024	测井曲线图头	log heading	
04.0025	组合测井	combination logging	
04.0026	对比测井	correlation logging	
04.0027	标准测井	standard logging	
04.0028	冲洗带	flushed zone	
04.0029	过渡带	transition zone	
04.0030	侵入带	invaded zone	
04.0031	原状地层	virgin zone, uninvaded zone	
04.0032	侵入剖面	invasion profile	
04.0033	侵入直径	invasion diameter	

序　码	汉　文　名	英　文　名	注　释
04.0034	侵入深度	invasion depth	
04.0035	台阶型侵入剖面	step profile of invasion	
04.0036	过渡型侵入剖面	transition profile of invasion	
04.0037	环带侵入剖面	annulus profile of invasion	
04.0038	低电阻率环带	low resistivity annulus	
04.0039	自由水	free water	
04.0040	结合水	bound water	
04.0041	束缚水	irreducible water	
04.0042	远水	far water	
04.0043	粘土水	clay water	
04.0044	地层因数	formation factor	曾用名"相对电阻率"。
04.0045	胶结指数	cementation factor	
04.0046	地层电阻率指数	formation resistivity index	又称"电阻增大率"。
04.0047	阿奇公式	Archie equation	
04.0048	亨布尔公式	Humble formula	
04.0049	饱和度指数	saturation exponent	
04.0050	分散泥质	dispersed shale	
04.0051	层状泥质	laminar shale	
04.0052	结构泥质	structural shale	
04.0053	裸眼井测井	open hole logging	
04.0054	套管井测井	cased-hole logging	
04.0055	仪器常数	tool factor	
04.0056	记录点	measuring point	
04.0057	偏心器	excentralizer, decentralizer, eccentering arm	
04.0058	间隙器	stand-off	
04.0059	扶正器	centralizer	
04.0060	源距	spacing	
04.0061	短源距	short space	
04.0062	长源距	long space	
04.0063	零源距	critical detector-source spacing	
04.0064	间距	span	
04.0065	源	source	
04.0066	探头	sonde	
04.0067	探测器	detector	
04.0068	源室	source storage container	

序　码	汉　文　名	英　文　名	注　释
04.0069	极板型下井仪	pad-type tool	
04.0070	电子线路短节	electronic cartridge	
04.0071	下井仪器串	tool string	
04.0072	照相记录仪	photographic recorder	
04.0073	井眼条件	borehole condition	
04.0074	中子源	neutron source	
04.0075	γ-源	gamma ray source, γ-source	
04.0076	电激发源	electrically stimulated source	
04.0077	薄层技术	thin bed technique	
04.0078	薄互层	thin interbed	
04.0079	测井质量控制	log quality control	
04.0080	测井刻度	log calibration	
04.0081	刻度线	calibration tail	
04.0082	刻度井	calibration pit, test pit	
04.0083	刻度器	calibrator	
04.0084	零线	zero tail	
04.0085	电零	electrical zero	
04.0086	零长	distance of zero mark, zero length	
04.0087	深度比例	depth scale	
04.0088	重复测量井段	repeat section	
04.0089	电测井	electrical logging, electric log	
04.0090	电阻率测井	resistivity log	
04.0091	普通电阻率测井	electrical survey, ES, conventional electric logging	
04.0092	电极系	electrode array, sonde	
04.0093	电位电极系	normal electrode configuration, normal sonde	
04.0094	短电位	short normal	
04.0095	长电位	long normal	
04.0096	梯度电极系	lateral electrode configuration, lateral sonde	
04.0097	测量电极	measuring electrode	
04.0098	泥浆电阻率	mud resistivity	
04.0099	泥浆滤液电阻率	mud filtrate resistivity	
04.0100	泥饼电阻率	mud cake resistivity	
04.0101	地层真电阻率	true formation resistivity	
04.0102	地层视电阻率	apparent formation resistivity	

序 码	汉 文 名	英 文 名	注 释
04.0103	侵入带电阻率	invaded zone resistivity	
04.0104	冲洗带电阻率	flushed zone resistivity	
04.0105	地层水	formation water	
04.0106	地层水电阻率	formation water resistivity	
04.0107	视地层水电阻率	apparent formation water resistivity	
04.0108	地层水矿化度	formation water salinity	
04.0109	围岩电阻率	adjacent bed resistivity	
04.0110	邻层影响	shoulder-bed effect, adjacent bed effect	
04.0111	侵入带含水饱和度	water saturation of invaded zone	
04.0112	增阻侵入	increased resistance invasion	
04.0113	减阻侵入	decreased resistance invasion	
04.0114	超长电极距测井	ultralong-spaced electric log	
04.0115	侧向测井	laterolog	
04.0116	三侧向测井	laterolog 3	
04.0117	主电极	center electrode	
04.0118	七侧向测井	laterolog 7	
04.0119	双侧向测井	dual laterolog	
04.0120	深侧向测井	deep investigation laterolog	
04.0121	浅侧向测井	shallow investigation laterolog	
04.0122	屏蔽电极	shielded electrode, guarded electrode, bucking electrode	
04.0123	屏蔽电流	guard current, bucking current	
04.0124	电极系聚焦系数	focusing coefficient of sonde	
04.0125	电极系分布比	distribution ratio of sonde	
04.0126	屏流比	bucking current ratio	
04.0127	微侧向侧井	microlaterolog	
04.0128	邻近侧向测井	proximity log	
04.0129	球形聚焦测井	spherically focused log	
04.0130	微球形聚焦测井	microspherically focused log	
04.0131	八侧向测井	laterolog 8	
04.0132	环境校正	environmental correction	
04.0133	井眼校正	borehole correction	
04.0134	侵入校正	invasion correction	
04.0135	层厚校正	bed thickness correction,	

序　码	汉　文　名	英　文　名	注　释
		shoulder-bed correction	
04.0136	感应测井	induction logging	
04.0137	双感应测井	dual induction log	
04.0138	深感应测井	deep investigation induction log	
04.0139	中感应测井	medium investigation induction log	
04.0140	相量感应测井	phasor induction log	
04.0141	阵列感应成象仪	array induction imager	
04.0142	线圈系	coil array	
04.0143	发射线圈	transmitter coil, emitter coil	
04.0144	接收线圈	receiver coil	
04.0145	单元环	unit ground loop, elemental loop	
04.0146	单元环涡流	unit loop eddy current	
04.0147	几何因子理论	geometrical factor theory	
04.0148	径向积分几何因子	integrated radial geometric factor	
04.0149	纵向积分几何因子	integrated vertical geometric factor	
04.0150	传播效应	propagation effect, skin effect	又称"趋肤效应"。
04.0151	介电测井	dielectric log	
04.0152	电磁波传播测井	electromagnetic propagation log	
04.0153	自然电位测井	spontaneous potential log	
04.0154	微电极测井	microelectrode log, minilog	
04.0155	微电阻率测井	microresistivity log	
04.0156	微电位	micronormal	
04.0157	微梯度	microinverse	
04.0158	地层微电阻扫描测井	formation microscanner log, FMS log	
04.0159	地热测井	geothermal logging	
04.0160	静自然电位	static spontaneous potential	
04.0161	假静自然电位	pseudostatic spontaneous potential	
04.0162	自然电位泥岩基线	SP shale baseline	
04.0163	自然电位基线漂移	SP baseline drift	
04.0164	激发极化测井	induced polarization log	
04.0165	核测井	nuclear logging	曾用名"放射性测井"。

序　码	汉　文　名	英　文　名	注　释
04.0166	自然γ测井	natural gamma-ray log	
04.0167	自然γ刻度井	gamma-ray test pit	
04.0168	中子测井刻度井	neutron log test pit	
04.0169	API自然γ单位	API gamma-ray unit	
04.0170	自然γ能谱测井	natural gamma-ray spectral log	
04.0171	密度测井	density log	
04.0172	补偿地层密度测井	compensated densilog, compensated density log, compensated formation density log	
04.0173	岩性－密度测井	litho-density log	
04.0174	补偿中子测井	compensated neutron log	
04.0175	光电吸收截面指数	photoelectric absorption cross section index	
04.0176	流体密度	fluid density	
04.0177	骨架密度	matrix density, grain density	又称"颗粒密度"。
04.0178	体积密度	bulk density	
04.0179	电子密度指数	electron density index	
04.0180	密度测井刻度块	density calibration block	
04.0181	脊肋图	spine-and-ribs plot	
04.0182	中子γ测井	neutron gamma-ray log	
04.0183	热中子测井	thermal neutron log	
04.0184	超热中子测井	epithermal neutron log	
04.0185	挖掘效应	excavation effect	
04.0186	氯测井	chlorine log	
04.0187	井壁中子测井	sidewall neutron log	
04.0188	中子孔隙度	neutron porosity	
04.0189	含氢指数	hydrogen index	
04.0190	脉冲中子发生器	pulsed neutron generator	
04.0191	脉冲中子测井	pulsed neutron log	
04.0192	碳氧比测井	carbon/oxygen log	
04.0193	中子寿命测井	neutron lifetime log	
04.0194	热中子衰减时间测井	thermal decay time log	
04.0195	次生γ能谱测井	induced gamma-ray spectrometry log	
04.0196	中子活化测井	neutron activation log	
04.0197	核磁测井	nuclear magnetic resonance log,	

序 码	汉 文 名	英 文 名	注 释
		nuclear magnetism log	
04.0198	自由流体指数	free fluid index	
04.0199	放射性同位素测井	radioisotope log	
04.0200	元素测井	geochemical well logging	又称"地球化学测井"。
04.0201	声波测井	acoustic logging, sonic logging	
04.0202	声速测井	acoustic velocity logging	
04.0203	滑行波	slide wave	
04.0204	声系	acoustic sonde	
04.0205	泥浆波	mud wave	
04.0206	声波时差	interval transit time, slowness	
04.0207	周波跳跃	cycle skip	
04.0208	井眼补偿声波测井	borehole compensated acoustic logging	
04.0209	压实校正	compaction correction	
04.0210	长源距声波测井	long-spacing sonic logging	
04.0211	阵列声波测井	array sonic log	
04.0212	偶极横波声波成象仪	dipole shear sonic imager	
04.0213	超声波成象仪	ultrasonic imager	
04.0214	声幅测井	acoustic amplitude logging	
04.0215	水泥胶结测井	cement bond log	
04.0216	水泥[胶结]评价测井	cement evaluation log	
04.0217	声波变密度测井	acoustic variable density log	
04.0218	声波全波测井	acoustic wavetrain logging, acoustic full waveform log	
04.0219	环形声波测井	circumferential acoustilog	
04.0220	噪声测井	noise logging	
04.0221	井下声波电视测井	borehole televiewer log	
04.0222	垂直地震剖面测井	vertical seismic profile log	
04.0223	井中激发垂直地震剖面	inverse VSP	
04.0224	微环隙	microannulus	

序 码	汉 文 名	英 文 名	注 释
04.0225	地层倾角测井	dip log, dipmeter log	
04.0226	高分辨地层倾角测井仪	high resolution dipmeter tool, HDT	
04.0227	地层学高分辨地层倾角测井仪	stratigraphic high resolution dipmeter tool, SHDT	
04.0228	地层倾角	dip angle	
04.0229	视倾角	apparent dip	
04.0230	相对方位角	relative bearing	
04.0231	倾斜方位角	dip azimuth angle	
04.0232	高程差	curve displacement	
04.0233	Ⅰ号电极方位角	azimuth of Ⅰ electrode	
04.0234	对比曲线	correlation curve	
04.0235	对比长度	correlation interval	
04.0236	探索长度	search length	
04.0237	探索角	search angle	
04.0238	步长	step distance, step length	进行地层倾角测井曲线对比时,两相邻曲线段中心点的距离。
04.0239	倾角矢量图	arrow plot, tadpole plot	
04.0240	施密特图	Schmidt diagram	
04.0241	方位频率图	azimuth frequency diagram	
04.0242	杆状图	stick plot	
04.0243	测井分析	log analysis	
04.0244	测井解释工作站	log interpretation workstation	
04.0245	测井综合解释	comprehensive log interpretation	
04.0246	测井数据处理	log data processing	
04.0247	地层评价	formation evaluation	
04.0248	储层参数	reservoir parameter	
04.0249	测井解释模型	log interpretation model	
04.0250	测井响应方程	log response equation	
04.0251	岩石体积模型	physical model of bulk-volume rock	
04.0252	纯砂岩模型	clean sand model	
04.0253	含泥质岩石模型	shaly rock model	
04.0254	双水模型	dual water model	
04.0255	泥质含量	shale content, shaliness	
04.0256	粘土含量	clay content	

序 码	汉 文 名	英 文 名	注 释
04.0257	粉砂指数	silt index	
04.0258	泥质指示	shale indicator	
04.0259	粘土指示	clay indicator	
04.0260	岩性模型	lithology model	
04.0261	单矿物模型	single-mineral model	
04.0262	双矿物模型	dual-mineral model	
04.0263	多矿物模型	multi-mineral model	
04.0264	矿物对	mineral pair	
04.0265	骨架参数	matrix parameter	
04.0266	流体参数	fluid parameter	
04.0267	泥质砂岩电阻率方程	shaly sand resistivity equation	
04.0268	阳离子交换能力	cation-exchange capacity, base-exchange capacity	
04.0269	快速直观解释法	quick-look interpretation method	
04.0270	重叠法	overlay method	
04.0271	双孔隙度法	dual-porosity method	
04.0272	视地层水电阻率法	apparent formation water resistivity technique	
04.0273	正态分布法	normal distribution method	
04.0274	可动油图	movable oil plot	
04.0275	可动水图	movable water plot	
04.0276	复杂岩性储层	complex lithology reservoir	
04.0277	双重孔隙度模型	dual-porosity model	
04.0278	裂缝孔隙度分布指数	fracture porosity partitioning coefficient	
04.0279	裂缝识别测井	fracture identification log	
04.0280	次生孔隙度指数	secondary porosity index	
04.0281	人工解释	manual interpretation	
04.0282	裂缝指数	fracture index	
04.0283	预解释	pre-interpretation	
04.0284	分层定值	blocking	
04.0285	分层	zonation	
04.0286	交会图技术	crossplot technique	
04.0287	裂缝探测	fracture detection	
04.0288	M－N交会图	M-N plot	
04.0289	直方图	histogram	

序 码	汉 文 名	英 文 名	注 释
04.0290	Z 值图	Z-plot	
04.0291	频率图	frequency plot	
04.0292	骨架识别图	matrix identification plot	
04.0293	多井分析	multiwell analysis	
04.0294	参数转换	transform of parameter	
04.0295	测井数据归一化	log data normalization	
04.0296	电相	electrofacies	
04.0297	参数集总	lumping	
04.0298	截止值	cutoff	
04.0299	多线电测仪	multichannel logging unit	
04.0300	明记录	visible record	
04.0301	检流计系统	galvanometer system	
04.0302	磁带记录仪	magnetic tape recorder	
04.0303	横向比例	grid scale	
04.0304	线性比例	linear scale	
04.0305	对数比例	logarithmic scale	
04.0306	混合比例	hybrid scale	
04.0307	磁性记号	magnetic mark	
04.0308	测井车	logging truck	
04.0309	海上测井拖撬	offshore unit, skid unit	
04.0310	绞车控制面板	winchman control panel	
04.0311	深度测量系统	depth-measuring system	
04.0312	电缆连接器	bridle	
04.0313	电缆头	logging head, cable head	
04.0314	电缆张力	cable stretch	
04.0315	推靠器	eccentering arm	
04.0316	压力补偿器	pressure compensator	
04.0317	数字磁带测井记录仪	digital logging recorder	
04.0318	测井数据采集	logging data acquisition	
04.0319	采样密度	sampling density	
04.0320	深度延迟	depth delay	
04.0321	深度基准	depth datum	
04.0322	深度对齐	depth match	又称"深度匹配"。
04.0323	深度编码盘	depth encoder	
04.0324	模拟记录测井仪	analog recording logging unit	
04.0325	数字记录测井仪	digital recording logging unit	

序　码	汉　文　名	英　文　名	注　　释
04.0326	计算机控制测井仪	computerized logging unit	又称"数控测井仪"。
04.0327	多功能采集和成象系统	multitask acquisition and imaging system	
04.0328	测井信号模拟器	signal simulator	
04.0329	仪器接口	tool interface system	
04.0330	光学记录系统	optical recording system	
04.0331	电缆传输系统	cable communication system	
04.0332	双金属干扰	bimetallism disturbance	
04.0333	磁化干扰	magnetism disturbance	
04.0334	基线漂移	baseline drift	
04.0335	基线偏置	baseline offset	
04.0336	泥浆电阻率测定器	electronic mud tester, EMT	
04.0337	气测井	mud logging, drill returns log	
04.0338	色谱气测仪	partition gas chromatograph	
04.0339	脱气器	gas trap	
04.0340	气体分析系统	gas analysis system	
04.0341	泥浆流	mud stream	
04.0342	泥浆迟到时间	lag time	
04.0343	环空体积	annular volume	
04.0344	泵冲数计数器	pump stroke counter	
04.0345	生产测井	production log	
04.0346	工程测井	engineering log	
04.0347	注入剖面	injection profile	又称"吸水剖面"。
04.0348	注水剖面	water injection profile	
04.0349	注气剖面	gas injection profile	
04.0350	注汽剖面	steam injection profile	
04.0351	产出剖面	production profile	
04.0352	脱附量	desorption rate	
04.0353	活化液	activate fluids	
04.0354	环空测井	annular space log, through annular space log	
04.0355	环空找水仪	annular water detector	
04.0356	温度测井	temperature logging	
04.0357	径向微差井温测井	radial differential temperature log	

序 码	汉 文 名	英 文 名	注 释
04.0358	微差井温测井	differential temperature survey	
04.0359	套管内径测井	casing caliper log	
04.0360	井径仪	caliper	
04.0361	微差井径曲线	differential caliper log	
04.0362	过油管井径仪	through-tubing caliper	
04.0363	非接触式井径仪	uncontact caliper	
04.0364	多臂井径仪	multi-arm caliper	
04.0365	多触点套管井径仪	multifeeler casing caliper	
04.0366	集流式流量计	packer flowmeter	
04.0367	连续流量计	continuous flowmeter	
04.0368	全井眼流量计	fullbore spinner flowmeter	
04.0369	伞式流量计	basket flowmeter	
04.0370	高灵敏流量计	high sensitivity flowmeter	
04.0371	放射性示踪流量计	radioactive-tracer flowmeter	
04.0372	示踪流量测井	tracer flow survey	
04.0373	质量流量计	mass flowmeter	
04.0374	油井综合测试仪	composite production test device	
04.0375	滑脱速度	slippage velocity	
04.0376	持水率	water hold up	
04.0377	含水率仪	water cut meter, hydro tool	
04.0378	流体密度计	densimeter	
04.0379	压差密度计	gradiomanometer	
04.0380	接箍定位器	collar locator	
04.0381	电磁测厚仪	electromagnetic thickness tool	
04.0382	管子分析仪	pipe analysis tool	
04.0383	注入井测井	injection well log	
04.0384	生产井测井	production well log	
04.0385	油藏管理测井	reservoir management log	
04.0386	时间推移测井	time-lapse logging	
04.0387	测-注-测技术	log-injected-log technique	
04.0388	射孔	perforation	
04.0389	聚能射孔弹	shaped charge	
04.0390	射孔器	perforator	又称"射孔枪"。
04.0391	有枪身射孔器	hollow carrier gun	
04.0392	无枪身射孔器	retrievable wire perforator	

序 码	汉 文 名	英 文 名	注 释
04.0393	过油管射孔	through-tubing perforating	
04.0394	选择射孔	selective perforation	
04.0395	射孔效率	perforation efficiency	
04.0396	射孔井段	perforation interval	
04.0397	射孔液	perforation fluid	
04.0398	孔眼排列方式	perforation pattern	
04.0399	射孔密度	shot density, perforation density	
04.0400	射孔孔径	perforation diameter	
04.0401	射孔穿透深度	perforation penetration	
04.0402	无电缆射孔	tubing conveyed perforation	又称"油管传送射孔"。
04.0403	负压射孔	underbalanced perforation	
04.0404	正压射孔	overbalanced perforation	
04.0405	井壁取心	sidewall coring	
04.0406	钻进式井壁取心器	rotary sidewall sampler	
04.0407	冲击式井壁取心器	percussion type sidewall sampler	
04.0408	切割式井壁取心器	core slicer	
04.0409	随钻测量	measurement while drilling, MWD	
04.0410	随钻测井	logging while drilling, LWD	
04.0411	卡点指示器	stuck point indicator	
04.0412	电缆式地层测试器	wireline formation tester	
04.0413	井斜测量	inclination logging	
04.0414	套管接箍定位器	casing collar locator	
04.0415	大斜度井测井	high-angle borehole logging	
04.0416	水平井测井	horizontal well logging	

05. 钻 井 工 程

序 码	汉 文 名	英 文 名	注 释
05.0001	井眼	wellbore	
05.0002	井壁	borehole wall	

序 码	汉文名	英 文 名	注 释
05.0003	井底	bottom hole	
05.0004	深井	deep well	
05.0005	裸眼井	open hole, uncased hole	
05.0006	侧钻井	sidetracked hole	
05.0007	小井眼	slim hole	
05.0008	勘探钻井	exploratory drilling	
05.0009	开发钻井	development drilling	
05.0010	加密钻井	infill drilling	
05.0011	深井钻井	deep drilling	
05.0012	沙漠钻井	desert drilling	
05.0013	报废井	abandoned well	
05.0014	钻前工程	preliminary work for spudding	
05.0015	井场	drilling site, well site	
05.0016	井场布置	well site layout	
05.0017	井位	well location	
05.0018	井场值班房	dog house	
05.0019	野营房	mobile field camp	
05.0020	圆井	cellar	
05.0021	活动基础	removable foundation	
05.0022	井架安装	derrick installation	
05.0023	拔杆	gin pole	
05.0024	成组安装	package installation	
05.0025	钻井设计	well design, well planning	
05.0026	钻井程序	drilling program	
05.0027	超深井	ultradeep well	
05.0028	试验井	test well	
05.0029	钻井理论	drilling theory	
05.0030	钻井方法	drilling method	
05.0031	旋转钻井	rotary drilling	
05.0032	顿钻	cable drilling	
05.0033	空气钻井	air drilling	
05.0034	天然气钻井	gas drilling	
05.0035	涡轮钻井	turbodrilling	
05.0036	爆炸钻井	explosive drilling	
05.0037	电弧钻井	electric arc drilling	
05.0038	泡沫钻井	foam drilling	
05.0039	大井眼钻井	large hole drilling	

序码	汉文名	英文名	注释
05.0040	小井眼钻井	slim hole drilling	
05.0041	喷射钻井	jet drilling, jet bit drilling	
05.0042	最优化钻井	optimized drilling, optimization drilling	
05.0043	优选参数钻井	drilling with optimized parameter	
05.0044	高压钻井	high pressure drilling	
05.0045	钻井进尺	drilling footage, footage	
05.0046	取心进尺	coring footage	
05.0047	井身质量	wellbore quality	
05.0048	钻头平均进尺	average bit footage	
05.0049	钻进	drilling	
05.0050	钻井技术	drilling technology	
05.0051	钻井参数	drilling parameter	
05.0052	钻压	weight on bit, WOB	
05.0053	悬重	total weight, hook load	
05.0054	转速	rotary speed	
05.0055	中性点	neutral point	
05.0056	开钻	spud-in, spuding	
05.0057	完钻	finishing drilling	
05.0058	送钻	bit feed	
05.0059	方余	kelly-up	
05.0060	方入	kelly-in	
05.0061	机械钻速	penetration rate, rate of penetration	
05.0062	蹩钻	bit bouncing	
05.0063	跳钻	bit jumping	
05.0064	干钻	drilling at circulation break, drilling dry	
05.0065	钻头泥包	bit balling	
05.0066	划眼	redressing, hole redressing	
05.0067	扩眼	reaming, hole reaming	
05.0068	套管下扩眼	underream	
05.0069	钻入生产层	drilling in	
05.0070	纠斜	hole straightening	
05.0071	侧钻	side tracking, sidetrack	
05.0072	单根	single, single joint	
05.0073	双根	double, double joint	

序 码	汉 文 名	英 文 名	注 释
05.0074	立根	stand	
05.0075	起下钻	trip	
05.0076	短起下钻	short trip	
05.0077	起钻	pulling out, pull out	
05.0078	下钻	going in, go in, going down	
05.0079	上扣	make-up	
05.0080	鼠洞	rat hole	
05.0081	小鼠洞	mouse hole	
05.0082	射流	jet flow, jet	
05.0083	冲击射流	impact jet flow, impact jet	
05.0084	气蚀射流	cavitation jet	又称"空化射流"。
05.0085	射流等速核	potential core of jet	
05.0086	漫流	cross flow	
05.0087	射流速度	jet velocity	又称"喷射速度"。
05.0088	射流动压力	dynamic pressure of jet	
05.0089	射流冲击力	jet impact force	
05.0090	射流水功率	jet hydraulic power	
05.0091	清洗井底	bottom hole cleaning	
05.0092	钻头压降	bit pressuredrop	
05.0093	钻头水功率	bit hydraulic horsepower	
05.0094	环空流速	annular velocity	
05.0095	钻井液循环系统	drilling fluid circulation system	
05.0096	喷射钻井工作方式	working regime of jet drilling	
05.0097	最大钻头水功率工作方式	working regime of the maximum bit hydraulic horsepower	
05.0098	最大射流冲击力工作方式	working regime of the maximum jet impact force	
05.0099	最大喷射速度工作方式	working regime of the maximum jet velocity	
05.0100	经济水功率工作方式	working regime of economic hydraulic horsepower	
05.0101	最优泥浆排量	optimum rate of mud flow, optimum flow rate	
05.0102	最优喷嘴直径	optimum nozzle diameter	
05.0103	临界井深	critical well depth	
05.0104	钻井泵工作状态	the working regime of drilling	

序　码	汉　文　名	英　文　名	注　释
		pump	
05.0105	岩屑运移比	cutting transportation ratio	
05.0106	环空岩屑浓度	solid concentration in annular space	
05.0107	优化钻井技术	optimum drilling technique	
05.0108	控制井	control well	又称"对比井"。
05.0109	钻井可控参数	controllable drilling parameter	
05.0110	钻井不可控参数	non controllable drilling parameter	
05.0111	钻井目标函数	objective function of drilling procedure	
05.0112	钻进数学模型	mathematical model for drilling procedure	
05.0113	钻速方程	equation for drilling rate	
05.0114	最大允许钻压	maximum allowable weight on bit	
05.0115	最优钻压	optimum weight on bit	
05.0116	地层研磨性系数	factor of formation abrasiveness	
05.0117	牙齿磨损系数	tooth wear coefficient	
05.0118	轴承磨损系数	wear coefficient of bearing	
05.0119	钻速试验	drill-off test	
05.0120	钻井工程模拟	drilling engineering simulation	
05.0121	钻井工程模拟器	drilling engineering simulator	
05.0122	粘软地层	soft formation with sticky layer	
05.0123	软地层	soft formation	
05.0124	软－中地层	soft-to-medium formation	
05.0125	中－硬地层	medium-to-hard formation	
05.0126	硬地层	hard formation	
05.0127	极硬地层	extremely hard formation	
05.0128	[岩石]弹性模量	elastic modulus of rock	
05.0129	[岩石]泊松比	Poisson's ratio of rock	
05.0130	[岩石]物理机械性质	physical-mechanical properties of rock	
05.0131	[岩石]剪切模量	shear modulus of rock	
05.0132	[岩石]抗拉强度	tensile strength of rock	
05.0133	岩石抗压强度	compressive strength of rock	
05.0134	[岩石]硬度	hardness of rock	
05.0135	[岩石]抗剪强度	shear strength of rock	
05.0136	[岩石]三轴强度	triaxial test of rock	

序　码	汉　文　名	英　文　名	注　释
	试验		
05.0137	脆性岩石	brittle rock	
05.0138	塑性岩石	plastic rock	
05.0139	[岩石]假塑性破坏	pseudo-plastic failure of rock	
05.0140	[岩石]塑性系数	plasticity coefficient of rock	
05.0141	[岩石]表面破碎	surface failure of rock	
05.0142	[岩石]疲劳破坏	fatigue failure of rock	
05.0143	[岩石]体积破坏	volumetric fracture of rock	
05.0144	[岩石]单位体积破坏功	specific volumetric fracture work of rock	
05.0145	侧压系数	coefficient of lateral pressure	
05.0146	围压	confining pressure	
05.0147	有效应力	effective stress	
05.0148	压持效应	chip hold down effect	
05.0149	岩石可钻性	drillability of rock	
05.0150	岩石研磨性	rock abrasiveness	
05.0151	钻井液	drilling fluid	
05.0152	泥浆	mud	
05.0153	水基钻井液	water-base drilling fluid	
05.0154	分散钻井液	dispersed drilling fluid	
05.0155	钾石灰钻井液	potassium lime drilling fluid	
05.0156	加重钻井液	weighted drilling fluid	
05.0157	淡水钻井液	fresh-water drilling fluid	
05.0158	不分散低固相钻井液	non-dispersed low solid drilling fluid	
05.0159	聚合物钻井液	polymer drilling fluid	
05.0160	抑制性钻井液	inhibitive drilling fluid	
05.0161	盐水钻井液	salt-water drilling fluid	
05.0162	饱和盐水钻井液	saturated salt-water drilling fluid	
05.0163	钙处理钻井液	calcium treated drilling fluid	
05.0164	钾盐钻井液	potassium drilling fluid	
05.0165	混油乳化钻井液	oil emulsion drilling fluid, oil-in-water drilling fluid	又称"水包油钻井液"。
05.0166	生物聚合物钻井液	biopolymer drilling fluid	
05.0167	油基钻井液	oil-base drilling fluid	

序　码	汉　文　名	英　文　名	注　释
05.0168	反相乳化钻井液	invert-emulsion drilling fluid, water-in-oil emulsion	又称"油包水钻井液"。
05.0169	泡沫钻井液	foam drilling fluid	
05.0170	密闭液	sealing fluid	
05.0171	稳定泡沫	stable foam	
05.0172	充气钻井液	aerated drilling fluid	
05.0173	解卡浸泡液	stuck freeing soaking fluid	
05.0174	泥浆设计	mud program	
05.0175	含油量	oil content	
05.0176	海水钻井液	seawater drilling fluid	
05.0177	高 pH 钻井液	high-pH drilling fluid	
05.0178	开钻钻井液	spud mud	
05.0179	钻井液性能	properties of drilling fluid	
05.0180	静滤失量	static filtration	
05.0181	动滤失量	dynamic filtration	
05.0182	滤失	filtration	
05.0183	API 滤失量	API filtration	
05.0184	高温高压滤失量	high temperature and high pressure filtration	
05.0185	滤饼	filter cake, mud cake	又称"泥饼"。
05.0186	含砂量	sand content	
05.0187	固相含量	solid content	
05.0188	膨润土含量	bentonite content	
05.0189	钻屑含量	cutting content	
05.0190	钾离子含量	potassium content	
05.0191	石灰含量	lime content	
05.0192	钻井液酚酞碱度	Pm alkalinity of drilling fluid	
05.0193	滤液酚酞碱度	Pf alkalinity of filtrate	
05.0194	滤液甲基橙碱度	Mf alkalinity of filtrate	
05.0195	造浆率	mud yield	
05.0196	破乳电压	emulsion-breaking voltage	
05.0197	当量循环密度	equivalent circulating density	
05.0198	失水量	filtrate, water loss	
05.0199	马什漏斗粘度	Marsh funnel viscosity, seconds API	
05.0200	滤饼结构	filter cake texture	
05.0201	滤饼厚度	filter cake thickness	

序　码	汉 文 名	英 文 名	注 释
05.0202	滤失能力	filtration capacity	
05.0203	滤失速度	filtration rate	又称"滤失量"。
05.0204	亲水亲油平衡值	hydrophile-lyophile balance value	
05.0205	粘土侵	clay contamination	
05.0206	盐水侵	salt water contamination	
05.0207	钙侵	calcium contamination	
05.0208	砂侵	sand contamination	
05.0209	水侵	water contamination, water cut	
05.0210	气侵	gas invasion, gas cut, gas cutting	
05.0211	压差卡钻	differential pressure sticking	
05.0212	坍塌	sloughing, heaving	又称"剥落"。
05.0213	恢复循环	break circulation	
05.0214	井漏	circulation loss	
05.0215	增效膨润土	extended bentonite	
05.0216	水敏性页岩	water-sensitive shale	
05.0217	钙膨润土	calcium bentonite	
05.0218	钠膨润土	sodium bentonite	
05.0219	聚结	aggregation	
05.0220	纤维状材料	fibrous material	
05.0221	低造浆粘土	low-yield clay	
05.0222	海泡石	sepiolite	
05.0223	石棉	asbestos	
05.0224	重晶石	barite	
05.0225	伊利石	illite	
05.0226	高岭石	kaolinite	
05.0227	绿泥石	chlorite	
05.0228	混层粘土	mixed-layer clay	
05.0229	钛铁矿	ilmenite	
05.0230	凹凸棒粘土	attapulgite clay	又称"山软木粘土"，"坡缕石"。
05.0231	粘泥岩	gumbo	又称"高水敏性粘土"，"极粘土"。
05.0232	高造浆率钻井粘土	high-yield clay	
05.0233	微晶高岭土	micromontomarillonite	
05.0234	稠度仪	consistometer	
05.0235	泥浆密度计	mud scale, mud balance, densime-	又称"泥浆天平"。

序　码	汉　文　名	英　文　名	注　　释
		ter	
05.0236	电阻率仪	resistivity meter	
05.0237	液体密度计	hydrometer	
05.0238	泥浆蒸馏器	mud still	又称"固相含量测定仪"。
05.0239	固相控制	solid control	
05.0240	高密度固相	high specific density solid	
05.0241	钻井液流变性	drilling fluid rheology	
05.0242	马什漏斗	Marsh funnel	
05.0243	高温高压滤失仪	high pressure high temperature filter tester	
05.0244	API 滤失仪	API filter tester	
05.0245	旋转粘度计	rotational viscosimeter	
05.0246	粘度－切力计	viscosity-gel viscosimeter	
05.0247	初切力	initial gel strength	
05.0248	终切力	10-minute gel strength	
05.0249	直读粘度计	direct-indicating viscometer	
05.0250	漏斗粘度	funnel viscosity	
05.0251	地层损害	formation damage	
05.0252	微粒运移	fine migration	
05.0253	粘土膨胀	clay swelling	
05.0254	清洁盐水	clear brine	
05.0255	颗粒运移	particle migration	
05.0256	粘土晶格膨胀	clay lattice expansion	
05.0257	固相侵入	solid invasion	
05.0258	水锁	water blocking	
05.0259	储层敏感性评价	reservoir sensitivity evaluation	
05.0260	岩心流动试验	core flow test	
05.0261	水敏性评价	water sensitivity evaluation	
05.0262	速敏性评价	rate sensitivity evaluation	
05.0263	酸敏性评价	acid sensitivity evaluation	
05.0264	盐度敏感性评价	salinity sensitivity evaluation	
05.0265	临界盐度	critical salt concentration	
05.0266	完井液	completion fluid	
05.0267	水溶性完井液	water-soluble completion fluid	
05.0268	油溶性完井液	oil-soluble completion fluid	
05.0269	酸溶性完井液	acid-soluble completion fluid	

序 码	汉 文 名	英 文 名	注 释
05.0270	无固相重盐水完井液	solid-free heavy brine completion fluid	
05.0271	钻开油层完井液	drilling-in completion fluid	
05.0272	粘土堵塞	clay blocking	
05.0273	封隔液	packer fluid	
05.0274	套管封隔液	casing packing fluid	
05.0275	钻井数据系统	drilling data system	
05.0276	钻井数据采集装置	drilling data acquisition unit	
05.0277	钻井数据处理	drilling data processing	
05.0278	钻井实时数据中心	real-time drilling data center	
05.0279	钻井数据库	drilling data base	
05.0280	钻井信息	drilling information	
05.0281	钻井参数传感装置	drilling parameter sensoring unit	
05.0282	钻井液录井	drilling fluid logging	
05.0283	综合录井	compound logging	
05.0284	钻井仪表	drilling instrument	
05.0285	指重表	weight indicator	
05.0286	转盘扭矩仪	rotary torque indicator	
05.0287	钻井控制台	drilling control console	
05.0288	转盘转速计	rotary speed tacheometer	
05.0289	钻井液密度显示器	mud density indicator	
05.0290	温度显示器	temperature indicator	
05.0291	泥浆体积累加器	mud volume totalizer	
05.0292	钻井监测系统	drilling monitor system	
05.0293	泥浆池容积	pit volume	
05.0294	泥浆密度	mud density	
05.0295	入口温度	temperature in	
05.0296	出口温度	temperature out	
05.0297	环空压力	annular pressure	
05.0298	井深	well total depth	
05.0299	计算排量	calculated pump rate	
05.0300	d 指数	d-exponent	
05.0301	磁记录器	magnetic recorder	

序　码	汉　文　名	英　文　名	注　释
05.0302	遥控钻井系统	remote control drilling system	
05.0303	主控台	master control station	
05.0304	立管压力	standpipe pressure	
05.0305	定向井	directional well	
05.0306	多底井	multi-bore well	
05.0307	丛式井	cluster well, multiple well	
05.0308	救援井	relief well	
05.0309	双筒井	dual well	
05.0310	水平井	lateral well, horizontal well	
05.0311	多目标井	multi-target well	
05.0312	泄油井	drain hole	
05.0313	侧向泄油井	horizontal drain hole	
05.0314	套管开窗	casing sidetracking	
05.0315	悬链线剖面	catenary shape profile	
05.0316	平均角法	average angle method	
05.0317	平衡正切法	balanced tangential method	
05.0318	最小曲率法	minimum curvature method	
05.0319	曲率半径法	radius of curvature method	
05.0320	正切法	tangential method	
05.0321	圆弧法	arc method	
05.0322	地层各向异性	formation anisotropy	
05.0323	侧向力	side force	指钻头上受力。
05.0324	轴向力	axial force	指钻头上受力。
05.0325	超短曲率半径水平井	ultrashort turning-radius horizontal well	
05.0326	短曲率半径水平井	short turning radius horizontal well	
05.0327	中曲率半径水平井	medium radius horizontal well	
05.0328	中长曲率半径水平井	long-medium turning radius horizontal well	
05.0329	剖面形式	profile type	
05.0330	剖面设计	profile designing	
05.0331	定向井三维设计	three dimensional design of directional well	
05.0332	井底钻具组合三维模式	three-dimensional bottomhole assembly model	

序　码	汉　文　名	英　文　名	注　释
05.0333	定向钻井	directional drilling	
05.0334	主井筒	main hole	
05.0335	井斜角	angle of deviation, angle of inclination	
05.0336	井斜	hole inclination, hole deviation	
05.0337	增斜	build up, building angle	
05.0338	方位	azimuth	
05.0339	全角变化率	rate of whole angle change, dog leg severity	
05.0340	稳斜	hold angle	
05.0341	降斜	drop angle, drop off	
05.0342	靶点	target point	指定向井的靶区。
05.0343	靶心	target center	指定向井的靶区。
05.0344	靶区	target area	指定向井的靶区。
05.0345	造斜点	kick-off point, KOP	
05.0346	增斜率	build up rate	
05.0347	降斜率	drop-off rate	
05.0348	降斜井段	drop-off interval	
05.0349	闭合方位	direction of closure, closure azimuth	
05.0350	曲率半径	radius of curvature	
05.0351	井眼方位角	hole azimuth angle, hole direction	
05.0352	井眼曲率	hole curvature, dog leg severity	
05.0353	弯曲井眼	crooked-hole	
05.0354	水平井段	horizontal section	
05.0355	易井斜地区	crooked-hole area, easy-to-crook hole area	
05.0356	水平钻井	horizontal drilling	
05.0357	方位控制	directional control, orientation control	
05.0358	实际垂直深度	true vertical depth, TVD	
05.0359	大斜度井	high angle hole	
05.0360	工具面角	toolface azimuth	
05.0361	工具面方位	toolface orientation, toolface azimuth, toolface setting	又称"装置角"。
05.0362	井身垂直投影图	vertical projection of borehole	
05.0363	水平位移	horizontal displacement	

序　码	汉　文　名	英　文　名	注　释
05.0364	井身水平投影图	horizontal projection of borehole	
05.0365	方位校正	directional correction, azimuth correction	
05.0366	磁力工具面角	magnetic toolface angle, MTF angle	
05.0367	重力工具面角	gravity toolface angle, GTF angle	
05.0368	斜直井眼	slant hole	
05.0369	导向误差	steering error	
05.0370	进入油层点	landing point	
05.0371	绕障	avoidance of underground obstacle, obstacle by passing	
05.0372	压井	killing well	
05.0373	压井液	kill fluid	
05.0374	反转角	twist angle	
05.0375	安全圆柱	safety cylinder	
05.0376	井斜控制	deviation control	
05.0377	闭合面	plane of closure	
05.0378	人工岛	artificial island	
05.0379	测斜	inclination survey	
05.0380	定向井测量	directional well survey	
05.0381	测量深度	measured depth, MD	
05.0382	运动传感器	motion sensor	
05.0383	无磁传感器	non-magnetic sensor	
05.0384	磁性单点测量仪	magnetic single-shot survey instrument	
05.0385	随钻测量仪	steering tool	又称"导向仪"。
05.0386	磁性多点测量仪	magnetic multi-shot survey instrument	
05.0387	等磁偏角图	isogonic chart	
05.0388	磁方位校正	correction for magnetic direction	
05.0389	虹吸测斜仪	syphon inclinometer	
05.0390	井眼相碰	drilling collision, well collision	
05.0391	陀螺仪测量	gyroscope survey	
05.0392	弯接头	bent sub	
05.0393	造斜工具	deflecting tool	
05.0394	水力定向接头	hydraulic orientation sub	
05.0395	斜向器	whipstock	

序 码	汉 文 名	英 文 名	注 释
05.0396	水力斜向器	hydraulic whipstock	
05.0397	短弯钻铤	short bent collar	
05.0398	井下动力钻具钻井	downhole motor drilling	
05.0399	满眼钻具	packed hole assembly	
05.0400	涡轮偏心短节	turbo-eccentric sub	
05.0401	变向器	rebel tool	
05.0402	柔性钻具组合	flexible string assembly	
05.0403	非磁性稳定器	non-magnetic stabilizer	
05.0404	钻柱稳定器	string stabilizer	
05.0405	马达驱动稳定器	motor driven stabilizer	
05.0406	可控弯接头	variable-angle bent sub, controllable sub	
05.0407	马达取心筒	motorized core barrel	
05.0408	可控导向动力钻具系统	steerable motor system	
05.0409	倒装钻具	inverted drill string	
05.0410	钢性涡轮钻具组合	stiff turbo-drill assembly	
05.0411	键槽破坏器	keyseat wiper	
05.0412	井眼液柱压力	drilling fluid column pressure	
05.0413	地层流体压力	formation fluid pressure	
05.0414	井涌	kick	又称"溢流"。
05.0415	井喷	well blowout	
05.0416	起下钻井涌	trip kick	
05.0417	平衡井底压力法	balanced bottom hole pressure method	
05.0418	等待加重法	wait and weight method, engineer's method	又称"工程师法"。
05.0419	二次循环法	driller's method	又称"司钻法"。
05.0420	置换压井法	displacement kill method	
05.0421	顶部压井法	top kill method	
05.0422	关井	close in, shut in	
05.0423	井喷失控	blowout out of control	
05.0424	压井管线	kill line, pour into line, fill-up line	
05.0425	关井钻杆压力	closed-in drill-pipe pressure	

序　码	汉　文　名	英　文　名	注　释
05.0426	抽汲压力	swabbing pressure	
05.0427	激动压力	surge pressure, surging pressure	
05.0428	关井套管压力	shut-in casing pressure, SICP, closed-in casing pressure	
05.0429	节流压力	choke pressure	
05.0430	井涌井喷控制	control of well kick and blowout	
05.0431	地下井喷	underground blowout	
05.0432	钻井液流出管	flow line, drilling fluid return line	
05.0433	泥浆池液体增量	pit gain	
05.0434	硬关井	hard closing	
05.0435	软关井	soft closing	
05.0436	最大井口压力	maximum wellhead pressure	
05.0437	压力梯度	pressure gradient	
05.0438	压力监控	pressure monitor	
05.0439	构造型异常高压层	structural abnormal pressure formation	
05.0440	内防喷器	inner blowout preventer	
05.0441	泥浆池液面指示器	pit level indicator	
05.0442	钻井液流量计	drilling fluid flowmeter	
05.0443	异常流体压力	abnormal fluid pressure	
05.0444	硫化氢检测仪	H_2S detector	
05.0445	渗漏地层	absorbent formation	
05.0446	关井比	closing ratio	
05.0447	开井比	opening ratio	
05.0448	泥浆密度记录器	mud density recorder	
05.0449	井控模拟器	well control simulator	
05.0450	地层压力检测方法	formation pressure detection method	
05.0451	dc 指数法	dc-exponent method	
05.0452	页岩密度法	shale density method	
05.0453	完井测试	well completing test	
05.0454	漏失试验法	leak-off test, leakage test method	
05.0455	伊顿法	Eaton method	计算地层破裂压力的一种方法。
05.0456	扣装法抢装井口	buckling-up-installing wellhead	
05.0457	翻转法抢装井口	turning-up-installing wellhead	

序 码	汉 文 名	英 文 名	注 释
05.0458	整体吊装法抢装井口	whole hanging method for installing wellhead	
05.0459	带帽子压井法	hatting kill well method	
05.0460	射流灭火法	jet flow extinguishing	
05.0461	爆炸灭火法	explosion extinguishing method, fire extinguishing by explosion	
05.0462	表层套管	surface casing	
05.0463	中间套管	intermediate casing, technical casing	
05.0464	油层套管	production casing	
05.0465	挤水泥	squeeze cementing, cement squeeze	
05.0466	水泥塞	cement plug	
05.0467	双级注水泥	two-stage cementing	
05.0468	多级注水泥	multistage cementing	
05.0469	缓凝	retardation setting	
05.0470	速凝	acceleration setting	
05.0471	缓凝水泥	retarded cement	
05.0472	速凝水泥	accelerated cement	
05.0473	水泥浆	cement slurry	
05.0474	水泥强度	cement strength	
05.0475	波兹兰水泥系列	Pozzolan-cement system	
05.0476	波特兰水泥	Portland cement	
05.0477	泡沫水泥	foamed cement	
05.0478	早强水泥	early strength cement	
05.0479	高抗硫水泥	high sulfate resistant cement, HSR cement	
05.0480	G 级水泥	class G cement	
05.0481	膨胀水泥	expanding cement	
05.0482	A 级波特兰水泥	class A Portland cement	
05.0483	低密度高温水泥	light density thermal cement	
05.0484	高温水泥	thermal cement	
05.0485	气锁水泥	gas block cement, gasblock	又称"防气窜水泥"。
05.0486	初凝	initial set	
05.0487	终凝	final set	
05.0488	终凝强度	final set strength	
05.0489	凝固时间	setting time	

序 码	汉 文 名	英 文 名	注 释
05.0490	抗压强度	compressive strength	
05.0491	强度衰减	strength retrogression	
05.0492	胶凝强度	bonding strength, gel strength	
05.0493	水灰比	water cement ratio, w/c	
05.0494	水泥浆密度	cement slurry density	
05.0495	顶替压力	displacement pressure	
05.0496	泥浆顶替技术	mud displacement technique	
05.0497	水泥浆流变学	cement slurry rheology	
05.0498	水泥浆稠化时间	cement slurry thickening time	
05.0499	水泥封隔性能	cement packing property	
05.0500	速凝剂	accelerator, accelerated agent	
05.0501	缓凝剂	retarder, retarding agent	
05.0502	速凝外加剂	set-accelerating additive	
05.0503	层间封隔段	zonal isolated interval	
05.0504	空心微珠	hollow microsphere	
05.0505	隔离液	spacer	
05.0506	饱和盐水水泥浆	salt saturated slurry	
05.0507	水泥套管交界面	cement-casing interface	
05.0508	水泥地层交界面	cement-formation interface	
05.0509	水泥造浆量	slurry yield	
05.0510	水泥浆含水量	slurry water content	
05.0511	水泥承转器	cement retainer	
05.0512	最大顶替量	maximum displacement	
05.0513	盐水顶替	brine displacement	
05.0514	下套管	casing running	
05.0515	套管扶正器	casing centralizer	
05.0516	刮泥器	scratcher	又称"水泥刮"。
05.0517	上胶塞	top plug	
05.0518	下胶塞	bottom plug	
05.0519	浮箍	float collar	
05.0520	水泥伞	cement basket	
05.0521	尾管	liner	又称"衬管"。
05.0522	尾管固井	liner cementing	
05.0523	尾管回接	tie-back liner	
05.0524	插入式注水泥	stab-in cementing	
05.0525	插入式注水泥接箍	stab-in cementing collar	

序 码	汉 文 名	英 文 名	注 释
05.0526	插入式注水泥鞋	stab-in cementing shoe	
05.0527	顶替液	displacement fluid	
05.0528	尾管水泥头	liner cementing head	
05.0529	尾管悬挂器	liner hanger	
05.0530	回接套管	tie-back casing	
05.0531	套管钢级	casing grade	
05.0532	回接短尾管	tie-back stub liner	
05.0533	水泥浆－泥浆隔离液配伍性	cement-spacer-mud compatibility	
05.0534	桥塞	bridge plug	
05.0535	水泥鞋	cement shoe	
05.0536	注水泥接箍	cementing collar	
05.0537	套管灌泥浆装置	casing fill-up equipment	
05.0538	尾管坐入工具	liner setting tool	
05.0539	单塞水泥头	single plug cement head	
05.0540	双塞水泥头	double plug cement head	
05.0541	引鞋	guide shoe	
05.0542	浮鞋	float shoe	
05.0543	水泥浆－泥浆污染	slurry-mud contamination, cement cut mud	
05.0544	轻便自动水泥记录仪	portable automatic cementing recorder	
05.0545	水泥窜槽	cement channeling	
05.0546	注水泥回堵	plug back	
05.0547	取岩心	coring	
05.0548	岩心筒	core barrel	
05.0549	双层取心筒	double core barrel	
05.0550	橡胶套岩心筒	rubber sleeve core barrel	
05.0551	取心钻进	core drilling	
05.0552	液压割断岩心	core cutting by hydraulic pressure	
05.0553	机械加压割断岩心	core cutting by mechanical loading	
05.0554	岩心爪	core catcher, core gripper	
05.0555	外岩心筒	outside core barrel, outer tube, outer barrel	
05.0556	内岩心筒	inside core barrel, inner tube	
05.0557	岩心直径	core diameter	

序　码	汉　文　名	英　文　名	注　　释
05.0558	取心井段	cored interval	
05.0559	取心设备	coring equipment	
05.0560	取心地层	coring formation	
05.0561	取心钻压	coring weight	
05.0562	岩心收获率	core recovery, recovery of core	
05.0563	取心作业	coring operation	
05.0564	取心工具	coring tool	
05.0565	长筒取心	coring drilling with long core barrel	
05.0566	保压取心	coring drilling with keep-up pressure, pressure coring	
05.0567	密闭取心	sealing core drilling, sealed coring	
05.0568	定向取心	orientational coring	
05.0569	打捞工具	fishing tool	
05.0570	断钻具	drillling tool twisting off	
05.0571	落鱼	fish	
05.0572	落物	junk	
05.0573	打捞钻柱	fishing string	
05.0574	打捞	fishing	
05.0575	打捞筒	overshot, fishing socket	
05.0576	打捞杯	fishing cup, junk sub	
05.0577	反循环打捞篮	reverse circulation junk basket	
05.0578	壁钩	wall hook	
05.0579	铅印模	lead stamp	
05.0580	打捞抓	finger catcher, fingergrip	
05.0581	铣鞋	mill shoe	
05.0582	肘节	knuckle joint	
05.0583	倒扣捞矛	left hand fishing spear	
05.0584	弯钻杆	bent drill pipe	
05.0585	可退开的捞矛	releasing spear, retrievable spear	
05.0586	解卡方法	releasing stuck method	
05.0587	泡油解卡法	releasing stuck by oil spotting	
05.0588	泡酸解卡法	releasing stuck by acidizing	
05.0589	割铣解卡法	releasing stuck by cutting	
05.0590	磨铣解卡法	milling releasing stuck	
05.0591	爆炸解卡法	explosive releasing stuck, freeing by explosion	

序　码	汉　文　名	英　文　名	注　释
05.0592	错扣	thread alternating, cross threading	
05.0593	造扣	cut thread	
05.0594	脱扣	thread off	
05.0595	粘扣	thread gluing	
05.0596	滑扣	thread slipping	
05.0597	公锥	taper tap	
05.0598	反扣公锥	back taper	
05.0599	母锥	box tap	
05.0600	安全接头	safety joint, safety sub	
05.0601	磨铣工具	milling tool	
05.0602	钻杆内割刀	internal drill pipe cutter	
05.0603	钻杆外割刀	external drill pipe cutter	
05.0604	卡钻	drill pipe sticking	
05.0605	砂桥卡钻	sand bridging, sand sticking	
05.0606	键槽卡钻	keyseat sticking	
05.0607	地层膨胀卡钻	formation swelling sticking	
05.0608	地层坍塌卡钻	sloughing hole sticking	
05.0609	钻头泥包卡钻	balling-up sticking	
05.0610	卡点	sticking point	
05.0611	解卡工具	releasing tool	
05.0612	震击器	bumper sub	
05.0613	打捞震击器	fishing jar	
05.0614	下击器	bumper jar	
05.0615	上击器	top jar, up jar	
05.0616	地面下击器	surface bumper jar	
05.0617	爆炸松扣	breakouting by explosion, free point tool	
05.0618	测卡仪	sticking point instrument, free point indicator	
05.0619	渗透漏失	seepage loss	
05.0620	套管胀管器	casing roller	
05.0621	缓冲接头	cushion sub, bumper sub	

06. 油气田开发与开采

序 码	汉 文 名	英 文 名	注 释

06.1 油层物理

序 码	汉 文 名	英 文 名	注 释
06.0001	油层物理	reservoir physics	又称"油藏物理"。
06.0002	全径岩心	full diameter core	
06.0003	冷冻岩心	freezing core	
06.0004	常规岩心分析	conventional core analysis	
06.0005	井壁岩心分析	sidewall core analysis	又称"侧壁岩心分析"。
06.0006	特殊岩心分析	special core analysis	又称"专项岩心分析"。
06.0007	颗粒组成	grain composition	
06.0008	筛析	sieve analysis	
06.0009	沉速分析	settling velocity analysis	
06.0010	斯托克斯公式	Stokes formula	
06.0011	粒度分布曲线	particle size distribution curve	
06.0012	粒度累积分布曲线	cumulative distribution curve of particle size	
06.0013	不均匀系数	nonuniform coefficient	
06.0014	岩石孔隙度	rock porosity	
06.0015	原生孔隙度	primary porosity	
06.0016	次生孔隙度	secondary porosity	
06.0017	连通孔隙度	interconnected porosity	
06.0018	流动孔隙度	flowing porosity	
06.0019	双重孔隙度	double porosity, dual porosity	
06.0020	岩石基质孔隙度	matrix porosity	
06.0021	裂缝孔隙度	fracture porosity	
06.0022	溶洞孔隙度	vug porosity	
06.0023	岩石渗透率	rock permeability	
06.0024	绝对渗透率	absolute permeability	
06.0025	克林肯贝格渗透率	Klinkenberg permeability	
06.0026	相对渗透率	relative permeability	
06.0027	相对渗透率曲线	relative permeability curve	
06.0028	有效渗透率	effective permeability, phase	又称"相渗透率"。

序　码	汉　文　名	英　文　名	注　释
		permeability	
06.0029	渗透率各向异性	permeability anisotropy	
06.0030	水平渗透率	horizontal permeability	又称"横向渗透率"。
06.0031	垂向渗透率	vertical permeability	
06.0032	方向渗透率	directional permeability	
06.0033	裂缝－基质系统渗透率	permeability of fracture-matrix system	
06.0034	岩石基质渗透率	matrix permeability	
06.0035	裂缝渗透率	fracture permeability	
06.0036	沃伦－鲁特模型	Warren-Root model	
06.0037	视闭合压力	apparent sealing pressure	
06.0038	渗透率变异系数	coefficient of permeability variation	
06.0039	导压系数	pressure transmitting coefficient	
06.0040	压缩系数	compressibility	又称"压缩率"。
06.0041	储层综合压缩系数	composite compressibility of reservoir	又称"弹性容量"。
06.0042	流体压缩系数	fluid compressibility	
06.0043	岩石压缩系数	rock compressibility	
06.0044	岩石孔隙压缩系数	pore space compressibility of rock	
06.0045	岩石总压缩系数	total compressibility of rock	
06.0046	岩石比面	specific surface of rock	
06.0047	孔隙体积	pore volume	
06.0048	孔隙大小分布	pore size distribution	
06.0049	孔隙大小平均值	mean pore size, average pore size	
06.0050	孔隙大小中值	median pore size	
06.0051	孔隙大小分布频谱	pore size distribution spectrum	
06.0052	孔隙结构	pore structure, pore geometry	
06.0053	孔隙结构非均质性	heterogeneity of pore structure	
06.0054	孔隙网络拓扑结构	topology of pore structure	
06.0055	孔隙结构参数	parameter of pore structure	
06.0056	孔隙结构各向异性	anisotropy of pore structure	

序　码	汉　文　名	英　文　名	注　释
06.0057	孔隙铸体	pore cast	
06.0058	孔隙结构模型	pore structure model	
06.0059	网络模型	network model	
06.0060	旋转性孔隙结构	Turner type pore structure	又称"特纳型孔隙结构"。
06.0061	印模孔隙度	moldic porosity	
06.0062	流容模型	capacitance model	
06.0063	孔隙空间骨架	skeleton of pore space	
06.0064	孔腹	bulge	
06.0065	孔喉	pore throat, pore constriction	
06.0066	孔道侧穴	pockets of channel	
06.0067	盲孔	blind pore, dead-end pore	又称"闭端孔隙"。
06.0068	迂曲度	tortuosity	
06.0069	含油饱和度	oil saturation	
06.0070	含气饱和度	gas saturation	
06.0071	含水饱和度	water saturation	
06.0072	共存水饱和度	coexisting water saturation	
06.0073	束缚水饱和度	irreducible water saturation	
06.0074	残余油饱和度	residual oil saturation	
06.0075	剩余油饱和度	remaining oil saturation	
06.0076	气相饱和度	gas phase saturation	
06.0077	渠道流	channel flow	
06.0078	X 射线层析技术	X-ray tomography technique	
06.0079	分形几何	fractal geometry	
06.0080	滑脱效应	slippage effect, Klinkenberg effect	又称"克林肯贝格效应"。
06.0081	润湿性	wettability	
06.0082	润湿性反转驱油	wettability alteration flood	
06.0083	润湿效应	wettability effect	
06.0084	选择性润湿	preferential wettability	
06.0085	中性润湿	intermediate wettability	
06.0086	润湿滞后	wetting hysteresis	
06.0087	部分润湿性	fractional wettability	
06.0088	混合润湿性	mixed wettability	
06.0089	过渡润湿性	transitional wettability	
06.0090	接触角	contact angle	
06.0091	视接触角	apparent contact angle	

序 码	汉 文 名	英 文 名	注 释
06.0092	真接触角	true contact angle	
06.0093	前进角	advancing angle	
06.0094	后退角	receding angle	
06.0095	岩石表面粗糙度	roughness of rock surface	
06.0096	接触角滞后	contact angle hysteresis	
06.0097	平衡接触角	equilibrium contact angle	
06.0098	油水界面能	oil-water interfacial energy	
06.0099	油水界面张力	oil-water interfacial tension	
06.0100	憎水	hydrophobic	
06.0101	亲水	hydrophilic	
06.0102	亲油	oleophilic, lipophilic	
06.0103	憎油	oleophobic, lipophobic	
06.0104	毛细管压力曲线	capillary pressure curve	
06.0105	端点效应	end effect	
06.0106	润湿相	wetting phase	
06.0107	非润湿相	non-wetting phase	
06.0108	排驱	drainage	
06.0109	渗吸	imbibition	又称"吸吮"。
06.0110	驱替	displacement	
06.0111	油驱比	wettability index, displacement oil ratio, Amott oil ratio	又称"润湿指数"，"阿玛特油驱指数"。
06.0112	水驱比	displacement water ratio, Amott water ratio	又称"阿玛特水驱指数"。
06.0113	相对驱替指数	Amott-Harrey relative displacement index	
06.0114	渗吸毛细管压力曲线	imbibition capillary pressure curve	
06.0115	排驱毛细管压力曲线	drainage capillary pressure curve	
06.0116	[毛细管]阈压	threshold [capillary] pressure	又称"毛细管压力界限值"。
06.0117	配位数	coordination number	
06.0118	毛细管滞后特征	capillary hysteresis	
06.0119	莱弗里特J函数	Leverett J function	
06.0120	多孔隔板法	porous diaphragm method	
06.0121	压汞法	mercury injection method	
06.0122	压汞曲线	intrusive mercury curve, mercury	即毛细管压力－饱

序码	汉文名	英文名	注释
		injection curve	和度曲线。
06.0123	退汞曲线	mercury withdrawal curve	
06.0124	退汞效率	efficiency of mercury withdrawal	
06.0125	毛细管准数	capillary number, capillary displacement ratio	简称"毛细管数",又称"临界驱替比"。
06.0126	离心法[测毛细管压力]	centrifugal method	
06.0127	滞后环	hysteresis loop	
06.0128	滞后效应	hysteresis effect	
06.0129	原始渗吸曲线族	primary imbibition scanning curve	
06.0130	原始排驱曲线族	primary drainage scanning curve	
06.0131	油藏流体	reservoir fluid	
06.0132	注入流体	injected fluid	
06.0133	产出流体	produced fluid	
06.0134	混相流体	miscible fluid	
06.0135	非混相流体	immiscible fluid	又称"不互渗流体"。
06.0136	油藏油	reservoir oil	
06.0137	脱气油	degassed oil, dead oil	
06.0138	油藏烃类	hydrocarbons in the reservoir	
06.0139	油藏流体性质	reservoir fluid properties	
06.0140	气藏气	gas of gas reservoir	
06.0141	天然气偏差系数	gas deviation factor, Z-factor, super compressibility	又称"压缩因子"。
06.0142	天然气虚拟临界压力	natural gas pseudocritical pressure	
06.0143	天然气虚拟临界温度	natural gas pseudocritical temperature	
06.0144	天然气压缩系数	natural gas compressibility factor	
06.0145	真实气体势函数	potential function of real gas	
06.0146	溶解系数	solubility factor	
06.0147	气油比	gas-oil ratio, gas factor	
06.0148	溶解气油比	solution gas-oil ratio	
06.0149	天然气组成	composition of natural gas	
06.0150	天然气虚拟对比参数	pseudo-reduced parameter of natural gas	
06.0151	对比压力	reduced pressure	
06.0152	对比温度	reduced temperature	

序　码	汉　文　名	英　文　名	注　释
06.0153	三参数压缩系数	compressibility factor expressed by three parameters	
06.0154	天然气等温压缩系数	isothermal compressibility [of natural gas]	
06.0155	天然气体积系数	gas formation volume factor	
06.0156	天然气导热系数	heat conduction factor [of natural gas]	
06.0157	天然气爆炸性	inflammability of natural gas	
06.0158	最大凝析压力	maximum condensate pressure	
06.0159	天然气临界凝析参数	critical condensate parameter [of natural gas]	
06.0160	饱和凝析油	saturated condensate	
06.0161	稳定凝析油	steady state condensate	
06.0162	闪蒸平衡	flash vaporization equilibrium	
06.0163	接触分离	flash liberation, single stage liberation	又称"一次脱气"。
06.0164	差异分离	differential liberation, multistage liberation	又称"多级脱气"。
06.0165	烃类系统相态	phase state of hydrocarbon system	
06.0166	[油藏烃类]相图	phase diagram [of reservoir hydro-carbon]	
06.0167	相态方程	equation of phase state	
06.0168	反转凝析现象	retrograde condensate phenomenon	
06.0169	反转凝析压力	retrograde condensate pressure	
06.0170	露点压力	dew point pressure	
06.0171	反转凝析气	retrograde condensate gas	
06.0172	饱和压力	saturation pressure, bubble point pressure	又称"泡点压力"。
06.0173	体积系数	formation volume factor	
06.0174	两相体积系数	two-phase formation volume factor	
06.0175	相平衡常数	phase equilibrium constant	
06.0176	收敛压力	convergence pressure	
06.0177	高压物性仪	PVT apparatus set	简称"PVT 仪"。
06.0178	井下取样器	downhole sampler	
06.0179	PVT 筒	PVT cell	
06.0180	达西粘度	Darcy viscosity	
06.0181	气体净化	gas purification	

序　码	汉　文　名	英　文　名	注　　释
06.0182	气体膨胀	gas expansion	

06.2 渗 流 力 学

06.0183	渗流力学	fluid mechanics in porous medium	
06.0184	渗流	fluid flow through porous medium	
06.0185	稳定渗流	steady state fluid flow through porous medium	又称"定常渗流"。
06.0186	拟稳定渗流	pseudo-steady state fluid flow through porous medium	
06.0187	非稳定渗流	unsteady state flow through porous medium	又称"非定常渗流"。
06.0188	达西渗流	Darcy flow	
06.0189	非达西渗流	non-Darcy flow	
06.0190	渗流速度	flow velocity through porous medium	
06.0191	渗滤系数	filtering factor	
06.0192	非线性渗流	non-linear fluid flow through porous medium	
06.0193	渗流雷诺数	Reynolds number in fluid flow through porous medium	
06.0194	多孔介质	porous medium	
06.0195	单相渗流	single-phase fluid flow	
06.0196	一维渗流	one-dimensional fluid flow, linear fluid flow	又称"线性渗流"。
06.0197	平面径向流	radial fluid flow	
06.0198	球形径向流	spherical fluid flow	
06.0199	二维渗流	two-dimensional fluid flow	
06.0200	三维渗流	three-dimensional fluid flow	
06.0201	二维两相渗流	two-dimensional and two-phase fluid flow	
06.0202	等压线	isobar	
06.0203	压降漏斗	pressure drawdown distribution	
06.0204	叠加原理	principle of superposition	
06.0205	流动势	flow potential	
06.0206	点源	point source	
06.0207	点汇	point convergence, point sink	
06.0208	线源	line source	

序 码	汉 文 名	英 文 名	注 释
06.0209	主流线	main stream line	
06.0210	分流线	diverting stream line	
06.0211	舌进	tongued advance, tonguing	
06.0212	指进	fingering	
06.0213	平衡点	equilibrium point	
06.0214	镜象反映	mirror image	
06.0215	镜象井	imaginary well, image well	又称"虚拟井"。
06.0216	汇源反映法	sink-source image method	
06.0217	汇点反映法	sink-point image method	
06.0218	井间干扰	well interference	
06.0219	两相渗流	two-phase fluid flow	
06.0220	压力函数	pressure function	
06.0221	拟压力	pseudo pressure	
06.0222	三相渗流	three-phase fluid flow	
06.0223	多相渗流	multiple-phase fluid flow	
06.0224	多组分渗流	multi-compositional fluid flow	
06.0225	非混相驱替	immiscible displacement	
06.0226	流度	mobility	油田指 k/μ_0,其中 k 为渗透率,μ_0 为油的粘度。
06.0227	流度比	mobility ratio	
06.0228	活塞式驱替	piston-like displacement	
06.0229	非活塞式驱替	non-piston-like displacement	
06.0230	前缘推进	frontal advance	
06.0231	饱和度间断	saturation discontinuity	
06.0232	前缘不稳定性	front instability	
06.0233	分流方程	fractional flow equation	
06.0234	流动方程	flow equation	
06.0235	封闭边界	sealed boundary	
06.0236	边界效应	boundary effect	
06.0237	外部边界	external boundary	
06.0238	供给边界	supply boundary	
06.0239	泄油边界	drainage boundary	又称"泄油边缘"。
06.0240	泄油面积	drainage area	又称"井区"。
06.0241	泄油半径	drainage radius	
06.0242	泄油面积形状因子	drainage area shape factor	

序　码	汉　文　名	英　文　名	注　释
06.0243	双重孔隙系统	dual-porosity system, double porosity system	
06.0244	双重渗透系统	dual-permeability system	
06.0245	底水锥进	bottom water coning	
06.0246	水锥	water cone	
06.0247	脊进	water cresting	
06.0248	水脊	water crest	
06.0249	层间窜流	cross flow	又称"层间越流"。
06.0250	气体越顶流	gas override	
06.0251	流管分析法	stream tube approach method	
06.0252	稳定试井	steady state well testing	
06.0253	系统试井	systematic well testing, oil well potential test	
06.0254	产能试井	deliverability testing	
06.0255	[常规]回压试井	back-pressure well testing	又称"逐次变流量试井"。
06.0256	等时试井	isochronal well testing	
06.0257	油井产能方程	well deliverability equation	
06.0258	指数流动方程	exponential flow equation	简称"指数方程"。
06.0259	二项式流动方程	turbulent-flow equation [for gas well]	又称"二项式方程"。
06.0260	流入动态曲线	inflow performance relationship curve	又称"IPR 曲线"。
06.0261	流出动态曲线	discharge performance relationship curve	又称"DPR 曲线"。
06.0262	无因次流入动态曲线	Vogle's curve	又称"沃格尔曲线"。
06.0263	采油指数	oil productivity index	又称"生产指数"。
06.0264	采气指数	gas productivity index	
06.0265	气井产能	gas well deliverability, gas well productivity	
06.0266	油井工作制度	production well proration	
06.0267	不稳定试井	transient well test	
06.0268	压力恢复试井	pressure build-up test	
06.0269	压力降落法试井	pressure drawdown test	简称"压降法试井"。
06.0270	试井分析	well test analysis	
06.0271	试井解释	interpretation of well testing data	

序码	汉文名	英文名	注释
06.0272	霍纳法	Horner method	
06.0273	马斯卡特法	Muskat method	
06.0274	关井前稳定生产期	pre-shut-in constant-rate period	
06.0275	MDH 法	Miller-Dyes-Hutchinson method	
06.0276	MBH 法	Mathews-Brons-Hazebroek method	
06.0277	探边测试	reservoir delineation test	
06.0278	干扰试井	well interference test	
06.0279	激动井	active well, interfering well	
06.0280	反应井	observation well, responding well	
06.0281	脉冲试井	pulse testing	
06.0282	两流量试井	two-rate well testing	
06.0283	多流量试井	multiple-rate well testing	
06.0284	续流	afterflow	
06.0285	续流校正	afterflow correction	
06.0286	井筒贮存系数	wellbore storage coefficient	
06.0287	压力恢复曲线"驼峰"	hump on the pressure build-up curve	
06.0288	压力动态边界效应	effect of reservoir boundary on pressure behavior	
06.0289	惯性湍流效应	inertial-turbulent flow effect	
06.0290	气体湍流系数	gas turbulence factor	
06.0291	井壁污染	wellbore damage	
06.0292	打开程度不完善	partial penetration	
06.0293	表皮效应	skin effect	
06.0294	表皮系数	skin factor	
06.0295	视表皮系数	apparent skin factor	
06.0296	污染系数	damage factor	
06.0297	流动效率	flow efficiency	
06.0298	污染比	damage ratio	
06.0299	油井折算半径	effective wellbore radius	又称"油井有效半径"。
06.0300	产能系数	permeability-thickness product, flow capacity	又称"地层系数"。
06.0301	流动系数	mobility-thickness product, transmissibility	
06.0302	现代试井分析	modern well test analysis	

序 码	汉 文 名	英 文 名	注 释
06.0303	试井解释图版	type-curve for well test interpretation	
06.0304	样板曲线拟合法	type-curve matching method	又称"典型曲线拟合"。
06.0305	无因次井筒贮存系数	dimensionless wellbore storage factor	
06.0306	压力导数解释法	pressure derivative method [for well test data interpretation]	
06.0307	井间示踪剂测试	interwell tracer test	
06.0308	井间瞬变压力测试	interwell transient pressure test	
06.0309	探测液面法	well test by liquid level survey	
06.0310	基准面	datum level	
06.0311	绝对无阻流量	absolute open flow, absolute open flow capacity	
06.0312	无阻流量	open flow capacity	又称"畅流量"。
06.0313	潜在产能	potential productivity	

06.3 油 藏 模 拟

序 码	汉 文 名	英 文 名	注 释
06.0314	油藏模拟	petroleum reservoir simulation, reservoir modeling	
06.0315	油藏模型	reservoir model	
06.0316	油藏模拟模型	reservoir simulation model	
06.0317	油藏物理模拟	reservoir physical simulation	
06.0318	油藏物理模型	reservoir physical model	
06.0319	油藏电模型	reservoir electrical model	
06.0320	油藏电解模型	reservoir electrolytic model	
06.0321	油藏微观模型	reservoir micromodel	
06.0322	油藏数值模拟	numerical reservoir simulation	
06.0323	油藏数学模型	reservoir mathematical model	
06.0324	网格系统	grid system	
06.0325	规则网格	regular grid	
06.0326	不规则网格	irregular grid	
06.0327	曲线网格	curve grid	
06.0328	混合网格	hybrid grid	
06.0329	松弛因子	relaxation parameter, relaxation factor	

序　码	汉　文　名	英　文　名	注　释
06.0330	逐次超松弛法	successive overrelaxation	又称"线松弛法"。
06.0331	上游相对渗透率	upstream relative permeability	
06.0332	下游相对渗透率	downstream relative permeability	
06.0333	油藏计算机模型	reservoir computer model	
06.0334	油藏模拟软件	reservoir simulation software	
06.0335	油藏模拟器	reservoir simulator	
06.0336	纵向剖面模型	vertical sectional model	
06.0337	黑油模型	black-oil model	又称"β-模型"。
06.0338	黑油模拟器	black-oil simulator	
06.0339	组分模型	compositional model	
06.0340	组分模拟器	compositional simulator	又称"α-模型"。
06.0341	混相驱模型	miscible displacement model	
06.0342	化学驱模型	chemical displacement model, chemical flooding model	
06.0343	联立解法	simultaneous solution method, SS method	
06.0344	顺序解法	sequential solution method, SEQ method	
06.0345	交替方向显式法	alternating direction explicit technique	
06.0346	交替方向隐式法	alternating direction implicit technique	简称"ADIP 方法"。
06.0347	强隐式法	strongly implicit procedure technique, SIP technique	
06.0348	隐压显饱法	implicit pressure-explicit saturation method, IMPES method	
06.0349	热采模拟器	thermal drive reservoir simulator	
06.0350	锥进模型	coning model	
06.0351	历史拟合	history matching	

06.4　油气藏工程

序　码	汉　文　名	英　文　名	注　释
06.0352	油藏工程	petroleum reservoir engineering	
06.0353	油藏表征	reservoir characterization	又称"油藏特征化"。
06.0354	水驱储量	water drive reserves	
06.0355	单井控制储量	single well controlled reserves	
06.0356	油藏驱动类型	drive type of reservoir	
06.0357	驱动能量	drive energy	

序 码	汉 文 名	英 文 名	注 释
06.0358	弹性驱动	elastic drive	
06.0359	水压驱动	water drive	
06.0360	刚性水压驱动	rigid water drive	
06.0361	弹性水压驱动	elastic water drive	
06.0362	气压驱动	gas drive	
06.0363	气顶驱动	gas cap drive	
06.0364	溶解气驱动	solution gas drive	
06.0365	重力驱动	gravity drive	
06.0366	综合驱动	composite drive	
06.0367	底水驱动	bottom water drive	
06.0368	边水驱动	edge water drive	
06.0369	气藏工程学	gas reservoir engineering	
06.0370	气藏驱动方式	gas driving mechanism	
06.0371	水驱气藏	water drive gas reservoir	
06.0372	气驱气藏	gas drive gas reservoir	
06.0373	气藏压降法储量	pressure drop gas reserves	
06.0374	凝析气藏开发	condensate reservoir development	
06.0375	凝析气油比	gas-condensate ratio	
06.0376	油田开发与开采	oilfield development and exploitation	
06.0377	油田开发方案	oilfield development scheme, oilfield exploitation scheme	
06.0378	油田开发设计	oilfield development design	
06.0379	开发方式	development regime, development model	
06.0380	开发程序	development sequence	
06.0381	油田开发阶段	phase of development, development stage	
06.0382	油田开发模式	oilfield development model	
06.0383	开发先导试验区	pilot test area [in oil field development]	
06.0384	开发井网	well pattern	
06.0385	行列井网	line well pattern	
06.0386	面积井网	areal pattern, geometric well pattern	
06.0387	井网密度	well density	
06.0388	井距	well spacing	

序 码	汉 文 名	英 文 名	注 释
06.0389	加密井网	infilled well pattern	
06.0390	基础井网	basic well pattern	
06.0391	开发层系	layer series of development	
06.0392	注水	water flooding	
06.0393	早期注水	early water flooding	
06.0394	晚期注水	late water flooding	
06.0395	注水方式	water flooding regime, injection--production system	又称"注采系统"。
06.0396	边缘注水	periferal water flooding	
06.0397	边外注水	outside edge water flooding	
06.0398	边内注水	inner edge water flooding	
06.0399	环状注水	radial water flooding	
06.0400	面积注水	pattern water flooding	
06.0401	注采单元	flooding unit	
06.0402	四点法注水	four-spot water flooding pattern	
06.0403	五点法注水	five-spot water flooding pattern	
06.0404	七点法注水	seven-spot water flooding pattern	
06.0405	九点法注水	nine-spot water flooding pattern	
06.0406	反九点法注水	inverted nine-spot water flooding pattern	
06.0407	行列注水	line water flooding	又称"排状注水"。
06.0408	交错排状注水	staggered line flooding	
06.0409	行列式切割注水	line cutting water flooding	
06.0410	顶部注水	crest water flooding	
06.0411	中心注水	central water flooding	
06.0412	轴向切割注水	axial cutting water flooding, axial flooding	
06.0413	点状注水	scattered flooding	
06.0414	注水井网	injection well pattern	
06.0415	注水井井距	injection well spacing	
06.0416	注采井距	injector-producer distance	
06.0417	切割距	cutting distance for flooding	
06.0418	切割区	cutting area	
06.0419	间歇注水	intermittent water flooding	
06.0420	脉冲注水	pulse water flooding	
06.0421	交替注水	alternate water injection	
06.0422	强化注水	enhanced water injection	

序　码	汉　文　名	英　文　名	注　释
06.0423	配产配注	production and injection proration	
06.0424	油藏静态资料	reservoir static data	
06.0425	等有效厚度图	effective isopach	
06.0426	等孔隙度图	isoporosity map	
06.0427	等渗透率图	isoperm map	
06.0428	油藏动态分析	reservoir performance analysis	
06.0429	油藏动态资料	reservoir behavior data	
06.0430	油井动态分析	well behavior analysis	
06.0431	滞油区	bypassed oil area	
06.0432	死油区	dead oil area	
06.0433	等压图	isobaric map	
06.0434	[油水界面的]活塞式推进	piston-like frontal advance [of oil-water contact]	
06.0435	[油水界面的]非活塞推进	non-piston-like frontal advance [of oil-water contact]	
06.0436	含油边缘推进图	oil boundary advance map	
06.0437	水线推进图	water-front advance map	
06.0438	注水动态分析	injection behavior analysis	
06.0439	井组动态分析	well group performance analysis	
06.0440	区块动态分析	block performance analysis	
06.0441	开采现状图	current status of exploitation	
06.0442	驱替特征曲线	displacement characteristics curve	
06.0443	产量指数递减	exponential decline of oil production	
06.0444	双曲线递减	hyperbolic decline	
06.0445	调和递减	harmonic decline	
06.0446	递减指数	decline exponent	
06.0447	递减系数	decline factor	
06.0448	递减率	declining rate	
06.0449	自然递减率	natural declining rate	
06.0450	综合递减率	composite declining rate	
06.0451	静压梯度	static pressure gradient	
06.0452	流压梯度	flowing pressure gradient	
06.0453	油藏压力	reservoir pressure	
06.0454	原始油藏压力	initial reservoir pressure	
06.0455	折算油藏压力	reduced reservoir pressure, datum pressure	又称"基准面压力"。

序码	汉文名	英文名	注释
06.0456	油藏压力系数	reservoir pressure coefficient	
06.0457	目前油藏压力	current reservoir pressure	
06.0458	井底静压	static bottom hole pressure	
06.0459	[油藏]总压降	total reservoir pressure drop	
06.0460	生产压差	production pressure differential	
06.0461	地饱压差	difference between reservoir pressure and saturation pressure	
06.0462	[油井]流饱压差	difference between downhole flowing pressure and saturation pressure	
06.0463	注水压差	difference between reservoir pressure and injection pressure	
06.0464	水线推进速度	water-front advance velocity	
06.0465	突进	water breakthrough	又称"水突破"。
06.0466	层间干扰	interlayer interference	
06.0467	层内干扰	in-layer interference	
06.0468	单层突进	breakthrough along a single layer, monolayer breakthrough	
06.0469	驱动指数	drive index	
06.0470	边水侵入量	cumulative edge water invasion	
06.0471	水侵系数	water invasion coefficient	
06.0472	定态水侵	steady state water invasion	
06.0473	非定态水侵	non-steady state water invasion	
06.0474	拟定态水侵	pseudo-steady state water invasion	
06.0475	采油速率	oil production rate	曾用名"采油速度"。
06.0476	折算年产量	reduced annual production	
06.0477	折算采油速率	reduced oil production	
06.0478	无水采油期	water-free oil production period	
06.0479	采出程度	degree of reserve recovery	
06.0480	稳产年限	years of stable production, stable production period	又称"稳产期"。
06.0481	稳产期采收率	recovery at stable production phase	
06.0482	油田产能	oilfield productivity	
06.0483	极限产量	production rate limit	
06.0484	日产油量	daily oil production	
06.0485	日产能力	daily production capacity	
06.0486	平均单井日产量	average daily production per well	

序　码	汉　文　名	英　文　名	注　　释
06.0487	采油强度	oil production per unit thickness	
06.0488	采液强度	liquid production per unit thick-ness	
06.0489	累积产水量	cumulative water production	
06.0490	累积产油量	cumulative oil production	
06.0491	累积生产气油比	cumulative produced gas-oil ratio	
06.0492	综合生产气油比	composite produced gas-oil ratio	
06.0493	综合含水率	composite water cut	
06.0494	含水上升速度	rate of water cut increase	
06.0495	极限含水率	water cut limit	
06.0496	生产水油比	production water-oil ratio	
06.0497	极限水油比	limited water-oil ratio	
06.0498	注水量	water injection rate	
06.0499	累积注水量	cumulative water injection volume	
06.0500	注采平衡	injection and production balance, balance between injection and production	
06.0501	注气前缘	injection gas front	
06.0502	油藏边界	oil reservoir boundary	
06.0503	吸水能力	water intake capacity	又称"吸水量"。
06.0504	水淹区	swept area, flooded area	
06.0505	水淹生产井	flooded producer, watered produ-cer	
06.0506	水淹气藏	water swept gas reservoir, flooded gas reservoir	
06.0507	水淹气井	flooded gas well, watered gas well	
06.0508	含水原油	watercut oil	
06.0509	水淹层	water flooded layer, swept layer	
06.0510	水洗油砂体	flushed sand body	
06.0511	吸水层段	water intake interval	
06.0512	出水层段	water production interval	
06.0513	水淹层段	water flooded interval, watered-out interval	
06.0514	波及面积	swept area	又称"扫油面积"。
06.0515	注水保持压力	pressure maintenance by water flooding	
06.0516	注水见效	effective response for water flood,	

序　码	汉　文　名	英　文　名	注　释
		water flooding response	
06.0517	注水开发阶段	water injection stage	
06.0518	注水曲线	water flooding curve	
06.0519	采油曲线	production curve	
06.0520	油井生产剖面	well production profile	
06.0521	人工水驱	artificial water drive	
06.0522	井底温度	bottom hole temperature	
06.0523	试注	injection test, pilot flood	
06.0524	注水强度	water intake per unit thickness	
06.0525	油藏注水程度	degree of water injection	
06.0526	注入孔隙体积	injected water volume in pore volume, total injection volume	又称"注入倍数"。
06.0527	注采比	injection-production ratio	
06.0528	累积注采比	cumulative injection-production ratio	
06.0529	净注率	net injection volume	
06.0530	注入剖面厚度	injection profile thickness	
06.0531	注采井数比	injector-producer ratio	
06.0532	注采周期	injection-production cycle	
06.0533	注入层段	injection interval, intake interval	
06.0534	产油层	oil pay	
06.0535	高含水油层	high watercut layer	
06.0536	产气层	gas pay	
06.0537	含油范围	oil domain	
06.0538	转注井	an oil well transfer to an injection well	
06.0539	合注井	commingled water injection well, multi-layer injector	
06.0540	合采井	commingled oil producing well, multi-layer producer	
06.0541	气井	gas producing well, gas well	
06.0542	注气周期	gas injection cycle	
06.0543	循环注气	gas recycling	
06.0544	气体逸出	gas liberation	
06.0545	气水比	gas-water ratio	
06.0546	水洗采油期	water flushed production period	
06.0547	存水率	injection water retaining in reser-	

序 码	汉 文 名	英 文 名	注 释
		voir	
06.0548	监测井	monitor well	
06.0549	注入井	injection well	
06.0550	更新井	renewed well	
06.0551	加密井	infill well	

06.5 采油工程

序 码	汉 文 名	英 文 名	注 释
06.0552	采油工程	petroleum production engineering	
06.0553	开采工艺	production practice, oil production technology	
06.0554	油井完成	well completion	简称"完井"。
06.0555	贯眼完井	full hole completion	
06.0556	裸眼完井	open hole completion	
06.0557	衬管完井	liner completion	
06.0558	砾石充填完井	gravel packing completion	
06.0559	先期砾石充填筛管	prepacked gravel liner	
06.0560	射孔完井	perforation completion	
06.0561	筛管完成	sand control liner completion	
06.0562	裸眼井砾石充填	open hole gravel pack	
06.0563	永久性完井	permanent completion	
06.0564	采油方法	oil production method	
06.0565	自喷采油	flowing production	
06.0566	自喷井	flowing well	
06.0567	油管柱	tubing string	
06.0568	油嘴	flowing bean, choke	
06.0569	水套加热炉	jacket heater	
06.0570	井口压力	wellhead pressure	
06.0571	油管压力	tubing pressure	简称"油压"。
06.0572	井口回压	wellhead back pressure	
06.0573	井底流动压力	bottom hole flowing pressure	简称"流压"。
06.0574	多相垂直管流	vertical multiphase flow	
06.0575	流型	flow pattern	
06.0576	纯油流	pure oil flow	
06.0577	泡状流	bubble flow	
06.0578	段塞流	slug flow	
06.0579	过渡流	transition flow	

序 码	汉 文 名	英 文 名	注 释
06.0580	环状流	annular flow	
06.0581	雾状流	mist flow	
06.0582	单相液流	single-phase liquid flow	
06.0583	滑脱	slippage effect, slip	
06.0584	持液率	liquid hold up	
06.0585	含气率	void fraction	
06.0586	表观流速	superficial velocity	
06.0587	节点系统分析	nodal system analysis	
06.0588	节点分析	nodal analysis	
06.0589	求解节点	solution node	
06.0590	功能节点	functional node	
06.0591	油井压力－产量曲线	well pressure-flow rate curve	
06.0592	停喷压力	quit flowing pressure	
06.0593	有效气油比	effective gas-oil ratio	
06.0594	间喷现象	heading phenomenon	
06.0595	间歇自喷	intermittent flow	
06.0596	最大自喷产量	maximum flow rate	
06.0597	人工举升	artificial lift	又称"机械采油"。
06.0598	气举采油	gas lift production	
06.0599	气举启动压力	kick-off pressure	
06.0600	启动孔	kick-off orifice	
06.0601	启动阀	kick-off valve, unloading valve	又称"卸载阀"。
06.0602	工作阀	operating valve, working valve	
06.0603	末端阀	bottom valve	
06.0604	相对沉没度	relative submergence	
06.0605	气体比耗量	specific gas consumption	
06.0606	连续气举	continuous gas-lift	
06.0607	间歇气举	intermittent gas-lift	
06.0608	间歇气举控制器	intermitter	
06.0609	柱塞气举	plunger lift	又称"活塞气举"。
06.0610	箱式气举	chamber lift	又称"替换室气举"。
06.0611	气举管柱	gas lift string	
06.0612	气举装置	gas lift installation	
06.0613	开式[气举]装置	open [gas-lift] installation	
06.0614	闭式[气举]装置	closed [gas-lift] installation	
06.0615	箱式装置	chamber installation	

序　码	汉　文　名	英　文　名	注　释
06.0616	两步气举法	two-step gas lift method	
06.0617	多层完井气举	multiple completion gas lift	
06.0618	同心油管柱装置	concentric tubing string installation	
06.0619	平行油管柱装置	parallel tubing string installation	
06.0620	气举动态曲线	gas lift performance curve	
06.0621	间歇气举周期	intermittent gas lift cycle	
06.0622	深井泵采油法	oil well pumping method	
06.0623	抽油机平衡方式	balance system of pumping unit	
06.0624	游梁平衡	beam balance	
06.0625	曲柄平衡	crank balance	又称"旋转平衡"。
06.0626	异相曲柄平衡	non-synchronous crank balance	
06.0627	曲柄偏置角	offset angle of crank	
06.0628	混合平衡	combined balance system	
06.0629	平衡半径	balance radius	
06.0630	平衡扭矩	counter balance torque	
06.0631	气动平衡	air-balance	
06.0632	抽油机结构不平衡值	structural unbalance	
06.0633	平衡效应	counter balance effect	又称"有效平衡值"。
06.0634	抽油机[曲柄轴]扭矩	net [crank shaft] torque	简称"净扭矩"。
06.0635	抽油机最大扭矩	peak torque	
06.0636	扭矩曲线	torque curve	
06.0637	扭矩因数	torque factor	
06.0638	悬点载荷	polished rod load	又称"光杆载荷"。
06.0639	悬点静载荷	static polished rod load	
06.0640	悬点动载荷	dynamic load	
06.0641	惯性载荷	inertial polished rod force	
06.0642	振动载荷	vibration load	
06.0643	悬点最大载荷	maximum polished rod load	
06.0644	悬点最小载荷	minimum polished rod load	
06.0645	活塞冲程	plunger stroke	
06.0646	冲程损失	loss of plunger stroke	
06.0647	活塞超行程	plunger overtravel	
06.0648	抽油泵冲速	pumping speed, number of stroke	
06.0649	光杆功率	polished rod horsepower	

序　码	汉　文　名	英　文　名	注　　释
06.0650	抽油泵泵径	pump size	
06.0651	抽油机效率	efficiency of the pumping unit	
06.0652	抽油装置提升效率	lifting efficiency of pumping unit	
06.0653	抽油装置总效率	total efficiency of the pumping system	
06.0654	抽油参数优选	optimization of pumping parameters	
06.0655	泵理论排量	theoretical displacement of pump	
06.0656	泵效	pumping efficiency	
06.0657	泵的漏失	pump leakage	
06.0658	充满系数	pump volumetric efficiency	
06.0659	间歇抽油	intermittent pumping	
06.0660	沉没度	submergence	
06.0661	折算沉没度	reduced submergence	
06.0662	沉没压力	pump intake pressure	又称"泵口压力"。
06.0663	气锁	gas locking	
06.0664	抽油杆柱	sucker rod string	
06.0665	单级抽油杆柱	single rod string	
06.0666	抽油杆旋紧扭矩	sucker rod tightening torque	
06.0667	多级抽油杆柱	tapered rod string, compound rod string	又称"组合抽油杆柱"。
06.0668	有杆泵	sucker rod pump	
06.0669	无杆泵	rodless pump	
06.0670	二级压缩泵	two-stage compression pump	
06.0671	流线型抽油泵	streamlined pump	
06.0672	串联泵	tandem pumps	
06.0673	分抽泵	oil well pump for "separated zone" operation	
06.0674	井下油－气分离器	downhole gas-oil separator	
06.0675	旋转式气体分离器	rotary gas separator	
06.0676	回音标	reflector	
06.0677	砂锚	sand anchor	
06.0678	气锚	gas anchor	
06.0679	气砂锚	gas-sand anchor	

序　码	汉　文　名	英　文　名	注　释
06.0680	滤砂器	sand filter	
06.0681	示功图	dynamometer card, dynagraph	
06.0682	理论示功图	theoretical dynamometer card	
06.0683	地面示功图	surface dynamometer card	又称"光杆示功图"。
06.0684	井下示功图	downhole dynagraph	
06.0685	抽油杆断脱	rod parting	
06.0686	液面撞击	fluid pounding	
06.0687	抽油井诊断技术	diagnostic technique [pumping well]	
06.0688	抽油动态预测	pumping behavior prediction	
06.0689	抽空控制	pump off control	
06.0690	防冲距	dead space	
06.0691	水力活塞泵	hydraulic piston pump, hydraulic pump	
06.0692	动力液	power fluid	
06.0693	开式动力液系统	open type power fluid system, OPF system	
06.0694	闭式动力液系统	closed type power fluid system, CPF system	
06.0695	恒流量控制阀	constant flow control valve	
06.0696	旋流离心分离器	cyclone centrifugal separator, cyclone separator	
06.0697	水力活塞泵井诊断技术	hydraulic pumping diagnostic technique	
06.0698	自由式射流泵	free jet pump	
06.0699	喷嘴	nozzle	
06.0700	喉管	throat	
06.0701	扩散管	diffuser	
06.0702	混合室	production inlet chamber	
06.0703	井下轴流涡轮泵	downhole axial flow turbine-pump unit	
06.0704	电动潜油泵	electric submersible pump	简称"电潜泵"。
06.0705	电动潜油离心泵	electric submersible centrifugal pump	
06.0706	电潜泵特性曲线	electric submersible pump performance curve	
06.0707	扁平电缆	flat cable	

序 码	汉 文 名	英 文 名	注 释
06.0708	电缆护罩	cable guard	
06.0709	电缆悬挂泵	cable-suspended pump	
06.0710	井下螺杆泵	subsurface progressing cavity pump	
06.0711	井下配产器	bottom hole production allocator	
06.0712	双管采油	dual tubing production	
06.0713	回采	back production	
06.0714	水源井	water source well	
06.0715	水质标准	water quality standard	
06.0716	注入水配伍性	water compatibility	
06.0717	注入水机械杂质	particles in injected water	
06.0718	悬浮物	suspended solid	
06.0719	原生悬浮物	primary suspended solid	
06.0720	次生悬浮物	secondary suspended solid	
06.0721	膜滤系数	membrane filtration factor	
06.0722	水质监测	water quality monitoring	
06.0723	水净化	water purification, water treatment	又称"水处理"。
06.0724	水脱氧	water deoxygenation	
06.0725	油层产出水回注	produced-water reinjection	简称"污水回注"。
06.0726	油层产出水处理	produced-water disposal, salt water disposal	简称"污水处理"。
06.0727	脱氧塔	deaeration tower	
06.0728	脱氧真空装置	deaeration vacuum unit	
06.0729	注水增压泵	water injection booster pump	
06.0730	加氯装置	chlorination unit	
06.0731	油层产出水结垢	produced-water scaling	
06.0732	注水站	water injection station	
06.0733	注水管线	water injection line	
06.0734	配水间	water distributing station, water allocating station	
06.0735	吸水指数	injectivity index	
06.0736	附加水量	additional water flowing rate	
06.0737	注水井井口装置	injection well head assembly	
06.0738	分层注水	separated-zone water injection	
06.0739	正注	conventional water injection	
06.0740	反注	inverse water injection, annulus	又称"环空注入"。

序　码	汉　文　名	英　文　名	注　释
		water injection	
06.0741	注水管柱	water injection string	
06.0742	井下配水器	downhole water flow regulator	
06.0743	井下配水嘴	downhole choke	
06.0744	注水井测试	[water] injection well testing	又称"注入井试井"。
06.0745	注水井指示曲线	[water] injection IPR curve	又称"注水井IPR曲线"。
06.0746	视吸水指数	apparent [water] injectivity index	
06.0747	注水周期	[water] injection cycle	
06.0748	吸水层位	water intake layer	
06.0749	吸水剖面调整	[water] injection profile modification, injection profile adjustment	简称"调剖"。
06.0750	注入压力	injection pressure	
06.0751	相对吸水量	relative [water] injectivity	
06.0752	有效注水压力	effective [water] injection pressure	
06.0753	嘴损压力	choke pressure loss	
06.0754	吸水启动压力	[water] injection threshold pressure	
06.0755	注水井动态	[water] injection well performance	
06.0756	洗井强度	rate of well-flushing, flushing fluid capacity	
06.0757	洗井时间	duration of well-flushing	
06.0758	洗井周期	period between well-flushing	
06.0759	注水井增注	[water] injection well stimulation	简称"增注"。
06.0760	注采井转换	injector-producer conversion	
06.0761	注入率	injection rate	曾用名"注入量"。
06.0762	注水量递减曲线	water-injection declining curve	
06.0763	偏心配水器	eccentric water distributor	
06.0764	增产措施	well stimulation	
06.0765	分层增产作业	separated-layer stimulation	又称"分层改造"。
06.0766	油层爆炸处理	oil well shooting, squibbing, explosive treatment	
06.0767	油层酸处理	acid treatment, acidizing	简称"酸化"。
06.0768	盐酸处理	hydrochloric acid treatment	
06.0769	酸浸	acid soak	
06.0770	酸洗	acid wash, acid cleaning	

序 码	汉 文 名	英 文 名	注 释
06.0771	热酸处理	hot acid treatment	
06.0772	热化学处理	hot chemical treatment	
06.0773	前置液冲洗	preflush	
06.0774	前置液酸化	prepad acid fracturing	
06.0775	酸-岩反应速率	acid-rock reaction rate	
06.0776	氢离子传质速率	mass transfer rate of hydrogen ion	
06.0777	面容比	area-volume ratio	
06.0778	酸液有效作用距离	effective distance of live acid	
06.0779	酸-岩反应静态试验	static test of acid-rock reaction	
06.0780	酸-岩反应动态模拟试验	simulated flow test of acid-rock reaction	
06.0781	酸-岩反应动力模拟	dynamic simulation of acid-rock reaction	
06.0782	多组分酸酸化	multicomponent acid treatment	
06.0783	原地成酸体系	*in situ* acid generating system	
06.0784	原地成酸酸化	*in situ* generating acid treatment	
06.0785	浓盐酸处理	high concentration hydrochloric acid treatment	
06.0786	前置液	pad fluid	
06.0787	油层水力压裂	hydraulic fracturing	简称"压裂"。
06.0788	破裂压力	breakdown pressure, fracturing pressure	
06.0789	破裂压力梯度	fracture pressure gradient	简称"破裂梯度"。
06.0790	原地应力	*in situ* geostress	
06.0791	裂缝延伸	fracture propagation	
06.0792	裂缝延伸压力	fracture propagation pressure	
06.0793	裂缝方位	fracture azimuth	
06.0794	垂直裂缝	vertical fracture	
06.0795	水平裂缝	horizontal fracture	
06.0796	裂缝形状	fracture shape, fracture geometry	
06.0797	裂缝几何参数	fracture geometry parameter	
06.0798	裂缝宽度	fracture width	
06.0799	裂缝延伸长度	fracture penetration	
06.0800	裂缝高度	fracture height	
06.0801	支撑裂缝面积	propped fracture area	

序 码	汉 文 名	英 文 名	注 释
06.0802	压裂参数	fracturing parameter	
06.0803	压裂液滤失性	fracturing fluid loss property	
06.0804	静态滤失试验	static fluid loss test	
06.0805	动态滤失试验	dynamic fluid loss test	
06.0806	初滤失量	spurt loss	
06.0807	总滤失系数	total fluid loss coefficient	
06.0808	降滤失添加剂	fluid loss reducing agent	
06.0809	[压裂液]造壁性能	wall building properties [of the fracturing fluid]	
06.0810	造壁控制滤失系数	wall building controlled fluid loss coefficient	
06.0811	支撑剂	proppant	
06.0812	携砂能力	proppant-carrying capacity	
06.0813	砂比	proppant concentration	
06.0814	填砂裂缝	sand packed fracture, packed fracture	
06.0815	动态裂缝尺寸	dynamic fracture size	
06.0816	裂缝导流能力	fracture conductivity	
06.0817	增产倍数	stimulation ratio	又称"增产比"。
06.0818	裂缝穿透系数	fracture penetration coefficient	
06.0819	压裂液利用效率	fracture fluid coefficient	
06.0820	压裂施工参数曲线	fracturing curve	
06.0821	瞬时关井压力	instantaneous shut-in pressure, ISIP	
06.0822	砂堤平衡高度	sand equilibrium bank height	
06.0823	平衡流速	equilibrium velocity	
06.0824	裂缝闭合压力	fracture closure pressure	
06.0825	闭合应力	fracture closure stress	
06.0826	支撑剂自由沉降	free setting of proppant	
06.0827	干扰沉降	interfered setting	
06.0828	支撑剂沉降缝壁效应	wall effect [of proppant setting]	
06.0829	大型压裂	massive hydraulic fracturing, MHF	又称"巨型压裂"。
06.0830	分层压裂	separate-layer fracturing	
06.0831	选择性压裂	selective fracturing	

序　码	汉　文　名	英　文　名	注　释
06.0832	多级压裂	multiple stage fracturing	
06.0833	高能气体压裂	high enegry gas fracturing	
06.0834	重复压裂	refracturing	
06.0835	限流法压裂	limited entry fracturing	
06.0836	限流射孔技术	limited entry perforation technique	
06.0837	泡沫压裂	foam fracturing	
06.0838	核爆炸增产措施	nuclear stimulation	
06.0839	核爆炸压裂	nuclear fracturing	
06.0840	油井出砂	sand production	
06.0841	砂堵	sand fill, sand up, sand plug	
06.0842	砂桥	sand bridge	
06.0843	出砂层	sanding formation	
06.0844	出砂量	sand influx, sand production rate	
06.0845	先期防砂	pre-completion sand control	
06.0846	防砂技术	sand control technique	
06.0847	固砂技术	sand consolidation technique	
06.0848	选择性防砂	selective sand control	
06.0849	分层防砂	separate-layer sand control	
06.0850	地层砂胶结	formation sand consolidation	
06.0851	地层焦化固砂	formation sand coking	
06.0852	防砂有效期	life of sand control	
06.0853	防砂效果	result of sand control	
06.0854	防砂筛管	sand control liner	
06.0855	防砂砾石	sand control gravel	
06.0856	砾砂直径比	gravel-sand size ratio	
06.0857	清砂	sand removal	
06.0858	捞砂筒	sand bailer	
06.0859	冲砂	sand clean out, sand washing	
06.0860	冲砂液	sand cleaning fluid	
06.0861	砂滤效率	sand filtering efficiency	
06.0862	挤注试验	squeeze test	
06.0863	脱砂压力	sand out pressure	
06.0864	充填效率	packing efficiency	
06.0865	封隔器坐封深度	packer setting depth	
06.0866	循环孔	circulation port	
06.0867	充填工具	service seal unit, gravel packing device	

序　码	汉　文　名	英　文　名	注　释
06.0868	信号筛管	tell-tale screen	
06.0869	旋转头剪切短节	swivel shear sub	
06.0870	导鞋	muleshoe guide	
06.0871	炮眼充填	perforation packing	
06.0872	侧兜式工作筒	side-pocket mandrel	
06.0873	双管封隔器	dual tubing packing	
06.0874	带孔管	ported sub	
06.0875	防磨接头	blast joint	
06.0876	密封孔	seal bore	
06.0877	结蜡	paraffin deposit, paraffinning	
06.0878	初始结蜡温度	initial crystallizing point of paraffin	
06.0879	蜡堵	paraffin plugging, paraffin blockage	
06.0880	防蜡	paraffin control	
06.0881	清蜡	paraffin removal	
06.0882	机械清蜡	mechanical paraffin removal	
06.0883	刮蜡片	paraffin knife, paraffin scraper	
06.0884	变径刮蜡器	variable diameter paraffin scraper	
06.0885	清蜡钻头	paraffin bit	
06.0886	抽油杆刮蜡器	rod scraper	
06.0887	电热清蜡	electrothermal paraffin removal	
06.0888	井下电热器	downhole electric heater	
06.0889	井筒热循环	hot fluid circulation	
06.0890	热水循环	hot water circulation	
06.0891	热油循环	hot oiling	
06.0892	涂料油管	coated tubing	
06.0893	磁防蜡	magnetic paraffin control	
06.0894	堵水	water shut off	
06.0895	化学堵水	chemical water shut off	
06.0896	水油比控制	water-oil ratio control	
06.0897	选择性堵水	selective water shut off	
06.0898	分层堵水	separate-layer water shut off	
06.0899	机械堵水	water pack off, mechanical water shut off	
06.0900	底水封堵	bottom water plugging	
06.0901	修井	well workover	

序 码	汉 文 名	英 文 名	注 释
06.0902	不压井起下作业	snubbing service	
06.0903	油管堵塞器	tubing plug	
06.0904	封隔器	packer	
06.0905	支撑式封隔器	support-type packer	
06.0906	卡瓦式封隔器	slip-type packer	
06.0907	皮碗式封隔器	cup packer	
06.0908	水力压差式封隔器	hydraulic pressure differential packer	
06.0909	水力自封式封隔器	hydraulic self-sealing packer	
06.0910	水力密闭式封隔器	hydraulic allyclosed packer	
06.0911	水力压缩式封隔器	hydraulic compressive packer	
06.0912	水力机械式封隔器	hydraulic mechanical packer	
06.0913	轨道式卡瓦封隔器	track-slip type packer	
06.0914	封隔器坐封距	packer setting travel	
06.0915	裸眼封隔器	open hole packer	
06.0916	定压单流阀	constant pressure check valve	
06.0917	水力锚	hydraulic anchor	
06.0918	水力喷砂射孔器	sand jet perforator	
06.0919	喷砂嘴	sand spit, sand jet	
06.0920	地层测试	formation testing	
06.0921	压井作业	well killing job	
06.0922	洗井	well cleanout, well cleanup	
06.0923	正洗	conventional well-flushing	
06.0924	反洗	inverse well-flushing	
06.0925	诱流	wellbore unloading	
06.0926	抽汲	swabbing	
06.0927	提捞	bailing	
06.0928	井下作业	downhole operation	
06.0929	堵塞炮眼	plugged perforation, perforation plugging	
06.0930	油管打捞筒	tubing socket	
06.0931	油管打捞矛	tubing spear	

序 码	汉 文 名	英 文 名	注 释
06.0932	油管打捞作业	tubing fishing operation	
06.0933	放空管线	vent line	
06.0934	正循环	normal circulation	
06.0935	反循环	inverse circulation	
06.0936	井筒试压	wellbore pressure test	
06.0937	环形空间试压	annular pressure test	简称"环空试压"。
06.0938	窜槽	channelling	
06.0939	套管补贴	casing patch	
06.0940	套管修复	casing repair	
06.0941	套管损坏	casing wear	
06.0942	套管破裂	casing collapse	
06.0943	管柱	pipe string	
06.0944	排水采气	gas well production with water withdrawal	
06.0945	气井废弃压力	gas well abandonment pressure	
06.0946	天然气脱油	condensate removal [from natural gas]	
06.0947	自动调压阀	automatic pressure regulator	
06.0948	临界流速流量计	critical flow prover	
06.0949	垫圈流量计	orifice type critical flow prover [low pressure]	又称"无阻流量计"。
06.0950	井下仪器	downhole instrument	
06.0951	井下测量	downhole measurement	
06.0952	井下压力计	pressure bomb	
06.0953	弹簧管井下压力计	Bourdon-type pressure bomb	
06.0954	弹簧式井下压力计	spring-type pressure bomb	
06.0955	井下电子压力计	downhole electronic pressure bomb	
06.0956	井下振弦压力计	downhole vibrating wire strain gauge	
06.0957	井下温度计	bottom hole temperature bomb, bottom hole temperature recorder	
06.0958	井底取样器	bottom hole sampler	
06.0959	井下流量计	bottom hole flowmeter	
06.0960	浮子式井下流量	bottom hole float type flowmeter	

序 码	汉文名	英文名	注 释
	计		
06.0961	井下涡轮流量计	bottom hole turbine flowmeter	
06.0962	井下密度计	bottom hole densimeter	
06.0963	动力仪	dynamometer	
06.0964	水力动力仪	hydraulic dynamometer	
06.0965	不停机动力仪	no-stop dynamometer	
06.0966	远传示功仪	teledynamometer	
06.0967	计算机化动力仪	computerized dynamometer	
06.0968	回声仪	echometer	

06.6 提高采收率

序 码	汉文名	英文名	注 释
06.0969	提高采收率	enhanced oil recovery, EOR	又称"强化采油"。
06.0970	采收率	recovery efficiency, recovery factor	
06.0971	无水采收率	water-free recovery	
06.0972	最终采收率	ultimate recovery	
06.0973	一次采油	primary oil recovery	
06.0974	二次采油	secondary oil recovery	
06.0975	三次采油	tertiary oil recovery	
06.0976	驱油效率	displacement efficiency	
06.0977	波及系数	sweep efficiency	又称"驱扫效率"。
06.0978	垂向波及系数	vertical sweep efficiency	
06.0979	面积波及系数	areal sweep efficiency	
06.0980	级次流度缓冲带	tapered mobility buffer	
06.0981	碱水驱	alkaline-flooding	
06.0982	碳酸水驱	carbonated water flooding	
06.0983	稠化水驱	viscous water flooding	
06.0984	聚合物驱	polymer flooding	
06.0985	残余阻力系数	residual resistance factor	
06.0986	活性剂驱	surfactant flooding	
06.0987	微乳驱	microemulsion flooding	
06.0988	胶束溶液驱	micellar solution flooding	
06.0989	复合驱	combination flooding	
06.0990	泡沫驱	foam flooding	
06.0991	泡沫发生器	foam generator	
06.0992	混气水驱	water-gas mixture flooding	
06.0993	驱替相	displacing phase	又称"注入相"。

序　码	汉　文　名	英　文　名	注　释
06.0994	被驱替相	displaced phase	
06.0995	混相驱	miscible displacement, miscible flooding	
06.0996	烃类混相驱	hydrocarbon miscible flooding	
06.0997	一次接触混相驱	first contact miscible flooding drive	
06.0998	多次接触混相驱	multi-contact miscible flooding drive	
06.0999	最低混相压力	minimum miscible pressure	
06.1000	混相带	miscible zone	
06.1001	混相过渡带	miscible transition zone	
06.1002	混相段塞驱	miscible slug-flooding	
06.1003	溶剂段塞驱	solvent slug-flooding	
06.1004	液化石油气驱	liquefied petroleum gas displacement, LPG displacement	
06.1005	注富气	enriched gas injection	
06.1006	富气驱	enriched gas drive	
06.1007	二氧化碳驱	carbon dioxide flooding	
06.1008	二氧化碳段塞水驱	water drive with carbon dioxide slug	
06.1009	烟道气驱	flue gas flooding	
06.1010	氮气驱	nitrogen flooding	
06.1011	热力采油	thermal recovery	
06.1012	热采方法	thermal process	
06.1013	热力驱油	thermal drive, thermal flooding	
06.1014	热段塞驱	thermal slug process	
06.1015	火烧油层	*in situ* combustion, underground combustion	又称"火驱"。
06.1016	正燃法	forward combustion process	
06.1017	逆燃法	reverse combustion process	
06.1018	湿式火烧油层	wet combustion process	又称"湿式火驱采油"。
06.1019	燃烧前缘	burning front	
06.1020	已燃区	burned region	
06.1021	结焦带	coke zone	
06.1022	注蒸汽	steam injection	
06.1023	注蒸汽井	steam injection well, steamed	又称"注汽井"。

序 码	汉 文 名	英 文 名	注 释
		well	
06.1024	蒸汽驱	steam flooding, steam drive	
06.1025	蒸汽段塞	steam slug	
06.1026	蒸汽带	steam zone	
06.1027	蒸汽凝结前缘	steam condensation front	
06.1028	蒸汽凝结速率	steam condensation rate	
06.1029	蒸汽驱面积	steam flood area	
06.1030	注汽压力	steam injection pressure	
06.1031	蒸汽吞吐	steam soak, steam huff and puff	
06.1032	注蒸汽周期	steam injection cycle	
06.1033	蒸汽前缘	steam front	
06.1034	蒸汽前缘稳定性	steam front stability	
06.1035	蒸汽突破区	steam breakthrough area	
06.1036	注汽采油工艺	steam process production techno-logy	
06.1037	预应力隔热管柱	prestressed heat-insulation string	
06.1038	液体隔热管柱	liquid heat-insulation string	
06.1039	热采封隔器	thermal recovery packer	
06.1040	蒸汽窜槽	steam channeling	
06.1041	蒸汽干度	steam quality	
06.1042	蒸汽压力	steam pressure	
06.1043	耗汽率	steam consumption rate	
06.1044	能油比	thermal-energy oil ratio	
06.1045	汽油比	steam-oil ratio	
06.1046	蒸汽发生器	steam generator	
06.1047	热力增产措施	thermal stimulation	
06.1048	隔热管柱	heat insulated tubing string	
06.1049	热采井	thermal production well	
06.1050	热水驱	hot water flooding	
06.1051	热水吞吐	hot water soak	
06.1052	微生物采油	*in situ* biological process for oil production	
06.1053	露天采油	open-pit oil mining	
06.1054	坑道采油	gallery oil mining	
06.1055	微生物强化采油	microbial enhanced oil recovery, MEOR	

07. 石 油 炼 制

序 码	汉 文 名	英 文 名	注 释

07.1 总 类

07.0001	深度加工	deep processing	
07.0002	加工流程	process scheme	
07.0003	流程图	flow sheet, flow diagram	
07.0004	炼油厂	petroleum refinery, refinery	
07.0005	燃料型炼油厂	fuel type refinery	
07.0006	润滑油型炼油厂	lube type refinery	
07.0007	炼油工艺装置	refining process unit	
07.0008	炼油设备	refining equipment	

07.2 原 料

07.0009	原料油	feed stock	
07.0010	炼厂气	refinery gas	
07.0011	馏分	fraction, distillate	又称"馏分油"。
07.0012	拔头馏分	tops	
07.0013	塔顶馏出物	overhead	
07.0014	轻馏分油	light distillate	
07.0015	中间馏分油	middle distillate	
07.0016	重馏分油	heavy distillate	
07.0017	常压重馏分油	atmospheric heavy distillate, atmospheric gas oil, AGO	又称"常压瓦斯油"。
07.0018	减压馏分油	vacuum distillate, vacuum gas oil, VGO	又称"减压瓦斯油"。
07.0019	轻循环油	light cycle oil, LCO	
07.0020	重循环油	heavy cycle oil, HCO	
07.0021	油浆	slurry oil	
07.0022	润滑油馏分	lube fraction, lube oil distillate	
07.0023	渣油	residue, residual oil	
07.0024	常压渣油	atmospheric residue, AR	
07.0025	减压渣油	vacuum residue, VR	曾用名"减压重油"。

序 码	汉 文 名	英 文 名	注 释

07.3 工 艺 过 程

序 码	汉 文 名	英 文 名	注 释
07.0026	拔顶蒸馏	topping, skimming	
07.0027	常压蒸馏	atmospheric distillation	
07.0028	减压蒸馏	vacuum distillation	
07.0029	分馏	fractionation	
07.0030	精密分馏	precise fractionation	
07.0031	精馏	rectification	
07.0032	再蒸馏	redistillation	
07.0033	闪蒸	flash	
07.0034	汽提	stripping	
07.0035	脱水	dehydration, dewatering	
07.0036	脱气	degassing	
07.0037	化学脱盐	chemical desalting	
07.0038	电脱盐	electrostatic desalting	
07.0039	溶剂抽提	solvent extraction	又称"溶剂萃取"。
07.0040	超临界溶剂抽提	supercritical solvent extraction	
07.0041	芳烃抽提	aromatic extraction	
07.0042	环丁砜抽提	sulfolane extraction	
07.0043	四乙二醇醚抽提	tetraglycol extraction	
07.0044	蜡脱油	wax deoiling	
07.0045	甲基异丁基酮蜡脱油	methyl isobutyl ketone wax deoiling, MIBK wax deoiling	
07.0046	发汗	sweating	
07.0047	分子筛脱蜡	molecular sieve dewaxing	
07.0048	溶剂脱蜡	solvent dewaxing	
07.0049	甲乙酮脱蜡	methyl ethyl ketone dewaxing, MEK dewaxing	
07.0050	酮苯脱蜡	acetone-benzene dewaxing	
07.0051	尿素脱蜡	urea dewaxing	
07.0052	冷榨脱蜡	cold pressing dewaxing	
07.0053	丙烷脱沥青	propane deasphalting	
07.0054	溶剂脱沥青	solvent deasphalting	
07.0055	热裂化	thermal cracking	
07.0056	蜡裂化	wax cracking	又称"[石]蜡裂解"。
07.0057	催化裂化	catalytic cracking	
07.0058	流化催化裂化	fluid catalytic cracking, FCC	

序　码	汉　文　名	英　文　名	注　　释
07.0059	移动床催化裂化	moving bed catalytic cracking	
07.0060	提升管催化裂化	riser catalytic cracking	
07.0061	渣油催化裂化	residue cracking, residual oil cracking	
07.0062	加氢	hydrogenation	
07.0063	加氢裂化	hydrocracking	
07.0064	缓和加氢裂化	mild hydrocracking	
07.0065	供氢裂化	hydrogen donor cracking	又称"供氢剂裂化"。
07.0066	润滑油加氢	lube oil hydrogenation	
07.0067	临氢降凝	hydrodewaxing	
07.0068	芳烃加氢	aromatic hydrogenation, hydro-dearomatization	
07.0069	催化重整	catalytic reforming	
07.0070	铂重整	platinum catalytic reforming	
07.0071	双金属催化重整	bimetallic catalytic reforming	
07.0072	多金属重整	multimetallic catalytic reforming	
07.0073	连续催化重整	continuous catalytic reforming	
07.0074	烷基化	alkylation	
07.0075	硫酸烷基化	sulfuric acid alkylation	
07.0076	氢氟酸烷基化	hydrofluoric acid alkylation	
07.0077	异构化	isomerization	
07.0078	聚合	polymerization	
07.0079	芳构化	aromatization	
07.0080	醚化	etherification	
07.0081	催化蒸馏	catalytic distillation	
07.0082	脱氢	dehydrogenation	
07.0083	流化焦化	fluid coking	
07.0084	延迟焦化	delayed coking	
07.0085	减粘裂化	visbreaking	
07.0086	沥青氧化	asphalt oxidation, asphalt blowing	
07.0087	加氢处理	hydrotreating	
07.0088	加氢精制	hydrorefining	
07.0089	加氢补充精制	hydro-finishing	
07.0090	加氢脱硫	hydrodesulfurization, HDS	
07.0091	加氢脱氮	hydrodenitrogenation, HDN	
07.0092	加氢脱金属	hydrodemetalization, hydrodeme-	

序 码	汉 文 名	英 文 名	注 释
		talation, HDM	
07.0093	预精制	prerefining	
07.0094	馏分油精制	distillate treating	
07.0095	吸附精制	adsorption refining	
07.0096	脱色	decolorizing, decoloration	
07.0097	碱洗	caustic washing, alkaline washing	
07.0098	酸碱洗涤	acid-alkali washing	
07.0099	电精制	electrofining, electrorefining	
07.0100	脱臭	sweetening	
07.0101	磺化钛氰钴脱硫醇	sulfonated cobalt phthalocyanine sweetening	
07.0102	糠醛精制	furfural refining	
07.0103	酚精制	phenol refining	
07.0104	甲基吡咯烷酮精制	MP lube oil refining, n-methyl-2--pyrrolidone lube oil refining	
07.0105	白土精制	clay treatment, clay treating	

07.4 石油产品

序 码	汉 文 名	英 文 名	注 释
07.0106	发动机燃料	motor fuel	
07.0107	运输燃料	transport fuel, transportation fuel	
07.0108	汽油	gasoline	
07.0109	直馏汽油	straight-run gasoline	
07.0110	催化[裂化]汽油	catalytic gasoline	
07.0111	重整汽油	reformed gasoline	
07.0112	烷基化油	alkylate	
07.0113	车用汽油	motor gasoline, petrol	
07.0114	航空汽油	aviation gasoline	
07.0115	含铅汽油	leaded gasoline	
07.0116	无铅汽油	unleaded gasoline	
07.0117	高辛烷值汽油	high octane gasoline	
07.0118	含醇汽油	alcohol blended fuel, alcogas	
07.0119	新配方汽油	reformulated gasoline	
07.0120	煤油	kerosene	
07.0121	灯用煤油	lamp oil	又称"灯油"。
07.0122	取暖用油	heating oil, furnace oil	
07.0123	航空涡轮发动机燃料	aviation turbine fuel, jet fuel	又称"喷气燃料"。

序　码	汉　文　名	英　文　名	注　　释
07.0124	柴油	diesel fuel	
07.0125	轻柴油	light diesel fuel	
07.0126	船用柴油	marine diesel fuel	
07.0127	重柴油	heavy diesel fuel	
07.0128	燃气轮机燃料	gas turbine fuel	
07.0129	燃料油	fuel oil	
07.0130	船用燃料油	marine fuel oil	
07.0131	舰用燃料油	naval fuel oil	
07.0132	正标准燃料	primary reference fuel	
07.0133	副标准燃料	secondary reference fuel	
07.0134	石油溶剂	petroleum solvent	
07.0135	抽提溶剂油	solvent for extraction	
07.0136	合成润滑油	synthetic lubricating oil	
07.0137	润滑油	lubricating oil	
07.0138	润滑油基础油	lube oil base stock	
07.0139	高粘度润滑油	high viscosity lubricating oil	
07.0140	光亮油	bright stock	
07.0141	机械油	machine oil	
07.0142	车轴油	axle oil	
07.0143	脱模油	mold oil, mold lubricant	
07.0144	齿轮油	gear oil	
07.0145	车辆齿轮油	automotive gear oil	
07.0146	工业齿轮油	industrial gear oil	
07.0147	压缩机油	compressor oil	
07.0148	冷冻机油	refrigerator oil	
07.0149	真空泵油	vacuum pump oil	
07.0150	扩散泵油	diffusion pump oil	
07.0151	发动机油	engine oil	
07.0152	内燃机油	internal combustion engine oil	
07.0153	汽油机油	gasoline engine oil	
07.0154	柴油机油	diesel engine oil	
07.0155	航空发动机油	aviation engine oil	
07.0156	航空涡轮机油	aviation turbine oil	
07.0157	船用柴油机油	marine diesel engine oil	
07.0158	二冲程内燃机油	two-cycle engine oil	
07.0159	铁路柴油机油	railroad diesel engine oil	
07.0160	多级润滑油	multigrade lubricating oil	

序 码	汉 文 名	英 文 名	注 释
07.0161	通用内燃机油	general service oil, universal internal combustion engine oil	
07.0162	轴承油	bearing oil	
07.0163	仪表油	instrument oil	
07.0164	高速机械油	high speed machine oil, spindle oil	又称"锭子油"。
07.0165	导轨油	rail oil, slide rail oil	
07.0166	液压油	hydraulic oil	
07.0167	液压液	hydraulic fluid	
07.0168	石油基液压油	petroleum base hydraulic oil	
07.0169	合成液压液	synthetic hydraulic fluid	
07.0170	高粘度指数液压油	high viscosity index hydraulic oil	
07.0171	低温液压油	low temperature hydraulic oil	
07.0172	抗磨液压油	antiwear hydraulic oil	
07.0173	乳化型液压液	emulsified hydraulic fluid	
07.0174	阻燃液压液	fire resistant hydraulic fluid	
07.0175	液压传动油	hydraulic transmission oil	
07.0176	自动传动液	automatic transmission fluid	
07.0177	航空液压油	aviation hydraulic oil	
07.0178	刹车液	brake fluid	又称"制动液"。
07.0179	金属加工液	metal working fluid	
07.0180	拉拔润滑剂	drawing compound	
07.0181	切削油	cutting oil	
07.0182	压延油	rolling oil	
07.0183	绝缘油	insulating oil	
07.0184	变压器油	transformer oil	
07.0185	超高压变压器油	ultrahigh voltage transformer oil	
07.0186	电缆油	cable oil	
07.0187	电容器油	capacitor oil	
07.0188	开关油	switch oil	
07.0189	热传导液	heat transfer oil	又称"导热油"。
07.0190	溶剂稀释型防锈油	solvent cutback rust preventing oil	
07.0191	润滑油型防锈油	lubricating type rust preventing oil	
07.0192	脂型防锈油	grease type rust preventing oil	
07.0193	汽轮机油	steam turbine oil, turbine oil	曾用名"透平油"。
07.0194	防锈抗氧汽轮机	rust preventing and anti-oxidation	

序　码	汉　文　名	英　文　名	注　释
	油	turbine oil	
07.0195	阻燃汽轮机油	fire resistant steam turbine oil	
07.0196	氟碳油	fluorocarbon oil	
07.0197	硅油	silicone oil	
07.0198	热处理油	heat treating oil	
07.0199	回火油	tempering oil	
07.0200	急冷油	quenching oil	又称"淬火油"。
07.0201	润滑脂	lubricating grease, grease	
07.0202	皂基润滑脂	soap base grease	
07.0203	非皂基润滑脂	non-soap base grease	
07.0204	复合皂基润滑脂	complex soap base grease	
07.0205	钙基润滑脂	calcium soap base grease	
07.0206	钠基润滑脂	sodium soap base grease	
07.0207	钡基润滑脂	barium soap base grease	
07.0208	锂基润滑脂	lithium soap base grease	
07.0209	铝基润滑脂	aluminium soap base grease	
07.0210	铅基润滑脂	lead soap base grease	
07.0211	膨润土润滑脂	bentone base grease, bentonite grease	
07.0212	特种润滑脂	specialty grease	
07.0213	高温润滑脂	high temperature grease	
07.0214	低温润滑脂	low temperature grease	
07.0215	极压润滑脂	extreme pressure grease	
07.0216	防锈润滑脂	anti-rust grease, preservative grease	
07.0217	多效润滑脂	multipurpose grease	
07.0218	参比油	reference oil	
07.0219	磨合油	break-in oil	
07.0220	粘度标准油	viscosity standard oil	
07.0221	真空封脂	vacuum sealing grease	
07.0222	白油	white oil	
07.0223	吸收油	absorption oil	
07.0224	减震器油	damper oil	
07.0225	石油酸类	petroleum acids	
07.0226	汽缸油	cylinder oil	
07.0227	矿脂	petrolatum, vaseline	又称"凡士林"。
07.0228	医药凡士林	medicinal vaseline	

序　码	汉　文　名	英　文　名	注　释
07.0229	工业凡士林	industrial vaseline	
07.0230	石蜡	paraffin wax	
07.0231	地蜡	ceresin, ceresine	
07.0232	液体石蜡	liquid paraffin, liquid petrolatum	
07.0233	微晶蜡	micro-crystalline wax	
07.0234	半精制石蜡	semi-refined paraffin wax	又称"白石蜡"。
07.0235	全精制石蜡	refined paraffin wax	又称"精白蜡"。
07.0236	食品用石蜡	food grade paraffin wax	
07.0237	氯化石蜡	chloroparaffin	
07.0238	道路沥青	road asphalt, road bitumen	
07.0239	建筑沥青	building asphalt	
07.0240	乳化沥青	emulsified asphalt, emulsified bitumen	
07.0241	石油焦	petroleum coke	
07.0242	针状焦	needle coke	
07.0243	煅烧焦	calcined coke	

07.5　添加剂及催化剂

序　码	汉　文　名	英　文　名	注　释
07.0244	添加剂	additive	
07.0245	多效添加剂	multipurpose additive	
07.0246	抗爆剂	anti-knock additive	
07.0247	乙基液	ethyl fluid	
07.0248	扫铅剂	lead scavenger	
07.0249	金属钝化剂	metal deactivator	
07.0250	抗腐蚀添加剂	anti-corrosion additive	
07.0251	抗静电添加剂	antistatic additive, static dissipator additive	
07.0252	防冰添加剂	anti-icing additive	
07.0253	防锈添加剂	rust preventive inhibitor	
07.0254	流动性改进剂	flow improver	
07.0255	清净添加剂	detergent additive	
07.0256	无灰分散添加剂	ashless dispersant	
07.0257	粘度指数改进剂	viscosity index improver	
07.0258	载荷添加剂	load-carrying additive	
07.0259	极压添加剂	extreme pressure additive	
07.0260	倾点降低剂	pour point depressant	又称"降凝剂"。
07.0261	抗磨添加剂	antiwear additive	

序 码	汉 文 名	英 文 名	注 释
07.0262	油性添加剂	oiliness additive	
07.0263	催化裂化催化剂	catalytic cracking catalyst	
07.0264	硅铝裂化催化剂	silica-alumina cracking catalyst	
07.0265	半合成沸石裂化催化剂	semi-synthetic zeolite cracking catalyst	
07.0266	沸石裂化催化剂	zeolite cracking catalyst, molecular sieve cracking catalyst	又称"分子筛裂化催化剂"。
07.0267	Y 型沸石	Y-type zeolite	
07.0268	超稳 Y 型沸石	ultrastable, US Y-type zeolite Y-type zeolite	
07.0269	稀土 Y 型沸石	rare earth Y-type zeolite, RE Y-type zeolite	
07.0270	催化重整催化剂	catalytic reforming catalyst	
07.0271	铂重整催化剂	platinum reforming catalyst	
07.0272	双金属重整催化剂	bimetallic reforming catalyst	
07.0273	多金属重整催化剂	multimetallic reforming catalyst	
07.0274	加氢精制催化剂	hydrofining catalyst	
07.0275	加氢处理催化剂	hydrotreating catalyst	
07.0276	加氢裂化催化剂	hydrocracking catalyst	
07.0277	烷基化催化剂	alkylation catalyst	
07.0278	异构化催化剂	isomerization catalyst	
07.0279	叠合催化剂	polymerization catalyst	
07.0280	一氧化碳助燃剂	CO combustion promoter	
07.0281	辛烷值助剂	octane enhancing additive, octane enhancer	
07.0282	脱[氧化]硫剂	SOx reduction agent, SOx trans-fer-catalyst	
07.0283	镍钝化剂	nickel passivator	
07.0284	钒钝化剂	vanadium passivator	

07.6 产品性质及评定

序 码	汉 文 名	英 文 名	注 释
07.0285	氧化安定性	oxidation stability	
07.0286	热氧化安定性	thermal oxidation stability	
07.0287	乳化性	emulsibility	
07.0288	互溶性	miscibility	

序　码	汉文名	英文名	注　释
07.0289	润滑剂相容性	lubricant compatibility	
07.0290	析气性	degassing property	
07.0291	[可]压缩性	compressibility	
07.0292	抗磨性	antiwear property	
07.0293	极压性	extreme pressure property	
07.0294	起泡性	foaming characteristics	
07.0295	空气释放性	air release property	
07.0296	泵送性	pumpability	
07.0297	防锈性	anti-rust property, rust-preventing characteristics	
07.0298	防腐性	anti-corrosive property	
07.0299	阻燃性	fire resistance property	
07.0300	密封适应性	seal compatibility	
07.0301	抗爆性	anti-knock property	
07.0302	感铅性	lead susceptibility	
07.0303	粘温性	viscosity-temperature characteristics	
07.0304	胶体安定性	colloid stability	
07.0305	水淋性	water washout characteristics	
07.0306	燃烧性	burning property	
07.0307	润滑性	lubricity	
07.0308	馏程	distillation range	
07.0309	初馏点	initial boiling point	
07.0310	中沸点	mid-boiling point	
07.0311	终馏点	final boiling point, end point	
07.0312	干点	dry point	
07.0313	实沸点蒸馏曲线	true boiling point curve	
07.0314	平衡蒸发曲线	equilibrium-flash-vaporization curve	
07.0315	残留物百分数	percentage residue	
07.0316	减压馏程	vacuum distillation range	
07.0317	诱导期	induction period	
07.0318	中和值	neutralization value	
07.0319	酸值	acid number	
07.0320	碱值	alkali number, base number	
07.0321	水溶性酸	water-soluble acid	
07.0322	水溶性碱	water-soluble alkali	

序　码	汉　文　名	英　文　名	注　释
07.0323	溴价	bromine number, bromine value	
07.0324	溴指数	bromine index	
07.0325	碘值	iodine number, iodine value	
07.0326	标准密度	standard density	
07.0327	真密度	true density	
07.0328	密度温度系数	density-temperature coefficient	
07.0329	体积温度系数	volume-temperature coefficient	
07.0330	标准体积	standard volume	
07.0331	实际胶质	existent gum	
07.0332	潜在胶质	potential gum	
07.0333	蒸发残余物	evaporation residue	
07.0334	蒸发损失	evaporation loss	
07.0335	辛烷值	octane number	
07.0336	马达法辛烷值	motor octane number, MON	
07.0337	研究法辛烷值	research octane number, RON	
07.0338	抗爆指数	anti-knock index	
07.0339	品[度]值	performance number, PN	
07.0340	十六烷值	cetane number	
07.0341	十六烷指数	cetane index	
07.0342	冷滤点	cold filter plugging point	
07.0343	水分离指数	water separation index	
07.0344	辉光值	luminometer number	
07.0345	兰氏残炭	Ramsbottom carbon residue	
07.0346	康氏残炭	Conradson carbon residue	
07.0347	硫醇硫	mercaptan sulfur	
07.0348	烟点	smoke point	
07.0349	色度	colority	
07.0350	酸着色试验	acid wash color test	
07.0351	恩氏粘度	Engler viscosity	
07.0352	粘温系数	viscosity-temperature coefficient	
07.0353	粘度指数	viscosity index	
07.0354	固化点	setting point	
07.0355	机械杂质	mechanical impurities	
07.0356	苯胺点	aniline point	
07.0357	皂化值	saponification number	
07.0358	介电损耗因子	dielectric dissipation factor	曾用名"介电损失角正切"。

序 码	汉 文 名	英 文 名	注 释
07.0359	介电强度	dielectric strength	曾用名"击穿强度"。
07.0360	油泥	sludge	
07.0361	润滑剂承载能力	load-carrying capacity of lubricant	
07.0362	烧结点	weld point	
07.0363	最大无卡咬负荷	last non-seizure load	
07.0364	负荷磨损指数	load wear index	
07.0365	粘环和活塞沉积物	ring sticking and piston deposits	
07.0366	锥入度	cone penetration	
07.0367	针入度	needle penetration	
07.0368	针入度比	penetration ratio	
07.0369	针入度指数	penetration index	
07.0370	滴点	drop point, dropping point	
07.0371	润滑脂皂分	soap content in grease	
07.0372	石蜡含油量	oil content in paraffin wax	
07.0373	过氧化值	peroxide number	
07.0374	软化点	softening point	
07.0375	沥青延度	bitumen ductility	曾用名"沥青伸长度"。
07.0376	沥青溶解度	bitumen solubility	
07.0377	石油焦挥发分	volatile fraction in petroleum coke	
07.0378	石油焦机械强度	mechanical strength of petroleum coke	
07.0379	粉焦量	powder coke content	
07.0380	绝缘胶冻裂点	freezing breakage point of insulating gel	
07.0381	绝缘胶收缩率	contraction ratio of insulating gel	
07.0382	绝缘胶粘附率	adherence ratio of insulatng gel	

07.7 专用设备及仪器

序 码	汉 文 名	英 文 名	注 释
07.0383	管式加热炉	pipe still [heater], pipe furnace, tubular heater	
07.0384	辐射炉	radiant-type furnace	
07.0385	圆筒炉	cylindrical furnace	
07.0386	废热锅炉	waste heat boiler	
07.0387	无焰燃烧炉	flameless burning heater	
07.0388	加热盘管	heating coil	

序　码	汉　文　名	英　文　名	注　释
07.0389	重沸器	reboiler	
07.0390	焦化釜	coking still	
07.0391	氧化釜	oxidizing kettle	
07.0392	氧化塔	oxidation tower	
07.0393	加热管	heating pipe	
07.0394	管壳式换热器	shell and tube type heat exchanger	
07.0395	套管换热器	double pipe heat exchanger	
07.0396	板式换热器	plate type heat exchanger	
07.0397	翅管换热器	finned tube heat exchanger	
07.0398	喷射冷凝器	jet condenser	
07.0399	水箱式冷凝器	submerged coil condenser	
07.0400	回流冷凝器	reflux condenser	
07.0401	水淋冷凝器	drip condenser	
07.0402	空气冷却器	air cooler	
07.0403	箱式冷却器	box cooler	
07.0404	后冷器	aftercooler	
07.0405	蒸馏塔	distillation tower	
07.0406	初馏塔	primary tower	
07.0407	分馏塔	fractionating tower, fractionating column	
07.0408	蒸发塔	evaporator, evaporating tower, evaporating column	
07.0409	精馏塔	rectification tower	
07.0410	减压塔	vacuum tower	
07.0411	闪蒸塔	flash tower	
07.0412	汽提塔	stripper, stripping tower	
07.0413	稳定塔	stabilizer	
07.0414	吸收塔	absorber	
07.0415	吸收脱吸塔	absorbing-desorption tower	
07.0416	溶剂抽提塔	solvent extraction tower	
07.0417	转盘塔	rotating disc contactor	
07.0418	焦炭塔	coke chamber	
07.0419	填料塔	packed tower	
07.0420	泡帽塔	bubble cap tower	
07.0421	筛板塔	sieve-tray tower, sieve-plate tower	
07.0422	浮阀塔板	floating valve tray	
07.0423	阶梯式塔板	cascade tray	

序　码	汉　文　名	英　文　名	注　释
07.0424	波纹塔板	ripple tray	
07.0425	脱盐罐	desalter	
07.0426	缓冲罐	surge tank	又称"中间罐"。
07.0427	回流罐	reflux accumulator	
07.0428	反应器	reactor	
07.0429	流化床反应器	fluidized bed reactor	
07.0430	移动床反应器	moving bed reactor	
07.0431	管式反应器	tubular reactor	
07.0432	固定床反应器	fixed bed reactor	
07.0433	径向反应器	radial reactor	
07.0434	提升管反应器	riser reactor	
07.0435	再生器	regenerator	
07.0436	旋流分离器	cyclone separator	
07.0437	滑阀	slide valve	
07.0438	蝶阀	butterfly valve	
07.0439	旋塞阀	plug valve	
07.0440	混合器	mixer	
07.0441	套管结晶器	double pipe crystallizer	
07.0442	沉降器	settler	
07.0443	主风机	main air blower	
07.0444	增压风机	auxiliary air blower, booster fan	
07.0445	转鼓式真空过滤机	rotary drum vacuum filter	
07.0446	烟气轮机	flue gas turbine expander	
07.0447	沥青成型机	asphalt brick former	
07.0448	油品蒸馏测定仪	distillation apparatus of petroleum products	
07.0449	油品开口闪点测定仪	open cup flash point tester of petroleum products	
07.0450	油品闭口闪点测定仪	closed cup flash point tester of petroleum products	
07.0451	石油倾点测定仪	petroleum pour point tester	
07.0452	石油浊点测定仪	petroleum cloud point tester	
07.0453	石油冰点测定仪	petroleum freezing point tester	
07.0454	油品运动粘度测定仪	kinematic viscometer of petroleum products	
07.0455	油品恩氏粘度测	Engler viscometer of petroleum	

序　码	汉　文　名	英　文　名	注　释
	定仪	products	
07.0456	油品里德蒸气压测定仪	apparatus for Reid vapor pressure test of petroleum products	
07.0457	实际胶质测定仪	apparatus for determining existent gum	
07.0458	汽油诱导期测定仪	oxidation bomb for stability test of gasoline	
07.0459	油品铜片腐蚀试验仪	copper strip corrosion tester of petroleum products	
07.0460	康氏残炭测定仪	apparatus for determining Conradson carbon residue	
07.0461	辉光值测定仪	luminometer	
07.0462	油品赛氏比色计	Saybolt chromometer of petroleum products	
07.0463	喷气燃料热氧化安定性测定仪	jet fuel thermal oxidation stability tester	
07.0464	润滑油氧化安定性测定仪	oxidation stability tester of lubricating oil	
07.0465	润滑脂氧化安定性测定仪	oxidation stability tester of lubricating grease	
07.0466	润滑脂锥入度测定仪	cone penetrometer of lubricating grease	
07.0467	润滑脂滴点测定仪	dropping point tester of lubricating grease	
07.0468	润滑脂滚筒安定性测定仪	roll stability tester of lubricating grease	
07.0469	辛烷值机	octane number testing machine	
07.0470	十六烷值机	cetane number testing machine	
07.0471	蒂姆肯试验机	Timken test machine	
07.0472	齿轮试验机	gear test machine	
07.0473	四球试验机	four-ball tester	
07.0474	石油沥青针入度测定仪	penetrometer of petroleum asphalt	
07.0475	石油沥青软化点测定仪	softening point tester of petroleum asphalt	
07.0476	石油沥青延伸度测定仪	ductility tester of petroleum asphalt	

08. 石 油 化 工

序　码	汉 文 名	英 文 名	注　释

08.1　总　类

08.0001	石油化学工业	petrochemical industry	
08.0002	石油化学	petrochemistry	
08.0003	石油化工过程	petrochemical process	
08.0004	石油化工厂	petrochemical complex, petrochemical plant	
08.0005	石油化工装置	petrochemical unit	
08.0006	石油化工设备	petrochemical equipment	
08.0007	石油化学品	petrochemical	

08.2　原　料

08.0008	合成气	syngas, synthesis gas	
08.0009	热裂解气	pyrolysis gas	
08.0010	石脑油	naphtha	
08.0011	抽余油	raffinate oil	
08.0012	低分子烃	low molecular hydrocarbons	
08.0013	乙烷	ethane	
08.0014	丙烷	propane	
08.0015	C$_4$馏分	C$_4$ fraction	
08.0016	C$_5$馏分	C$_5$ fraction	
08.0017	裂解轻汽油	pyrolysis gasoline	
08.0018	裂解焦油	pyrolysis tar oil	
08.0019	重芳烃	heavy aromatics	
08.0020	混合芳烃	BTX aromatics	

08.3　工 艺 过 程

08.0021	高温热裂解	high temperature pyrolysis	
08.0022	天然气热裂解	pyrolysis of natural gas	
08.0023	烃类热裂解	hydrocarbon pyrolysis	
08.0024	乙烷蒸汽裂解	ethane steam cracking	
08.0025	丙烷蒸汽裂解	propane steam cracking	
08.0026	石脑油蒸汽裂解	naphtha steam cracking	

序 码	汉文名	英 文 名	注 释
08.0027	瓦斯油蒸汽裂解	gas oil steam cracking	
08.0028	重油裂解	heavy oil pyrolysis	
08.0029	管式炉热裂解	pyrolysis in tubular furnace	
08.0030	蓄热炉热裂解	regenerative furnace pyrolysis	
08.0031	热载体裂解	heat carrier cracking	
08.0032	超选择性裂解	ultra-selective cracking, USC	
08.0033	短停留时间裂解	short residence time cracking	
08.0034	氧化热裂化	oxidative pyrolysis	
08.0035	对流段	convection section	
08.0036	辐射段	radiation section	
08.0037	结焦	coking	
08.0038	清焦	coke cleaning	
08.0039	清焦周期	coke cleaning period	
08.0040	结垢	fouling	
08.0041	急冷	quenching	
08.0042	深冷分离	cryogenic separation	
08.0043	吸附分离	adsorption separation	
08.0044	络合分离	clathrate separation	
08.0045	脱甲烷	demethanation	
08.0046	脱乙烷	deethanation	
08.0047	脱丙烷	depropanization	
08.0048	C_4 分离	C_4 fractionation	
08.0049	苯烷基化	benzene alkylation	
08.0050	苯与乙烯烷基化	benzene alkylation with ethylene	
08.0051	苯与丙烯烷基化	benzene alkylation with propylene	
08.0052	苯酚与烯烃烷基化	phenol alkylation with olefin	
08.0053	甲苯脱烷基	toluene dealkylation	
08.0054	苯加氢	benzene hydrogenation	
08.0055	苯酚加氢	phenol hydrogenation	
08.0056	脂肪腈加氢	nitrile hydrogenation	
08.0057	己二腈加氢	adipic dinitrile hydrogenation	
08.0058	丁烷脱氢	butane dehydrogenation	
08.0059	直链烷烃脱氢	linear alkanes dehydrogenation	
08.0060	丁烯脱氢	butylene dehydrogenation	
08.0061	乙苯脱氢	ethyl benzene dehydrogenation	
08.0062	2－丁醇脱氢	2-butanol dehydrogenation	

序 码	汉 文 名	英 文 名	注 释
08.0063	乙烯氧化	ethylene oxidation	
08.0064	乙醛氧化	acetaldehyde oxidation	
08.0065	丙烯氧化	propylene oxidation	
08.0066	丙烯醛氧化	acrolein oxidation	
08.0067	丁烯氧化	butylene oxidation	
08.0068	正丁烷氧化	*n*-butane oxidation	
08.0069	环己烷氧化	cyclohexane oxidation	
08.0070	石蜡氧化	paraffin oxidation	
08.0071	甲苯氧化	toluene oxidation	
08.0072	异丙苯氧化	cumene oxidation	
08.0073	对二甲苯氧化	*p*-xylene oxidation	
08.0074	邻二甲苯氧化	*o*-xylene oxidation	
08.0075	间二甲苯 - 萘氧化	*m*-xylene-naphthalene oxidation	
08.0076	三甲苯氧化	trimethyl benzene oxidation	
08.0077	甲醇氧化	methanol oxidation	
08.0078	乙烯水合	ethylene hydration	
08.0079	丙烯水合	propylene hydration	
08.0080	正丁烯水合	*n*-butylene hydration	
08.0081	环氧乙烷水合	ethylene oxide hydration	
08.0082	环氧氯丙烷水合	epichlorohydrin hydration	
08.0083	甲醇氨脱水	methanol dehydration with ammonia	
08.0084	醇类氨脱水	alcohol dehydration with ammonia	
08.0085	甲酸甲酯水解	methyl formate hydrolysis	
08.0086	丙烯腈水解	acrylonitrile hydrolysis	
08.0087	丙烯歧化	propylene disproportionation	
08.0088	甲苯歧化	toluene disproportionation	
08.0089	二甲苯异构化	xylene isomerization	
08.0090	二甲苯分离	xylene separation	
08.0091	异丁烯分离	isobutylene separation	
08.0092	甲基叔丁基醚分解	methyl tert-butyl ether decomposition	
08.0093	甲醇羰基合成	methanol oxo-synthesis	
08.0094	丙烯羰基合成	propylene oxo-synthesis	
08.0095	α - 烯烃羰基合成	α-olefin oxo-synthesis	

序　码	汉　文　名	英　文　名	注　释
08.0096	甲醛和乙醛醛醇缩合	formaldehyde and acetaldehyde aldol condensation	
08.0097	乙醛缩合	acetaldehyde condensation	
08.0098	正丁醛缩合	*n*-butyraldehyde aldolization	
08.0099	苯酚与丙酮缩合	phenol condensation with acetone	
08.0100	丙烯酸酯化	acroleic acid esterification	
08.0101	对苯二甲酸酯化	*p*-phthalic acid esterification	
08.0102	环氧乙烷醚化	ethylene oxide etherification	
08.0103	异丁烯与甲醇醚化	isobutylene etherification with methanol	
08.0104	环氧乙烷氨化	ethylene oxide ammoniation	
08.0105	环己酮肟化法	cyclohexanone oxime synthesis	
08.0106	甲烷氯化	methane chlorination	
08.0107	乙烯氯化	ethylene chlorination	
08.0108	乙烯氧氯化	ethylene oxychlorination	
08.0109	丙烯氧氯化	propylene oxychlorination	
08.0110	二氯乙烷氧氯化	dichloroethane oxychlorination	
08.0111	乙烯二聚	ethylene dimerization	
08.0112	乙烯高压法聚合	high pressure ethylene polymerization	
08.0113	乙烯低压法聚合	low pressure ethylene polymerization	
08.0114	乙烯溶液法聚合	solution polymerization of ethylene	
08.0115	乙烯本体法聚合	bulk polymerization of ethylene	
08.0116	丙烯气相法聚合	vapor phase propylene polymerization	
08.0117	丙烯溶液法聚合	solution polymerization of propylene	
08.0118	丙烯本体法聚合	bulk polymerization of propylene	
08.0119	氯乙烯悬浮聚合	suspension polymerization of VC	
08.0120	氯乙烯乳液聚合	emulsion polymerization of VC	
08.0121	氯乙烯本体聚合	bulk polymerization of VC	
08.0122	乙烯丙烯聚合	ethylene-propylene polymerization	
08.0123	苯乙烯聚合	styrene polymerization	
08.0124	丁二烯－苯乙烯嵌段共聚	butadiene-styrene block copolymerization	
08.0125	苯乙烯－丁二烯	butadiene-styrene-acrylonitrile	

序 码	汉 文 名	英 文 名	注 释
	－丙烯腈聚合	polymerization	

08.4 产品、中间体

序 码	汉 文 名	英 文 名	注 释
08.0126	甲醇	methanol	
08.0127	燃料甲醇	fuel methanol	
08.0128	甲醛	formaldehyde	
08.0129	季戊四醇	pentaerythritol	
08.0130	二甲基甲酰胺	dimethyl formamide	
08.0131	二甲基乙酰胺	dimethyl acetamide	
08.0132	甲基叔丁基醚	methyl tert-butyl ether, MTBE	
08.0133	乙烯	ethylene	
08.0134	环氧乙烷	ethylene oxide	
08.0135	乙二醇	ethylene glycol	
08.0136	二乙二醇	diethylene glycol	
08.0137	三乙二醇	triethylene glycol	
08.0138	聚醚多元醇	polyether glycol	
08.0139	乙二醇醚	glycol ethers	
08.0140	乙二醇单乙醚	ethylene glycol monoethyl ether	
08.0141	乙二醇单丁醚	ethylene glycol monobutyl ether	
08.0142	乙醇胺	ethanolamine	
08.0143	乙醛	acetaldehyde	
08.0144	乙酸	acetic acid	俗称"醋酸"。
08.0145	乙酸酐	acetic anhydride	俗称"醋酸酐"。
08.0146	乙酸正丁酯	*n*-butyl acetate	俗称"醋酸丁酯"。
08.0147	氯乙酸	chloroacetic acid	
08.0148	乙醇	ethanol	
08.0149	乙醚	diethyl ether	
08.0150	乙酸乙烯	vinyl acetate	俗称"醋酸乙烯"。
08.0151	二氯乙烷	dichloroethane	
08.0152	三氯乙烷	1, 1, 1-trichloroethane	
08.0153	乙撑胺	ethyleneamines	
08.0154	氯乙烯	vinyl chloride, VC	
08.0155	聚乙烯醇	polyvinyl alcohol	
08.0156	三氯乙烯	trichloroethylene	
08.0157	四氯乙烯	perchlorethylene	
08.0158	氯乙烷	ethyl chloride	
08.0159	丙醛	propionaldehyde	

序　码	汉　文　名	英　文　名	注　释
08.0160	正丙醇	*n*-propanol	
08.0161	乙炔	acetylene	
08.0162	1,4-丁二醇	1,4-butanediol	
08.0163	四氢呋喃	tetrahydrofuran	
08.0164	*N*-甲基-2-吡咯烷酮	*N*-methyl-2-pyrrolidone	
08.0165	氯丁二烯	chloroprene	
08.0166	甲基乙烯基酮	methyl vinyl ketone	
08.0167	乙烯基醚	vinyl ether	
08.0168	丙烯	propylene	
08.0169	异丙醇	isopropyl alcohol	
08.0170	丙酮	acetone	
08.0171	甲基异丁基酮	methyl isobutyl ketone, MIBK	
08.0172	甲基丙烯酸甲酯	methyl methacrylate	
08.0173	乙烯酮	ketene	
08.0174	3-氯丙烯	allyl chloride	又称"烯丙基氯"。
08.0175	双酚A	bisphenol A	
08.0176	环氧丙烷	propylene oxide	
08.0177	丙二醇	propylene glycol	
08.0178	环氧氯丙烷	epichlorohydrin	
08.0179	甘油	glycerol, glycerine	又称"丙三醇"。
08.0180	丙烯醛	acrolein, acryl aldehyde	
08.0181	丙烯醇	allyl alcohol	
08.0182	丙烯酸	acrylic acid	
08.0183	丙烯酸酯	acrylic ester	
08.0184	丙烯腈	acrylonitrile	
08.0185	氢氰酸	hydrocyanic acid	
08.0186	异氰酸盐	isocyanate	又称"异氰酸酯"。
08.0187	二异氰酸酯	diisocyanate	
08.0188	多异氰酸酯	polyisocyanate	
08.0189	丙烯酰胺	acrylamide	
08.0190	丁醛	butyraldehyde	
08.0191	异丁醛	iso-butyraldehyde	
08.0192	2-乙基己醇	2-ethyl hexanol	
08.0193	正丁醇	*n*-butyl alcohol	
08.0194	异丁醇	isobutyl alcohol	
08.0195	2-丁烯	2-butene	

序　码	汉　文　名	英　文　名	注　释
08.0196	丁烯	butene	
08.0197	仲丁醇	sec-butyl alcohol	
08.0198	甲基乙基甲酮	methyl ethyl ketone	简称"甲乙酮"。
08.0199	顺丁烯二酸酐	maleic anhydride	又称"马来酸酐"。
08.0200	γ-丁内酯	γ- butyrolactone	
08.0201	富马酸	fumaric acid	又称"反丁烯二酸"。
08.0202	异丁烯	isobutene	
08.0203	叔丁醇	tert-butyl alcohol	
08.0204	异戊醇	isoamyl alcohol	
08.0205	丁二烯	butadiene	
08.0206	戊烯	amylene	
08.0207	异戊烯	isoamylene	
08.0208	异戊二烯	isoprene	
08.0209	环戊二烯	cyclopentadiene	
08.0210	己烯	hexene	
08.0211	辛烯	octene	
08.0212	壬烯	nonene	
08.0213	十二烯	dodecene	
08.0214	α-烯烃	α-olefin	
08.0215	高碳脂肪烃	higher aliphatic hydrocarbon	
08.0216	增塑剂醇	plasticizer alcohol	
08.0217	洗涤剂醇	detergent alcohol	
08.0218	高碳脂肪酸	higher aliphatic acid	
08.0219	C_{16}烷基胺	C_{16} alkylamine	
08.0220	高碳脂肪胺	higher aliphatic amine	
08.0221	苯	benzene	
08.0222	环己烷	cyclohexane	
08.0223	环己醇	cyclohexanol	
08.0224	环己酮	cyclohexanone	
08.0225	己二酸	hexane diacid, adipic acid	
08.0226	己二腈	adiponitrile	
08.0227	己二胺	hexane diamine	
08.0228	己内酰胺	caprolactam	
08.0229	乙苯	ethyl benzene	
08.0230	苯乙烯	styrene	
08.0231	对甲基苯乙烯	*p*-methylstyrene	
08.0232	异丙苯	isopropyl benzene, cumene	

序　码	汉　文　名	英　文　名	注　释
08.0233	苯酚	phenol	
08.0234	烷基酚	alkyl phenol	
08.0235	对苯二酚	*p*-dihydroxy-benzene	
08.0236	间苯二酚	*m*-dihydroxy-benzene	
08.0237	二苯醚	diphenyl ether	
08.0238	十二烷基苯	dodecyl benzene	
08.0239	直链烷基苯	linear alkylbenzene	
08.0240	氯苯	chlorobenzene	
08.0241	硝基苯	nitrobenzene	
08.0242	苯胺	aniline	
08.0243	联苯	diphenyl	
08.0244	甲苯	toluene	
08.0245	苯甲醛	benzaldehyde	
08.0246	苯甲酸	benzoic acid	
08.0247	二甲苯	xylene	
08.0248	邻二甲苯	*o*-xylene	
08.0249	邻苯二甲酸酐	phthalic anhydride	
08.0250	邻苯二甲酸酯	phthalate	
08.0251	对二甲苯	*p*-xylene	
08.0252	间二甲苯	*m*-xylene	
08.0253	二乙苯	diethyl benzene	
08.0254	对苯二甲酸	terephthalic acid	
08.0255	间苯二甲酸	*m*-phthalic acid, isophthalic acid	
08.0256	对苯二甲酸二甲酯	dimethyl terephthalate	
08.0257	偏三甲苯	1,2,3-trimethylbenzene, unsym-trimethyl benzene	
08.0258	均三甲苯	1,3,5-trimethylbenzene, sym-trimethyl benzene	
08.0259	偏苯三[甲]酸酐	trimellitic anhydride	
08.0260	偏苯三[甲]酸三辛酯	trioctyl trimellitate	
08.0261	均四甲苯	durene	
08.0262	均苯四[甲]酸二酐	pyromellitic dianhydride	
08.0263	萘	naphthalene	
08.0264	聚乙烯	polyethylene	

序 码	汉 文 名	英 文 名	注 释
08.0265	高密度聚乙烯	high density polyethylene, HDPE	
08.0266	低密度聚乙烯	low density polyethylene, LDPE	
08.0267	线型低密度聚乙烯	linear low density polyethylene, LLDPE	
08.0268	超低密度聚乙烯	ultralow density polyethylene	
08.0269	聚丙烯	polypropylene, PP	
08.0270	聚丙烯均聚物	polypropylene homopolymer	
08.0271	聚丙烯抗冲共聚物	polypropylene impact copolymer	
08.0272	聚丙烯无规共聚物	polypropylene random copolymer	
08.0273	聚-1丁烯	poly 1-butene	
08.0274	乙烯-乙酸乙烯树脂	ethylene-vinyl acetate resin, EVA resin	
08.0275	苯乙烯-丁二烯-苯乙烯嵌段共聚物	styrene-butadiene-styrene block copolymer, SBS block copolymer	简称"SBS 树脂"。
08.0276	聚苯乙烯	polystyrene, PS	
08.0277	通用聚苯乙烯	general purpose polystyrene, GPPS	
08.0278	高抗冲聚苯乙烯	high-impact polystyrene, HIPS	
08.0279	可发性聚苯乙烯	expandable polystyrene, EPS	
08.0280	丙烯腈-丁二烯-苯乙烯树脂	acrylonitrile-butadiene-styrene resin, ABS resin	简称"ABS 树脂"。
08.0281	丙烯腈-苯乙烯树脂	acrylonitrile-styrene resin, AS resin	简称"AS 树脂"。
08.0282	甲基丙烯酸甲酯-丁二烯-苯乙烯树脂	methyl methacrylate-butadiene-styrene resin, MBS resin	简称"MBS 树脂"。
08.0283	聚氯乙烯	polyvinyl chloride, PVC	
08.0284	聚甲基丙烯酸甲酯	polymethyl methacrylate, PMMA	
08.0285	聚酯	polyester	
08.0286	聚碳酸酯	polycarbonate, PC	
08.0287	聚甲醛	polyformaldehyde	
08.0288	聚对苯二甲酸乙二醇酯	polyethylene terephthalate, PET	

序　码	汉　文　名	英　文　名	注　释
08.0289	聚对苯二甲酸丁二醇酯	polybutylene terephthalate, PBT	
08.0290	聚酰胺	polyamide	
08.0291	聚酰亚胺	polyimide	
08.0292	聚己内酰胺	polycaprolactam, nylon-6	又称"尼龙-6"。
08.0293	聚己二酰己二胺	polyhexamethylene adipamide, nylon-66	又称"尼龙-66"。
08.0294	热塑性弹性体	thermoplastic elastomer	
08.0295	聚苯醚	polyphenylene oxide, PPO	
08.0296	聚氨酯	polyurethane	
08.0297	硝酸纤维素	cellulose nitrate, CN	
08.0298	乙酸纤维素	cellulose acetate	
08.0299	不饱和聚酯	unsaturated polyester	
08.0300	酚醛树脂	phenol-formaldehyde resin, phenolic resin	
08.0301	脲醛树脂	urea-formaldehyde resin	
08.0302	三聚氰胺-甲醛树脂	melamine resin	
08.0303	环氧树脂	epoxy resin	
08.0304	氨基树脂	amino resin	
08.0305	石油树脂	petroleum resin	
08.0306	离子交换树脂	ion exchange resin	
08.0307	聚丙烯酰胺	polyacrylamide	
08.0308	聚醚	polyether	
08.0309	聚丙烯酸酯	polyacrylate	
08.0310	醇酸树脂	alkyd resin	
08.0311	有机硅树脂	silicone resin	
08.0312	丁苯橡胶	styrene-butadiene rubber, SBR	
08.0313	充油丁苯橡胶	oil extended styrene-butadiene rubber	
08.0314	顺丁橡胶	cis-1,4-polybutadiene rubber, CPBR	
08.0315	异戊橡胶	isoprene rubber, IR	
08.0316	丁基橡胶	butyl rubber, BR	
08.0317	丁腈橡胶	nitrile butadiene rubber, NBR	
08.0318	氯丁橡胶	chloroprene rubber, CR	
08.0319	二元乙丙橡胶	ethylene-propylene rubber, ethy-	

序 码	汉 文 名	英 文 名	注 释
		lene-propylene monomer, EPM	
08.0320	三元乙丙橡胶	ethylene-propylene terpolymer, EPT	
08.0321	合成橡胶	synthetic rubber	
08.0322	合成胶乳	synthetic latex	
08.0323	羧基丁苯胶乳	carboxylic styrene butadiene latex	
08.0324	聚酯纤维	polyester fibre	商品名"涤纶"。
08.0325	聚酰胺纤维	polyamide fibre	商品名"锦纶"。
08.0326	聚丙烯纤维	polypropylene fibre	商品名"丙纶"。
08.0327	聚丙烯腈纤维	polyacrylonitrile fibre	商品名"腈纶"。
08.0328	聚乙烯醇纤维	polyvinyl alcohol fibre	商品名"维纶"。
08.0329	聚氯乙烯纤维	polyvinyl chloride fibre	商品名"氯纶"。
08.0330	特种合成纤维	specialty synthetic fibre	
08.0331	碳纤维	carbon fibre	

08.5 性质及测试方法

序 码	汉 文 名	英 文 名	注 释
08.0332	穆尼粘度	Mooney viscosity	曾用名"门尼粘度"。
08.0333	烧焦试验	scorch test	
08.0334	耐磨指数	abrasion resistance index	
08.0335	耐候性	resistance to natural weathering, weatherability	
08.0336	耐热性	resistance to heating	
08.0337	耐液体性	resistance to liquid	
08.0338	耐溶剂性	resistance to solvent	
08.0339	耐溶胀性	resistance to swelling	
08.0340	薄膜外观	film appearance	
08.0341	透光率	light transmittance	
08.0342	透水性	water permeability	
08.0343	透气性	gas permeability	
08.0344	清洁度	cleaness	
08.0345	熔融指数	fusion index	
08.0346	熔体指数	melt index	
08.0347	马丁耐热试验	Martin heat resistance test	
08.0348	线膨胀系数	linear expansion coefficient	
08.0349	脆化温度	brittle temperature	
08.0350	玻璃化温度	glass temperature	
08.0351	体积电阻率	volume resistivity	

序　码	汉　文　名	英　文　名	注　释
08.0352	撕裂强度	tear strength	
08.0353	单舌法撕破强力 试验方法	tearing strength by tongue method	
08.0354	梯形法撕破强力 试验方法	tearing strength by trapezoid method	
08.0355	落锤法撕破强力 试验方法	tearing strength by falling pen- dulum apparatus	
08.0356	色牢度	colour fastness	
08.0357	耐摩擦色牢度	colour fastness to rubbing	
08.0358	耐光色牢度	colour fastness to light	
08.0359	耐洗色牢度	colour fastness to washing	
08.0360	耐汗渍色牢度	colour fastness to perspiration	
08.0361	耐气候色牢度	colour fastness to weathering	
08.0362	吸水性	water absorption	
08.0363	耐电弧性	arc resistance	
08.0364	耐化学性	chemical resistance	
08.0365	可纺性	spinnability	
08.0366	纤维强度	fibre strength	
08.0367	纤维疵点	fibre defect, flaw	
08.0368	耐磨性	abrasion resistance	
08.0369	纤维支数	fibre count	
08.0370	光稳定性	light stability	
08.0371	耐久性	permanence	
08.0372	耐燃性	flame resistance	
08.0373	耐油性	oil resistance	
08.0374	应力开裂	stress cracks	
08.0375	卷曲率	crimp percentage	
08.0376	挠曲试验	flex test	
08.0377	可染性	dyeability	

08.6　催化剂、添加剂、助剂

序　码	汉　文　名	英　文　名	注　释
08.0378	氧化催化剂	oxidation catalyst	
08.0379	气固相氧化催化 剂	gas-solid phase oxidation catalyst	
08.0380	液相氧化催化剂	liquid-phase oxidation catalyst	
08.0381	氧化还原催化剂	redox catalyst	
08.0382	氧化脱氢催化剂	oxy-dehydrogenation catalyst	

序　码	汉　文　名	英　文　名	注　释
08.0383	氧氯化催化剂	oxychlorination catalyst	
08.0384	加氢催化剂	hydrogenation catalyst	
08.0385	选择加氢催化剂	selective hydrogenation catalyst	
08.0386	脱氢催化剂	dehydrogenation catalyst	
08.0387	甲烷化催化剂	methanation catalyst	
08.0388	羰基合成催化剂	oxo catalyst	
08.0389	聚合催化剂	polymerization catalyst	
08.0390	缩合催化剂	condensation catalyst	
08.0391	水合催化剂	hydration catalyst	
08.0392	脱水催化剂	dehydration catalyst	
08.0393	加氢脱烷基催化剂	hydrodealkylation catalyst	
08.0394	歧化催化剂	disproportionation catalyst	
08.0395	甲苯歧化催化剂	toluene disproportionation catalyst	
08.0396	二甲苯异构化催化剂	xylene isomerization catalyst	
08.0397	气体净化催化剂	gas purification catalyst	
08.0398	中温变换催化剂	medium temperature shift catalyst	
08.0399	低温变换催化剂	low temperature shift catalyst	
08.0400	氨合成催化剂	ammonia synthesis catalyst	
08.0401	氨氧化催化剂	ammoxidation catalyst	
08.0402	脱硫催化剂	desulphurization catalyst	
08.0403	催化剂载体	catalyst support	
08.0404	塑料助剂	additives for plastics	
08.0405	增塑剂	plasticizer	
08.0406	热稳定剂	thermal stabilizer	
08.0407	光稳定剂	light stabilizer	
08.0408	阻燃剂	flame retardant	
08.0409	发泡剂	blowing agent, foaming agent	
08.0410	抗静电剂	antistatic agent	
08.0411	防霉剂	mildew inhibitor	
08.0412	交联剂	crosslinking agent	
08.0413	脱模剂	mold release agent	
08.0414	着色剂	colorant	
08.0415	增白剂	whitening agent	
08.0416	增强剂	reinforcing agent	
08.0417	防雾剂	antifogging agent	

序　码	汉　文　名	英　文　名	注　释
08.0418	防辐射添加剂	antiradiation additive	
08.0419	填充剂	filler	
08.0420	橡胶助剂	rubber ingredient	
08.0421	防老剂	antiager, age resister	
08.0422	硫化剂	vulcanizing agent, vulcanizator	
08.0423	硫化促进剂	vulcanization accelerator	
08.0424	硫化活化剂	vulcanization activator	
08.0425	防焦剂	anti-scorching agent, vulcanization retarder	又称"硫化延缓剂"。
08.0426	软化剂	softener	
08.0427	塑解剂	peptizer	又称"胶溶剂"。
08.0428	胶乳促进剂	latex accelerator	
08.0429	渗透剂	penetrant	
08.0430	洗涤剂	detergent	又称"清净剂"。
08.0431	软水剂	water softener	
08.0432	还原－氧化剂	reducer-oxidant	
08.0433	印染助剂	dyeing and printing auxiliary	
08.0434	固色剂	colouring stabilizer	
08.0435	匀染剂	levelling agent	
08.0436	消光剂	dulling agent	
08.0437	粘合剂	adhesive	
08.0438	纺织助剂	textile auxiliary	
08.0439	树脂整理剂	resin finishing agent	
08.0440	纺丝助剂	spin finish aid	
08.0441	柔软剂	softening agent	
08.0442	防水剂	water-proofing agent	
08.0443	涂层剂	coating agent	
08.0444	吸附剂	adsorbent	
08.0445	干燥剂	drying agent	
08.0446	纺丝油剂	spining finish	
08.0447	引发剂	initiator	
08.0448	分子量调节剂	molecular weight regulator	
08.0449	终止剂	termination agent	
08.0450	凝聚剂	polycoagulant	
08.0451	活化剂	activator	
08.0452	阻聚剂	polymerization inhibitor	
08.0453	促进剂	accelerating agent	

序　码	汉　文　名	英　文　名	注　释
08.0454	改性剂	modifier	
08.0455	增韧剂	flexibilizer	
08.0456	分散剂	dispersing agent	
08.0457	调节剂	regulator	
08.0458	滑爽剂	slip agent	
08.0459	调聚剂	telomer	
08.0460	阻滞剂	retarder	

08.7 专 用 设 备

序　码	汉　文　名	英　文　名	注　释
08.0461	毫秒炉	millisecond furnace	
08.0462	电弧裂解炉	arc cracking furnace	
08.0463	等离子裂解炉	ionospheric plasma cracking furnace	
08.0464	间歇反应器	batch reactor	
08.0465	塞流反应器	plug-flow reactor	
08.0466	连续搅拌[反应]器	continuous stirred tank reactor	
08.0467	沸腾床反应器	ebullated bed reactor	
08.0468	鼓泡反应器	bubbling reactor	
08.0469	滴流床反应器	trickle bed reactor	
08.0470	等温反应器	isothermal reactor	
08.0471	绝热反应器	adiabatic reactor	
08.0472	釜式反应器	tank reactor	
08.0473	浆液反应器	slurry-phase reactor	
08.0474	环流反应器	circulation flow reactor	
08.0475	热管反应器	hot tube reactor	
08.0476	塔式反应器	tower reactor	
08.0477	炔烃加氢反应器	alkyne hydrogenation reactor	
08.0478	甲烷化反应器	methanator	
08.0479	裂解汽油加氢反应器	hydrogenation reactor of pyrolysis gasoline	
08.0480	丙烯氨解氧化固定床反应器	fixed bed reactor for propylene ammoxidation	
08.0481	丙烯氨解氧化流化床反应器	fluidized bed reactor for propylene ammoxidation	
08.0482	高压聚合釜	high pressure polymerizer	
08.0483	低压聚合釜	low pressure polymerizer	

序 码	汉 文 名	英 文 名	注 释
08.0484	气相聚合釜	vapor phase polymerizer	
08.0485	液相聚合釜	liquid phase polymerizer	
08.0486	悬浮聚合釜	suspension polymerizer	
08.0487	本体聚合釜	bulk polymerizer	
08.0488	萃取塔	extraction column	
08.0489	喷淋塔	spray column	
08.0490	脱水塔	dehydration tower	
08.0491	急冷油塔	quenching oil column	
08.0492	急冷水塔	quenching water column	
08.0493	乙烯精馏塔	ethylene rectification tower	
08.0494	丙烯精馏塔	propylene rectification tower	
08.0495	裂解气干燥塔	drying tower of cracking gas	
08.0496	筛滤器	screen filter	
08.0497	磁力分离器	magnetic separator	
08.0498	静电分离器	electrostatic separator	
08.0499	薄膜分离器	membrane separator	
08.0500	薄膜蒸发器	film-type evaporator	
08.0501	模拟移动床分离器	simulated moving bed separator	
08.0502	框式桨搅拌器	frame agitator	
08.0503	锚式搅拌器	anchor agitator	
08.0504	螺旋桨式搅拌器	propeller agitator	
08.0505	桨式搅拌器	paddle agitator	
08.0506	涡轮式搅拌器	turbine type agitator	
08.0507	板翅式换热器	plate type finned heat exchanger	
08.0508	螺旋管换热器	spiral tube heat exchanger	
08.0509	冷却器	cooler	
08.0510	椭圆集流管板废热锅炉	Schmidt waste heat boiler	
08.0511	薄管板废热锅炉	Borsig waste heat boiler	
08.0512	螺旋管式废热锅炉	M-TLX waste heat boiler	
08.0513	碱洗塔	alkaline washing tower	
08.0514	强碱弱酸法装置	Alkazid unit	脱除酸性气体。
08.0515	脱硫装置	desulphurization unit	
08.0516	气体脱硫装置	gas desulphurization unit	
08.0517	石脑油脱硫装置	naphtha desulphurization unit	

序 码	汉 文 名	英 文 名	注 释
08.0518	脱砷塔	dearsenicator	
08.0519	气流干燥器	pneumatic dryer	
08.0520	沸腾干燥器	ebullated dryer	
08.0521	箱式干燥器	box-type dryer	
08.0522	转鼓干燥器	rotary drum dryer	
08.0523	振动流化床干燥器	vibrating fluid bed dryer	
08.0524	喷雾干燥器	spray dryer	
08.0525	真空干燥器	vacuum dryer	
08.0526	乙烯压缩机	ethylene compressor	
08.0527	丙烯压缩机	propylene compressor	
08.0528	裂解气压缩机	cracking gas compressor	
08.0529	原料气压缩机	feed gas compressor	
08.0530	循环气压缩机	recycle gas compressor	
08.0531	二氧化碳压缩机	CO_2 compressor	
08.0532	单螺杆挤出机	single screw extruder	
08.0533	双螺杆挤出机	double screw extruder	
08.0534	切片机	slicer	
08.0535	造粒机	pelletizer	
08.0536	包装机	packing machine	
08.0537	离心过滤机	centrifugal filter	
08.0538	沉降离心机	sedimentation centrifuge	
08.0539	乙烯球罐	ethylene spherical tank	

09. 海洋石油技术

序 码	汉 文 名	英 文 名	注 释

09.1 海洋石油勘探

09.0001	海洋石油勘探	offshore oil exploration	
09.0002	海上地球物理勘探	offshore geophysical exploration	
09.0003	海上地震勘探	marine seismic	
09.0004	海上地震[数据]采集	marine seismic acquisition	
09.0005	深海地震勘探	deep water seismic	

序 码	汉 文 名	英 文 名	注 释
09.0006	浅海地震勘探	shallow water seismic	
09.0007	极浅海地震勘探	extreme shallow water seismic	
09.0008	两栖地震勘探作业	amphibious seismic operation	
09.0009	沼泽地震勘探	swamp seismic, marsh seismic	
09.0010	过渡带地震勘探	transitional zone seismic	
09.0011	潮汐带地震勘探	tidal zone seismic	
09.0012	物探船	geophysical survey vessel	
09.0013	地震勘探船	seismic survey vessel	
09.0014	无线电遥测地震[数据]采集	radio telemetry seismic data acquisition	
09.0015	震源艇	source boat	
09.0016	抛标艇	buoy dropping boat	
09.0017	放线艇	spread laying boat	
09.0018	护航船	chase boat	
09.0019	气垫驳船	hoverbarge	
09.0020	铝艇	aluminium boat	
09.0021	浮球	floating ball	
09.0022	浮筒	pontoon	
09.0023	采集系统	acquisition system	
09.0024	记录系统	recording system	
09.0025	接收系统	receiving system	
09.0026	气枪震源	air gun source	
09.0027	气枪容积	gun volume	
09.0028	气室	air chamber	
09.0029	排气量	air flow rate	
09.0030	气枪控制器	air gun controller	
09.0031	气枪压力	air gun pressure	
09.0032	单枪	single gun	
09.0033	多枪	multigun	
09.0034	水枪	water gun	
09.0035	内爆	implosion	
09.0036	内爆震源	implosive source	
09.0037	组合枪	gun array	
09.0038	套筒气枪	sleeve gun	
09.0039	气枪组合	air gun array	
09.0040	气枪组合型式	air gun pattern	

序　码	汉 文 名	英 文 名	注　释
09.0041	气枪组合方式	air gun configuration	
09.0042	震源组合	source array	
09.0043	子组合	subarray	
09.0044	常规组合	conventional array	
09.0045	超长组合	super-long array	
09.0046	超宽组合	super-wide array	
09.0047	子波测试	wavelet test	
09.0048	震源讯号记录	source signature record	
09.0049	子波记录	signature record, wavelet record	
09.0050	鸣震波	ringing wave	
09.0051	采集面元	acquisition binning	
09.0052	炮间距	shot interval	
09.0053	同步信号	synchronized signal	
09.0054	实时处理	real time processing	
09.0055	气泡效应	bubbling effect	
09.0056	枯潮线	withered line	
09.0057	枯潮带	withered zone	
09.0058	潮差	tide-thrust	
09.0059	逆流	counter current	
09.0060	横流	crossing current	
09.0061	滚动道	roll along trace	
09.0062	等浮电缆故障寻找器	streamer fault locator	
09.0063	变道距程序插件	group length module	
09.0064	现场处理	field processing	
09.0065	中央数据记录仪	central data recording unit	
09.0066	数据采集单元	data acquisition unit	
09.0067	水用检波器	hydrophone, piezoelectric detector	又称"压电检波器"。
09.0068	排列参数	spread parameter	
09.0069	故障查寻	trouble shooting	
09.0070	诊断检测	diagnostic tests	
09.0071	放炮序列	shooting sequence	
09.0072	爆发脉冲	blast	
09.0073	排列图形	spread geometry	
09.0074	气泡比	bubble ratio	
09.0075	地震[勘探]等浮电缆	seismic streamer, streamer	

序　码	汉　文　名	英　文　名	注　释
09.0076	模拟等浮电缆	analog streamer	
09.0077	数字等浮电缆	digital streamer	
09.0078	光纤等浮电缆	optic fiber streamer	
09.0079	海底地震[勘探]电缆	bay cable	
09.0080	等浮电缆绞车	streamer winch	
09.0081	柔性段	compliant section	
09.0082	工作段	active section, live section	
09.0083	前导段	lead-in section,	
09.0084	深度传感器	depth transducer	
09.0085	水断道	water break section	
09.0086	罗经段	compass section	
09.0087	等浮电缆平衡	streamer balancing	
09.0088	双[等浮]电缆	dual streamers	
09.0089	羽角	feathering angle	
09.0090	等浮电缆图象	streamer image	
09.0091	深度控制器	depth controller	又称"定深器"。
09.0092	尾标	tail buoy	
09.0093	[等浮]电缆跟踪系统	streamer tracking system	
09.0094	无线电定位系统	radio positioning system	
09.0095	卫星导航系统	satellite navigation system	
09.0096	全球定位系统	global positioning system, GPS	
09.0097	全球差分定位系统	global differential positioning system	
09.0098	微波定位	microwave positioning	
09.0099	推算定位	reckoning positioning	
09.0100	远程定位系统	long-range positioning system	
09.0101	中程定位系统	mid-range positioning system	
09.0102	近程定位系统	short-range positioning system	
09.0103	主导航系统	primary navigation system	
09.0104	辅助导航系统	secondary navigation system	
09.0105	距离方式	range-range mode	又称"圆圆方式(circle mode)"。
09.0106	双曲线方式	hyperbolic mode	
09.0107	综合导航系统	integrated navigation system	
09.0108	主动方式	active mode	

序　码	汉　文　名	英　文　名	注　释
09.0109	被动方式	passive mode	
09.0110	多用户作业	multi-user operation	
09.0111	单用户作业	single-user operation	
09.0112	铷频标	rubidium frequency standard	
09.0113	铯频标	caesium frequency standard	
09.0114	巷识别	lane identification	
09.0115	巷模糊	lane ambiguity	
09.0116	丢失巷	lane loss	
09.0117	百分巷	centi-lane	
09.0118	岸台网络	station network	
09.0119	参考台	reference station	又称"伺服台(servo station)"。
09.0120	钻井船移位	rig move	
09.0121	[定位]台链	[positioning] chain	
09.0122	电离层干扰	ionospheric disturbance	
09.0123	天波干扰	sky wave interference	
09.0124	双频操作	dual frequency operation	
09.0125	原始距离	raw range	
09.0126	三距交汇	three range fix	
09.0127	地网	ground network	
09.0128	地波干扰	ground-wave interference	
09.0129	自动触发	autotrigger	
09.0130	基线校正	transit calibration	
09.0131	基准点校正	bench mark correction	
09.0132	移动[定位]台	mobile station	
09.0133	岸上定位网	land-based positioning network	
09.0134	信标	beacon	
09.0135	相位消除	phase cancellation	
09.0136	基线	baseline	
09.0137	距离重复精度	range redundance	
09.0138	数据链	data link	
09.0139	数字距离测量装置	digital distance measurement unit, DDMU	
09.0140	询问脉冲	interrogation pulse	
09.0141	三应答器	trisponder	
09.0142	接收机动态范围	receiver dynamic range	
09.0143	多普勒声呐	Doppler sonar	

序 码	汉 文 名	英 文 名	注 释
09.0144	挠性波导	flexible waveguide	
09.0145	近地点	perigee	
09.0146	远地点	apogee	
09.0147	引证点	witness point	
09.0148	参考球体	reference spheroid, working spheroid	
09.0149	卫星预报	satellite alert	
09.0150	单元码	element number	
09.0151	返回距离	layback	
09.0152	速度偏斜	velocity skew	
09.0153	偏斜消除	deskew	
09.0154	修正率	update rate	
09.0155	零效应	null-effect	
09.0156	微波测距	microwave ranging	
09.0157	单程传播时间	one way travel time	
09.0158	单程距离	one way distance	
09.0159	双程延迟时间	turn-around delay, TAD	
09.0160	等时距离	time-equivalent distance	
09.0161	地物干扰	clutter	
09.0162	直线传播	straight-line propagation	
09.0163	直线途径	straight-line path	
09.0164	能量束	energy beam	
09.0165	垂直极性	vertical polarization	
09.0166	水平极性	horizontal polarization	
09.0167	叶瓣状结构	lobe structure	
09.0168	水平距离	horizontal range	
09.0169	测量距离	measured range	
09.0170	倾斜距离	slant range	
09.0171	对流层散射	tropospheric scatter	
09.0172	交汇点	line intersection	
09.0173	自由空间衰减	free-space attenuation	
09.0174	速度门值	velocity gating	
09.0175	抗干扰性	immunity	
09.0176	误差三角形	error-triangle	
09.0177	频谱扩展	spectrum spread	
09.0178	船生噪声	ship-induced noise	
09.0179	离散密度	divergent density	

序　码	汉　文　名	英　文　名	注　释
09.0180	表决数据	voted data	
09.0181	球面扩散	spherical spreading	
09.0182	总和校验	check sum	

09.2　海上钻井工程

序　码	汉　文　名	英　文　名	注　释
09.0183	海上钻井设施	offshore drilling installation	
09.0184	海上钻井装置	offshore drilling rig	
09.0185	固定式钻井平台	fixed drilling platform	
09.0186	移动式钻井平台	mobile drilling platform, mobile drilling rig	又称"钻井船"。
09.0187	自升式钻井平台	self-elevating drilling platform, jack-up rig	又称"自升式钻井船"。
09.0188	悬臂自升式钻井平台	cantilever self-elevating platform, cantilever jack-up rig	又称"悬臂自升式钻井船"。
09.0189	半潜式钻井平台	semisubmersible·drilling platform, semisubmersible rig	又称"半潜式钻井船"。
09.0190	坐底式钻井平台	bottom sitting drilling platform, submersible rig	又称"坐底式钻井船"。
09.0191	浮式钻井船	drillship, drilling ship	
09.0192	动力定位钻井船	dynamic-positioning rig	
09.0193	动力定位浮式钻井船	dynamic-positioning drillship	
09.0194	动力定位半潜式钻井船	dynamic-positioning semisubmersible rig	
09.0195	沉垫自升式钻井平台	mat support self-elevating platform, mat support jack-up rig	又称"沉垫自升式钻井船"。
09.0196	钻井辅助船	drilling tender ship	
09.0197	固井船	cementing vessel	
09.0198	值班船	stand-by ship	
09.0199	供应船	supply ship	
09.0200	拖轮	towing vessel, tug boat	
09.0201	工作艇	work boat	
09.0202	破冰船	ice-breaker	
09.0203	漂浮状态	floating state	
09.0204	漂浮条件	floating conditions	
09.0205	升降状态	jacking state	
09.0206	升降条件	jacking conditions	

序　码	汉　文　名	英　文　名	注　释
09.0207	钻井状态	drilling state	
09.0208	钻井条件	drilling conditions	
09.0209	生存状态	survival state	
09.0210	生存条件	survival conditions	
09.0211	移航状态	transit state	
09.0212	移航条件	transit condition, transit criteria	
09.0213	作业状态	operating state	
09.0214	作业条件	operating conditions, operating criteria	
09.0215	[船体]总长度	overall length	
09.0216	[船体]型宽	breadth moulded	
09.0217	空船重量	light ship weight	
09.0218	空船排水量	light ship displacement	
09.0219	气隙	air gap	
09.0220	可变载荷	variable load	
09.0221	倾斜试验	inclination experiment	
09.0222	入级检验	classification survey	
09.0223	循环检验	continuous survey	
09.0224	展期检验	extension survey	
09.0225	全部检验	major survey	
09.0226	定期检验	periodical survey	
09.0227	法定检验	statutory survey	
09.0228	年检	annual survey	
09.0229	完整稳性	intact stability	
09.0230	破损稳性	damage stability	
09.0231	初稳性	initial stability	
09.0232	初横稳心高度	initial transverse metacentric height	
09.0233	初纵稳心高度	initial longitudinal metacentric height	
09.0234	回复力矩	righting moment	
09.0235	横倾力矩	moment of transverse inclination	
09.0236	纵倾力矩	moment of longitudinal inclination	
09.0237	倾覆力矩	capsizing moment	
09.0238	倾覆力臂	capsizing lever	
09.0239	静稳性曲线	curve of statical stability	
09.0240	最大稳性力臂	lever of maximum stability	

序 码	汉 文 名	英 文 名	注 释
09.0241	最大稳性力矩	moment of maximum stability	
09.0242	稳性消失角	angle of vanishing stability	
09.0243	稳性范围	range of stability	
09.0244	稳性交叉曲线	cross-curves of stability	
09.0245	静稳性力臂	statical stability lever	
09.0246	动稳性力臂	dynamical stability lever	
09.0247	艉倾	trim by the stern	
09.0248	艏倾	trim by the bow	
09.0249	横倾	heel	
09.0250	纵倾	trim	
09.0251	横摇	roll	
09.0252	纵摇	pitch	
09.0253	升沉	heave	
09.0254	纵荡	surge	
09.0255	横荡	sway	
09.0256	平摇	yaw	
09.0257	漂移	drift	
09.0258	自由液面修正值	free surface correction	
09.0259	稳性储备	stability margin	又称"稳性裕量"。
09.0260	浮心	center of buoyancy	
09.0261	漂心	center of floatation	
09.0262	稳心	metacenter	
09.0263	吃水标志	draft mark	
09.0264	移位吃水	transit draft	
09.0265	风暴吃水	storm draft	
09.0266	作业吃水	operation draft	
09.0267	拖航状态	towing state	
09.0268	拖航条件	towing conditions	
09.0269	拖航配置	towing arrangement	
09.0270	冲桩管线	jetting pipeline	
09.0271	拖力	towing force	
09.0272	抛缆枪	line throwing gun	
09.0273	拖缆	towing hawser	
09.0274	锚标	anchor buoy	
09.0275	锁紧卡环	shackle	又称"卸扣"。
09.0276	机械甲板	machinery deck	
09.0277	底甲板	cellar deck	

序 码	汉 文 名	英 文 名	注 释
09.0278	锚架	anchor rack	
09.0279	干舷甲板	freeboard deck	
09.0280	舷侧压载舱	ballast wing tank	
09.0281	工艺舱	process tank	
09.0282	艏尖压载舱	fore peak ballast tank	
09.0283	艉尖压载舱	aft peak ballast tank	
09.0284	甲板舱口	access hatch	
09.0285	动力舱	engine room	又称"机舱"。
09.0286	舱底[水]泵	bilge pump	
09.0287	制链器	chain stopper	
09.0288	甲板吊车	deck crane	
09.0289	钻井记录仪	drilling recorder unit	
09.0290	司钻房	driller house	
09.0291	日常油柜	daily tank	
09.0292	电液控制中心	electric-hydraulic control center	
09.0293	膨胀油柜	expansion oil box	
09.0294	液压主控盘	master hydraulic control panel	
09.0295	风暴阀	storm valve	又称"防浪阀"。
09.0296	测深孔	sounding hole	
09.0297	旋转销	rotating dog	
09.0298	测深管	sounding pipe	
09.0299	伸缩臂	telescopic arm	
09.0300	气动绞车	air winch	
09.0301	伸缩隔水导管	telescopic conductor	
09.0302	起下钻泥浆罐	trip mud tank	
09.0303	投入式止回阀	drop-in check valve	
09.0304	内防喷阀	inner blowout preventer valve	
09.0305	水下电视系统	underwater television system, subsea television system	
09.0306	[水下]摄象机起下装置	camera hoisting equipment	
09.0307	基盘	template	
09.0308	水下基盘	subsea template	
09.0309	模块式基盘	modular template	
09.0310	整体式基盘	unitized template	
09.0311	丛式井基盘	clustered well template	
09.0312	多井基盘系统	multiwell template system	

序　码	汉　文　名	英　文　名	注　释
09.0313	基盘调平系统	template leveling system	
09.0314	基盘调平工具	template leveling tool	
09.0315	中心悬挂结构	center hang-off structure	
09.0316	组合基盘	assembled template	
09.0317	悬臂式井口模块	cantilever well module	
09.0318	丛式井口	clustered well heads	
09.0319	隔水导管张紧器	riser tensioner	
09.0320	张紧[隔水]立管	tensioned riser	
09.0321	完井[隔水]立管	completion riser	
09.0322	升沉补偿装置	heave compensation system	
09.0323	导向基座	guide base	
09.0324	导向结构	guide structure	
09.0325	桩柱调平接收器	leveling pile receptacle	
09.0326	外接套总成	outboard hub assembly	
09.0327	内接套总成	inboard hub assembly	
09.0328	伸缩接头	telescopic joint	
09.0329	回访浮筒	recall buoy	
09.0330	升沉补偿器	motion compensator	
09.0331	导向绳张紧器	guide line tensioner	
09.0332	导向绳控制盘	guide line control panel	
09.0333	永久导向架	permanent guide structure, PGS	
09.0334	永久导向基盘	permanent guide base, PGB	
09.0335	临时导向架	temporary guide structure, TGS	
09.0336	桩柱导向套	pile guide housing	
09.0337	临时导向基盘	temporary guide base, TGB	
09.0338	通用导向架	universal guide frame	
09.0339	导向索液压张紧器	hydraulic guide line tensioner	
09.0340	导向索气动张紧器	pneumatic guide line tensioner	
09.0341	导向索	guideline	
09.0342	动力软管卷盘	power hose reel	
09.0343	电动软管卷盘	electric powered hose reel	
09.0344	液动软管卷盘	hydraulic powered hose reel	
09.0345	液压控制软管	hydraulic control hose	

序　码	汉　文　名	英　文　名	注　释
09.0346	连接盒	junction box	
09.0347	钻井基盘	drilling template	
09.0348	防喷器吊车	blowout preventer crane, blowout preventer carrier	
09.0349	导管头总成	conductor head assembly	
09.0350	分流器	diverter	
09.0351	防喷器试验桩	blowout preventer test stump	
09.0352	水上防喷器组	surface blowout preventer stack	
09.0353	套管头总成	casing head housing	
09.0354	重力型试压工具	weight-set tester	
09.0355	水下防喷器控制盒	subsea blowout preventer control pod	
09.0356	小[型]遥控盘	mini-remote control panel	
09.0357	水下防喷器组	underwater blowout preventer stack	
09.0358	井口帽	wellhead cap	
09.0359	隔水导管卡盘	riser spider	
09.0360	[钻井船]月池	moon pool	
09.0361	套筒连接器	collet connector	
09.0362	球接头	ball joint	
09.0363	挠性接头	flex joint	
09.0364	泥浆储备池	[mud] reserve pit	
09.0365	遥控潜水器	remote-operated vehicle, ROV	
09.0366	[钻井船]监控摄象机	rig camera	
09.0367	潜水泵	diving pump, submersible pump	
09.0368	辅助管束回路	service loop	
09.0369	辅助环路管线终端盒	service loop termination kit	
09.0370	固井设备舱	cementing unit room	
09.0371	材料库房	material room	
09.0372	袋装[材料]舱	sack storage room	
09.0373	散装[材料]舱	bulk room	
09.0374	膨润土罐	bentonite tank	
09.0375	压载控制室	ballast control room	
09.0376	绞盘	capstan	
09.0377	直升机坪	helideck	

序　码	汉　文　名	英　文　名	注　释
09.0378	饮用水舱	potable water tank	
09.0379	下船体	pontoon	
09.0380	桩脚靴	spud can	
09.0381	柴油舱	diesel oil tank	
09.0382	预压载舱	preload tank	
09.0383	锚机	anchor winch	
09.0384	锚链舱	chain locker	
09.0385	锚链管	chain pipe	
09.0386	导缆器	fairleader	
09.0387	导链器	fairleader	
09.0388	解链器	releasing gear	
09.0389	短索	pendant line	
09.0390	捞锚钩	chain chaser	
09.0391	锚机控制室	anchor winch control house	
09.0392	生活区	living quarter	
09.0393	工作区	working quarter	
09.0394	油漆房	paint locker	
09.0395	堆料区	store space	
09.0396	桩腿楔块	wedge	
09.0397	最大工作水深	maximum operating water depth	
09.0398	最大钻井深度	maximum drilling depth	
09.0399	升降系统	jacking system	
09.0400	升降装置	jacking device	
09.0401	升降电机	jacking motor	
09.0402	单齿额定升降能力	maximum jacking capacity while elevating a pinion	
09.0403	单齿额定静载能力	maximum holding capacity after elevating a pinion	
09.0404	水密门	watertight door	
09.0405	水密试验	watertight test	
09.0406	堵漏垫	collision mat	
09.0407	防水自动电话	water-proof automatic telephone	
09.0408	甚高频电话	very high frequency telephone	
09.0409	浮式自动灌注设备	automatic fill-up floating equipment	
09.0410	灰量调节阀	bulk cement control valve	
09.0411	平衡阀	balance valve	

序 码	汉 文 名	英 文 名	注 释
09.0412	密封补心	packoff bushing	
09.0413	水下控制阀	subsea control valve, SSC valve	
09.0414	水下释放塞注水泥系统	subsea release cementing system, SSR cementing system	
09.0415	水下释放塞	subsea release cementing plug, SSR cementing plug	
09.0416	高密封浮鞋	super seal floating shoe	
09.0417	自灌式浮阀	self fill-up floating valve	
09.0418	挤水泥封隔器	squeeze packer	
09.0419	密封接头	sealing adapter	
09.0420	水下固井设备	subsea cementing equipment	
09.0421	隔环	spacer ring	
09.0422	碰压接箍	setting collar, landing collar	
09.0423	折干计算	dry basis	
09.0424	膨胀珍珠岩	expanded perlite	
09.0425	油井模拟试验	well simulation test	
09.0426	海水泥浆	seawater mud	
09.0427	重晶石罐	barite tank	
09.0428	[散装水泥]吹灰装置	bulk facility	
09.0429	泥浆总量表	level totalizer	
09.0430	丝扣粘结剂	thread lock	
09.0431	水下完井	subsea completion, underwater completion	
09.0432	水下完井系统	subsea completion system	
09.0433	泥线	mudline	
09.0434	泥线悬挂器	mudline hanger	
09.0435	软管总成	hose assembly	
09.0436	扭矩锁定封隔器	torque-set packoff	
09.0437	无导绳重返井口组合工具	guidelineless reentry assembly	
09.0438	[无导绳]重返井口加强喇叭口	solid funnel for [guidelineless] reentry	
09.0439	无故障解脱	trouble-free disconnect	
09.0440	重返井口喇叭口	reentry funnel	
09.0441	海洋测井	offshore logging	
09.0442	海洋测井拖撬	offshore logging skid	

序　码	汉　文　名	英　文　名	注　　释
09.0443	海洋测井深度补偿	offshore logging depth compensation	

序　码	汉　文　名	英　文　名	注　　释
09.0444	工程船舶	engineering vessel	
09.0445	海洋调查船	oceanographic research vessel	
09.0446	工程地质船	engineering geotechnical vessel	
09.0447	[导管架]下水驳	[jacket] launching barge	
09.0448	起重船	crane barge, crane vessel	
09.0449	全回转式起重船	revolving derrick barge	
09.0450	打桩船	piling barge	
09.0451	敷管船	[pipeline] laying barge, lay barge	
09.0452	敷缆船	cable layer	
09.0453	挖泥船	dredger	
09.0454	海上结构	offshore structure	
09.0455	三用工作船	towing/anchor handling/supply vessel	
09.0456	潜水作业船	diver support vessel	
09.0457	救援船	salvage vessel	
09.0458	半潜式多用工作船	semisubmersible multi-service vessel	
09.0459	铰接式托管架	articulated stinger	
09.0460	生活平台	accommodation platform	
09.0461	生产平台	production platform	
09.0462	储油平台	oil storage platform	
09.0463	公用设施平台	utility platform	
09.0464	中心处理平台	central processing platform	
09.0465	压缩机平台	compression platform	
09.0466	卫星平台	satellite platform	
09.0467	井口平台	wellhead platform	
09.0468	固定式平台	fixed platform	
09.0469	重力式平台	gravity platform	
09.0470	混凝土平台	concrete platform	
09.0471	张力腿平台	tension leg platform, TLP	
09.0472	拉索塔平台	guyed tower platform	
09.0473	平台结构	platform structure	

序　码	汉　文　名	英　文　名	注　　释
09.0474	重力式基础	gravity type foundation	
09.0475	下部结构	sub-structure	
09.0476	导管架	jacket	
09.0477	导管架腿柱	jacket leg	
09.0478	导管架吊耳	jacket lifting eye	
09.0479	导管架组片	jacket panel	
09.0480	导管架组对	jacket panel assembly	
09.0481	海洋建筑物涂装	painting for marine construction	
09.0482	顺应式结构	compliant structure	
09.0483	钢质插入式裙板	steel penetration skirt	
09.0484	防沉板	mud mat	
09.0485	拉筋	bracing	
09.0486	加强筋	reinforcement	
09.0487	管状接头	tubular joint	
09.0488	箱形接头	box type joint	
09.0489	固桩架	wedge bracket	
09.0490	桩帽	pile cap	
09.0491	桩脚	spud	
09.0492	稳定立柱	stability column	
09.0493	裙板	skirt plate	
09.0494	裙桩	skirt pile	
09.0495	喇叭口就位环	funnel-shapped landing ring	
09.0496	立管基盘	riser template	
09.0497	系泊基盘	mooring template	
09.0498	间隔基盘	spacer template	
09.0499	永久导向结构	permanent guide structure	
09.0500	生活模块	accommodation module	
09.0501	系泊	mooring	
09.0502	沉垫	mat	
09.0503	抗冰结构	ice resistant structure	
09.0504	沉箱	caisson	
09.0505	多点系泊	multi-point mooring, spread mooring	又称"辐射式系泊系统"。
09.0506	单点系泊	single point mooring, SPM	
09.0507	单浮筒系泊	single buoy mooring, SBM	
09.0508	单点系泊终端	single point mooring terminal	
09.0509	单锚腿系泊	single anchor leg mooring, SALM	

序　码	汉文名	英文名	注　释
09.0510	悬链锚腿系泊	catenary anchor leg mooring, CALM	
09.0511	多浮筒系泊系统	multi-buoy mooring system	
09.0512	铰接塔系泊系统	articulated tower mooring system	
09.0513	永久性系泊系统	permanent mooring system	
09.0514	可解脱式系泊系统	disconnectable mooring system	
09.0515	柔性刚臂系泊系统	soft yoke mooring system	
09.0516	转塔式系泊系统	turret mooring system	
09.0517	浮式转塔系泊	buoyant turret mooring	
09.0518	水下系泊装置	underwater mooring device	
09.0519	铰接式装油塔	articulated loading tower	
09.0520	线性系泊系统	linear mooring system	
09.0521	系泊缆索	mooring hawser	
09.0522	铰接柱	articulated column	又称"铰接塔"。
09.0523	系泊弹性	elasticity of mooring	
09.0524	弹性系泊索	elastic mooring line	
09.0525	系泊力	mooring force	
09.0526	系泊缆绳	mooring cable	
09.0527	锚泊定位	anchor moored positioning	
09.0528	锚桩	anchor pile	
09.0529	锚泊浮筒	anchoring buoy	
09.0530	锚链张紧器	chain tensioner	
09.0531	[缆绳]张紧器	tensioner	
09.0532	系缆桩	dolphin	
09.0533	系缆柱	bitt	
09.0534	系泊刚臂	mooring yoke	
09.0535	串靠装油系统	tandem loading system	
09.0536	水下储油罐	underwater oil storage tank	
09.0537	斜坡式防波堤	sloping faced breakwater	
09.0538	防风墙	wind shield	
09.0539	上部结构	topside structure, upper structure	
09.0540	平台甲板	platform deck	
09.0541	上甲板	upper deck	
09.0542	主甲板	main deck	
09.0543	月池甲板	moonpool deck	

序　码	汉　文　名	英　文　名	注　　释
09.0544	井口甲板	wellhead deck	
09.0545	夹层甲板	mezzanine deck	又称"半层甲板"。
09.0546	露天甲板	weather deck, open deck	
09.0547	钻井模块	drilling module	
09.0548	修井模块	workover module	
09.0549	深水重力塔	deepwater gravity tower	
09.0550	井口模块	wellhead module	
09.0551	深水[装卸油]终端	deepwater terminal	
09.0552	注水模块	water injection module	
09.0553	遥控[装卸油]终端装置	remote control terminal unit	
09.0554	注气模块	gas injection module	
09.0555	工艺模块	process module	
09.0556	[油气]分离模块	separation module	
09.0557	发电机组模块	power generation module	
09.0558	开关柜与电机控制中心模块	switchgear & MCC module	
09.0559	电气辅助设备模块	electrical support module	
09.0560	公用设施模块	utility module	
09.0561	动力定位	dynamic-positioning	
09.0562	动力定位模拟控制器	analog DP controller	
09.0563	防碰系统	anticollision system	
09.0564	浮式输油软管	floating cargo hose	
09.0565	浮式装油软管	floating loading hose	
09.0566	软管束	hose bundle	
09.0567	软管吊臂	hose boom	
09.0568	平台上部设施	topside facility	
09.0569	气体处理设施	gas treatment facility	
09.0570	含油污水处理设施	oily water treatment facility	
09.0571	计量设施	metering facility	
09.0572	油外输设施	oil export facility	
09.0573	天然气外输设施	gas export facility	

序　码	汉　文　名	英　文　名	注　释
09.0574	化学剂注入组块	chemical injection package	
09.0575	段塞流捕集器	slug catcher	
09.0576	波纹板隔油器	corrugated plate interceptor, CPI	
09.0577	井口管汇	wellhead manifold	
09.0578	生产管汇	production manifold	
09.0579	计量管汇	metering manifold	
09.0580	井口计量系统	wellhead metering system	
09.0581	水下管汇中心	underwater manifold center	
09.0582	旋转头总成	swivel assembly	
09.0583	旋转臂	turning arm	
09.0584	万向底座	gimballed base	
09.0585	压载水泵	ballast pump	
09.0586	增压泵	booster pump	
09.0587	惰性气体发生器	inert gas generator	
09.0588	焚烧炉	incinerator	
09.0589	垃圾压实器	rubbish compactor	
09.0590	海水脱盐装置	desalination unit	
09.0591	反渗析装置	reverse osmosis unit, ROU	
09.0592	深床式海水过滤器	deep bed seawater filter	
09.0593	次氯酸钠发生器	hypochlorite generator	又称"电解氯化装置(electrochlorination unit)"。
09.0594	水下出油管线	subsea flowline, SFL	
09.0595	隔热海底管线	heat insulated subsea pipeline	
09.0596	铰接出油管橇块	articulated flowline skid	
09.0597	出油管连接器	flowline connector	
09.0598	井口连接器	wellhead connector	
09.0599	生产立管	production riser	
09.0600	立管支架	riser cradle	
09.0601	集成管束	umbilical line	
09.0602	通信集成管	communication umbilical	
09.0603	液压控制集成管	hydraulic control umbilical	
09.0604	高压潜水系统	hyperbaric diving system, pressurized diving system	
09.0605	常压潜水系统	atmospheric diving system, unpressurized diving system	

序　码	汉　文　名	英　文　名	注　释
09.0606	饱和潜水系统	saturation diving system	
09.0607	饱和潜水表	saturation diving table	
09.0608	自给式潜水呼吸装置	self-contained underwater breathing apparatus, SCUBA	
09.0609	载人密闭工作舱	manned work enclosure	
09.0610	常压舱	atmospheric compartment	
09.0611	过渡舱	access chamber	
09.0612	应急关断系统	emergency shutdown system	
09.0613	单线控制井下安全阀	single-line subsurface safety valve	
09.0614	双线控制井下安全阀	dual-line subsurface safety valve	
09.0615	海底地貌测绘仪	bottom-charting fathometer, sea floor charter	
09.0616	声波定位设备	acoustic positioning equipment	
09.0617	水下生产系统	subsea production system	
09.0618	海上生产系统	offshore production system	
09.0619	海上装油	offshore loading	
09.0620	海上卸油	offshore unloading	
09.0621	海底管线	subsea pipeline	
09.0622	售油立管	sales riser	
09.0623	出油管线回路	flowline loop	
09.0624	[井下工具可]通过型出油管回路	through flowline loop, TFL loop	
09.0625	出油管线定位栓	flowline position latch	
09.0626	出油管导向喇叭口	flowline guide funnel	
09.0627	出油管线对中结构	flowline alignment structure	
09.0628	水下卫星井	subsea satellite well	
09.0629	水下井口	subsea wellhead	
09.0630	水下常压工作站	subsea atmospheric station	
09.0631	舷外排放	overboard discharge	
09.0632	导管架装船	jacket loadout	
09.0633	适航固定	sea fastening	
09.0634	导管架下水	jacket launching	

序　码	汉　文　名	英　文　名	注　释
09.0635	导管架定位	jacket positioning	
09.0636	导管架竖立	jacket upending	
09.0637	导管架扶正	jacket handling	
09.0638	导管架固定	jacket securing	
09.0639	打桩	piling	
09.0640	拔桩	pile extracting	
09.0641	坐底	sitting on the sea bed	
09.0642	冲桩	pile washing out	
09.0643	液压打桩锤	hydraulic pile-driving hammer	
09.0644	坐底稳性	sit-on bottom stability	
09.0645	抗倾稳性	stability against overturning, overturning stability	
09.0646	抗滑稳性	stability against sliding	
09.0647	海床承载力	seafloor bearing capacity	
09.0648	耦合运动	coupling movement	
09.0649	扰动力	exciting force	
09.0650	辐射力	radiation force	
09.0651	绕射力	diffraction force	
09.0652	拖航	tow	
09.0653	海上联接	offshore hook-up	
09.0654	涂漆	painting	
09.0655	[海上工程船舶]动员	mobilization	
09.0656	[海上工程船舶]复员	demobilization	
09.0657	水下混凝土浇注	underwater concreting	
09.0658	水下粘合	underwater adhesion	
09.0659	水下切割	underwater cut	
09.0660	水下对接	underwater mating	
09.0661	水下焊接	underwater welding	
09.0662	水下安装	underwater installing	
09.0663	水下打桩机	underwater pile driver	
09.0664	水下检查	underwater inspection	
09.0665	潜水钟	diving bell	
09.0666	综合回声测距与测深	combined echo ranging and echo sounding, CERES	
09.0667	水深测量	bathymetric survey	

序 码	汉 文 名	英 文 名	注 释
09.0668	固定式生产平台	fixed production platform	
09.0669	浮式生产平台	floating production platform	
09.0670	早期生产系统	early production system, EPS	
09.0671	浮式生产系统	floating production system, FPS	
09.0672	单井浮式采油系统	single well oil production system, SWOPS	
09.0673	浮式生产储油外输船	floating production storage and off-loading tanker, FPSO tanker	
09.0674	浮式储油装置	floating oil storage unit	
09.0675	浮式生产储油装置	floating production storage unit, FPSU	
09.0676	储油驳船	oil storage barge	
09.0677	穿梭输油船	shuttle tanker	
09.0678	液化天然气运输船	LNG carrier, LNG tanker	
09.0679	修井船	workover vessel	
09.0680	驻人平台	manned platform	
09.0681	遥控不驻人平台	remotely controlled unmanned platform	
09.0682	干式采油树	dry-type tree	
09.0683	湿式采油树	wet-type tree	
09.0684	水下采油树总成	subsea christmas tree assembly	
09.0685	沉箱式采油树	caisson type christmas tree	
09.0686	单井卫星采油树	single well satellite tree	
09.0687	整体式采油树	unitized solid-block tree	
09.0688	引导式采油树	guideline tree	
09.0689	无引导式采油树	guidelineless tree	
09.0690	液压控制采油树	hydraulic controlled tree	
09.0691	[水下用]隔水采油树	encapsulating tree	
09.0692	采油树控制系统	tree control system	
09.0693	采油树导向架	tree guide frame	
09.0694	采油树导向喇叭口	tree guide funnel	
09.0695	采油树液压连接器	hydraulic tree connector	
09.0696	采油树帽	tree cap	

序　码	汉　文　名	英　文　名	注　释
09.0697	翼阀总成	wing valve assembly	
09.0698	井位标	location buoy	
09.0699	水下井口回接系统	subsea well tie-back system	
09.0700	重返井口导向索	reentry guideline	
09.0701	导向柱	guide post	
09.0702	回接工具	tie-back tool	
09.0703	回接变径接头	tie-back adapter	
09.0704	回接套管挂	tie-back casing hanger	
09.0705	回接工具内套筒	tie-back tool inner sleeve	
09.0706	回接工具外套筒	tie-back tool outer sleeve	
09.0707	旋转锁定油管挂	rotation-lock tubing hanger	
09.0708	液压锁定油管挂	hydraulic-lock tubing hanger	
09.0709	油管挂定位槽	tubing hanger alignment slot	
09.0710	海上生产测试设备	offshore production test equipment	
09.0711	燃烧臂	burner boom	
09.0712	跨接软管	jump hose, jumper hose	
09.0713	组块设备	package equipment	
09.0714	生产甲板	production deck	
09.0715	靠船台	boat landing platform	
09.0716	导管架走道	jacket walkway	
09.0717	导管安装台	conductor installation platform	
09.0718	生产管柱	production string	
09.0719	排气竖管	vent stack	
09.0720	放空管	vent pipe	
09.0721	堆放区	laydown area	
09.0722	堆放台	laydown platform	
09.0723	靠船碰垫	barge bumper	
09.0724	多通道旋转头	multi-path swivel	
09.0725	气动舷梯	pneumatic gangway ladder	
09.0726	船首绞车	bow winch	
09.0727	船尾绞车	aft winch	
09.0728	液压绞车组块	hydraulic winch package	
09.0729	系泊头	mooring head	
09.0730	系泊导管架	mooring jacket	
09.0731	将军柱	kingpost	

序　码	汉　文　名	英　文　名	注　释
09.0732	系泊腿	mooring leg	
09.0733	系泊配重	mooring weight	
09.0734	电动绞盘	electric capstan	
09.0735	系泊绞车	mooring winch	
09.0736	系泊结构	mooring structure	
09.0737	系泊头纵摇轴承	mooring head pitch bearing	
09.0738	系泊羊角	mooring cleat	
09.0739	滚动轴承防水罩	roller bearing water barrage	
09.0740	快速解脱钩	quick release hook	
09.0741	横摇－纵摇铰接头	roll-pitch articulation	
09.0742	漂浮软管	floating hose	
09.0743	井口区	wellhead space	
09.0744	脱水预热器	dehydration preheater	
09.0745	脱水舱	dehydration tank	
09.0746	含油污水舱	oily water tank	
09.0747	撇油泵	skimmed oil pump	
09.0748	撇油器	skimmer	
09.0749	乳化油舱	emulsion tank	
09.0750	乳化油输送泵	emulsion transfer pump	
09.0751	火炬总成	flare assembly	
09.0752	火炬塔	flare tower	
09.0753	火炬臂	flare boom	
09.0754	高压气分液器	high pressure gas knock-out drum	
09.0755	低压气分液器	low pressure gas knock-out drum	
09.0756	高压火炬气分液器	high pressure flare knock-out drum	
09.0757	低压火炬气分液器	low pressure flare knock-out drum	
09.0758	高压火炬	high pressure flare	
09.0759	火炬引燃气	flare pilot gas	
09.0760	火炬点燃组块	flare ignition package	
09.0761	吹扫/引燃气组块	purge/pilot gas package	
09.0762	砂滤装置	sand filter unit	
09.0763	净化水罐	treated water tank	
09.0764	原油计量总管	test crude header	

序 码	汉 文 名	英 文 名	注 释
09.0765	原油计量加热器	test crude heater	
09.0766	低压火炬	low pressure flare	
09.0767	三相分离器	three phase separator	
09.0768	热处理器	heater treater	
09.0769	热处理器供液泵	heater treater feed pump	
09.0770	低压气净化器	low pressure scrubber	
09.0771	高压气净化器	high pressure scrubber	
09.0772	原油换热器	crude heat exchanger	
09.0773	生产系列关断盘	production train shutdown panel	
09.0774	生产系列控制盘	production train control panel	
09.0775	聚结隔油器	coalescer	
09.0776	分散气浮选器	dispersed gas floatator	
09.0777	加气浮选器	induced gas floatator	
09.0778	渣滓油泵	scum pump	
09.0779	渣滓油罐	scum vessel	
09.0780	反冲洗水罐	backwash tank	
09.0781	反冲洗循环泵	backwash return pump	
09.0782	净化水缓冲罐	clean water surge tank	
09.0783	废水处理井	waste water disposal well	
09.0784	清洗水加热器	washwater heater	
09.0785	清洗水罐	washwater tank	
09.0786	冷凝液罐	condensate drum	
09.0787	修井液罐	well service tank	
09.0788	压井泵	well killing pump	
09.0789	高压凝析油罐	high pressure condensate tank	
09.0790	低压凝析油罐	low pressure condensate tank	
09.0791	蒸汽散热器	steam radiator	
09.0792	蒸汽分配系统	steam distribution system	
09.0793	地面安全阀	surface safety valve, SSV	
09.0794	井下安全阀	subsurface safety valve, SSSV	
09.0795	原油冷却器	crude cooler	
09.0796	污油罐	slop tank	
09.0797	高压再启动泵	high pressure restart pump	
09.0798	排放罐	blowdown vessel	
09.0799	原油吸入滤器	crude suction strainer	
09.0800	海水门	seawater gate	
09.0801	海水柜	sea chest	

序　码	汉　文　名	英　文　名	注　释
09.0802	海水提升泵	seawater lift pump	
09.0803	注水粗滤器组块	water injection coarse filtration package	
09.0804	注水细滤器组块	water injection fine filtration package	
09.0805	细滤器冲刷风机	fine filtration blower	
09.0806	液压管线	hydraulic line	
09.0807	仪表控制管线	instrument capillary tube	
09.0808	气控管线	pneumatic line	
09.0809	取样接头	sample connection	
09.0810	捕液器	liquid trap	
09.0811	观察窗	sight flow glass	
09.0812	开式排放罐	open drain tank	
09.0813	闭式排放罐	closed drain tank	
09.0814	涡流消除器	vortex breaker	
09.0815	伴热管线	heat traced pipeline	
09.0816	减震器	damper, dampener	
09.0817	化学密封	chemical seal	
09.0818	水封	water seal	
09.0819	薄膜调节阀	diaphragm valve	
09.0820	自动排放阀	auto-drain valve	
09.0821	浮球控制阀	floater controlled valve	
09.0822	真空消除器	vacuum breaker	
09.0823	常开阀	normally open valve	
09.0824	常闭阀	normally close valve	
09.0825	易熔塞	fusible plug	
09.0826	自给式压力调节阀	self-contained pressure regulator	
09.0827	手动复位气动阀	pneumatic operated with manual reset valve	
09.0828	手动复位电磁阀	solenoid operated with manual reset valve	
09.0829	电信号手动开关	hand switch for electric signal	
09.0830	差压控制阀	differential pressure control valve	
09.0831	快速盲法兰	blind spectacle flange	
09.0832	高限流量	flow high limit	
09.0833	低限流量	flow low limit	

序　码	汉　文　名	英　文　名	注　释
09.0834	批量控制器	batch controller	
09.0835	外输油轮	export tanker	
09.0836	串靠系泊	tandem mooring	
09.0837	拖力计	towing meter	
09.0838	旋转燃烧器	rotary oil burner	
09.0839	主电站	main power station	
09.0840	备用电站	stand-by power station	
09.0841	扫舱泵	stripping pump	
09.0842	洗舱机	cargo tank cleaning machine	
09.0843	扫舱吸入器	stripping eductor	
09.0844	油舱清洗加热器	cargo tank cleaning heater	
09.0845	深冷压缩机	deep freeze compressor	
09.0846	软管起升吊机	hose handling crane	
09.0847	空气调节装置	air handling unit	
09.0848	基座式吊机	pedestal crane	
09.0849	甲板水封装置	deck water seal unit	
09.0850	吸入口滤器	suction filter	
09.0851	生活污水处理装置	sewage treatment unit	
09.0852	生活污渣泵	sludge pump	
09.0853	污渣混合罐	sludge mixing tank	
09.0854	污渣磨碎机	sludge mixing mill	
09.0855	污渣送烧泵	sludge burning pump	
09.0856	密封冷却器	seal cooler	
09.0857	传热介质油提升泵	heating medium lift pump	
09.0858	传热介质油装载泵	heating medium loading pump	
09.0859	燃火加热器	fired heater	
09.0860	废热回收装置	waste heat recovery unit	
09.0861	热水循环泵	hot water circulating pump	
09.0862	柴油过滤净化装置	diesel filter coalescer	
09.0863	航空燃料油泵送装置	aviation fuel pumping unit	
09.0864	润滑油传输泵	lubricant oil transfer pump	
09.0865	生活海水泵	domestic sea water pump	

序　码	汉　文　名	英　文　名	注　释
09.0866	[舱底]污水井	bilge well	
09.0867	热介质油储存舱	heating medium storage tank	
09.0868	热介质油储存罐	heating medium storage tank	
09.0869	燃料油排放舱	fuel oil drain tank	
09.0870	燃料油排放罐	fuel oil drain tank	
09.0871	流量显示器	flow indicator, FI	
09.0872	累计流量计	flow quantity recorder, FQ recorder	
09.0873	多头计量泵	multihead metering pump	
09.0874	吃水标尺	draught gauge	
09.0875	货油舱总监控盘	cargo master panel	

09.4　安全、消防、救生、环保

序　码	汉　文　名	英　文　名	注　释
09.0876	生产系统关断盘	production shutdown panel, PSDP	
09.0877	储罐－外输关断盘	tank and loading shutdown panel, TLSDP	
09.0878	计量分离器关断盘	test separator shutdown panel, TSSP	
09.0879	井口系统关断盘	cellar shutdown panel, CSDP	
09.0880	关断阀	shutdown valve	
09.0881	关断开关	shutdown switch	
09.0882	弃船	ship abandonment	
09.0883	警报	warning alarm	
09.0884	预警报	precaution alarm	
09.0885	应急空气罐	emergency air reservoir	
09.0886	高压报警器	high pressure alarm	
09.0887	高－低压开关	high-low pressure switch, HLPS	
09.0888	高－高压开关	high-high pressure switch, HHPS	
09.0889	低－低压开关	low-low pressure switch, LLPS	
09.0890	声响信号器	annunciator	
09.0891	报警灯测试开关	alarm lamp test switch	
09.0892	报警确认开关	alarm acknowledge switch	
09.0893	应急关断联锁程序	emergency shutdown interlock and sequence	
09.0894	复位开关	reset switch	
09.0895	仪表总控制间	instrument master control room	
09.0896	货油舱总监控系	cargo master system	

序　码	汉 文 名	英 文 名	注　释
	统		
09.0897	应急计划制订	emergency planning	
09.0898	应急灯	emergency light	
09.0899	高含油浓度报警	high oil content alarm	
09.0900	应急开关柜	emergency switch board	
09.0901	应急压载控制系统	emergency ballast control system	
09.0902	程序液压控制系统	sequence hydraulic control system	
09.0903	双剪切密封件	dual shear seal	
09.0904	选择性井口监测	option well monitoring	
09.0905	导航灯	navigational light	
09.0906	雾笛	fog horn, fog signal	
09.0907	防喷器应急回收系统	emergency BOP recovery system	
09.0908	消防系统	fire extinguishing system	
09.0909	火灾盘	fire panel	即火险与可燃气险情报警显示盘。
09.0910	可燃气探测系统	gas detecting system	
09.0911	火灾探测系统	fire detecting system	
09.0912	自动喷淋系统	automatic spraying system	
09.0913	自动喷洒系统	automatic sprinkler system	
09.0914	大水量灭火系统	fire water deluge system	
09.0915	补给水泵	jockey pump	供消防水干管用。
09.0916	消防箱	fire station	
09.0917	湿式自动喷洒灭火系统	wet-type automatic sprinkler system	
09.0918	干式自动喷洒灭火系统	dry-type automatic sprinkler system	
09.0919	消防船	fire-fighting vessel, fire boat	
09.0920	水灭火系统	water extinguishing system	
09.0921	消防水提升泵	fire water lift pump	
09.0922	消防水增压泵	fire water jockey pump	
09.0923	舱底污水 - 消防两用泵	bilge-fire pump	
09.0924	软管站	hose station	
09.0925	泡沫灭火系统	foam extinguishing system	

序 码	汉 文 名	英 文 名	注 释
09.0926	泡沫站	foam station	
09.0927	泡沫混合器	foam mixer	
09.0928	泡沫罐	foam tank	
09.0929	泡沫泵	foam pump	
09.0930	消防控制盘	fire control panel	
09.0931	泡沫泵控制盘	foam pump control panel	
09.0932	消防软管箱	fire hose station, hose box	
09.0933	泡沫软管消防箱	foam hose station	
09.0934	泡沫－水枪	foam-water gun	
09.0935	消防主环路	main fire water ring	
09.0936	大泡沫量喷洒系统	foam deluge system	
09.0937	水帘	water curtain	
09.0938	消防炮	fire monitor	
09.0939	[污水]含油浓度监控仪	oil content monitor	
09.0940	大水量喷洒系统	water deluge system	
09.0941	卤化烃灭火系统	halogenated hydrocarbon fire extinguishing system	
09.0942	卤化烃瓶	halogenated hydrocarbon cylinder	
09.0943	卤化烃瓶储藏间	halogenated hydrocarbon cylinder cubicle	
09.0944	卤化烃就地控制盘	halogenated hydrocarbon local panel	
09.0945	卤化烃管线	halogenated hydrocarbon line	
09.0946	卤化烃喷嘴	halogenated hydrocarbon nozzle	
09.0947	防火风门	fire damper	
09.0948	防火风门复位开关	damper reset valve	
09.0949	卤化烃释放指示器	halogenated hydrocarbon discharge indicator	
09.0950	卤化烃释放报警铃	halogenated hydrocarbon discharge alarm bell	
09.0951	卤化烃释放手动开关	halogenated hydrocarbon discharge manual actuator	
09.0952	电－液控制系统	electrohydraulic control system	
09.0953	手动－自动锁定	auto-manual locked-out selector	

序 码	汉 文 名	英 文 名	注 释
	选择开关	switch	
09.0954	泡沫炮遥控盘	foam monitor remote control panel	
09.0955	火灾自动报警系统	auto fire alarm system	
09.0956	测温火灾报警系统	heat actuating alarm system	
09.0957	烟雾探测器	smoke detector	
09.0958	烟雾探测报警系统	smoke detecting alarm system	
09.0959	紫外线探测器	ultraviolet detector, UV detector	
09.0960	高浓度可燃气报警	high concentration gas alarm	
09.0961	低浓度可燃气报警	low concentration gas alarm	
09.0962	防毒面具	breathing apparatus, respirator	
09.0963	防火门	fire door closer, fire proof door	
09.0964	声响报警	audible alarm	
09.0965	火灾警笛	fire alarm siren	
09.0966	干粉灭火器	dry chemical extinguisher	
09.0967	卤化烃灭火器	halogenated hydrocarbon exting-uisher	
09.0968	二氧化碳灭火器	carbon dioxide extinguisher	
09.0969	二氧化碳灭火系统	carbon dioxide fire extinguishing system	
09.0970	泡沫灭火器	foam extinguisher	
09.0971	手提式卤化烃灭火器	halogenated hydrocarbon portable extinguisher	
09.0972	轮式灭火器	wheeled extinguisher	
09.0973	可燃气体报警系统	gas detecting alarm system	
09.0974	轻质可燃气体探测器	light type combustible gas detector	
09.0975	重质可燃气体探测器	heavy type combustible gas detector	
09.0976	硫化氢探测报警系统	hydrogen sulfide detecting alarm system	
09.0977	禁火三角形	fire triangle	

序　码	汉　文　名	英　文　名	注　释
09.0978	防爆设备	explosion proof equipment	
09.0979	静电释放	static electricity discharge	
09.0980	安全区	safety zone	
09.0981	防爆间隔舱壁	explosion proof divisional bulkhead	
09.0982	危险区划分	hazardous area classification	
09.0983	限制区	restricted area	
09.0984	明火作业	hot work	
09.0985	明火点	open firing point	
09.0986	冷工作业	cold work	
09.0987	爆炸下限	low explosion limit, LEL	
09.0988	防火距离	exposure distance	
09.0989	静电接地	static electricity earth	
09.0990	可燃度极限	flammability limits	
09.0991	海上污染	marine pollution	
09.0992	海上石油污染	offshore oil pollution	
09.0993	污水报警系统	bilge alarm system	
09.0994	溢油	oil spill	
09.0995	围油栅	oil boom, oil fence	
09.0996	溢油回收	spilled oil recovery	
09.0997	剩余钻井液	surplus drilling fluid	
09.0998	围油栅卷筒	oil fence reel	
09.0999	污油回收船	oil recovery vessel	
09.1000	低毒油包水乳化泥浆	low toxicity water in oil emulsion drilling fluid	
09.1001	逃生线路	escape route	
09.1002	抛绳装置	line throwing apparatus	
09.1003	遇险呼救信号	distress signal	
09.1004	[遇险]红星火箭	red star rocket	
09.1005	火箭降落伞[遇险]焰火信号	rocket parachute flare	
09.1006	[遇险]手持红光信号	red hand flare	
09.1007	烟雾信号	smoke signal	
09.1008	[防寒]救生服	immersion suit	
09.1009	救生带	survival belt	
09.1010	救生艇	life-boat	

序　码	汉　文　名	英　文　名	注　释
09.1011	救生筏	life-raft, life-float	
09.1012	救生系统	life-saving system	
09.1013	救助艇	rescue boat	
09.1014	救生艇登乘处	life-boat embarkation area	
09.1015	便携式救生电台	portable radio for life-boat	
09.1016	海事通讯系统	marine radio system	
09.1017	应急无线电系统	emergency radio system	
09.1018	平台－海岸无线电系统	platform-to-shore radio system	
09.1019	入港声呐系统	docking sonar system	
09.1020	全向示位航标系统	non-directional navigation beacon system	
09.1021	百年一遇	a-hundred-year return period	
09.1022	五十年一遇	fifty year return period	
09.1023	[污水]含油浓度	oil concentration	
09.1024	[泄压]爆破盘	rupture disk	
09.1025	海生物	marine growth	
09.1026	电解法防[海生物]污着系统	electrolytic antifouling system	
09.1027	化学药剂注入系统	chemical injection system	
09.1028	腐蚀裕量	corrosion allowance	
09.1029	生物监测	biomonitoring	
09.1030	皮肤毒性	dermal toxicity	
09.1031	油雾含量	oil moisture content	
09.1032	航空障碍灯	aviation obstruction beacon	
09.1033	防碰块	bumper block	
09.1034	[直升机]起落扇形区	approach-departure sector	

10. 油气收集与储运工程

序　码	汉　文　名	英　文　名	注　　释

10.1　油　田　集　输

10.0001	油气集输	oil and gas gathering and transferring	
10.0002	油气混输	oil and gas multiphase flow	
10.0003	油气集输流程	oil and gas gathering and transferring process	
10.0004	开式油气收集工艺	opened oil and gas gathering process	
10.0005	密闭油气收集工艺	tight line oil and gas gathering process	
10.0006	出油管线	flow line, lead line	
10.0007	集油管网	oil gathering network	
10.0008	伴热输送	heat tracing pipelining	
10.0009	掺液输送	liquid blended pipelining	
10.0010	密相输送	dense phase pipelining	
10.0011	气饱和输送	gas-saturated pipelining	
10.0012	油气分离	oil-gas separation	
10.0013	多级分离	multistage separation	
10.0014	油气分离器	oil-gas separator	
10.0015	计量分离器	test separator	
10.0016	生产分离器	production separator	
10.0017	分井计量站	satellite station	
10.0018	交接计量站	metering station	
10.0019	接转站	transfer station	
10.0020	集中处理站	central treating station	
10.0021	原油净化	crude oil purification	
10.0022	原油脱水	crude oil dehydration	
10.0023	油水分离	oil-water separation	
10.0024	沉降罐	settling tank	
10.0025	撇油罐	skim tank	又称"分油罐"。
10.0026	原油破乳	crude oil demulsification	
10.0027	电脱水器	electrical dehydrator, electrical demulsifier	又称"电破乳器"。

序 码	汉 文 名	英 文 名	注 释
10.0028	沉积物和底水	basic sediment and water, BSW	
10.0029	游离水分离器	free water knockout	
10.0030	原油稳定	crude oil stabilization	
10.0031	加热闪蒸	heating flash evaporation	
10.0032	负压闪蒸	vacuum flash evaporation	
10.0033	涡轮流量计	turbine meter	
10.0034	孔板流量计	orifice meter	
10.0035	转子流量计	rotameter	
10.0036	鲁茨流量计	Roots meter	
10.0037	容积式流量计	displacement meter	
10.0038	流量计标定装置	meter prover	
10.0039	标准体积管	standard pipe prover	
10.0040	聚合物减阻	drag reduction by polymer	
10.0041	集肤电伴热	skin electric current tracing, SECT	
10.0042	电伴热	electric tracing	
10.0043	乳化降粘	reducing viscosity by emulsification	
10.0044	加热输送	heated oil pipelining	
10.0045	热处理输送	heat treated oil pipelining	
10.0046	稀释输送	diluted oil pipelining	
10.0047	粘温曲线	viscosity-temperature curve	
10.0048	析蜡点	wax precipitation point	
10.0049	粘度反常点	abnormal point of viscosity	
10.0050	同轴圆筒旋转粘度计	coaxial cylinder rotational viscometer	
10.0051	锥板粘度计	cone and plate viscometer	
10.0052	毛细管粘度计	capillary viscometer	
10.0053	落球粘度计	falling ball viscometer	
10.0054	超声波粘度计	ultrasonic viscometer	
10.0055	粘弹性流变仪	viscoelastic rheometer	
10.0056	库埃特流	Couette flow	
10.0057	标准粘度液	standard viscosity liquid	
10.0058	减阻	drag reduction	
10.0059	流体降解	fluid degradation	
10.0060	管道结蜡	wax deposition	
10.0061	管道清蜡	wax removal	

序 码	汉 文 名	英 文 名	注 释
10.0062	管道防蜡	wax control	
10.0063	膨胀致冷	expansion refrigeration	
10.0064	节流致冷	throttling refrigeration	
10.0065	吸收致冷	absorption refrigeration	
10.0066	压缩致冷	compression refrigeration	
10.0067	低温分离	low temperature separation	
10.0068	透平膨胀机	turbo-expander	
10.0069	多相流	multiphase flow	
10.0070	分层流	stratified flow	
10.0071	波浪流	wave flow	
10.0072	起泡	foaming	
10.0073	消泡	defoaming	
10.0074	降凝	pour point depression	
10.0075	降粘	viscosity reduction	
10.0076	除砂	desanding	
10.0077	矿场自动交接系统	lease automatic custody transfer system, LACT system	
10.0078	分井计量多通阀	multipass valve	
10.0079	气涤器	scrubber	又称"气体除油器"。

10.2 气田集输及长距离输气管道

序 码	汉 文 名	英 文 名	注 释
10.0080	净化	conditioning	
10.0081	脱硫	desulfurization	
10.0082	提氦	helium extraction	
10.0083	除尘	dust removal	
10.0084	气田集气流程	gas field gathering process	
10.0085	增压集气	gas gathering by booster	
10.0086	采气管线	gas flow line	
10.0087	集气管网	gas gathering network	
10.0088	集气站	gas gathering station	
10.0089	调压计量站	regulating-metering station	
10.0090	脱硫厂	desulfurization plant	
10.0091	克劳斯硫回收法	Claus sulfur recovery	
10.0092	硫容量	sulfur capacity	
10.0093	硫磺转化率	sulfur conversion rate	
10.0094	硫磺回收率	sulfur recovery rate	
10.0095	硫磺成型	sulfur moulding	

序　码	汉　文　名	英　文　名	注　释
10.0096	液硫脱气	molten sulfur degasification	
10.0097	克劳斯尾气处理	Claus tail-gas clean-up	
10.0098	天然气液化	natural gas liquefaction	
10.0099	氮气保护	nitrogen protection	
10.0100	天然气引射器	gas ejector	
10.0101	热分离机	heat separator	
10.0102	泄压放空系统	relief and blow-down system	
10.0103	高低压安全切断系统	Hi-Lo safety system	
10.0104	输气管道	gas transmission pipeline	
10.0105	压气站	compressor station	
10.0106	压缩比	compression ratio	
10.0107	压缩机喘振	compressor surging	
10.0108	储气库	gas storage	
10.0109	配气站	gas distributing station	
10.0110	配气管网	gas distributing network	
10.0111	天然气添味	natural gas odorization	
10.0112	储气罐	gas holder, gas tank	
10.0113	地下储气库	underground gas storage	

10.3　长距离输油管道

序　码	汉　文　名	英　文　名	注　释
10.0114	长距离输油管道	long distance oil pipeline	
10.0115	旁接油罐流程	floating tank process	
10.0116	密闭输送流程	tight line process	
10.0117	等温输送	isothermal pipelining	
10.0118	管路特性曲线	characteristic curve of pipeline	
10.0119	离心泵特性曲线	characteristic curve of centrifugal pump	
10.0120	气蚀	cavitation	
10.0121	气蚀余量	net positive suction head, NPSH	又称"净正吸入压头"。
10.0122	水击	surge	
10.0123	水击压力波	surge pressure wave	
10.0124	超压保护	overpressure protection	
10.0125	欠压保护	underpressure protection	
10.0126	水击超前控制	rarefaction control	
10.0127	水击泄压罐	surge tank	

序 码	汉 文 名	英 文 名	注 释
10.0128	安全泄压阀	safety relief valve	
10.0129	安全停输时间	safety margin of pipeline shut down	
10.0130	预热启动	pipeline start up by preheating	
10.0131	试运投产	commissioning trial	
10.0132	监控和数据采集系统	supervisory control and data aquisition system, SCADA system	
10.0133	远程终端	remote terminal unit, RTU	
10.0134	空中巡线	aerial surveillance	
10.0135	线路航摄镶嵌图	mosaic	
10.0136	管道通过权	right of way, ROW	又称"越域权"。
10.0137	汇管	header	
10.0138	管汇	manifold	
10.0139	管架	pipe rack	
10.0140	管网	pipeline network	
10.0141	管廊	pipeline lane	
10.0142	变径管	telescoping pipeline	
10.0143	副管	looped pipeline	
10.0144	并联管网	parallel pipeline	
10.0145	环状管网	looped network	
10.0146	复线	double pipeline	
10.0147	顺序输送	batch pipelining	
10.0148	输送顺序	sequence of batching products	
10.0149	循环周期	period of batching cycle	
10.0150	混油浓度	mixing concentration	
10.0151	混油长度	mixture spread	
10.0152	混油界面	batching interface	
10.0153	界面检测	interface detection	
10.0154	隔离塞	batching pig, batching plug	
10.0155	隔离球	batching sphere	
10.0156	热补偿器	expansion compensator	
10.0157	反输	reverse pumping	
10.0158	输差	measurement shortage	
10.0159	操作弹性	operating flexibility	
10.0160	封堵器	stopper, blockage	
10.0161	瞬变流	transient flow	

序 码	汉 文 名	英 文 名	注 释
10.0162	间歇输送	intermittent pipelining	
10.0163	架空管道	aerial pipeline	
10.0164	管拱	arched pipeline	
10.0165	管道跨越	pipeline spanning	
10.0166	梁式跨越	beam pipeline spanning	
10.0167	悬索管桥	suspension pipeline bridge	
10.0168	管道穿越	pipeline crossing	
10.0169	水下穿越	underwater crossing	
10.0170	输油首站	head station of oil pipeline	
10.0171	输油泵	oil transfer pump	
10.0172	输油末站	oil pipeline terminal	
10.0173	中间加压站	booster station of oil pipeline	
10.0174	中间加热站	intermediate heating station	
10.0175	减压站	pressure reduction station	
10.0176	管路纵断面图	pipeline route profile	
10.0177	管道固定墩	pipeline anchor	
10.0178	翻越点	Перевальная Точка(俄)	
10.0179	管道自由端	free end of pipeline	
10.0180	计算长度	calculated length	
10.0181	不满流	slack flow	
10.0182	满管流动	tight flow	
10.0183	水力坡降	hydraulic gradient	
10.0184	摩阻损失	friction loss	
10.0185	粗糙度	roughness	
10.0186	温度场	temperature field	
10.0187	气压试验	air pressure test	
10.0188	校直试验	alignment test	
10.0189	清管器	scraper, pig	
10.0190	清管	pigging, pipeline cleaning	
10.0191	清管器信号仪	pig signaller	
10.0192	清管器收发装置	scraper launching and receiving trap	
10.0193	绝缘检漏仪	holiday detector	
10.0194	泄漏报警装置	leakage alarm device	
10.0195	清管器通行检测器	pig passage detector, pig signaller	
10.0196	管道定位器	pipeline locater	

序　码	汉　文　名	英　文　名	注　释
10.0197	管内摄录器	pipeline camera pig	

10.4　储存及装卸

10.0198	周转系数	turnover coefficient	
10.0199	年周转量	annual turnover	
10.0200	储油罐	oil tank	
10.0201	立式圆柱形油罐	cylindrical tank	
10.0202	零位油罐	self-unloading tank	
10.0203	锥顶油罐	cone roof tank	
10.0204	拱顶油罐	dome roof tank	
10.0205	浮顶油罐	floating roof tank	
10.0206	内浮顶油罐	internal floating roof tank	
10.0207	球形油罐	spherical tank	
10.0208	滴状油罐	spheroidal tank	
10.0209	卧式油罐	horizontal tank	
10.0210	油罐呼吸阀	breathing vent	
10.0211	量油孔	gaging hatch	
10.0212	标定罐	calibration tank	
10.0213	计量罐	gage tank	
10.0214	高架罐	elevated tank	
10.0215	阻火器	spark arrestor	
10.0216	防火堤	fire dike	
10.0217	散装转运	bulk transfer	
10.0218	桶装转运	canning transfer	
10.0219	灌桶	canning	
10.0220	油品调合	products blending	
10.0221	管道调合	inline blending	
10.0222	装卸油栈桥	loading and unloading rack	
10.0223	装卸油鹤管	loading and unloading arm	
10.0224	灌油栓	filling nozzle	
10.0225	油轮	oil tanker	
10.0226	铁路油罐车	rail tank car	
10.0227	汽车罐车	truck tank	
10.0228	喷射泵	jet pump	
10.0229	管道泵	inline pump	
10.0230	真空泵	vacuum pump	
10.0231	计量泵	metering pump	

序　码	汉　文　名	英　文　名	注　释
10.0232	装卸油泵	cargo pump	
10.0233	比例泵	dosing pump	
10.0234	备用泵	jury pump, stand-by pump	
10.0235	[泵]扬程	[pumping] head	
10.0236	静电积累	accumulation of static electricity	
10.0237	静电消除器	apparatus of reducing static electricity	
10.0238	防雷接地	lightning grounding	
10.0239	油驳	oil barge	
10.0240	收发油损耗	working loss	
10.0241	呼吸损耗	breathing loss	
10.0242	液面报警器	liquid level alarm, LLA	
10.0243	[油罐]检尺	gaging	
10.0244	测罐内油高	innage gaging	
10.0245	测罐内空高	outage gaging	
10.0246	测径板	gaging plate	
10.0247	测径器	gaging scraper	
10.0248	装油量	innage	

10.5　腐　蚀

序　码	汉　文　名	英　文　名	注　释
10.0249	腐蚀环境	corrosion environment	
10.0250	腐蚀体系	corrosion system	
10.0251	腐蚀产物	corrosion product	
10.0252	腐蚀深度	corrosion depth	
10.0253	腐蚀速率	corrosion rate	
10.0254	耐蚀性	corrosion resistance	
10.0255	钝化	passivation	
10.0256	电化学腐蚀	electrochemical corrosion	
10.0257	化学腐蚀	chemical corrosion	
10.0258	气体腐蚀	gaseous corrosion	
10.0259	大气腐蚀	atmospheric corrosion	
10.0260	土壤腐蚀	soil corrosion	
10.0261	微生物腐蚀	microbial corrosion	
10.0262	均匀腐蚀	uniform corrosion	
10.0263	点蚀	spot corrosion	
10.0264	坑蚀	pitting corrosion	
10.0265	缝隙腐蚀	crevice corrosion	

序　码	汉　文　名	英　文　名	注　释
10.0266	水线腐蚀	water-line corrosion	
10.0267	焊缝腐蚀	weld corrosion	
10.0268	晶间腐蚀	intergranular corrosion	
10.0269	穿晶腐蚀	transgranular corrosion	
10.0270	应力腐蚀	stress corrosion	
10.0271	应力腐蚀开裂	stress corrosion cracking, SCC	
10.0272	硫化物应力开裂	sulfide stress cracking, SSC	
10.0273	氢致开裂	hydrogen induced cracking, HIC	
10.0274	疲劳腐蚀开裂	fatigue corrosion cracking	
10.0275	杂散电流腐蚀	stray current corrosion	
10.0276	交流腐蚀	AC corrosion	
10.0277	局部腐蚀	local corrosion	
10.0278	氢腐蚀	hydrogen attack, hydrogen corrosion	
10.0279	氢脆	hydrogen embrittlement	
10.0280	浸蚀	etching	
10.0281	冲蚀	erosion	
10.0282	蚀坑	pit	
10.0283	电极电位	electrode potential	
10.0284	参比电极	reference electrode	
10.0285	电极极化	electrode polarization	
10.0286	腐蚀电池	corrosion cell	
10.0287	浓差腐蚀电池	concentration corrosion cell	
10.0288	充气差异电池	differential aeration cell	
10.0289	浓度极化	concentration polarization	
10.0290	双金属腐蚀	bimetallic corrosion	
10.0291	腐蚀电位	corrosion potential	
10.0292	电化学保护	electrochemical protection	
10.0293	阳极保护	anodic protection	
10.0294	阴极保护	cathodic protection	
10.0295	阴极保护电流密度	cathodic protection current density	
10.0296	覆盖层	coating	
10.0297	涂覆	painting	
10.0298	基体金属	base metal	
10.0299	基底	substrate	
10.0300	漆膜	paint film	

序　码	汉　文　名	英　文　名	注　释
10.0301	[轧制]氧化皮	[mill] scale	
10.0302	表面预处理	surface preparation	
10.0303	最大锚纹深度	maximum anchor pattern	
10.0304	干喷射	dry blasting	
10.0305	湿喷射	wet blasting	
10.0306	喷棱角砂	grit blasting	
10.0307	喷丸	shot blasting	
10.0308	抛丸	impeller blasting	
10.0309	喷金属丝段	cut wire blasting	
10.0310	喷砂	sand blasting	
10.0311	除锈等级	derusting grade	
10.0312	底漆	primer	又称"底胶"。
10.0313	面漆	top coat, surface paint	
10.0314	衬里	lining	
10.0315	水泥砂浆衬里	cement-mortar lining	
10.0316	石油沥青防腐层	asphalt coating	
10.0317	煤焦油沥青防腐层	coal tar pitch coating	
10.0318	环氧煤沥青防腐层	epoxy coal tar pitch coating	
10.0319	塑料胶粘带防腐层	plastic tape coating	
10.0320	挤压聚乙烯防腐层	extruding polyethylene coating	
10.0321	塑料粉末防腐层	plastic powder coating	
10.0322	环氧树脂粉末防腐层	epoxy resin powder coating	
10.0323	硬质聚氨酯泡沫塑料防腐隔热层	rigid polyurethane foam insulation coating	
10.0324	挤出成型法	extrusion moulding	
10.0325	热挤塑法	thermoset extrusion	
10.0326	浇铸成型法	casting moulding	
10.0327	喷射成型法	spray up moulding	
10.0328	极化处理	polarization treatment	
10.0329	[现场]补口	field joint coating	
10.0330	补伤	repair of coating defects	

序 码	汉 文 名	英 文 名	注 释
10.0331	热[收]缩套	heat shrink sleeve	
10.0332	针孔	pin hole	
10.0333	漏[铁]点	holiday	
10.0334	音频信号检漏	leaks detecting with sound signal	
10.0335	[防腐层]可弯曲性	bendability [of coating]	
10.0336	[防腐层]抗流淌温度	sag resistance temperature [of coating]	
10.0337	耐微生物腐蚀性	microbial corrosion resistance	
10.0338	阴极剥离	cathodic disbonding	
10.0339	环境应力开裂	environment stress cracking	
10.0340	加速老化试验	accelerated deterioration test	
10.0341	流平性	levelling property	
10.0342	盐雾试验	salt spray test	
10.0343	[防腐层]剥离试验	peel test [of coating]	
10.0344	隔热层	insulated coating	
10.0345	隔热衬里	insulated lining	
10.0346	泡沫隔热层	insulated foam coating	
10.0347	缠绕机	wrapping machine	
10.0348	挤出机	extruder	
10.0349	最小保护电位	minimum protective potential	
10.0350	最大保护电位	maximum protective potential	
10.0351	保护电位范围	protective potential range	
10.0352	检查片	coupon	
10.0353	测试桩	test pile	
10.0354	绝缘接头	insulating joint	
10.0355	断电电位	switch-off potential	
10.0356	土壤电阻率	soil resistivity	
10.0357	土壤氧化还原电位	soil redox potential	
10.0358	接地电阻	ground resistance	
10.0359	阳极消耗率	anode consumption rate	
10.0360	强制电流	impressed current	又称"外加电流"。
10.0361	阴极极化	cathodic polarization	
10.0362	恒电位仪	potentiostat	
10.0363	恒电流仪	galvanostat	

序　码	汉　文　名	英　文　名	注　释
10.0364	阴极保护站	cathodic protection station	
10.0365	排流点	drainage point	
10.0366	辅助阳极	impressed current anode	
10.0367	深井阳极	deep well anode	
10.0368	浅埋阳极[地床]	shallow anode ground bed	
10.0369	反电位法	opposite potential method	
10.0370	辅助阴极	auxiliary cathode	
10.0371	牺牲阳极	sacrificial anode	
10.0372	[牺牲阳极]电流效率	current efficiency	
10.0373	[牺牲阳极]开路电位	open circuit potential	
10.0374	[牺牲阳极]闭路电位	closed circuit potential	
10.0375	驱动电压	driving voltage	
10.0376	极性逆转	polarity reversal	
10.0377	直流干扰	DC interference	
10.0378	阳极场	anodic field	
10.0379	阴极场	cathodic field	
10.0380	交流干扰	AC interference	
10.0381	接地排流	electric drainage by grounding	
10.0382	直接排流	direct electric drainage	
10.0383	极性排流	polarized electric drainage	
10.0384	强制排流	forced electric drainage	
10.0385	电容排流	capacitance drainage	
10.0386	钳位式排流	limiting potential drainage	
10.0387	牺牲阳极排流	sacrificial anode drainage	
10.0388	接地垫	ground mat	
10.0389	极化电池	polarization cell	
10.0390	汇流点	confluence point	

10.6　施　工

序　码	汉　文　名	英　文　名	注　释
10.0391	强度试验	strength test	
10.0392	严密性试验	leak test	
10.0393	气密性试验	air-tight test	
10.0394	真空试验	vacuum test	
10.0395	快开盲板	fast-opening blind	

序　码	汉　文　名	英　文　名	注　释
10.0396	百米桩	hundred-metre spacing stake	
10.0397	转角桩	turning point stake	
10.0398	加密桩	additional stake	
10.0399	管口清理	pipe-end cleaning	
10.0400	对口	line up	
10.0401	管口预热	pipe-end preheating	
10.0402	上向焊	up hill welding	
10.0403	下向焊	down hill welding	
10.0404	根部焊道	root bead	
10.0405	热焊道	hot bead	
10.0406	填充焊道	fill bead	
10.0407	盖面焊道	cap bead	
10.0408	碰固定口	tie-in	
10.0409	预留头	reserved outlet	
10.0410	斜接	mitre joint	
10.0411	沟底组装	assembling in ditch	
10.0412	沟边组装	assembling beside ditch	
10.0413	管段下沟	pipe section lowering in	
10.0414	同沟敷设	laying in one ditch	
10.0415	土堤敷设	pipe laying in embankment	
10.0416	回填	backfill	
10.0417	地貌恢复	land restoration	
10.0418	管段吹扫	section purging	
10.0419	分段试压	pipe section pressure test	
10.0420	站间试压	[final] pressure test between stations	
10.0421	机械封堵	mechanical plugging	
10.0422	冷冻封堵	freeze plugging	
10.0423	吊管机	sideboom, pipelayer	
10.0424	抓管机	pipe graber	
10.0425	爬行切管机	crawl pipe cutter	
10.0426	冷弯弯管机	cold bending machine	
10.0427	水平钻孔机	horizontal boring machine	
10.0428	水平定向钻机	horizontal directional drilling machine	
10.0429	挖沟机	ditching machine	
10.0430	拉铲	dragline-type shovel	

序 码	汉 文 名	英 文 名	注 释
10.0431	吊管带	pipe sling	
10.0432	内对口器	internal [line-up] clamp	
10.0433	外对口器	external [line-up] clamp	
10.0434	管内射线探伤器	radiographic detector in pipe	
10.0435	定向钻法	directional drilling method	
10.0436	气举成沟法	airlift ditching method	
10.0437	爆破成沟法	explosion ditching method	
10.0438	顶管法	push pipe method	
10.0439	管道浮拖法	pipeline float and drag method	
10.0440	水底拖管法	underwater pipeline dragging method	
10.0441	导流开挖法	diversion excavation method	
10.0442	发送道	launching way	
10.0443	辊轴发送道	roller launching way	
10.0444	水渠发送道	canal launching way	
10.0445	小平车发送道	car launching way	
10.0446	保护套管	protective casing	
10.0447	复壁管	composite pipe	
10.0448	混凝土加重层	concrete weight coating	又称"混凝土连续覆盖层"。
10.0449	稳管桩	pipe-stabilizing pile	
10.0450	压重块	saddle weight	
10.0451	单盘浮船	single deck pontoon	
10.0452	双盘浮船	double deck pontoon	
10.0453	正装法	installation in regular order	
10.0454	倒装法	installation in reverse order	
10.0455	[大]角焊缝	fillet weld	
10.0456	浮顶升降试验	floating roof floation test	
10.0457	基础沉降观测	foundation settlement survey	
10.0458	回火焊道	temper bead	
10.0459	球罐带装法	sphere sectional assembling	
10.0460	球罐散装法	sphere assembling by piecemeal	
10.0461	空载试运转	noload test run	
10.0462	负荷试运转	on load test run	
10.0463	冷运[转]	cold test run	
10.0464	热运[转]	hot test run	
10.0465	季节性冻土地基	seasonally frozen soil foundation	

序 码	汉 文 名	英 文 名	注 释
10.0466	地基冻胀	foundation frost heaving	
10.0467	地基融沉	foundation thaw collapse	
10.0468	地基残留冻土层	foundation residual frozen soil zone	
10.0469	地下水封石洞油库	underground water-sealed oil storage in rock caverns	
10.0470	岩洞罐	rock cavern	
10.0471	储水巷道	water-storage tunnel	
10.0472	注水巷道	water filled tunnel	
10.0473	施工巷道	construction tunnel	
10.0474	生产巷道	production tunnel	
10.0475	作业巷道	service tunnel	
10.0476	挡土墙	retaining wall	
10.0477	水封挡土墙	water-sealed retaining wall	
10.0478	洞罐水垫层	cavern water cushion	
10.0479	固定水位式	fixed water bed	
10.0480	变动水位式	mobile water bed	
10.0481	检修套管	service casing	
10.0482	护岸	shore protection	
10.0483	护坡	revetment	

11. 石油钻采机械与设备

序 码	汉 文 名	英 文 名	注 释
11.0001	油田设备	oilfield equipment	
11.0002	钻机	drilling rig	
11.0003	轻便钻机	portable rig	
11.0004	移动式钻机	movable rig	
11.0005	车装式钻机	truck mounted rig	又称"自行式钻机"。
11.0006	拖车式钻机	trailer mounted rig	
11.0007	块装式钻机	packaged rig, skid-mounted rig	
11.0008	液压钻机	hydraulic drilling rig	
11.0009	地震钻机	seismic drilling rig	
11.0010	取心钻机	core drilling rig, coring rig, exploratory rig	
11.0011	沙漠钻机	desert rig	
11.0012	浅滩钻机	shoal rig	

序 码	汉 文 名	英 文 名	注 释
11.0013	旋转钻机	rotary drilling rig	
11.0014	冲击钻机	cable-tool [rig], churn drill, spudder	又称"顿钻钻机"。
11.0015	冲击旋转钻机	combination drill, combination drilling rig	
11.0016	柔杆钻机	continuous rod rig	采用柔性连续钻杆的钻机。
11.0017	斜井钻机	slant-hole drilling rig, tilted rig	
11.0018	液力传动钻机	hydrodynamic drive rig, fluid drive rig	
11.0019	皮带传动钻机	belt drive rig	
11.0020	链条传动钻机	chain drive rig	
11.0021	齿轮传动钻机	gear drive rig	
11.0022	电驱动钻机	electric drive rig	
11.0023	交流电驱动钻机	AC drive rig	
11.0024	直流电驱动钻机	DC drive rig	
11.0025	可控硅[整流]直流电驱动钻机	AC-SCR-DC drive rig	
11.0026	全自动钻机	full automatic drilling rig	
11.0027	顶部驱动钻井系统	top drive drilling system	
11.0028	钻井动力机	drilling motor	
11.0029	动力机冷却系统	motor cooling system	
11.0030	旋转头装置	rotating head device	
11.0031	吊环倾斜装置	link tilt assembly	
11.0032	导向滑车系统	guide dolly system	
11.0033	操作控制系统	operating control system	
11.0034	侧部驱动钻井系统	side drive drilling system	
11.0035	钻机技术规范	specification of drilling rig	
11.0036	公称钻深[范围]	nominal drilling depth range	
11.0037	最大钩载	max. hook load	
11.0038	最大钻柱载荷	max. weight of drill stem, max. drilling string load	
11.0039	绞车额定功率	power rating of drawworks	
11.0040	提升轮系绳数	lines strung of hoisting system	
11.0041	钢丝绳直径	wirerope diameter	

序　码	汉　文　名	英　文　名	注　　释
11.0042	提升滚筒直径	hoisting drum diameter	
11.0043	刹车轮辋直径	brake rim diameter	
11.0044	装机功率	installed power rating	
11.0045	钻井泵功率	power of slush pump, power of drilling pump	
11.0046	绞车[滚筒]挡数	hoisting speeds, drawworks drum speeds	
11.0047	转盘挡数	rotary table speeds, rotary speeds	
11.0048	转盘开口直径	rotary table opening, table opening	
11.0049	井架公称高度	nominal height of derrick	
11.0050	井架有效高度	clear derrick height	
11.0051	底座高度	substructure height	
11.0052	钻机安装	rig up	
11.0053	钻机拆卸	rig down	
11.0054	钻机修理	rig repair	
11.0055	钻机维修	rig maintenance	
11.0056	[压缩空气]供气系统	air supply system	
11.0057	钻机驱动机组	drive group of rig	
11.0058	联合驱动	compound drive	
11.0059	单独驱动	individual drive	
11.0060	分组驱动	group drive	
11.0061	机械传动	mechanical transmission	
11.0062	液力传动	hydrodynamic drive	
11.0063	液力变矩器	hydraulic torque converter	
11.0064	液力偶合器	hydraulic coupling	又称"液力联轴器"。
11.0065	链条并车箱	compound chain box	
11.0066	行星变速箱	planetary transmission	
11.0067	阿里逊变速箱	Allison transmission case	阿里逊(Allison)为美国一家传动设备制造公司名称。
11.0068	滚子链	roller chain	
11.0069	气动摩擦离合器	air operated friction clutch	
11.0070	普通型气胎离合器	conventional air-tube friction clutch	
11.0071	通风型气胎离合	ventilated air-tube friction clutch	

序　码	汉　文　名	英　文　名	注　释
	器		
11.0072	盘式气动离合器	disc type air actuated friction clutch	
11.0073	超越离合器	overrunning clutch	
11.0074	惯性刹车	inertia brake	
11.0075	机械摩擦离合器	mechanical friction clutch	
11.0076	滚筒低速离合器	low drum clutch	
11.0077	滚筒高速离合器	high drum clutch	
11.0078	转盘驱动离合器	rotary drive clutch	
11.0079	牙嵌离合器	jaw clutch	
11.0080	钻机提升系统	hoisting system of rig	
11.0081	绞车	drawworks	
11.0082	辅助绞车	auxiliary hoist	
11.0083	机械传动绞车	mechanical drawworks	
11.0084	电驱动绞车	electrical drawworks	
11.0085	单轴绞车	single shaft drawworks	
11.0086	多轴绞车	multiaxial drawworks	
11.0087	双滚筒绞车	double drum drawworks	
11.0088	滚筒	drum	
11.0089	主滚筒	main drum, drum	
11.0090	捞砂滚筒	sand reel, bailing drum	
11.0091	主离合器	master clutch	
11.0092	主刹车	main brake, drum brake	
11.0093	带式刹车	band brake	
11.0094	液压盘式刹车	hydraulic disc brake	
11.0095	刹车鼓	brake drum, brake rim	
11.0096	刹车机构	brake mechanism	
11.0097	刹带	brake band	
11.0098	刹车块	brake block	
11.0099	刹把	brake handle, brake lever	
11.0100	制动能力	braking capacity	
11.0101	制动功率	brake horsepower, BHP	
11.0102	辅助刹车	auxiliary brake	
11.0103	水刹车	hydromatic brake	
11.0104	水位控制器	water-level controller	
11.0105	电磁刹车	electromagnetic brake	
11.0106	电磁涡流刹车	electromagnetic eddy current brake	

序　码	汉　文　名	英　文　名	注　释
11.0107	磁粉刹车	magnetic powder brake	
11.0108	气动刹车	pneumatic brake	
11.0109	滚筒轴	drum shaft	
11.0110	猫头轴	catshaft	
11.0111	转盘传动轴	rotary countershaft	
11.0112	传动轴	transmission shaft, jack shaft	
11.0113	[绞车]猫头	cathead [of drawworks]	
11.0114	上卸扣猫头	dead cathead	俗称"死猫头"。
11.0115	行星猫头	planetary cathead	
11.0116	摩擦猫头	frictional cathead	
11.0117	司钻控制台	driller's console	
11.0118	自动送钻装置	automatic driller, automatic drilling feed control	
11.0119	天车	crown block	
11.0120	游动滑车	travelling block	
11.0121	轮数	number of sheaves	
11.0122	大钩	hook	
11.0123	游车大钩	hook block	
11.0124	吊环	elevator links, links	
11.0125	钻井钢丝绳	drilling line, main hoist line	
11.0126	钢丝绳许用载荷	allowable rope load	
11.0127	快绳	fast line	
11.0128	死绳	dead line, deadline	
11.0129	死绳固定器	deadline anchor	
11.0130	绳卡	clip	
11.0131	钢丝绳切割工具	wireline cutting tool	
11.0132	天车防碰装置	crown-block protector, crown-block saver	
11.0133	井架	derrick	
11.0134	桅式井架	mast	
11.0135	A 形井架	A-mast	
11.0136	前开口井架	cantilever mast	
11.0137	伸缩式井架	telescoping mast	
11.0138	折叠式井架	jackknife mast	
11.0139	动态井架	dynamic derrick	曾用名"动力井架"。
11.0140	井架底座	derrick substructure	
11.0141	钻机底座	rig substructure	

序 码	汉 文 名	英 文 名	注 释
11.0142	可移式底座	movable substructure	
11.0143	箱式底座	box type substructure	
11.0144	叠箱式底座	box-on-box type substructure	
11.0145	自升式底座	self-elevating substructure	
11.0146	旋升式底座	swing up substructure	
11.0147	双升式底座	slingshot substructure	曾用名"弹弓式底座"。可用平行四边形连杆机构将钻台和井架一起举升的新型底座。
11.0148	车装式底座	truck mounted substructure	
11.0149	驱动机组底座	drive group substructure	
11.0150	井架构件	derrick member	
11.0151	井架大腿	derrick leg	
11.0152	横杆	gird	
11.0153	斜杆	brace	
11.0154	撑杆	supporting pole	
11.0155	钻台	derrick floor, rig floor	
11.0156	[钻台]坡道	ramp	
11.0157	工作梯	working ladder	
11.0158	立根盒	pipe setback	
11.0159	二层台	racking platform, racking board	
11.0160	指梁	fingerboard	
11.0161	天车台	water table	
11.0162	扶正台	stabbing board	
11.0163	井架绷绳	derrick guy, guy line	
11.0164	绷绳锚	guy-line anchor	
11.0165	人字架	gin pole, A-frame	
11.0166	大钩最大静载	max. static hook load	
11.0167	额定最大风速	max. wind rating	
11.0168	[井架]上底尺寸	water table opening, top square, derrick top size	
11.0169	[井架]下底尺寸	base square, derrick base size	
11.0170	井架大门	V-window opening	
11.0171	[井架]大门高度	height of V-window opening, vee door	
11.0172	二层台容量	setback capacity	又称"立根盒容量"。

序　码	汉　文　名	英　文　名	注　释
11.0173	二层台高度	height of racking platform	
11.0174	钻机的旋转系统	rotating system of rig	
11.0175	转盘	rotary table, rotary	
11.0176	转台	gear table	
11.0177	转盘主轴承	main bearing of rotary	
11.0178	防跳轴承	hold down bearing, upthrust bearing	
11.0179	制动爪	lock pawl	
11.0180	转盘额定静载荷	rated static rotary load, static load rating of rotary	
11.0181	转盘最大转速	max. speed of rotary	
11.0182	转盘额定功率	rated power of rotary	
11.0183	方补心	master bushing	俗称"大补心"。
11.0184	方钻杆补心	kelly bushing	
11.0185	水龙头	swivel	
11.0186	旋转水龙头	rotary swivel	
11.0187	动力水龙头	power swivel	
11.0188	冲管	washpipe	
11.0189	提环	bail	
11.0190	鹅颈管	gooseneck	
11.0191	扶正轴承	alignment bearing	
11.0192	冲管密封	washpipe packing	
11.0193	水龙头中心管	swivel stem	
11.0194	水龙头接头	swivel sub	
11.0195	吊环防碰器	link bumper	
11.0196	水龙头额定静载荷	static load rating of swivel, dead load capacity	
11.0197	水龙头额定工作载荷	rated working load of swivel	
11.0198	水龙带	rotary hose	
11.0199	立管	standpipe, riser	
11.0200	钻机循环系统	circulating system of rig	
11.0201	钻井泵	drilling pump, slush pump, mud pump	又称"泥浆泵"。
11.0202	[泵]动力端	power end [of pump]	
11.0203	[泵]液力端	fluid end [of pump]	
11.0204	自增强液力端	autofrettaged fluid end	

序　码	汉　文　名	英　文　名	注　释
11.0205	三缸单作用泵	triplex single action pump	
11.0206	双缸双作用泵	duplex double action pump	
11.0207	活塞	piston	
11.0208	活塞杆	piston rod	
11.0209	介杆	intermediate rod	
11.0210	连杆	connection rod	
11.0211	十字头	crosshead	又称"滑块"。
11.0212	曲柄轴	crankshaft	
11.0213	曲柄	crank	
11.0214	柱塞	plunger	
11.0215	活塞杆密封	rod packing	俗称"拉杆盘根"。
11.0216	缸套	cylinder liner	
11.0217	双金属缸套	bi-metal liner	
11.0218	缸套密封	liner packing	俗称"缸套盘根"。
11.0219	泵阀	pump valve	俗称"凡尔"。
11.0220	阀座	valve seat	俗称"凡尔座"。
11.0221	阀体	valve body	
11.0222	阀箱	valve pot	
11.0223	安全阀	mud relief valve, safety valve	
11.0224	缸套拉拔器	liner puller	
11.0225	阀座拉拔器	valve seat puller	
11.0226	缸套喷淋器	liner spray	
11.0227	泥浆管汇	mud manifold	
11.0228	流量	flow rate	
11.0229	排量	displacement	
11.0230	流量不均度	flow nonuniformity	
11.0231	最高泵压	max. pump pressure	
11.0232	额定泵压	rated pump pressure	
11.0233	吸入压力	suction pressure	
11.0234	排出压力	discharge pressure	
11.0235	压力不均度	pressure nonuniformity	
11.0236	[泵]冲程	[pump] stroke	
11.0237	[泵]冲速	[pump] speed	俗称"冲次","冲数"。
11.0238	[泵]输入功率	[pump] input power	
11.0239	水力功率	hydraulic power, effective power	俗称"水功率"。
11.0240	机械效率	mechanical efficiency	

序　码	汉　文　名	英　文　名	注　　释
11.0241	水力效率	hydraulic efficiency	
11.0242	容积效率	volumetric efficiency	
11.0243	灌注泵	charge pump	
11.0244	吸入空气包	suction dampener, suction desurger	
11.0245	排出空气包	discharge pulsation dampener	
11.0246	固相控制系统	solid control system, drilling fluid cleaning system	简称"固控系统"，又称"泥浆净化系统"。
11.0247	整体式固控系统	integrated solid control system, ISCS	
11.0248	闭式固控系统	closed solid control system	
11.0249	固控指数	solid control index	固控设备清除的岩屑与对应井段产生的岩屑质量之比。
11.0250	钻井振动筛	shale shaker, mud shaker	
11.0251	单轴惯性振动筛	single shaft inertia shaker	
11.0252	双轴惯性振动筛	double shaft inertia shaker	
11.0253	自定中心振动筛	self-centering shaker	
11.0254	圆形钻井振动筛	circular shale shaker	
11.0255	双层振动筛	dual tandem shaker, tandem deck shaker	
11.0256	双联振动筛	dual shale shaker	
11.0257	电磁振动筛	electromagnetic shaker	
11.0258	细筛网振动筛	fine screen shaker	
11.0259	泥浆处理量	mud capacity	
11.0260	抛掷指数	throwing index	
11.0261	筛面倾角	leaning angle of screen	
11.0262	有效筛面	effective screening area	
11.0263	排屑量	solid capacity, solid separation capacity	
11.0264	真空过滤式固控装置	vacuum filtering solid control unit, one step mud processor	又称"一步式固控装置."。
11.0265	筛网	screen cloth, screen	
11.0266	层叠式筛网	layer screen cloth	
11.0267	自洁式筛网	self-cleaning screen cloth	
11.0268	分隔式筛框	divided deck	
11.0269	激振器	vibrator	

序 码	汉 文 名	英 文 名	注 释
11.0270	泥浆缓冲盒	mud cushion box	
11.0271	[泥浆]清洁器	[mud] cleaner	
11.0272	水力旋流器	hydroclone, hydrocyclone	
11.0273	微形旋流器	microclone	
11.0274	除砂器	desander	
11.0275	除泥器	desilter	
11.0276	除气器	degasser	
11.0277	真空除气器	vacuum degasser	
11.0278	大气除气器	atmospheric degasser, atm-degasser	
11.0279	沉降式离心机	decanting centrifuge	又称"倾析式离心机"。
11.0280	筛筒式离心机	rotary mud separator, RMS, per-forated rotor centrifuge	又称"旋转筛筒式离心机"。
11.0281	泥浆搅拌器	mud agitator, mud mixer	
11.0282	泥浆枪	mud gun	
11.0283	喷射漏斗	jet hopper	
11.0284	水力分散器	hydro-disperser	
11.0285	泥浆-气体分离器	mud-gas separator	
11.0286	泥浆冷却塔	mud cooling tower	
11.0287	泥浆槽	mud ditch	
11.0288	泥浆池	mud pit	
11.0289	泥浆罐	mud tank	
11.0290	泥浆管线	drilling fluid line, mud line	
11.0291	砂泵	sand pump	
11.0292	沉砂罐	mud settling tank, sand tank	
11.0293	泥浆处理系统	mud disposal system	
11.0294	闭式泥浆处理系统	closed mud disposal system	
11.0295	防污染系统	antipollution system	
11.0296	钻机控制系统	control system of rig	
11.0297	自动控制系统	automatic control system, ACS	
11.0298	钻机气控制系统	pneumatic control system of rig	
11.0299	刹车气缸	brake cylinder	
11.0300	卸扣气缸	breakout cylinder	
11.0301	止回阀	check valve	又称"单向阀"。

序　码	汉 文 名	英 文 名	注　释
11.0302	快速排气阀	quick exhaust valve	
11.0303	空气干燥器	air dryer	
11.0304	除油器	oil remover	
11.0305	脱水器	water trap, dehydrator	
11.0306	空气过滤器	air filter	
11.0307	雾化加油器	atomized lubricator	可使润滑剂雾化后加入压缩空气中。
11.0308	旋转接头	swivel joint	
11.0309	低压报警器	low pressure alarm	
11.0310	钻头	drilling bit, bit	
11.0311	牙轮钻头	roller bit, rock bit	
11.0312	钻头牙轮	bit cone	
11.0313	钻头体	bit body	
11.0314	钻头喷嘴	bit nozzle	
11.0315	牙轮齿	cutter teeth	
11.0316	钢齿钻头	milled tooth bit, steel tooth bit	
11.0317	镶齿钻头	insert bit	
11.0318	密封滚动轴承钻头	sealed roller bearing bit	
11.0319	密封滑动轴承镶齿钻头	sealed journal bearing insert bit	
11.0320	喷射钻头	jet bit	
11.0321	保径钻头	gage protecting bit	
11.0322	定向钻头	directional bit	
11.0323	造斜钻头	deviation bit	
11.0324	单眼钻头	one-eyed bit, big-eyed bit	只用一个喷嘴,用于喷射造斜的钻头。
11.0325	加长喷嘴钻头	extended nozzle bit	
11.0326	平底钻头	flat-bottom bit	
11.0327	喷射冲击钻头	jet spud bit	
11.0328	刮刀钻头	drag bit	
11.0329	两翼刮刀钻头	two blade bit, fishtail bit	俗称"鱼尾钻头"。
11.0330	金刚石钻头	diamond bit	
11.0331	天然金刚石钻头	natural diamond bit	
11.0332	聚晶[复合片]金刚石钻头	polycrystalline diamond compact bit, PDC bit	
11.0333	热稳聚晶金刚石	ballaset bit, BDC bit	又称"巴拉斯钻头"。

序　码	汉　文　名	英　文　名	注　释
	钻头		
11.0334	取心钻头	coring bit, core bit	
11.0335	取心牙轮钻头	roller core bit	
11.0336	金刚石取心钻头	diamond core bit	
11.0337	天然金刚石取心钻头	natural diamond core bit	
11.0338	聚晶[复合片]金刚石取心钻头	polycrystalline diamond core bit, compact core bit	
11.0339	热稳聚晶金刚石取心钻头	ballaset core bit	
11.0340	[钻头]牙轮偏移距	cone offset, bit offset	
11.0341	导向钻头	pilot bit	俗称"领眼钻头"。
11.0342	牙轮轴倾角	journal angle	
11.0343	钻头尺寸	bit size	
11.0344	钻头寿命	bit life	
11.0345	钻头特性	bit performance	
11.0346	钻头规	bit gage	
11.0347	钻头装卸器	bit breaker	
11.0348	钻头保护器	bit protector	
11.0349	钻头导向器	bit guide	
11.0350	钻头修整器	bit sharpener	
11.0351	井口装置	wellhead assembly, wellhead device	
11.0352	井口压力控制系统	well pressure control system, well control system	简称"井控系统"。
11.0353	钻井井口装置	wellhead for drilling	
11.0354	套管头	casing head	
11.0355	套管悬挂器	casing hanger	
11.0356	防喷罩	oil saver, spray guard	
11.0357	防喷器组	blowout preventer unit, blowout preventer stack	
11.0358	防喷器	blowout preventer, BOP	
11.0359	闸板防喷器	ram-type preventer, ram blowout preventer	
11.0360	单闸板防喷器	single ram type BOP	
11.0361	双闸板防喷器	double ram type BOP	

序 码	汉 文 名	英 文 名	注 释
11.0362	卡瓦式闸板防喷器	slip ram preventer	
11.0363	环形防喷器	annular blowout preventer	俗称"万能防喷器"。
11.0364	全封闸板	blind ram	俗称"盲板"。
11.0365	环空闸板	annular pipe ram	
11.0366	变径闸板	variable diameter ram	
11.0367	全封剪断闸板	blind-shear ram	
11.0368	环形胶芯	annular rubber core	
11.0369	防喷器控制系统	preventer control system	
11.0370	远程控制台	remote control console	
11.0371	控制管汇	control manifold	
11.0372	蓄能器	accumulator	
11.0373	防喷器通径	bore diameter of preventer	
11.0374	控制系统工作压力	working pressure of control system	
11.0375	钻井四通	drilling spool	
11.0376	套管头四通	casing head spool	
11.0377	喇叭口短节	bell nipple	
11.0378	旋转防喷器	rotating blowout preventer	
11.0379	方钻杆旋塞阀	kelly cock, kelly valve	
11.0380	钻杆安全阀	drill pipe safety valve	
11.0381	钻柱防喷阀	inside blowout preventer	又称"井下防喷阀"。
11.0382	灌注管线	fill-up line	
11.0383	排屑管线	blooie line	又称"放喷管"。用于空气钻井。
11.0384	井口控制阀	wellhead control valve	
11.0385	钢丝绳防喷器	wireline preventer	
11.0386	节流喷嘴	throttle nozzle	
11.0387	节流阀	throttle valve	
11.0388	压井管汇	kill manifold	
11.0389	压井阀	kill valve	
11.0390	油气开采设备	oil-gas production equipment	
11.0391	采油井口[装置]	production wellhead	
11.0392	单油管采油井口	single tubing wellhead	
11.0393	双油管采油井口	dual tubing wellhead	
11.0394	多油管采油井口	multi-tubing wellhead	
11.0395	油管头	tubing head	

序　码	汉　文　名	英　文　名	注　释
11.0396	油管悬挂器	tubing hanger	
11.0397	刮蜡器	paraffin scraper	
11.0398	采油树	christmas tree	
11.0399	采气树	christmas tree	
11.0400	井场加热炉	wellsite heater	
11.0401	油井清蜡设备	oil well paraffin removal equipment	
11.0402	清蜡绞车	paraffin hoist	
11.0403	电热清蜡车	electrothermal paraffin vehicle	
11.0404	蒸汽清蜡车	steam paraffin vehicle	
11.0405	热油清蜡车	hot oiling truck	
11.0406	化学剂注入车	chemical injection truck, hot oil paraffin vehicle	
11.0407	清蜡闸阀	paraffin valve	
11.0408	机械采油设备	mechanical oil recovery equipment, artificial lift equipment	
11.0409	有杆抽油装置	suker rod pumping equipment	
11.0410	抽油机	pumping unit	
11.0411	游梁抽油机	beam-pumping unit	
11.0412	常规式游梁抽油机	conventional beam-pumping unit	
11.0413	前置式游梁抽油机	back-crank pumping unit, front mounted beam-pumping unit	
11.0414	斜井抽油机	inclined pumping unit	
11.0415	游梁	walking beam, beam	
11.0416	[抽油机]驴头	horsehead [of pumping unit]	
11.0417	悬绳器	polished rod eye	
11.0418	平衡重	counterbalance, balance weight	
11.0419	游梁平衡抽油机	beam-balanced pumping unit	
11.0420	曲柄平衡抽油机	crank-balanced pumping unit	
11.0421	复合平衡抽油机	compound-balanced pumping unit	
11.0422	气动平衡抽油机	air-balanced pumping unit	
11.0423	双驴头装置	dual horsehead unit	
11.0424	旋转驴头抽油机	rotating horsehead pumping unit	
11.0425	无游梁抽油机	blue elephant	
11.0426	曲柄连杆无游梁抽油机	crank-guide blue elephant	

序　码	汉　文　名	英　文　名	注　释
11.0427	气动抽油机	pneumatic pumping unit	
11.0428	液压抽油机	hydraulic pumping unit	
11.0429	链条抽油机	chain drive pumping unit	
11.0430	钢丝绳抽油机	wireline pumping unit	
11.0431	光杆	polished rod	
11.0432	抽油杆	sucker rod	
11.0433	抽油杆接箍	sucker rod coupling	
11.0434	加重抽油杆	sinker bar, sinking bar	
11.0435	空心抽油杆	hollow rod, hollow sucker rod	
11.0436	柔性抽油杆	flexible rod, flexible sucker rod	
11.0437	短抽油杆	pony rod	
11.0438	整体式抽油杆	one-piece sucker rod	与接头为一整体的抽油杆。
11.0439	脱接器	connecting-tripping device	
11.0440	抽油泵	oil well pump, deep well pump	又称"深井泵"。
11.0441	管式泵	tubing pump	
11.0442	杆式泵	rod pump	
11.0443	定筒杆式泵	stationary barrel rod pump	
11.0444	动筒杆式泵	travelling barrel rod pump	
11.0445	双作用抽油泵	double-acting sucker rod pump	
11.0446	双柱塞抽油泵	dual plunger sucker rod pump	
11.0447	无管抽油泵	tubingless sucker rod pump	
11.0448	双层阀抽油泵	dual valve pump	
11.0449	磁性柱塞抽油泵	magnetic plunger pump	
11.0450	双联抽油泵	double-ply pump	
11.0451	泵筒	pump barrel	
11.0452	衬套	barrel liner	
11.0453	游动阀	travelling valve	又称"排出阀"。
11.0454	固定阀	standing valve	又称"吸入阀"。
11.0455	柱塞配合间隙	plunger fitting clearance	
11.0456	无杆抽油设备	rodless pumping unit	
11.0457	电潜离心泵机组	submersible electric centrifugal pump unit	
11.0458	多级离心泵	multistage centrifugal pump	
11.0459	潜油电动机	submersible electric motor	
11.0460	保护器	protector	
11.0461	活塞式保护器	piston type protector	

序 码	汉 文 名	英 文 名	注 释
11.0462	橡皮囊式保护器	rubber sacked protector	
11.0463	重液隔离式保护器	heavy liquid isolated protector	
11.0464	潜油泵电缆	electric cable of submersible pump	
11.0465	电潜单螺杆泵	electric submersible single screw pump	
11.0466	电潜隔膜泵	electric submersible membrane pump	
11.0467	水力活塞泵装置	hydraulic pumping unit	
11.0468	差动式水力活塞泵	differential hydraulic pump	
11.0469	双作用式水力活塞泵	double-acting hydraulic pump	
11.0470	涡轮泵	turbo-pump, turbine pump	
11.0471	振动泵	vibratory pump, sonic pump	
11.0472	气举设备	gas-lift equipment	
11.0473	气举阀	gas-lift valve	
11.0474	连续气举阀	continuous gas-lift valve	
11.0475	间歇气举阀	intermittent gas-lift valve	
11.0476	波纹管气举阀	bellows gas-lift valve	又称"封包气举阀"。
11.0477	弹簧加压气举阀	spring-loaded gas-lift valve	
11.0478	充气加压气举阀	aeration-loaded gas-lift valve	
11.0479	套管压力气举阀	casing-pressure gas-lift valve	简称"套压气举阀"。
11.0480	油管压力气举阀	tubing-pressure gas-lift valve	
11.0481	连续气举设备	continuous gas-lift equipment	
11.0482	间歇气举设备	intermittent gas-lift equipment	
11.0483	柱塞气举设备	plunger gas-lift equipment	
11.0484	注水设备	water injection equipment	
11.0485	注水泵	water injection pump, water flood pump	
11.0486	沉淀罐	setting tank	
11.0487	过滤器	filter	
11.0488	凝聚除油罐	coagulant removal tank	
11.0489	循环阀	circulating valve	
11.0490	压裂设备	fracturing equipment	
11.0491	酸化设备	acidizing equipment	
11.0492	固井设备	cementing equipment	

序　码	汉　文　名	英　文　名	注　释
11.0493	压裂车	fracturing truck	
11.0494	橇装压裂泵	skid-mounted fracturing pump	
11.0495	压裂泵	fracturing pump	
11.0496	酸化压裂车	acid fracturing truck	
11.0497	酸化压裂泵	acid fracturing pump	
11.0498	酸泵	acid pump	
11.0499	水泥车	cementing truck	
11.0500	水泥泵	cementing pump	
11.0501	混合泵	mixing pump	
11.0502	橇装水泥泵	skid-mounted cementing pump	
11.0503	平衡车	balancing fracturing truck	
11.0504	[压裂]混砂车	fracturing blender truck	
11.0505	[压裂]混砂机	fracturing blender	
11.0506	输液泵	transfer pump	
11.0507	混砂罐	mixing tank	
11.0508	水力混砂器	hydraulic mixer	
11.0509	叶片式混砂器	paddle mixer	
11.0510	压裂砂泵	fracturing sand pump	
11.0511	螺旋输砂器	screw conveyer	
11.0512	气动输砂器	pneumatic conveyer	
11.0513	聚合剂加入器	polymer handler	
11.0514	自动混合器	automixer	
11.0515	均化器	evener	
11.0516	橇装混砂机	skid-mounted blender	
11.0517	泵后加砂装置	downstream sand injector	
11.0518	喷射混合器	jet blender	
11.0519	复式混合器	compound blender	
11.0520	水泥搅拌器	cement blender	
11.0521	水泥池	cement pit	
11.0522	运砂车	sand-transport truck	
11.0523	[散装]运灰车	bulk cement truck	
11.0524	储灰罐	bulk cement storage tank	
11.0525	气灰分离器	air-cement separator	
11.0526	酸罐车	acid tank truck	
11.0527	管汇车	manifold truck	
11.0528	仪表车	measuring truck, instrument truck	
11.0529	井架安装车	derrick erecting truck	

序 码	汉 文 名	英 文 名	注 释
11.0530	压裂监视器	frac-monitor	
11.0531	投球器	ball injector	
11.0532	井口保护器	tree-protector	
11.0533	压裂管柱	frac-string	
11.0534	压裂喷砂器	frac-sand jet	
11.0535	修井设备	well servicing equipment	
11.0536	通井机	tractor hoist	
11.0537	试井车	well testing truck, wireline truck	
11.0538	修井机	workover rig, well servicing unit	
11.0539	自行式修井机	self-propelled workover rig, truck mounted workover rig	
11.0540	同心管式修井机	concentric tubing workover rig	
11.0541	倾斜式修井机	inclined workover rig	
11.0542	不压井修井机	pressure balanced workover rig	
11.0543	液压式不压井修井机	hydraulic pressure balanced workover rig	
11.0544	热采设备	thermal recovery equipment	
11.0545	稠油开采蒸汽发生器	steam generator for heavy oil recovery	
11.0546	井下蒸汽发生器	downhole steam generator	
11.0547	隔热油管	heat-proof tubing	
11.0548	外波纹管隔热管	heat-proof tubing of outer-corrugated expansion joint	
11.0549	内波纹管隔热管	heat-proof tubing of inner-corrugated expansion joint	
11.0550	滑动接头	slip joint	
11.0551	火驱采油设备	fire flooding recovery equipment	
11.0552	井下动力钻具	downhole motor, mud motor	又称"井下马达"。
11.0553	涡轮钻具	turbodrill	
11.0554	直井涡轮钻具	straight-hole turbodrill	
11.0555	低速涡轮钻具	low speed turbodrill	
11.0556	高速涡轮钻具	high speed turbodrill	
11.0557	短涡轮钻具	short turbodrill	
11.0558	弯涡轮钻具	bent turbodrill	
11.0559	取心涡轮钻具	coring turbodrill	
11.0560	涡轮级	turbine stage	
11.0561	复式涡轮钻具	compound turbodrill, sectional	

序码	汉文名	英文名	注释
		turbodrill	
11.0562	支承节式涡轮钻具	spindle turbodrill, cartridge turbodrill	
11.0563	浮动定子涡轮钻具	turbodrill with floating stators	
11.0564	浮动转子涡轮钻具	turbodrill with floating rotors	
11.0565	支承节	bearing section	
11.0566	涡轮节	turbine section	
11.0567	定子	stator	
11.0568	转子	rotor	
11.0569	偏心短节	eccentric sub	
11.0570	螺杆钻具	screwdrill, positive displacement drill	
11.0571	单瓣螺杆钻具	single-lobe motor	
11.0572	多瓣螺杆钻具	multi-lobe motor	
11.0573	螺杆	screw	
11.0574	万向联轴节	universal coupling	
11.0575	旁通阀	by-pass valve	
11.0576	取心螺杆钻具	coring screwdrill	
11.0577	弯螺杆钻具	bended screwdrill	
11.0578	电动钻具	electrodrill	
11.0579	钻杆测试工具	drill stem testing tools	
11.0580	压力恢复测试	pressure build-up test	
11.0581	干扰测试	interference test	
11.0582	钻杆测试	drill stem test, DST	
11.0583	[地层]测试器	formation tester	
11.0584	测试管柱	test string	
11.0585	裸眼单封隔器测试管柱	open hole single packer test string	
11.0586	裸眼跨隔测试管柱	open hole straddle packer test string	
11.0587	套管测试管柱	casing test string	
11.0588	胶囊封隔器测试管柱	inflatable packer test string	
11.0589	测试阀	test valve	
11.0590	钻杆测试旁通阀	by-pass valve for drill stem test	

序　码	汉　文　名	英　文　名	注　释
11.0591	反循环阀	reverse circulation valve	
11.0592	钻杆测试封隔器	packer for drill stem test	
11.0593	滑套取样器	sleeve sampler	
11.0594	球阀取样器	ball valve sampler	
11.0595	钻杆测试安全接头	safety joint for drill stem test	
11.0596	钻杆测试震击器	jar for drill stem test	
11.0597	钻杆测试筛管	screen casing for drill stem test	
11.0598	钻杆测试地面设备	surface equipment for drill stem test	
11.0599	控制头	control head	
11.0600	单翼控制头	single wing control head	
11.0601	双翼控制头	double wing control head	
11.0602	活动管汇	steel flow hose	
11.0603	钻台管汇	floor manifold	
11.0604	投杆器	bar dropper assembly	
11.0605	读卡仪	chart reader	
11.0606	油矿专用管材	oil-country tubular goods	
11.0607	钻杆	drill pipe	
11.0608	内加厚钻杆	internal upset drill pipe, IU drill pipe	
11.0609	外加厚钻杆	external upset drill pipe, EU drill pipe	
11.0610	内外加厚钻杆	internal external upset drill pipe, IEU drill pipe	
11.0611	对焊钻杆	weld-on drill pipe	
11.0612	铝合金钻杆	aluminium drill pipe	
11.0613	内涂层钻杆	internal coating drill pipe	
11.0614	双壁钻杆	double-wall drill pipe	
11.0615	加重钻杆	heavy weight drill pipe, heavy wall drill pipe	又称"厚壁钻杆"。
11.0616	接头	substitute, sub	
11.0617	钻杆接头	tool joint, drill pipe sub	
11.0618	螺纹[连接]钻杆接头	screw-on tool joint	
11.0619	对焊[连接]钻杆接头	weld-on tool joint	

序　码	汉　文　名	英　文　名	注　释
11.0620	烘装钻杆接头	shrunk-on tool joint	
11.0621	数字型钻杆接头	NC style tool joint	
11.0622	内平[型]钻杆接头	internal flush tool joint, IF	
11.0623	贯眼[型]钻杆接头	full hole tool joint, FH	
11.0624	正规[型]钻杆接头	regular tool joint, REG	
11.0625	外螺纹钻杆接头	tool joint pin	俗称"公接头"。
11.0626	内螺纹钻杆接头	tool joint box	俗称"母接头"。
11.0627	方钻杆	kelly, kelly bar	
11.0628	四方钻杆	square kelly	
11.0629	六方钻杆	hexagonal kelly	
11.0630	对焊方钻杆	weld-on kelly	
11.0631	方钻杆接头	kelly joint, kelly bar sub	
11.0632	钻铤	drill collar	
11.0633	方钻铤	square drill collar	
11.0634	螺旋钻铤	spiral drill collar, fluted drill collar	
11.0635	无磁钻铤	non-magnetic drill collar	
11.0636	对焊钻铤	weld-on drill collar	
11.0637	偏重钻铤	unbalanced drill collar	
11.0638	钻铤刚度	drill collar stiffness	
11.0639	[钻铤]弯曲强度比	bending strength ratio	
11.0640	钻铤卸荷槽	stress relief groove, drill collar groove	
11.0641	钻柱特性	drill string behavior	
11.0642	套管	casing	
11.0643	焊接套管	welded casing	
11.0644	无缝套管	seamless casing	
11.0645	无接箍套管	integral joint casing	
11.0646	高强度套管	high strength casing	
11.0647	油管	tubing	
11.0648	内加厚油管	internal upset tubing	
11.0649	外加厚油管	external upset tubing	
11.0650	内外加厚油管	internal external upset tubing	
11.0651	高强度油管	high strength tubing	

序　码	汉　文　名	英　文　名	注　　释
11.0652	无接箍油管	integral joint tubing	
11.0653	内涂层油管	internal coating tubing	
11.0654	玻璃衬里油管	glass liner tubing	
11.0655	柔性连续油管	continuous reeled tubing	又称"连续卷盘油管"。
11.0656	接箍	coupling	
11.0657	套管接箍	casing coupling, casing collar	
11.0658	油管接箍	tubing coupling	
11.0659	转换接箍	combination coupling, combination collar	
11.0660	转换接头	adapter substitute, adapter	俗称"大小头"。
11.0661	井底定向接头	bottom hole orientation sub, BHO	
11.0662	护丝	thread protector	
11.0663	外护丝	external thread protector	
11.0664	内护丝	internal thread protector	
11.0665	钻杆接头螺纹	tool joint thread	
11.0666	数字型螺纹	NC style connection thread	
11.0667	套管圆螺纹	casing round thread	
11.0668	套管短圆螺纹	casing short-thread	
11.0669	套管长圆螺纹	casing long-thread	
11.0670	套管偏梯形螺纹	buttress casing thread	
11.0671	油管[圆]螺纹	tubing round thread	
11.0672	不加厚油管螺纹	non-upset tubing thread	
11.0673	外加厚油管螺纹	external upset tubing thread	
11.0674	管线管螺纹	line pipe thread	
11.0675	直连型[无接箍]套管螺纹	extreme-line casing thread	
11.0676	整体接头油管螺纹	integral joint tubing thread	
11.0677	钻杆检查	drill pipe inspection	
11.0678	钻杆级别	drill pipe grade	
11.0679	钻杆标志	marking of drill pipe	
11.0680	钻杆识别槽	identification groove of drill pipe	
11.0681	壁厚千分卡	pipe wall micrometer	
11.0682	方钻杆套筒量规	square sleeve gage	
11.0683	螺纹规	thread gage	
11.0684	锥度规	taper gage	

序 码	汉 文 名	英 文 名	注 释
11.0685	原始规	grand master gage	
11.0686	基准规	regional master gage	又称"地区规"。
11.0687	校对规	reference master gage	
11.0688	工作规	working gage	
11.0689	紧密距	stand-off	
11.0690	外螺纹锥度卡尺	external-thread taper caliper	
11.0691	内螺纹锥度卡尺	internal-thread taper caliper	
11.0692	螺尾量表	run-out gage	
11.0693	[螺纹]牙高量表	thread-height gage	
11.0694	[螺纹牙高]校正试块	check block	
11.0695	螺纹轮廓显微镜	thread-contour microscope	
11.0696	三表量表	3-dial gage instrument	
11.0697	检查样片	check piece	
11.0698	接头台肩修整工具	shoulder dressing tool, shoulder refacing tool	
11.0699	检验环	test ring	
11.0700	螺纹脂	thread compound	俗称"丝扣油"。
11.0701	钻杆校直装置	drill pipe straightener	
11.0702	钻杆排放系统	pipe pick-up and lay-down system	
11.0703	起下钻自动化装置	automated round trip sets	
11.0704	钻井采油专用工具	special tools for drilling and production	
11.0705	大钳	tongs	
11.0706	动力大钳	power tongs	
11.0707	液压动力钳	hydraulic power tongs	
11.0708	电动动力钳	electric power tongs	
11.0709	气动动力钳	pneumatic tongs	
11.0710	套管钳	casing tongs	
11.0711	动力套管钳	power casing tongs	
11.0712	吊卡	elevator	
11.0713	钻杆吊卡	drill pipe elevator	
11.0714	套管吊卡	casing elevator	
11.0715	卡瓦	slips	
11.0716	动力卡瓦	power slips	
11.0717	安全卡瓦	safety clamps	

序　码	汉　文　名	英　文　名	注　释
11.0718	卡瓦式吊卡	slip-elevator	
11.0719	旋扣器	spinner	
11.0720	自动旋扣器	automatic spinner	
11.0721	方钻杆旋扣器	kelly spinner	
11.0722	套管卡盘	casing spider	
11.0723	铰链式套管卡瓦	hinged casing slip	
11.0724	套管吊卡盘	casing elevator-spider	
11.0725	滚轮方补心	kelly roller bushing	
11.0726	套管卡子	casing clamps, casing grip	
11.0727	抽油杆吊卡	rod elevator	
11.0728	抽油杆导向器	rod guide	
11.0729	抽油杆悬挂器	rod hanger	
11.0730	抽油杆夹持器	rod holder	
11.0731	抽油杆提升器	rod lifter	
11.0732	抽油杆自动旋转器	rod rotor	
11.0733	抽油杆钳	rod tong, rod wrench	
11.0734	油管卡盘	tubing spider	
11.0735	油管钳	tubing tongs	
11.0736	动力油管钳	power tubing tongs	
11.0737	油管锚	tubing anchor	

12.　油 田 化 学

序　码	汉　文　名	英　文　名	注　释

12.1　总　论

| 12.0001 | 油田化学剂 | oilfield chemicals | |

12.1.1　表面活性剂

12.0002	表面活性剂	surfactant, surface active agent	
12.0003	阴离子型表面活性剂	anionic surfactant	
12.0004	羧酸盐型表面活性剂	carboxylate surfactant	
12.0005	磺酸盐型表面活	sulfonate surfactant	

序　码	汉　文　名	英　文　名	注　释
	性剂		
12.0006	石油磺酸盐	petroleum sulfonate	
12.0007	α-烯烃磺酸盐	α-olefin sulfonate	
12.0008	硫酸酯盐型表面活性剂	sulfate surfactant	
12.0009	磷酸酯盐型表面活性剂	phosphate surfactant	
12.0010	阳离子型表面活性剂	cationic surfactant	
12.0011	胺盐型表面活性剂	amine salt surfactant	
12.0012	季铵盐型表面活性剂	quaternary ammonium salt surfactant	
12.0013	吡啶盐型表面活性剂	pyridine salt surfactant	
12.0014	非离子型表面活性剂	nonionic surfactant	
12.0015	酯型表面活性剂	ester surfactant	
12.0016	聚氧乙烯羧酸酯	polyoxyethylated carboxylate	
12.0017	醚型表面活性剂	ether surfactant	
12.0018	聚氧乙烯烷基醇[醚]	polyoxyethylated alkyl alcohol	
12.0019	聚氧乙烯烷基酚[醚]	polyoxyethylated alkyl phenol	
12.0020	聚氧乙烯聚氧丙烯二醇[醚]	polyoxyethylene polyoxypropylene glycol	
12.0021	聚氧乙烯聚氧丙烯酚醛树脂	polyoxyethylene polyoxypropylene phenolic resin	
12.0022	胺型表面活性剂	amine surfactant	
12.0023	聚氧乙烯胺	polyoxyethylated amine	
12.0024	聚氧乙烯聚氧丙烯多乙烯多胺	polyoxyethylene polyoxypropylene polyethylene polyamine	
12.0025	酰胺型表面活性剂	amide surfactant	
12.0026	聚氧乙烯酰胺	polyoxyethylated amide	
12.0027	两性表面活性剂	amphoteric surfactant	
12.0028	阴离子-阳离子	anionic-cationic surfactant	

序 码	汉文名	英文名	注 释
	型表面活性剂		
12.0029	阴离子－非离子型表面活性剂	anionic-nonionic surfactant	
12.0030	阳离子－非离子型表面活性剂	cationic-nonionic surfactant	
12.0031	高分子表面活性剂	macromolecular surfactant	
12.0032	天然表面活性剂	natural surfactant	
12.0033	生物表面活性剂	biosurfactant	
12.0034	合成表面活性剂	synthetic surfactant	
12.0035	含硅表面活性剂	silicon-containing surfactant	
12.0036	含氟表面活性剂	fluorine-containing surfactant	

12.1.2 聚 合 物

序 码	汉文名	英文名	注 释
12.0037	聚合物	polymer	
12.0038	天然聚合物	natural polymer	
12.0039	植物胶	natural plant gum	
12.0040	聚糖	polysaccharide	又称"多糖"。
12.0041	葡聚糖	glucosan	
12.0042	羧甲基纤维素	carboxymethyl cellulose, CMC	
12.0043	羟乙基纤维素	hydroxyethyl cellulose, HEC	
12.0044	羧甲基羟乙基纤维素	carboxymethyl hydroxyethyl cellulose	
12.0045	聚阴离子纤维素	polyanionic cellulose	
12.0046	羧甲基淀粉	carboxymethyl starch	
12.0047	羟乙基淀粉	hydroxyethyl starch	
12.0048	葡甘露聚糖	glucomannan	
12.0049	魔芋胶	"mo yu" gum, konjak gum	
12.0050	半乳甘露聚糖	galactomannan	
12.0051	胡芦巴胶	fenugreek gum	又称"香豆胶"。
12.0052	瓜尔胶	guar gum	
12.0053	田菁胶	"tian jing" gum, sesbania gum	
12.0054	碱木[质]素	alkaline lignin	
12.0055	木[质]素磺酸盐	lignosulfonate	
12.0056	磺甲基腐殖酸	sulfomethylated humic acid	
12.0057	腐殖酸盐	humate	
12.0058	合成聚合物	synthetic polymer	

序 码	汉 文 名	英 文 名	注 释
12.0059	部分水解聚丙烯腈	partially hydrolyzed polyacrylonitrile	
12.0060	部分水解聚丙烯酰胺	partially hydrolyzed polyacrylamide	
12.0061	聚胺盐	polyamine salt	
12.0062	聚季铵盐	polyquaternary ammonium salt	
12.0063	聚乙酸乙烯酯	polyvinyl acetate	
12.0064	乙烯－乙酸乙烯酯共聚物	ethylene-vinyl acetate copolymer	
12.0065	乙烯－丙烯酸酯共聚物	ethylene-acrylate copolymer	
12.0066	聚二甲基硅氧烷	dimethyl silicone polymer	
12.0067	呋喃树脂	furan resin	
12.0068	糠醛树脂	furfural resin	
12.0069	糠醇树脂	furfuryl alcohol resin	
12.0070	磺甲基酚醛树脂	sulfomethylated phenolic resin	
12.0071	生物聚合物	biopolymer	
12.0072	黄胞胶	xanthan gum	
12.0073	硬葡聚糖	scleroglucan	
12.0074	生物葡聚糖	dextran	
12.0075	水溶性聚合物	water-soluble polymer	
12.0076	油溶性聚合物	oil-soluble polymer	
12.0077	阴离子型聚合物	anionic polymer	
12.0078	阳离子型聚合物	cationic polymer	
12.0079	非离子型聚合物	nonionic polymer	
12.0080	接枝共聚物	graft copolymer	
12.0081	化学改性	chemical modification	
12.0082	醚化剂	etherifying agent	
12.0083	氧乙烯化	oxyethylation	
12.0084	氧丙烯化	oxypropylation	
12.0085	羧甲基化	carboxymethylation	
12.0086	羟乙基化	hydroxyethylation	
12.0087	羟丙基化	hydroxypropylation	
12.0088	羟烷基化	hydroxyalkylation	
12.0089	羧甲基－羟烷基化	carboxymethyl-hydroxyalkylation	
12.0090	羟烷基－羧甲基	hydroxyalkyl-carboxymethylation	

序 码	汉 文 名	英 文 名	注 释
	化		
12.0091	磺化剂	sulfonating agent	
12.0092	磺甲基化	sulfomethylation	
12.0093	酯化剂	esterifying agent	
12.0094	交联	crosslinking	
12.0095	热降解	thermal degradation	
12.0096	剪切降解	shear degradation	
12.0097	化学降解	chemical degradation	
12.0098	热稳定性	thermal stability	
12.0099	剪切稳定性	shear stability	
12.0100	化学稳定性	chemical stability	
12.0101	生物稳定性	biostability	

12.2 钻 井

序 码	汉 文 名	英 文 名	注 释
12.0102	钻井液处理剂	additive for drilling fluid	
12.0103	钻井液杀菌剂	bactericide for drilling fluid	
12.0104	钻井液缓蚀剂	corrosion inhibitor for drilling fluid	
12.0105	钻井液降滤失剂	filtrate reducer for drilling fluid	
12.0106	钻井液絮凝剂	flocculant for drilling fluid	
12.0107	钻井液解絮凝剂	deflocculant for drilling fluid	
12.0108	钻井液润滑剂	lubricant for drilling fluid	
12.0109	钻井液降粘剂	thinner for drilling fluid	
12.0110	钻井液增粘剂	viscosifier for drilling fluid	
12.0111	pH 值控制剂	pH control agent	
12.0112	起泡剂	foamer, foaming agent	
12.0113	解卡剂	pipe-freeing agent	
12.0114	页岩抑制剂	shale-control agent	
12.0115	除钙剂	calcium remover	
12.0116	温度稳定剂	temperature stability agent	
12.0117	加重材料	weighting material	
12.0118	堵漏材料	lost circulation material	
12.0119	水泥外加剂	additive for cement slurry	
12.0120	水泥促凝剂	accelerator for cement slurry	
12.0121	水泥缓凝剂	retarder for cement slurry	
12.0122	水泥减阻剂	friction reducer for cement slurry	
12.0123	水泥膨胀剂	expansive agent for cement slurry	
12.0124	水泥降滤失剂	filtrate reducer for cement slurry	

序　码	汉　文　名	英　文　名	注　释
12.0125	水泥防气窜剂	gas channeling inhibitor for cement slurry	
12.0126	水泥外掺料	admixture for cement slurry	
12.0127	水泥减轻外掺料	light-weight admixture for cement slurry	
12.0128	水泥加重外掺料	heavy-weight admixture for cement slurry	
12.0129	水泥防漏外掺料	lost-circulation-control admixture for cement slurry	

12.3　采　油

12.3.1　防　砂

12.0130	化学防砂	chemical sand control	
12.0131	固砂树脂	sand consolidation resin	
12.0132	固化剂	curing agent	
12.0133	偶合剂	coupling agent	
12.0134	树脂涂敷砂	resin-coated sand	
12.0135	水泥砂浆	sand-cement slurry	
12.0136	增孔液	pore retaining fluid	

12.3.2　防蜡与清蜡

12.0137	化学防蜡	chemical paraffin control	
12.0138	防蜡剂	paraffin inhibitor	
12.0139	表面活性剂型防蜡剂	surfactant-type paraffin inhibitor	
12.0140	聚合物型防蜡剂	polymer-type paraffin inhibitor	
12.0141	蜡分散剂	paraffin dispersant	
12.0142	蜡晶改性剂	paraffin crystal modifier	
12.0143	化学清蜡	chemical paraffin removal	
12.0144	清蜡剂	paraffin remover	
12.0145	水基清蜡剂	water-base paraffin remover	
12.0146	油基清蜡剂	oil-base paraffin remover	
12.0147	水包油型清蜡剂	oil-in-water paraffin remover	

12.3.3　酸　化

12.0148	酸[化]液	acidizing fluid	

序 码	汉 文 名	英 文 名	注 释
12.0149	土酸	mud acid	氢氟酸与盐酸的混合酸。
12.0150	缓速酸	retarded acid	
12.0151	稠化酸	viscous acid, gelled acid	
12.0152	乳化酸	emulsified acid	
12.0153	微乳酸	microemulsified acid	
12.0154	泡沫酸	foamed acid	
12.0155	潜在酸	latent acid, acid precursor	
12.0156	粘土酸	clay acid	
12.0157	二次沉淀	secondary precipitation	
12.0158	酸液添加剂	additive for acidizing fluid	
12.0159	互溶剂	mutual solvent	
12.0160	缓速剂	retardant	
12.0161	酸液缓蚀剂	corrosion inhibitor for acidizing fluid	
12.0162	吸附型缓蚀剂	adsorption-type corrosion inhibitor	
12.0163	成膜型缓蚀剂	film-forming-type corrosion inhibitor	
12.0164	防乳化剂	emulsion inhibitor	
12.0165	铁螯合剂	iron chelating agent, iron sequestering agent	
12.0166	铁稳定剂	iron stabilizer	
12.0167	防淤渣剂	sludge inhibitor, sludge preventive	
12.0168	助排剂	cleanup additive	
12.0169	增能剂	energizer	
12.0170	暂堵剂	temporary blocking agent	
12.0171	转向剂	diverting agent	
12.0172	解堵剂	blocking remover	

12.3.4 压 裂

序 码	汉 文 名	英 文 名	注 释
12.0173	压裂液	fracturing fluid	
12.0174	水基压裂液	water-base fracturing fluid	
12.0175	稠化水压裂液	viscous water fracturing fluid	
12.0176	水基冻胶压裂液	water-base gel fracturing fluid	
12.0177	水包油压裂液	oil-in-water fracturing fluid	
12.0178	水基泡沫压裂液	water-base foam fracturing fluid	
12.0179	油基压裂液	oil-base fracturing fluid	

序 码	汉 文 名	英 文 名	注 释
12.0180	稠化油压裂液	gelled oil fracturing fluid	
12.0181	油包水压裂液	water-in-oil fracturing fluid	
12.0182	醇基压裂液	alcohol-base fracturing fluid	
12.0183	酸基压裂液	acid-base fracturing fluid	
12.0184	压裂液添加剂	additive for fracturing fluid	
12.0185	压裂液破胶剂	gel breaker for fracturing fluid	
12.0186	压裂液减阻剂	drag reducer for fracturing fluid	
12.0187	压裂液降滤失剂	filtrate reducer for fracturing fluid	

12.3.5 注 水

序 码	汉 文 名	英 文 名	注 释
12.0188	注入水净化剂	clarificant for injection water	
12.0189	絮凝剂	flocculant	
12.0190	混凝剂	coagulant	
12.0191	助凝剂	coagulant aid	
12.0192	助滤剂	filter aid	
12.0193	浮选剂	floatation agent	
12.0194	注入水杀菌剂	bactericide for injection water	
12.0195	氧化型杀菌剂	oxidation-type bactericide	
12.0196	非氧化型杀菌剂	nonoxidation-type bactericide	
12.0197	广谱杀菌剂	universal bactericide	
12.0198	除菌剂	bacteria remover	
12.0199	注入水缓蚀剂	corrosion inhibitor for injection water	
12.0200	阴极型缓蚀剂	cathodic corrosion inhibitor	
12.0201	阳极型缓蚀剂	anodic corrosion inhibitor	
12.0202	阴极－阳极型缓蚀剂	cathodic-anodic corrosion inhibitor	
12.0203	氧化型缓蚀剂	oxidation-type corrosion inhibitor	
12.0204	沉淀型缓蚀剂	precipitation-type corrosion inhibitor	
12.0205	除氧剂	oxygen scavenger	
12.0206	防腐[蚀]涂料	anti-corrosion paint	
12.0207	粘土防膨剂	anti-clay-swelling agent	
12.0208	矿物微粒稳定剂	mineral fines stabilizer	
12.0209	粘土稳定剂	clay stabilizer	
12.0210	防垢剂	anti-scaling agent, scale inhibitor	
12.0211	膦酸盐防垢剂	phosphonate anti-scaling agent	

序　码	汉　文　名	英　文　名	注　释
12.0212	氨基多羧酸盐防垢剂	aminopolycarboxylate anti-scaling agent	
12.0213	表面活性剂型防垢剂	surfactant-type anti-scaling agent	
12.0214	聚合物型防垢剂	polymer-type anti-scaling agent	
12.0215	除垢剂	scale remover	
12.0216	垢转化剂	scale converter	

12.3.6 提 高 采 收 率

序　码	汉　文　名	英　文　名	注　释
12.0217	驱油剂	oil displacement agent	
12.0218	稠化剂	thickener	
12.0219	流[动]度控制剂	mobility control agent	
12.0220	碱剂	alkaline agent	
12.0221	碱耗	alkaline consumption	
12.0222	碱系数	caustic coefficient	
12.0223	表面活性剂体系	surfactant system	
12.0224	微乳[状液]	microemulsion	
12.0225	上相微乳	upper phase microemulsion	
12.0226	中相微乳	middle phase microemulsion	
12.0227	下相微乳	lower phase microemulsion	
12.0228	微乳相态	phase behavior of microemulsion	
12.0229	最佳含盐量	optimal salinity	
12.0230	增溶作用	solubilization	
12.0231	增溶参数	solubilization parameter	
12.0232	增溶剂	solubilizer	
12.0233	分配系数	partition coefficient	
12.0234	配伍性	compatibility	又称"相容性"。
12.0235	等效烷烃碳数	equivalent alkane carbon number	
12.0236	超低界面张力	ultralow interfacial tension	
12.0237	泡沫特征值	foam quality	
12.0238	助表面活性剂	cosurfactant	
12.0239	牺牲剂	sacrificial agent	
12.0240	湿润剂	wetting agent	
12.0241	混溶剂	miscible agent	
12.0242	富化剂	enriching agent	
12.0243	高温起泡剂	high temperature foamer	
12.0244	薄膜扩展剂	thin film spreading agent	

序 码	汉 文 名	英 文 名	注 释

12.3 7 调 剖 与 堵 水

序 码	汉 文 名	英 文 名	注 释
12.0245	调剖剂	profile control agent	
12.0246	单液法调剖剂	profile control agent for single-fluid method	
12.0247	双液法调剖剂	profile control agent for double-fluid method	
12.0248	树脂型调剖剂	resin-type profile control agent	
12.0249	沉淀型调剖剂	precipitation-type profile control agent	
12.0250	凝胶型调剖剂	gel-type profile control agent	来自溶胶。
12.0251	冻胶型调剖剂	gel-type profile control agent	来自聚合物溶液。
12.0252	胶体分散体型调剖剂	colloidal dispersant-type profile control agent	
12.0253	堵水剂	water shutoff agent	
12.0254	水基堵水剂	water-base water shutoff agent	
12.0255	油基堵水剂	oil-base water shutoff agent	
12.0256	醇基堵水剂	alcohol-base water shutoff agent	
12.0257	选择性堵水剂	selective water shutoff agent	
12.0258	非选择性堵水剂	nonselective water shutoff agent	

12.3.8 示 踪

序 码	汉 文 名	英 文 名	注 释
12.0259	示踪剂	tracer	
12.0260	气体示踪剂	tracer for gas	
12.0261	液体示踪剂	tracer for liquid	
12.0262	放射性示踪剂	radioactive tracer	
12.0263	化学示踪剂	chemical tracer	
12.0264	示踪剂背景浓度	background concentration of tracer	
12.0265	示踪剂最低检出极限	minimum detectable limit of tracer	
12.0266	示踪剂最高采出浓度	peak producing concentration of tracer	
12.0267	示踪剂突破时间	breakthrough time of tracer	
12.0268	示踪剂产出曲线	production curve of tracer	

序　码	汉文名	英文名	注　释

12.4 集　输

12.0269	破乳剂	demulsifier	
12.0270	水包油乳状液破乳剂	demulsifier for oil-in-water emulsion	
12.0271	油包水乳状液破乳剂	demulsifier for water-in-oil emulsion	
12.0272	高分子破乳剂	macromolecular demulsifier	
12.0273	阳离子型高分子破乳剂	cationic macromolecular demulsifier	
12.0274	非离子型高分子破乳剂	nonionic macromolecular demulsifier	
12.0275	原油抑泡剂	foam inhibitor for crude oil	
12.0276	原油流动性改进剂	flow improver for crude oil	
12.0277	原油降凝剂	pour point depressant for crude oil	
12.0278	原油减阻剂	drag reducer for crude oil	
12.0279	原油乳化降粘剂	viscosity reducer by emulsification of crude oil	
12.0280	管道清洗剂	pipeline cleaning agent	
12.0281	天然气净化处理剂	treating agent for natural gas purification	
12.0282	天然气水合物抑制剂	hydrate inhibitor for natural gas	
12.0283	天然气添味剂	odorant for natural gas	
12.0284	海面浮油清净剂	oil spill cleanup agent on the sea	
12.0285	海面浮油分散剂	oil spill dispersant on the sea	
12.0286	海面浮油收集剂	oil spill collector on the sea	

英 汉 索 引

A

abandoned channel deposit 废弃河道沉积 02.0214

abandoned well 报废井 05.0013

ABC method ABC法 03.0814

abietane 松香烷 02.0464

abiogenetic gas 无机成因气 02.0487

abnormal fluid pressure 异常流体压力 05.0443

abnormal point of viscosity 粘度反常点 10.0049

abnormal pressure 异常高压，*超压 02.0665

abrasion resistance 耐磨性 08.0368

abrasion resistance index 耐磨指数 08.0334

absolute humidity of natural gas 天然气绝对湿度 01.0063

absolute open flow 绝对无阻流量 06.0311

absolute open flow capacity 绝对无阻流量 06.0311

absolute permeability 绝对渗透率 06.0024

absolute velocity 绝对速度 02.0938

absolute viscosity 绝对粘度 01.0122

absorbent formation 渗漏地层 05.0445

absorber 吸收塔 07.0414

absorbing-desorption tower 吸收脱吸塔 07.0415

absorbing side boundary condition 吸收边界条件 03.0786

absorption coefficient 吸收系数 03.0428

absorption oil 吸收油 07.0223

absorption refrigeration 吸收致冷 10.0065

ABS resin 丙烯腈 - 丁二烯 - 苯乙烯树脂，* ABS 树脂 08.0280

abyssal facies 深海相 02.0226

abyssal plain 深海平原 02.0278

accelerated agent 速凝剂 05.0500

accelerated cement 速凝水泥 05.0472

accelerated deterioration test 加速老化试验 10.0340

accelerating agent 促进剂 08.0453

acceleration setting 速凝 05.0470

accelerator 速凝剂 05.0500

accelerator for cement slurry 水泥促凝剂 12.0120

accelerometer 加速度检波器 03.0491

access chamber 过渡舱 09.0611

access hatch 甲板舱口 09.0284

accommodation module 生活模块 09.0500

accommodation platform 生活平台 09.0460

AC corrosion 交流腐蚀 10.0276

accumulation of static electricity 静电积累 10.0236

accumulative coefficient method 聚集系数法 02.1057

accumulator 蓄能器 11.0372

AC drive rig 交流电驱动钻机 11.0023

acetaldehyde 乙醛 08.0143

acetaldehyde condensation 乙醛缩合 08.0097

acetaldehyde oxidation 乙醛氧化 08.0064

acetic acid 乙酸，*醋酸 08.0144

acetic anhydride 乙酸酐，*醋酸酐 08.0145

acetone 丙酮 08.0170

acetone-benzene dewaxing 酮苯脱蜡 07.0050

acetylene 乙炔 08.0161

acid-alkali washing 酸碱洗涤 07.0098

acid-base fracturing fluid 酸基压裂液 12.0183

acid cleaning 酸洗 06.0770

acid fracturing pump 酸化压裂泵 11.0497

acid fracturing truck 酸化压裂车 11.0496

acidizing 油层酸处理，*酸化 06.0767

acidizing equipment 酸化设备 11.0491

acidizing fluid 酸[化]液 12.0148

acid number 酸值 07.0319

acid precursor 潜在酸 12.0155

acid pump 酸泵 11.0498

acid-rock reaction rate 酸 - 岩反应速率 06.0775

acid sensitivity evaluation 酸敏性评价 05.0263

acid soak 酸浸 06.0769

acid-soluble completion fluid 酸溶性完井液 05.0269

acid tank truck 酸罐车 11.0526

acid treatment 油层酸处理，＊酸化 06.0767

acid wash 酸洗 06.0770

acid wash color test 酸着色试验 07.0350

AC interference 交流干扰 10.0380

aclinic line 磁赤道，＊零倾线 03.0127

acoustic amplitude logging 声幅测井 04.0214

acoustic full waveform log 声波全波测井 04.0218

acoustic impedance 声阻抗 03.0347

acoustic impedance difference 声阻抗差 02.0940

acoustic logging 声波测井 04.0201

acoustic positioning equipment 声波定位设备 09.0616

acoustic sonde 声系 04.0204

acoustic variable density log 声波变密度测井 04.0217

acoustic velocity logging 声速测井 04.0202

acoustic wavetrain logging 声波全波测井 04.0218

acquisition binning 采集面元 09.0051

acquisition geometry 采集形式 03.0501

acquisition system 采集系统 09.0023

acroleic acid esterification 丙烯酸酯化 08.0100

acrolein 丙烯醛 08.0180

acrolein oxidation 丙烯醛氧化 08.0066

acryl aldehyde 丙烯醛 08.0180

acrylamide 丙烯酰胺 08.0189

acrylic acid 丙烯酸 08.0182

acrylic ester 丙烯酸酯 08.0183

acrylonitrile 丙烯腈 08.0184

acrylonitrile-butadiene-styrene resin 丙烯腈－丁二烯－苯乙烯树脂，＊ABS树脂 08.0280

acrylonitrile hydrolysis 丙烯腈水解 08.0086

acrylonitrile-styrene resin 丙烯腈－苯乙烯树脂，＊AS树脂 08.0281

ACS 自动控制系统 11.0297

AC-SCR-DC drive rig 可控硅[整流]直流电驱动钻机 11.0025

activate fluids 活化液 04.0353

activator 活化剂 08.0451

active continental margin 活动大陆边缘 02.0117

active mode 主动方式 09.0108

active section 工作段 09.0082

active well 激动井 06.0279

actual output 实际输出 03.0713

adapter 转换接头，＊大小头 11.0660

adapter substitute 转换接头，＊大小头 11.0660

adaptive filter 自适应滤波器 03.0680

additional stake 加密桩 10.0398

additional water flowing rate 附加水量 06.0736

additive 添加剂 07.0244

additive for acidizing fluid 酸液添加剂 12.0158

additive for cement slurry 水泥外加剂 12.0119

additive for drilling fluid 钻井液处理剂 12.0102

additive for fracturing fluid 压裂液添加剂 12.0184

additives for plastics 塑料助剂 08.0404

adherence ratio of insulating gel 绝缘胶粘附率 07.0382

adhesive 粘合剂 08.0437

adiabatic reactor 绝热反应器 08.0471

adipic acid 己二酸 08.0225

adipic dinitrile hydrogenation 己二腈加氢 08.0057

adiponitrile 己二腈 08.0226

adjacent bed effect 邻层影响 04.0110

adjacent bed resistivity 围岩电阻率 04.0109

admixture for cement slurry 水泥外掺料 12.0126

adsorbed hydrocarbon 吸附烃 02.0314

adsorbed hydrocarbon method 吸附烃法 02.0822

adsorbed water 吸附水 02.0626

adsorbent 吸附剂 08.0444

adsorption refining 吸附精制 07.0095

adsorption separation 吸附分离 08.0043

adsorption-type corrosion inhibitor 吸附型缓蚀剂 12.0162

Advanced Earth Resource Observation System 高级地球资源观测系统 02.0948

advancing angle 前进角 06.0093

aerated drilling fluid 充气钻井液 05.0172

aeration-loaded gas-lift valve 充气加压气举阀 11.0478

aeration zone 饱气带 02.0509

aerial pipeline 架空管道 10.0163

aerial remote sensing 航空遥感 02.0943

aerial surveillance 空中巡线 10.0134

aeromagnetic gradiometer　航磁梯度仪　03.0190

aeromagnetic survey　航空磁测　03.0122

AEROS　高级地球资源观测系统　02.0948

A-frame　人字架　11.0165

aftercooler　后冷器　07.0404

afterflow　续流　06.0284

afterflow correction　续流校正　06.0285

aft peak ballast tank　艉尖压载舱　09.0283

aft winch　船尾绞车　09.0727

AGC　自动增益控制　03.0522

age resister　防老剂　08.0421

aggregation　聚结　05.0219

AGO　常压重馏分油，＊常压瓦斯油　07.0017

a-hundred-year return period　百年一遇　09.1021

air-balance　气动平衡　06.0631

air-balanced pumping unit　气动平衡抽油机　11.0422

airborne gradiometer　航空梯度仪　03.0077

airborne gravimeter　航空重力仪　03.0074

airborne gravity survey　航空重力测量　03.0048

air-cement separator　气灰分离器　11.0525

air chamber　气室　09.0028

air cooler　空气冷却器　07.0402

air drill　空气钻　03.0463

air drilling　空气钻井　05.0033

air dryer　空气干燥器　11.0303

air filter　空气过滤器　11.0306

air flow rate　排气量　09.0029

air gap　气隙　09.0219

air gun array　气枪组合　09.0039

air gun configuration　气枪组合方式　09.0041

air gun controller　气枪控制器　09.0030

air gun pattern　气枪组合型式　09.0040

air gun pressure　气枪压力　09.0031

air gun source　气枪震源　09.0026

air handling unit　空气调节装置　09.0847

airlift ditching method　气举成沟法　10.0436

air operated friction clutch　气动摩擦离合器　11.0069

air pressure test　气压试验　10.0187

air release property　空气释放性　07.0295

air shooting　空中爆炸法　03.0472

air supply system　[压缩空气]供气系统　11.0056

air-tight test　气密性试验　10.0393

air wave　空气波　03.0381

air winch　气动绞车　09.0300

Airy hypothesis　艾里[均衡]假说　03.0061

alarm acknowledge switch　报警确认开关　09.0892

alarm lamp test switch　报警灯测试开关　09.0891

albertite　黑沥青　02.0301

alcogas　含醇汽油　07.0118

alcohol-base fracturing fluid　醇基压裂液　12.0182

alcohol-base water shutoff agent　醇基堵水剂　12.0256

alcohol-benzene bitumen　酒精－苯沥青　02.0320

alcohol blended fuel　含醇汽油　07.0118

alcohol dehydration with ammonia　醇类氨脱水　08.0084

algarite　高氮沥青　02.0295

alginite　藻类体　02.0350

alias filter　去假频滤波器　03.0552

aliasing　假频，＊混叠　03.0551

alignment bearing　扶正轴承　11.0191

alignment test　校直试验　10.0188

alkaline agent　碱剂　12.0220

alkaline consumption　碱耗　12.0221

alkaline-flooding　碱水驱　06.0981

alkaline lignin　碱木[质]素　12.0054

alkaline washing　碱洗　07.0097

alkaline washing tower　碱洗塔　08.0513

alkali number　碱值　07.0320

alkane　烷烃　01.0072

Alkazid unit　强碱弱酸法装置　08.0514

alkene　烯烃　01.0073

alkyd resin　醇酸树脂　08.0310

alkylate　烷基化油　07.0112

alkylation　烷基化　07.0074

alkylation catalyst　烷基化催化剂　07.0277

alkyl phenol　烷基酚　08.0234

alkyne hydrogenation reactor　炔烃加氢反应器　08.0477

Allison transmission　阿里逊变速箱　11.0067

allowable rope load　钢丝绳许用载荷　11.0126

alluvial fan facies　冲积扇相　02.0204

allyl alcohol　丙烯醇　08.0181

allyl chloride　3‐氯丙烯，＊烯丙基氯　08.0174

alternate water injection 交替注水 06.0421

alternating current method 交流电法 03.0208

alternating direction explicit technique 交替方向显式法 06.0345

alternating direction implicit technique 交替方向隐式法, *ADIP 方法 06.0346

aluminium boat 铝艇 09.0020

aluminium drill pipe 铝合金钻杆 11.0612

aluminium soap base grease 铝基润滑脂 07.0209

A-mast A 形井架 11.0135

ambient noise 环境噪声 03.0383

amide surfactant 酰胺型表面活性剂 12.0025

amine salt surfactant 胺盐型表面活性剂 12.0011

amine surfactant 胺型表面活性剂 12.0022

aminopolycarboxylate anti-scaling agent 氨基多羧酸盐防垢剂 12.0212

amino resin 氨基树脂 08.0304

ammonia synthesis catalyst 氨合成催化剂 08.0400

ammonium nitrate 硝[酸]铵 03.0465

ammoxidation catalyst 氨氧化催化剂 08.0401

amorphous 无定形 02.0360

Amott-Harrey relative displacement index 相对驱替指数 06.0113

Amott oil ratio 油驱比, *润湿指数, *阿玛特油驱指数 06.0111

Amott water ratio 水驱比, *阿玛特水驱指数 06.0112

amphibious seismic operation 两栖地震勘探作业 09.0008

amphoteric surfactant 两性表面活性剂 12.0027

amplitude 振幅 02.0908

amplitude analysis 振幅分析 03.0861

amplitude envelope 振幅包络 03.0618

amplitude map 沿层切片 03.0888

amplitude modulation 振幅调制 03.0528

amplitude spectrum 振幅谱 03.0641

amplitude standout 振幅突出 03.0355

amplitude versus offset 振幅随炮检距变化 02.0941

amplitude versus offset analysis 幅-距分析 03.0863

amylene 戊烯 08.0206

analog DP controller 动力定位模拟控制器 09.0562

analog recording logging unit 模拟记录测井仪 04.0324

analog streamer 模拟等浮电缆 09.0076

analog to digital converter 模数转换器 03.0555

analogue recording 模拟录制 03.0014

anastomosed stream deposit 网状河沉积 02.0208

anchor agitator 锚式搅拌器 08.0503

anchor buoy 锚标 09.0274

anchoring buoy 锚泊浮筒 09.0529

anchor moored positioning 锚泊定位 09.0527

anchor pile 锚桩 09.0528

anchor rack 锚架 09.0278

anchor winch 锚机 09.0383

anchor winch control house 锚机控制室 09.0391

anelastic absorption 非弹性吸收 03.0427

angle of deviation 井斜角 05.0335

angle of inclination 井斜角 05.0335

angle of vanishing stability 稳性消失角 09.0242

aniline 苯胺 08.0242

aniline point 苯胺点 07.0356

animal-plant theory 动植物混合论 02.0333

animal theory 动物论 02.0331

anionic-cationic surfactant 阴离子-阳离子型表面活性剂 12.0028

anionic-nonionic surfactant 阴离子-非离子型表面活性剂 12.0029

anionic polymer 阴离子型聚合物 12.0077

anionic surfactant 阴离子型表面活性剂 12.0003

anisotropy of pore structure 孔隙结构各向异性 06.0056

annual output 年产量 02.0814

annual survey 年检 09.0228

annual turnover 年周转量 10.0199

annual yield 年产量 02.0814

annular blowout preventer 环形防喷器, *万能防喷器 11.0363

annular flow 环状流 06.0580

annular pipe ram 环空闸板 11.0365

annular pressure 环空压力 05.0297

annular pressure test 环形空间试压, *环空试压 06.0937

annular rubber core 环形胶芯 11.0368

annular space log 环空测井 04.0354

annular velocity 环空流速 05.0094

annular volume 环空体积 04.0343

annular water detector 环空找水仪 04.0355

annulus profile of invasion 环带侵入剖面 04.0037

annulus water injection 反注，＊环空注入 06.0740

annunciator 声响信号器 09.0890

anode consumption rate 阳极消耗率 10.0359

anodic corrosion inhibitor 阳极型缓蚀剂 12.0201

anodic field 阳极场 10.0378

anodic protection 阳极保护 10.0293

an oil well transfer to an injection well 转注井 06.0538

anomaly 异常 03.0036

anthraxolite 碳沥青 02.0306

antiager 防老剂 08.0421

anticipation component 预见分量 03.0707

anti-clay-swelling agent 粘土防膨剂 12.0207

anticlinal hydrocarbon reservoir 背斜油气藏 02.0689

anticlinal theory 背斜理论 02.0682

anticline 背斜 02.0071

anticollision system 防碰系统 09.0563

anti-corrosion additive 抗腐蚀添加剂 07.0250

anti-corrosion paint 防腐[蚀]涂料 12.0206

anti-corrosive property 防腐性 07.0298

antifogging agent 防雾剂 08.0417

anti-icing additive 防冰添加剂 07.0252

anti-knock additive 抗爆剂 07.0246

anti-knock index 抗爆指数 07.0338

anti-knock property 抗爆性 07.0301

antipollution system 防污染系统 11.0295

antiradiation additive 防辐射添加剂 08.0418

anti-rust grease 防锈润滑脂 07.0216

anti-rust property 防锈性 07.0297

anti-scaling agent 防垢剂 12.0210

anti-scorching agent 防焦剂，＊硫化延缓剂 08.0425

antistatic additive 抗静电添加剂 07.0251

antistatic agent 抗静电剂 08.0410

antiwear additive 抗磨添加剂 07.0261

antiwear hydraulic oil 抗磨液压油 07.0172

antiwear property 抗磨性 07.0292

API degree API 度 01.0045

API filter tester API 滤失仪 05.0244

API filtration API 滤失量 05.0183

API gamma-ray unit API 自然 γ 单位 04.0169

apogee 远地点 09.0146

apparatus for determining Conradson carbon residue 康氏残炭测定仪 07.0460

apparatus for determining existent gum 实际胶质测定仪 07.0457

apparatus for Reid vapor pressure test of petroleum products 油品里德蒸气压测定仪 07.0456

apparatus of reducing static electricity 静电消除器 10.0237

apparent attenuation 视衰减 03.0430

apparent contact angle 视接触角 06.0091

apparent dip 视倾角 04.0229

apparent formation resistivity 地层视电阻率 04.0102

apparent formation water resistivity 视地层水电阻率 04.0107

apparent formation water resistivity technique 视地层水电阻率法 04.0272

apparent resistivity 视电阻率 03.0221

apparent resistivity section 视电阻率剖面 03.0239

apparent sealing pressure 视闭合压力 06.0037

apparent skin factor 视表皮系数 06.0295

apparent slowness 视慢度 03.0602

apparent truncation 视削截，＊视削蚀 02.0858

apparent velocity 视速度 03.0441

apparent viscosity 表观粘度 01.0121

apparent [water] injectivity index 视吸水指数 06.0746

applied geophysics 应用地球物理学 02.0008

appraisal well 评价井 02.0784

approach-departure sector [直升机]起落扇形区 09.1034

aquathermal pressuring 水热增压作用 02.0621

aquifer 含水层 02.0644

aquifuge 不透水层 02.0645

AR 常压渣油 07.0024

arbitrary vertical section 任意垂直剖面 03.0889

arc cracking furnace 电弧裂解炉 08.0462

arched pipeline 管拱 10.0164

Archie equation 阿奇公式 04.0047

arc method 圆弧法 05.0321

arc resistance 耐电弧性 08.0363

areal array 面积组合 03.0395

areal pattern 面积井网 06.0386

areal sweep efficiency 面积波及系数 06.0979

area of inner-boundary of oil zone 纯油带面积 02.0735

area of transitional zone from oil to water 油水过渡带面积 02.0736

area-volume ratio 面容比 06.0777

arene 芳香烃 01.0075

argillaceous reservoir 泥质岩类储集层 02.0529

argillite 泥质岩 02.0182

argon isotope ratio 氩同位素比率 02.0521

aromatic base crude [oil] 芳香基原油 01.0034

aromatic extraction 芳烃抽提 07.0041

aromatic hydrocarbon 芳香烃 01.0075

aromatic hydrogenation 芳烃加氢 07.0068

aromatic structural index 芳香烃结构分布指数 02.0415

aromatization 芳构化 07.0079

array 组合 03.0390

array factor 排列系数 03.0216

array induction imager 阵列感应成象仪 04.0141

array length 组合基距 03.0397

array sonic log 阵列声波测井 04.0211

arrow plot 倾角矢量图 04.0239

artesian water 自流水 02.0646

articulated column 铰接柱,＊铰接塔 09.0522

articulated flowline skid 铰接出油管橇块 09.0596

articulated loading tower 铰接式装油塔 09.0519

articulated stinger 铰接式托管架 09.0459

articulated tower mooring system 铰接塔系泊系统 09.0512

artificial island 人工岛 05.0378

artificial lift 人工举升,＊机械采油 06.0597

artificial lift equipment 机械采油设备 11.0408

artificial oil 人造石油 01.0028

artificial seismic source 人工震源 03.0459

artificial sources method 人工场方法 03.0205

artificial water drive 人工水驱 06.0521

asbestos 石棉 05.0223

ashless dispersant 无灰分散添加剂 07.0256

ASI 芳香烃结构分布指数 02.0415

asphalt 沥青 01.0047, 地沥青 02.0297

asphalt blowing 沥青氧化 07.0086

asphalt brick former 沥青成型机 07.0447

asphalt coating 石油沥青防腐层 10.0316

asphaltene 沥青质 01.0048

asphaltite 石沥青 02.0298

asphaltization 地沥青化作用 02.0308

asphalt mound 沥青丘 02.0769

asphalt oxidation 沥青氧化 07.0086

asphalt-sealed oil reservoir 沥青塞封闭油藏 02.0718

asphalt seepage 沥青苗 02.0767

AS resin 丙烯腈－苯乙烯树脂,＊AS 树脂 08.0281

assembled template 组合基盘 09.0316

assembling beside ditch 沟边组装 10.0412

assembling in ditch 沟底组装 10.0411

assessment of petroleum resources 油气资源预测 02.0018

assessment well 评价井 02.0784

associated gas 伴生气 01.0062

astatic gravimeter 助动重力仪 03.0071

A-subduction A 型俯冲 02.0108

atm-degasser 大气除气器 11.0278

atmospheric compartment 常压舱 09.0610

atmospheric corrosion 大气腐蚀 10.0259

atmospheric degasser 大气除气器 11.0278

atmospheric distillation 常压蒸馏 07.0027

atmospheric diving system 常压潜水系统 09.0605

atmospheric gas oil 常压重馏分油,＊常压瓦斯油 07.0017

atmospheric heavy distillate 常压重馏分油,＊常压瓦斯油 07.0017

atmospheric residue 常压渣油 07.0024

atom absorption spectrophotometry 原子吸收分光光度法 02.1019

atomic absorption spectrometry 原子吸收光谱法 02.1014

atomic fluorescence spectrometry 原子荧光光谱法

02.1015

atomized lubricator 雾化加油器 11.0307

attapulgite clay 凹凸棒粘土，＊山软木粘土，＊坡
缕石 05.0230

attribute 属性 03.0878

Λ-type section A 型剖面 03.0236

audible alarm 声响报警 09.0964

aulacogen basin 拗拉槽盆地 02.0129

authigenic mineral 自生矿物 02.0367

auto-drain valve 自动排放阀 09.0820

auto fire alarm system 火灾自动报警系统
09.0955

autofrettaged fluid end 自增强液力端 11.0204

auto-manual locked-out selector switch 手动－自动
锁定选择开关 09.0953

automated round trip sets 起下钻自动化装置
11.0703

automated static correction 自动静校正 03.0733

automatic control system 自动控制系统 11.0297

automatic driller 自动送钻装置 11.0118

automatic drilling feed control 自动送钻装置
11.0118

automatic fill-up floating equipment 浮式自动灌注
设备 09.0409

automatic gain control 自动增益控制 03.0522

automatic pressure regulator 自动调压阀 06.0947

automatic spinner 自动旋扣器 11.0720

automatic spraying system 自动喷淋系统 09.0912

automatic sprinkler system 自动喷洒系统 09.0913

automatic target recognition 目标自动识别
02.0960

automatic transmission fluid 自动传动液 07.0176

automixer 自动混合器 11.0514

automotive gear oil 车辆齿轮油 07.0145

auto-tracing 自动追踪 03.0881

auto-tracking 自动追踪 03.0881

autotrigger 自动触发 09.0129

auxiliary air blower 增压风机 07.0444

auxiliary brake 辅助刹车 11.0102

auxiliary cathode 辅助阴极 10.0370

auxiliary hoist 辅助绞车 11.0082

average angle method 平均角法 05.0316

average bit footage 钻头平均进尺 05.0048

average daily production per well 平均单井日产量
06.0486

average pore size 孔隙大小平均值 06.0049

average velocity 平均速度 03.0443

aviation engine oil 航空发动机油 07.0155

aviation fuel pumping unit 航空燃料油泵送装置
09.0863

aviation gasoline 航空汽油 07.0114

aviation hydraulic oil 航空液压油 07.0177

aviation obstruction beacon 航空障碍灯 09.1032

aviation turbine fuel 航空涡轮发动机燃料，＊喷气
燃料 07.0123

aviation turbine oil 航空涡轮机油 07.0156

AVO 振幅随炮检距变化 02.0941

AVO analysis 幅－距分析 03.0863

avoidance of underground obstacle 绕障 05.0371

axial cutting water flooding 轴向切割注水
06.0412

axial flooding 轴向切割注水 06.0412

axial force 轴向力 05.0324

axle oil 车轴油 07.0142

azimuth 方位 05.0338

azimuth correction 方位校正 05.0365

azimuth-dependent velocity 倚方位速度 03.0806

azimuth frequency diagram 方位频率图 04.0241

azimuth of I electrode I 号电极方位角 04.0233

B

back-arc basin 弧后盆地 02.0126

back-crank pumping unit 前置式游梁抽油机
11.0413

backfill 回填 10.0416

background concentration of tracer 示踪剂背景浓度
12.0264

background noise 环境噪声 03.0383

back-pressure well testing ［常规］回压试井，＊逐次
变流量试井 06.0255

back production 回采 06.0713

back projection 反投影 03.0603

back taper 反扣公锥 05.0598

backward branch of diffraction curve 绕射波后支 03.0365

backwash return pump 反冲洗循环泵 09.0781

backwash tank 反冲洗水罐 09.0780

bacterial gas 生物气,＊生物化学气,＊细菌气 02.0499

bacteria prospecting 细菌勘探 02.0827

bacteria remover 除菌剂 12.0198

bactericide for drilling fluid 钻井液杀菌剂 12.0103

bactericide for injection water 注入水杀菌剂 12.0194

Bacus filter 巴克斯滤波器 03.0375

bail 提环 11.0189

bailing 提捞 06.0927

bailing drum 捞砂滚筒 11.0090

balance between injection and production 注采平衡 06.0500

balanced bottom hole pressure method 平衡井底压力法 05.0417

balanced tangential method 平衡正切法 05.0317

balance radius 平衡半径 06.0629

balance system of pumping unit 抽油机平衡方式 06.0623

balance valve 平衡阀 09.0411

balance weight 平衡重 11.0418

balancing fracturing truck 平衡车 11.0503

ballaset bit 热稳聚晶金刚石钻头,＊巴拉斯钻头 11.0333

ballaset core bit 热稳聚晶金刚石取心钻头 11.0339

ballast control room 压载控制室 09.0375

ballast pump 压载水泵 09.0585

ballast wing tank 舷侧压载舱 09.0280

balling-up sticking 钻头泥包卡钻 05.0609

ball injector 投球器 11.0531

ball joint 球接头 09.0362

ball valve sampler 球阀取样器 11.0594

band brake 带式刹车 11.0093

banded hydrocarbon reservoir 带状油气藏 02.0713

bandlimited white noise 带限白噪 03.0709

bandpass filter 带通滤波器 03.0651

band ratio image 波段比值图象 02.0958

bandwidth 频带宽度,＊带宽 03.0640

bank 岸堤 02.0263

bank facies 滩状相 02.0902

bank seismic facies 滩状地震相 03.0909

bar dropper assembly 投杆器 11.0604

barge bumper 驳船碰垫 09.0723

barite 重晶石 05.0224

barite tank 重晶石罐 09.0427

barium soap base grease 钡基润滑脂 07.0207

barrel liner 衬套 11.0452

barrier bed 隔层 02.0581

barrier island 障壁岛 02.0264

basal cement 基底胶结 02.0536

base-exchange capacity 阳离子交换能力 04.0268

baselap 底超 02.0856

baseline 基线 09.0136

baseline drift 基线漂移 04.0334

baseline offset 基线偏置 04.0335

base map 底图 03.0044

basement hydrocarbon reservoir 基岩油气藏 02.0706

base metal 基体金属 10.0298

base number 碱值 07.0320

base square [井架]下底尺寸 11.0169

basic sediment and water 沉积物和底水 10.0028

basic well pattern 基础井网 06.0390

basin analysis 盆地分析 02.0159

basin assessment 盆地评价 02.1069

basin facies 盆地相 02.0277

basin floor fan 盆底扇 02.0872

basin numerical simulation 盆地数值模拟 02.0160

basket flowmeter 伞式流量计 04.0369

batch controller 批量控制器 09.0834

batching interface 混油界面 10.0152

batching pig 隔离塞 10.0154

batching plug 隔离塞 10.0154

batching sphere 隔离球 10.0155

batch pipelining 顺序输送 10.0147

batch reactor 间歇反应器 08.0464

bathyal facies 半深海相 02.0227

bathymetric survey 水深测量 09.0667

Baumé degree 波美度 01.0046

bay cable 海底地震[勘探]电缆 09.0079

BDC bit 热稳聚晶金刚石钻头，＊巴拉斯钻头 11.0333

beach 海滩 02.0261，湖滩 02.0262

beacon 信标 09.0134

beam 游梁 11.0415

beam balance 游梁平衡 06.0624

beam-balanced pumping unit 游梁平衡抽油机 11.0419

beam pipeline spanning 梁式跨越 10.0166

beam-pumping unit 游梁抽油机 11.0411

beam steering 调向[叠加] 03.0668

bearing oil 轴承油 07.0162

bearing section 支承节 11.0565

bed thickness correction 层厚校正 04.0135

bell nipple 喇叭口短节 11.0377

bellows gas-lift valve 波纹管气举阀，＊封包气举阀 11.0476

belt drive rig 皮带传动钻机 11.0019

benchmark 水准点 03.0455

bench mark correction 基准点校正 09.0131

bendability [of coating] [防腐层]可弯曲性 10.0335

bended screwdrill 弯螺杆钻具 11.0577

bending strength ratio [钻铤]弯曲强度比 11.0639

Benioff zone 贝尼奥夫带 02.0107

bent drill pipe 弯钻杆 05.0584

bentone base grease 膨润土润滑脂 07.0211

bentonite content 膨润土含量 05.0188

bentonite grease 膨润土润滑脂 07.0211

bentonite tank 膨润土罐 09.0374

bent sub 弯接头 05.0392

bent turbodrill 弯涡轮钻具 11.0558

benzaldehyde 苯甲醛 08.0245

benzene 苯 08.0221

benzene alkylation 苯烷基化 08.0049

benzene alkylation with ethylene 苯与乙烯烷基化 08.0050

benzene alkylation with propylene 苯与丙烯烷基化 08.0051

benzene hydrogenation 苯加氢 08.0054

benzoic acid 苯甲酸 08.0246

BHGM 井下重力仪 03.0075

BHO 井底定向接头 11.0661

BHP 制动功率 11.0101

big-eyed bit 单眼钻头 11.0324

bilge alarm system 污水报警系统 09.0993

bilge-fire pump 舱底污水 - 消防两用泵 09.0923

bilge pump 舱底[水]泵 09.0286

bilge well [舱底]污水井 09.0866

bimetallic catalytic reforming 双金属催化重整 07.0071

bimetallic corrosion 双金属腐蚀 10.0290

bimetallic reforming catalyst 双金属重整催化剂 07.0272

bi-metal liner 双金属缸套 11.0217

bimetallism disturbance 双金属干扰 04.0332

bin 面元，＊共反射点面元 03.0801

binary gain 二进制增益 03.0549

Bingham fluid 宾厄姆流体，＊宾汉流体 01.0105

binning 面元划分 03.0802

bioboring pore 生物钻孔孔隙 02.0551

biochemical degradation 生物化学降解作用 02.0376

biochemical gas-genous stage 生物化学生气阶段 02.0378

biodegradation 生物降解[作用] 01.0128

biofacies 生物相 02.0196

biogenic gas 生物气，＊生物化学气，＊细菌气 02.0499

biohermal facies 生物丘相 02.0281

bioherm hydrocarbon 生物礁块油气藏 02.0707

biological configuration 生物构型 02.0436

biological marker 生物标志[化合]物 02.0435

biomarker 生物标志[化合]物 02.0435

biomarker identification 生物标志[化合]物鉴定 02.1003

biomonitoring 生物监测 09.1029

biopolymer 生物聚合物 12.0071

biopolymer drilling fluid 生物聚合物钻井液 05.0166

bioskeleton pore 生物骨架孔隙 02.0550

biostability 生物稳定性 12.0101

biostratigraphy　生物地层学　02.0837

biosurfactant　生物表面活性剂　12.0033

bird's-eye pore　鸟眼孔隙　02.0552

birefringence　双折射　03.0440

bisphenol A　双酚 A　08.0175

bit　钻头　11.0310

bit balling　钻头泥包　05.0065

bit body　钻头体　11.0313

bit bouncing　蹩钻　05.0062

bit breaker　钻头装卸器　11.0347

bit cone　钻头牙轮　11.0312

bit feed　送钻　05.0058

bit gage　钻头规　11.0346

bit guide　钻头导向器　11.0349

bit hydraulic horsepower　钻头水功率　05.0093

bit jumping　跳钻　05.0063

bit life　钻头寿命　11.0344

bit nozzle　钻头喷嘴　11.0314

bit offset　[钻头]牙轮偏移距　11.0340

bit performance　钻头特性　11.0345

bit pressuredrop　钻头压降　05.0092

bit protector　钻头保护器　11.0348

bit sharpener　钻头修整器　11.0350

bit size　钻头尺寸　11.0343

bitt　系缆柱　09.0533

bitumen　沥青　01.0047

bitumen coefficient　沥青系数　02.0421

bitumen ductility　沥青延度，＊沥青伸长度　07.0375

bitumen solubility　沥青溶解度　07.0376

bitumen survey　沥青测量　02.0824

bituminization　沥青化作用　02.0309

bituminous vein　沥青脉　02.0770

black-oil model　黑油模型，＊β-模型　06.0337

black-oil simulator　黑油模拟器　06.0338

blast　爆发脉冲　09.0072

blaster　爆炸机　03.0470

blasting machine　爆炸机　03.0470

blast joint　防磨接头　06.0875

blind pore　盲孔，＊闭端孔隙　06.0067

blind ram　全封闸板，＊盲板　11.0364

blind-shear ram　全封剪断闸板　11.0367

blind spectacle flange　快速盲法兰　09.0831

blockage　封堵器　10.0160

block fault basin　块断盆地　02.0153

block faulting　块断作用　02.0103

blocking　分层定值　04.0284

blocking remover　解堵剂　12.0172

block performance analysis　区块动态分析　06.0440

blooie line　排屑管线，＊放喷管　11.0383

blowdown vessel　排放罐　09.0798

blowing agent　发泡剂　08.0409

blowout out of control　井喷失控　05.0423

blowout preventer　防喷器　11.0358

blowout preventer carrier　防喷器吊车　09.0348

blowout preventer crane　防喷器吊车　09.0348

blowout preventer stack　防喷器组　11.0357

blowout preventer test stump　防喷器试验桩　09.0351

blowout preventer unit　防喷器组　11.0357

blue elephant　无游梁抽油机　11.0425

boat landing platform　靠船台　09.0715

body polarization　体极化　03.0243

body wave　体波　03.0308

bonding strength　胶凝强度　05.0492

booster fan　增压风机　07.0444

booster pump　增压泵　09.0586

booster station of oil pipeline　中间加压站　10.0173

BOP　防喷器　11.0358

bore diameter of preventer　防喷器通径　11.0373

borehole compensated acoustic logging　井眼补偿声波测井　04.0208

borehole condition　井眼条件　04.0073

borehole correction　井眼校正　04.0133

borehole geophysics　地球物理测井学　04.0001

borehole gravimeter　井下重力仪　03.0075

borehole magnetometer　井下磁力仪　03.0188

borehole televiewer log　井下声波电视测井　04.0221

borehole wall　井壁　05.0002

Borsig waste heat boiler　薄管板废热锅炉　08.0511

Bostick inversion　博斯蒂克反演　03.0272

bottom-charting fathometer　海底地貌测绘仪　09.0615

bottom hole　井底　05.0003

bottom hole cleaning　清洗井底　05.0091

bottom hole densimeter 井下密度计 06.0962

bottom hole float type flowmeter 浮子式井下流量计 06.0960

bottom hole flowing pressure 井底流动压力，＊流压 06.0573

bottom hole flowmeter 井下流量计 06.0959

bottom hole orientation sub 井底定向接头 11.0661

bottom hole production allocator 井下配产器 06.0711

bottom hole sampler 井底取样器 06.0958

bottom hole temperature 井底温度 06.0522

bottom hole temperature bomb 井下温度计 06.0957

bottom hole temperature recorder 井下温度计 06.0957

bottom hole turbine flowmeter 井下涡轮流量计 06.0961

bottom plug 下胶塞 05.0518

bottom sitting drilling platform 坐底式钻井平台，＊坐底式钻井船 09.0190

bottom valve 末端阀 06.0603

bottom water 底水 02.0731

bottom water coning 底水锥进 06.0245

bottom water drive 底水驱动 06.0367

bottom water plugging 底水封堵 06.0900

Bouguer anomaly 布格异常 03.0096

Bouguer correction 布格校正 03.0092

Bouma sequence 鲍马序列 02.0270

boundary condition 边界条件 03.0785

boundary effect 边界效应 06.0236

bound water 结合水 04.0040

Bourdon-type pressure bomb 弹簧管井下压力计 06.0953

bow-tie 回转波 03.0837

bow winch 船首绞车 09.0726

boxcar display 箱式显示 03.0892

boxcar function 矩形函数 03.0654

box cooler 箱式冷却器 07.0403

box-on-box type substructure 叠箱式底座 11.0144

box tap 母锥 05.0599

box-type dryer 箱式干燥器 08.0521

box type joint 箱形接头 09.0488

box type substructure 箱式底座 11.0143

BR 丁基橡胶 08.0316

brace 斜杆 11.0153

bracing 拉筋 09.0485

braided stream deposit 辫状河沉积 02.0206

brake band 刹带 11.0097

brake block 刹车块 11.0098

brake cylinder 刹车气缸 11.0299

brake drum 刹车鼓 11.0095

brake fluid 刹车液，＊制动液 07.0178

brake handle 刹把 11.0099

brake horsepower 制动功率 11.0101

brake lever 刹把 11.0099

brake mechanism 刹车机构 11.0096

brake rim 刹车鼓 11.0095

brake rim diameter 刹车轮辋直径 11.0043

braking capacity 制动能力 11.0100

breadth moulded [船体]型宽 09.0216

break circulation 恢复循环 05.0213

breakdown pressure 破裂压力 06.0788

break-in oil 磨合油 07.0219

breakout cylinder 卸扣气缸 11.0300

breakouting by explosion 爆炸松扣 05.0617

breakthrough along a single layer 单层突进 06.0468

breakthrough pressure 突破压力 02.0583

breakthrough time 突破时间 02.0584

breakthrough time of tracer 示踪剂突破时间 12.0267

breathing apparatus 防毒面具 09.0962

breathing loss 呼吸损耗 10.0241

breathing vent 油罐呼吸阀 10.0210

breccia 角砾岩 02.0175

bridge plug 桥塞 05.0534

bridle 电缆连接器 04.0312

brighten out effect 远道增强效应 03.0865

bright spot 亮点 03.0871

bright stock 光亮油 07.0140

brine displacement 盐水顶替 05.0513

brittle rock 脆性岩石 05.0137

brittle temperature 脆化温度 08.0349

broadside refraction shooting 非纵剖面折射法 03.0332

broadside T spread 非纵丁字形排列 03.0507

broken foreland basin 破裂前陆盆地 02.0138

bromine index 溴指数 07.0324

bromine number 溴价 07.0323

bromine value 溴价 07.0323

brush progradation configuration 帚状前积结构
　02.0884

B-subduction B型俯冲 02.0109

BSW 沉积物和底水 10.0028

BTX aromatics 混合芳烃 08.0020

bubble cap tower 泡帽塔 07.0420

bubble flow 泡状流 06.0577

bubble point 泡点 01.0092

bubble point curve 泡点曲线 01.0093

bubble point pressure 饱和压力，* 泡点压力
　06.0172

bubble ratio 气泡比 09.0074

bubbling effect 气泡效应 09.0055

bubbling reactor 鼓泡反应器 08.0468

bucking current 屏蔽电流 04.0123

bucking current ratio 屏流比 04.0126

bucking electrode 屏蔽电极 04.0122

buckling-up-installing wellhead 扣装法抢装井口
　05.0456

building angle 增斜 05.0337

building asphalt 建筑沥青 07.0239

build up 增斜 05.0337

build up rate 增斜率 05.0346

bulge 孔腹 06.0064

bulk cement control valve 灰量调节阀 09.0410

bulk cement storage tank 储灰罐 11.0524

bulk cement truck [散装]运灰车 11.0523

bulk density 体积密度 04.0178

bulk facility [散装水泥]吹灰装置 09.0428

bulk polymerization of ethylene 乙烯本体法聚合
　08.0115

bulk polymerization of propylene 丙烯本体法聚合
　08.0118

bulk polymerization of VC 氯乙烯本体聚合
　08.0121

bulk polymerizer 本体聚合釜 08.0487

bulk room 散装[材料]舱 09.0373

bulk transfer 散装转运 10.0217

bumper block 防碰块 09.1033

bumper jar 下击器 05.0614

bumper sub 震击器 05.0612， 缓冲接头
　05.0621

buoyancy 浮力 02.0663

buoyant turret mooring 浮式转塔系泊 09.0517

buoy dropping boat 抛标艇 09.0016

buried focus 地下焦点 03.0835

buried focus effect 地下聚焦[效应] 03.0836

buried hill hydrocarbon reservoir 潜山油气藏
　02.0705

burned region 已燃区 06.1020

burner boom 燃烧臂 09.0711

burning front 燃烧前缘 06.1019

burning property 燃烧性 07.0306

butadiene 丁二烯 08.0205

butadiene-styrene-acrylonitrile polymerization 苯乙
　烯－丁二烯 丙烯腈聚合 08.0125

butadiene-styrene block copolymerization 丁二烯
　苯乙烯嵌段共聚 08.0124

butane dehydrogenation 丁烷脱氢 08.0058

1,4-butanediol 1,4 丁二醇 08.0162

2-butanol dehydrogenation 2－丁醇脱氢 08.0062

2-butene 2－丁烯 08.0195

butene 丁烯 08.0196

butterfly valve 蝶阀 07.0438

buttress casing thread 套管偏梯形螺纹 11.0670

butylene dehydrogenation 丁烯脱氢 08.0060

butylene oxidation 丁烯氧化 08.0067

butyl rubber 丁基橡胶 08.0316

butyraldehyde 丁醛 08.0190

γ- butyrolactone γ－丁内酯 08.0200

bypassed oil area 滞油区 06.0431

by-pass valve 旁通阀 11.0575

by-pass valve for drill stem test 钻杆测试旁通阀
　11.0590

C

cable 电缆 03.0479

cable communication system 电缆传输系统 04.0331

cable drilling 顿钻 05.0032

cable guard 电缆护罩 06.0708

cable head 电缆头 04.0313

cable layer 敷缆船 09.0452

cable oil 电缆油 07.0186

cable stretch 电缆张力 04.0314

cable-suspended pump 电缆悬挂泵 06.0709

cable-tool〔rig〕 冲击钻机，＊顿钻钻机 11.0014

cadinane 杜松烷 02.0465

caesium frequency standard 铯频标 09.0113

CAI 牙形石色变指数 02.0410

caisson 沉箱 09.0504

caisson type christmas tree 沉箱式采油树 09.0685

calcined coke 煅烧焦 07.0243

calcium bentonite 钙膨润土 05.0217

calcium contamination 钙侵 05.0207

calcium remover 除钙剂 12.0115

calcium soap base grease 钙基润滑脂 07.0205

calcium treated drilling fluid 钙处理钻井液 05.0163

calc-nannofossil identification 钙质超微化石鉴定 02.0989

calculated length 计算长度 10.0180

calculated pump rate 计算排量 05.0299

calibration pit 刻度井 04.0082

calibration tail 刻度线 04.0081

calibration tank 标定罐 10.0212

calibrator 刻度器 04.0083

caliper 井径仪 04.0360

C_{16} alkylamine C_{1-6}烷基胺 08.0219

CALM 悬链锚腿系泊 09.0510

calorific capacity of natural gas 天然气发热量 01.0067

camera 照相盒 03.0519

camera hoisting equipment 〔水下〕摄象机起下装置 09.0306

canal launching way 水渠发送道 10.0444

canning 灌桶 10.0219

canning transfer 桶装转运 10.0218

cantilever jack-up rig 悬臂自升式钻井平台，＊悬臂自升式钻井船 09.0188

cantilever mast 前开口井架 11.0136

cantilever self-elevating platform 悬臂自升式钻井平台，＊悬臂自升式钻井船 09.0188

cantilever well module 悬臂式井口模块 09.0317

capacitance drainage 电容排流 10.0385

capacitance model 流容模型 06.0062

capacitor oil 电容器油 07.0187

cap bead 盖面焊道 10.0407

capillary displacement ratio 毛细管准数，＊毛细管数，＊临界驱替比 06.0125

capillary hysteresis 毛细管滞后特征 06.0118

capillary interstice 毛细管空隙 02.0567

capillary number 毛细管准数，＊毛细管数，＊临界驱替比 06.0125

capillary pressure curve 毛细管压力曲线 06.0104

capillary viscometer 毛细管粘度计 10.0052

caprock 盖层 02.0579

caprolactam 己内酰胺 08.0228

capsizing lever 倾覆力臂 09.0238

capsizing moment 倾覆力矩 09.0237

capstan 绞盘 09.0376

carbene 碳青质，＊卡宾 02.0310

carbide theory 碳化物论 02.0325

carboid 高碳青质 02.0311

carbonated water flooding 碳酸水驱 06.0982

carbonate platform 碳酸盐台地 02.0271

carbonate reservoir 碳酸盐岩类储集层 02.0527

carbonate rock 碳酸盐岩 02.0177

carbon dioxide extinguisher 二氧化碳灭火器 09.0968

carbon dioxide fire extinguishing system 二氧化碳灭火系统 09.0969

carbon dioxide flooding 二氧化碳驱 06.1007

carbon fibre 碳纤维 08.0331

carbon isotope 碳同位素 02.0517

carbonization 碳化作用 02.0377

carbon/oxygen log 碳氧比测井 04.0192

carbon preference index 碳优势指数 02.0411

carbon ratio 定碳比 02.0407

carboxylate surfactant 羧酸盐型表面活性剂 12.0004

carboxylic styrene butadiene latex 羧基丁苯胶乳 08.0323

carboxymethylation 羧甲基化 12.0085

carboxymethyl cellulose 羧甲基纤维素 12.0042

carboxymethyl-hydroxyalkylation 羧甲基－羟烷基化 12.0089

carboxymethyl hydroxyethyl cellulose 羧甲基羟乙基纤维素 12.0044

carboxymethyl starch 羧甲基淀粉 12.0046

cargo master panel 货油舱总监控盘 09.0875

cargo master system 货油舱总监控系统 09.0896

cargo pump 装卸油泵 10.0232

cargo tank cleaning heater 油舱清洗加热器 09.0844

cargo tank cleaning machine 洗舱机 09.0842

car launching way 小平车发送道 10.0445

carotane 胡萝卜烷 02.0476

carotenoid 类胡萝卜素 02.0477

carrier bed 输导层 02.0604

cartridge turbodrill 支承节式涡轮钻具 11.0562

cascade migration 串联偏移 03.0779

cascade tray 阶梯式塔板 07.0423

cased-hole logging 套管井测井 04.0054

casing 套管 11.0642

casing caliper log 套管内径测井 04.0359

casing centralizer 套管扶正器 05.0515

casing clamps 套管卡子 11.0726

casing collapse 套管破裂 06.0942

casing collar 套管接箍 11.0657

casing collar locator 套管接箍定位器 04.0414

casing coupling 套管接箍 11.0657

casing elevator 套管吊卡 11.0714

casing elevator-spider 套管吊卡盘 11.0724

casing fill-up equipment 套管灌泥浆装置 05.0537

casing grade 套管钢级 05.0531

casing grip 套管卡子 11.0726

casing hanger 套管悬挂器 11.0355

casing head 套管头 11.0354

casing head housing 套管头总成 09.0353

casing head spool 套管头四通 11.0376

casing long-thread 套管长圆螺纹 11.0669

casing packing fluid 套管封隔液 05.0274

casing patch 套管补贴 06.0939

casing-pressure gas-lift valve 套管压力气举阀，＊套压气举阀 11.0479

casing programme 井身结构 02.0791

casing repair 套管修复 06.0940

casing roller 套管胀管器 05.0620

casing round thread 套管圆螺纹 11.0667

casing running 下套管 05.0514

casing short-thread 套管短圆螺纹 11.0668

casing sidetracking 套管开窗 05.0314

casing spider 套管卡盘 11.0722

casing test string 套管测试管柱 11.0587

casing tongs 套管钳 11.0710

casing wave 套管波，＊管波 03.0589

casing wear 套管损坏 06.0941

Cassini gravity formula 卡西尼重力公式 03.005'

casting moulding 浇铸成型法 10.0326

catagenesis 后生作用，＊晚期成岩作用 02.016'

catalyst support 催化剂载体 08.0403

catalytic cracking 催化裂化 07.0057

catalytic cracking catalyst 催化裂化催化剂 07.0263

catalytic distillation 催化蒸馏 07.0081

catalytic gasoline 催化[裂化]汽油 07.0110

catalytic reforming 催化重整 07.0069

catalytic reforming catalyst 催化重整催化剂 07.0270

catenary anchor leg mooring 悬链锚腿系泊 09.0510

catenary shape profile 悬链线剖面 05.0315

cathead [of drawworks] [绞车]猫头 11.0113

cathodic-anodic corrosion inhibitor 阴极－阳极型缓蚀剂 12.0202

cathodic corrosion inhibitor 阴极型缓蚀剂 12.0200

cathodic disbonding 阴极剥离 10.0338

cathodic field 阴极场 10.0379

cathodic polarization 阴极极化 10.0361

cathodic protection 阴极保护 10.0294

cathodic protection current density 阴极保护电流密度 10.0295

cathodic protection station 阴极保护站 10.0364

cathodoluminescence microscopy 阴极发光 02.1006

cation-exchange capacity 阳离子交换能力 04.0268

cationic macromolecular demulsifier 阳离子型高分子破乳剂 12.0273

cationic-nonionic surfactant 阳离子－非离子型表面活性剂 12.0030

cationic polymer 阳离子型聚合物 12.0078

cationic surfactant 阳离子型表面活性剂 12.0010

catshaft 猫头轴 11.0110

causal wavelet 因果子波 03.0696

caustic coefficient 碱系数 12.0222

caustic washing 碱洗 07.0097

caustobiolith 可燃有机岩 02.0187

cavern water cushion 洞罐水垫层 10.0478

cavitation 气蚀 10.0120

cavitation jet 气蚀射流，＊空化射流 05.0084

cedarane 雪松烷 02.0466

cellar 圆井 05.0020

cellar deck 底甲板 09.0277

cellar shutdown panel 井口系统关断盘 09.0879

cellulose acetate 乙酸纤维素 08.0298

cellulose nitrate 硝酸纤维素 08.0297

cementation 胶结作用 02.0534

cementation factor 胶结指数 04.0045

cementation type 胶结类型 02.0535

cement basket 水泥伞 05.0520

cement blender 水泥搅拌器 11.0520

cement bond log 水泥胶结测井 04.0215

cement-casing interface 水泥套管交界面 05.0507

cement channeling 水泥窜槽 05.0545

cement cut mud 水泥浆－泥浆污染 05.0543

cement evaluation log 水泥[胶结]评价测井 04.0216

cement-formation interface 水泥地层交界面 05.0508

cementing 固井 02.0792

cementing collar 注水泥接箍 05.0536

cementing equipment 固井设备 11.0492

cementing pump 水泥泵 11.0500

cementing truck 水泥车 11.0499

cementing unit room 固井设备舱 09.0370

cementing vessel 固井船 09.0197

cement-mortar lining 水泥砂浆衬里 10.0315

cement packing property 水泥封隔性能 05.0499

cement pit 水泥池 11.0521

cement plug 水泥塞 05.0466

cement retainer 水泥承转器 05.0511

cement shoe 水泥鞋 05.0535

cement slurry 水泥浆 05.0473

cement slurry density 水泥浆密度 05.0494

cement slurry rheology 水泥浆流变学 05.0497

cement slurry thickening time 水泥浆稠化时间 05.0498

cement-spacer-mud compatibility 水泥浆－泥浆隔离液配伍性 05.0533

cement squeeze 挤水泥 05.0465

cement strength 水泥强度 05.0474

center electrode 主电极 04.0117

center hang-off structure 中心悬挂结构 09.0315

center of buoyancy 浮心 09.0260

center of floatation 漂心 09.0261

centi-lane 百分巷 09.0117

central data recording unit 中央数据记录仪 09.0065

centralizer 扶正器 04.0059

central processing platform 中心处理平台 09.0464

central treating station 集中处理站 10.0020

central water flooding 中心注水 06.0411

centrifugal filter 离心过滤机 08.0537

centrifugal method 离心法[测毛细管压力] 06.0126

cepstrum 同态谱，＊对数谱 03.0716

CERES 综合回声测距与测深 09.0666

ceresin 地蜡 07.0231

ceresine 地蜡 07.0231

cetane index 十六烷指数 07.0341

cetane number 十六烷值 07.0340

cetane number testing machine 十六烷值机 07.0470

C_4 fraction C_4馏分 08.0015

C_4 fractionation C_4分离 08.0048

C₅ fraction　C₅馏分　08.0016

chain chaser　捞锚钩　09.0390

chain drive pumping unit　链条抽油机　11.0429

chain drive rig　链条传动钻机　11.0020

chain locker　锚链舱　09.0384

chain pipe　锚链管　09.0385

chain stopper　制链器　09.0287

chain tensioner　锚链张紧器　09.0530

chair display　椅状显示　03.0891

chamber installation　箱式装置　06.0615

chamber lift　箱式气举,＊替换室气举　06.0610

channel flow　渠道流　06.0077

channel-lag deposit　河床滞留沉积　02.0209

channelling　窜槽　06.0938

channel wave　槽波,＊导波　03.0320

chaotic cement　杂乱胶结　02.0539

chaotic configuration　杂乱结构　02.0895

chaotic progradation configuration　杂乱前积结构
　02.0885

character　波形特征　03.0356

characteristic curve of centrifugal pump　离心泵特性
　曲线　10.0119

characteristic curve of pipeline　管路特性曲线
　10.0118

chargeability　极化率　03.0246

charge pump　灌注泵　11.0243

charophyta identification　轮藻鉴定　02.0987

chart reader　读卡仪　11.0605

chase boat　护航船　09.0018

check block　[螺纹牙高]校正试块　11.0694

check piece　检查样片　11.0697

check shot　地震测井　03.0409

check sum　总和校验　09.0182

check valve　止回阀,＊单向阀　11.0301

chemical corrosion　化学腐蚀　10.0257

chemical degradation　化学降解　12.0097

chemical desalting　化学脱盐　07.0037

chemical displacement model　化学驱模型　06.0342

chemical flooding model　化学驱模型　06.0342

chemical injection package　化学剂注入组块
　09.0574

chemical injection system　化学药剂注入系统
　09.1027

chemical injection truck　化学剂注入车　11.0406

chemical modification　化学改性　12.0081

chemical paraffin control　化学防蜡　12.0137

chemical paraffin removal　化学清蜡　12.0143

chemical resistance　耐化学性　08.0364

chemical sand control　化学防砂　12.0130

chemical seal　化学密封　09.0817

chemical stability　化学稳定性　12.0100

chemical tracer　化学示踪剂　12.0263

chemical water shut off　化学堵水　06.0895

chip hold down effect　压持效应　05.0148

chirp　连续变频信号　03.0568

chlorination unit　加氯装置　06.0730

chlorine log　氯测井　04.0186

chlorite　绿泥石　05.0227

chloroacetic acid　氯乙酸　08.0147

chlorobenzene　氯苯　08.0240

chloroform bitumen　氯仿沥青　02.0319

chloroform bitumen "A" method　氯仿沥青"A"法
　02.1054

chloroparaffin　氯化石蜡　07.0237

chloroprene　氯丁二烯　08.0165

chloroprene rubber　氯丁橡胶　08.0318

choke　油嘴　06.0568

choke pressure　节流压力　05.0429

choke pressure loss　嘴损压力　06.0753

cholestane　胆甾烷　02.0443

christmas tree　采油树　11.0398,　采气树
　11.0399

chromatographic analysis　色谱分析　02.1008

chrono stratigraphic unit　年代地层单位　02.0923

chronostratigraphy　年代地层学　02.0836

churn drill　冲击钻机,＊顿钻钻机　11.0014

circle mode　＊圆圆方式　09.0105

circle observation　圆形观测　03.0477

circular shale shaker　圆形钻井振动筛　11.0254

circular structure　环形构造　02.0970

circulating system of rig　钻机循环系统　11.0200

circulating valve　循环阀　11.0489

circulation flow reactor　环流反应器　08.0474

circulation loss　井漏　05.0214

circulation port　循环孔　06.0866

circumferential acoustilog　环形声波测井　04.0219

cis-1, 4-polybutadiene rubber　顺丁橡胶　08.0314

clarificant for injection water　注入水净化剂　12.0188

class A Portland cement　A 级波特兰水泥　05.0482

class G cement　G 级水泥　05.0480

classification survey　入级检验　09.0222

clastic reservoir　碎屑岩类储集层　02.0526

clastic rock　碎屑岩　02.0171

clathrate separation　络合分离　08.0044

Claus sulfur recovery　克劳斯硫回收法　10.0091

Claus tail-gas clean-up　克劳斯尾气处理　10.0097

clay acid　粘土酸　12.0156

clay blocking　粘土堵塞　05.0272

clay contamination　粘土侵　05.0205

clay content　粘土含量　04.0256

clay dehydration　粘土脱水作用　02.0623

clay indicator　粘土指示　04.0259

clay lattice expansion　粘土晶格膨胀　05.0256

clay mineral analysis　粘土矿物分析　02.0978

clay stabilizer　粘土稳定剂　12.0209

claystone　粘土岩　02.0181

clay swelling　粘土膨胀　05.0253

clay treating　白土精制　07.0105

clay treatment　白土精制　07.0105

clay water　粘土水　04.0043

cleaness　清洁度　08.0344

clean formation　纯净地层　04.0020

clean sand model　纯砂岩模型　04.0252

cleanup additive　助排剂　12.0168

clean water surge tank　净化水缓冲罐　09.0782

clear brine　清洁盐水　05.0254

clear derrick height　井架有效高度　11.0050

clip　绳卡　11.0130

CLM　阴极发光　02.1006

close compaction stage　紧密压实阶段　02.0619

closed circuit potential　[牺牲阳极]闭路电位　10.0374

closed cup flash point tester of petroleum products　油品闭口闪点测定仪　07.0450

closed [gas-lift] installation　闭式[气举]装置　06.0614

closed-in casing pressure　关井套管压力　05.0428

closed-in drill-pipe pressure　关井钻杆压力　05.0425

closed mud disposal system　闭式泥浆处理系统　11.0294

closed drain tank　闭式排放罐　09.0813

closed solid control system　闭式固控系统　11.0248

closed type power fluid system　闭式动力液系统　06.0694

close in　关井　05.0422

closing ratio　关井比　05.0446

closure　闭合度　02.0724

closure area　闭合面积　02.0723

closure azimuth　闭合方位　05.0349

cloud point　浊点　01.0055

clustered well heads　丛式井口　09.0318

clustered well template　丛式井基盘　09.0311

cluster well　丛式井　05.0307

clutter　地物干扰　09.0161

CMC　羧甲基纤维素　12.0042

CMP　共中心点　03.0752

CMP gather　共中心点道集　03.0751

CMP sorting　共中心点选排, *抽共中心点道集　03.0637

CMP stack　共中心点叠加　03.0753

CN　硝酸纤维素　08.0297

CO₂ compressor　二氧化碳压缩机　08.0531

coagulant　混凝剂　12.0190

coagulant aid　助凝剂　12.0191

coagulant removal tank　凝聚除油罐　11.0488

coalescer　聚结隔油器　09.0775

coal-genetic gas　煤成气　02.0502

coaliferous gas　煤型气　02.0501

coal-measure gas　煤系气　02.0503

coal seam gas　煤层气　02.0504

coal tar pitch coating　煤焦油沥青防腐层　10.0317

coaly　煤质　02.0363

coastal dune　海岸沙丘　02.0232

coastal onlap　湖岸上超　02.0853

coated tubing　涂料油管　06.0892

coating　覆盖层　10.0296

coating agent　涂层剂　08.0443

coaxial cylinder rotational viscometer　同轴圆筒旋转粘度计　10.0050

CO combustion promoter 一氧化碳助燃剂 07.0280

coefficient of anisotropy 各向异性系数 03.0224

coefficient of lateral pressure 侧压系数 05.0145

coefficient of permeability variation 渗透率变异系数 06.0038

coercive force 矫顽力 03.0157

coexisting water saturation 共存水饱和度 06.0072

coherence 相干性 03.0354

coherent noise 相干噪声 03.0378

coil array 线圈系 04.0142

coil magnetometer 感应式磁力仪，*线圈式磁力仪 03.0186

coke chamber 焦炭塔 07.0418

coke cleaning 清焦 08.0038

coke cleaning period 清焦周期 08.0039

coke zone 结焦带 06.1021

coking 结焦 08.0037

coking still 焦化釜 07.0390

cold bending machine 冷弯弯管机 10.0426

cold filter plugging point 冷滤点 07.0342

cold pressing dewaxing 冷榨脱蜡 07.0052

cold test run 冷运[转] 10.0463

cold work 冷工作业 09.0986

collar locator 接箍定位器 04.0380

collecting area 集油面积 02.0683

collet connector 套筒连接器 09.0361

collinite 无结构镜质体 02.0354

collision mat 堵漏垫 09.0406

colloidal dispersant-type profile control agent 胶体分散体型调剖剂 12.0252

colloid stability 胶体安定性 07.0304

colorant 着色剂 08.0414

color code 色标 03.0877

color-composite image 彩色合成图象 02.0953

color display 彩色显示 03.0876

color imagery 彩色合成图象 02.0953

colority 色度 07.0349

colour fastness 色牢度 08.0356

colour fastness to light 耐光色牢度 08.0358

colour fastness to perspiration 耐汗渍色牢度 08.0360

colour fastness to rubbing 耐摩擦色牢度 08.0357

colour fastness to washing 耐洗色牢度 08.0359

colour fastness to weathering 耐气候色牢度 08.0361

colouring stabilizer 固色剂 08.0434

combination collar 转换接箍 11.0659

combination coupling 转换接箍 11.0659

combination drill 冲击旋转钻机 11.0015

combination drilling rig 冲击旋转钻机 11.0015

combination flooding 复合驱 06.0989

combination logging 组合测井 04.0025

combined balance system 混合平衡 06.0628

combined echo ranging and echo sounding 综合回声测距与测深 09.0666

commercial hydrocarbon reservoir 商业油气藏，*工业油气藏 01.0016

commercial oil and gas flow 商业油气流 02.0811

commingled oil producing well 合采井 06.0540

commingled water injection well 合注井 06.0539

commissioning trial 试运投产 10.0131

common-cell sorting 共面元选排，*抽共面元道集 03.0803

common-conversion point gather 共转换点道集 03.0671

common midpoint 共中心点 03.0752

common midpoint stack 共中心点叠加 03.0753

common-offset section 共炮检距剖面 03.0638

common receiving point gather 共接收点道集 03.0670

common shot point gather 共炮点道集 03.0669

communication umbilical 通信集成管 09.0602

commutated current 换向电流 03.0227

compact core bit 聚晶[复合片]金刚石取心钻头 11.0338

compaction 压实[作用] 02.0615

compaction correction 压实校正 04.0209

compass section 罗经段 09.0086

compatibility 配伍性，*相容性 12.0234

compensated densilog 补偿地层密度测井 04.0172

compensated density log 补偿地层密度测井 04.0172

compensated formation density log 补偿地层密度测井 04.0172

compensated neutron log 补偿中子测井 04.0174

completion fluid 完井液 05.0266

completion program 完井方案 02.0809

completion riser 完井[隔水]立管 09.0321

complex lithology 复杂岩性 04.0021

complex lithology reservoir 复杂岩性储层 04.0276

complex sigmoid-oblique configuration S形斜交复合结构 03.0899

complex soap base grease 复合皂基润滑脂 07.0204

complex trace 复数道 03.0614

compliant section 柔性段 09.0081

compliant structure 顺应式结构 09.0482

component analysis 组分分析 02.1000

composite basin 复合型盆地 02.0140

composite compressibility of reservoir 储层综合压缩系数，＊弹性容量 06.0041

composite declining rate 综合递减率 06.0450

composite drive 综合驱动 06.0366

composite pipe 复壁管 10.0447

composite produced gas-oil ratio 综合生产气油比 06.0492

composite production test device 油井综合测试仪 04.0374

composite reflection 复合反射波 03.0413

composite water cut 综合含水率 06.0493

compositional model 组分模型 06.0339

compositional simulator 组分模拟器，＊α-模型 06.0340

composition of natural gas 天然气组成 06.0149

compound-balanced pumping unit 复合平衡抽油机 11.0421

compound blender 复式混合器 11.0519

compound chain box 链条并车箱 11.0065

compound drive 联合驱动 11.0058

compound logging 综合录井 05.0283

compound rod string 多级抽油杆柱，＊组合抽油杆柱 06.0667

compound turbodrill 复式涡轮钻具 11.0561

comprehensive log interpretation 测井综合解释 04.0245

compressibility 压缩系数，＊压缩率 06.0040，[可]压缩性 07.0291

compressibility factor expressed by three parameters 三参数压缩系数 06.0153

compression 挤压作用 02.0039

compression platform 压缩机平台 09.0465

compression ratio 压缩比 10.0106

compression refrigeration 压缩致冷 10.0066

compressive strength 抗压强度 05.0490

compressive strength of rock 岩石抗压强度 05.0133

compressive stress 压[缩]应力 02.0036

compressor oil 压缩机油 07.0147

compressor station 压气站 10.0105

compressor surging 压缩机喘振 10.0107

computerized dynamometer 计算机化动力仪 06.0967

computerized logging unit 计算机控制测井仪，＊数控测井仪 04.0326

concave 凹陷 02.0065

concentration corrosion cell 浓差腐蚀电池 10.0287

concentration polarization 浓度极化 10.0289

concentric circle observation 同心圆观测 03.0478

concentric tubing string installation 同心油管柱装置 06.0618

concentric tubing workover rig 同心管式修井机 11.0540

concordance 整一 02.0846

concrete platform 混凝土平台 09.0470

concrete weight coating 混凝土加重层，＊混凝土连续覆盖层 10.0448

condensate 凝析油 01.0040

condensate drum 冷凝液罐 09.0786

condensate gas 凝析气 01.0069

condensate gas reservoir 凝析气藏 02.0720

condensate in-place 凝析油储量 02.1043

condensate removal [from natural gas] 天然气脱油 06.0946

condensate reservoir development 凝析气藏开发 06.0374

condensation catalyst 缩合催化剂 08.0390

condensed oil 凝析油 01.0040

condensed section 缓慢沉积剖面，＊饥饿剖面 02.0864

conditioning 净化 10.0080

conductive bed 低电阻层 04.0022

conductivity structure 电导率结构 03.0276

conductor head assembly 导管头总成 09.0349

conductor installation platform 导管安装台 09.0717

cone and plate viscometer 锥板粘度计 10.0051

cone offset [钻头]牙轮偏移距 11.0340

cone penetration 锥入度 07.0366

cone penetrometer of lubricating grease 润滑脂锥入度测定仪 07.0466

cone roof tank 锥顶油罐 10.0203

confined area 承压区 02.0642

confined head 承压水头 02.0638

confined water 承压水 02.0647

confining pressure 围压 05.0146

confluence point 汇流点 10.0390

conformity 整合 02.0100

conglomerate 砾岩 02.0174

coning model 锥进模型 06.0350

connecting-tripping device 脱接器 11.0439

connection rod 连杆 11.0210

conodont alteration index 牙形石色变指数 02.0410

conodont identification 牙形石鉴定 02.0984

Conradson carbon residue 康氏残炭 07.0346

consistency coefficient 稠度系数 01.0118

consistometer 稠度仪 05.0234

constant flow control valve 恒流量控制阀 06.0695

constant pressure check valve 定压单流阀 06.0916

constant reflection angle section 等反射角剖面 03.0866

construction tunnel 施工巷道 10.0473

constructive delta 建设性三角洲 02.0243

constructive interference 相长干涉 03.0842

contact angle 接触角 06.0090

contact angle hysteresis 接触角滞后 06.0096

contact cement 接触胶结 02.0538

contemporaneous fault 同生断层 02.0084

continental accretion 大陆增生 02.0121

continental drift 大陆漂移 02.0119

continental facies 陆相 02.0231

continental margin 大陆边缘 02.0116

continent-crust type basin 陆壳型盆地 02.0151

continent-marginal delta basin 大陆边缘三角洲盆地 02.0133

continent-marginal faulted basin 大陆边缘断陷盆地 02.0132

continuation 延拓 03.0033

continuity 连续性 03.0359

continuous catalytic reforming 连续催化重整 07.0073

continuous flowmeter 连续流量计 04.0367

continuous gas-lift 连续气举 06.0606

continuous gas-lift equipment 连续气举设备 11.0481

continuous gas-lift valve 连续气举阀 11.0474

continuous reeled tubing 柔性连续油管, *连续卷盘油管 11.0655

continuous rod rig 柔杆钻机 11.0016

continuous stirred tank reactor 连续搅拌[反应]器 08.0466

continuous survey 循环检验 09.0223

contorted configuration 扭曲形结构 02.0892

contourite mound seismic facies 等深流丘状地震相 03.0903

contraction ratio of insulating gel 绝缘胶收缩率 07.0381

control head 控制头 11.0599

controllable drilling parameter 钻井可控参数 05.0109

controlled source audio-frequency magnetotelluric method 可控源声频大地电磁法 03.0278

control manifold 控制管汇 11.0371

control of well kick and blowout 井涌井喷控制 05.0430

control system of rig 钻机控制系统 11.0296

controllable sub 可控弯接头 05.0406

control well 控制井, *对比井 05.0108

convection section 对流段 08.0035

conventional air-tube friction clutch 普通型气胎离合器 11.0070

conventional array 常规组合 09.0044

conventional beam-pumping unit 常规式游梁抽油机 11.0412

conventional core analysis 常规岩心分析 06.0004

conventional electric logging 普通电阻率测井 04.0091

conventional water injection 正注 06.0739

conventional well-flushing 正洗 06.0923

convergence pressure 收敛压力 06.0176

convergent boundary 会聚边界 02.0114

converted wave 转换波 03.0315

convex 凸起 02.0064

convolution 褶积, *卷积 03.0023

cooler 冷却器 08.0509

coordination number 配位数 06.0117

copper strip corrosion tester of petroleum products 油品铜片腐蚀试验仪 07.0459

coprostane 粪甾烷 02.0446

core barrel 岩心筒 05.0548

core bit 取心钻头 11.0334

core catcher 岩心爪 05.0554

core cutting by hydraulic pressure 液压割断岩心 05.0552

core cutting by mechanical loading 机械加压割断岩心 05.0553

core diameter 岩心直径 05.0557

cored interval 取心井段 05.0558

core drilling 取心钻进 05.0551

core drilling rig 取心钻机 11.0010

core facies 岩心相 02.0919

core flow test 岩心流动试验 05.0260

core gripper 岩心爪 05.0554

core logging 岩心录井 02.0799

core recovery 岩心收获率 05.0562

core slicer 切割式井壁取心器 04.0408

coring 取岩心 05.0547

coring bit 取心钻头 11.0334

coring drilling with keep-up pressure 保压取心 05.0566

coring drilling with long core barrel 长筒取心 05.0565

coring equipment 取心设备 05.0559

coring footage 取心进尺 05.0046

coring formation 取心地层 05.0560

coring hole 取心井 02.0777

coring operation 取心作业 05.0563

coring rig 取心钻机 11.0010

coring screwdrill 取心螺杆钻具 11.0576

coring tool 取心工具 05.0564

coring turbodrill 取心涡轮钻具 11.0559

coring weight 取心钻压 05.0561

Coriolis effect 科里奥利效应 03.0089

correction for magnetic direction 磁方位校正 05.0388

correlation curve 对比曲线 04.0234

correlation ghost 相关虚象 03.0578

correlation interval 对比长度 04.0235

correlation logging 对比测井 04.0026

correlation window 相关窗口 03.0741

correlative refraction method 对比折射法 03.0334

correlator 相关器 03.0575

corridor stack 走廊叠加 03.0591

corrosion allowance 腐蚀裕量 09.1028

corrosion cell 腐蚀电池 10.0286

corrosion depth 腐蚀深度 10.0252

corrosion environment 腐蚀环境 10.0249

corrosion inhibitor for acidizing fluid 酸液缓蚀剂 12.0161

corrosion inhibitor for drilling fluid 钻井液缓蚀剂 12.0104

corrosion inhibitor for injection water 注入水缓蚀剂 12.0199

corrosion potential 腐蚀电位 10.0291

corrosion product 腐蚀产物 10.0251

corrosion rate 腐蚀速率 10.0253

corrosion resistance 耐蚀性 10.0254

corrosion system 腐蚀体系 10.0250

corrugated plate interceptor 波纹板隔油器 09.0576

cost of prospecting well 探井成本 02.0819

cosurfactant 助表面活性剂 12.0238

Couette flow 库埃特流 10.0056

counterbalance 平衡重 11.0418

counter balance effect 平衡效应, *有效平衡值 06.0633

counter balance torque 平衡扭矩 06.0630

counter current 逆流 09.0059

coupling 接箍 11.0656

coupling agent 偶合剂 12.0133

coupling movement 耦合运动 09.0648

coupon 检查片 10.0352

CPBR 顺丁橡胶 08.0314

CPF system 闭式动力液系统 06.0694

CPI 碳优势指数 02.0411，波纹板隔油器 09.0576

CR 氯丁橡胶 08.0318

cracking gas compressor 裂解气压缩机 08.0528

crane barge 起重船 09.0448

crane vessel 起重船 09.0448

crank 曲柄 11.0213

crank balance 曲柄平衡，*旋转平衡 06.0625

crank-balanced pumping unit 曲柄平衡抽油机 11.0420

crank-guide blue elephant 曲柄连杆无游梁抽油机 11.0426

crankshaft 曲柄轴 11.0212

craton 克拉通 02.0053

crawl pipe cutter 爬行切管机 10.0425

crest water flooding 顶部注水 06.0410

crevasse-splay deposit 决口扇沉积 02.0213

crevice corrosion 缝隙腐蚀 10.0265

crew noise 邻队[激发]干扰 03.0384

cricondenbar 临界凝析压力 01.0087

cricondentherm 临界凝析温度 01.0086

crimp percentage 卷曲率 08.0375

critical condensate parameter [of natural gas] 天然气临界凝析参数 06.0159

critical damping 临界阻尼 03.0486

critical detector-source spacing 零源距 04.0063

critical distance 临界距离 03.0342

critical flow prover 临界流速流量计 06.0948

critical point 临界点 01.0081

critical pressure 临界压力 01.0085

critical reflection 临界反射 03.0436

critical release factor of oil and gas 排烃临界值，*油气临界释放因子 02.0612

critical salt concentration 临界盐度 05.0265

critical state 临界状态 01.0082

critical temperature 临界温度 01.0084

critical volume 临界体积 01.0083

critical well depth 临界井深 05.0103

crooked-hole 弯曲井眼 05.0353

crooked-hole area 易井斜地区 05.0355

crooked line seismic 弯线地震 03.0596

cross array 十字排列装置 03.0260

cross-curves of stability 稳性交叉曲线 09.0244

cross flow 漫流 05.0086，层间窜流，*层间越流 06.0249

crosshead 十字头，*滑块 11.0211

crosshole seismic 井间地震 03.0598

crossing current 横流 09.0060

crossline direction 横线方向 03.0808

crosslinking 交联 12.0094

crosslinking agent 交联剂 08.0412

cross-over distance 超越[点]距离 03.0343

crossplot technique 交会图技术 04.0286

cross shooting method 十字放炮法 03.0609

cross spread 十字排列 03.0508

cross threading 错扣 05.0592

crown block 天车 11.0119

crown-block protector 天车防碰装置 11.0132

crown-block saver 天车防碰装置 11.0132

CRP gather 共反射点道集 03.0750

crude assay 原油分析 01.0041

crude cooler 原油冷却器 09.0795

crude heat exchanger 原油换热器 09.0772

crude oil 原油 01.0029

crude oil analysis 原油分析 01.0041

crude oil dehydration 原油脱水 10.0022

crude oil demulsification 原油破乳 10.0026

crude oil evaluation 原油评价 01.0042

crude oil purification 原油净化 10.0021

crude oil stabilization 原油稳定 10.0030

crude suction strainer 原油吸入滤器 09.0799

crustal movement 地壳运动 02.0026

cryogenic separation 深冷分离 08.0042

crystalline basement 结晶基底 02.0047

crystalline reservoir 结晶岩类储集层 02.0528

crystalline water 结晶水 02.0624

CSAMT 可控源声频大地电磁法 03.0278

CSDP 井口系统关断盘 09.0879

cultural interference 工业干扰 03.0254

cumene 异丙苯 08.0232

cumene oxidation 异丙苯氧化 08.0072

cumulative distribution curve of particle size 粒度累积分布曲线 06.0012

cumulative edge water invasion 边水侵入量 06.0470

cumulative injection-production ratio 累积注采比 06.0528

cumulative oil production 累积产油量 06.0490

cumulative produced gas-oil ratio 累积生产气油比 06.0491

cumulative production 累积产量 02.1050

cumulative water injection volume 累积注水量 06.0499

cumulative water production 累积产水量 06.0489

cup packer 皮碗式封隔器 06.0907

Curie point 居里点 03.0166

Curie temperature 居里点 03.0166

curing agent 固化剂 12.0132

current density 电流密度 03.0226

current efficiency [牺牲阳极]电流效率 10.0372

current reservoir pressure 目前油藏压力 06.0457

current status of exploitation 开采现状图 06.0441

curve displacement 高程差 04.0232

curve grid 曲线网格 06.0327

curve of maximum convexity 最大凸度曲线 03.0362

curve of statical stability 静稳性曲线 09.0239

cushion sub 缓冲接头 05.0621

cutinite 角质体 02.0349

cutoff 截止值 04.0298

cut-off effect 截断效应 03.0271

cutter teeth 牙轮齿 11.0315

cut thread 造扣 05.0593

cutting area 切割区 06.0418

cutting content 钻屑含量 05.0189

cutting distance for flooding 切割距 06.0417

cutting logging 岩屑录井 02.0800

cutting oil 切削油 07.0181

cutting gas 岩屑气 02.0313

cutting transportation ratio 岩屑运移比 05.0105

cut wire blasting 喷金属丝段 10.0309

cycle skip 周波跳跃 04.0207

cyclic SRCA 旋回式生储盖组合 02.0586

cyclohexane 环己烷 08.0222

cyclohexane oxidation 环己烷氧化 08.0069

cyclohexanol 环己醇 08.0223

cyclohexanone 环己酮 08.0224

cyclohexanone oxime synthesis 环己酮肟化法 08.0105

cyclone centrifugal separator 旋流离心分离器 06.0696

cyclone separator 旋流离心分离器 06.0696, 旋流分离器 07.0436

cyclopentadiene 环戊二烯 08.0209

cylinder liner 缸套 11.0216

cylinder oil 汽缸油 07.0226

cylindrical furnace 圆筒炉 07.0385

cylindrical tank 立式圆柱形油罐 10.0201

D

daily oil production 日产油量 06.0484

daily production capacity 日产能力 06.0485

daily tank 日常油柜 09.0291

damage factor 污染系数 06.0296

damage ratio 污染比 06.0298

damage stability 破损稳性 09.0230

dampener 减震器 09.0816

damper 减震器 09.0816

damper oil 减震器油 07.0224

damper reset valve 防火风门复位开关 09.0948

damping 阻尼 03.0485

Darcy flow 达西渗流 06.0188

Darcy law 达西定律 02.0576

Darcy viscosity 达西粘度 06.0180

data acquisition [野外]数据采集 03.0005

data acquisition unit 数据采集单元 09.0066

data editing 数据编辑 03.0633

data interpretation 资料解释, *数据解释 03.0025

data link 数据链 09.0138

data processing 数据处理 03.0019

data reduction 数据换算 03.0018

data volume 数据体 03.0885

datum bed 标准层 02.0796

datum level 基准面 06.0310

datum pressure 折算油藏压力，＊基准面压力 06.0455

3D calculation 三维计算 03.0115

DC drive rig 直流电驱动钻机 11.0024

dc-exponent method dc 指数法 05.0451

DC interference 直流干扰 10.0377

3D data processing 三维数据处理 03.0800

DDMU 数字距离测量装置 09.0139

dead cathead 上卸扣猫头，＊死猫头 11.0114

dead-end pore 盲孔，＊闭端孔隙 06.0067

dead line 死绳 11.0128

deadline 死绳 11.0128

deadline anchor 死绳固定器 11.0129

dead load capacity 水龙头额定静载荷 11.0196

dead oil 脱气油 06.0137

dead oil area 死油区 06.0432

dead space 防冲距 06.0690

deaeration tower 脱氧塔 06.0727

deaeration vacuum unit 脱氧真空装置 06.0728

dearsenicator 脱砷塔 08.0518

death line 死亡线 02.0387

debris flow deposit 碎屑流沉积 02.0202

debubbling 去气泡 03.0650

decanting centrifuge 沉降式离心机，＊倾析式离心机 11.0279

decentralizer 偏心器 04.0057

deck crane 甲板吊车 09.0288

deck water seal unit 甲板水封装置 09.0849

declination 磁偏角 03.0129

decline exponent 递减指数 06.0446

decline factor 递减系数 06.0447

declining rate 递减率 06.0448

decoloration 脱色 07.0096

decolorizing 脱色 07.0096

decomposition gas of inorganic salt 无机盐类分解气 02.0494

deconvolution 反褶积 03.0024

decreased resistance invasion 减阻侵入 04.0113

dedolomitization 去白云石化作用 02.0544

deep bed seawater filter 深床式海水过滤器 09.0592

deep drilling 深井钻井 05.0011

deep freeze compressor 深冷压缩机 09.0845

deep investigation induction log 深感应测井 04.0138

deep investigation laterolog 深侧向测井 04.0120

deep processing 深度加工 07.0001

deep pyrometric gas-genous stage 深部高温生气阶段 02.0381

deep-sea plain basin 深海平原盆地 02.0145

deep source gas 深源气 02.0489

deepwater gravity tower 深水重力塔 09.0549

deep-water onlap 深水上超 02.0854

deep water seismic 深海地震勘探 09.0005

deepwater terminal 深水[装卸油]终端 09.0551

deep-water toplap 深水顶超 02.0852

deep well 深井 05.0004

deep well anode 深井阳极 10.0367

deep well pump 抽油泵，＊深井泵 11.0440

deethanation 脱乙烷 08.0046

deflecting tool 造斜工具 05.0393

deflocculant for drilling fluid 钻井液解絮凝剂 12.0107

defoaming 消泡 10.0073

degassed oil 脱气油 06.0137

degasser 除气器 11.0276

degassing 脱气 07.0036

degassing property 析气性 07.0290

degree of reserve recovery 采出程度 06.0479

degree of water injection 油藏注水程度 06.0525

dehydration 脱水 07.0035

dehydration catalyst 脱水催化剂 08.0392

dehydration preheater 脱水预热器 09.0744

dehydration tank 脱水舱 09.0745

dehydration tower 脱水塔 08.0490

dehydrator 脱水器 11.0305

dehydrogenation 脱氢 07.0082

dehydrogenation catalyst 脱氢催化剂 08.0386

delayed coking 延迟焦化 07.0084

delay time 延迟时，＊截距时 03.0344

delay time method 延迟时法 03.0813

delineation well 探边井 02.0783

deliverability testing 产能试井 06.0254

delta-carbon method △碳法 02.0820

delta facies 三角洲相 02.0238

delta front　三角洲前缘　02.0241

delta front sheet sand　三角洲前缘席状砂　02.0248

deltaic front　三角洲前缘　02.0241

deltaic plain　三角洲平原　02.0240

delta plain　三角洲平原　02.0240

demagnetization　消磁　03.0158

demethanation　脱甲烷　08.0045

demobilization　[海上工程船舶]复员　09.0656

demodulation　解调　03.0536

demonstrated reserves　探明储量，*证实储量
02.1035

demulsifier　破乳剂　12.0269

demulsifier for oil-in-water emulsion　水包油乳状液
破乳剂　12.0270

demulsifier for water-in-oil emulsion　油包水乳状液
破乳剂　12.0271

demultiplex　[多路]解编　03.0628

dense phase pipelining　密相输送　10.0010

densimeter　流体密度计　04.0378，泥浆密度
计，*泥浆天平　05.0235

density calibration block　密度测井刻度块　04.0180

density contrast　密度差　03.0065

density log　密度测井　04.0171

density-temperature coefficient　密度温度系数
07.0328

dephasing　零相位化　03.0689

depocenter　沉积中心　02.0188

deposition　沉积作用　02.0164

depositional cycle　沉积旋回　02.0166

depositional environment map　沉积环境图
02.0921

depositional system　沉积体系　02.0193

depression　坳陷　02.0063

depropanization　脱丙烷　08.0047

depth controller　深度控制器，*定深器　09.0091

depth datum　深度基准　04.0321

depth delay　深度延迟　04.0320

depth encoder　深度编码盘　04.0323

depth match　深度对齐，*深度匹配　04.0322

depth-measuring system　深度测量系统　04.0311

depth migration　深度偏移　03.0760

depth of investigation　探测深度　03.0030

depth rule　深度法则　03.0109

depth scale　深度比例　04.0087

depth section　深度剖面　03.0764

depth to center　中心点[线]深度　03.0110

depth transducer　深度传感器　09.0084

dereverberation　去交混回响，*去鸣震　03.0644

dermal toxicity　皮肤毒性　09.1030

derrick　井架　11.0133

derrick base size　[井架]下底尺寸　11.0169

derrick erecting truck　井架安装车　11.0529

derrick floor　钻台　11.0155

derrick guy　井架绷绳　11.0163

derrick installation　井架安装　05.0022

derrick leg　井架大腿　11.0151

derrick member　井架构件　11.0150

derrick substructure　井架底座　11.0140

derrick top size　[井架]上底尺寸　11.0168

derusting grade　除锈等级　10.0311

desalination unit　海水脱盐装置　09.0590

desalter　脱盐罐　07.0425

desander　除砂器　11.0274

desanding　除砂　10.0076

desert drilling　沙漠钻井　05.0012

desert dune　沙漠沙丘　02.0234

desert facies　沙漠相　02.0223

desert rig　沙漠钻机　11.0011

desilter　除泥器　11.0275

desired output　期望输出　03.0712

deskew　偏斜消除　09.0153

desorption rate　脱附量　04.0352

destructive delta　破坏性三角洲　02.0244

destructive interference　相消干涉　03.0843

desulfurization　脱硫　10.0081

desulfurization plant　脱硫厂　10.0090

desulphurization catalyst　脱硫催化剂　08.0402

desulphurization unit　脱硫装置　08.0515

detachment fault　滑脱断层，*挤离断层　02.0095

detailed prospecting　详探　02.0747

detailed prospecting well　详探井　02.0782

detail survey　详查　03.0007

detector　探测器　04.0067

detergent　洗涤剂，*清净剂　08.0430

detergent additive　清净添加剂　07.0255

detergent alcohol　洗涤剂醇　08.0217

deterministic deconvolution　确定性反褶积　03.0672

deterministic reservoir modeling　确定性储层模拟　02.0841

detonating cord　导爆索　03.0469

detrital rock　碎屑岩　02.0171

developed proven reserves　已开发探明储量　02.1037

development drilling　开发钻井　05.0009

development model　开发方式　06.0379

development regime　开发方式　06.0379

development reserves　开发储量　02.1036

development sequence　开发程序　06.0380

development stage　油田开发阶段　06.0381

development well　开发井　02.0785

deviation bit　造斜钻头　11.0323

deviation control　井斜控制　05.0376

dewatering　脱水　07.0035

dew point　露点　01.0088

dew point curve　露点曲线　01.0089

dew point pressure　露点压力　06.0170

d-exponent　d 指数　05.0300

dextral rotation　右旋　02.0044

dextran　生物葡聚糖　12.0074

DHI　直接油气显示　02.0762

diachronism　穿时性　02.0926

diagenesis　成岩作用　02.0168

diagenetic fracture　成岩裂缝　02.0562

diagenetic trap　成岩圈闭　02.0677

diagnostic technique [pumping well]　抽油井诊断技术　06.0687

diagnostic tests　诊断检测　09.0070

3-dial gage instrument　三表量表　11.0696

diamagnetism　抗磁性　03.0163

diamond bit　金刚石钻头　11.0330

diamond core bit　金刚石取心钻头　11.0336

diaphragm valve　薄膜调节阀　09.0819

diapir anticline hydrocarbon reservoir　底辟背斜油气藏　02.0692

diapiric structure　底辟构造, ＊刺穿构造　02.0078

dichloroethane　二氯乙烷　08.0151

dichloroethane oxychlorination　二氯乙烷氧氯化　08.0110

dielectric dissipation factor　介电损耗因子, ＊介电损失角正切　07.0358

dielectric log　介电测井　04.0151

dielectric strength　介电强度, ＊击穿强度　07.0359

diesel engine oil　柴油机油　07.0154

diesel filter coalescer　柴油过滤净化装置　09.0862

diesel fuel　柴油　07.0124

diesel oil tank　柴油舱　09.0381

diethyl benzene　二乙苯　08.0253

diethylene glycol　二乙二醇　08.0136

diethyl ether　乙醚　08.0149

difference between downhole flowing pressure and saturation pressure　[油井]流饱压差　06.0462

difference between reservoir pressure and injection pressure　注水压差　06.0463

difference between reservoir pressure and saturation pressure　地饱压差　06.0461

differential accumulation　差异聚集　02.0681

differential aeration cell　充气差异电池　10.0288

differential caliper log　微差井径曲线　04.0361

differential hydraulic pump　差动式水力活塞泵　11.0468

differential liberation　差异分离, ＊多级脱气　06.0164

differential pressure control valve　差压控制阀　09.0830

differential pressure sticking　压差卡钻　05.0211

differential receiver statics　接收点相对静校[量]　03.0822

differential shot statics　炮点相对静校[量]　03.0821

differential temperature survey　微差井温测井　04.0358

differential thermal analysis　差热分析　02.0979

differentiated waveform　微分波形　03.0415

diffracted reflection　绕射反射波, ＊衍射反射波　03.0366

diffraction curve　绕射曲线, ＊衍射曲线　03.0363

diffraction force　绕射力　09.0651

diffraction function　绕射函数, ＊衍射函数　03.0655

diffraction summation　绕射求和, ＊衍射求和

03.0770

diffraction wave tomography 绕射波层析成象，
  *衍射波层析成象 03.0607

diffuser 扩散管 06.0701

diffusing electric field 扩散电场 03.0219

diffusion 扩散 02.0664

diffusion depth 扩散深度 03.0294

diffusion pump oil 扩散泵油 07.0150

digital distance measurement unit 数字距离测量装
  置 09.0139

digital instruments 数字仪器 03.0545

digital logging recorder 数字磁带测井记录仪
  04.0317

digital recording 数字录制 03.0015

digital recording logging unit 数字记录测井仪
  04.0325

digital recording system 数字仪器 03.0545

digital streamer 数字等浮电缆 09.0077

digital transmission 数字传输 03.0482

diisocyanate 二异氰酸酯 08.0187

dilatant fluid 胀流型流体 01.0108

dilational wave 纵波，*压缩波，*P波
  03.0310

diluted oil pipelining 稀释输送 10.0046

dimensionless wellbore storage factor 无因次井筒贮
  存系数 06.0305

dimethyl acetamide 二甲基乙酰胺 08.0131

dimethyl cyclopentane 二甲基环戊烷 02.0513

dimethyl formamide 二甲基甲酰胺 08.0130

dimethyl silicone polymer 聚二甲基硅氧烷
  12.0066

dimethyl terephthalate 对苯二甲酸二甲酯
  08.0256

dimming out effect 远道变弱效应 03.0864

dimple 表层速度异常 03.0824

dim spot 暗点 03.0872

dip angle 地层倾角 04.0228

dip azimuth angle 倾斜方位角 04.0231

dip filtering 倾角滤波 03.0661

diphenyl 联苯 08.0243

diphenyl ether 二苯醚 08.0237

dip line 主测线 03.0452

dip log 地层倾角测井 04.0225

dipmeter log 地层倾角测井 04.0225

dip moveout 倾角时差 03.0357， 倾角时
  差校正 03.0749

dipole electric sounding 偶极[电]测深 03.0211

dipole length 偶极子长度 03.0280

dipole moment 偶极矩 03.0140

dipole shear sonic imager 偶极横波声波成象仪
  04.0212

dip-slip fault 倾向滑动断层 02.0093

direct current method 直流电法 03.0207

direct electric drainage 直接排流 10.0382

direct hydrocarbon indication 直接油气显示
  02.0762

direct-indicating viscometer 直读粘度计 05.0249

directional bit 定向钻头 11.0322

directional charge 定向药包 03.0466

directional control 方位控制 05.0357

directional correction 方位校正 05.0365

directional drilling 定向钻井 05.0333

directional drilling method 定向钻法 10.0435

directional permeability 方向渗透率 06.0032

directional well 定向井 05.0305

directional well survey 定向井测量 05.0380

direction of closure 闭合方位 05.0349

directivity graph 方向特性图 03.0398

direct recording 直接录制 03.0527

direct wave 直达波 03.0327

discharge area 泄水区 02.0643

discharge performance relationship curve 流出动态曲
  线，*DPR曲线 06.0261

discharge pressure 排出压力 11.0234

discharge pulsation dampener 排出空气包 11.0245

disconformity 假整合 02.0102

disconnectable mooring system 可解脱式系泊系统
  09.0514

discordance 非整一 03.0894

discovery well 发现井 02.0781

disc type air actuated friction clutch 盘式气动离合
  器 11.0072

dispersed bitumen 分散沥青 02.0322

dispersed drilling fluid 分散钻井液 05.0154

dispersed gas floatator 分散气浮选器 09.0776

dispersed organic matter 分散有机质 02.0335

dispersed shale 分散泥质 04.0050

dispersing agent 分散剂 08.0456

dispersion 频散 03.0321

dispersion equation 频散方程 03.0791

dispersion relation 频散关系 03.0790

displaced phase 被驱替相 06.0994

displacement 驱替 06.0110，排量 11.0229

displacement characteristics curve 驱替特征曲线 06.0442

displacement efficiency 驱油效率 06.0976

displacement fluid 顶替液 05.0527

displacement kill method 置换压井法 05.0420

displacement meter 容积式流量计 10.0037

displacement oil ratio 油驱比，＊润湿指数，＊阿玛特油驱指数 06.0111

displacement pressure 排替压力 02.0582，顶替压力 05.0495

displacement water ratio 水驱比，＊阿玛特水驱指数 06.0112

displacing phase 驱替相，＊注入相 06.0993

display 显示 03.0613

disproportionation catalyst 歧化催化剂 08.0394

disrupted configuration 断开结构 02.0893

dissolution 溶解作用 02.0540

dissolved cavern 溶洞 02.0558

dissolved fracture 溶缝 02.0559

dissolved gas 溶解气 02.0289

dissolved hydrocarbon 溶解烃 02.0315

dissolved pore 溶孔 02.0554

distal bar 远沙坝 02.0246

distance of zero mark 零长 04.0086

distillate 馏分，＊馏分油 07.0011

distillate treating 馏分油精制 07.0094

distillation apparatus of petroleum products 油品蒸馏测定仪 07.0448

distillation range 馏程 07.0308

distillation tower 蒸馏塔 07.0405

distortion forerunner 先至虚象 03.0579

distortion tail 后至虚象 03.0580

distress signal 遇险呼救信号 09.1003

distributed instrument 分布式仪器 03.0563

distribution ratio of sonde 电极系分布比 04.0125

ditching machine 挖沟机 10.0429

diterpene 二萜 02.0473

divergent boundary 离散边界 02.0113

divergent configuration 发散结构 02.0894

divergent density 离散密度 09.0179

diversion excavation method 导流开挖法 10.0441

diver support vessel 潜水作业船 09.0456

diverter 分流器 09.0350

diverting agent 转向剂 12.0171

diverting stream line 分流线 06.0210

divided deck 分隔式筛框 11.0268

diving bell 潜水钟 09.0665

diving pump 潜水泵 09.0367

Dix formula 迪克斯公式 03.0446

DMO 倾角时差校正 03.0749

docking sonar system 入港声呐系统 09.1019

dodecene 十二烯 08.0213

dodecyl benzene 十二烷基苯 08.0238

dog house 井场值班房 05.0018

dog leg severity 全角变化率 05.0339，井眼曲率 05.0352

dolomite 白云岩 02.0179

dolomitization 白云石化作用 02.0543

dolostone 白云岩 02.0179

dolphin 系缆桩 09.0532

dome 穹窿 02.0074

dome roof tank 拱顶油罐 10.0204

domestic sea water pump 生活海水泵 09.0865

dominant frequency 主频，＊优势频率 03.0360

Doppler sonar 多普勒声呐 09.0143

dosing pump 比例泵 10.0233

dot chart 点子量板 03.0114

double 双根 05.0073

double-acting hydraulic pump 双作用式水力活塞泵 11.0469

double-acting sucker rod pump 双作用抽油泵 11.0445

double boat method 双船法 03.0476

double core barrel 双层取心筒 05.0549

double deck pontoon 双盘浮船 10.0452

double drum drawworks 双滚筒绞车 11.0087

double joint 双根 05.0073

double pipe crystallizer 套管结晶器 07.0441

double pipe heat exchanger 套管换热器 07.0395

double pipeline　复线　10.0146

double plug cement head　双塞水泥头　05.0540

double-ply pump　双联抽油泵　11.0450

double porosity　双重孔隙度　06.0019

double porosity system　双重孔隙系统　06.0243

double ram type BOP　双闸板防喷器　11.0361

double screw extruder　双螺杆挤出机　08.0533

double shaft inertia shaker　双轴惯性振动筛
　11.0252

double source double streamer method　双源双缆法
　03.0475

double source single streamer method　双源单缆法
　03.0473

double-square-root equation　双平方根方程
　03.0792

double streamer single source method　双缆单源法
　03.0474

doublet reflectivity　偶极子反射率　03.0414

double-wall drill pipe　双壁钻杆　11.0614

double wing control head　双翼控制头　11.0601

downgoing wave　下行波　03.0585

down hill welding　下向焊　10.0403

downhole axial flow turbine-pump unit　井下轴流涡
　轮泵　06.0703

downhole choke　井下配水嘴　06.0743

downhole dynagraph　井下示功图　06.0684

downhole electric heater　井下电热器　06.0888

downhole electronic pressure bomb　井下电子压力计
　06.0955

downhole gas-oil separator　井下油－气分离器
　06.0674

downhole instrument　井下仪器　06.0950

downhole measurement　井下测量　06.0951

downhole motor　井下动力钻具，＊井下马达
　11.0552

downhole motor drilling　井下动力钻具钻井
　05.0398

downhole operation　井下作业　06.0928

downhole sampler　井下取样器　06.0178

downhole steam generator　井下蒸汽发生器
　11.0546

downhole tool　测井下井仪　04.0014

downhole vibrating wire strain gauge　井下振弦压力
计　06.0956

downhole water flow regulator　井下配水器
　06.0742

downlap　下超　02.0855

downstream relative permeability　下游相对渗透率
　06.0332

downstream sand injector　泵后加砂装置　11.0517

downsweep　降频扫描　03.0570

downward continuation　向下延拓　03.0035

draft mark　吃水标志　09.0263

drag bit　刮刀钻头　11.0328

drag fold　牵引褶皱　02.0076

dragline-type shovel　拉铲　10.0430

drag reducer for crude oil　原油减阻剂　12.0278

drag reducer for fracturing fluid　压裂液减阻剂
　12.0186

drag reduction　减阻　10.0058

drag reduction by polymer　聚合物减阻　10.0040

drainage　排驱　06.0108

drainage area　泄油面积，＊井区　06.0240

drainage area shape factor　泄油面积形状因子
　06.0242

drainage boundary　泄油边界，＊泄油边缘
　06.0239

drainage capillary pressure curve　排驱毛细管压力曲
　线　06.0115

drainage pattern　水系格局　02.0972

drainage point　排流点　10.0365

drainage radius　泄油半径　06.0241

drain hole　泄油井　05.0312

drape anticline hydrocarbon reservoir　披盖背斜油气
　藏　02.0694

drape fold　披覆褶皱，＊披盖褶皱　02.0077

draught gauge　吃水标尺　09.0874

drawing compound　拉拔润滑剂　07.0180

drawworks　绞车　11.0081

drawworks drum speeds　绞车[滚筒]挡数　11.0046

dredger　挖泥船　09.0453

drift　零点漂移　03.0083，漂移　09.0257

drift correction　零点漂移校正　03.0086

drillability of rock　岩石可钻性　05.0149

drill collar　钻铤　11.0632

drill collar groove　钻铤卸荷槽　11.0640

drill collar stiffness 钻铤刚度 11.0638

driller's console 司钻控制台 11.0117

driller's method 二次循环法，*司钻法 05.0419

driller house 司钻房 09.0290

drill-hole inclination plan 井斜平面图 02.0806

drilling 钻进 05.0049

drilling at circulation break 干钻 05.0064

drilling bit 钻头 11.0310

drilling collision 井眼相碰 05.0390

drilling conditions 钻井条件 09.0208

drilling control console 钻井控制台 05.0287

drilling data acquisition unit 钻井数据采集装置 05.0276

drilling data base 钻井数据库 05.0279

drilling data processing 钻井数据处理 05.0277

drilling data system 钻井数据系统 05.0275

drilling dry 干钻 05.0064

drilling engineering 钻井工程 01.0005

drilling engineering simulation 钻井工程模拟 05.0120

drilling engineering simulator 钻井工程模拟器 05.0121

drilling fluid 钻井液 05.0151

drilling fluid circulation system 钻井液循环系统 05.0095

drilling fluid cleaning system 固相控制系统，*固控系统，*泥浆净化系统 11.0246

drilling fluid column pressure 井眼液柱压力 05.0412

drilling fluid flowmeter 钻井液流量计 05.0442

drilling fluid line 泥浆管线 11.0290

drilling fluid logging 钻井液录井 05.0282

drilling fluid return line 钻井液流出管 05.0432

drilling fluid rheology 钻井液流变性 05.0241

drilling footage 钻井进尺 05.0045

drilling in 钻入生产层 05.0069

drilling-in completion fluid 钻开油层完井液 05.0271

drilling information 钻井信息 05.0280

drilling instrument 钻井仪表 05.0284

drilling line 钻井钢丝绳 11.0125

drilling method 钻井方法 05.0030

drilling module 钻井模块 09.0547

drilling monitor system 钻井监测系统 05.0292

drilling motor 钻井动力机 11.0028

drilling parameter 钻井参数 05.0051

drilling parameter sensoring unit 钻井参数传感装置 05.0281

drilling program 钻井程序 05.0026

drilling pump 钻井泵，*泥浆泵 11.0201

drilling rate logging 钻速录井 02.0803

drilling recorder unit 钻井记录仪 09.0289

drilling rig 钻机 11.0002

drilling ship 浮式钻井船 09.0191

drilling site 井场 05.0015

drilling spool 钻井四通 11.0375

drilling state 钻井状态 09.0207

drilling technology 钻井技术 05.0050

drilling template 钻井基盘 09.0347

drilling tender ship 钻井辅助船 09.0196

drilling theory 钻井理论 05.0029

drilling-time logging 钻时录井 02.0802

drilling with optimized parameter 优选参数钻井 05.0043

drilling tool twisting off 断钻具 05.0570

drill-off test 钻速试验 05.0119

drill pipe 钻杆 11.0607

drill pipe elevator 钻杆吊卡 11.0713

drill pipe grade 钻杆级别 11.0678

drill pipe inspection 钻杆检查 11.0677

drill pipe safety valve 钻杆安全阀 11.0380

drill pipe sticking 卡钻 05.0604

drill pipe straightener 钻杆校直装置 11.0701

drill pipe sub 钻杆接头 11.0617

drill returns log 气测井 04.0337

drill-seismic facies section 钻井－地震相剖面图 02.0920

drillship 浮式钻井船 09.0191

drill stem test 钻杆测试 11.0582

drill stem testing tools 钻杆测试工具 11.0579

drill string behavior 钻柱特性 11.0641

drimane 补身烷 02.0467

drip condenser 水淋冷凝器 07.0401

drive energy 驱动能量 06.0357

drive group of rig 钻机驱动机组 11.0057

drive group substructure 驱动机组底座 11.0149

drive index 驱动指数 06.0469

drive type of reservoir 油藏驱动类型 06.0356

driving voltage 驱动电压 10.0375

drop angle 降斜 05.0341

drop-in check valve 投入式止回阀 09.0303

drop off 降斜 05.0341

drop-off interval 降斜井段 05.0348

drop-off rate 降斜率 05.0347

dropping point 滴点 07.0370

dropping point tester of lubricating grease 润滑脂滴点测定仪 07.0467

drop point 滴点 07.0370

DRS 接收点相对静校[量] 03.0822

drum 滚筒 11.0088, 主滚筒 11.0089

drum brake 主刹车 11.0092

drum shaft 滚筒轴 11.0109

dry basis 折干计算 09.0423

dry blasting 干喷射 10.0304

dry chemical extinguisher 干粉灭火器 09.0966

dry gas 干气 01.0059

drying agent 干燥剂 08.0445

drying coefficient 干燥系数 02.0516

drying tower of cracking gas 裂解气干燥塔 08.0495

dry point 干点 07.0312

dry-type automatic sprinkler system 干式自动喷洒灭火系统 09.0918

dry-type tree 干式采油树 09.0682

3D seismic 三维地震 03.0608

2D seismic 二维地震 03.0595

DSS 炮点相对静校[量] 03.0821

DST 钻杆测试 11.0582

DTA 差热分析 02.0979

dual frequency operation 双频操作 09.0124

dual horsehead unit 双驴头装置 11.0423

dual induction log 双感应测井 04.0137

dual laterolog 双侧向测井 04.0119

dual-line subsurface safety valve 双线控制井下安全阀 09.0614

dual-mineral model 双矿物模型 04.0262

dual-permeability system 双重渗透系统 06.0244

dual plunger sucker rod pump 双柱塞抽油泵 11.0446

dual polarity display 双极性显示 03.0875

dual porosity 双重孔隙度 06.0019

dual-porosity method 双孔隙度法 04.0271

dual-porosity model 双重孔隙度模型 04.0277

dual-porosity system 双重孔隙系统 06.0243

dual shale shaker 双联振动筛 11.0256

dual shear seal 双剪切密封件 09.0903

dual streamers 双[等浮]电缆 09.0088

dual tandem shaker 双层振动筛 11.0255

dual tubing packing 双管封隔器 06.0873

dual tubing production 双管采油 06.0712

dual tubing wellhead 双油管采油井口 11.0393

dual valve pump 双层阀抽油泵 11.0448

dual water model 双水模型 04.0254

dual well 双筒井 05.0309

ductility tester of petroleum asphalt 石油沥青延伸度测定仪 07.0476

dulling agent 消光剂 08.0436

dummy load resistance 替载电阻 03.0228

duplex double action pump 双缸双作用泵 11.0206

duration of well-flushing 洗井时间 06.0757

durene 均四甲苯 08.0261

dust removal 除尘 10.0083

3D velocity analysis 三维速度分析 03.0805

dyeability 可染性 08.0377

dyeing and printing auxiliary 印染助剂 08.0433

dynagraph 示功图 06.0681

dynamical stability lever 动稳性力臂 09.0246

dynamic derrick 动态井架, *动力井架 11.0139

dynamic filtration 动滤失量 05.0181

dynamic fluid loss test 动态滤失试验 06.0805

dynamic fracture size 动态裂缝尺寸 06.0815

dynamic image analysis 动态图象分析 02.0966

dynamic liquid level 动液面 02.0653

dynamic load 悬点动载荷 06.0640

dynamic-positioning 动力定位 09.0561

dynamic-positioning drillship 动力定位浮式钻井船 09.0193

dynamic-positioning rig 动力定位钻井船 09.0192

dynamic-positioning semisubmersible rig 动力定位半潜式钻井船 09.0194

dynamic pressure of jet 射流动压力 05.0088

dynamic range 动态范围 03.0535

dynamic simulation of acid-rock reaction 酸－岩反应
动力模拟 06.0781

dynamic viscosity 动力粘度 01.0119

dynamometer 动力仪 06.0963

dynamometer card 示功图 06.0681

E

early production system 早期生产系统 09.0670

early strength cement 早强水泥 05.0478

early time resistivity 前期电阻率 03.0291

early water flooding 早期注水 06.0393

earth filtering 大地滤波，＊地层滤波 03.0426

earth resources technology satellite 地球资源技术卫
星 02.0944

earth response function 地响应函数 03.0262

easy-to-crook hole area 易井斜地区 05.0355

Eaton method 伊顿法 05.0455

ebullated bed reactor 沸腾床反应器 08.0467

ebullated dryer 沸腾干燥器 08.0520

eccentering arm 偏心器 04.0057，推靠器
04.0315

eccentric sub 偏心短节 11.0569

eccentric water distributor 偏心配水器 06.0763

echometer 回声仪 06.0968

eddy-current type geophone 涡流式检波器
03.0489

edge water 边水 02.0730

edge water drive 边水驱动 06.0368

effective distance of live acid 酸液有效作用距离
06.0778

effective gas-oil ratio 有效气油比 06.0593

effective isopach 等有效厚度图 06.0425

effective permeability 有效渗透率，＊相渗透率
06.0028

effective porosity 有效孔隙度 02.0571

effective power 水力功率，＊水功率 11.0239

effective response for water flood 注水见效
06.0516

effective screening area 有效筛面 11.0262

effective source bed 有效烃源层 02.0395

effective stress 有效应力 05.0147

effective thickness of expulsion hydrocarbon 有效排
烃厚度 02.0614

effective trap 有效圈闭 02.0675

effective [water] injection pressure 有效注水压力
06.0752

effective wellbore radius 油井折算半径，＊油井有
效半径 06.0299

effect of induced polarization 激发极化效应，＊激电
效应 03.0241

effect of reservoir boundary on pressure behavior 压
力动态边界效应 06.0288

efficiency of mercury withdrawal 退汞效率
06.0124

efficiency of the pumping unit 抽油机效率
06.0651

elastic drive 弹性驱动 06.0358

elasticity of mooring 系泊弹性 09.0523

elastic medium 弹性介质 03.0306

elastic modulus of rock ［岩石］弹性模量 05.0128

elastic mooring line 弹性系泊索 09.0524

elastic water drive 弹性水压驱动 06.0361

electrical dehydrator 电脱水器，＊电破乳器
10.0027

electrical demulsifier 电脱水器，＊电破乳器
10.0027

electrical drawworks 电驱动绞车 11.0084

electrical logging 电测井 04.0089

electrically stimulated source 电激发源 04.0076

electrical prospecting 电法勘探 03.0204

electrical support module 电气辅助设备模块
09.0559

electrical survey 普通电阻率测井 04.0091

electrical zero 电零 04.0085

electric arc drilling 电弧钻井 05.0037

electric blasting cap 电雷管 03.0467

electric cable of submersible pump 潜油泵电缆
11.0464

electric capstan 电动绞盘 09.0734

electric drainage by grounding 接地排流 10.0381

electric drive rig 电驱动钻机 11.0022

electric field 电场 03.0225

electric-hydraulic control center 电液控制中心 09.0292

electric log 电测井 04.0089

electric powered hose reel 电动软管卷盘 09.0343

electric power tongs 电动动力钳 11.0708

electric sensor 电[场]敏感器 03.0259

electric submersible centrifugal pump 电动潜油离心泵 06.0705

electric submersible membrane pump 电潜隔膜泵 11.0466

electric submersible pump 电动潜油泵, *电潜泵 06.0704

electric submersible pump performance curve 电潜泵特性曲线 06.0706

electric submersible single screw pump 电潜单螺杆泵 11.0465

electric tracing 电伴热 10.0042

electrochemical corrosion 电化学腐蚀 10.0256

electrochemical protection 电化学保护 10.0292

electrochlorination unit *电解氯化装置 09.0593

electrode array 电极排列, *电极装置 03.0212, 电极系 04.0092

electrode polarization 电极极化 10.0285

electrode potential 电极电位 10.0283

electrode resistance 电极电阻 03.0217

electrodrill 电动钻具 11.0578

electrofacies 电相 04.0296

electrofining 电精制 07.0099

electrohydraulic control system 电-液控制系统 09.0952

electrolytic antifouling system 电解法防[海生物]污着系统 09.1026

electromagnetic brake 电磁刹车 11.0105

electromagnetic eddy current brake 电磁涡流刹车 11.0106

electromagnetic propagation log 电磁波传播测井 04.0152

electromagnetic shaker 电磁振动筛 11.0257

electromagnetic sounding 电磁法测深 03.0285

electromagnetic thickness tool 电磁测厚仪 04.0381

electron density index 电子密度指数 04.0179

electronic cartridge 电子线路短节 04.0070

electronic mud tester 泥浆电阻率测定器 04.0336

electronic probe microscopy 电子探针 02.1005

electron spin resonance signal 电子自旋共振信号 02.0417

electrorefining 电精制 07.0099

electrostatic desalting 电脱盐 07.0038

electrostatic double layer 双电层, *偶电层 01.0126

electrostatic separator 静电分离器 08.0498

electrothermal paraffin removal 电热清蜡 06.0887

electrothermal paraffin vehicle 电热清蜡车 11.0403

elemental loop 单元环 04.0145

element analysis 元素分析 02.0999

element correlation 元素对比 02.0758

element number 单元码 09.0150

elevated tank 高架罐 10.0214

elevation correction 高程校正 03.0090

elevation head 高程水头 02.0639

elevator 吊卡 11.0712

elevator links 吊环 11.0124

elimination of burst noise 去野值 03.0635

ellipse polarization 椭圆极化 03.0265

emergence angle 出射角 03.0432

emergency air reservoir 应急空气罐 09.0885

emergency ballast control system 应急压载控制系统 09.0901

emergency BOP recovery system 防喷器应急回收系统 09.0907

emergency light 应急灯 09.0898

emergency planning 应急计划制订 09.0897

emergency radio system 应急无线电系统 09.1017

emergency shutdown interlock and sequence 应急关断联锁程序 09.0893

emergency shutdown system 应急关断系统 09.0612

emergency switch board 应急开关柜 09.0900

emitter coil 发射线圈 04.0143

EMT 泥浆电阻率测定器 04.0336

emulsibility 乳化性 07.0287

emulsified acid 乳化酸 12.0152

emulsified asphalt 乳化沥青 07.0240

emulsified bitumen 乳化沥青 07.0240

emulsified hydraulic fluid 乳化型液压液 07.0173

emulsion-breaking voltage 破乳电压 05.0196

emulsion inhibitor 防乳化剂 12.0164

emulsion polymerization of VC 氯乙烯乳液聚合 08.0120

emulsion tank 乳化油舱 09.0749

emulsion transfer pump 乳化油输送泵 09.0750

encapsulating tree [水下用]隔水采油树 09.0691

end-correction 尾端校正 03.0116

end effect 端点效应 06.0105

end-of-file mark 记录终了标志 03.0559

end-on spread 单边排列 03.0503

end point 终馏点 07.0311

energizer 增能剂 12.0169

energy beam 能量束 09.0164

energy spectrometer 能谱仪 02.1022

engineer's method 等待加重法，＊工程师法 05.0418

engineering geotechnical vessel 工程地质船 09.0446

engineering log 工程测井 04.0346

engineering vessel 工程船舶 09.0444

engine oil 发动机油 07.0151

engine room 动力舱，＊机舱 09.0285

Engler viscometer of petroleum products 油品恩氏粘度测定仪 07.0455

Engler viscosity 恩氏粘度 07.0351

enhanced oil recovery 提高采收率，＊强化采油 06.0969

enhanced water injection 强化注水 06.0422

enriched gas drive 富气驱 06.1006

enriched gas injection 注富气 06.1005

enriching agent 富化剂 12.0242

environmental correction 环境校正 04.0132

environment stress cracking 环境应力开裂 10.0339

EOF 记录终了标志 03.0559

eolian deposit 风成沉积 02.0224

EOR 提高采收率，＊强化采油 06.0969

epeiric sea 陆表海 02.0274

epeirogeny 造陆运动 02.0030

epichlorohydrin 环氧氯丙烷 08.0178

epichlorohydrin hydration 环氧氯丙烷水合 08.0082

epicontinental sea 陆表海 02.0274

epigenesis 后生作用，＊晚期成岩作用 02.0169

epithermal neutron log 超热中子测井 04.0184

EPM 电子探针 02.1005，二元乙丙橡胶 08.0319

epoxy coal tar pitch coating 环氧煤沥青防腐层 10.0318

epoxy resin 环氧树脂 08.0303

epoxy resin powder coating 环氧树脂粉末防腐层 10.0322

EPS 可发性聚苯乙烯 08.0279，早期生产系统 09.0670

EPT 三元乙丙橡胶 08.0320

equation for drilling rate 钻速方程 05.0113

equation of phase state 相态方程 06.0167

equatorial axis of source dipole [场]源偶极子赤道轴 03.0289

equilibrium contact angle 平衡接触角 06.0097

equilibrium dew point 平衡露点 01.0091

equilibrium-flash-vaporization curve 平衡蒸发曲线 07.0314

equilibrium point 平衡点 06.0213

equilibrium velocity 平衡流速 06.0823

equivalent alkane carbon number 等效烷烃碳数 12.0235

equivalent circulating density 当量循环密度 05.0197

ERF 地响应函数 03.0262

ergostane 麦角甾烷 02.0447

erosion 冲蚀 10.0281

error-triangle 误差三角形 09.0176

ERTS 地球资源技术卫星 02.0944

ES 普通电阻率测井 04.0091

escape route 逃生线路 09.1001

ESR signal 电子自旋共振信号 02.0417

esterifying agent 酯化剂 12.0093

ester surfactant 酯型表面活性剂 12.0015

estimated reserves 控制储量，＊概算储量 02.1034

estuary deposit 河口湾沉积 02.0250

etching 浸蚀 10.0280

ethane 乙烷 08.0013

ethane steam cracking 乙烷蒸汽裂解 08.0024

ethanol 乙醇 08.0148

ethanolamine 乙醇胺 08.0142

etherification 醚化 07.0080

etherifying agent 醚化剂 12.0082

ether surfactant 醚型表面活性剂 12.0017

ethyl benzene 乙苯 08.0229

ethyl benzene dehydrogenation 乙苯脱氢 08.0061

ethyl chloride 氯乙烷 08.0158

ethylene 乙烯 08.0133

ethylene-acrylate copolymer 乙烯－丙烯酸酯共聚物 12.0065

ethyleneamines 乙撑胺 08.0153

ethylene chlorination 乙烯氯化 08.0107

ethylene compressor 乙烯压缩机 08.0526

ethylene dimerization 乙烯二聚 08.0111

ethylene glycol 乙二醇 08.0135

ethylene glycol monobutyl ether 乙二醇单丁醚 08.0141

ethylene glycol monoethyl ether 乙二醇单乙醚 08.0140

ethylene hydration 乙烯水合 08.0078

ethylene oxidation 乙烯氧化 08.0063

ethylene oxide 环氧乙烷 08.0134

ethylene oxide ammoniation 环氧乙烷氨化 08.0104

ethylene oxide etherification 环氧乙烷醚化 08.0102

ethylene oxide hydration 环氧乙烷水合 08.0081

ethylene oxychlorination 乙烯氧氯化 08.0108

ethylene-propylene monomer 二元乙丙橡胶 08.0319

ethylene-propylene polymerization 乙烯丙烯聚合 08.0122

ethylene-propylene rubber 二元乙丙橡胶 08.0319

ethylene-propylene terpolymer 三元乙丙橡胶 08.0320

ethylene rectification tower 乙烯精馏塔 08.0493

ethylene spherical tank 乙烯球罐 08.0539

ethylene-vinyl acetate copolymer 乙烯－乙酸乙烯酯共聚物 12.0064

ethylene-vinyl acetate resin 乙烯－乙酸乙烯树脂 08.0274

ethyl fluid 乙基液 07.0247

2-ethyl hexanol 2－乙基己醇 08.0192

EU drill pipe 外加厚钻杆 11.0609

eustatic change ［全球性］海平面变化 03.0895

evaluation well 评价井 02.0784

evaporating column 蒸发塔 07.0408

evaporating tower 蒸发塔 07.0408

evaporation loss 蒸发损失 07.0334

evaporation residue 蒸发残余物 07.0333

evaporator 蒸发塔 07.0408

evaporite 蒸发岩 02.0185

evaporite facies 蒸发岩相 02.0252

EVA resin 乙烯－乙酸乙烯树脂 08.0274

even configuration 齐整结构，＊平坦结构 03.0900

evener 均化器 11.0515

event 同相轴 03.0828

evidences of faulting 断层迹象 03.0851

excavation effect 挖掘效应 04.0185

excentralizer 偏心器 04.0057

exciting force 扰动力 09.0649

exinite 壳质组，＊稳定组 02.0347

existent gum 实际胶质 07.0331

expandable polystyrene 可发性聚苯乙烯 08.0279

expanded perlite 膨胀珍珠岩 09.0424

expanded spread 扩展排列 03.0509

expanding cement 膨胀水泥 05.0481

expansion compensator 热补偿器 10.0156

expansion oil box 膨胀油柜 09.0293

expansion refrigeration 膨胀致冷 10.0063

expansive agent for cement slurry 水泥膨胀剂 12.0123

explicit operator 显式算子 03.0782

exploding-reflector 爆炸反射面 03.0784

exploration cost 勘探成本 02.0818

exploration efficiency 勘探效率 02.0817

exploration geophysics 勘探地球物理［学］ 03.0001

exploration of oil and gas field 油气田勘探 02.0009

exploratory drilling 勘探钻井 05.0008

exploratory rig 取心钻机 11.0010

exploratory well　探井　02.0779

explosion ditching method　爆破成沟法　10.0437

explosion extinguishing method　爆炸灭火法
　　05.0461

explosion proof divisional bulkhead　防爆间隔舱壁
　　09.0981

explosion proof equipment　防爆设备　09.0978

explosive drilling　爆炸钻井　05.0036

explosive releasing stuck　爆炸解卡法　05.0591

explosive treatment　油层爆炸处理　06.0766

exponential decline of oil production　产量指数递减
　　06.0443

exponential flow equation　指数流动方程，＊指数方
　　程　06.0258

export tanker　外输油轮　09.0835

exposure distance　防火距离　09.0988

expulsion　排驱作用　02.0591

expulsion efficiency of hydrocarbon　排烃效率
　　02.0613

expulsion threshold value of hydrocarbon　排烃临界
　　值，＊油气临界释放因子　02.0612

extended bentonite　增效膨润土　05.0215

extended nozzle bit　加长喷嘴钻头　11.0325

extension　拉张作用　02.0040

extension survey　展期检验　09.0224

extension well　探边井　02.0783

external boundary　外部边界　06.0237

external drill pipe cutter　钻杆外割刀　05.0603

external [line-up] clamp　外对口器　10.0433

external thread protector　外护丝　11.0663

external-thread taper caliper　外螺纹锥度卡尺
　　11.0690

external upset drill pipe　外加厚钻杆　11.0609

external upset tubing　外加厚油管　11.0649

external upset tubing thread　外加厚油管螺纹
　　11.0673

extractable bitumen　抽提沥青　02.0318

extraction column　萃取塔　08.0488

extrapolated method of discovery ratio　发现率外推
　　法　02.1065

extreme-line casing thread　直连型[无接箍]套管螺
　　纹　11.0675

extremely hard formation　极硬地层　05.0127

extreme pressure additive　极压添加剂　07.0259

extreme pressure grease　极压润滑脂　07.0215

extreme pressure property　极压性　07.0293

extreme shallow water seismic　极浅海地震勘探
　　09.0007

extruder　挤出机　10.0348

extruding polyethylene coating　挤压聚乙烯防腐层
　　10.0320

extrusion moulding　挤出成型法　10.0324

Eotvos effect　厄特沃什效应　03.0088

F

facies analysis　相分析　02.0200

facies marker　相标志　02.0198

facies model　相模式　02.0199

factor of formation abrasiveness　地层研磨性系数
　　05.0116

fading　切除　03.0634

fairleader　导缆器　09.0386，导链器　09.0387

falling ball viscometer　落球粘度计　10.0053

fan-delta facies　扇三角洲相　02.0239

fan filter　扇形滤波器　03.0664

fan shooting　扇形[排列]折射法　03.0333

far field　远场　03.0281

farnesane　法呢烷　02.0484

far water　远水　04.0042

fast line　快绳　11.0127

fast-opening blind　快开盲板　10.0395

fatigue corrosion cracking　疲劳腐蚀开裂　10.0274

fatigue failure of rock　[岩石]疲劳破坏　05.0142

fault　断层　02.0082

fault block hydrocarbon reservoir　断块油气藏
　　02.0697

fault correlation　断层对比　03.0882

fault growth index　断层生长指数　02.0083

fault plane reflection　断面反射　03.0853

fault-screened hydrocarbon reservoir　断层遮挡油气
　　藏　02.0696

Faust equation 福斯特公式 03.0448

FCC 流化催化裂化 07.0058

feasibility analysis 可行性分析 02.1075

feathering angle 羽角 09.0089

feed gas compressor 原料气压缩机 08.0529

feed stock 原料油 07.0009

fence diagram 栅状显示 03.0890

fenugreek gum 胡芦巴胶，＊香豆胶 12.0051

Fermat principle 费马原理 03.0301

ferrimagnetism 亚铁磁性 03.0160

ferrite 铁氧体 03.0161

ferromagnetism 铁磁性 03.0159

FH 贯眼[型]钻杆接头 11.0623

FI 流量显示器 09.0871

fiber optics cable 光纤电缆 03.0481

fibre count 纤维支数 08.0369

fibre defect 纤维疵点 08.0367

fibre strength 纤维强度 08.0366

fibrous material 纤维状材料 05.0220

fiducial point 基准点 03.0456

field digital tape 野外数字带 03.0561

field equipment 野外装备 01.0025

field joint coating [现场]补口 10.0329

field method 野外方法 01.0024

field processing 现场处理 09.0064

field record 野外记录 03.0517

field recording 野外录制 03.0516

field size order method 油田规模序列法 02.1067

field static correction 野外静校正 03.0743

fifty year return period 五十年一遇 09.1022

FII 裂缝强度指数 02.0574

fill bead 填充焊道 10.0406

filled facies 充填相 02.0906

filler 填充剂 08.0419

fillet weld [大]角焊缝 10.0455

filling nozzle 灌油栓 10.0224

fill-up line 灌注管线 11.0382, 压井管线 05.0424

film appearance 薄膜外观 08.0340

film-forming-type corrosion inhibitor 成膜型缓蚀剂 12.0163

film-type evaporator 薄膜蒸发器 08.0500

filter 过滤器 11.0487

filter aid 助滤剂 12.0192

filter cake 滤饼，＊泥饼 05.0185

filter cake texture 滤饼结构 05.0200

filter cake thickness 滤饼厚度 05.0201

filter coefficient 滤波器系数 03.0703

filtering 滤波 03.0639

filtering factor 渗滤系数 06.0191

filtrate 失水量 05.0198

filtrate reducer for cement slurry 水泥降滤失剂 12.0124

filtrate reducer for drilling fluid 钻井液降滤失剂 12.0105

filtrate reducer for fracturing fluid 压裂液降滤失剂 12.0187

filtration 滤失 05.0182

filtration capacity 滤失能力 05.0202

filtration rate 滤失速度，＊滤失量 05.0203

final boiling point 终馏点 07.0311

final gain 终了增益 03.0533

[final] pressure test between stations 站间试压 10.0420

final set 终凝 05.0487

final set strength 终凝强度 05.0488

fine filtration blower 细滤器冲刷风机 09.0805

fine migration 微粒运移 05.0252

fine screen shaker 细筛网振动筛 11.0258

finger bar 指状沙坝 02.0247

fingerboard 指梁 11.0160

finger catcher 打捞抓 05.0580

fingergrip 打捞抓 05.0580

fingering 指进 06.0212

fingerprint compound 指纹化合物 02.0434

finishing drilling 完钻 05.0057

finite-difference migration 有限差分偏移 03.0768

finned tube heat exchanger 翅管换热器 07.0397

fire alarm siren 火灾警笛 09.0965

fire boat 消防船 09.0919

fire control panel 消防控制盘 09.0930

fire damper 防火风门 09.0947

fire detecting system 火灾探测系统 09.0911

fired heater 燃火加热器 09.0859

fire dike 防火堤 10.0216

fire door closer 防火门 09.0963

fire extinguishing by explosion 爆炸灭火法 05.0461

fire extinguishing system 消防系统 09.0908

fire-fighting vessel 消防船 09.0919

fire flooding recovery equipment 火驱采油设备 11.0551

fire hose station 消防软管箱 09.0932

fire monitor 消防炮 09.0938

fire panel 火灾盘 09.0909

fire point 燃点 01.0054

fire proof door 防火门 09.0963

fire resistance property 阻燃性 07.0299

fire resistant hydraulic fluid 阻燃液压液 07.0174

fire resistant steam turbine oil 阻燃汽轮机油 07.0195

fire station 消防箱 09.0916

fire triangle 禁火三角形 09.0977

fire water deluge system 大水量灭火系统 09.0914

fire water jockey pump 消防水增压泵 09.0922

fire water lift pump 消防水提升泵 09.0921

first arrival 初至波 03.0325

first arrival refraction static correction 初至波静校正 03.0818

first contact miscible flooding drive 一次接触混相驱 06.0997

fish 落鱼 05.0571

fishing 打捞 05.0574

fishing cup 打捞杯 05.0576

fishing jar 打捞震击器 05.0613

fishing socket 打捞筒 05.0575

fishing string 打捞钻柱 05.0573

fishing tool 打捞工具 05.0569

fishtail bit 两翼刮刀钻头，*鱼尾钻头 11.0329

fissure 裂缝 02.0560

five-spot water flooding pattern 五点法注水 06.0403

fixed bed reactor 固定床反应器 07.0432

fixed bed reactor for propylene ammoxidation 丙烯氨解氧化固定床反应器 08.0480

fixed bitumen 束缚沥青 02.0317

fixed drilling platform 固定式钻井平台 09.0185

fixed platform 固定式平台 09.0468

fixed production platform 固定式生产平台 09.0668

fixed water bed 固定水位式 10.0479

f-k filtering 频率波数滤波 03.0662

f-k migration 频率波数偏移 03.0771

flameless burning heater 无焰燃烧炉 07.0387

flame resistance 耐燃性 08.0372

flame retardant 阻燃剂 08.0408

flammability limits 可燃度极限 09.0990

flare assembly 火炬总成 09.0751

flare boom 火炬臂 09.0753

flare ignition package 火炬点燃组块 09.0760

flare pilot gas 火炬引燃气 09.0759

flare tower 火炬塔 09.0752

flash 闪蒸 07.0033

flash liberation 接触分离，*一次脱气 06.0163

flash point 闪点 01.0053

flash tower 闪蒸塔 07.0411

flash vaporization equilibrium 闪蒸平衡 06.0162

flat-bottom bit 平底钻头 11.0326

flat cable 扁平电缆 06.0707

flat spot 平点 03.0873

flattening 层拉平 03.0883

flattening of the earth 地球扁率 03.0057

flaw 纤维疵点 08.0367

flexibilizer 增韧剂 08.0455

flexible rod 柔性抽油杆 11.0436

flexible string assembly 柔性钻具组合 05.0402

flexible sucker rod 柔性抽油杆 11.0436

flexible waveguide 挠性波导 09.0144

flex joint 挠性接头 09.0363

flex test 挠曲试验 08.0376

floatation agent 浮选剂 12.0193

float collar 浮箍 05.0519

floater controlled valve 浮球控制阀 09.0821

floating ball 浮球 09.0021

floating cargo hose 浮式输油软管 09.0564

floating conditions 漂浮条件 09.0204

floating hose 漂浮软管 09.0742

floating loading hose 浮式装油软管 09.0565

floating oil storage unit 浮式储油装置 09.0674

floating production platform 浮式生产平台 09.0669

floating production storage and off-loading tanker 浮

式生产储油外输船 09.0673

floating production storage unit 浮式生产储油装置 09.0675

floating production system 浮式生产系统 09.0671

floating roof floation test 浮顶升降试验 10.0456

floating roof tank 浮顶油罐 10.0205

floating state 漂浮状态 09.0203

floating tank process 旁接油罐流程 10.0115

floating valve tray 浮阀塔板 07.0422

float shoe 浮鞋 05.0542

flocculant 絮凝剂 12.0189

flocculant for drilling fluid 钻井液絮凝剂 12.0106

flooded area 水淹区 06.0504

flooded gas reservoir 水淹气藏 06.0506

flooded gas well 水淹气井 06.0507

flooded producer 水淹生产井 06.0505

flooding unit 注采单元 06.0401

flood-plain deposit 河漫滩沉积，＊洪泛平原沉积 02.0216

floor manifold 钻台管汇 11.0603

flow capacity 产能系数，＊地层系数 06.0300

flow chart of data processing 数据处理流程 03.0612

flow diagram 流程图 07.0003

flow efficiency 流动效率 06.0297

flow equation 流动方程 06.0234

flow high limit 高限流量 09.0832

flow improver 流动性改进剂 07.0254

flow improver for crude oil 原油流动性改进剂 12.0276

flow indicator 流量显示器 09.0871

flowing bean 油嘴 06.0568

flowing porosity 流动孔隙度 06.0018

flowing pressure gradient 流压梯度 06.0452

flowing production 自喷采油 06.0565

flowing well 自喷井 06.0566

flow line 钻井液流出管 05.0432，出油管线 10.0006

flowline alignment structure 出油管线对中结构 09.0627

flowline connector 出油管连接器 09.0597

flowline guide funnel 出油管导向喇叭口 09.0626

flowline loop 出油管线回路 09.0623

flowline position latch 出油管线定位栓 09.0625

flow low limit 低限流量 09.0833

flow nonuniformity 流量不均度 11.0230

flow pattern 流型 06.0575

flow potential 流动势 06.0205

flow quantity recorder 累计流量计 09.0872

flow rate 流量 11.0228

flow sheet 流程图 07.0003

flow velocity through porous medium 渗流速度 06.0190

flue gas flooding 烟道气驱 06.1009

flue gas turbine expander 烟气轮机 07.0446

fluid catalytic cracking 流化催化裂化 07.0058

fluid coking 流化焦化 07.0083

fluid compressibility 流体压缩系数 06.0042

fluid degradation 流体降解 10.0059

fluid density 流体密度 04.0176

fluid drive rig 液力传动钻机 11.0018

fluid end [of pump] [泵]液力端 11.0203

fluid flow through porous medium 渗流 06.0184

fluid-inclusion analysis system 流体包裹体分析系统 02.1025

fluidized bed reactor 流化床反应器 07.0429

fluidized bed reactor for propylene ammoxidation 丙烯氨解氧化流化床反应器 08.0481

fluid loss reducing agent 降滤失添加剂 06.0808

fluid mechanics in porous medium 渗流力学 06.0183

fluid parameter 流体参数 04.0266

fluid pounding 液面撞击 06.0686

fluorescence microscope 荧光显微镜 02.1016

fluorescent bitumen 荧光沥青 02.0323

fluorescent logging 荧光录井 02.0805

fluorine-containing surfactant 含氟表面活性剂 12.0036

fluorocarbon oil 氟碳油 07.0196

flushed sand body 水洗油砂体 06.0510

flushed zone 冲洗带 04.0028

flushed zone resistivity 冲洗带电阻率 04.0104

flushing fluid capacity 洗井强度 06.0756

fluted drill collar 螺旋钻铤 11.0634

fluvial facies 河流相 02.0205

flux-gate magnetometer 磁通门磁力仪，＊磁饱和

式磁力仪 03.0178

flyer 小线 03.0497

FMS log 地层微电阻扫描测井 04.0158

foam deluge system 大泡沫盐喷洒系统 09.0936

foam drilling 泡沫钻井 05.0038

foam drilling fluid 泡沫钻井液 05.0169

foamed acid 泡沫酸 12.0154

foamed cement 泡沫水泥 05.0477

foamer 起泡剂 12.0112

foam extinguisher 泡沫灭火器 09.0970

foam extinguishing system 泡沫灭火系统 09.0925

foam flooding 泡沫驱 06.0990

foam fracturing 泡沫压裂 06.0837

foam generator 泡沫发生器 06.0991

foam hose station 泡沫软管消防箱 09.0933

foaming 起泡 10.0072

foaming agent 发泡剂 08.0409, 起泡剂 12.0112

foaming characteristics 起泡性 07.0294

foam inhibitor for crude oil 原油抑泡剂 12.0275

foam mixer 泡沫混合器 09.0927

foam monitor remote control panel 泡沫炮遥控盘 09.0954

foam pump 泡沫泵 09.0929

foam pump control panel 泡沫泵控制盘 09.0931

foam quality 泡沫特征值 12.0237

foam station 泡沫站 09.0926

foam tank 泡沫罐 09.0928

foam-water gun 泡沫-水枪 09.0934

focusing coefficient of sonde 电极系聚焦系数 04.0124

fog horn 雾笛 09.0906

fog signal 雾笛 09.0906

fold 褶皱 02.0067

folding frequency 奈奎斯特频率, *褶叠频率 03.0648

food grade paraffin wax 食品用石蜡 07.0236

footage 钻井进尺 05.0045

foraminifera identification 有孔虫鉴定 02.0985

forced electric drainage 强制排流 10.0384

fore-arc basin 弧前盆地 02.0125

fore peak ballast tank 艏尖压载舱 09.0282

formaldehyde 甲醛 08.0128

formaldehyde and acetaldehyde aldol condensation 甲醛和乙醛醛醇缩合 08.0096

format 录制格式 03.0556

formation anisotropy 地层各向异性 05.0322

formation damage 地层损害 05.0251

formation evaluation 地层评价 04.0247

formation factor 地层因数, *相对电阻率 04.0044

formation fluid pressure 地层流体压力 05.0413

formation microscanner log 地层微电阻扫描测井 04.0158

formation pressure 地层压力 02.0629

formation pressure detection method 地层压力检测方法 05.0450

formation resistivity index 地层电阻率指数, *电阻增大率 04.0046

formation sand coking 地层焦化固砂 06.0851

formation sand consolidation 地层砂胶结 06.0850

formation swelling sticking 地层膨胀卡钻 05.0607

formation tester 〔地层〕测试器 11.0583

formation testing 地层测试 06.0920

formation volume factor 体积系数 06.0173

formation water 地层水 04.0105

formation water resistivity 地层水电阻率 04.0106

formation water salinity 地层水矿化度 04.0108

forward branch of diffraction curve 绕射波前支 03.0364

forward combustion process 正燃法 06.1016

forward modeling 模型正演 03.0031

fouling 结垢 08.0040

foundation frost heaving 地基冻胀 10.0466

foundation residual frozen soil zone 地基残留冻土层 10.0468

foundation settlement survey 基础沉降观测 10.0457

foundation thaw collapse 地基融沉 10.0467

four-ball tester 四球试验机 07.0473

four-spot water flooding pattern 四点法注水 06.0402

FPS 浮式生产系统 09.0671

FPSO tanker 浮式生产储油外输船 09.0673

FPSU 浮式生产储油装置 09.0675

FQ recorder 累计流量计 09.0872

frac-monitor 压裂监视器 11.0530

frac-sand jet 压裂喷砂器 11.0534

frac-string 压裂管柱 11.0533

fractal geometry 分形几何 06.0079

fraction 馏分，*馏分油 07.0011

fractional flow equation 分流方程 06.0233

fractional wettability 部分润湿性 06.0087

fractionating column 分馏塔 07.0407

fractionating tower 分馏塔 07.0407

fractionation 分馏 07.0029

fracture 裂缝 02.0560

fracture azimuth 裂缝方位 06.0793

fracture closure pressure 裂缝闭合压力 06.0824

fracture closure stress 闭合应力 06.0825

fracture coefficient 裂缝系数 02.0573

fracture conductivity 裂缝导流能力 06.0816

fracture density 裂缝密度 02.0572

fracture detection 裂缝探测 04.0287

fractured hydrocarbon reservoir 裂缝油气藏
02.0698

fractured reservoir 裂隙型储集层 02.0531

fracture fluid coefficient 压裂液利用效率 06.0819

fracture geometry 裂缝形状 06.0796

fracture geometry parameter 裂缝几何参数
06.0797

fracture height 裂缝高度 06.0800

fracture identification log 裂缝识别测井 04.0279

fracture index 裂缝指数 04.0282

fracture intensity index 裂缝强度指数 02.0574

fracture penetration 裂缝延伸长度 06.0799

fracture penetration coefficient 裂缝穿透系数
06 0818

fracture permeability 裂缝渗透率 06.0035

fracture porosity 裂缝孔隙度 06.0021

fracture porosity partitioning coefficient 裂缝孔隙度
分布指数 04.0278

fracture pressure gradient 破裂压力梯度，*破裂梯
度 06.0789

fracture propagation 裂缝延伸 06.0791

fracture propagation pressure 裂缝延伸压力
06.0792

fracture shape 裂缝形状 06.0796

fracture width 裂缝宽度 06.0798

fracturing blender ［压裂］混砂机 11.0505

fracturing blender truck ［压裂］混砂车 11.0504

fracturing curve 压裂施工参数曲线 06.0820

fracturing equipment 压裂设备 11.0490

fracturing fluid 压裂液 12.0173

fracturing fluid loss property 压裂液滤失性
06.0803

fracturing parameter 压裂参数 06.0802

fracturing pressure 破裂压力 06.0788

fracturing pump 压裂泵 11.0495

fracturing sand pump 压裂砂泵 11.0510

fracturing truck 压裂车 11.0493

frame agitator 框式桨搅拌器 08.0502

free air correction 自由空气校正 03.0091

free bitumen 游离沥青 02.0316

freeboard deck 干舷甲板 09.0279

free end of pipeline 管道自由端 10.0179

free fluid index 自由流体指数 04.0198

free gas 游离气 02.0288

freeing by explosion 爆炸解卡法 05.0591

free jet pump 自由式射流泵 06.0698

free point indicator 测卡仪 05.0618

free point tool 爆炸松扣 '05.0617

free setting of proppant 支撑剂自由沉降 06.0826

free-space attenuation 自由空间衰减 09.0173

free surface correction 自由液面修正值 09.0258

free water 自由水 04.0039

free water knockout 游离水分离器 10.0029

freeze plugging 冷冻封堵 10.0422

freezing breakage point of insulating gel 绝缘胶冻裂
点 07.0380

freezing core 冷冻岩心 06.0003

freezing point 凝点 01.0052

frequency 频率 02.0909

frequency domain 频［率］域 03.0022

frequency domain IP 频［率］域激发极化法
03.0247

frequency-domain sounding 频率域测深 03.0286

frequency modulation 频率调制 03.0529

frequency plot 频率图 04.0291

frequency-space migration 频率空间偏移 03.0780

frequency-wavenumber migration 频率波数偏移

03.0771

fresh-water drilling fluid 淡水钻井液 05.0157

frictional cathead 摩擦猫头 11.0116

friction loss 摩阻损失 10.0184

friction reducer for cement slurry 水泥减阻剂 12.0122

frontal advance 前缘推进 06.0230

front corridor 前缘走廊 03.0590

front instability 前缘不稳定性 06.0232

front mounted beam-pumping unit 前置式游梁抽油机 11.0413

fuel methanol 燃料甲醇 08.0127

fuel oil 燃料油 07.0129

fuel oil drain tank 燃料油排放舱 09.0869, 燃料油排放罐 09.0870

fuel type refinery 燃料型炼油厂 07.0005

full 3D migration 全三维偏移 03.0809

full automatic drilling rig 全自动钻机 11.0026

fullbore spinner flowmeter 全井眼流量计 04.0368

full diameter core 全径岩心 06.0002

full hole completion 贯眼完井 06.0555

full hole tool joint 贯眼[型]钻杆接头 11.0623

fumaric acid 富马酸，＊反丁烯二酸 08.0201

functional menu 功能选单 03.0880

functional node 功能节点 06.0590

funnel-shaped landing ring 喇叭口就位环 09.0495

funnel viscosity 漏斗粘度 05.0250

furan resin 呋喃树脂 12.0067

furfural refining 糠醛精制 07.0102

furfural resin 糠醛树脂 12.0068

furfuryl alcohol resin 糠醇树脂 12.0069

furnace oil 取暖用油 07.0122

fusible plug 易熔塞 09.0825

fusinite 丝质体 02.0358

fusion index 熔融指数 08.0345

G

GAGC 公共自动增益控制，＊公控 03.0531

gage protecting bit 保径钻头 11.0321

gage tank 计量罐 10.0213

gaging [油罐]检尺 10.0243

gaging hatch 量油孔 10.0211

gaging plate 测径板 10.0246

gaging scraper 测径器 10.0247

gain control 增益控制 03.0521

gain recovery 增益恢复 03.0632

gain trace 增益道 03.0534

Gal 伽 03.0066

galactomannan 半乳甘露聚糖 12.0050

gallery oil mining 坑道采油 06.1054

galvanometer 检流计 03.0518

galvanometer system 检流计系统 04.0301

galvanostat 恒电流仪 10.0363

gammacerane γ蜡烷 02.0461

gamma ray source γ-源 04.0075

gamma-ray test pit 自然γ刻度井 04.0167

ganged automatic gain control 公共自动增益控制，＊公控 03.0531

Gardner rule 加德纳法则 03.0117

gas analysis system 气体分析系统 04.0340

gas anchor 气锚 06.0678

gas and source rock correlation 气源对比 02.0432

gas-bearing area 含气面积 02.0734

gas-bearing structure 储气构造 02.0685

gasblock 气锁水泥，＊防气窜水泥 05.0485

gas block cement 气锁水泥，＊防气窜水泥 05.0485

gas boundary 含气边界 02.0738

gas bubble 气泡 02.0610

gas cap 气顶 02.0729

gas cap drive 气顶驱动 06.0363

gas channeling inhibitor for cement slurry 水泥防气窜剂 12.0125

gas chromatography-mass spectrometry 气相色谱-质谱法 02.1010

gas column height 气柱高度 02.0728

gas-condensate ratio 凝析气油比 06.0375

gas cut 气侵 05.0210

gas cutting 气侵 05.0210

gas desulphurization unit 气体脱硫装置 08.0516

gas detecting alarm system 可燃气体报警系统 09.0973

gas detecting system 可燃气探测系统 09.0910

gas deviation factor 天然气偏差系数，＊压缩因子 06.0141

gas distributing network 配气管网 10.0110

gas distributing station 配气站 10.0109

gas drilling 天然气钻井 05.0034

gas drive 气压驱动 06.0362

gas drive gas reservoir 气驱气藏 06.0372

gas driving mechanism 气藏驱动方式 06.0370

gas ejector 天然气引射器 10.0100

gaseous corrosion 气体腐蚀 10.0258

gas expansion 气体膨胀 06.0182

gas export facility 天然气外输设施 09.0573

gas factor 气油比 06.0147

gas field 气田 01.0019

gas field gathering process 气田集气流程 10.0084

gas flow line 采气管线 10.0086

gas formation volume factor 天然气体积系数 06.0155

gas gathering by booster 增压集气 10.0085

gas gathering network 集气管网 10.0087

gas gathering station 集气站 10.0088

gas-generating ratio 生气率 02.0423

gas holder 储气罐 10.0112

gas injection cycle 注气周期 06.0542

gas injection module 注气模块 09.0554

gas injection profile 注气剖面 04.0349

gas injection well 注气井 02.0788

gas invasion 气侵 05.0210

gas liberation 气体逸出 06.0544

gas-lift equipment 气举设备 11.0472

gas lift installation 气举装置 06.0612

gas lift performance curve 气举动态曲线 06.0620

gas lift production 气举采油 06.0598

gas lift string 气举管柱 06.0611

gas-lift valve 气举阀 11.0473

gas locking 气锁 06.0663

gas of gas reservoir 气藏气 06.0140

gas-oil contact 油气界面 02.0741

gas-oil ratio 气油比 06.0147

gas oil steam cracking 瓦斯油蒸汽裂解 08.0027

gasoline 汽油 07.0108

gasoline engine oil 汽油机油 07.0153

gas override 气体越顶流 06.0250

gas pay 产气层 06.0536

gas permeability 透气性 08.0343

gas phase 气相 02.0611

gas phase saturation 气相饱和度 06.0076

gas potential analysis 气势分析 02.0657

gas producing well 气井 06.0541

gas productivity index 采气指数 06.0264

gas purification 气体净化 06.0181

gas purification catalyst 气体净化催化剂 08.0397

gas recycling 循环注气 06.0543

gas reservoir 气藏 01.0015

gas reservoir engineering 气藏工程学 06.0369

gas-sand anchor 气砂锚 06.0679

gas-saturated pipelining 气饱和输送 10.0011

gas saturation 含气饱和度 06.0070

gas seepage 气苗 02.0766

Gassman equation 加斯曼公式 03.0449

gas-solid phase oxidation catalyst 气固相氧化催化剂 08.0379

gas source bed 气源层，＊生气层 02.0393

gas storage 储气库 10.0108

gas survey 气体测量 02.0823

gas tank 储气罐 10.0112

gas transmission pipeline 输气管道 10.0104

gas trap 脱气器 04.0339

gas treatment facility 气体处理设施 09.0569

gas turbine fuel 燃气轮机燃料 07.0128

gas turbulence factor 气体湍流系数 06.0290

gas-water ratio 气水比 06.0545

gas well 气井 06.0541

gas well abandonment pressure 气井废弃压力 06.0945

gas well deliverability 气井产能 06.0265

gas well production with water withdrawal 排水采气 06.0944

gas well productivity 气井产能 06.0265

GC-MS 气相色谱－质谱法 02.1010

gear drive rig 齿轮传动钻机 11.0021

gear oil 齿轮油 07.0144

gear table 转台 11.0176

gear test machine 齿轮试验机 07.0472

gel breaker for fracturing fluid 压裂液破胶剂 12.0185

gelled acid 稠化酸 12.0151

gelled oil fracturing fluid 稠化油压裂液 12.0180

gel strength 胶凝强度 05.0492

gel-type profile control agent 凝胶型调剖剂 12.0250, 冻胶型调剖剂 12.0251

generalized inversion 广义反演 03.0273

generalized linear inversion 广义线性反演 03.0745

generalized reciprocal method 广义互换法 03.0746

general purpose polystyrene 通用聚苯乙烯 08.0277

general service oil 通用内燃机油 07.0161

genetic sequence stratigraphy 成因层序地层学 02.0835

genetic stratigraphic unit 成因地层单位 02.0922

genetic types of natural gas 天然气成因类型 02.0486

geoanticline 地背斜 02.0059

geobotanical method 地植物法 02.0829

geochemical exploration 地球化学勘探 02.0012

geochemical facies 地球化学相 02.0197

geochemical fossil 地球化学化石 02.0433

geochemical well logging 元素测井, *地球化学测井 04.0200

geodynamics 地球动力学 02.0022

geoelectric cross section 地电剖面 03.0232

geographical remote sensing 地理遥感 02.0942

geoid 大地水准面 03.0058

geological configuration 地质构型 02.0437

geological exploration 地质勘探 02.0010

geological logging 地质录井 02.0798

geological survey 地质测量 02.0748

geologic analogy method 地质类比法 02.1058

geologic model 地质模型 02.0774

geologic modelling 地质模拟 02.0775

geologic satellite 地质卫星 02.0945

geologic section 地质剖面 02.0750

geology of natural gas 天然气地质学 02.0003

geology of oil and gas 石油及天然气地质学 02.0001

geology of oil and gas field 油气田地质学 02.0006

geomagnetic chart 地磁图 03.0130

geomagnetic field 地磁场 03.0124

geomagnetic polarity reversal 地磁极性倒转 03.0126

geomagnetic pole 地磁极 03.0125

geomagnetism 地磁[学] 03.0123

geomechanics 地质力学 02.0023

geometrical factor theory 几何因子理论 04.0147

geometrical spreading 几何扩展 03.0424

geometric correction 几何校正 02.0957

geometric spreading correction 几何扩展校正 03.0630

geometric well pattern 面积井网 06.0386

geophone 检波器 03.0483

geophone array 检波器组合 03.0393

geophone interval [组合检波]组内距 03.0396

[geophone] string 检波器串 03.0496

geophysical exploration 地球物理勘探 02.0011

geophysical survey vessel 物探船 09.0012

geophysical well logging 地球物理测井 01.0003

geopressure 地压 02.0667

geostatic pressure 地静压力 02.0633

geostatistical reservoir modeling 地质统计储层模拟 02.0843

geosyncline 地槽 02.0051, 地向斜 02.0058

geotectonics 大地构造学 02.0020

geotherm 地热 02.0668

geothermal degree 地热增温级 02.0673

geothermal exploration 地热勘探 02.0014

geothermal field 地热田 02.0669

geothermal gas 地热气 02.0508

geothermal gradient 地热梯度, *地温梯度 02.0672

geothermal logging 地热测井 04.0159

ghost 伴随波, *虚反射 03.0372

giant oil-gas field 特大油气田, *巨型油气田 01.0021

Gibbs phenomenon 吉布斯现象 03.0656

gilsonite 硬沥青 02.0299

gimballed base 万向底座 09.0584

gin pole 拔杆 05.0023, 人字架 11.0165

gird 横杆 11.0152

glacial facies 冰川相 02.0222

glass liner tubing 玻璃衬里油管 11.0654

glass temperature 玻璃化温度 08.0350

GLI 广义线性反演 03.0745

global differential positioning system 全球差分定位
系统 09.0097

global positioning system 全球定位系统 09.0096

glucomannan 葡甘露聚糖 12.0048

glucosan 葡聚糖 12.0041

glycerine 甘油，＊丙三醇 08.0179

glycerol 甘油，＊丙三醇 08.0179

glycol ethers 乙二醇醚 08.0139

GOC 油气界面 02.0741

go in 下钻 05.0078

going down 下钻 05.0078

going in 下钻 05.0078

gooseneck 鹅颈管 11.0190

GPPS 通用聚苯乙烯 08.0277

GPS 全球定位系统 09.0096

graben 地堑 02.0096

graben basin 地堑盆地 02.0154

gradiomanometer 压差密度计 04.0379

graft copolymer 接枝共聚物 12.0080

grahamite 脆沥青 02.0300

grain composition 颗粒组成 06.0007

grain density 骨架密度，＊颗粒密度 04.0177

grain-size analysis 粒度分析 02.0977

grand master gage 原始规 11.0685

graphical method 图解法 03.0103

graphitoid 次石墨 02.0307

graticule 点子量板 03.0114

gravel packing completion 砾石充填完井 06.0558

gravel packing device 充填工具 06.0867

gravel-sand size ratio 砾砂直径比 06.0856

gravimeter 重力仪 03.0069

gravitational constant [万有]引力常量 03.0052

gravitational differentiation 重力分异 02.0680

gravitational potential 重力势，＊重力位 03.0051

gravitational sliding 重力滑动作用 02.0104

gravitational vector 重力矢量，＊重力向量
03.0050

gravity 重力 03.0045

gravity base point 重力基点 03.0080

gravity control point 重力控制点，＊检查点
03.0081

gravity drive 重力驱动 06.0365

gravity gradient 重力梯度 03.0076

gravity high 重力高 03.0097

gravity low 重力低 03.0098

gravity map 重力图 03.0095

gravity platform 重力式平台 09.0469

gravity prospecting method 重力勘探法 03.0046

gravity reduction 重力换算 03.0082

gravity standard 标准重力值 03.0059

gravity station 重力测点 03.0079

gravity survey 重力测量 03.0047

gravity toolface angle 重力工具面角 05.0367

gravity type foundation 重力式基础 09.0474

gravity unit 重力单位 03.0068

gray scale 灰度 02.0956

grease 润滑脂 07.0201

grease type rust preventing oil 脂型防锈油
07.0192

gridding method 网格法 03.0104

grid scale 横向比例 04.0303

grid system 网格系统 06.0324

grit blasting 喷棱角砂 10.0306

GRM 广义互换法 03.0746

ground mat 接地垫 10.0388

ground mixing 空间滤波 03.0391

ground network 地网 09.0127

ground resistance 接地电阻 10.0358

ground resolution 地面分辨率 02.0955

ground roll 地滚波 03.0377

ground unrest 环境噪声 03.0383

ground-wave interference 地波干扰 09.0128

group 组合 03.0390

group drive 分组驱动 11.0060

grouping length 组合基距 03.0397

group interval 道距 03.0500

group length module 变道距程序插件 09.0063

group velocity 群速度 03.0322

growth fault 同生断层 02.0084

GTF angle 重力工具面角 05.0367

guard current 屏蔽电流 04.0123

guarded electrode 屏蔽电极 04.0122

guar gum 瓜尔胶 12.0052

guide base 导向基座 09.0323

guide dolly system 导向滑车系统 11.0032

guided wave 槽波，＊导波 03.0320

guideline 导向索 09.0341

guide line control panel 导向绳控制盘 09.0332

guidelineless reentry assembly 无导绳重返井口组合工具 09.0437

guidelineless tree 无引导式采油树 09.0689

guide line tensioner 导向绳张紧器 09.0331

guideline tree 引导式采油树 09.0688

guide post 导向柱 09.0701

guide shoe 引鞋 05.0541

guide structure 导向结构 09.0324

gum 胶质 01.0049

gumbo 粘泥岩，＊高水敏性粘土，＊极粘土 05.0231

gun array 组合枪 09.0037

G unit 重力单位 03.0068

gun volume 气枪容积 09.0027

guyed tower platform 拉索塔平台 09.0472

guy line 井架绷绳 11.0163

guy-line anchor 绷绳锚 11.0164

gyroscope survey 陀螺仪测量 05.0391

H

H₂S detector 硫化氢检测仪 05.0444

half-graben 半地堑，＊箕状凹陷 02.0098

half-width 半幅值宽度 03.0113

halo effect 环晕效应 03.0108

halogenated hydrocarbon cylinder 卤化烃瓶 09.0942

halogenated hydrocarbon cylinder cubicle 卤化烃瓶储藏间 09.0943

halogenated hydrocarbon discharge alarm bell 卤化烃释放报警铃 09.0950

halogenated hydrocarbon discharge indicator 卤化烃释放指示器 09.0949

halogenated hydrocarbon discharge manual actuator 卤化烃释放手动开关 09.0951

halogenated hydrocarbon extinguisher 卤化烃灭火器 09.0967

halogenated hydrocarbon fire extinguishing system 卤化烃灭火系统 09.0941

halogenated hydrocarbon line 卤化烃管线 09.0945

halogenated hydrocarbon local panel 卤化烃就地控制盘 09.0944

halogenated hydrocarbon nozzle 卤化烃喷嘴 09.0946

halogenated hydrocarbon portable extinguisher 手提式卤化烃灭火器 09.0971

halokinesis 盐构造作用 02.0081

hand switch for electric signal 电信号手动开关 09.0829

hard closing 硬关井 05.0434

hard formation 硬地层 05.0126

hardness of rock [岩石]硬度 05.0134

harmonic decline 调和递减 06.0445

harmonic distortion 谐波畸变 03.0577

hatting kill well method 带帽子压井法 05.0459

hazardous area classification 危险区划分 09.0982

H/C 氢碳原子比 02.0426

HCI 烃类显示 03.0870

HCO 重循环油 07.0020

HDM 加氢脱金属 07.0092

HDN 加氢脱氮 07.0091

HDPE 高密度聚乙烯 08.0265

HDS 加氢脱硫 07.0090

HDT 高分辨地层倾角测井仪 04.0226

header 记录头 03.0557，汇管 10.0137

heading phenomenon 间喷现象 06.0594

headspace gas analysis 罐顶气分析 02.0998

head station of oil pipeline 输油首站 10.0170

head wave 首波 03.0326

heat actuating alarm system 测温火灾报警系统 09.0956

heat carrier cracking 热载体裂解 08.0031

heat conduction factor [of natural gas] 天然气导热系数 06.0156

heated oil pipelining 加热输送 10.0044

heater treater 热处理器 09.0768

heater treater feed pump 热处理器供液泵

09.0769

heating coil 加热盘管 07.0388

heating flash evaporation 加热闪蒸 10.0031

heating medium lift pump 传热介质油提升泵 09.0857

heating medium loading pump 传热介质油装载泵 09.0858

heating medium storage tank 热介质油储存舱 09.0867, 热介质油储存罐 09.0868

heating oil 取暖用油 07.0122

heating pipe 加热管 07.0393

heating value of natural gas 天然气[燃烧]热值 01.0068

heat insulated subsea pipeline 隔热海底管线 09.0595

heat insulated tubing string 隔热管柱 06.1048

heat-proof tubing 隔热油管 11.0547

heat-proof tubing of inner-corrugated expansion joint 内波纹管隔热管 11.0549

heat-proof tubing of outer-corrugated expansion joint 外波纹管隔热管 11.0548

heat separator 热分离机 10.0101

heat shrink sleeve 热[收]缩套 10.0331

heat traced pipeline 伴热管线 09.0815

heat tracing pipelining 伴热输送 10.0008

heat transfer oil 热传导液, *导热油 07.0189

heat treated oil pipelining 热处理输送 10.0045

heat treating oil 热处理油 07.0198

heave 升沉 09.0253

heave compensation system 升沉补偿装置 09.0322

heaving 坍塌, *剥落 05.0212

heavy aromatics 重芳烃 08.0019

heavy crude[oil] 重质原油 01.0037

heavy cycle oil 重循环油 07.0020

heavy diesel fuel 重柴油 07.0127

heavy distillate 重馏分油 07.0016

heavy liquid isolated protector 重液隔离式保护器 11.0463

heavy oil pyrolysis 重油裂解 08.0028

heavy type combustible gas detector 重质可燃气体探测器 09.0975

heavy wall drill pipe 加重钻杆, *厚壁钻杆 11.0615

heavy-weight admixture for cement slurry 水泥加重外掺料 12.0128

heavy weight drill pipe 加重钻杆, *厚壁钻杆 11.0615

HEC 羟乙基纤维素 12.0043

heel 横倾 09.0249

height of hydrocarbon pool 油气藏高度 02.0726

height of hydrocarbon reservoir 油气藏高度 02.0726

height of racking platform 二层台高度 11.0173

height of V-window opening [井架]大门高度 11.0171

helideck 直升机坪 09.0377

helium extraction 提氦 10.0082

helium isotope ratio 氦同位素比率 02.0520

Helmert gravity formula 赫尔默特重力公式 03.0055

hematite 赤铁矿 02.0370

heptane value 庚烷值 02.0514

herbaceous 草质 02.0361

herringbone effect 测线偏离效应 03.0192

heterogeneity of pore structure 孔隙结构非均质性 06.0053

hexagonal kelly 六方钻杆 11.0629

hexane diacid 己二酸 08.0225

hexane diamine 己二胺 08.0227

hexene 己烯 08.0210

HHPS 高-高压开关 09.0888

HI 氢指数 02.0429

hiatus 沉积间断 02.0859

HIC 氢致开裂 10.0273

hidden layer 隐蔽层, *屏蔽层 03.0339

high-angle borehole logging 大斜度井测井 04.0415

high angle hole 大斜度井 05.0359

high concentration gas alarm 高浓度可燃气报警 09.0960

high concentration hydrochloric acid treatment 浓盐酸处理 06.0785

high cut filter 高截滤波器 03.0541

high density polyethylene 高密度聚乙烯 08.0265

high drum clutch 滚筒高速离合器 11.0077

high enegry gas fracturing 高能气体压裂 06.0833
higher aliphatic acid 高碳脂肪酸 08.0218
higher aliphatic amine 高碳脂肪胺 08.0220
higher aliphatic hydrocarbon 高碳脂肪烃 08.0215
high-high pressure switch 高－高压开关 09.0888
high-impact polystyrene 高抗冲聚苯乙烯 08.0278
high line interference 高压电干扰 03.0544
high-low pressure switch 高－低压开关 09.0887
high octane gasoline 高辛烷值汽油 07.0117
high oil content alarm 高含油浓度报警 09.0899
high-pass filter 高通滤波器 03.0653
high-pH drilling fluid 高pH钻井液 05.0177
high pressure alarm 高压报警器 09.0886
high pressure condensate tank 高压凝析油罐 09.0789
high pressure drilling 高压钻井 05.0044
high pressure ethylene polymerization 乙烯高压法聚合 08.0112
high pressure flare 高压火炬 09.0758
high pressure flare knock-out drum 高压火炬气分液器 09.0756
high pressure gas knock-out drum 高压气分液器 09.0754
high pressure high temperature filter tester 高温高压滤失仪 05.0243
high pressure polymerizer 高压聚合釜 08.0482
high pressure restart pump 高压再启动泵 09.0797
high pressure scrubber 高压气净化器 09.0771
high resolution 高分辨率 03.0862
high resolution dipmeter tool 高分辨地层倾角测井仪 04.0226
high resolution picture 高分辨率图象 02.0959
high sensitivity flowmeter 高灵敏流量计 04.0370
high specific density solid 高密度固相 05.0240
high speed machine oil 高速机械油，＊锭子油 07.0164
high speed turbodrill 高速涡轮钻具 11.0556
highstand period 高水位期 02.0865
high strength casing 高强度套管 11.0646
high strength tubing 高强度油管 11.0651
high sulfate resistant cement 高抗硫水泥 05.0479
high system tract 高水位体系域 02.0870
high temperature and high pressure filtration 高温高

压滤失量 05.0184
high temperature foamer 高温起泡剂 12.0243
high temperature grease 高温润滑脂 07.0213
high temperature pyrolysis 高温热裂解 08.0021
high velocity layer 高速层 03.0338
high viscosity index hydraulic oil 高粘度指数液压油 07.0170
high viscosity lubricating oil 高粘度润滑油 07.0139
high watercut layer 高含水油层 06.0535
high-yield clay 高造浆率钻井粘土 05.0232
Hi-Lo safety system 高低压安全切断系统 10.0103
hinged casing slip 铰链式套管卡瓦 11.0723
HIPS 高抗冲聚苯乙烯 08.0278
histogram 直方图 04.0289
history matching 历史拟合 06.0351
HLPS 高－低压开关 09.0887
hodogram 矢端图 03.0593
hodograph 时距曲线 03.0340
hoisting drum diameter 提升滚筒直径 11.0042
hoisting speeds 绞车[滚筒]挡数 11.0046
hoisting system of rig 钻机提升系统 11.0080
hold angle 稳斜 05.0340
hold down bearing 防跳轴承 11.0178
hole azimuth angle 井眼方位角 05.0351
hole-blow noise 井喷噪声 03.0385
hole curvature 井眼曲率 05.0352
hole deviation 井斜 05.0336
hole direction 井眼方位角 05.0351
hole inclination 井斜 05.0336
hole reaming 扩眼 05.0067
hole redressing 划眼 05.0066
hole straightening 纠斜 05.0070
holiday 漏[铁]点 10.0333
holiday detector 绝缘检漏仪 10.0193
hollow carrier gun 有枪身射孔器 04.0391
hollow microsphere 空心微珠 05.0504
hollow rod 空心抽油杆 11.0435
hollow sucker rod 空心抽油杆 11.0435
homogeneous medium 均匀介质 03.0026
homomorphic deconvolution 同态反褶积 03.0683
hook 大钩 11.0122

hook block　游车大钩　11.0123

hook load　悬重　05.0053

hopane　藿烷　02.0456

horizon　层面　03.0829

horizon slice　沿层切片　03.0888

horizontal boring machine　水平钻孔机　10.0427

horizontal directional drilling machine　水平定向钻机　10.0428

horizontal displacement　水平位移　05.0363

horizontal drain hole　侧向泄油井　05.0313

horizontal drilling　水平钻井　05.0356

horizontal field balance　水平磁力仪，＊水平分量磁秤　03.0177

horizontal fracture　水平裂缝　06.0795

horizontal geophone　水平检波器　03.0493

horizontal movement　水平运动　02.0027

horizontal permeability　水平渗透率，＊横向渗透率　06.0030

horizontal polarization　水平极性　09.0166

horizontal projection of borehole　井身水平投影图　05.0364

horizontal range　水平距离　09.0168

horizontal section　水平切片　03.0887，水平井段　05.0354

horizontal slice　水平切片　03.0887

horizontal stacking　水平叠加　03.0403

horizontal tank　卧式油罐　10.0209

horizontal well　水平井　05.0310

horizontal well logging　水平井测井　04.0416

horizon velocity analysis　沿层速度分析　03.0728

Horner method　霍纳法　06.0272

horsehead [of pumping unit]　[抽油机]驴头　11.0416

horst　地垒　02.0097

hose assembly　软管总成　09.0435

hose boom　软管吊臂　09.0567

hose box　消防软管箱　09.0932

hose bundle　软管束　09.0566

hose handling crane　软管起升吊机　09.0846

hose station　软管站　09.0924

hot acid treatment　热酸处理　06.0771

hot bead　热焊道　10.0405

hot chemical treatment　热化学处理　06.0772

hot fluid circulation　井筒热循环　06.0889

hot oiling　热油循环　06.0891

hot oiling truck　热油清蜡车　11.0405

hot oil paraffin vehicle　化学剂注入车　11.0406

hot test run　热运［转］　10.0464

hot tube reactor　热管反应器　08.0475

hot water circulating pump　热水循环泵　09.0861

hot water circulation　热水循环　06.0890

hot water flooding　热水驱　06.1050

hot water soak　热水吞吐　06.1051

hot work　明火作业　09.0984

hoverbarge　气垫驳船　09.0019

HSR cement　高抗硫水泥　05.0479

HST　高水位体系域　02.0870

H-type section　H型剖面　03.0234

humate　腐殖酸盐　12.0057

Humble formula　亨布尔公式　04.0048

humic acid　腐殖酸　02.0340

humic substance　腐殖质　02.0339

humic-type cracking gas　腐殖型裂解气　02.0506

humic-type kerogen　腐殖型干酪根，＊Ⅲ型干酪根　02.0345

humic-type natural gas　腐殖型天然气　02.0497

humification　腐殖化作用　02.0341

hummocky configuration　乱岗状结构　02.0890

humolith-type natural gas　腐殖煤型天然气　02.0498

hump on the pressure build-up curve　压力恢复曲线"驼峰"　06.0287

hundred-metre spacing stake　百米桩　10.0396

Huygens principle　惠更斯原理　03.0305

hybrid grid　混合网格　06.0328

hybrid scale　混合比例　04.0306

hydrate inhibitor for natural gas　天然气水合物抑制剂　12.0282

hydration　水合作用，＊水化作用　01.0127

hydration catalyst　水合催化剂　08.0391

hydraulic allyclosed packer　水力密闭式封隔器　06.0910

hydraulic anchor　水力锚　06.0917

hydraulic compressive packer　水力压缩式封隔器　06.0911

hydraulic control hose　液压控制软管　09.0345

hydraulic controlled tree 液压控制采油树 09.0690

hydraulic control umbilical 液压控制集成管 09.0603

hydraulic coupling 液力偶合器，*液力联轴器 11.0064

hydraulic disc brake 液压盘式刹车 11.0094

hydraulic drilling rig 液压钻机 11.0008

hydraulic dynamometer 水力动力仪 06.0964

hydraulic efficiency 水力效率 11.0241

hydraulic fluid 液压液 07.0167

hydraulic fracturing 油层水力压裂，*压裂 06.0787

hydraulic gradient 水力梯度 02.0655，水力 坡降 10.0183

hydraulic guide line tensioner 导向索液压张紧器 09.0339

hydraulic line 液压管线 09.0806

hydraulic-lock tubing hanger 液压锁定油管挂 09.0708

hydraulic mechanical packer 水力机械式封隔器 06.0912

hydraulic mixer 水力混砂器 11.0508

hydraulic oil 液压油 07.0166

hydraulic orientation sub 水力定向接头 05.0394

hydraulic pile-driving hammer 液压打桩锤 09.0643

hydraulic piston pump 水力活塞泵 06.0691

hydraulic power 水力功率，*水功率 11.0239

hydraulic powered hose reel 液动软管卷盘 09.0344

hydraulic power tongs 液压动力钳 11.0707

hydraulic pressure balanced workover rig 液压式不 压井修井机 11.0543

hydraulic pressure differential packer 水力压差式封 隔器 06.0908

hydraulic pump 水力活塞泵 06.0691

hydraulic pumping diagnostic technique 水力活塞泵 井诊断技术 06.0697

hydraulic pumping unit 液压抽油机 11.0428， 水力活塞泵装置 11.0467

hydraulic self-sealing packer 水力自封式封隔器 06.0909

hydraulic torque converter 液力变矩器 11.0063

hydraulic transmission oil 液压传动油 07.0175

hydraulic tree connector 采油树液压连接器 09.0695

hydraulic whipstock 水力斜向器 05.0396

hydraulic winch package 液压绞车组块 09.0728

hydrocarbon 烃，*碳氢化合物 01.0070

hydrocarbon detection 油气检测 02.0939

hydrocarbon dew point 烃露点 01.0090

hydrocarbon-generating ratio 转化率，*生烃率 02.0420

hydrocarbon indicators 烃类显示 03.0870

hydrocarbon method 烃类法 02.1055

hydrocarbon microseepage 烃类微渗漏 02.0974

hydrocarbon miscible flooding 烃类混相驱 06.0996

hydrocarbon phase 烃相 02.0606

hydrocarbon pyrolysis 烃类热裂解 08.0023

hydrocarbon reservoir 油气藏 01.0013

hydrocarbons in the reservoir 油藏烃类 06.0138

hydrochemical survey 水化学测量 02.0825

hydrochloric acid treatment 盐酸处理 06.0768

hydroclone 水力旋流器 11.0272

hydrocracking 加氢裂化 07.0063

hydrocracking catalyst 加氢裂化催化剂 07.0276

hydrocyanic acid 氢氰酸 08.0185

hydrocyclone 水力旋流器 11.0272

hydrodealkylation catalyst 加氢脱烷基催化剂 08.0393

hydrodearomatization 芳烃加氢 07.0068

hydrodemetalation 加氢脱金属 07.0092

hydrodemetalization 加氢脱金属 07.0092

hydrodenitrogenation 加氢脱氮 07.0091

hydrodesulfurization 加氢脱硫 07.0090

hydrodewaxing 临氢降凝 07.0067

hydro-disperser 水力分散器 11.0284

hydrodynamic drive 液力传动 11.0062

hydrodynamic drive rig 液力传动钻机 11.0018

hydrodynamic pressure 动水压力，*水动力 02.0635

hydrodynamic trap 水动力圈闭 02.0678

hydrofining catalyst 加氢精制催化剂 07.0274

hydro-finishing 加氢补充精制 07.0089

hydrofluoric acid alkylation 氢氟酸烷基化

07.0076

hydrogenation　加氢　07.0062

hydrogenation catalyst　加氢催化剂　08.0384

hydrogenation reactor of pyrolysis gasoline　裂解汽油
加氢反应器　08.0479

hydrogen attack　氢腐蚀　10.0278

hydrogen corrosion　氢腐蚀　10.0278

hydrogen donor cracking　供氢裂化，*供氢剂裂化
07.0065

hydrogen embrittlement　氢脆　10.0279

hydrogen index　氢指数　02.0429，含氢指数
04.0189

hydrogen induced cracking　氢致开裂　10.0273

hydrogen isotope　氢同位素　02.0518

hydrogen sulfide detecting alarm system　硫化氢探测
报警系统　09.0976

hydrogen to carbon atomic ratio　氢碳原子比
02.0426

hydrogeochemical survey　水文地球化学测量
02.0826

hydrogeology of oil and gas field　油气田水文地质学
02.0007

hydromatic brake　水刹车　11.0103

hydrometer　液体密度计　05.0237

hydrophile-lyophile balance value　亲水亲油平衡值
05.0204

hydrophilic　亲水　06.0101

hydrophobic　憎水　06.0100

hydrophone　水用检波器，*压电检波器　09.0067

hydrorefining　加氢精制　07.0088

hydrostatic pressure　静水压力　02.0634

hydro tool　含水率仪　04.0377

hydrotreating　加氢处理　07.0087

hydrotreating catalyst　加氢处理催化剂　07.0275

hydroxyalkylation　羟烷基化　12.0088

hydroxyalkyl-carboxymethylation　羟烷基－羧甲基
化　12.0090

hydroxyethylation　羟乙基化　12.0086

hydroxyethyl cellulose　羟乙基纤维素　12.0043

hydroxyethyl starch　羟乙基淀粉　12.0047

hydroxypropylation　羟丙基化　12.0087

hyperbaric diving system　高压潜水系统　09.0604

hyperbolic decline　双曲线递减　06.0444

hyperbolic mode　双曲线方式　09.0106

hypochlorite generator　次氯酸钠发生器　09.0593

hysteresis effect　滞后效应　06.0128

hysteresis loop　滞后环　06.0127

I

ice-breaker　破冰船　09.0202

ice resistant structure　抗冰结构　09.0503

identification groove of drill pipe　钻杆识别槽
11.0680

identification of event　层位确定，*层位标定
03.0855

identification of seismic event　地震波识别
03.0353

IEU drill pipe　内外加厚钻杆　11.0610

IF　内平[型]钻杆接头　11.0622

IHI　间接油气显示　02.0763

illite　伊利石　05.0225

ilmenite　钛铁矿　05.0229

image well　镜象井，*虚拟井　06.0215

imaginary well　镜象井，*虚拟井　06.0215

imaging ray　成象射线　03.0775

imbibition　渗吸，*吸吮　06.0109

imbibition capillary pressure curve　渗吸毛细管压力
曲线　06.0114

immature phase　未熟期　02.0382

immersion suit　[防寒]救生服　09.1008

immiscible displacement　非混相驱替　06.0225

immiscible fluid　非混相流体，*不互渗流体
06.0135

immunity　抗干扰性　09.0175

impact jet　冲击射流　05.0083

impact jet flow　冲击射流　05.0083

impedance contrast　阻抗差　03.0348

impeller blasting　抛丸　10.0308

impervious bed　隔层　02.0581

IMPES method　隐压显饱法　06.0348

implicit operator　隐式算子　03.0781

implicit pressure-explicit saturation method 隐压显饱法 06.0348

implosion 内爆 09.0035

implosive source 内爆震源 09.0036

impressed current 强制电流, *外加电流 10.0360

impressed current anode 辅助阳极 10.0366

impsonite 焦性沥青 02.0302

impulse response 冲激响应, *脉冲响应 03.0410

inboard hub assembly 内接套总成 09.0327

incinerator 焚烧炉 09.0588

inclination 磁倾角 03.0128

inclination experiment 倾斜试验 09.0221

inclination logging 井斜测量 04.0413

inclination survey 测斜 05.0379

inclined pumping unit 斜井抽油机 11.0414

inclined workover rig 倾斜式修井机 11.0541

increased resistance invasion 增阻侵入 04.0112

indication of oil and gas 油气显示 02.0761

indirect hydrocarbon indication 间接油气显示 02.0763

individual drive 单独驱动 11.0059

induced gamma-ray spectrometry log 次生 γ 能谱测井 04.0195

induced gas floatator 加气浮选器 09.0777

induced polarization 激发极化 03.0240

induced polarization log 激发极化测井 04.0164

induction logging 感应测井 04.0136

induction period 诱导期 07.0317

industrial exploration 工业勘探 02.0745

industrial gear oil 工业齿轮油 07.0146

industrial reserves 可采储量, *工业储量 02.1033

industrial vaseline 工业凡士林 07.0229

inert gas 惰性气 02.0292

inert gas generator 惰性气体发生器 09.0587

inertia brake 惯性刹车 11.0074

inertial polished rod force 惯性载荷 06.0641

inertial-turbulent flow effect 惯性湍流效应 06.0289

inertinite 惰质组 02.0355

inferred reserves 推测储量 02.1032

infill drilling 加密钻井 05.0010

infilled well pattern 加密井网 06.0389

infill well 加密井 06.0551

inflammability of natural gas 天然气爆炸性 06.0157

inflatable packer test string 胶囊封隔器测试管柱 11.0588

inflow performance relationship curve 流入动态曲线, *IPR 曲线 06.0260

infrared absorption spectrometry 红外吸收光谱法 02.1012

infrared photograph 红外摄影 02.0949

inhibitive drilling fluid 抑制性钻井液 05.0160

inhomogeneous medium 非均匀介质 03.0027

initial boiling point 初馏点 07.0309

initial compaction stage 初期压实阶段 02.0616

initial crystallizing point of paraffin 初始结蜡温度 06.0878

initial gain 起始增益 03.0532

initial gel strength 初切力 05.0247

initial longitudinal metacentric height 初纵稳心高度 09.0233

initial migration 初始运移 02.0589

initial reservoir pressure 原始油藏压力 06.0454

initial set 初凝 05.0486

initial stability 初稳性 09.0231

initial transverse metacentric height 初横稳心高度 09.0232

initiator 引发剂 08.0447

injected fluid 注入流体 06.0132

injected water volume in pore volume 注入孔隙体积, *注入倍数 06.0526

injection and production balance 注采平衡 06.0500

injection behavior analysis 注水动态分析 06.0438

injection gas front 注气前缘 06.0501

injection interval 注入层段 06.0533

injection pressure 注入压力 06.0750

injection-production cycle 注采周期 06.0532

injection-production ratio 注采比 06.0527

injection-production system 注水方式, *注采系统 06.0395

injection profile 注入剖面, *吸水剖面 04.0347

injection profile adjustment 吸水剖面调整, *调剖

06.0749

injection profile thickness 注入剖面厚度 06.0530

injection rate 注入率, ＊注入量 06.0761

injection test 试注 06.0523

injection water retaining in reservoir 存水率 06.0547

injection well 注入井 06.0549

injection well head assembly 注水井井口装置 06.0737

injection well log 注入井测井 04.0383

injection well pattern 注水井网 06.0414

injection well spacing 注水井距 06.0415

injectivity index 吸水指数 06.0735

injector 注水井 02.0787

injector-producer conversion 注采井转换 06.0760

injector-producer distance 注采井距 06.0416

injector-producer ratio 注采井数比 06.0531

in-layer interference 层内干扰 06.0467

inline blending 管道调合 10.0221

in-line direction 纵线方向 03.0807

in-line offset spread 离开排列 03.0504

inline pump 管道泵 10.0229

in-line refraction profiling 纵测线折射法 03.0328

innage 装油量 10.0248

innage gaging 测罐内油高 10.0244

inner blowout preventer 内防喷器 05.0440

inner blowout preventer valve 内防喷阀 09.0304

inner edge water flooding 边内注水 06.0398

inner tube 内岩心筒 05.0556

inorganic carbon analysis 无机碳分析 02.0992

inorganic genetic gas 无机成因气 02.0487

inorganic origin theory 无机成因论 02.0324

in-phase value 同相位值 03.0267

insert bit 镶齿钻头 11.0317

inside blowout preventer 钻柱防喷阀, ＊井下防喷阀 11.0381

inside core barrel 内岩心筒 05.0556

in situ acid generating system 原地成酸体系 06.0783

in situ biological process for oil production 微生物采油 06.1052

in situ combustion 火烧油层, ＊火驱 06.1015

in situ generating acid treatment 原地成酸酸化

06.0784

in situ geostress 原地应力 06.0790

installation in regular order 正装法 10.0453

installation in reverse order 倒装法 10.0454

installed power rating 装机功率 11.0044

instantaneous attribute 瞬时属性 03.0615

instantaneous floating point gain 瞬时浮点增益 03.0550

instantaneous frequency 瞬时频率 03.0617

instantaneous phase 瞬时相位 03.0616

instantaneous shut-in pressure 瞬时关井压力 06.0821

instrument capillary tube 仪表控制管线 09.0807

instrument master control room 仪表总控制间 09.0895

instrument oil 仪表油 07.0163

instrument truck 仪表车 11.0528

insulated coating 隔热层 10.0344

insulated foam coating 泡沫隔热层 10.0346

insulated lining 隔热衬里 10.0345

insulating joint 绝缘接头 10.0354

insulating oil 绝缘油 07.0183

intact stability 完整稳性 09.0229

intake interval 注入层段 06.0533

integral joint casing 无接箍套管 11.0645

integral joint tubing 无接箍油管 11.0652

integral joint tubing thread 整体接头油管螺纹 11.0676

integrated interpretation 综合解释 03.0041

integrated navigation system 综合导航系统 09.0107

integrated radial geometric factor 径向积分几何因子 04.0148

integrated solid control system 整体式固控系统 11.0247

integrated vertical geometric factor 纵向积分几何因子 04.0149

integrated waveform 积分波形 03.0417

interactive interpretation 人机[交互]联作解释 02.0844

interarc basin 弧间盆地 02.0127

interbed multiples 层间多次波 03.0370

intercalated bed 夹层 02.0580

intercept time 延迟时，＊截距时 03.0344

interconnected porosity 连通孔隙度 06.0017

intercrystalline pore 晶间孔隙 02.0553

interdistributary bay deposit 分流间湾沉积 02.0249

interface detection 界面检测 10.0153

interfered setting 干扰沉降 06.0827

interference 干涉 03.0841

interference test 干扰测试 11.0581

interfering well 激动井 06.0279

intergranular corrosion 晶间腐蚀 10.0268

intergranular dissolved pore 粒间溶孔 02.0556

intergranular pore 粒间孔隙 02.0548

interior dune 内陆沙丘 02.0233

interlayer interference 层间干扰 06.0466

interlayer water 层间水 02.0625

intermediate-base crude [oil] 中间基原油，＊混合基原油 01.0033

intermediate casing 中间套管 05.0463

intermediate heating station 中间加热站 10.0174

intermediate rod 介杆 11.0209

intermediate wettability 中性润湿 06.0085

intermittent flow 间歇自喷 06.0595

intermittent gas-lift 间歇气举 06.0607

intermittent gas lift cycle 间歇气举周期 06.0621

intermittent gas-lift equipment 间歇气举设备 11.0482

intermittent gas-lift valve 间歇气举阀 11.0475

intermittent pipelining 间歇输送 10.0162

intermittent pumping 间歇抽油 06.0659

intermittent water flooding 间歇注水 06.0419

intermitter 间歇气举控制器 06.0608

intermontane basin 山间盆地 02.0141

internal coating drill pipe 内涂层钻杆 11.0613

internal coating tubing 内涂层油管 11.0653

internal combustion engine oil 内燃机油 07.0152

internal drill pipe cutter 钻杆内割刀 05.0602

internal external upset drill pipe 内外加厚钻杆 11.0610

internal external upset tubing 内外加厚油管 11.0650

internal floating roof tank 内浮顶油罐 10.0206

internal flush tool joint 内平[型]钻杆接头 11.0622

internal [line-up] clamp 内对口器 10.0432

internal migration 层内运移 02.0590

internal thread protector 内护丝 11.0664

internal-thread taper caliper 内螺纹锥度卡尺 11.0691

internal upset drill pipe 内加厚钻杆 11.0608

internal upset tubing 内加厚油管 11.0648

international gravity formula 国际重力公式 03.0054

interpretation of well testing data 试井解释 06.0271

interpretative workstation 解释工作站 03.0879

interrogation pulse 询问脉冲 09.0140

intertidal zone 潮间带 02.0257

interval time 间隔时间 03.0859

interval transit time 声波时差 04.0206

interval velocity 间隔速度，＊层速度 03.0724

interwell tracer test 井间示踪剂测试 06.0307

interwell transient pressure test 井间瞬变压力测试 06.0308

intrabasement body 基内岩体 03.0198

intracratonic basin 内克拉通盆地 02.0135

intragranular dissolved pore 粒内溶孔 02.0555

intragranular pore 粒内孔隙 02.0549

intrinsic attenuation 固有衰减 03.0429

intrusive mercury curve 压汞曲线 06.0122

invaded zone 侵入带 04.0030

invaded zone resistivity 侵入带电阻率 04.0103

invasion correction 侵入校正 04.0134

invasion depth 侵入深度 04.0034

invasion diameter 侵入直径 04.0033

invasion profile 侵入剖面 04.0032

inverse circulation 反循环 06.0935

inverse filter 反滤波器 03.0674

inverse modeling 反演模拟 02.0931

inverse Q filter 反 Q 滤波器 03.0678

inverse VSP 井中激发垂直地震剖面 04.0223

inverse water injection 反注，＊环空注入 06.0740

inverse well-flushing 反洗 06.0924

inversion 反演 03.0032

inverted drill string 倒装钻具 05.0409

inverted nine-spot water flooding pattern 反九点法注水 06.0406

invert-emulsion drilling fluid 反相乳化钻井液，＊油包水钻井液 05.0168

iodine number 碘值 07.0325

iodine value 碘值 07.0325

ion exchange resin 离子交换树脂 08.0306

ionospheric disturbance 电离层干扰 09.0122

ionospheric plasma cracking furnace 等离子裂解炉 08.0463

IP 激发极化 03.0240

IR 红外吸收光谱法 02.1012，异戊橡胶 08.0315

iron chelating agent 铁螯合剂 12.0165

iron sequestering agent 铁螯合剂 12.0165

iron stabilizer 铁稳定剂 12.0166

irreducible water 束缚水 04.0041

irreducible water saturation 束缚水饱和度 06.0073

irregular grid 不规则网格 06.0326

irregular hydrocarbon reservoir 不规则状油气藏 02.0716

ISCS 整体式固控系统 11.0247

ISIP 瞬时关井压力 06.0821

island arc 岛弧 02.0122

isoamyl alcohol 异戊醇 08.0204

isoamylene 异戊烯 08.0207

isobar 等压线 06.0202

isobaric map 等压图 06.0433

isobutane to normal butane ratio 异丁烷-正丁烷比 02.0510

isobutene 异丁烯 08.0202

isobutyl alcohol 异丁醇 08.0194

isobutylene etherification with methanol 异丁烯与甲醇醚化 08.0103

isobutylene separation 异丁烯分离 08.0091

iso-butyraldehyde 异丁醛 08.0191

isochronal well testing 等时试井 06.0256

isochronism 等时性 02.0925

isocline 等磁倾线 03.0134

isocyanate 异氰酸盐，＊异氰酸酯 08.0186

isogon 等磁偏线 03.0133

isogonic chart 等磁偏角图 05.0387

isomerization 异构化 07.0077

isomerization catalyst 异构化催化剂 07.0278

isoperm map 等渗透率图 06.0427

isophthalic acid 间苯二甲酸 08.0255

isoporosity map 等孔隙度图 06.0426

isopotential surface 等势面 02.0660

isoprene 异戊二烯 08.0208

isoprene rubber 异戊橡胶 08.0315

isoprenoid 类异戊二烯 02.0478

isoprenoid hydrocarbon 类异戊二烯烃 02.0479

isopressure surface 等压面 02.0661

isopropyl alcohol 异丙醇 08.0169

isopropyl benzene 异丙苯 08.0232

isostasy 地壳均衡[说] 03.0060

isothermal compressibility [of natural gas] 天然气等温压缩系数 06.0154

isothermal pipelining 等温输送 10.0117

isothermal reactor 等温反应器 08.0470

isotime contouring 等时线绘制 03.0846

isotope analysis 同位素分析 02.1001

IU drill pipe 内加厚钻杆 11.0608

J

jacket 导管架 09.0476

jacket handling 导管架扶正 09.0637

jacket heater 水套加热炉 06.0569

jacket launching 导管架下水 09.0634

[jacket] launching barge [导管架]下水驳 09.0447

jacket leg 导管架腿柱 09.0477

jacket lifting eye 导管架吊耳 09.0478

jacket loadout 导管架装船 09.0632

jacket panel 导管架组片 09.0479

jacket panel assembly 导管架组对 09.0480

jacket positioning 导管架定位 09.0635

jacket securing 导管架固定 09.0638

jacket upending 导管架竖立 09.0636

jacket walkway 导管架走道 09.0716

jacking conditions 升降条件 09.0206

jacking device 升降装置 09.0400

jacking motor 升降电机 09.0401

jacking state 升降状态 09.0205

jacking system 升降系统 09.0399

jackknife mast 折叠式井架 11.0138

jack shaft 传动轴 11.0112

jack-up rig 自升式钻井平台，＊自升式钻井船 09.0187

jar for drill stem test 钻杆测试震击器 11.0596

jaw clutch 牙嵌离合器 11.0079

jet 射流 05.0082

jet bit 喷射钻头 11.0320

jet bit drilling 喷射钻井 05.0041

jet blender 喷射混合器 11.0518

jet condenser 喷射冷凝器 07.0398

jet drilling 喷射钻井 05.0041

jet flow 射流 05.0082

jet flow extinguishing 射流灭火法 05.0460

jet fuel 航空涡轮发动机燃料，＊喷气燃料 07.0123

jet fuel thermal oxidation stability tester 喷气燃料热氧化安定性测定仪 07.0463

jet hopper 喷射漏斗 11.0283

jet hydraulic power 射流水功率 05.0090

jet impact force 射流冲击力 05.0089

jet pump 喷射泵 10.0228

jet spud bit 喷射冲击钻头 11.0327

jetting pipeline 冲桩管线 09.0270

jet velocity 射流速度，＊喷射速度 05.0087

jockey pump 补给水泵 09.0915

journal angle 牙轮轴倾角 11.0342

jug 检波器 03.0483

jumper ［地震］加长电缆 03.0480

jumper hose 跨接软管 09.0712

jump hose 跨接软管 09.0712

junction box 连接盒 09.0346

junk 落物 05.0572

junk sub 打捞杯 05.0576

jury pump 备用泵 10.0234

K

kaolinite 高岭石 05.0226

karst hydrocarbon reservoir 喀斯特油气藏 02.0717

kelly 方钻杆 11.0627

kelly bar 方钻杆 11.0627

kelly bar sub 方钻杆接头 11.0631

kelly bushing 方钻杆补心 11.0184

kelly cock 方钻杆旋塞阀 11.0379

kelly-in 方入 05.0060

kelly joint 方钻杆接头 11.0631

kelly roller bushing 滚轮方补心 11.0725

kelly spinner 方钻杆旋扣器 11.0721

kelly-up 方余 05.0059

kelly valve 方钻杆旋塞阀 11.0379

kerogen 干酪根，＊油母质，＊油母 02.0342

kerogen degradation theory 干酪根降解论 02.0334

kerogen type identification 干酪根类型鉴定 02.0994

kerosene 煤油 07.0120

ketene 乙烯酮 08.0173

key bed 标准层 02.0796

key horizon 反射标准层 03.0831

keyseat sticking 键槽卡钻 05.0606

keyseat wiper 键槽破坏器 05.0411

k-factor k因子 03.0815

kick 井涌，＊溢流 05.0414

kick-off orifice 启动孔 06.0600

kick-off point 造斜点 05.0345

kick-off pressure 气举启动压力 06.0599

kick-off valve 启动阀，＊卸载阀 06.0601

kill fluid 压井液 05.0373

killing well 压井 05.0372

kill line 压井管线 05.0424

kill manifold 压井管汇 11.0388

kill valve 压井阀 11.0389

kinematical viscosity 运动粘度 01.0120

kinematic viscometer of petroleum products 油品运动粘度测定仪 07.0454

kingpost 将军柱 09.0731

kir 基尔沥青 02.0294

Kirchhoff summation migration 基尔霍夫偏移 03.0769

Klauder wavelet 克劳德子波 03.0576

Klinkenberg effect 滑脱效应，＊克林肯贝格效应 06.0080

Klinkenberg permeability 克林肯贝格渗透率 06.0025

knuckle joint 肘节 05.0582

konjak gum 魔芋胶 12.0049

KOP 造斜点 05.0345

K-type section K 型剖面 03.0235

K-V fingerprint technique K－V 指纹法 02.0821

L

laboratory analysis 实验室分析 02.0017

LACT system 矿场自动交接系统 10.0077

lacustrine facies 湖泊相 02.0219

lagoon facies 潟湖相，＊泻湖相 02.0251

lag time 泥浆迟到时间 04.0342

lag time of cutting 岩屑滞后时间 02.0801

laminar flow 层流 01.0100

laminar shale 层状泥质 04.0051

lampitude 同态振幅 03.0719

lamp oil 灯用煤油，＊灯油 07.0121

land-based positioning network 岸上定位网 09.0133

landform analysis 地表形态分析 02.0971

landing collar 碰压接箍 09.0422

landing point 进入油层点 05.0370

land restoration 地貌恢复 10.0417

Landsat 陆地卫星 02.0947

lane ambiguity 巷模糊 09.0115

lane identification 巷识别 09.0114

lane loss 丢失巷 09.0116

large hole drilling 大井眼钻井 05.0039

large oil-gas field 大油气田 01.0020

laser microspectrography 激光显微光谱分析 02.1021

last non-seizure load 最大无卡咬负荷 07.0363

latent acid 潜在酸 12.0155

lateral accretion 侧向加积 02.0217

lateral changed SRCA 侧变式生储盖组合 02.0587

lateral electrode configuration 梯度电极系 04.0096

lateral migration 侧向运移 02.0594

lateral prediction 横向预测 02.0840

lateral resolution 横向分辨率 03.0420

lateral sonde 梯度电极系 04.0096

lateral well 水平井 05.0310

laterolog 侧向测井 04.0115

laterolog 3 三侧向测井 04.0116

laterolog 7 七侧向测井 04.0118

laterolog 8 八侧向测井 04.0131

late time resistivity 后期电阻率 03.0292

late water flooding 晚期注水 06.0394

latex accelerator 胶乳促进剂 08.0428

launching way 发送道 10.0442

layback 返回距离 09.0151

lay barge 敷管船 09.0451

laydown area 堆放区 09.0721

laydown platform 堆放台 09.0722

layered medium 层状介质 03.0028

layer matrix 层矩阵 03.0623

layer replacement 层替换 03.0798

layer screen cloth 层叠式筛网 11.0266

layer series of development 开发层系 06.0391

laying in one ditch 同沟敷设 10.0414

layout chart 叠加图 03.0407

LCO 轻循环油 07.0019

LDPE 低密度聚乙烯 08.0266

leaded gasoline 含铅汽油 07.0115

lead-in section 前导段 09.0083

lead line 出油管线 10.0006

lead scavenger 扫铅剂 07.0248

lead soap base grease 铅基润滑脂 07.0210

lead stamp 铅印模 05.0579

lead susceptibility 感铅性 07.0302

leakage alarm device 泄漏报警装置 10.0194

leakage test method 漏失试验法 05.0454

leaking mode 漏出型波 03.0329

leak-off test 漏失试验法 05.0454

leaks detecting with sound signal 音频信号检漏 10.0334

leak test 严密性试验 10.0392

leaning angle of screen 筛面倾角 11.0261

lease automatic custody transfer system 矿场自动交接系统 10.0077

least-square filter 最小二乘滤波器, *维纳滤波器 03.0675

left hand fishing spear 倒扣捞矛 05.0583

left lateral 左旋 02.0043

LEL 爆炸下限 09.0987

lens facies 透镜状相 02.0903

lens seismic facies 透镜状地震相 03.0910

lenticular configuration 透镜状结构 03.0901

leveling pile receptacle 桩柱调平接收器 09.0325

levelling agent 匀染剂 08.0435

levelling property 流平性 10.0341

level of organic metamorphism 有机变质程度 02.0404

level totalizer 泥浆总量表 09.0429

Leverett J function 莱弗里特 J 函数 06.0119

lever of maximum stability 最大稳性力臂 09.0240

Levinson recursion 莱文森递推 03.0711

life-boat 救生艇 09.1010

life-boat embarkation area 救生艇登乘处 09.1014

life-float 救生筏 09.1011

life of sand control 防砂有效期 06.0852

life-raft 救生筏 09.1011

life-saving system 救生系统 09.1012

liftering 同态滤波 03.0718

lifting efficiency of pumping unit 抽油装置提升效率 06.0652

light cycle oil 轻循环油 07.0019

light density thermal cement 低密度高温水泥 05.0483

light diesel fuel 轻柴油 07.0125

light distillate 轻馏分油 07.0014

light hydrocarbon 轻烃 01.0071

lightning grounding 防雷接地 10.0238

light ship displacement 空船排水量 09.0218

light ship weight 空船重量 09.0217

light stability 光稳定性 08.0370

light stabilizer 光稳定剂 08.0407

light transmittance 透光率 08.0341

light type combustible gas detector 轻质可燃气体探测器 09.0974

light-weight admixture for cement slurry 水泥减轻外掺料 12.0127

lignosulfonate 木[质]素磺酸盐 12.0055

lime content 石灰含量 05.0191

limestone 石灰岩 02.0178

limited entry fracturing 限流法压裂 06.0835

limited entry perforation technique 限流射孔技术 06.0836

limited water-oil ratio 极限水油比 06.0497

limiting potential drainage 钳位式排流 10.0386

line 测线 03.0010

linear alkanes dehydrogenation 直链烷烃脱氢 08.0059

linear alkylbenzene 直链烷基苯 08.0239

linear array 线性组合 03.0394

linear expansion coefficient 线膨胀系数 08.0348

linear fluid flow 一维渗流, *线性渗流 06.0196

linear low density polyethylene 线型低密度聚乙烯 08.0267

linear mooring system 线性系泊系统 09.0520

linear polarization 线性极化 03.0266

linear scale 线性比例 04.0304

linear structure 线性构造 02.0969

line cutting water flooding 行列式切割注水 06.0409

line intersection 交汇点 09.0172

line layout 测线布设 03.0451

line mass 线质量 03.0112

line pipe thread 管线管螺纹 11.0674

liner 尾管, *衬管 05.0521

liner cementing 尾管固井 05.0522

liner cementing head 尾管水泥头 05.0528

liner completion 衬管完井 06.0557

liner hanger 尾管悬挂器 05.0529

liner packing 缸套密封, *缸套盘根 11.0218

liner puller 缸套拉拔器 11.0224

liner setting tool 尾管坐入工具 05.0538

liner spray 缸套喷淋器 11.0226

line source 线源 06.0208

lines strung of hoisting system 提升轮系绳数 11.0040

line throwing apparatus 抛绳装置 09.1002

line throwing gun 抛缆枪 09.0272

line-up 同相排齐 03.0827

line up 对口 10.0400

line water flooding 行列注水，＊排状注水 06.0407

line well pattern 行列井网 06.0385

lining 衬里 10.0314

link bumper 吊环防碰器 11.0195

links 吊环 11.0124

link tilt assembly 吊环倾斜装置 11.0031

lipophilic 亲油 06.0102

lipophobic 憎油 06.0103

liptinite 壳质组，＊稳定组 02.0347

liquefied petroleum gas displacement 液化石油气驱 06.1004

liquid blended pipelining 掺液输送 10.0009

liquid heat-insulation string 液体隔热管柱 06.1038

liquid hold up 持液率 06.0584

liquid level alarm 液面报警器 10.0242

liquid paraffin 液体石蜡 07.0232

liquid petrolatum 液体石蜡 07.0232

liquid-phase oxidation catalyst 液相氧化催化剂 08.0380

liquid phase polymerizer 液相聚合釜 08.0485

liquid production per unit thickness 采液强度 06.0488

liquid trap 捕液器 09.0810

liquid window 液态窗，＊主要生油期 02.0386

liquified natural gas 液化天然气 01.0056

liquified petroleum gas 液化石油气 01.0080

listening period 监听时间 03.0573

listric fault 犁式断层，＊铲形断层 02.0094

lithium soap base grease 锂基润滑脂 07.0208

litho-density log 岩性－密度测井 04.0173

litho-electric stratigraphic unit 岩电地层单位 02.0924

lithofacies 岩相 02.0195

lithofacies palaeogeography 岩相古地理 02.0190

lithological correlation 岩性对比 02.0754

lithologic hydrocarbon reservoir 岩性油气藏 02.0708

lithologic index 岩性指数 02.0911

lithologic lenticular hydrocarbon reservoir 岩性透镜体油气藏 02.0710

lithologic pinchout hydrocarbon reservoir 岩性尖灭油气藏 02.0709

lithology model 岩性模型 04.0260

littoral facies 滨海相 02.0230

live section 工作段 09.0082

living quarter 生活区 09.0392

LLA 液面报警器 10.0242

LLDPE 线型低密度聚乙烯 08.0267

LLPS 低－低压开关 09.0889

LNG 液化天然气 01.0056

LNG carrier 液化天然气运输船 09.0678

LNG tanker 液化天然气运输船 09.0678

load-carrying additive 载荷添加剂 07.0258

load-carrying capacity of lubricant 润滑剂承载能力 07.0361

loading and unloading arm 装卸油鹤管 10.0223

loading and unloading rack 装卸油栈桥 10.0222

load wear index 负荷磨损指数 07.0364

lobe structure 叶瓣状结构 09.0167

local anomaly 局部异常 03.0038

local corrosion 局部腐蚀 10.0277

local migration 局部运移 02.0597

location buoy 井位标 09.0698

lock pawl 制动爪 11.0179

log analysis 测井分析 04.0243

logarithmic scale 对数比例 04.0305

log calibration 测井刻度 04.0080

log curve 测井曲线 04.0010

log data 测井数据 04.0011

log data normalization 测井数据归一化 04.0295

log data processing 测井数据处理 04.0246

log facies 测井相 02.0918

logged down 下行测井 04.0009

logged up 上行测井 04.0008

logging cable 测井电缆 04.0015

logging data acquisition 测井数据采集 04.0318

logging head 电缆头 04.0313

lube oil distillate　润滑油馏分　07.0022

lube oil hydrogenation　润滑油加氢　07.0066

lube type refinery　润滑油型炼油厂　07.0006

lubricant compatibility　润滑剂相容性　07.0289

lubricant for drilling fluid　钻井液润滑剂　12.0108

lubricant oil transfer pump　润滑油传输泵　09.0864

lubricating grease　润滑脂　07.0201

lubricating oil　润滑油　07.0137

lubricating type rust preventing oil　润滑油型防锈油
07.0191

lubricity　润滑性　07.0307

luminometer　辉光值测定仪　07.0461

luminometer number　辉光值　07.0344

lumping　参数集总　04.0297

lupane　羽扇烷　02.0458

LVL　低速层　03.0337

LWD　随钻测井　04.0410

M

maceral　显微组分，＊煤素质　02.0346

machine oil　机械油　07.0141

machinery deck　机械甲板　09.0276

macromolecular demulsifier　高分子破乳剂
12.0272

macromolecular surfactant　高分子表面活性剂
12.0031

mafic dike intrusion　铁磁性岩墙［侵入体］
03.0200

magmatic plug screened hydrocarbon reservoir　岩浆
柱遮挡油气藏　02.0701

magmatic rock gas　岩浆岩气　02.0491

magmatic theory　岩浆论　02.0327

magnetic artifact　人为磁效应　03.0173

magnetic balance　磁秤　03.0175

magnetic basement　磁性基底　03.0197

magnetic base station　磁测基点　03.0169

magnetic bearing　磁方位　03.0132

magnetic conductivity　磁导［率］，＊导磁系数
03.0147

magnetic dipole　磁偶极子　03.0138

magnetic disturbance　磁扰　03.0170

magnetic diurnal variation　地磁日变　03.0171

magnetic drum　磁鼓　03.0526

magnetic equator　磁赤道，＊零倾线　03.0127

magnetic field strength　磁场强度　03.0142

magnetic flux　磁通［量］　03.0144

magnetic gradiometer　磁梯度仪　03.0189

magnetic high　磁力高　03.0195

magnetic hysteresis　磁滞　03.0153

magnetic induction　磁感应强度　03.0143

magnetic lineation　磁性线性结构　03.0202

magnetic low　磁力低　03.0196

magnetic mark　磁性记号　04.0307

magnetic moment　磁矩　03.0139

magnetic multi-shot survey instrument　磁性多点测
量仪　05.0386

magnetic north　磁北　03.0131

magnetic paraffin control　磁防蜡　06.0893

[magnetic] permeability　磁导［率］，＊导磁系数
03.0147

magnetic plunger pump　磁性柱塞抽油泵　11.0449

magnetic potential　磁势　03.0136

magnetic powder brake　磁粉刹车　11.0107

magnetic prospecting　磁法勘探　03.0120

magnetic recorder　磁记录器　05.0301

magnetic retardation　磁滞　03.0153

magnetic retentivity　顽磁性　03.0156

magnetic saturation　磁饱和　03.0155

magnetic scalar potential　磁标势　03.0137

magnetic sensor　磁［场］敏感器　03.0258

magnetic separator　磁力分离器　08.0497

magnetic single-shot survey instrument　磁性单点测
量仪　05.0384

magnetic storm　磁暴　03.0172

magnetic survey　磁法测量　03.0121

magnetic susceptibility　磁化率　03.0149

magnetic susceptibility Kappameter　卡帕仪
03.0191

magnetic tape [analog] recording　磁带［模拟］录制
03.0525

magnetic tape recorder　磁带记录仪　04.0302

magnetic toolface angle　磁力工具面角　05.0366

magnetism　磁性　03.0135

magnetism disturbance　磁化干扰　04.0333

magnetization　磁化强度　03.0141

magnetization curve　磁化曲线　03.0154

magnetometer　磁力仪　03.0174

magnetostratigraphy　磁性地层学　02.0838

magnetotelluric method　大地电磁法　03.0252

main air blower　主风机　07.0443

main bearing of rotary　转盘主轴承　11.0177

main brake　主刹车　11.0092

main deck　主甲板　09.0542

main drum　主滚筒　11.0089

main fire water ring　消防主环路　09.0935

main hoist line　钻井钢丝绳　11.0125

main hole　主井筒　05.0334

main power station　主电站　09.0839

main stream line　主流线　06.0209

major survey　全部检验　09.0225

make-up　上扣　05.0079

maleic anhydride　顺丁烯二酸酐, ＊马来酸酐
08.0199

maltha　软沥青　02.0296

manifold　管汇　10.0138

manifold truck　管汇车　11.0527

manned platform　驻人平台　09.0680

manned work enclosure　载人密闭工作舱　09.0609

mantle bulge　地幔隆起　02.0045

mantle plume　地幔柱　02.0046

mantle source gas　幔源气　02.0490

manual interpretation　人工解释　04.0281

map convolution　平面图褶积　03.0106

map migration　图面空间校正　03.0847

map projection transformation　地图投影转换
02.0961

marginal sea basin　边缘海盆地　02.0128

margin sea　边缘海　02.0276

marine diesel engine oil　船用柴油机油　07.0157

marine diesel fuel　船用柴油　07.0126

marine facies　海相　02.0225

marine fuel oil　船用燃料油　07.0130

marine gravimeter　海洋重力仪　03.0072

marine growth　海生物　09.1025

marine origin　海相生油　02.0388

marine pollution　海上污染　09.0991

marine radio system　海事通讯系统　09.1016

marine seismic　海上地震勘探　09.0003

marine seismic acquisition　海上地震[数据]采集
09.0004

marker　反射标准层　03.0831

marker bed　标准层　02.0796

marking of drill pipe　钻杆标志　11.0679

mark of direct interpretation　直接解释标志
02.0967

mark of indirect interpretation　间接解释标志
02.0968

marl　泥灰岩　02.0180

Marsh funnel　马什漏斗　05.0242

Marsh funnel viscosity　马什漏斗粘度　05.0199

marsh gas　沼气　02.0290

marsh seismic　沼泽地震勘探　09.0009

Martin heat resistance test　马丁耐热试验　08.0347

mass flowmeter　质量流量计　04.0373

massif　地块　02.0057

massive hydraulic fracturing　大型压裂, ＊巨型压裂
06.0829

massive hydrocarbon reservoir　块状油气藏
02.0715

mass-spectrometric analysis for isotope　同位素质谱
分析　02.1023

mass transfer rate of hydrogen ion　氢离子传质速率
06.0776

mast　桅式井架　11.0134

master bushing　方补心, ＊大补心　11.0183

master clutch　主离合器　11.0091

master control station　主控台　05.0303

master hydraulic control panel　液压主控盘
09.0294

mat　沉垫　09.0502

matched filter　匹配滤波器　03.0658

material balance method　物质平衡法　02.1052

material room　材料库房　09.0371

mathematical geology　数学地质[学]　02.0015

mathematical model for drilling procedure　钻进数学
模型　05.0112

mathematic simulation method of kerogen degradation

干酪根降解数学模拟法 02.1060

Mathews-Brons-Hazebroek method MBH法 06.0276

matrix density 骨架密度，*颗粒密度 04.0177

matrix identification plot 骨架识别图 04.0292

matrix mineral 骨架矿物 04.0019

matrix parameter 骨架参数 04.0265

matrix permeability 岩石基质渗透率 06.0034

matrix porosity 岩石基质孔隙度 06.0020

mat support jack-up rig 沉垫自升式钻井平台，*沉垫自升式钻井船 09.0195

mat support self-elevating platform 沉垫自升式钻井平台，*沉垫自升式钻井船 09.0195

maturation 成熟作用 02.0402

mature phase 成熟期 02.0383

max. drilling string load 最大钻柱载荷 11.0038

max. hook load 最大钩载 11.0037

maximum allowable weight on bit 最大允许钻压 05.0114

maximum anchor pattern 最大锚纹深度 10.0303

maximum coherency filtering 最大相干性滤波 03.0666

maximum condensate pressure 最大凝析压力 06.0158

maximum displacement 最大顶替量 05.0512

maximum drilling depth 最大钻井深度 09.0398

maximum entropy deconvolution 最大熵反褶积 03.0684

maximum entropy spectrum analysis 最大熵谱分析 03.0688

maximum flooding surface 最大洪水界面 02.0863

maximum flow rate 最大自喷产量 06.0596

maximum holding capacity after elevating a pinion 单齿额定静载能力 09.0403

maximum jacking capacity while elevating a pinion 单齿额定升降能力 09.0402

maximum operating water depth 最大工作水深 09.0397

maximum phase 最大相位 03.0700

maximum polished rod load 悬点最大载荷 06.0643

maximum protective potential 最大保护电位 10.0350

maximum wellhead pressure 最大井口压力 05.0436

max. pump pressure 最高泵压 11.0231

max. speed of rotary 转盘最大转速 11.0181

max. static hook load 大钩最大静载 11.0166

max. weight of drill stem 最大钻柱载荷 11.0038

max. wind rating 额定最大风速 11.0167

MBS resin 甲基丙烯酸甲酯－丁二烯－苯乙烯树脂，*MBS树脂 08.0282

MD 测量深度 05.0381

m-dihydroxy-benzene 间苯二酚 08.0236

meandering stream deposit 曲流河沉积 02.0207

mean pore size 孔隙大小平均值 06.0049

measured depth 测量深度 05.0381

measured range 测量距离 09.0169

measurement shortage 输差 10.0158

measurement while drilling 随钻测量 04.0409

measuring electrode 测量电极 04.0097

measuring point 记录点 04.0056

measuring truck 仪表车 11.0528

mechanical drawworks 机械传动绞车 11.0083

mechanical efficiency 机械效率 11.0240

mechanical friction clutch 机械摩擦离合器 11.0075

mechanical impurities 机械杂质 07.0355

mechanical oil recovery equipment 机械采油设备 11.0408

mechanical paraffin removal 机械清蜡 06.0882

mechanical plugging 机械封堵 10.0421

mechanical strength of petroleum coke 石油焦机械强度 07.0378

mechanical transmission 机械传动 11.0061

mechanical water shut off 机械堵水 06.0899

median filtering 中值滤波 03.0659

median pore size 孔隙大小中值 06.0050

medicinal vaseline 医药凡士林 07.0228

medium investigation induction log 中感应测井 04.0139

medium radius horizontal well 中曲率半径水平井 05.0327

medium temperature shift catalyst 中温变换催化剂 08.0398

medium-to-hard formation 中－硬地层 05.0125

MEK dewaxing 甲乙酮脱蜡 07.0049

melamine resin 三聚氰胺－甲醛树脂 08.0302

melt index 熔体指数 08.0346

melting point 熔点 01.0050

membrane filtration factor 膜滤系数 06.0721

membrane separator 薄膜分离器 08.0499

memory component 记忆分量 03.0706

MEOR 微生物强化采油 06.1055

mercaptan sulfur 硫醇硫 07.0347

mercury injection curve 压汞曲线 06.0122

mercury injection method 压汞法 06.0121

mercury withdrawal curve 退汞曲线 06.0123

merging of events 同相轴合并 03.0844

metacenter 稳心 09.0262

metagenesis 变生作用，＊深变作用 02.0170

metal deactivator 金属钝化剂 07.0249

metal working fluid 金属加工液 07.0179

metamorphic rock gas 变质岩气 02.0492

metering facility 计量设施 09.0571

metering manifold 计量管汇 09.0579

metering pump 计量泵 10.0231

metering station 交接计量站 10.0018

meter prover 流量计标定装置 10.0038

methanation catalyst 甲烷化催化剂 08.0387

methanator 甲烷化反应器 08.0478

methane accreting 甲烷增生作用 02.0628

methane chlorination 甲烷氯化 08.0106

methane coefficient 甲烷系数 02.0515

methane generating 甲烷增生作用 02.0628

methanol 甲醇 08.0126

methanol-acetone-benzene extract 甲醇－丙酮－苯
抽提物，＊MAB 抽提物 02.0321

methanol dehydration with ammonia 甲醇氨脱水
08.0083

methanol oxidation 甲醇氧化 08.0077

methanol oxo-synthesis 甲醇羰基合成 08.0093

methylcyclohexane 甲基环己烷 02.0512

methyl ethyl ketone 甲基乙基甲酮，＊甲乙酮
08.0198

methyl ethyl ketone dewaxing 甲乙酮脱蜡
07.0049

methyl formate hydrolysis 甲酸甲酯水解 08.0085

methyl isobutyl ketone 甲基异丁基酮 08.0171

methyl isobutyl ketone wax deoiling 甲基异丁基酮
蜡脱油 07.0045

methyl methacrylate 甲基丙烯酸甲酯 08.0172

methyl methacrylate-butadiene-styrene resin 甲基丙
烯酸甲酯－丁二烯－苯乙烯树脂，＊MBS 树脂
08.0282

methyl tert-butyl ether 甲基叔丁基醚 08.0132

methyl tert-butyl ether decomposition 甲基叔丁基醚
分解 08.0092

methyl vinyl ketone 甲基乙烯基酮 08.0166

mezzanine deck 夹层甲板，＊半层甲板 09.0545

Mf alkalinity of filtrate 滤液甲基橙碱度 05.0194

mGal 毫伽 03.0067

MHF 大型压裂，＊巨型压裂 06.0829

MIBK 甲基异丁基酮 08.0171

MIBK wax deoiling 甲基异丁基酮蜡脱油
07.0045

micellar solution flooding 胶束溶液驱 06.0988

micrinite 微粒体 02.0356

microannulus 微环隙 04.0224

microbial corrosion 微生物腐蚀 10.0261

microbial corrosion resistance 耐微生物腐蚀性
10.0337

microbial enhanced oil recovery 微生物强化采油
06.1055

micro-capillary interstice 微毛细管空隙 02.0568

microclone 微形旋流器 11.0273

micro-crystalline wax 微晶蜡 07.0233

microelectrode log 微电极测井 04.0154

microemulsified acid 微乳酸 12.0153

microemulsion 微乳[状液] 12.0224

microemulsion flooding 微乳驱 06.0987

microinverse 微梯度 04.0157

microlaterolog 微侧向测井 04.0127

micromontomarillonite 微晶高岭土 05.0233

micronormal 微电位 04.0156

micropaleontology identification 微古生物鉴定
02.0981

microphotometry 显微光度法 02.1020

microresistivity log 微电阻率测井 04.0155

microspherically focused log 微球形聚焦测井
04.0130

microspread 噪声观测剖面 03.0386

microwave positioning 微波定位 09.0098

microwave ranging 微波测距 09.0156

mid-boiling point 中沸点 07.0310

mid-channel bar deposit 心滩沉积 02.0211

middle distillate 中间馏分油 07.0015

middle phase microemulsion 中相微乳 12.0226

mid-range positioning system 中程定位系统 09.0101

migrated section 偏移[校正]剖面 03.0762

migrating wave seismic facies 迁移波状地震相 03.0904

migration 偏移 03.0757

migration aperture 偏移孔径 03.0788

migration direction 运移方向 02.0600

migration distance 运移距离 02.0602

migration pathway 运移通道 02.0601

migration period 运移时期 02.0603

migration velocity 偏移速度 03.0787

migration velocity analysis 偏移速度分析 03.0729

mildew inhibitor 防霉剂 08.0411

mild hydrocracking 缓和加氢裂化 07.0064

milled tooth bit 钢齿钻头 11.0316

Miller-Dyes-Hutchinson method MDH 法 06.0275

milligal 毫伽 03.0067

milling releasing stuck 磨铣解卡法 05.0590

milling tool 磨铣工具 05.0601

millisecond furnace 毫秒炉 08.0461

[mill] scale [轧制]氧化皮 10.0301

mill shoe 铣鞋 05.0581

mineral fines stabilizer 矿物微粒稳定剂 12.0208

mineral pair 矿物对 04.0264

minilog 微电极测井 04.0154

minimum curvature method 最小曲率法 05.0318

minimum detectable limit of tracer 示踪剂最低检出极限 12.0265

minimum entropy deconvolution 最小熵反褶积 03.0685

minimum miscible pressure 最低混相压力 06.0999

minimum phase 最小相位 03.0699

minimum polished rod load 悬点最小载荷 06.0644

minimum protective potential 最小保护电位 10.0349

minimum time path 最小时间路径 03.0304

mini-remote control panel 小[型]遥控盘 09.0356

10-minute gel strength 终切力 05.0248

miogeocline prism 冒地斜棱柱体 02.0131

mirror image 镜象反映 06.0214

miscibility 互溶性 07.0288

miscible agent 混溶剂 12.0241

miscible displacement 混相驱 06.0995

miscible displacement model 混相驱模型 06.0341

miscible flooding 混相驱 06.0995

miscible fluid 混相流体 06.0134

miscible slug-flooding 混相段塞驱 06.1002

miscible transition zone 混相过渡带 06.1001

miscible zone 混相带 06.1000

mist flow 雾状流 06.0581

mitre joint 斜接 10.0410

mixed-layer clay 混层粘土 05.0228

mixed phase 混合相位 03.0701

mixed-type kerogen 混合型干酪根, * II 型干酪根 02.0344

mixed wettability 混合润湿性 06.0088

mixer 混合器 07.0440

mixing 混波 03.0524

mixing concentration 混油浓度 10.0150

mixing pump 混合泵 11.0501

mixing tank 混砂罐 11.0507

mixture spread 混油长度 10.0151

M-N plot M－N 交会图 04.0288

mobile drilling platform 移动式钻井平台, * 钻井船 09.0186

mobile drilling rig 移动式钻井平台, * 钻井船 09.0186

mobile field camp 野营房 05.0019

mobile station 移动[定位]台 09.0132

mobile water bed 变动水位式 10.0480

mobility 流度 06.0226

mobility control agent 流[动]度控制剂 12.0219

mobility ratio 流度比 06.0227

mobility-thickness product 流动系数 06.0301

mobilization [海上工程船舶]动员 09.0655

modeling 模型模拟 03.0624

modern well test analysis 现代试井分析 06.0302

modified power law fluid 屈服幂律流体 01.0114

modifier 改性剂 08.0454

moldic pore 印模孔隙，＊溶模孔隙 02.0557

moldic porosity 印模孔隙度 06.0061

mold lubricant 脱模油 07.0143

mold oil 脱模油 07.0143

mold release agent 脱模剂 08.0413

molecular sieve cracking catalyst 沸石裂化催化剂，
＊分子筛裂化催化剂 07.0266

molecular sieve dewaxing 分子筛脱蜡 07.0047

molecular weight regulator 分子量调节剂 08.0448

molten sulfur degasification 液硫脱气 10.0096

moment of longitudinal inclination 纵倾力矩
09.0236

moment of maximum stability 最大稳性力矩
09.0241

moment of transverse inclination 横倾力矩
09.0235

MON 马达法辛烷值 07.0336

monitor record 监视记录 03.0016

monitor well 监测井 06.0548

monochrome 黑白图象 02.0952

monocline 单斜 02.0073

monolayer breakthrough 单层突进 06.0468

Monte-Carlo method 蒙特卡洛法 02.1064

Mooney viscosity 穆尼粘度，＊门尼粘度 08.0332

moon pool [钻井船]月池 09.0360

moonpool deck 月池甲板 09.0543

mooring 系泊 09.0501

mooring cable 系泊缆绳 09.0526

mooring cleat 系泊羊角 09.0738

mooring force 系泊力 09.0525

mooring hawser 系泊缆索 09.0521

mooring head 系泊头 09.0729

mooring head pitch bearing 系泊头纵摇轴承
09.0737

mooring jacket 系泊导管架 09.0730

mooring leg 系泊腿 09.0732

mooring structure 系泊结构 09.0736

mooring template 系泊基盘 09.0497

mooring weight 系泊配重 09.0733

mooring winch 系泊绞车 09.0735

mooring yoke 系泊刚臂 09.0534

moretane 莫烷 02.0459

mosaic 线路航摄镶嵌图 10.0135

motion compensator 升沉补偿器 09.0330

motion sensor 运动传感器 05.0382

motor cooling system 动力机冷却系统 11.0029

motor driven stabilizer 马达驱动稳定器 05.0405

motor fuel 发动机燃料 07.0106

motor gasoline 车用汽油 07.0113

motorized core barrel 马达取心筒 05.0407

motor octane number 马达法辛烷值 07.0336

mounded facies 丘状相 02.0901

mouse hole 小鼠洞 05.0081

movable oil plot 可动油图 04.0274

movable rig 移动式钻机 11.0004

movable substructure 可移式底座 11.0142

movable water plot 可动水图 04.0275

moving bed catalytic cracking 移动床催化裂化
07.0059

moving bed reactor 移动床反应器 07.0430

moving-coil type geophone 动圈式检波器 03.0487

moving-magnet type geophone 动磁式检波器
03.0488

"mo yu" gum 魔芋胶 12.0049

m-phthalic acid 间苯二甲酸 08.0255

MP lube oil refining 甲基吡咯烷酮精制 07.0104

MSS 多谱段扫描系统 02.0950

MT 大地电磁法 03.0252

MTBE 甲基叔丁基醚 08.0132

MTF angle 磁力工具面角 05.0366

M-TLX waste heat boiler 螺旋管式废热锅炉
08.0512

mud 泥浆 05.0152

mud acid 土酸 12.0149

mud agitator 泥浆搅拌器 11.0281

mud balance 泥浆密度计，＊泥浆天平 05.0235

mud cake 滤饼，＊泥饼 05.0185

mud cake resistivity 泥饼电阻率 04.0100

mud capacity 泥浆处理量 11.0259

[mud] cleaner [泥浆]清洁器 11.0271

mud cooling tower 泥浆冷却塔 11.0286

mud cushion box 泥浆缓冲盒 11.0270

mud-debris flow deposit 泥石流沉积 02.0203

mud density 泥浆密度 05.0294

mud density indicator 钻井液密度显示器 05.0289

mud density recorder 泥浆密度记录器 05.0448

mud displacement technique 泥浆顶替技术 05.0496

mud disposal system 泥浆处理系统 11.0293

mud ditch 泥浆槽 11.0287

mud filtrate resistivity 泥浆滤液电阻率 04.0099

mud-gas separator 泥浆 气体分离器 11.0285

mud gun 泥浆枪 11.0282

mudline 泥线 09.0433

mud line 泥浆管线 11.0290

mudline hanger 泥线悬挂器 09.0434

mud logging 泥浆录井 02.0804, 气测井 04.0337

mud manifold 泥浆管汇 11.0227

mud mat 防沉板 09.0484

mud mixer 泥浆搅拌器 11.0281

mud motor 井下动力钻具, * 井下马达 11.0552

mud pit 泥浆池 11.0288

mud program 泥浆设计 05.0174

mud pump 钻井泵, * 泥浆泵 11.0201

mud relief valve 安全阀 11.0223

[mud] reserve pit 泥浆储备池 09.0364

mud resistivity 泥浆电阻率 04.0098

mud scale 泥浆密度计, * 泥浆天平 05.0235

mud settling tank 沉砂罐 11.0292

mud shaker 钻井振动筛 11.0250

mud still 泥浆蒸馏器, * 固相含量测定仪 05.0238

mudstone 泥岩 02.0183

mud stream 泥浆流 04.0341

mud tank 泥浆罐 11.0289

mud volcano 泥火山 02.0773

mud volcano gas 泥火山气 02.0291

mud volcano screened hydrocarbon reservoir 泥火山遮挡油气藏 02.0700

mud volume totalizer 泥浆体积累加器 05.0291

mud wave 泥浆波 04.0205

mud yield 造浆率 05.0195

muleshoe guide 导鞋 06.0870

multi-arm caliper 多臂井径仪 04.0364

multiaxial drawworks 多轴绞车 11.0086

multi-bore well 多底井 05.0306

multi-buoy mooring system 多浮筒系泊系统 09.0511

multichannel filter 多道滤波器 03.0660

multichannel logging unit 多线电测仪 04.0299

multicomponent acid treatment 多组分酸酸化 06.0782

multi-compositional fluid flow 多组分渗流 06.0224

multi-contact miscible flooding drive 多次接触混相驱 06.0998

multifeeler casing caliper 多触点套管井径仪 04.0365

multigrade lubricating oil 多级润滑油 07.0160

multigun 多枪 09.0033

multihead metering pump 多头计量泵 09.0873

multi-lobe motor 多瓣螺杆钻具 11.0572

multimetallic catalytic reforming 多金属重整 07.0072

multimetallic reforming catalyst 多金属重整催化剂 07.0273

multi-mineral model 多矿物模型 04.0263

multipass valve 分井计量多通阀 10.0078

multi-path swivel 多通道旋转头 09.0724

multiphase flow 多相流 10.0069

multi-layer injector 合注井 06.0539

multi-layer producer 合采井 06.0540

multiple completion gas lift 多层完井气举 06.0617

multiple coverage 多次覆盖 03.0404

multiple-phase fluid flow 多相渗流 06.0223

multiple-rate well testing 多流量试井 06.0283

multiple stage fracturing 多级压裂 06.0832

multiple well 丛式井 05.0307

multiplexer 多路编排器 03.0553

multi-point mooring 多点系泊, * 辐射式系泊系统 09.0505

multipurpose additive 多效添加剂 07.0245

multipurpose grease 多效润滑脂 07.0217

multispectral image 多谱段图象 02.0951

multispectral scanner system 多谱段扫描系统 02.0950

multistage cementing 多级注水泥 05.0468

multistage centrifugal pump 多级离心泵 11.0458

multistage liberation 差异分离，*多级脱气
06.0164

multistage separation 多级分离 10.0013

multi-target well 多目标井 05.0311

multitask acquisition and imaging system 多功能采
集和成象系统 04.0327

multi-tubing wellhead 多油管采油井口 11.0394

multi-user operation 多用户作业 09.0110

multiwell analysis 多井分析 04.0293

multiwell template system 多井基盘系统 09.0312

Muskat method 马斯卡特法 06.0273

muting 切除 03.0634

mutual solvent 互溶剂 12.0159

MWD 随钻测量 04.0409

m-xylene 间二甲苯 08.0252

m-xylene-naphthalene oxidation 间二甲苯–萘氧化
08.0075

N

nanotesla 纳特 03.0151

naphtha 石脑油 08.0010

naphtha desulphurization unit 石脑油脱硫装置
08.0517

naphthalene 萘 08.0263

naphtha steam cracking 石脑油蒸汽裂解 08.0026

naphthene-base crude [oil] 环烷基原油，*沥青基
原油 01.0032

naphthene index 环烷烃指数 02.0414

naphthenic hydrocarbon 环烷烃 01.0074

nappe 推覆体 02.0099

nascent ocean basin 新生大洋盆地 02.0144

natural declining rate 自然递减率 06.0449

natural diamond bit 天然金刚石钻头 11.0331

natural diamond core bit 天然金刚石取心钻头
11.0337

natural frequency 自然频率 03.0484

natural gamma-ray log 自然 γ 测井 04.0166

natural gamma-ray spectral log 自然 γ 能谱测井
04.0170

natural gas 天然气 01.0057

natural gas compressibility factor 天然气压缩系数
06.0144

natural gas density 天然气密度 01.0065

natural gas liquefaction 天然气液化 10.0098

natural gas liquid 天然气液 01.0079

natural gas odorization 天然气添味 10.0111

natural gas pseudocritical pressure 天然气虚拟临界
压力 06.0142

natural gas pseudocritical temperature 天然气虚拟临
界温度 06.0143

natural gas solubility 天然气溶解度 01.0066

natural levee deposit 天然堤沉积 02.0212

natural oil 天然石油 01.0027

natural plant gum 植物胶 12.0039

natural polymer 天然聚合物 12.0038

natural sources method 自然场方法 03.0206

natural surfactant 天然表面活性剂 12.0032

naval fuel oil 舰用燃料油 07.0131

navigational light 导航灯 09.0905

NBR 丁腈橡胶 08.0317

n-butane oxidation 正丁烷氧化 08.0068

n-butyl acetate 乙酸正丁酯，*醋酸丁酯
08.0146

n-butyl alcohol 正丁醇 08.0193

n-butylene hydration 正丁烯水合 08.0080

n-butyraldehyde aldolization 正丁醛缩合 08.0098

NC style connection thread 数字型螺纹 11.0666

NC style tool joint 数字型钻杆接头 11.0621

near field 近场 03.0282

near field correction 近场校正 03.0283

needle coke 针状焦 07.0242

needle penetration 针入度 07.0367

negative anomaly 负异常 03.0040

neritic facies 浅海相 02.0228

neritic shelf facies 浅海陆架相 02.0229

net [crank shaft] torque 抽油机[曲柄轴]扭矩，
*净扭矩 06.0634

net injection volume 净注率 06.0529

net-pay thickness 有效厚度 02.0732

net positive suction head 气蚀余量，*净正吸入压
头 10.0121

network 测网 03.0011

network model 网络模型 06.0059

neutralization value 中和值 07.0318

neutral point 中和点 05.0055

neutron activation log 中子活化测井 04.0196

neutron gamma-ray log 中子γ测井 04.0182

neutron lifetime log 中子寿命测井 04.0193

neutron log test pit 中子测井刻度井 04.0168

neutron porosity 中子孔隙度 04.0188

neutron source 中子源 04.0074

Newtonian fluid 牛顿流体 01.0103

NGL 天然气液 01.0079

NI 环烷烃指数 02.0414

nickel passivator 镍钝化剂 07.0283

nine-spot water flooding pattern 九点法注水 06.0405

nitrile butadiene rubber 丁腈橡胶 08.0317

nitrile hydrogenation 脂肪腈加氢 08.0056

nitrobenzene 硝基苯 08.0241

nitrogen compound 含氮化合物 01.0077

nitrogen flooding 氮气驱 06.1010

nitrogen protection 氮气保护 10.0099

n-methyl-2-pyrrolidone lube oil refining 甲基吡咯烷酮精制 07.0104

N-methyl-2-pyrrolidone N-甲基-2-吡咯烷酮 08.0164

NMO correction 动校正, *动校 03.0747

NMO stretching 动校正拉伸 03.0748

NMO velocity 动校正速度, *正常时差速度 03.0725

NMR technique 核磁共振技术 02.1024

nodal analysis 节点分析 06.0588

nodal system analysis 节点系统分析 06.0587

noise analysis 噪声分析 03.0387

noise logging 噪声测井 04.0220

noise profile 噪声观测剖面 03.0386

noload test run 空载试运转 10.0461

nominal drilling depth range 公称钻深[范围] 11.0036

nominal height of derrick 井架公称高度 11.0049

non controllable drilling parameter 钻井不可控参数 05.0110

non-Darcy flow 非达西渗流 06.0189

non-directional navigation beacon system 全向示位航标系统 09.1020

non-dispersed low solid drilling fluid 不分散低固相钻井液 05.0158

nonene 壬烯 08.0212

nonionic macromolecular demulsifier 非离子型高分子破乳剂 12.0274

nonionic polymer 非离子型聚合物 12.0079

nonionic surfactant 非离子型表面活性剂 12.0014

non-linear fluid flow through porous medium 非线性渗流 06.0192

non-linear sweep 非线性扫描 03.0571

non-magnetic drill collar 无磁钻铤 11.0635

non-magnetic sensor 无磁传感器 05.0383

non-magnetic stabilizer 非磁性稳定器 05.0403

nonmarine facies 陆相 02.0231

nonmarine origin 陆相生油 02.0389

non-Newtonian fluid 非牛顿流体 01.0104

nonoxidation-type bactericide 非氧化型杀菌剂 12.0196

non-piston-like displacement 非活塞式驱替 06.0229

non-piston-like frontal advance [of oil-water contact] [油水界面的]非活塞推进 06.0435

non-polarizing electrode 不极化电极 03.0220

nonprogradational reflection configuration 非前积反射结构 02.0887

nonselective water shutoff agent 非选择性堵水剂 12.0258

non-soap base grease 非皂基润滑脂 07.0203

non-steady state water invasion 非定态水侵 06.0473

non-synchronous crank balance 异相曲柄平衡 06.0626

nonuniform coefficient 不均匀系数 06.0013

non-upset tubing thread 不加厚油管螺纹 11.0672

non-wetting phase 非润湿相 06.0107

nonzero-offset VSP 非零井源距垂直剖面法 03.0584

norhopane 降藿烷 02.0457

normal branch 正常反射支 03.0838

normal circulation 正循环 06.0934

normal dispersion 正频散 03.0324

normal distribution method　正态分布法　04.0273

normal electrode configuration　电位电极系　04.0093

normal fault　正断层　02.0085

normal gravity　正常重力[值]　03.0053

normal heptane　正庚烷　02.0511

normal incidence　法向入射　03.0434

normal incident ray　法向入射射线　03.0776

normally close valve　常闭阀　09.0824

normally open valve　常开阀　09.0823

normal moveout　正常时差　03.0358

normal paraffin maturity index　正烷烃成熟指数　02.0413

normal sonde　电位电极系　04.0093

normal wave base　正常浪基面，* 正常浪底　02.0235

normoretane　降莫烷　02.0460

norpristane　降姥鲛烷　02.0483

norsterane　降甾烷　02.0442

no-stop dynamometer　不停机动力仪　06.0965

notch filter　陷波器　03.0543

nozzle　喷嘴　06.0699

NPMI　正烷烃成熟指数　02.0413

n-propanol　正丙醇　08.0160

NPSH　汽蚀余量，* 净正吸入压头　10.0121

nuclear fracturing　核爆炸压裂　06.0839

nuclear logging　核测井，* 放射性测井　04.0165

nuclear magnetic resonance log　核磁测井　04.0197

nuclear magnetic resonance technique　核磁共振技术　02.1024

nuclear magnetism log　核磁测井　04.0197

nuclear precession magnetometer　核子旋进磁力仪，* 核旋磁力仪　03.0180

nuclear resonance magnetometer　核子共振磁力仪　03.0181

nuclear stimulation　核爆炸增产措施　06.0838

null-effect　令效应　09.0155

null offset　令点漂移　03.0083

number of free radical　自由基浓度　02.0416

number of sheaves　轮数　11.0121

number of stroke　抽油泵冲速　06.0648

numerical reservoir simulation　油藏数值模拟　06.0322

numerical simulation　数值模拟　03.0625

nylon-6　聚己内酰胺，* 尼龙 - 6　08.0292

nylon-66　聚己二酰己二胺，* 尼龙 - 66　08.0293

Nyquist frequency　奈奎斯特频率，* 褶叠频率　03.0648

Nyquist wavenumber　奈奎斯特波数　03.0649

O

obduction　仰冲　02.0111

objective function of drilling procedure　钻井目标函数　05.0111

oblique configuration　斜交结构　03.0898

oblique progradation configuration　斜交前积结构　02.0882

observation point　观测点　03.0009

observation site　观测现场　03.0008

observation well　反应井　06.0280

observent density　视密度　01.0125

obstacle by passing　绕障　05.0371

O/C　氧碳原子比　02.0427

ocean-crust type basin　洋壳型盆地　02.0149

oceanographic research vessel　海洋调查船　09.0445

octane enhancer　辛烷值助剂　07.0281

octane enhancing additive　辛烷值助剂　07.0281

octane number　辛烷值　07.0335

octane number testing machine　辛烷值机　07.0469

octene　辛烯　08.0211

odd-even predominance　奇偶优势　02.0412

odorant for natural gas　天然气添味剂　12.0283

OEP　奇偶优势　02.0412

offlap　退覆　02.0849

offset　偏离　03.0502

offset angle of crank　曲柄偏置角　06.0627

offshore drilling installation　海上钻井设施　09.0183

offshore drilling rig　海上钻井装置　09.0184

offshore geophysical exploration　海上地球物理勘探　09.0002

offshore hook-up 海上联接 09.0653

offshore loading 海上装油 09.0619

offshore logging 海洋测井 09.0441

offshore logging depth compensation 海洋测井深度补偿 09.0443

offshore logging skid 海洋测井拖撬 09.0442

offshore oil exploration 海洋石油勘探 09.0001

offshore oil pollution 海上石油污染 09.0992

offshore oil technique 海洋石油技术 01.0009

offshore petroleum exploration 海上油气勘探 02.0013

offshore production system 海上生产系统 09.0618

offshore production test equipment 海上生产测试设备 09.0710

offshore structure 海上结构 09.0454

offshore unit 海上测井拖撬 04.0309

offshore unloading 海上卸油 09.0620

OGIP 天然气地质储量 02.1041

OI 氧指数 02.0430

oil and gas gathering and transferring 油气集输 10.0001

oil and gas gathering and transferring process 油气集输流程 10.0003

oil and gas gathering-transportation and storage engineering 油气集输与储运工程 01.0010

oil and gas multiphase flow 油气混输 10.0002

oil and gas seepage 油气苗 02.0764

oil and gas show 油气显示 02.0761

oil and source rock correlation 油源对比 02.0431

oil ash 石油灰分 02.0286

oil barge 油驳 10.0239

oil-base drilling fluid 油基钻井液 05.0167

oil-base fracturing fluid 油基压裂液 12.0179

oil-base paraffin remover 油基清蜡剂 12.0146

oil-base water shutoff agent 油基堵水剂 12.0255

oil-bearing area 含油面积 02.0733

oil-bearing grade 含油级别 02.0808

oil-bearing horizon 含油层 02.0524

oil-bearing sequence 含油层系 02.0525

oil-bearing structure 储油构造，＊含油构造 02.0684

oil boom 围油栅 09.0995

oil boundary 含油边界 02.0737

oil boundary advance map 含油边缘推进图 06.0436

oil colour 石油颜色 01.0043

oil column height 油柱高度 02.0727

oil concentration ［污水］含油浓度 09.1023

oil content 含油量 05.0175

oil content in paraffin wax 石蜡含油量 07.0372

oil content monitor ［污水］含油浓度监控仪 09.0939

oil-continuous phase 连续油相 02.0609

oil-country tubular goods 油矿专用管材 11.0606

oil density 石油密度 01.0044

oil displacement agent 驱油剂 12.0217

oil domain 含油范围 06.0537

oil droplet 油珠 02.0608

oil emulsion drilling fluid 混油乳化钻井液，＊水包油钻井液 05.0165

oil export facility 油外输设施 09.0572

oil extended styrene-butadiene rubber 充油丁苯橡胶 08.0313

oil fence 围油栅 09.0995

oil fence reel 围油栅卷筒 09.0998

oil field 油田 01.0018

oilfield chemicals 油田化学剂 12.0001

oilfield chemistry 油田化学 01.0012

oilfield development and exploitation 油田开发与开采 06.0376

oilfield development design 油田开发设计 06.0378

oilfield development model 油田开发模式 06.0382

oilfield development scheme 油田开发方案 06.0377

oilfield equipment 油田设备 11.0001

oilfield exploitation scheme 油田开发方案 06.0377

oilfield productivity 油田产能 06.0482

oil fluorescence 石油荧光性 02.0284

oil gas and water analysis 油气水分析 02.1002

oil-gas field 油气田 01.0017

oil-gas field development and exploitation 油气田开发与开采 01.0006

oil-gas production equipment 油气开采设备

11.0390

oil-gas separation 油气分离 10.0012

oil-gas separator 油气分离器 10.0014

oil gathering network 集油管网 10.0007

oil-generating quantity 生油量 02.0424

oil-generating ratio 生油率 02.0422

oiliness additive 油性添加剂 07.0262

oil-in-water drilling fluid 混油乳化钻井液，＊水包
油钻井液 05.0165

oil-in-water fracturing fluid 水包油压裂液
12.0177

oil-in-water paraffin remover 水包油型清蜡剂
12.0147

oil moisture content 油雾含量 09.1031

oil pay 产油层 06.0534

oil pipeline terminal 输油末站 10.0172

oil potential analysis 油势分析 02.0658

oil production method 采油方法 06.0564

oil production per unit thickness 采油强度
06.0487

oil production rate 采油速率，＊采油速度
06.0475

oil production technology 开采工艺 06.0553

oil productivity index 采油指数，＊生产指数
06.0263

oil property 原油性质 01.0030

oil recovery vessel 污油回收船 09.0999

oil remover 除油器 11.0304

oil reservoir 油藏 01.0014

oil reservoir boundary 油藏边界 06.0502

oil resistance 耐油性 08.0373

oil rotary polarization 石油旋光性 02.0285

oil sand 油砂 02.0772

oil saturation 含油饱和度 06.0069

oil saver 防喷罩 11.0356

oil seepage 油苗 02.0765

oil shale 油页岩 02.0397

oil-soluble completion fluid 油溶性完井液 05.0268

oil-soluble polymer 油溶性聚合物 12.0076

oil source bed 油源层，＊生油层 02.0392

oil source sequence 油源层系，＊生油层系
02.0394

oil spill 溢油 09.0994

oil spill cleanup agent on the sea 海面浮油清净剂
12.0284

oil spill collector on the sea 海面浮油收集剂
12.0286

oil spill dispersant on the sea 海面浮油分散剂
12.0285

oil storage barge 储油驳船 09.0676

oil storage platform 储油平台 09.0462

oil tank 储油罐 10.0200

oil tanker 油轮 10.0225

oil transfer pump 输油泵 10.0171

oil-water interfacial energy 油水界面能 06.0098

oil-water interfacial tension 油水界面张力
06.0099

oil-water separation 油水分离 10.0023

oil well paraffin removal equipment 油井清蜡设备
11.0401

oil well potential test 系统试井 06.0253

oil well pump 抽油泵，＊深井泵 11.0440

oil well pump for "separated zone" operation 分抽泵
06.0673

oil well pumping method 深井泵采油法 06.0622

oil well shooting 油层爆炸处理 06.0766

oily water tank 含油污水舱 09.0746

oily water treatment facility 含油污水处理设施
09.0570

oleanane 奥利烷 02.0462

olefin 烯烃 01.0073

α-olefin α－烯烃 08.0214

α-olefin oxo-synthesis α－烯烃羰基合成 08.0095

α-olefin sulfonate α－烯烃磺酸盐 12.0007

oleophilic 亲油 06.0102

oleophobic 憎油 06.0103

one-dimensional fluid flow 一维渗流，＊线性渗流
06.0196

one-eyed bit 单眼钻头 11.0324

one-pass 3D migration 一步法三维偏移 03.0810

one-piece sucker rod 整体式抽油杆 11.0438

one-sided operator 单边算子 03.0704

one step mud processor 真空过滤式固控装置，＊一
步式固控装置 11.0264

one way distance 单程距离 09.0158

one way travel time 单程传播时间 09.0157

onlap 上超 02.0848

on load test run 负荷试运转 10.0462

on-site measurement 现场测定 03.0004

OOIP 原油地质储量 02.1040

open circuit potential [牺牲阳极]开路电位 10.0373

open cup flash point tester of petroleum products 油品开口闪点测定仪 07.0449

open deck 露天甲板 09.0546

open drain tank 开式排放罐 09.0812

opened oil and gas gathering process 开式油气收集工艺 10.0004

open firing point 明火点 09.0985

open flow capacity 无阻流量，＊畅流量 06.0312

open [gas-lift] installation 开式[气举]装置 06.0613

open hole 裸眼井 05.0005

open hole completion 裸眼完井 06.0556

open hole gravel pack 裸眼井砾石充填 06.0562

open hole logging 裸眼井测井 04.0053

open hole packer 裸眼封隔器 06.0915

open hole single packer test string 裸眼单封隔器测试管柱 11.0585

open hole straddle packer test string 裸眼跨隔测试管柱 11.0586

opening ratio 开井比 05.0447

open-pit oil mining 露天采油 06.1053

open sea 广海，＊开阔海 02.0273

open sea shelf facies 广海陆架相 02.0279

open type power fluid system 开式动力液系统 06.0693

operating conditions 作业条件 09.0214

operating control system 操作控制系统 11.0033

operating criteria 作业条件 09.0214

operating flexibility 操作弹性 10.0159

operating state 作业状态 09.0213

operating valve 工作阀 06.0602

operation draft 作业吃水 09.0266

operator 算子 03.0702

OPF system 开式动力液系统 06.0693

opposite potential method 反电位法 10.0369

optical absorption magnetometer 光吸收型磁力仪 03.0183

optical identification of organic matter maturity 有机质成熟度光学鉴定 02.0995

optically pumped magnetometer 光泵磁力仪 03.0182

optical recording system 光学记录系统 04.0330

optic fiber streamer 光纤等浮电缆 09.0078

optimal salinity 最佳含盐量 12.0229

optimization drilling 最优化钻井 05.0042

optimization of pumping parameters 抽油参数优选 06.0654

optimized drilling 最优化钻井 05.0042

optimum drilling technique 优化钻井技术 05.0107

optimum flow rate 最优泥浆排量 05.0101

optimum nozzle diameter 最优喷嘴直径 05.0102

optimum rate of mud flow 最优泥浆排量 05.0101

optimum weight on bit 最优钻压 05.0115

option well monitoring 选择性井口监测 09.0904

organic carbon 有机碳 02.0400

organic carbon analysis 有机碳分析 02.0991

organic carbon method 有机碳法 02.1053

organic genetic gas 有机成因气 02.0495

organic matter abundance 有机质丰度 02.0399

organic matter abundance measurement 有机质丰度测定 02.0990

organic matter catagenesis 有机质后生作用，＊有机质退化作用 02.0373

organic matter diagenesis 有机质成岩作用 02.0372

organic matter evolution 有机质演化 02.0371

organic matter maturity 有机质成熟度 02.0403

organic matter metagenesis 有机质变生作用 02.0374

organic matter metamorphism 有机质变质作用 02.0375

organic matter type identification 有机质类型鉴定 02.0993

organic origin theory 有机成因论 02.0330

organic reef facies 生物礁相 02.0282

orientational coring 定向取心 05.0568

orientation control 方位控制 05.0357

orifice meter 孔板流量计 10.0034

orifice type critical flow prover [low pressure] 垫圈

流量计，＊无阻流量计　06.0949
original gas in-place　天然气地质储量　02.1041
original oil in-place　原油地质储量　02.1040
orogeny　造山运动　02.0029
osmosis　渗析作用，＊渗透作用　02.0622
ostracoda identification　介形虫鉴定　02.0983
outage gaging　测罐内空高　10.0245
outboard hub assembly　外接套总成　09.0326
outcrop　露头　02.0760
outer barrel　外岩心筒　05.0555
outer tube　外岩心筒　05.0555
outside core barrel　外岩心筒　05.0555
outside edge water flooding　边外注水　06.0397
overall length　[船体]总长度　09.0215
overbalanced perforation　正压射孔　04.0404
overboard discharge　舷外排放　09.0631
overburden pressure　上覆岩层压力　02.0630
overhead　塔顶馏出物　07.0013
overlay method　重叠法　04.0270
overmigration　偏移过量　03.0795
overpressure　异常高压，＊超压　02.0665
overpressure protection　超压保护　10.0124
overrunning clutch　超越离合器　11.0073
overshot　打捞筒　05.0575
overthrust　上冲断层，＊逆掩断层　02.0088
overthrust sheet　上冲席　02.0090
overturning stability　抗倾稳性　09.0645
oxbow lake deposit　牛轭湖沉积　02.0215
oxidation bomb for stability test of gasoline　汽油诱导
　期测定仪　07.0458

oxidation catalyst　氧化催化剂　08.0378
oxidation-reduction potential method　氧化还原电位
　法　02.0831
oxidation stability　氧化安定性　07.0285
oxidation stability tester of lubricating grease　润滑
　脂氧化安定性测定仪　07.0465
oxidation stability tester of lubricating oil　润滑油氧
　化安定性测定仪　07.0464
oxidation tower　氧化塔　07.0392
oxidation-type bactericide　氧化型杀菌剂　12.0195
oxidation-type corrosion inhibitor　氧化型缓蚀剂
　12.0203
oxidative pyrolysis　氧化热裂化　08.0034
oxidizing kettle　氧化釜　07.0391
oxo catalyst　羰基合成催化剂　08.0388
oxychlorination catalyst　氧氯化催化剂　08.0383
oxy-dehydrogenation catalyst　氧化脱氢催化剂
　08.0382
oxyethylation　氧乙烯化　12.0083
oxygen compound　含氧化合物　01.0076
oxygen consumption　耗氧量　02.0401
oxygen index　氧指数　02.0430
oxygen isotope　氧同位素　02.0519
oxygen scavenger　除氧剂　12.0205
oxygen to carbon atomic ratio　氧碳原子比
　02.0427
o-xylene　邻二甲苯　08.0248
o-xylene oxidation　邻二甲苯氧化　08.0074
oxypropylation　氧丙烯化　12.0084

P

packaged explosive　成型炸药　03.0464
packaged rig　块装式钻机　11.0007
package equipment　组块设备　09.0713
package installation　成组安装　05.0024
packed fracture　填砂裂缝　06.0814
packed hole assembly　满眼钻具　05.0399
packed tower　填料塔　07.0419
packer　封隔器　06.0904
packer flowmeter　集流式流量计　04.0366
packer fluid　封隔液　05.0273

packer for drill stem test　钻杆测试封隔器
　11.0592
packer setting depth　封隔器坐封深度　06.0865
packer setting travel　封隔器坐封距　06.0914
packing efficiency　充填效率　06.0864
packing machine　包装机　08.0536
packoff bushing　密封补心　09.0412
paddle agitator　桨式搅拌器　08.0505
paddle mixer　叶片式混砂器　11.0509
pad fluid　前置液　06.0786

pad-type tool 极板型下井仪 04.0069

paint film 漆膜 10.0300

painting 涂漆 09.0654, 涂覆 10.0297

painting for marine construction 海洋建筑物涂装 09.0481

paint locker 油漆房 09.0394

palaeochannel hydrocarbon reservoir 古河道油气藏 02.0711

palaeontological correlation 古生物对比 02.0755

palaeooffshore bar hydrocarbon reservoir 古海岸沙洲 油气藏 02.0712

paleobotany identification 古植物鉴定 02.0988

paleomagnetic correlation 古地磁对比 02.0759

paleomagnetic stratigraphy 古地磁地层学 03.0168

paleomagnetism 古地磁学 03.0167

paleontology identification 古生物鉴定 02.0980

panel display [小块]并排显示 03.0893

paper record 照相记录, *光点记录 03.0013

paper recording 照相录制, *光点录制 03.0012

paraffin-base crude [oil] 石蜡基原油 01.0031

paraffin bit 清蜡钻头 06.0885

paraffin blockage 蜡堵 06.0879

paraffin control 防蜡 06.0880

paraffin crystal modifier 蜡晶改性剂 12.0142

paraffin deposit 结蜡 06.0877

paraffin dispersant 蜡分散剂 12.0141

paraffin hoist 清蜡绞车 11.0402

paraffin hydrocarbon 烷烃 01.0072

paraffin inhibitor 防蜡剂 12.0138

paraffin knife 刮蜡片 06.0883

paraffinning 结蜡 06.0877

paraffin oxidation 石蜡氧化 08.0070

paraffin plugging 蜡堵 06.0879

paraffin removal 清蜡 06.0881

paraffin remover 清蜡剂 12.0144

paraffin scraper 刮蜡器 11.0397, 刮蜡片 06.0883

paraffin valve 清蜡闸阀 11.0407

paraffin wax 石蜡 07.0230

parageosyncline 准地槽 02.0054

parallel configuration 平行结构 02.0888

parallel pipeline 并联管网 10.0144

parallel tubing string installation 平行油管柱装置

06.0619

paramagnetic susceptibility 顺磁磁化率 02.0418

paramagnetism 顺磁性 03.0162

parameter of anticlinal reservoir 背斜油气藏参数 02.0721

parameter of pore structure 孔隙结构参数 06.0055

parameter well 参数井, *基准井 02.0778

paraplatform 准地台 02.0055

paraxial approximation 傍轴近似 03.0793

parity check 奇偶校验 03.0558

partially hydrolyzed polyacrylamide 部分水解聚丙烯 酰胺 12.0060

partially hydrolyzed polyacrylonitrile 部分水解聚丙 烯腈 12.0059

partial penetration 打开程度不完善 06.0292

particle migration 颗粒运移 05.0255

particles in injected water 注入水机械杂质 06.0717

particle size distribution curve 粒度分布曲线 06.0011

partition coefficient 分配系数 12.0233

partition gas chromatograph 色谱气测仪 04.0338

passivation 钝化 10.0255

passive continental margin 被动大陆边缘 02.0118

passive mode 被动方式 09.0109

pass region 通放区 03.0401

pattern geophones 检波器组合 03.0393

pattern response curve 组合响应曲线 03.0399

pattern shot holes 炮井组合 03.0392

pattern water flooding 面积注水 06.0400

PBT 聚对苯二甲酸丁二醇酯 08.0289

PC 聚碳酸酯 08.0286

PDC bit 聚晶[复合片]金刚石钻头 11.0332

p-dihydroxy-benzene 对苯二酚 08.0235

peak producing concentration of tracer 示踪剂最高 采出浓度 12.0266

peak torque 抽油机最大扭矩 06.0635

pedestal crane 基座式吊机 09.0848

peel test [of coating] [防腐层]剥离试验 10.0343

pegleg multiples 微屈多次波 03.0371

pelletizer 造粒机 08.0535

pendant line 短索 09.0389

penetrant 渗透剂 08.0429

penetration index 针入度指数 07.0369

penetration rate 机械钻速 05.0061

penetration ratio 针入度比 07.0368

penetrometer of petroleum asphalt 石油沥青针入度
测定仪 07.0474

pentacyclic triterpane 五环三萜烷 02.0455

pentaerythritol 季戊四醇 08.0129

peptizer 塑解剂，＊胶溶剂 08.0427

percentage of coverage 覆盖百分比 03.0406

percentage residue 残留物百分数 07.0315

percent frequency effect 频率效应百分数，＊百分
比频率效应 03.0248

percent prewhitening 预白百分率 03.0715

perchlorethylene 四氯乙烯 08.0157

percussion type sidewall sampler 冲击式井壁取心器
04.0407

perforated rotor centrifuge 筛筒式离心机，＊旋转
筛筒式离心机 11.0280

perforation 射孔 04.0388

perforation completion 射孔完井 06.0560

perforation density 射孔密度 04.0399

perforation diameter 射孔孔径 04.0400

perforation efficiency 射孔效率 04.0395

perforation fluid 射孔液 04.0397

perforation interval 射孔井段 04.0396

perforation packing 炮眼充填 06.0871

perforation pattern 孔眼排列方式 04.0398

perforation penetration 射孔穿透深度 04.0401

perforation plugging 堵塞炮眼 06.0929

perforator 射孔器，＊射孔枪 04.0390

performance number 品[度]值 07.0339

pericontinental sea 陆缘海 02.0275

periferal water flooding 边缘注水 06.0396

perigee 近地点 09.0145

period between well-flushing 洗井周期 06.0758

periodical survey 定期检验 09.0226

period of batching cycle 循环周期 10.0149

peripheral foreland basin 周缘前陆盆地 02.0136

permanence 耐久性 08.0371

permanent completion 永久性完井 06.0563

permanent guide base 永久导向基盘 09.0334

permanent guide structure 永久导向架 09.0333,

永久导向结构 09.0499

permanent magnetism 永磁性 03.0152

permanent mooring system 永久性系泊系统
09.0513

permeability 渗透率 02.0575

permeability anisotropy 渗透率各向异性 06.0029

permeability of fracture-matrix system 裂缝－基质
系统渗透率 06.0033

permeability of free space 自由空间磁导率
03.0146

permeability-thickness product 产能系数，＊地层系
数 06.0300

peroxide number 过氧化值 07.0373

PET 聚对苯二甲酸乙二醇酯 08.0288

petrochemical 石油化学品 08.0007

petrochemical complex 石油化工厂 08.0004

petrochemical equipment 石油化工设备 08.0006

petrochemical industry 石油化学工业 08.0001

petrochemical plant 石油化工厂 08.0004

petrochemical process 石油化工过程 08.0003

petrochemical processing 石油化工 01.0008

petrochemical unit 石油化工装置 08.0005

petrochemistry 石油化学 08.0002

petrol 车用汽油 07.0113

petrolatum 矿脂，＊凡士林 07.0227

petroleum 石油 01.0026

petroleum accumulation zone 油气聚集带 02.0158

petroleum acids 石油酸类 07.0225

petroleum and gas geology and exploration 油气地质
勘探 01.0001

petroleum base hydraulic oil 石油基液压油
07.0168

petroleum cloud point tester 石油浊点测定仪
07.0452

petroleum coke 石油焦 07.0241

petroleum drilling and production equipment 石油钻
采机械与设备 01.0011

petroleum engineering 石油工程 01.0004

petroleum freezing point tester 石油冰点测定仪
07.0453

petroleum geochemistry 石油地球化学 02.0004

petroleum geology 石油地质学 02.0002

petroleum geophysics 石油地球物理 01.0002

petroleum pour point tester　石油倾点测定仪
07.0451

petroleum processing　石油炼制　01.0007

petroleum production engineering　采油工程
06.0552

petroleum refinery　炼油厂　07.0004

petroleum reservoir engineering　油藏工程　06.0352

petroleum reservoir simulation　油藏模拟　06.0314

petroleum resin　石油树脂　08.0305

petroleum resources　油气资源　02.1027

petroleum solvent　石油溶剂　07.0134

petroleum sulfonate　石油磺酸盐　12.0006

petroliferous basin　含油气盆地　02.0156

petroliferous gas　油型气　02.0500

petroliferous province　含油气大区　02.0155

petroliferous region　含油气区　02.0157

petrophysics　岩石物理学　01.0023

Pf alkalinity of filtrate　滤液酚酞碱度　05.0193

PFE　频率效应百分数，＊百分比频率效应
03.0248

PGB　永久导向基盘　09.0334

PGS　永久导向架　09.0333

phantom horizon　假想层[面]　03.0834

phase　相位　02.0932

phase behavior of microemulsion　微乳相态
12.0228

phase cancellation　相位消除　09.0135

phase diagram of oil-gas system　油气系统相图
01.0094

phase diagram [of reservoir hydrocarbon]　[油藏烃
类]相图　06.0166

phase equilibrium constant　相平衡常数　06.0175

phase lag　相位滞后　03.0698

phase lag value　相位滞后值　03.0250

phase of development　油田开发阶段　06.0381

phase permeability　有效渗透率，＊相渗透率
06.0028

phase shift IP　相移激发极化法　03.0249

phase-shift method　相移法　03.0773

phase spectrum　相位谱　03.0643

phase state of hydrocarbon system　烃类系统相态
06.0165

phase velocity　相速度　03.0323

phasor induction log　相量感应测井　04.0140

pH control agent　pH值控制剂　12.0111

phenol　苯酚　08.0233

phenol alkylation with olefin　苯酚与烯烃烷基化
08.0052

phenol condensation with acetone　苯酚与丙酮缩合
08.0099

phenol-formaldehyde resin　酚醛树脂　08.0300

phenol hydrogenation　苯酚加氢　08.0055

phenolic resin　酚醛树脂　08.0300

phenol refining　酚精制　07.0103

phosphate surfactant　磷酸酯盐型表面活性剂
12.0009

phosphonate anti-scaling agent　膦酸盐防垢剂
12.0211

photoelectric absorption cross section index　光电吸收
截面指数　04.0175

photographic recorder　照相记录仪　04.0072

phreatic water　潜水　02.0649

phreatic water table　潜水面　02.0654

phthalate　邻苯二甲酸酯　08.0250

phthalic anhydride　邻苯二甲酸酐　08.0249

physical-mechanical properties of rock　[岩石]物理机
械性质　05.0130

physical model of bulk-volume rock　岩石体积模型
04.0251

physical properties of rock　岩石物性　01.0022

phytane　植烷　02.0480

piedmont depression basin　山前拗陷盆地　02.0139

piedmont pluvial facies　山麓洪积相　02.0201

pie slice filter　切饼滤波器　03.0665

piezoelectric detector　水用检波器，＊压电检波器
09.0067

piezometric surface　测压面　02.0650

pig　清管器　10.0189

pigging　清管　10.0190

pig passage detector　清管器通行检测器　10.0195

pig signaller　清管器信号仪　10.0191，清管
器通行检测器　10.0195

pile cap　桩帽　09.0490

pile extracting　拔桩　09.0640

pile guide housing　桩柱导向套　09.0336

pile washing out　冲桩　09.0642

piling 打桩 09.0639

piling barge 打桩船 09.0450

pilot bit 导向钻头，＊领眼钻头 11.0341

pilot flood 试注 06.0523

pilot test area [in oil field development] 开发先导试验区 06.0383

pilot trace 示范道，＊参考道 03.0735

pimarane 海松烷 02.0468

pin hole 针孔 10.0332

pin pointing of event 精确定层 03.0856

pipe analysis tool 管子分析仪 04.0382

pipe-end cleaning 管口清理 10.0399

pipe-end preheating 管口预热 10.0401

pipe-freeing agent 解卡剂 12.0113

pipe furnace 管式加热炉 07.0383

pipe graber 抓管机 10.0424

pipelayer 吊管机 10.0423

pipe laying in embankment 土堤敷设 10.0415

pipeline anchor 管道固定墩 10.0177

pipeline camera pig 管内摄录器 10.0197

pipeline cleaning 清管 10.0190

pipeline cleaning agent 管道清洗剂 12.0280

pipeline crossing 管道穿越 10.0168

pipeline float and drag method 管道浮拖法 10.0439

pipeline lane 管廊 10.0141

[pipeline] laying barge 敷管船 09.0451

pipeline locater 管道定位器 10.0196

pipeline network 管网 10.0140

pipeline route profile 管路纵断面图 10.0176

pipeline spanning 管道跨越 10.0165

pipeline start up by preheating 预热启动 10.0130

pipe pick-up and lay-down system 钻杆排放系统 11.0702

pipe rack 管架 10.0139

pipe section lowering in 管段下沟 10.0413

pipe section pressure test 分段试压 10.0419

pipe setback 立根盒 11.0158

pipe sling 吊管带 10.0431

pipe-stabilizing pile 稳管桩 10.0449

pipe still [heater] 管式加热炉 07.0383

pipe string 管柱 06.0943

pipe wall micrometer 壁厚千分卡 11.0681

piston 活塞 11.0207

piston-like displacement 活塞式驱替 06.0228

piston-like frontal advance [of oil-water contact] [油水界面的]活塞式推进 06.0434

piston rod 活塞杆 11.0208

piston type protector 活塞式保护器 11.0461

pit 蚀坑 10.0282

pitch 纵摇 09.0252

pitch lake 沥青湖 02.0768

pit gain 泥浆池液体增量 05.0433

pit level indicator 泥浆池液面指示器 05.0441

pitting corrosion 坑蚀 10.0264

pit volume 泥浆池容积 05.0293

placanticline 长垣 02.0066

placanticline anticline hydrocarbon reservoir 长垣背斜油气藏 02.0691

placer mineral analysis 重砂矿物分析 02.0976

placer mineral correlation 重砂矿物对比 02.0757

plane of closure 闭合面 05.0377

plane polarization 平面偏振 03.0314

planetary cathead 行星猫头 11.0115

planetary transmission 行星变速箱 11.0066

plane wave 平面波 03.0421

plane-wave decomposition 平面波分解 03.0619

plant theory 植物论 02.0332

plastic fluid 塑性流体 01.0106

plasticity coefficient of rock [岩石]塑性系数 05.0140

plasticizer 增塑剂 08.0405

plasticizer alcohol 增塑剂醇 08.0216

plastic powder coating 塑料粉末防腐层 10.0321

plastic rock 塑性岩石 05.0138

plastic tape coating 塑料胶粘带防腐层 10.0319

plate boundary 板块边界 02.0112

plate collision 板块碰撞 02.0120

plate movement 板块运动 02.0106

plate tectonics 板块构造学 02.0021

plate type finned heat exchanger 板翅式换热器 08.0507

plate type heat exchanger 板式换热器 07.0396

platform 地台，＊陆台 02.0052

platform anticlise 台背斜 02.0061

platform deck 平台甲板 09.0540

platform foreslope facies　台地前缘斜坡相　02.0280

platform structure　平台结构　09.0473

platform syneclise　台向斜　02.0060

platform-to-shore radio system　平台－海岸无线电系统　09.1018

platinum catalytic reforming　铂重整　07.0070

platinum reforming catalyst　铂重整催化剂　07.0271

play assessment　区带评价　02.1070

playback　回放　03.0537

plug back　注水泥回堵　05.0546

plug-flow reactor　塞流反应器　08.0465

plugged perforation　堵塞炮眼　06.0929

plug valve　旋塞阀　07.0439

plunger　柱塞　11.0214

plunger fitting clearance　柱塞配合间隙　11.0455

plunger gas-lift equipment　杜塞气举设备　11.0483

plunger lift　柱塞气举，＊活塞气举　06.0609

plunger overtravel　活塞超行程　06.0647

plunger stroke　活塞冲程　06.0645

plus-minus method　加减法　03.0817

Pm alkalinity of drilling fluid　钻井液酚酞碱度　05.0192

p-methylstyrene　对甲基苯乙烯　08.0231

PMMA　聚甲基丙烯酸甲酯　08.0284

PN　品[度]值　07.0339

pneumatic brake　气动刹车　11.0108

pneumatic control system of rig　钻机气控制系统　11.0298

pneumatic conveyer　气动输砂器　11.0512

pneumatic dryer　气流干燥器　08.0519

pneumatic gangway ladder　气动舷梯　09.0725

pneumatic guide line tensioner　导向索气动张紧器　09.0340

pneumatic line　气控管线　09.0808

pneumatic operated with manual reset valve　手动复位气动阀　09.0827

pneumatic pumping unit　气动抽油机　11.0427

pneumatic tongs　气动动力钳　11.0709

pockets of channel　孔道侧穴　06.0066

podocarpane　罗汉松烷　02.0469

point bar deposit　凸岸坝沉积，＊点沙坝沉积，＊边滩沉积　02.0210

point convergence　点汇　06.0207

point mass　点质量　03.0111

point sink　点汇　06.0207

point source　点源　06.0206

Poisson's ratio of rock　[岩石]泊松比　05.0129

Poisson relation　泊松关系式　03.0118

polarity　极性　02.0910

polarity reversal　极性反转　03.0874，极性逆转　10.0376

polarization　偏振　03.0592

polarization cell　极化电池　10.0389

polarization potential　极化电位　03.0218

polarization treatment　极化处理　10.0328

polarized electric drainage　极性排流　10.0383

polished rod　光杆　11.0431

polished rod eye　悬绳器　11.0417

polished rod horsepower　光杆功率　06.0649

polished rod load　悬点载荷，＊光杆载荷　06.0638

poly 1-butene　聚－1丁烯　08.0273

polyacrylamide　聚丙烯酰胺　08.0307

polyacrylate　聚丙烯酸酯　08.0309

polyacrylonitrile fibre　聚丙烯腈纤维，＊腈纶　08.0327

polyamide　聚酰胺　08.0290

polyamide fibre　聚酰胺纤维，＊锦纶　08.0325

polyamine salt　聚胺盐　12.0061

polyanionic cellulose　聚阴离子纤维素　12.0045

polybutylene terephthalate　聚对苯二甲酸丁二醇酯　08.0289

polycaprolactam　聚己内酰胺，＊尼龙－6　08.0292

polycarbonate　聚碳酸酯　08.0286

polycoagulant　凝聚剂　08.0450

polycrystalline diamond compact bit　聚晶[复合片]金刚石钻头　11.0332

polycrystalline diamond core bit　聚晶[复合片]金刚石取心钻头　11.0338

polycyclic basin　多旋回盆地　02.0152

polyester　聚酯　08.0285

polyester fibre　聚酯纤维，＊涤纶　08.0324

polyether　聚醚　08.0308

polyether glycol　聚醚多元醇　08.0138

polyethylene　聚乙烯　08.0264

polyethylene terephthalate　聚对苯二甲酸乙二醇酯

08.0288

polyformaldehyde 聚甲醛 08.0287

polygon display 栅状显示 03.0890

polyhexamethylene adipamide 聚己二酰己二胺,
　* 尼龙－66 08.0293

polyimide 聚酰亚胺 08.0291

polyisocyanate 多异氰酸酯 08.0188

polymer 聚合物 12.0037

polymer drilling fluid 聚合物钻井液 05.0159

polymer flooding 聚合物驱 06.0984

polymer handler 聚合剂加入器 11.0513

polymerization 聚合 07.0078

polymerization catalyst 叠合催化剂 07.0279,
　聚合催化剂 08.0389

polymerization inhibitor 阻聚剂 08.0452

polymer-type anti-scaling agent 聚合物型防垢剂
　12.0214

polymer-type paraffin inhibitor 聚合物型防蜡剂
　12.0140

polymethyl methacrylate 聚甲基丙烯酸甲酯
　08.0284

polynomial method 多项式法 03.0105

polyoxyethylated alkyl alcohol 聚氧乙烯烷基醇[醚]
　12.0018

polyoxyethylated alkyl phenol 聚氧乙烯烷基酚[醚]
　12.0019

polyoxyethylated amide 聚氧乙烯酰胺 12.0026

polyoxyethylated amine 聚氧乙烯胺 12.0023

polyoxyethylated carboxylate 聚氧乙烯羧酸酯
　12.0016

polyoxyethylene polyoxypropylene glycol 聚氧乙烯
　聚氧丙烯二醇[醚] 12.0020

polyoxyethylene polyoxypropylene phenolic resin 聚
　氧乙烯聚氧丙烯酚醛树脂 12.0021

polyoxyethylene polyoxypropylene polyethylene
　polyamine 聚氧乙烯聚氧丙烯多乙烯多胺
　12.0024

polyphenylene oxide 聚苯醚 08.0295

polypropylene 聚丙烯 08.0269

polypropylene fibre 聚丙烯纤维, * 丙纶 08.0326

polypropylene homopolymer 聚丙烯均聚物
　08.0270

polypropylene impact copolymer 聚丙烯抗冲共聚物

08.0271

polypropylene random copolymer 聚丙烯无规共聚物
　08.0272

polyquaternary ammonium salt 聚季铵盐 12.0062

polysaccharide 聚糖, * 多糖 12.0040

polystyrene 聚苯乙烯 08.0276

polyterpene 多萜 02.0475

polyurethane 聚氨酯 08.0296

polyvinyl acetate 聚乙酸乙烯酯 12.0063

polyvinyl alcohol 聚乙烯醇 08.0155

polyvinyl alcohol fibre 聚乙烯醇纤维, * 维纶
　08.0328

polyvinyl chloride 聚氯乙烯 08.0283

polyvinyl chloride fibre 聚氯乙烯纤维, * 氯纶
　08.0329

pontoon 浮筒 09.0022, 下船体 09.0379

pony rod 短抽油杆 11.0437

pool evaluation 油藏评价 02.0743

pore 孔隙 02.0577

pore cast 孔隙铸体 06.0057

pore constriction 孔喉 06.0065

pore fluid pressure 孔隙流体压力, * 孔隙压力
　02.0632

pore geometry 孔隙结构 06.0052

pore retaining fluid 增孔液 12.0136

pore size distribution 孔隙大小分布 06.0048

pore size distribution spectrum 孔隙大小分布频谱
　06.0051

pore space compressibility of rock 岩石孔隙压缩系
　数 06.0044

pore structure 孔隙结构 06.0052

pore structure model 孔隙结构模型 06.0058

pore throat 孔喉 06.0065

pore volume 孔隙体积 06.0047

porosity 孔隙度 02.0569

porous cement 孔隙胶结 02.0537

porous diaphragm method 多孔隔板法 06.0120

porous medium 多孔介质 06.0194

porous-type reservoir 孔隙型储集层 02.0530

porphyrin 卟啉 02.0485

portable automatic cementing recorder 轻便自动水
　泥记录仪 05.0544

portable radio for life-boat 便携式救生电台

09.1015

portable rig 轻便钻机 11.0003

ported sub 带孔管 06.0874

Portland cement 波特兰水泥 05.0476

[positioning] chain [定位]台链 09.0121

positioning system 定位系统 03.0043

positive anomaly 正异常 03.0039

positive displacement drill 螺杆钻具 11.0570

possible reserves 推测储量 02.1032

postchronous migration 后期运移 02.0599

postmature phase 过熟期 02.0384

post-plot 后绘图 03.0458

poststack migration 叠后偏移 03.0759

potable water tank 饮用水舱 09.0378

potassium content 钾离子含量 05.0190

potassium drilling fluid 钾盐钻井液 05.0164

potassium lime drilling fluid 钾石灰钻井液 05.0155

potential analysis 势分析 02.0656

potential core of jet 射流等速核 05.0085

potential function of real gas 真实气体势函数 06.0145

potential gum 潜在胶质 07.0332

potential oil-generating quantity 生油潜量 02.0425

potential productivity 潜在产能 06.0313

potential reserves 潜在储量 02.1031

potential source bed 潜在烃源层 02.0396

potentiometric surface 测势面 02.0651

potentiostat 恒电位仪 10.0362

Poulter method 空中爆炸法 03.0472

pour into line 压井管线 05.0424

pour point 倾点 01.0051

pour point depressant 倾点降低剂, *降凝剂 07.0260

pour point depressant for crude oil 原油降凝剂 12.0277

pour point depression 降凝 10.0074

powder coke content 粉焦量 07.0379

power casing tongs 动力套管钳 11.0711

power end [of pump] [泵]动力端 11.0202

power fluid 动力液 06.0692

power generation module 发电机组模块 09.0557

power hose reel 动力软管卷盘 09.0342

power law fluid 幂律流体 01.0113

power of drilling pump 钻井泵功率 11.0045

power of slush pump 钻井泵功率 11.0045

power rating of drawworks 绞车额定功率 11.0039

power slips 动力卡瓦 11.0716

power spectrum 功率谱 03.0642

power swivel 动力水龙头 11.0187

power tongs 动力大钳 11.0706

power tubing tongs 动力油管钳 11.0736

Pozzolan-cement system 波兹兰水泥系列 05.0475

PP 聚丙烯 08.0269

p-phthalic acid esterification 对苯二甲酯化 08.0101

PPO 聚苯醚 08.0295

Pratt hypothesis 普拉特[均衡]假说 03.0062

preamplifier filter 前置[放大器]滤波器 03.0548

preamplifier gain 前置[放大器]增益 03.0547

precaution alarm 预警报 09.0884

precipitation-type corrosion inhibitor 沉淀型缓蚀剂 12.0204

precipitation-type profile control agent 沉淀型调剖剂 12.0249

precise fractionation 精密分馏 07.0030

pre-completion sand control 先期防砂 06.0845

precursor 前身物 02.0336

prediction distance 预测间隔 03.0710

prediction error filter 预测误差滤波器 03.0676

prediction filter 预测滤波器 03.0677

predictive deconvolution 预测反褶积 03.0682

preferential wettability 选择性润湿 06.0084

preflush 前置液冲洗 06.0773

pregnane 孕甾烷 02.0450

pre-interpretation 预解释 04.0283

preliminary prospecting 预探 02.0746

preliminary prospecting well 预探井, *野猫井 02.0780

preliminary work for spudding 钻前工程 05.0014

preload tank 预压载舱 09.0382

prepacked gravel liner 先期砾石充填筛管 06.0559

prepad acid fracturing 前置液酸化 06.0774

pre-plot 前绘图 03.0457

preprocessing 预处理 03.0627

prerefining 预精制 07.0093

preservative grease 防锈润滑脂 07.0216

preserved amplitude processing 保持振幅处理 02.0929

pre-shut-in constant-rate period 关井前稳定生产期 06.0274

pressolution 压溶作用 02.0541

pressolutional fracture 压溶裂缝 02.0563

pressure balanced workover rig 不压井修井机 11.0542

pressure bomb 井下压力计 06.0952

pressure build-up test 压力恢复试井 06.0268, 压力恢复测试 11.0580

pressure coefficient 压力系数 02.0640

pressure compensator 压力补偿器 04.0316

pressure coring 保压取心 05.0566

pressure derivative method [for well test data interpretation] 压力导数解释法 06.0306

pressure drawdown distribution 压降漏斗 06.0203

pressure drawdown test 压力降落法试井, * 压降法试井 06.0269

pressure drop gas reserves 气藏压降法储量 06.0373

pressure function 压力函数 06.0220

pressure gradient 压力梯度 05.0437

pressure head 承压水头 02.0638

pressure maintenance by water flooding 注水保持压力 06.0515

pressure monitor 压力监控 05.0438

pressure nonuniformity 压力不均度 11.0235

pressure reduction station 减压站 10.0175

pressure seal 压力封闭 02.0679

pressure transmitting coefficient 导压系数 06.0039

pressurized diving system 高压潜水系统 09.0604

prestack migration 叠前偏移 03.0758

prestack partial migration 叠前部分偏移 03.0796

prestressed heat-insulation string 预应力隔热管柱 06.1037

presurvey modeling 模型预演 03.0450

preventer control system 防喷器控制系统 11.0369

prewhitening 预白化 03.0714

primary drainage scanning curve 原始排驱曲线族 06.0130

primary hydrocarbon reservoir 原生油气藏 02.0686

primary imbibition scanning curve 原始渗吸曲线族 06.0129

primary migration 初次运移 02.0592

primary navigation system 主导航系统 09.0103

primary oil recovery 一次采油 06.0973

primary pore 原生孔隙 02.0546

primary porosity 原生孔隙度 06.0015

primary reference fuel 正标准燃料 07.0132

primary reflection 一次[反射]波 03.0367

primary suspended solid 原生悬浮物 06.0719

primary tower 初馏塔 07.0406

primer 起爆药包 03.0468, 底漆, * 底胶 10.0312

principle of equivalence 等效原理 03.0231

principle of reciprocity 互换原理 03.0330

principle of superposition 叠加原理 06.0204

pristane 姥鲛烷 02.0481

pristane to phytane ratio 姥植比 02.0482

probable reserves 控制储量, * 概算储量 02.1034

process module 工艺模块 09.0555

process scheme 加工流程 07.0002

process tank 工艺舱 09.0281

prodelta 前三角洲 02.0242

produced fluid 产出流体 06.0133

produced-water disposal 油层产出水处理, * 污水处理 06.0726

produced-water reinjection 油层产出水回注, * 污水回注 06.0725

produced-water scaling 油层产出水结垢 06.0731

producer 生产井 02.0786

producing reserves 动用储量 02.1044

producing well 生产井 02.0786

production and injection proration 配产配注 06.0423

production casing 油层套管 05.0464

production curve 采油曲线 06.0519

production curve of tracer 示踪剂产出曲线 12.0268

production deck 生产甲板 09.0714

production geophysics ［油田］开发地球物理［学］ 03.0002

production inlet chamber 混合室 06.0702

production log 生产测井 04.0345

production manifold 生产管汇 09.0578

production platform 生产平台 09.0461

production practice 开采工艺 06.0553

production pressure differential 生产压差 06.0460

production profile 产出剖面 04.0351

production rate limit 极限产量 06.0483

production riser 生产立管 09.0599

production seismic ［油田］开发地震 03.0003

production separator 生产分离器 10.0016

production shutdown panel 生产系统关断盘 09.0876

production string 生产管柱 09.0718

production testing 试采 02.0795

production train control panel 生产系列控制盘 09.0774

production train shutdown panel 生产系列关断盘 09.0773

production tunnel 生产巷道 10.0474

production water-oil ratio 生产水油比 06.0496

production wellhead 采油井口［装置］ 11.0391

production well log 生产井测井 04.0384

production well proration 油井工作制度 06.0266

products blending 油品调合 10.0220

profile control agent 调剖剂 12.0245

profile control agent for double-fluid method 双液法调剖剂 12.0247

profile control agent for single-fluid method 单液法调剖剂 12.0246

profile designing 剖面设计 05.0330

profile type 剖面形式 05.0329

progradational configuration 前积结构 03.0912

progradational reflection configuration 前积反射结构 02.0880

progradation-retrogradation configuration 前积－退积结构 02.0886

programmed gain control 程序增益控制 03.0631

propagation effect 传播效应，＊趋肤效应 04.0150

propane 丙烷 08.0014

propane deasphalting 丙烷脱沥青 07.0053

propane steam cracking 丙烷蒸汽裂解 08.0025

propeller agitator 螺旋桨式搅拌器 08.0504

properties of drilling fluid 钻井液性能 05.0179

propionaldehyde 丙醛 08.0159

proppant 支撑剂 06.0811

proppant-carrying capacity 携砂能力 06.0812

proppant concentration 砂比 06.0813

propped fracture area 支撑裂缝面积 06.0801

propylene 丙烯 08.0168

propylene compressor 丙烯压缩机 08.0527

propylene disproportionation 丙烯歧化 08.0087

propylene glycol 丙二醇 08.0177

propylene hydration 丙烯水合 08.0079

propylene oxidation 丙烯氧化 08.0065

propylene oxide 环氧丙烷 08.0176

propylene oxo-synthesis 丙烯羰基合成 08.0094

propylene oxychlorination 丙烯氧氯化 08.0109

propylene rectification tower 丙烯精馏塔 08.0494

prospect 远景地区 02.0927

prospecting well 探井 02.0779

prospective reserves 远景储量 02.1030

protective casing 保护套管 10.0446

protective potential range 保护电位范围 10.0351

protector 保护器 11.0460

protoceanic rift basin 原始大洋裂谷盆地 02.0143

proton precession magnetometer 质子旋进磁力仪 03.0179

proved reserves 探明储量，＊证实储量 02.1035

proximity log 邻近侧向测井 04.0128

Pr/Ph 姥植比 02.0482

PS 聚苯乙烯 08.0276

PSDP 生产系统关断盘 09.0876

pseudo gravity 拟重力场 03.0119

pseudo-plastic failure of rock ［岩石］假塑性破坏 05.0139

pseudoplastic fluid 假塑性流体 01.0107

pseudo pressure 拟压力 06.0221

pseudo-reduced parameter of natural gas 天然气虚拟对比参数 06.0150

pseudostatic spontaneous potential 假静自然电位 04.0161

pseudo-steady state fluid flow through porous medium 拟稳定渗流 06.0186

pseudo-steady state water invasion 拟定态水侵 06.0474

τ-p transform τ-p变换 03.0620

pull-apart basin 拉分盆地 02.0148

pulling out 起钻 05.0077

pull out 起钻 05.0077

pulsed neutron generator 脉冲中子发生器 04.0190

pulsed neutron log 脉冲中子测井 04.0191

pulse testing 脉冲试井 06.0281

pulse water flooding 脉冲注水 06.0420

pulse-width modulation 脉冲宽度调制 03.0530

pumpability 泵送性 07.0296

pump barrel 泵筒 11.0451

pumping behavior prediction 抽油动态预测 06.0688

pumping efficiency 泵效 06.0656

[pumping] head [泵]扬程 10.0235

pumping speed 抽油泵冲速 06.0648

pumping unit 抽油机 11.0410

[pump] input power [泵]输入功率 11.0238

pump intake pressure 沉没压力, *泵口压力 06.0662

pump leakage 泵的漏失 06.0657

pump off control 抽空控制 06.0689

pump size 抽油泵泵径 06.0650

[pump] speed [泵]冲速, *冲次, *冲数 11.0237

[pump] stroke [泵]冲程 11.0236

pump stroke counter 泵冲数计数器 04.0344

pump valve 泵阀, *凡尔 11.0219

pump volumetric efficiency 充满系数 06.0658

pure oil flow 纯油流 06.0576

purge/pilot gas package 吹扫/引燃气组块 09.0761

push pipe method 顶管法 10.0438

PVC 聚氯乙烯 08.0283

PVT apparatus set 高压物性仪, *PVT仪 06.0177

PVT cell PVT筒 06.0179

P wave 纵波, *压缩波, *P波 03.0310

p-xylene 对二甲苯 08.0251

p-xylene oxidation 对二甲苯氧化 08.0073

PY-GC 热解气相色谱法 02.1009

pyridine salt surfactant 吡啶盐型表面活性剂 12.0013

pyrite 黄铁矿 02.0368

pyroclastic rock 火山碎屑岩 02.0176

pyrogenetic theory [石油]高温成因论 02.0328

pyrolysis chromatography method 热解色谱法 02.1056

pyrolysis gas 热裂解气 08.0009

pyrolysis gas chromatography 热解气相色谱法 02.1009

pyrolysis gasoline 裂解轻汽油 08.0017

pyrolysis in tubular furnace 管式炉热裂解 08.0029

pyrolysis of natural gas 天然气热裂解 08.0022

pyrolysis tar oil 裂解焦油 08.0018

pyromellitic dianhydride 均苯四[甲]酸二酐 08.0262

Q

Q-adaptive deconvolution Q自适应反褶积 03.0686

Q-factor 品质因子 03.0431

Q-type section Q型剖面 03.0237

quadrature value 正交值 03.0268

quaternary ammonium salt surfactant 季铵盐型表面活性剂 12.0012

quefrency 同态频率 03.0717

quenching 急冷 08.0041

quenching oil 急冷油, *淬火油 07.0200

quenching oil column 急冷油塔 08.0491

quenching water column 急冷水塔 08.0492

quick exhaust valve 快速排气阀 11.0302

quick-look interpretation method 快速直观解释法

04.0269

quick release hook　快速解脱钩　09.0740

quit flowing pressure　停喷压力　06.0592

R

racking board　二层台　11.0159

racking platform　二层台　11.0159

radial differential temperature log　径向微差井温测井　04.0357

radial fluid flow　平面径向流　06.0197

radial reactor　径向反应器　07.0433

radial water flooding　环状注水　06.0399

radiant-type furnace　辐射炉　07.0384

radiation force　辐射力　09.0650

radiation section　辐射段　08.0036

radioactive survey　放射性测量　02.0830

radioactive tracer　放射性示踪剂　12.0262

radioactive-tracer flowmeter　放射性示踪流量计　04.0371

radiographic detector in pipe　管内射线探伤器　10.0434

radioisotope log　放射性同位素测井　04.0199

radiolaria identification　放射虫鉴定　02.0986

radio positioning system　无线电定位系统　09.0094

radio telemetry seismic data acquisition　无线电遥测地震[数据]采集　09.0014

radius of curvature　曲率半径　05.0350

radius of curvature method　曲率半径法　05.0319

raffinate oil　抽余油　08.0011

rail oil　导轨油　07.0165

railroad diesel engine oil　铁路柴油机油　07.0159

rail tank car　铁路油罐车　10.0226

ram blowout preventer　闸板防喷器　11.0359

ramp　[钻台]坡道　11.0156

ramp impedance function　渐变阻抗函数　03.0416

Ramsbottom carbon residue　兰氏残炭　07.0345

ram-type preventer　闸板防喷器　11.0359

random noise　随机噪声　03.0382

range of stability　稳性范围　09.0243

range-range mode　距离方式　09.0105

range redundance　距离重复精度　09.0137

rare earth Y-type zeolite　稀土 Y 型沸石　07.0269

rarefaction control　水击超前控制　10.0126

raster-to-vector conversion　光栅－矢量转换　02.0963

rated power of rotary　转盘额定功率　11.0182

rated pump pressure　额定泵压　11.0232

rated static rotary load　转盘额定静载荷　11.0180

rated working load of swivel　水龙头额定工作载荷　11.0197

rate of penetration　机械钻速　05.0061

rate of water cut increase　含水上升速度　06.0494

rate of well-flushing　洗井强度　06.0756

rate of whole angle change　全角变化率　05.0339

rate sensitivity evaluation　速敏性评价　05.0262

rat hole　鼠洞　05.0080

raw range　原始距离　09.0125

ray bending　射线折转　03.0439

Rayleigh wave　瑞利波　03.0317

ray parameter　射线参数　03.0438

ray path theory　射线理论　03.0302

ray path tomography　射线层析成象　03.0604

ray tracing　射线追踪　03.0605

RDAU　采集站　03.0564

RDU　采集站　03.0564

reactor　反应器　07.0428

real-time drilling data center　钻井实时数据中心　05.0278

real time processing　实时处理　09.0054

real time system　实时系统　03.0017

reaming　扩眼　05.0067

rearranged sterane　重排甾烷　02.0449

rebel tool　变向器　05.0401

reboiler　重沸器　07.0389

recall buoy　回访浮筒　09.0329

receding angle　后退角　06.0094

receiver coil　接收线圈　04.0144

receiver dynamic range　接收机动态范围　09.0142

receiver point　接收点　03.0498

receiver statics　接收点静校正量　03.0740

receiving system　接收系统　09.0025

recharge area 供水区 02.0641

reckoning positioning 推算定位 09.0099

reconnaissance 普查 03.0006

recording system 记录系统 09.0024

recoverable reserves 可采储量，＊工业储量
02.1033

recovery at stable production phase 稳产期采收率
06.0481

recovery efficiency 采收率 06.0970

recovery factor 采收率 06.0970

recovery of core 岩心收获率 05.0562

rectification 精馏 07.0031

rectification tower 精馏塔 07.0409

recycle gas compressor 循环气压缩机 08.0530

red hand flare ［遇险］手持红光信号 09.1006

redistillation 再蒸馏 07.0032

redox catalyst 氧化还原催化剂 08.0381

redressing 划眼 05.0066

red star rocket ［遇险］红星火箭 09.1004

reduced annual production 折算年产量 06.0476

reduced coefficient of ferrite 铁还原系数 02.0365

reduced oil production 折算采油速率 06.0477

reduced pressure 折算压力 02.0636，对比
压力 06.0151

reduced reservoir pressure 折算油藏压力，＊基准面
压力 06.0455

reduced submergence 折算沉没度 06.0661

reduced sulfur 还原硫 02.0366

reduced temperature 对比温度 06.0152

reduced travel time curve 校后时距曲线 03.0820

reducer-oxidant 还原－氧化剂 08.0432

reducing environment 还原环境 02.0364

reducing viscosity by emulsification 乳化降粘
10.0043

reduction to the pole 化［到地磁］极 03.0194

reef hydrocarbon reservoir 生物礁块油气藏
02.0707

reentry funnel 重返井口喇叭口 09.0440

reentry guideline 重返井口导向索 09.0700

reference electrode 参比电极 10.0284

reference master gage 校对规 11.0687

reference oil 参比油 07.0218

reference spheroid 参考球体 09.0148

reference station 参考台 09.0119

reference surface 参考面 03.0731

refined paraffin wax 全精制石蜡，＊精白蜡
07.0235

refinery 炼油厂 07.0004

refinery gas 炼厂气 07.0010

refining equipment 炼油设备 07.0008

refining process unit 炼油工艺装置 07.0007

reflected refraction 反射折射波 03.0379

reflection coefficient 反射系数 03.0349

reflection configuration 反射结构 02.0879

reflection continuity 反射连续性 02.0907

reflection external form 反射外形 02.0897

reflection-free configuration 无反射结构 02.0896

reflection interpretation 反射解释 03.0826

reflection method 反射法 03.0296

reflection strength 反射强度 02.0936

reflection termination 反射终端，＊反射终止
02.0845

reflection time picking 拾取反射时 03.0845

reflectivity 反射率 03.0350

reflector 反射面 03.0830，回音标 06.0676

reflux accumulator 回流罐 07.0427

reflux condenser 回流冷凝器 07.0400

reformed gasoline 重整汽油 07.0111

reformulated gasoline 新配方汽油 07.0119

refraction angle 折射角 03.0433

refraction interpretation 折射解释 03.0812

refraction method 折射法 03.0297

refraction statics 折射静校正量 03.0742

refracturing 重复压裂 06.0834

refrigerator oil 冷冻机油 07.0148

REG 正规［型］钻杆接头 11.0624

regenerative furnace pyrolysis 蓄热炉热裂解
08.0030

regenerator 再生器 07.0435

regional anomaly 区域异常 03.0037

regional assessment 区域评价 02.1068

regional composite cross section 区域综合大剖面
02.0752

regional comprehensive section 区域综合大剖面
02.0752

regional correction 区域［场］校正 03.0100

regional exploration 区域勘探 02.0744

regional gravity 区域重力[场]，＊区域背景 03.0099

regional master gage 基准规，＊地区规 11.0686

regional migration 区域运移 02.0596

regional seismic stratigraphy 区域地震地层学 02.0832

regional stratigraphic correlation 区域地层对比 02.0753

regular grid 规则网格 06.0325

regular sterane 正常甾烷，＊规则甾烷 02.0448

regular tool joint 正规[型]钻杆接头 11.0624

regulating-metering station 调压计量站 10.0089

regulator 调节剂 08.0457

Reid vapor pressure 里德蒸气压，＊雷德蒸气压 01.0097

reinforcement 加强筋 09.0486

reinforcing agent 增强剂 08.0416

reject region 压制区 03.0400

relative bearing 相对方位角 04.0230

relative humidity of natural gas 天然气相对湿度 01.0064

relative permeability 相对磁导率 03.0148，相对渗透率 06.0026

relative permeability curve 相对渗透率曲线 06.0027

relative submergence 相对沉没度 06.0604

relative velocity 相对速度 02.0937

relative viscosity 相对粘度 01.0123

relative [water] injectivity 相对吸水量 06.0751

relaxation factor 松弛因子 06.0329

relaxation parameter 松弛因子 06.0329

releasing gear 解链器 09.0388

releasing spear 可退开的捞矛 05.0585

releasing stuck by acidizing 泡酸解卡法 05.0588

releasing stuck by cutting 割铣解卡法 05.0589

releasing stuck by oil spotting 泡油解卡法 05.0587

releasing stuck method 解卡方法 05.0586

releasing tool 解卡工具 05.0611

relief and blow-down system 泄压放空系统 10.0102

relief well 救援井 05.0308

remaining oil saturation 剩余油饱和度 06.0075

remaining petroleum in-place 剩余油气地质储量 02.1039

remaining recoverable reserves 剩余可采储量 02.1045

remnant ocean basin 残留大洋盆地 02.0142

remote control console 远程控制台 11.0370

remote control drilling system 遥控钻井系统 05.0302

remote control terminal unit 遥控[装卸油]终端装置 09.0553

remote data acquisition unit 采集站 03.0564

remote data unit 采集站 03.0564

remotely controlled unmanned platform 遥控不驻人平台 09.0681

remote-operated vehicle 遥控潜水器 09.0365

remote reference station 远方参考站 03.0256

remote-sensing geology 遥感地质 02.0016

remote terminal unit 远程终端 10.0133

removable foundation 活动基础 05.0021

renewed well 更新井 06.0550

repair of coating defects 补伤 10.0330

repeat section 重复测量井段 04.0088

replacement 交代作用 02.0542

replacement dynamics 替换动校正 03.0799

resampling 重采样 03.0647

rescue boat 救助艇 09.1013

research octane number 研究法辛烷值 07.0337

reserved outlet 预留头 10.0409

reserves 储量 02.1029

reserves abundance 储量丰度 02.1049

reserves increase ratio 储量增长率 02.0816

reservoir bed 储集层 02.0523

reservoir behavior data 油藏动态资料 06.0429

reservoir characterization 油藏表征，＊油藏特征化 06.0353

reservoir computer model 油藏计算机模型 06.0333

reservoir continuity 储层连续性 02.0532

reservoir delineation test 探边测试 06.0277

reservoir description 油藏描述 02.0742

reservoir drive mechanism 油藏驱动机理，＊油层驱

动机理 02.0812

reservoir electrical model 油藏电模型 06.0319

reservoir electrolytic model 油藏电解模型 06.0320

reservoir evaluation 油藏评价 02.0743

reservoir fluid 油藏流体 06.0131

reservoir fluid properties 油藏流体性质 06.0139

reservoir geology 储层地质学 02.0005

reservoir heterogeneity 储层非均质性 02.0533

reservoir management log 油藏管理测井 04.0385

reservoir mathematical model 油藏数学模型 06.0323

reservoir micromodel 油藏微观模型 06.0321

reservoir model 油藏模型 06.0315

reservoir modeling 油藏模拟 06.0314

reservoir oil 油藏油 06.0136

reservoir parameter 储层参数 04.0248

reservoir performance analysis 油藏动态分析 06.0428

reservoir physical model 油藏物理模型 06.0318

reservoir physical simulation 油藏物理模拟 06.0317

reservoir physics 油层物理, *油藏物理 06.0001

reservoir pressure 油藏压力 06.0453

reservoir pressure coefficient 油藏压力系数 06.0456

reservoir property 储层性质 02.0565

reservoir rock 储集岩 02.0522

reservoir seismic stratigraphy 储层地震地层学 02.0833

reservoir sensitivity evaluation 储层敏感性评价 05.0259

reservoir simulation model 油藏模拟模型 06.0316

reservoir simulation software 油藏模拟软件 06.0334

reservoir simulator 油藏模拟器 06.0335

reservoir size distribution method 油藏规模分布法 02.1066

reservoir space 储集空间 02.0545

reservoir static data 油藏静态资料 06.0424

reservoir volume method 油藏体积法 02.1061

reset switch 复位开关 09.0894

residual anomaly 剩余异常 03.0101

residualizing method 求剩余方法 03.0102

residual magnetism 剩[余]磁[性] 03.0165

residual migration 剩余偏移 03.0778

residual oil 渣油 07.0023

residual oil cracking 渣油催化裂化 07.0061

residual oil saturation 残余油饱和度 06.0074

residual resistance factor 残余阻力系数 06.0985

residual static correction 剩余静校正 03.0734

residue 渣油 07.0023

residue cracking 渣油催化裂化 07.0061

resin-coated sand 树脂涂敷砂 12.0134

resin finishing agent 树脂整理剂 08.0439

resinite 树脂体 02.0351

resin-type profile control agent 树脂型调剖剂 12.0248

resistance to heating 耐热性 08.0336

resistance to liquid 耐液体性 08.0337

resistance to natural weathering 耐候性 08.0335

resistance to solvent 耐溶剂性 08.0338

resistance to swelling 耐溶胀性 08.0339

resistive bed 高电阻层 04.0023

resistivity log 电阻率测井 04.0090

resistivity meter 电阻率仪 05.0236

resistivity sounding 电阻率测深 03.0210

resolution 分辨率 02.0928

resolving power 分辨能力 03.0858

respirator 防毒面具 09.0962

responding well 反应井 06.0280

restricted area 限制区 09.0983

restricted sea 局限海 02.0272

result of sand control 防砂效果 06.0853

retaining wall 挡土墙 10.0476

retardant 缓速剂 12.0160

retardation setting 缓凝 05.0469

retarded acid 缓速酸 12.0150

retarded cement 缓凝水泥 05.0471

retarder 缓凝剂 05.0501, 阻滞剂 08.0460

retarder for cement slurry 水泥缓凝剂 12.0121

retarding agent 缓凝剂 05.0501

retrievable spear 可退开的捞矛 05.0585

retrievable wire perforator 无枪身射孔器 04.0392

retroarc basin 弧后盆地 02.0126

retroarc foreland basin 弧后前陆盆地 02.0137

retrograde condensate gas 反转凝析气 06.0171

retrograde condensate phenomenon 反转凝析现象 06.0168

retrograde condensate pressure 反转凝析压力 06.0169

retrograde condensation 反凝析 01.0096

retrograde evaporation 逆蒸发 01.0095

reverberation 鸣震 03.0374

reverse branch 回转反射支 03.0839

reverse circulation junk basket 反循环打捞篮 05.0577

reverse circulation valve 反循环阀 11.0591

reverse combustion process 逆燃法 06.1017

reversed profile 相遇剖面 03.0331

reverse fault 逆断层 02.0086

reverse osmosis unit 反渗析装置 09.0591

reverse pumping 反输 10.0157

reverse time migration 逆时偏移 03.0774

revetment 护坡 10.0483

revolving derrick barge 全回转式起重船 09.0449

Reynolds number in fluid flow through porous medium 渗流雷诺数 06.0193

RE Y-type zeolite 稀土 Y 型沸石 07.0269

rheological behavior index 流变行为指数 01.0117

rheological characteristic 流变性 01.0102

rheology 流变学 01.0101

rheopectic fluid 震凝性流体 01.0110

Ricker wavelet 里克子波，*雷克子波 03.0411

rift basin 裂谷盆地 02.0134

rig camera [钻井船]监控摄象机 09.0366

rig down 钻机拆卸 11.0053

rig floor 钻台 11.0155

righting moment 回复力矩 09.0234

right lateral 右旋 02.0044

right of way 管道通过权，*越域权 10.0136

rigid polyurethane foam insulation coating 硬质聚氨酯泡沫塑料防腐隔热层 10.0323

rigid water drive 刚性水压驱动 06.0360

rig maintenance 钻机维修 11.0055

rig move 钻井船移位 09.0120

rig repair 钻机修理 11.0054

rig substructure 钻机底座 11.0141

rig up 钻机安装 11.0052

ringing 鸣震 03.0374

ringing wave 鸣震波 09.0050

ring sticking and piston deposits 粘环和活塞沉积物 07.0365

ripple tray 波纹塔板 07.0424

riser 立管 11.0199

riser catalytic cracking 提升管催化裂化 07.0060

riser cradle 立管支架 09.0600

riser reactor 提升管反应器 07.0434

riser spider 隔水导管卡盘 09.0359

riser template 立管基盘 09.0496

riser tensioner 隔水导管张紧器 09.0319

risk analysis 风险分析 02.1073

risk coefficient 风险系数 02.1072

river mouth bar 河口沙坝 02.0245

RMS 筛筒式离心机，*旋转筛筒式离心机 11.0280

rms velocity 均方根速度 03.0445

road asphalt 道路沥青 07.0238

road bitumen 道路沥青 07.0238

rock abrasiveness 岩石研磨性 05.0150

rock bit 牙轮钻头 11.0311

rock cavern 岩洞罐 10.0470

rock compressibility 岩石压缩系数 06.0043

rocket parachute flare 火箭降落伞[遇险]焰火信号 09.1005

Rock-Eval 源岩评价仪 02.0428

Rock-Eval pyrolysis 岩石快速热解分析 02.1007

rock matrix 岩石骨架 04.0018

rock-mineral identification 岩矿鉴定 02.0975

rock permeability 岩石渗透率 06.0023

rock porosity 岩石孔隙度 06.0014

rock pressure 岩石压力 02.0631

rod elevator 抽油杆吊卡 11.0727

rod guide 抽油杆导向器 11.0728

rod hanger 抽油杆悬挂器 11.0729

rod holder 抽油杆夹持器 11.0730

rodless pump 无杆泵 06.0669

rodless pumping unit 无杆抽油设备 11.0456

rod lifter 抽油杆提升器 11.0731

rod packing 活塞杆密封，*拉杆盘根 11.0215

rod parting 抽油杆断脱 06.0685

rod pump 杆式泵 11.0442

rod rotor 抽油杆自动旋转器 11.0732

rod scraper 抽油杆刮蜡器 06.0886

rod tong 抽油杆钳 11.0733

rod wrench 抽油杆钳 11.0733

roll 横摇 09.0251

roll along trace 滚动道 09.0061

roller bearing water barrage 滚动轴承防水罩 09.0739

roller bit 牙轮钻头 11.0311

roller chain 滚子链 11.0068

roller core bit 取心牙轮钻头 11.0335

roller launching way 辊轴发送道 10.0443

rolling oil 压延油 07.0182

rollover anticline 滚动背斜 02.0075

rollover anticline hydrocarbon reservoir 滚动背斜油气藏 02.0693

roll-pitch articulation 横摇－纵摇铰接头 09.0741

roll stability tester of lubricating grease 润滑脂滚筒安定性测定仪 07.0468

RON 研究法辛烷值 07.0337

root 山根 03.0063

root bead 根部焊道 10.0404

Roots meter 鲁茨流量计 10.0036

rotameter 转子流量计 10.0035

rotary 转盘 11.0175

rotary countershaft 转盘传动轴 11.0111

rotary drilling 旋转钻井 05.0031

rotary drilling rig 旋转钻机 11.0013

rotary drive clutch 转盘驱动离合器 11.0078

rotary drum dryer 转鼓干燥器 08.0522

rotary drum vacuum filter 转鼓式真空过滤机 07.0445

rotary gas separator 旋转式气体分离器 06.0675

rotary hose 水龙带 11.0198

rotary mud separator 筛筒式离心机，＊旋转筛筒式离心机 11.0280

rotary oil burner 旋转燃烧器 09.0838

rotary sidewall sampler 钻进式井壁取心器 04.0406

rotary speed 转速 05.0054

rotary speeds 转盘挡数 11.0047

rotary speed tacheometer 转盘转速计 05.0288

rotary swivel 旋转水龙头 11.0186

rotary table 转盘 11.0175

rotary table opening 转盘开口直径 11.0048

rotary table speeds 转盘挡数 11.0047

rotary torque indicator 转盘扭矩仪 05.0286

rotating blowout preventer 旋转防喷器 11.0378

rotating disc contactor 转盘塔 07.0417

rotating dog 旋转销 09.0297

rotating head device 旋转头装置 11.0030

rotating horsehead pumping unit 旋转驴头抽油机 11.0424

rotating system of rig 钻机的旋转系统 11.0174

rotational viscosimeter 旋转粘度计 05.0245

rotation-lock tubing hanger 旋转锁定油管挂 09.0707

rotor 转子 11.0568

ROU 反渗析装置 09.0591

roughness 粗糙度 10.0185

roughness of rock surface 岩石表面粗糙度 06.0095

ROV 遥控潜水器 09.0365

ROW 管道通过权，＊越域权 10.0136

RP 接收点 03.0498

RTU 远程终端 10.0133

rubber ingredient 橡胶助剂 08.0420

rubber sacked protector 橡皮囊式保护器 11.0462

rubber sleeve core barrel 橡胶套岩心筒 05.0550

rubbish compactor 垃圾压实器 09.0589

rubidium frequency standard 铷频标 09.0112

rubidium vapor magnetometer 铷蒸气磁力仪 03.0184

run-out gage 螺尾量表 11.0692

rupture disk [泄压]爆破盘 09.1024

rust preventing and anti-oxidation turbine oil 防锈抗氧汽轮机油 07.0194

rust-preventing characteristics 防锈性 07.0297

rust preventive inhibitor 防锈添加剂 07.0253

S

Sabkha environment 塞卜哈环境 02.0259

sack storage room 袋装[材料]舱 09.0372

sacrificial agent 牺牲剂 12.0239

sacrificial anode 牺牲阳极 10.0371

sacrificial anode drainage 牺牲阳极排流 10.0387

saddle weight 压重块 10.0450

safety clamps 安全卡瓦 11.0717

safety cylinder 安全圆柱 05.0375

safety joint 安全接头 05.0600

safety joint for drill stem test 钻杆测试安全接头 11.0595

safety margin of pipeline shut down 安全停输时间 10.0129

safety relief valve 安全泄压阀 10.0128

safety sub 安全接头 05.0600

safety valve 安全阀 11.0223

safety zone 安全区 09.0980

sag 凹陷 02.0065

sag resistance temperature [of coating] [防腐层]抗流淌温度 10.0336

sales riser 售油立管 09.0622

salinity sensitivity evaluation 盐度敏感性评价 05.0264

SALM 单锚腿系泊 09.0509

saltatory compaction stage 突变压实阶段 02.0618

salt diapir 刺穿盐丘 02.0080

salt diapir screened hydrocarbon reservoir 盐丘遮挡油气藏 02.0699

salt dome 盐丘 02.0079

salt-lake facies 盐湖相 02.0220

salt rock 盐岩 02.0186

salt saturated slurry 饱和盐水水泥浆 05.0506

salt spray test 盐雾试验 10.0342

salt water contamination 盐水侵 05.0206

salt water disposal 油层产出水处理,*污水处理 06.0726

salt-water drilling fluid 盐水钻井液 05.0161

salvage vessel 救援船 09.0457

sample and hold unit 采样-保持单元 03.0554

sample connection 取样接头 09.0809

sampling density 采样密度 04.0319

sampling rate 采样率 03.0546

sand anchor 砂锚 06.0677

sand bailer 捞砂筒 06.0858

sand blasting 喷砂 10.0310

sand bridge 砂桥 06.0842

sand bridging 砂桥卡钻 05.0605

sand-cement slurry 水泥砂浆 12.0135

sand cleaning fluid 冲砂液 06.0860

sand clean out 冲砂 06.0859

sand consolidation resin 固砂树脂 12.0131

sand consolidation technique 固砂技术 06.0847

sand contamination 砂侵 05.0208

sand content 含砂量 05.0186

sand control gravel 防砂砾石 06.0855

sand control liner 防砂筛管 06.0854

sand control liner completion 筛管完成 06.0561

sand control technique 防砂技术 06.0846

sand equilibrium bank height 砂堤平衡高度 06.0822

sand fill 砂堵 06.0841

sand filter 滤砂器 06.0680

sand filtering efficiency 砂滤效率 06.0861

sand filter unit 砂滤装置 09.0762

sand influx 出砂量 06.0844

sanding formation 出砂层 06.0843

sand jet 喷砂嘴 06.0919

sand jet perforator 水力喷砂射孔器 06.0918

sand out pressure 脱砂压力 06.0863

sand packed fracture 填砂裂缝 06.0814

sand plug 砂堵 06.0841

sand production 油井出砂 06.0840

sand production rate 出砂量 06.0844

sand-prone facies 偏砂相 02.0913

sand pump 砂泵 11.0291

sand reel 捞砂滚筒 11.0090

sand removal 清砂 06.0857

sand spit 喷砂嘴 06.0919

sand sticking　砂桥卡钻　05.0605

sandstone　砂岩　02.0172

sandstone percent content　砂岩百分含量　02.0912

sand tank　沉砂罐　11.0292

sand-transport truck　运砂车　11.0522

sand up　砂堵　06.0841

sand washing　冲砂　06.0859

saphe　同态相位　03.0720

saponification number　皂化值　07.0357

saprofication　腐泥化作用　02.0338

sapropelic substance　腐泥质　02.0337

sapropel-type cracking gas　腐泥型裂解气　02.0505

sapropel-type kerogen　腐泥型干酪根，* I 型干酪
根　02.0343

sapropel-type natural gas　腐泥型天然气　02.0496

satellite alert　卫星预报　09.0149

satellite navigation system　卫星导航系统　09.0095

satellite platform　卫星平台　09.0466

satellite station　分井计量站　10.0017

saturated condensate　饱和凝析油　06.0160

saturated hydrocarbon reservoir　饱和油气藏
02.0719

saturated salt-water drilling fluid　饱和盐水钻井液
05.0162

saturated vapor pressure　饱和蒸气压　01.0098

saturation discontinuity　饱和度间断　06.0231

saturation diving system　饱和潜水系统　09.0606

saturation diving table　饱和潜水表　09.0607

saturation exponent　饱和度指数　04.0049

saturation pressure　饱和压力，* 泡点压力
06.0172

Saybolt chromometer of petroleum products　油品赛
氏比色计　07.0462

SBM　单浮筒系泊　09.0507

SBR　丁苯橡胶　08.0312

SBS block copolymer　苯乙烯－丁二烯－苯乙烯嵌
段共聚物，* SBS 树脂　08.0275

SCADA system　监控和数据采集系统　10.0132

scalar impedance　标量阻抗　03.0263

scale converter　垢转化剂　12.0216

scale inhibitor　防垢剂　12.0210

scale remover　除垢剂　12.0215

scanning electron microscopy　扫描电镜　02.1004

scattered flooding　点状注水　06.0413

SCC　应力腐蚀开裂　10.0271

Schlumberger electrode array　施伦贝格尔排列
03.0214

Schmidt diagram　施密特图　04.0240

Schmidt field balance　磁秤　03.0175

Schmidt waste heat boiler　椭圆集流管板废热锅炉
08.0510

schungite　次石墨　02.0307

scleroglucan　硬葡聚糖　12.0073

sclerotinite　菌类体　02.0357

scorch test　烧焦试验　08.0333

scraper　清管器　10.0189

scraper launching and receiving trap　清管器收发装
置　10.0192

scratcher　刮泥器，* 水泥刮　05.0516

screen　筛网　11.0265

screen casing for drill stem test　钻杆测试筛管
11.0597

screen cloth　筛网　11.0265

screen filter　筛滤器　08.0496

screw　螺杆　11.0573

screw conveyer　螺旋输砂器　11.0511

screwdrill　螺杆钻具　11.0570

screw-on tool joint　螺纹[连接]钻杆接头　11.0618

scrubber　气涤器，* 气体除油器　10.0079

SCUBA　自给式潜水呼吸装置　09.0608

scum pump　渣滓油泵　09.0778

scum vessel　渣滓油罐　09.0779

sea chest　海水柜　09.0801

sea fastening　适航固定　09.0633

seafloor bearing capacity　海床承载力　09.0647

sea floor charter　海底地貌测绘仪　09.0615

seal bore　密封孔　06.0876

seal compatibility　密封适应性　07.0300

seal cooler　密封冷却器　09.0856

sealed boundary　封闭边界　06.0235

sealed coring　密闭取心　05.0567

sealed journal bearing insert bit　密封滑动轴承镶齿
钻头　11.0319

sealed roller bearing bit　密封滚动轴承钻头
11.0318

sealing adapter　密封接头　09.0419

sealing core drilling 密闭取心 05.0567

sealing fluid 密闭液 05.0170

seamless casing 无缝套管 11.0644

search angle 探索角 04.0237

search length 探索长度 04.0236

Seasat 海洋卫星 02.0946

seasonally frozen soil foundation 季节性冻土地基 10.0465

seawater drilling fluid 海水钻井液 05.0176

seawater gate 海水门 09.0800

seawater lift pump 海水提升泵 09.0802

seawater mud 海水泥浆 09.0426

sec-butyl alcohol 仲丁醇 08.0197

second arrival 续至波 03.0335

secondary generation of oil 二次生油 02.0390

secondary hydrocarbon reservoir 次生油气藏 02.0687

secondary migration 二次运移 02.0593

secondary navigation system 辅助导航系统 09.0104

secondary oil recovery 二次采油 06.0974

secondary pore 次生孔隙 02.0547

secondary porosity 次生孔隙度 06.0016

secondary porosity index 次生孔隙度指数 04.0280

secondary precipitation 二次沉淀 12.0157

secondary reference fuel 副标准燃料 07.0133

secondary suspended solid 次生悬浮物 06.0720

second derivative map 二次导数图 03.0107

seconds API 马什漏斗粘度 05.0199

SECT 集肤电伴热 10.0041

sectional turbodrill 复式涡轮钻具 11.0561

section purging 管段吹扫 10.0418

sediment 沉积物 02.0162

sedimentary condition 沉积条件 02.0192

sedimentary cover 沉积盖层 02.0048

sedimentary cycle 沉积旋回 02.0166

sedimentary cycle correlation 沉积旋回对比 02.0756

sedimentary differentiation 沉积分异作用 02.0165

sedimentary environment 沉积环境 02.0191

sedimentary facies 沉积相 02.0194

sedimentary rock 沉积岩 02.0163

sedimentary system 沉积体系 02.0193

sedimentary volumetric rate method 沉积体积速率法 02.1062

sedimentation 沉积作用 02.0164

sedimentation centrifuge 沉降离心机 08.0538

sedimentology 沉积学 02.0161

seepage loss 渗透漏失 05.0619

seismic amplifier 地震放大器 03.0520

seismic drilling rig 地震钻机 11.0009

seismic facies 地震相 02.0878

seismic facies analysis 地震相分析 02.0916

seismic facies map 地震相图 02.0917

seismic facies unit 地震相单元 02.0915

seismic lithology 地震岩性学 02.0839

seismic model 地震模型 02.0930

seismic prospecting method 地震勘探法 03.0295

seismic recording instrument 地震[记录]仪 03.0514

seismic reservoir study 地震储层研究 03.0854

seismic sequence 地震层序 02.0877

seismic sounding 地震测深 03.0298

seismic streamer 地震[勘探]等浮电缆 09.0075

seismic survey vessel 地震勘探船 09.0013

seismic tomography 层析地震成象 03.0599

seismograph 地震[记录]仪 03.0514

selective fracturing 选择性压裂 06.0831

selective hydrogenation catalyst 选择加氢催化剂 08.0385

selective perforation 选择射孔 04.0394

selective sand control 选择性防砂 06.0848

selective water shut off 选择性堵水 06.0897

selective water shutoff agent 选择性堵水剂 12.0257

self-centering shaker 自定中心振动筛 11.0253

self-cleaning screen cloth 自洁式筛网 11.0267

self-contained pressure regulator 自给式压力调节阀 09.0826

self-contained underwater breathing apparatus 自给式潜水呼吸装置 09.0608

self-elevating drilling platform 自升式钻井平台，*自升式钻井船 09.0187

self-elevating substructure 自升式底座 11.0145

self fill-up floating valve 自灌式浮阀 09.0417

self-propelled workover rig　自行式修井机　11.0539

self-unloading tank　零位油罐　10.0202

SEM　扫描电镜　02.1004

semblance　相似度　03.0621

semifusinite　半丝质体　02.0359

semi-refined paraffin wax　半精制石蜡，＊白石蜡　07.0234

semisubmersible drilling platform　半潜式钻井平台，＊半潜式钻井船　09.0189

semisubmersible multi-service vessel　半潜式多用工作船　09.0458

semisubmersible rig　半潜式钻井平台，＊半潜式钻井船　09.0189

semi-synthetic zeolite cracking catalyst　半合成沸石裂化催化剂　07.0265

sensitivity analysis　敏感性分析　02.1074

separated-layer stimulation　分层增产作业，＊分层改造　06.0765

separated-zone water injection　分层注水　06.0738

separate-layer fracturing　分层压裂　06.0830

separate-layer sand control　分层防砂　06.0849

separate-layer water shut off　分层堵水　06.0898

separation module　[油气]分离模块　09.0556

sepiolite　海泡石　05.0222

SEQ method　顺序解法　06.0344

sequence　层序　02.0861

sequence hydraulic control system　程序液压控制系统　09.0902

sequence of batching products　输送顺序　10.0148

sequence stratigraphy　层序地层学　02.0834

sequential solution method　顺序解法　06.0344

serpentinization theory　蛇纹石化生油论　02.0329

service casing　检修套管　10.0481

service loop　辅助管束回路　09.0368

service loop termination kit　辅助环路管线终端盒　09.0369

service seal unit　充填工具　06.0867

service tunnel　作业巷道　10.0475

servo station　＊伺服台　09.0119

sesbania gum　田菁胶　12.0053

sesquiterpene　倍半萜　02.0472

set-accelerating additive　速凝外加剂　05.0502

setback capacity　二层台容量，＊立根盒容量　11.0172

setting collar　碰压接箍　09.0422

setting point　固化点　07.0354

setting tank　沉淀罐　11.0486

setting time　凝固时间　05.0489

settler　沉降器　07.0442

settling tank　沉降罐　10.0024

settling velocity analysis　沉速分析　06.0009

seven-spot water flooding pattern　七点法注水　06.0404

sewage treatment unit　生活污水处理装置　09.0851

sferics　雷电干扰　03.0255

SFL　水下出油管线　09.0594

shackle　锁紧卡环，＊卸扣　09.0275

shadow zone　影区　03.0852

shale　页岩　02.0184

shale content　泥质含量　04.0255

shale-control agent　页岩抑制剂　12.0114

shale density method　页岩密度法　05.0452

shale indicator　泥质指示　04.0258

shale-prone facies　偏泥相　02.0914

shale shaker　钻井振动筛　11.0250

shaliness　泥质含量　04.0255

shallow anode ground bed　浅埋阳极[地床]　10.0368

shallow investigation laterolog　浅侧向测井　04.0121

shallow velocity structure　表层速度结构　03.0823

shallow water seismic　浅海地震勘探　09.0006

shallow-water toplap　浅水顶超　02.0851

shaly rock model　含泥质岩石模型　04.0253

shaly sand resistivity equation　泥质砂岩电阻率方程　04.0267

shaped charge　聚能射孔弹　04.0389

shaping filter　整形滤波器　03.0679

SHDT　地层学高分辨地层倾角测井仪　04.0227

shear degradation　剪切降解　12.0096

shear modulus of rock　[岩石]剪切模量　05.0131

shear rate　剪切率　01.0115

shear stability　剪切稳定性　12.0099

shear strength of rock　[岩石]抗剪强度　05.0135

shear stress　剪应力　02.0038

shear wave 横波，＊剪切波，＊S波 03.0311

shear wave splitting 横波分裂 03.0316

sheet drape facies 席状披盖相 02.0899

sheet drape seismic facies 席状披盖地震相 03.0907

sheet facies 席状相 02.0898

sheet seismic facies 席状地震相 03.0906

shelf margin system tract 陆架边缘体系域 02.0871

shell and tube type heat exchanger 管壳式换热器 07.0394

shield 地盾 02.0056

shielded electrode 屏蔽电极 04.0122

shingled configuration 叠瓦状结构 03.0897

shingled progradation configuration 叠瓦状前积结构 02.0883

ship abandonment 弃船 09.0882

shipboard gravimeter 船载重力仪 03.0073

ship-induced noise 船生噪声 09.0178

shoal 浅滩，＊沙洲 02.0260

shoal facies of platform margin 台地边缘浅滩相 02.0283

shoal rig 浅滩钻机 11.0012

shooting sequence 放炮序列 09.0071

shore protection 护岸 10.0482

short bent collar 短弯钻铤 05.0397

short normal 短电位 04.0094

short-range positioning system 近程定位系统 09.0102

short residence time cracking 短停留时间裂解 08.0033

short space 短源距 04.0061

short trip 短起下钻 05.0076

short turbodrill 短涡轮钻具 11.0557

short turning radius horizontal well 短曲率半径水平井 05.0326

shot blasting 喷丸 10.0307

shot density 射孔密度 04.0399

shot hole 炮井 03.0462

shot interval 炮间距 09.0052

shot point 炮点 03.0460

shot statics 炮点静校正量 03.0739

shoulder-bed correction 层厚校正 04.0135

shoulder-bed effect 邻层影响 04.0110

shoulder dressing tool 接头台肩修整工具 11.0698

shoulder refacing tool 接头台肩修整工具 11.0698

shrunk-on tool joint 烘装钻杆接头 11.0620

shutdown switch 关断开关 09.0881

shutdown valve 关断阀 09.0880

shut in 关井 05.0422

shut-in casing pressure 关井套管压力 05.0428

shuttle tanker 穿梭输油船 09.0677

SH wave 横向偏振横波，＊SH波 03.0312

SICP 关井套管压力 05.0428

sideboom 吊管机 10.0423

side drive drilling system 侧部驱动钻井系统 11.0034

side force 侧向力 05.0323

side-pocket mandrel 侧兜式工作筒 06.0872

siderite 菱铁矿 02.0369

side scattering 杂乱散射 03.0380

sideswipe out of plane reflection 侧反射 03.0840

sidetrack 侧钻 05.0071

sidetracked hole 侧钻井 05.0006

side tracking 侧钻 05.0071

sidewall core analysis 井壁岩心分析，＊侧壁岩心分析 06.0005

sidewall coring 井壁取心 04.0405

sidewall neutron log 井壁中子测井 04.0187

sieve analysis 筛析 06.0008

sieve-plate tower 筛板塔 07.0421

sieve-tray tower 筛板塔 07.0421

sight flow glass 观察窗 09.0811

sigmoid configuration S形结构 03.0896

sigmoid progradation configuration S形前积结构 02.0881

signal-generated noise 信号源致噪声 03.0389

signal simulator 测井信号模拟器 04.0328

signal to noise ratio 信噪比 03.0376

signature processing 震源信号处理 03.0695

signature record 子波记录 09.0049

sign-bit recording 符号位录制 03.0565

silica-alumina cracking catalyst 硅铝裂化催化剂 07.0264

silicon-containing surfactant 含硅表面活性剂 12.0035

silicone oil　硅油　07.0197

silicone resin　有机硅树脂　08.0311

silt index　粉砂指数　04.0257

siltstone　粉砂岩　02.0173

simple multiples　全程多次波　03.0368

simulated flow test of acid-rock reaction　酸－岩反应动态模拟试验　06.0780

simulated moving bed separator　模拟移动床分离器　08.0501

simultaneous solution method　联立解法　06.0343

single　单根　05.0072

single anchor leg mooring　单锚腿系泊　09.0509

single buoy mooring　单浮筒系泊　09.0507

single deck pontoon　单盘浮船　10.0451

single ended spread　单边排列　03.0503

single gun　单枪　09.0032

single joint　单根　05.0072

single-line subsurface safety valve　单线控制井下安全阀　09.0613

single-lobe motor　单瓣螺杆钻具　11.0571

single-mineral model　单矿物模型　04.0261

single-phase fluid flow　单相渗流　06.0195

single-phase liquid flow　单相液流　06.0582

single plug cement head　单塞水泥头　05.0539

single point mooring　单点系泊　09.0506

single point mooring terminal　单点系泊终端　09.0508

single ram type BOP　单闸板防喷器　11.0360

single rod string　单级抽油杆柱　06.0665

single screw extruder　单螺杆挤出机　08.0532

single shaft drawworks　单轴绞车　11.0085

single shaft inertia shaker　单轴惯性振动筛　11.0251

single stage liberation　接触分离，＊一次脱气　06.0163

single tubing wellhead　单油管采油井口　11.0392

single-user operation　单用户作业　09.0111

single well controlled reserves　单井控制储量　06.0355

single well oil production system　单井浮式采油系统　09.0672

single well satellite tree　单井卫星采油树　09.0686

single wing control head　单翼控制头　11.0600

sinistral rotation　左旋　02.0043

sinker bar　加重抽油杆　11.0434

sinking bar　加重抽油杆　11.0434

sink-point image method　汇点反映法　06.0217

sink-source image method　汇源反映法　06.0216

SIP technique　强隐式法　06.0347

sit-on bottom stability　坐底稳性　09.0644

sitostane　谷甾烷　02.0444

sitting on the sea bed　坐底　09.0641

skeleton of pore space　孔隙空间骨架　06.0063

skewness　扭曲度　03.0270

skew velocity　纠斜速度　03.0819

skid-mounted blender　橇装混砂机　11.0516

skid-mounted cementing pump　橇装水泥泵　11.0502

skid-mounted fracturing pump　橇装压裂泵　11.0494

skid-mounted rig　块装式钻机　11.0007

skid unit　海上测井拖橇　04.0309

skimmed oil pump　撇油泵　09.0747

skimmer　撇油器　09.0748

skimming　拔顶蒸馏　07.0026

skim tank　撇油罐，＊分油罐　10.0025

skin depth　趋肤深度　03.0261

skin effect　表皮效应　06.0293，传播效应，＊趋肤效应　04.0150

skin electric current tracing　集肤电伴热　10.0041

skin factor　表皮系数　06.0294

skirt pile　裙桩　09.0494

skirt plate　裙板　09.0493

sky wave interference　天波干扰　09.0123

slack flow　不满流　10.0181

slant hole　斜直井眼　05.0368

slant-hole drilling rig　斜井钻机　11.0017

slant range　倾斜距离　09.0170

slant stack　倾斜叠加　03.0755

sleeve gun　套筒气枪　09.0038

sleeve sampler　滑套取样器　11.0593

slicer　切片机　08.0534

slide rail oil　导轨油　07.0165

slide valve　滑阀　07.0437

slide wave　滑行波　04.0203

slim hole　小井眼　05.0007

slim hole drilling　小井眼钻井　05.0040

slingshot substructure　双升式底座，＊弹弓式底座　11.0147

slip　滑脱　06.0583

slip agent　滑爽剂　08.0458

slip-elevator　卡瓦式吊卡　11.0718

slip joint　滑动接头　11.0550

slippage effect　滑脱效应，＊克林肯贝格效应　06.0080，滑脱　06.0583

slippage velocity　滑脱速度　04.0375

slip ram preventer　卡瓦式闸板防喷器　11.0362

slips　卡瓦　11.0715

slip-type packer　卡瓦式封隔器　06.0906

slope　斜坡　02.0068

slope basin　斜坡盆地　02.0130

slope-distance rule　斜率截距法则，＊切线法　03.0203

slope fan　斜坡扇　02.0873

sloping faced breakwater　斜坡式防波堤　09.0537

slop tank　污油罐　09.0796

sloughing　坍塌，＊剥落　05.0212

sloughing hole sticking　地层坍塌卡钻　05.0608

slowness　慢度　03.0601，声波时差　04.0206

sludge　油泥　07.0360

sludge burning pump　污渣送烧泵　09.0855

sludge inhibitor　防淤渣剂　12.0167

sludge mixing mill　污渣磨碎机　09.0854

sludge mixing tank　污渣混合罐　09.0853

sludge preventive　防淤渣剂　12.0167

sludge pump　生活污渣泵　09.0852

slug catcher　段塞流捕集器　09.0575

slug flow　段塞流　06.0578

slump block　滑塌块体　02.0874

slump facies　滑塌相　02.0904

slump fan　滑塌扇　02.0875

slump seismic facies　滑塌地震相　03.0902

slurry-mud contamination　水泥浆－泥浆污染　05.0543

slurry oil　油浆　07.0021

slurry-phase reactor　浆液反应器　08.0473

slurry water content　水泥浆含水量　05.0510

slurry yield　水泥造浆量　05.0509

slush pump　钻井泵，＊泥浆泵　11.0201

smile [in migration]　偏移弧　03.0765

smoke detecting alarm system　烟雾探测报警系统　09.0958

smoke detector　烟雾探测器　09.0957

smoke point　烟点　07.0348

smoke signal　烟雾信号　09.1007

SMST　陆架边缘体系域　02.0871

S/N　信噪比　03.0376

Snell law　斯内尔定律　03.0303

snubbing service　不压井起下作业　06.0902

soap base grease　皂基润滑脂　07.0202

soap content in grease　润滑脂皂分　07.0371

sodium bentonite　钠膨润土　05.0218

sodium soap base grease　钠基润滑脂　07.0206

soft closing　软关井　05.0435

softener　软化剂　08.0426

softening agent　柔软剂　08.0441

softening point　软化点　07.0374

softening point tester of petroleum asphalt　石油沥青软化点测定仪　07.0475

soft formation　软地层　05.0123

soft formation with sticky layer　粘软地层　05.0122

soft magnetization　软磁化　03.0164

soft-to-medium formation　软－中地层　05.0124

soft yoke mooring system　柔性刚臂系泊系统　09.0515

soil corrosion　土壤腐蚀　10.0260

soil redox potential　土壤氧化还原电位　10.0357

soil resistivity　土壤电阻率　10.0356

soil salt survey　土壤盐测量　02.0828

soil water　土壤水　02.0648

solar wind　太阳风　03.0257

solenoid operated with manual reset valve　手动复位电磁阀　09.0828

solid bitumen　固体沥青　02.0293

solid concentration in annular space　环空岩屑浓度　05.0106

solid content　固相含量　05.0187

solid control　固相控制　05.0239

[solid] Earth tide　固体潮，＊陆潮　03.0064

solid-free heavy brine completion fluid　无固相重盐水完井液　05.0270

solid funnel for [guidelineless] reentry　[无导绳]重返井口加强喇叭口　09.0438

solid invasion　固相侵入　05.0257

solid phase　固相　02.0607

solid capacity　排屑垫　11.0263

solid control index　固控指数　11.0249

solid control system　固相控制系统，＊固控系统，＊泥浆净化系统　11.0246

solid separation capacity　排屑垫　11.0263

solubility factor　溶解系数　06.0146

solubilization　增溶作用　12.0230

solubilization parameter　增溶参数　12.0231

solubilizer　增溶剂　12.0232

solution gas drive　溶解气驱动　06.0364

solution gas in-place　溶解气储量　02.1042

solution gas-oil ratio　溶解气油比　06.0148

solution node　求解节点　06.0589

solution polymerization of ethylene　乙烯溶液法聚合　08.0114

solution polymerization of propylene　丙烯溶液法聚合　08.0117

solvent cutback rust preventing oil　溶剂稀释型防锈油　07.0190

solvent deasphalting　溶剂脱沥青　07.0054

solvent dewaxing　溶剂脱蜡　07.0048

solvent extraction　溶剂抽提，＊溶剂萃取　07.0039

solvent extraction tower　溶剂抽提塔　07.0416

solvent for extraction　抽提溶剂油　07.0135

solvent slug-flooding　溶剂段塞驱　06.1003

sonde　探头　04.0066，电极系　04.0092

sonic logging　声波测井　04.0201

sonic pump　振动泵　11.0471

sorting　选排，＊抽道集　03.0636

sounding hole　测深孔　09.0296

sounding pipe　测深管　09.0298

source　源　04.0065

γ-source　γ－源　04.0075

source array　震源组合　09.0042

source boat　震源艇　09.0015

source-generated noise　源致噪声　03.0388

source moment　场源矩　03.0288

source point　炮点　03.0460

source-receiver azimuth　炮检方位　03.0804

source-reservoir-caprock assemblage　生储盖组合　02.0585

source rock　烃源岩，＊生油气岩　02.0391

source rock index　生油指标　02.0398

source signature record　震源讯号记录　09.0048

source storage container　源室　04.0068

source wavelet　震源子波　03.0697

sour crude　含硫原油　01.0035

sour gas　酸气　01.0060

SOx reduction agent　脱[氧化]硫剂　07.0282

SOx transfer-catalyst　脱[氧化]硫剂　07.0282

SP　炮点　03.0460

spacer　隔离液　05.0505

spacer ring　隔环　09.0421

spacer template　间隔基盘　09.0498

spacing　源距　04.0060

span　间距　04.0064

spark arrestor　阻火器　10.0215

spatial aliasing　空间假频　03.0645

spatial filtering　空间滤波　03.0391

spatial frequency　波数　03.0361

SP baseline drift　自然电位基线漂移　04.0163

special core analysis　特殊岩心分析，＊专项岩心分析　06.0006

special tools for drilling and production　钻井采油专用工具　11.0704

specialty grease　特种润滑脂　07.0212

specialty synthetic fibre　特种合成纤维　08.0330

specification of drilling rig　钻机技术规范　11.0035

specific gas consumption　气体比耗量　06.0605

specific surface of rock　岩石比面　06.0046

specific volumetric fracture work of rock　[岩石]单位体积破坏功　05.0144

spectral analysis　波谱分析　02.0954

spectral decomposition　谱分解　03.0622

spectral flattening　谱拉平　03.0692

spectral whitening　谱白化　03.0691

spectrophotometry　分光光度法　02.1018

spectrum spread　频谱扩展　09.0177

sphere assembling by piecemeal　球罐散装法　10.0460

sphere sectional assembling　球罐带装法　10.0459

spherical divergence　球面发散　03.0423

spherical fluid flow　球形径向流　06.0198

spherically focused log　球形聚焦测井　04.0129

spherical spreading　球面扩散　09.0181

spherical spreading correction　球面扩展校正　03.0629

spherical tank　球形油罐　10.0207

spherical wave　球面波　03.0422

spheroidal tank　滴状油罐　10.0208

spiking deconvolution　脉冲反褶积　03.0681

spilled oil recovery　溢油回收　09.0996

spill point　溢出点　02.0725

spin density　自旋密度　02.0419

spindle oil　高速机械油，＊锭子油　07.0164

spindle turbodrill　支承节式涡轮钻具　11.0562

spine-and-ribs plot　脊肋图　04.0181

spin finish aid　纺丝助剂　08.0440

spining finish　纺丝油剂　08.0446

spinnability　可纺性　08.0365

spinner　旋扣器　11.0719

spiral drill collar　螺旋钻铤　11.0634

spiral tube heat exchanger　螺旋管换热器　08.0508

split spread　双边排列，＊中间放炮　03.0505

split spread with shot point gap　双边离开排列　03.0506

SPM　单点系泊　09.0506

spontaneous potential log　自然电位测井　04.0153

sporinite　孢子体　02.0348

sporopollen color determination　孢粉颜色测定　02.0997

sporopollen color index　孢粉颜色指数　02.0408

sporopollen identification　孢粉鉴定　02.0982

spot corrosion　点蚀　10.0263

spray column　喷淋塔　08.0489

spray dryer　喷雾干燥器　08.0524

spray guard　防喷罩　11.0356

spray up moulding　喷射成型法　10.0327

spread　[检波器]排列　03.0499

spread geometry　排列图形　09.0073

spread laying boat　放线艇　09.0017

spread mooring　多点系泊，＊辐射式系泊系统　09.0505

spread parameter　排列参数　09.0068

spring-loaded gas-lift valve　弹簧加压气举阀　11.0477

spring-type pressure bomb　弹簧式井下压力计　06.0954

SP shale baseline　自然电位泥岩基线　04.0162

spud　桩脚　09.0491

spud can　桩脚靴　09.0380

spudder　冲击钻机，＊顿钻钻机　11.0014

spud-in　开钻　05.0056

spuding　开钻　05.0056

spud mud　开钻钻井液　05.0178

spurt loss　初滤失量　06.0806

squalane　角鲨烷　02.0470

square drill collar　方钻铤　11.0633

square kelly　四方钻杆　11.0628

square sleeve gage　方钻杆套筒量规　11.0682

squeeze cementing　挤水泥　05.0465

squeezed anticline hydrocarbon reservoir　挤压背斜油气藏　02.0690

squeeze packer　挤水泥封隔器　09.0418

squeeze test　挤注试验　06.0862

squibbing　油层爆炸处理　06.0766

SRCA　生储盖组合　02.0585

SSC　硫化物应力开裂　10.0272

SSC valve　水下控制阀　09.0413

SS method　联立解法　06.0343

SSR cementing plug　水下释放塞　09.0415

SSR cementing system　水下释放塞注水泥系统　09.0414

SSSV　井下安全阀　09.0794

SSV　地面安全阀　09.0793

ST　层析地震成象　03.0599

stabbing board　扶正台　11.0162

stability against overturning　抗倾稳性　09.0645

stability against sliding　抗滑稳性　09.0646

stability column　稳定立柱　09.0492

stability margin　稳性储备，＊稳性裕量　09.0259

stabilizer　稳定塔　07.0413

stab-in cementing　插入式注水泥　05.0524

stab-in cementing collar　插入式注水泥接箍　05.0525

stab-in cementing shoe　插入式注水泥鞋　05.0526

stable foam　稳定泡沫　05.0171

stable production period 稳产年限，＊稳产期 06.0480

stacked section 叠加剖面 03.0408

stacking chart 叠加图 03.0407

[stacking] fold 叠加次数 03.0405

stacking velocity 叠加速度 03.0726

staggered line flooding 交错排状注水 06.0408

stand 立根 05.0074

standard density 标准密度 07.0326

standard logging 标准测井 04.0027

standard pipe prover 标准体积管 10.0039

standard viscosity liquid 标准粘度液 10.0057

standard volume 标准体积 07.0330

stand-by power station 备用电站 09.0840

stand-by pump 备用泵 10.0234

stand-by ship 值班船 09.0198

standing valve 固定阀，＊吸入阀 11.0454

stand-off 间隙器 04.0058，紧密距 11.0689

standpipe 立管 11.0199

standpipe pressure 立管压力 05.0304

statical stability lever 静稳性力臂 09.0245

static bottom hole pressure 井底静压 06.0458

static correction 静校正 03.0732

static dissipator additive 抗静电添加剂 07.0251

static electricity discharge 静电释放 09.0979

static electricity earth 静电接地 09.0989

static filtration 静滤失量 05.0180

static fluid loss test 静态滤失试验 06.0804

static liquid level 静液面 02.0652

static load rating of rotary 转盘额定静载荷 11.0180

static load rating of swivel 水龙头额定静载荷 11.0196

static polished rod load 悬点静载荷 06.0639

static pressure gradient 静压梯度 06.0451

statics 静校正量 03.0730

static shift 静态移动 03.0277

static spontaneous potential 静自然电位 04.0160

static test of acid-rock reaction 酸－岩反应静态试验 06.0779

stationary barrel rod pump 定筒杆式泵 11.0443

station network 岸台网络 09.0118

statistical method 统计法 02.1059

statistic deconvolution 统计性反褶积 03.0673

stator 定子 11.0567

statutory survey 法定检验 09.0227

steady compaction stage 稳定压实阶段 02.0617

steady state condensate 稳定凝析油 06.0161

steady state fluid flow through porous medium 稳定渗流，＊定常渗流 06.0185

steady state water invasion 定态水侵 06.0472

steady state well testing 稳定试井 06.0252

steam breakthrough area 蒸汽突破区 06.1035

steam channeling 蒸汽窜槽 06.1040

steam condensation front 蒸汽凝结前缘 06.1027

steam condensation rate 蒸汽凝结速率 06.1028

steam consumption rate 耗汽率 06.1043

steam distribution system 蒸汽分配系统 09.0792

steam drive 蒸汽驱 06.1024

steamed well 注蒸汽井，＊注汽井 06.1023

steam flood area 蒸汽驱面积 06.1029

steam flooding 蒸汽驱 06.1024

steam front 蒸汽前缘 06.1033

steam front stability 蒸汽前缘稳定性 06.1034

steam generator 蒸汽发生器 06.1046

steam generator for heavy oil recovery 稠油开采蒸汽发生器 11.0545

steam huff and puff 蒸汽吞吐 06.1031

steam injection 注蒸汽 06.1022

steam injection cycle 注蒸汽周期 06.1032

steam injection pressure 注汽压力 06.1030

steam injection profile 注汽剖面 04.0350

steam injection well 注蒸汽井，＊注汽井 06.1023

steam-oil ratio 汽油比 06.1045

steam paraffin vehicle 蒸汽清蜡车 11.0404

steam pressure 蒸汽压力 06.1042

steam process production technology 注汽采油工艺 06.1036

steam quality 蒸汽干度 06.1041

steam radiator 蒸汽散热器 09.0791

steam slug 蒸汽段塞 06.1025

steam soak 蒸汽吞吐 06.1031

steam turbine oil 汽轮机油，＊透平油 07.0193

steam zone 蒸汽带 06.1026

steel flow hose 活动管汇 11.0602

steel penetration skirt 钢质插入式裙板 09.0483

steel tooth bit 钢齿钻头 11.0316

steerable motor system 可控导向动力钻具系统 05.0408

steering error 导向误差 05.0369

steering tool 随钻测量仪，＊导向仪 05.0385

step distance 步长 04.0238

step length 步长 04.0238

step profile of invasion 台阶型侵入剖面 04.0035

step size 延拓步长 03.0783

sterane 甾烷 02.0441

sterane to hopane ratio 甾烷－藿烷比 02.0471

stereoisomer 立体异构体 02.0439

stereoisomerism 立体异构化 02.0438

stereomer 立体异构体 02.0439

steroid 甾类，＊甾族化合物 02.0440

sticking point 卡点 05.0610

sticking point instrument 测卡仪 05.0618

stick plot 杆状图 04.0242

stiff turbo-drill assembly 钢性涡轮钻具组合 05.0410

stigmastane 豆甾烷 02.0445

stimulation ratio 增产倍数，＊增产比 06.0817

stochastic reservoir modeling 随机性储层模拟 02.0842

Stokes formula 斯托克斯公式 06.0010

Stolt migration 斯托尔特偏移 03.0772

Stolt stretch factor 斯托尔特拉伸因子 03.0777

Stoneley wave 斯通莱波 03.0319

stopper 封堵器 10.0160

store space 堆料区 09.0395

storm draft 风暴吃水 09.0265

storm valve 风暴阀，＊防浪阀 09.0295

storm wave base 风暴浪基面，＊风暴浪底 02.0236

straight-hole turbodrill 直井涡轮钻具 11.0554

straight-line path 直线途径 09.0163

straight-line propagation 直线传播 09.0162

straight-run gasoline 直馏汽油 07.0109

stratified flow 分层流 10.0070

stratified hydrocarbon reservoir 层状油气藏 02.0714

stratigraphic correlation 地层对比 02.0807

stratigraphic deconvolution 地层反褶积 03.0694

stratigraphic high resolution dipmeter tool 地层学高分辨地层倾角测井仪 04.0227

stratigraphic hydrocarbon reservoir 地层油气藏 02.0702

stratigraphic onlap hydrocarbon reservoir 地层超覆油气藏 02.0703

stratigraphic unconformity reservoir 地层不整合油气藏 02.0704

stray current 游散电流 03.0253

stray current corrosion 杂散电流腐蚀 10.0275

streamer 地震[勘探]等浮电缆 09.0075

streamer balancing 等浮电缆平衡 09.0087

streamer fault locator 等浮电缆故障寻找器 09.0062

streamer image 等浮电缆图象 09.0090

streamer tracking system [等浮]电缆跟踪系统 09.0093

streamer winch 等浮电缆绞车 09.0080

streamlined pump 流线型抽油泵 06.0671

stream tube approach method 流管分析法 06.0251

strength retrogression 强度衰减 05.0491

strength test 强度试验 10.0391

stress corrosion 应力腐蚀 10.0270

stress corrosion cracking 应力腐蚀开裂 10.0271

stress cracks 应力开裂 08.0374

stress pattern 应力型式 02.0035

stress relief groove 钻铤卸荷槽 11.0640

strike-slip fault 走滑断层 02.0091

string stabilizer 钻柱稳定器 05.0404

stripper 汽提塔 07.0412

stripping 汽提 07.0034

stripping eductor 扫舱吸入器 09.0843

stripping pump 扫舱泵 09.0841

stripping tower 汽提塔 07.0412

strongly implicit procedure technique 强隐式法 06.0347

structural abnormal pressure formation 构造型异常高压层 05.0439

structural fracture 构造裂缝 02.0561

structural geological survey 构造地质测量 02.0749

structural geology 构造地质学 02.0019

structural hydrocarbon reservoir 构造油气藏 02.0688

structural lead 构造显示 03.0849

structural model 构造模式 02.0031

structural nose 构造鼻 02.0070

structural section 构造剖面 02.0751

structural shale 结构泥质 04.0052

structural style 构造样式, *构造风格 02.0032

structural unbalance 抽油机结构不平衡值 06.0632

structural viscosity 结构粘度 01.0124

structure 构造 02.0024

structure anomaly 构造异常 02.0973

stuck freeing soaking fluid 解卡浸泡液 05.0173

stuck point indicator 卡点指示器 04.0411

stylolite 缝合线 02.0564

styrene 苯乙烯 08.0230

styrene-butadiene rubber 丁苯橡胶 08.0312

styrene-butadiene-styrene block copolymer 苯乙烯 - 丁二烯 - 苯乙烯嵌段共聚物, *SBS 树脂 08.0275

styrene polymerization 苯乙烯聚合 08.0123

sub 接头 11.0616

subarray 子组合 09.0043

subduction 俯冲 02.0110

sublacustrine fan 湖底扇 02.0268

submarine fan 海底扇 02.0269

submerged coil condenser 水箱式冷凝器 07.0399

submergence 沉没度 06.0660

submersible electric centrifugal pump unit 电潜离心泵机组 11.0457

submersible electric motor 潜油电动机 11.0459

submersible pump 潜水泵 09.0367

submersible rig 坐底式钻井平台, *坐底式钻井船 09.0190

subnormal pressure 异常低压 02.0666

subparallel configuration 亚平行结构 02.0889

subpressure 异常低压 02.0666

subsea atmospheric station 水下常压工作站 09.0630

subsea blowout preventer control pod 水下防喷器控制盒 09.0355

subsea cementing equipment 水下固井设备 09.0420

subsea christmas tree assembly 水下采油树总成 09.0684

subsea completion 水下完井 09.0431

subsea completion system 水下完井系统 09.0432

subsea control valve 水下控制阀 09.0413

subsea flowline 水下出油管线 09.0594

subsea pipeline 海底管线 09.0621

subsea production system 水下生产系统 09.0617

subsea release cementing plug 水下释放塞 09.0415

subsea release cementing system 水下释放塞注水泥系统 09.0414

subsea satellite well 水下卫星井 09.0628

subsea television system 水下电视系统 09.0305

subsea template 水下基盘 09.0308

subsea wellhead 水下井口 09.0629

subsea well tie-back system 水下井口回接系统 09.0699

subsequence 亚层序 02.0862

subsiding center 沉降中心 02.0189

substitute 接头 11.0616

substrate 基底 10.0299

sub-structure 下部结构 09.0475

substructure height 底座高度 11.0051

subsurface geology 地下地质 02.0776

subsurface instrument 测井下井仪 04.0014

subsurface progressing cavity pump 井下螺杆泵 06.0710

subsurface safety valve 井下安全阀 09.0794

subtidal zone 潮下带 02.0258

subtle trap 隐蔽圈闭 02.0676

successive overrelaxation 逐次超松弛法, *线松弛法 06.0330

sucker rod 抽油杆 11.0432

sucker rod coupling 抽油杆接箍 11.0433

sucker rod pump 有杆泵 06.0668

sucker rod string 抽油杆柱 06.0664

sucker rod tightening torque 抽油杆旋紧扭矩 06.0666

suction dampener 吸入空气包 11.0244

suction desurger 吸入空气包 11.0244

suction filter 吸入口滤器 09.0850

suction pressure 吸入压力 11.0233

suker rod pumping equipment 有杆抽油装置 11.0409

sulfate surfactant 硫酸酯盐型表面活性剂 12.0008

sulfide stress cracking 硫化物应力开裂 10.0272

sulfolane extraction 环丁砜抽提 07.0042

sulfomethylated humic acid 磺甲基腐殖酸 12.0056

sulfomethylated phenolic resin 磺甲基酚醛树脂 12.0070

sulfomethylation 磺甲基化 12.0092

sulfonated cobalt phthalocyanine sweetening 磺化钛钒钴脱硫醇 07.0101

sulfonate surfactant 磺酸盐型表面活性剂 12.0005

sulfonating agent 磺化剂 12.0091

sulfur-bearing crude 含硫原油 01.0035

sulfur capacity 硫容量 10.0092

sulfur compound 含硫化合物 01.0078

sulfur conversion rate 硫磺转化率 10.0093

sulfuric acid alkylation 硫酸烷基化 07.0075

sulfur moulding 硫磺成型 10.0095

sulfur recovery rate 硫磺回收率 10.0094

super-capillary interstice 超毛细管空隙 02.0566

super compressibility 天然气偏差系数, *压缩因子 06.0141

superconductive magnetometer 超导磁力仪 03.0185

supercritical solvent extraction 超临界溶剂抽提 07.0040

superficial velocity 表观流速 06.0586

super-long array 超长组合 09.0045

super seal floating shoe 高密封浮鞋 09.0416

supersequence 超层序 02.0860

supervisory control and data aquisition system 监控和数据采集系统 10.0132

super-wide array 超宽组合 09.0046

supply boundary 供给边界 06.0238

supply ship 供应船 09.0199

supporting pole 撑杆 11.0154

support-type packer 支撑式封隔器 06.0905

suppressor 压制器 03.0523

supratidal zone 潮上带 02.0256

surface active agent 表面活性剂 12.0002

surface blowout preventer stack 水上防喷器组 09.0352

surface bumper jar 地面下击器 05.0616

surface casing 表层套管 05.0462

surface-consistent deconvolution 地表一致性反褶积 03.0687

surface-consistent residual statics 地表一致性剩余静校正值 03.0736

surface dynamometer card 地面示功图, *光杆示功图 06.0683

surface equipment 地面设备 04.0016

surface equipment for drill stem test 钻杆测试地面设备 11.0598

surface failure of rock [岩石]表面破碎 05.0141

surface hodograph 时距曲面 03.0341

surface location survey [地表]位置测量 03.0042

surface paint 面漆 10.0313

surface polarization 面极化 03.0242

surface preparation 表面预处理 10.0302

surface safety valve 地面安全阀 09.0793

surface wave 面波 03.0309

surfactant 表面活性剂 12.0002

surfactant flooding 活性剂驱 06.0986

surfactant system 表面活性剂体系 12.0223

surfactant-type anti-scaling agent 表面活性剂型防垢剂 12.0213

surfactant-type paraffin inhibitor 表面活性剂型防蜡剂 12.0139

surge 纵荡 09.0254, 水击 10.0122

surge pressure 激动压力 05.0427

surge pressure wave 水击压力波 10.0123

surge tank 缓冲罐, *中间罐 07.0426, 水击泄压罐 10.0127

surging pressure 激动压力 05.0427

surplus drilling fluid 剩余钻井液 09.0997

survey grid 测网 03.0011

survival belt 救生带 09.1009

survival conditions 生存条件 09.0210

survival state 生存状态 09.0209

suspended solid 悬浮物 06.0718

suspension pipeline bridge 悬索管桥 10.0167

suspension polymerization of VC 氯乙烯悬浮聚合 08.0119

suspension polymerizer 悬浮聚合釜 08.0486

suspension wire magnetometer 悬丝式磁力仪 03.0187

SV wave 纵向偏振横波，＊SV波 03.0313

swabbing 抽汲 06.0926

swabbing pressure 抽汲压力 05.0426

swamp facies 沼泽相 02.0221

swamp seismic 沼泽地震勘探 09.0009

swath shooting method 束线法 03.0610

S wave 横波，＊剪切波，＊S波 03.0311

sway 横荡 09.0255

sweating 发汗 07.0046

sweep efficiency 波及系数，＊驱扫效率 06.0977

sweeping period 扫描时间 03.0572

sweetening 脱臭 07.0100

sweet gas 净气，＊甜气 01.0061

swell 凸起 02.0064

swept area 水淹区 06.0504，波及面积，＊扫油面积 06.0514

swept layer 水淹层 06.0509

swing up substructure 旋升式底座 11.0146

switchgear & MCC module 开关柜与电机控制中心模块 09.0558

switch-off potential 断电电位 10.0355

switch oil 开关油 07.0188

swivel 水龙头 11.0185

swivel assembly 旋转头总成 09.0582

swivel joint 旋转接头 11.0308

swivel shear sub 旋转头剪切短节 06.0869

swivel stem 水龙头中心管 11.0193

swivel sub 水龙头接头 11.0194

SWOPS 单井浮式采油系统 09.0672

sym-trimethyl benzene 均三甲苯 08.0258

synchronized signal 同步信号 09.0053

synchronous migration 同期运移 02.0598

synclinal hydrocarbon reservoir 向斜油气藏 02.0695

syncline 向斜 02.0072

syngas 合成气 08.0008

syngenesis 同生作用 02.0167

syngenetic SRCA 同生式生储盖组合，＊自生自储式生储盖组合 02.0588

synsedimentary fault 同生断层 02.0084

synthesis gas 合成气 08.0008

synthetic acoustic impedance section 合成声波测井，＊合成声阻抗剖面 03.0626

synthetic crude 合成原油 01.0039

synthetic hydraulic fluid 合成液压液 07.0169

synthetic latex 合成胶乳 08.0322

synthetic lubricating oil 合成润滑油 07.0136

synthetic polymer 合成聚合物 12.0058

synthetic rubber 合成橡胶 08.0321

synthetic seismogram 合成地震记录 03.0412

synthetic sonic log 合成声波测井，＊合成声阻抗剖面 03.0626

synthetic surfactant 合成表面活性剂 12.0034

syphon inclinometer 虹吸测斜仪 05.0389

systematic approach of resource appraisal 资源评价系统方法 02.1076

systematic well testing 系统试井 06.0253

systems tract 沉积体系域 03.0911

system tract 体系域 02.0867

T

table opening 转盘开口直径 11.0048

tabulated reserves 表内储量 02.1046

TAD 双程延迟时间 09.0159

tadpole plot 倾角矢量图 04.0239

TAI 热变指数 02.0409

tail buoy 尾标 09.0092

tandem deck shaker 双层振动筛 11.0255

tandem loading system 串靠装油系统 09.0535

tandem mass spectrometry 串联质谱法 02.1011

tandem mooring 串靠系泊 09.0836

tandem pumps 串联泵 06.0672

tangential method 正切法 05.0320

tank and loading shutdown panel 储罐－外输关断盘 09.0877

tank reactor 釜式反应器 08.0472

tape drive 磁带机 03.0560

tapered mobility buffer 级次流度缓冲带 06.0980

tapered rod string 多级抽油杆柱, *组合抽油杆柱 06.0667

taper gage 锥度规 11.0684

taper tap 公锥 05.0597

tape transport 磁带机 03.0560

taphrogeny 地裂运动 02.0105

tare 掉格 03.0084

target area 靶区 05.0344

target center 靶心 05.0343

target point 靶点 05.0342

target stratum 目的层 02.0797

tar sand 沥青砂, *重油砂, *焦油砂 02.0771

TDEM 时间域测深 03.0287

tear 掉格 03.0084

tearing strength by falling pendulum apparatus 落锤法撕破强力试验方法 08.0355

tearing strength by tongue method 单舌法撕破强力试验方法 08.0353

tearing strength by trapezoid method 梯形法撕破强力试验方法 08.0354

tear strength 撕裂强度 08.0352

technical casing 中间套管 05.0463

tectonic cycle 构造旋回 02.0049

tectonic force 构造作用力 02.0662

tectonic framework 构造格架 02.0034

tectonic type 构造类型 02.0033

tectonic unit 构造单元 02.0050

tectonism 构造作用 02.0025

teledynamometer 远传示功仪 06.0966

telemetric seismic instrument 遥测地震仪 03.0562

telescopic arm 伸缩臂 09.0299

telescopic conductor 伸缩隔水导管 09.0301

telescopic joint 伸缩接头 09.0328

telescoping mast 伸缩式井架 11.0137

telescoping pipeline 变径管 10.0142

telinite 结构镜质体 02.0353

tell-tale screen 信号筛管 06.0868

telluric current method 大地电流法 03.0251

telomer 调聚剂 08.0459

TE mode TE 视电阻率曲线 03.0274

temperature field 温度场 10.0186

temperature in 入口温度 05.0295

temperature indicator 温度显示器 05.0290

temperature logging 温度测井 04.0356

temperature out 出口温度 05.0296

temperature stability agent 温度稳定剂 12.0116

temper bead 回火焊道 10.0458

tempering oil 回火油 07.0199

template 基盘 09.0307

template leveling system 基盘调平系统 09.0313

template leveling tool 基盘调平工具 09.0314

temporal resolution 时间分辨率 03.0418

temporary blocking agent 暂堵剂 12.0170

temporary guide base 临时导向基盘 09.0337

temporary guide structure 临时导向架 09.0335

tensile strength of rock [岩石]抗拉强度 05.0132

tensile stress 张应力 02.0037

tensioned riser 张紧[隔水]立管 09.0320

tensioner [缆绳]张紧器 09.0531

tension leg platform 张力腿平台 09.0471

tensor impedance 张量阻抗 03.0264

terephthalic acid 对苯二甲酸 08.0254

termination agent 终止剂 08.0449

terpane 萜烷 02.0452

terpenoid 萜类, *萜族化合物 02.0451

terrace 阶地 02.0069

terrain correction 地形校正 03.0093

terrestrial heat 地热 02.0668

terrestrial heat field 地热田 02.0669

terrestrial heat flow value 大地热流值 02.0671

terrestrial magnetism 地磁[学] 03.0123

tert-butyl alcohol 叔丁醇 08.0203

tertiary oil recovery 三次采油 06.0975

tesla 特[斯拉] 03.0150

test crude header 原油计量总管 09.0764

test crude heater 原油计量加热器 09.0765

testing for oil 试油 02.0794

test pile 测试桩 10.0353

test pit 刻度井 04.0082

test ring 检验环 11.0699

test separator 计量分离器 10.0015

test separator shutdown panel 计量分离器关断盘 09.0878

test string 测试管柱 11.0584

test valve 测试阀 11.0589

test well 试验井 05.0028

tetracyclic terpane 四环萜烷 02.0454

tetraglycol extraction 四乙二醇醚抽提 07.0043

tetrahydrofuran 四氢呋喃 08.0163

textile auxiliary 纺织助剂 08.0438

textural water 结构水 02.0627

TFL loop [井下工具可]通过型出油管回路 09.0624

TGB 临时导向基盘 09.0337

TGS 临时导向架 09.0335

theoretical displacement of pump 泵理论排量 06.0655

theoretical dynamometer card 理论示功图 06.0682

thermal alteration index 热变指数 02.0409

thermal cement 高温水泥 05.0484

thermal conductivity of rock 岩石热导率 02.0670

thermal cracking 热裂化 07.0055

thermal decay time log 热中子衰减时间测井 04.0194

thermal degradation 热降解 12.0095

thermal drive 热力驱油 06.1013

thermal drive reservoir simulator 热采模拟器 06.0349

thermal-energy oil ratio 能油比 06.1044

thermal flooding 热力驱油 06.1013

thermal neutron log 热中子测井 04.0183

thermal oxidation stability 热氧化安定性 07.0286

thermal process 热采方法 06.1012

thermal production well 热采井 06.1049

thermal recovery 热力采油 06.1011

thermal recovery equipment 热采设备 11.0544

thermal recovery packer 热采封隔器 06.1039

thermal simulating test 热模拟试验 02.1026

thermal slug process 热段塞驱 06.1014

thermal stability 热稳定性 12.0098

thermal stabilizer 热稳定剂 08.0406

thermal stimulation 热力增产措施 06.1047

thermo-catalytic oil-gas-genous stage 热催化生油气阶段 02.0379

thermo-cracking condensate-genous stage 热裂解生凝析气阶段 02.0380

thermoplastic elastomer 热塑性弹性体 08.0294

thermoset extrusion 热挤塑法 10.0325

the universal constant [万有]引力常量 03.0052

the working regime of drilling pump 钻井泵工作状态 05.0104

thickener 稠化剂 12.0218

thin bed 薄层 02.0934

thin bed technique 薄层技术 04.0077

thin film spreading agent 薄膜扩展剂 12.0244

thin interbed 薄互层 04.0078

thin layer tuning 薄层调谐 03.0860

thin magnetic layer 磁性薄层 03.0199

thinner for drilling fluid 钻井液降粘剂 12.0109

thixotropic fluid 触变性流体 01.0109

thread alternating 错扣 05.0592

thread compound 螺纹脂, * 丝扣油 11.0700

thread-contour microscope 螺纹轮廓显微镜 11.0695

thread gage 螺纹规 11.0683

thread gluing 粘扣 05.0595

thread-height gage [螺纹]牙高量表 11.0693

thread lock 丝扣粘结剂 09.0430

thread off 脱扣 05.0594

thread protector 护丝 11.0662

thread slipping 滑扣 05.0596

three component geophone 三分量检波器 03.0494

three-dimensional bottomhole assembly model 井底钻具组合三维模式 05.0332

three dimensional design of directional well 定向井三维设计 05.0331

three-dimensional fluid flow 三维渗流 06.0200

three-layer model 三层模型 03.0233

three-phase fluid flow 三相渗流 06.0222

three phase separator 三相分离器 09.0767

three range fix 三距交汇 09.0126

threshold [capillary] pressure [毛细管]阈压, * 毛细管压力界限值 06.0116

threshold of oil generation 生油门限 02.0385

throat 喉道 02.0578, 喉管 06.0700

throttle nozzle 节流喷嘴 11.0386

throttle valve 节流阀 11.0387

throttling refrigeration 节流致冷 10.0064

through annular space log 环空测井 04.0354

through flowline loop [井下工具可]通过型出油管

回路 09.0624

through-tubing caliper 过油管井径仪 04.0362

through-tubing perforating 过油管射孔 04.0393

throwing index 抛掷指数 11.0260

thrust 冲断层 02.0087

"Thumper" 重锤 03.0471

"tian jing" gum 田菁胶 12.0053

tidal channel 潮汐通道 02.0254

tidal correction 潮汐校正 03.0087

tidal delta 潮汐三角洲 02.0255

tidal effect 潮汐效应 03.0085

tidal flat 潮滩，＊潮坪 02.0253

tidal zone seismic 潮汐带地震勘探 09.0011

tide-thrust 潮差 09.0058

tie-back adapter 回接变径接头 09.0703

tie-back casing 回接套管 05.0530

tie back casing hanger 回接套管挂 09.0704

tie-back liner 尾管回接 05.0523

tie-back stub liner 回接短尾管 05.0532

tie-back tool 回接工具 09.0702

tie-back tool inner sleeve 回接工具内套筒 09 0705

tie-back tool outer sleeve 回接工具外套筒 09.0706

tie-in 碰固定口 10.0408

tie line 联络测线 03.0453

tight flow 满管流动 10.0182

tight line oil and gas gathering process 密闭油气收集工艺 10.0005

tight line process 密闭输送流程 10.0116

tilted rig 斜井钻机 11.0017

time average equation 时间平均公式 03.0447

time break 爆炸信号，＊时断信号 03.0511

time-distance curve 时距曲线 03.0340

time domain 时[间]域 03.0021

time domain IP 时[间]域激发极化法 03.0245

time domain sounding 时间域测深 03.0287

time-equivalent distance 等时距离 09.0160

time-lapse logging 时间推移测井 04.0386

time section 时间剖面 03.0763

time slice 时间切片 03.0886

times of vibration 震次 03.0574

time-temperature index 时间－温度指数 02.0405

time to depth conversion 时深转换 03.0848

time variable filtering 时变滤波 03.0657

time-variant filtering 时变滤波 03.0657

time-varying static correction 时变静校正 03.0737

timing line 计时线 03.0515

Timken test machine 蒂姆肯试验机 07.0471

tipper 倾子 03.0269

TLP 张力腿平台 09.0471

TLSDP 储罐－外输关断盘 09.0877

TM mode TM 视电阻率曲线 03.0275

toluene 甲苯 08.0244

toluene dealkylation 甲苯脱烷基 08.0053

toluene disproportionation 甲苯歧化 08.0088

toluene disproportionation catalyst 甲苯歧化催化剂 08.0395

toluene oxidation 甲苯氧化 08.0071

tongs 大钳 11.0705

tongued advance 舌进 06.0211

tonguing 舌进 06.0211

toolface azimuth 工具面角 05.0360，工具面方位，＊装置角 05.0361

toolface orientation 工具面方位，＊装置角 05.0361

toolface setting 工具面方位，＊装置角 05.0361

tool factor 仪器常数 04.0055

tool interface system 仪器接口 04.0329

tool joint 钻杆接头 11.0617

tool joint box 内螺纹钻杆接头，＊母接头 11.0626

tool joint pin 外螺纹钻杆接头，＊公接头 11.0625

tool joint thread 钻杆接头螺纹 11.0665

tool string 下井仪器串 04.0071

tooth wear coefficient 牙齿磨损系数 05.0117

top coat 面漆 10.0313

top drive drilling system 顶部驱动钻井系统 11.0027

top jar 上击器 05.0615

top kill method 顶部压井法 05.0421

toplap 顶超 02.0850

topographic correction 地形校正 03.0093

topology of pore structure 孔隙网络拓扑结构 06.0054

topped crude 拔头原油 01.0036

topping 拔顶蒸馏 07.0026

top plug 上胶塞 05.0517

tops 拔头馏分 07.0012

topside facility 平台上部设施 09.0568

topside structure 上部结构 09.0539

top square [井架]上底尺寸 11.0168

torque curve 扭矩曲线 06.0636

torque factor 扭矩因数 06.0637

torque-set packoff 扭矩锁定封隔器 09.0436

torsion balance 扭秤 03.0078

tortuosity 迂曲度 06.0068

total compressibility of rock 岩石总压缩系数 06.0045

total conductance 纵电导，*总电导 03.0238

total efficiency of the pumping system 抽油装置总效率 06.0653

total fluid loss coefficient 总滤失系数 06.0807

total head 总水头，*水势 02.0637

total hydrocarbon 总烃 02.0312

total injection volume 注入孔隙体积，*注入倍数 06.0526

total magnetic intensity 总地磁强度 03.0193

total porosity 总孔隙度，*绝对孔隙度 02.0570

total reservoir pressure drop [油藏]总压降 06.0459

total weight 悬重 05.0053

tow 拖航 09.0652

tower reactor 塔式反应器 08.0476

towing/anchor handling/supply vessel 三用工作船 09.0455

towing arrangement 拖航配置 09.0269

towing conditions 拖航条件 09.0268

towing force 拖力 09.0271

towing hawser 拖缆 09.0273

towing meter 拖力计 09.0837

towing state 拖航状态 09.0267

towing vessel 拖轮 09.0200

tracer 示踪剂 12.0259

tracer flow survey 示踪流量测井 04.0372

tracer for gas 气体示踪剂 12.0260

tracer for liquid 液体示踪剂 12.0261

tracing of horizons 层位追踪 03.0833

track-slip type packer 轨道式卡瓦封隔器 06.0913

tractor hoist 通井机 11.0536

trailer mounted rig 拖车式钻机 11.0006

transfer pump 输液泵 11.0506

transfer station 接转站 10.0019

transformation ratio 转化率，*生烃率 02.0420

transform boundary 转换边界 02.0115

transformer oil 变压器油 07.0184

transform fault 转换断层 02.0092

transform of parameter 参数转换 04.0294

transgranular corrosion 穿晶腐蚀 10.0269

transgressive system tract 海进体系域 02.0869

transient electromagnetic method 瞬变场电磁法，*建场法 03.0284

transient flow 瞬变流 10.0161

transient magnetic field 瞬变磁场 03.0290

transient well test 不稳定试井 06.0267

transit calibration 基线校正 09.0130

transit condition 移航条件 09.0212

transit criteria 移航条件 09.0212

transit draft 移位吃水 09.0264

transitional wettability 过渡润湿性 06.0089

transitional zone seismic 过渡带地震勘探 09.0010

transition-crust type basin 过渡壳型盆地 02.0150

transition facies 过渡相 02.0237

transition flow 过渡流 06.0579

transition profile of invasion 过渡型侵入剖面 04.0036

transition zone 过渡带 04.0029

transit state 移航状态 09.0211

transmissibility 流动系数 06.0301

transmission coefficient 透射系数 03.0351

transmission loss 透射损耗 03.0425

transmission shaft 传动轴 11.0112

transmitter coil 发射线圈 04.0143

transmitter dipole strength 激发偶极子强度 03.0279

transportation fuel 运输燃料 07.0107

transport fuel 运输燃料 07.0107

transposed method 互换位置法 03.0510

transpression 压扭作用，*压剪 02.0041

transpressional basin 扭压盆地 02.0147

transtension 张扭作用，*张剪 02.0042

transtensional basin 扭张盆地 02.0146

transverse electrical mode TE 视电阻率曲线 03.0274

transversely isotropic 横向同性 03.0029

transverse magnetic mode TM 视电阻率曲线 03.0275

transverse resistance 横向电阻 03.0230

transverse resistivity 横向电阻率 03.0223

transverse wave 横波，＊剪切波，＊S 波 03.0311

trap 圈闭 02.0674

trap assessment 圈闭评价 02.1071

trap discovery ratio 圈闭发现率 02.0810

trap exploration success ratio 圈闭勘探成功率 02.0815

trap volume 圈闭容积 02.0722

trap volume method 圈闭体积法 02.1063

travelling barrel rod pump 动筒杆式泵 11.0444

travelling block 游动滑车 11.0120

travelling valve 游动阀，＊排出阀 11.0453

travel time tomography 旅行时层析成象，＊走时层析成象 03.0600

treated water tank 净化水罐 09.0763

treating agent for natural gas purification 天然气净化处理剂 12.0281

tree cap 采油树帽 09.0696

tree control system 采油树控制系统 09.0692

tree guide frame 采油树导向架 09.0693

tree guide funnel 采油树导向喇叭口 09.0694

tree-protector 井口保护器 11.0532

trench 海沟 02.0123

trench-arc-basin system 沟弧盆系 02.0124

trend-pass filtering 方向滤波 03.0201

triaxial test of rock [岩石]三轴强度试验 05.0136

1,1,1-trichloroethane 三氯乙烷 08.0152

trichloroethylene 三氯乙烯 08.0156

trichromatic theory of vision 视觉三色原理 02.0964

trickle bed reactor 滴流床反应器 08.0469

tricyclic terpane 三环萜烷 02.0453

tri-electrode sounding 三电极测深 03.0215

triethylene glycol 三乙二醇 08.0137

trim 纵倾 09.0250

trim by the bow 艏倾 09.0248

trim by the stern 艉倾 09.0247

trimellitic anhydride 偏苯三[甲]酸酐 08.0259

1,2,3-trimethylbenzene 偏三甲苯 08.0257

1,3,5-trimethylbenzene 均三甲苯 08.0258

trimethyl benzene oxidation 三甲苯氧化 08.0076

trioctyl trimellitate 偏苯三[甲]酸三辛酯 08.0260

trip 起下钻 05.0075

trip kick 起下钻井涌 05.0416

triplex single action pump 三缸单作用泵 11.0205

trip mud tank 起下钻泥浆罐 09.0302

trisponder 三应答器 09.0141

triterpene 三萜 02.0474

tropospheric scatter 对流层散射 09.0171

trouble-free disconnect 无故障解脱 09.0439

trouble shooting 故障查寻 09.0069

truck mounted rig 车装式钻机，＊自行式钻机 11.0005

truck mounted substructure 车装式底座 11.0148

truck mounted workover rig 自行式修井机 11.0539

truck tank 汽车罐车 10.0227

true-amplitude preservation 真振幅保持 03.0754

true boiling point curve 实沸点蒸馏曲线 07.0313

true contact angle 真接触角 06.0092

true density 真密度 07.0327

true formation resistivity 地层真电阻率 04.0101

true velocity 真速度 03.0442

true vertical depth 实际垂直深度 05.0358

truncation 削截，＊削蚀 02.0857

TSSP 计量分离器关断盘 09.0878

TST 海进体系域 02.0869

TTI 时间－温度指数 02.0405

tube wave 井筒波 03.0588

tubing 油管 11.0647

tubing anchor 油管锚 11.0737

tubing conveyed perforation 无电缆射孔，＊油管传送射孔 04.0402

tubing coupling 油管接箍 11.0658

tubing fishing operation 油管打捞作业 06.0932

tubing hanger 油管悬挂器 11.0396

tubing hanger alignment slot 油管挂定位槽 09.0709

tubing head 油管头 11.0395

tubingless sucker rod pump　无管抽油泵　11.0447

tubing plug　油管堵塞器　06.0903

tubing pressure　油管压力，＊油压　06.0571

tubing-pressure gas-lift valve　油管压力气举阀　11.0480

tubing pump　管式泵　11.0441

tubing round thread　油管［圆］螺纹　11.0671

tubing socket　油管打捞筒　06.0930

tubing spear　油管打捞矛　06.0931

tubing spider　油管卡盘　11.0734

tubing string　油管柱　06.0567

tubing tongs　油管钳　11.0735

tubular heater　管式加热炉　07.0383

tubular joint　管状接头　09.0487

tubular reactor　管式反应器　07.0431

tug boat　拖轮　09.0200

tuning thickness　调谐厚度　02.0935

turbidite　浊积岩　02.0266

turbidite facies　浊积岩相　02.0267

turbidity current　浊流　02.0265

turbine meter　涡轮流量计　10.0033

turbine oil　汽轮机油，＊透平油　07.0193

turbine pump　涡轮泵　11.0470

turbine section　涡轮节　11.0566

turbine stage　涡轮级　11.0560

turbine type agitator　涡轮式搅拌器　08.0506

turbodrill　涡轮钻具　11.0553

turbodrilling　涡轮钻井　05.0035

turbodrill with floating rotors　浮动转子涡轮钻具　11.0564

turbodrill with floating stators　浮动定子涡轮钻具　11.0563

turbo-eccentric sub　涡轮偏心短节　05.0400

turbo-expander　透平膨胀机　10.0068

turbo-pump　涡轮泵　11.0470

turbulent flow　湍流　01.0099

turbulent-flow equation [for gas well]　二项式流动方程，＊二项式方程　06.0259

turn-around delay　双程延迟时间　09.0159

Turner type pore structure　旋转性孔隙结构，＊特纳型孔隙结构　06.0060

turning arm　旋转臂　09.0583

turning point stake　转角桩　10.0397

turning-up-installing wellhead　翻转法抢装井口　05.0457

turnover coefficient　周转系数　10.0198

turret mooring system　转塔式系泊系统　09.0516

TVD　实际垂直深度　05.0358

twist angle　反转角　05.0374

two blade bit　两翼刮刀钻头，＊鱼尾钻头　11.0329

two-cycle engine oil　二冲程内燃机油　07.0158

two-dimensional and two-phase fluid flow　二维两相渗流　06.0201

two-dimensional fluid flow　二维渗流　06.0199

two-pass 3D migration　两步法三维偏移　03.0811

two-phase fluid flow　两相渗流　06.0219

two-phase formation volume factor　两相体积系数　06.0174

two-rate well testing　两流量试井　06.0282

two-sided operator　双边算子　03.0705

two-stage cementing　双级注水泥　05.0467

two-stage compression pump　二级压缩泵　06.0670

two-step gas lift method　两步气举法　06.0616

two-way time　双程旅行时　03.0437

TWT　双程旅行时　03.0437

type-curve for well test interpretation　试井解释图版　06.0303

type-curve matching method　样板曲线拟合法，＊典型曲线拟合　06.0304

Ⅰ-type kerogen　腐泥型干酪根，＊Ⅰ型干酪根　02.0343

Ⅱ-type kerogen　混合型干酪根，＊Ⅱ型干酪根　02.0344

Ⅲ-type kerogen　腐殖型干酪根，＊Ⅲ型干酪根　02.0345

U

ulsane　乌散烷　02.0463

ultimate recovery　最终采收率　06.0972

ultradeep well　超深井　05.0027

ultrahigh voltage transformer oil　超高压变压器油

07.0185

ultralong-spaced electric log 超长电极距测井
04.0114

ultralow density polyethylene 超低密度聚乙烯
08.0268

ultralow interfacial tension 超低界面张力 12.0236

ultra-selective cracking 超选择性裂解 08.0032

ultrashort turning-radius horizontal well 超短曲率
半径水平井 05.0325

ultrasonic imager 超声波成象仪 04.0213

ultrasonic viscometer 超声波粘度计 10.0054

ultrastable Y-type zeolite 超稳 Y 型沸石 07.0268

ultraviolet detector 紫外线探测器 09.0959

ultraviolet-visible spectrometry 紫外可见光谱法
02.1013

umbilical line 集成管束 09.0601

unbalanced drill collar 偏重钻铤 11.0637

uncased hole 裸眼井 05.0005

unconcordance 不整一 02.0847

unconformity 不整合 02.0101

uncontact caliper 非接触式井径仪 04.0363

unconventional gas 非常规气 02.0507

unconventional petroleum resources 非常规油气资源
02.1028

underbalanced perforation 负压射孔 04.0403

undercompaction shale 欠压实页岩 02.0620

underground blowout 地下井喷 05.0431

underground combustion 火烧油层，＊火驱
06.1015

underground gas storage 地下储气库 10.0113

underground water-sealed oil storage in rock caverns
地下水封石洞油库 10.0469

undermigration 偏移不足 03.0794

underpressure protection 欠压保护 10.0125

underream 套管下扩眼 05.0068

undersampling 采样不足 03.0646

underthrust 下冲断层 02.0089

underwater adhesion 水下粘合 09.0658

underwater blowout preventer stack 水下防喷器组
09.0357

underwater completion 水下完井 09.0431

underwater concreting 水下混凝土浇注 09.0657

underwater crossing 水下穿越 10.0169

underwater cut 水下切割 09.0659

underwater inspection 水下检查 09.0664

underwater installing 水下安装 09.0662

underwater manifold center 水下管汇中心
09.0581

underwater mating 水下对接 09.0660

underwater mooring device 水下系泊装置
09.0518

underwater oil storage tank 水下储油罐 09.0536

underwater pile driver 水下打桩机 09.0663

underwater pipeline dragging method 水底拖管法
10.0440

underwater television system 水下电视系统
09.0305

underwater welding 水下焊接 09.0661

undeveloped proven reserves 未开发探明储量
02.1038

uniform corrosion 均匀腐蚀 10.0262

uninvaded zone 原状地层 04.0031

unit ground loop 单元环 04.0145

unitized solid-block tree 整体式采油树 09.0687

unitized template 整体式基盘 09.0310

unit loop eddy current 单元环涡流 04.0146

unit reserve factor 单储系数 02.1048

universal bactericide 广谱杀菌剂 12.0197

universal coupling 万向联轴节 11.0574

universal gas 宇宙气 02.0493

universal gravitation 万有引力 03.0049

universal guide frame 通用导向架 09.0338

universal internal combustion engine oil 通用内燃机
油 07.0161

universal theory 宇宙论 02.0326

unleaded gasoline 无铅汽油 07.0116

unloading valve 启动阀，＊卸载阀 06.0601

unmigrated section 偏移[校正]前剖面 03.0761

unpressurized diving system 常压潜水系统
09.0605

unsaturated polyester 不饱和聚酯 08.0299

unsteady state flow through porous medium 非稳定
渗流，＊非定常渗流 06.0187

unsym-trimethyl benzene 偏三甲苯 08.0257

untabulated reserves 表外储量 02.1047

update rate 修正率 09.0154

upgoing wave 上行波 03.0586

up hill welding 上向焊 10.0402

uphole correction 井口时间校正 03.0738

uphole geophone 井口检波器 03.0513

uphole shooting 微地震测井 03.0346

uphole stacking 不同井深叠加 03.0373

uphole time 井口时间 03.0512

up jar 上击器 05.0615

uplift 隆起 02.0062

upper deck 上甲板 09.0541

upper phase microemulsion 上相微乳 12.0225

upper structure 上部结构 09.0539

upstream relative permeability 上游相对渗透率 06.0331

upsweep 升频扫描 03.0569

upthrust bearing 防跳轴承 11.0178

upward continuation 向上延拓 03.0034

urea dewaxing 尿素脱蜡 07.0051

urea-formaldehyde resin 脲醛树脂 08.0301

USC 超选择性裂解 08.0032

US Y-type zeolite 超稳 Y 型沸石 07.0268

utility module 公用设施模块 09.0560

utility platform 公用设施平台 09.0463

UV 紫外可见光谱法 02.1013

UV detector 紫外线探测器 09.0959

V

vacuum breaker 真空消除器 09.0822

vacuum degasser 真空除气器 11.0277

vacuum distillate 减压馏分油, *减压瓦斯油 07.0018

vacuum distillation 减压蒸馏 07.0028

vacuum distillation range 减压馏程 07.0316

vacuum dryer 真空干燥器 08.0525

vacuum filtering solid control unit 真空过滤式固控装置, *一步式固控装置 11.0264

vacuum flash evaporation 负压闪蒸 10.0032

vacuum gas oil 减压馏分油, *减压瓦斯油 07.0018

vacuum pump 真空泵 10.0230

vacuum pump oil 真空泵油 07.0149

vacuum residue 减压渣油, *减压重油 07.0025

vacuum sealing grease 真空封脂 07.0221

vacuum test 真空试验 10.0394

vacuum tower 减压塔 07.0410

valve body 阀体 11.0221

valve pot 阀箱 11.0222

valve seat 阀座, *凡尔座 11.0220

valve seat puller 阀座拉拔器 11.0225

vanadium passivator 钒钝化剂 07.0284

vanadium to nickel ratio 钒-镍比 02.0287

vapor phase polymerizer 气相聚合釜 08.0484

vapor phase propylene polymerization 丙烯气相法聚合 08.0116

variable-angle bent sub 可控弯接头 05.0406

variable area display 变面积显示 03.0539

variable density display 变密度显示 03.0540

variable diameter paraffin scraper 变径刮蜡器 06.0884

variable diameter ram 变径闸板 11.0366

variable load 可变载荷 09.0220

vaseline 矿脂, *凡士林 07.0227

VC 氯乙烯 08.0154

vectorization 矢量化 02.0962

vee door [井架]大门高度 11.0171

velocity analysis 速度分析 03.0721

velocity-depth model 速度-深度模型 03.0766

velocity estimation 速度估算 03.0727

velocity filter 速度滤波器 03.0663

velocity focusing 速度聚焦 03.0825

velocity function 速度函数 03.0444

velocity gating 速度门值 09.0174

velocity geophone 速度检波器 03.0490

velocity model 速度模型 03.0606

velocity pitfalls 速度陷井 03.0869

velocity pull-down 速度下拉 03.0868

velocity pull-up 速度上拉 03.0867

velocity sag 速度下拉 03.0868

velocity scan 速度扫描 03.0723

velocity skew 速度偏斜 09.0152

velocity spectrum 速度谱 03.0722

ventilated air-tube friction clutch 通风型气胎离合器 11.0071

vent line 放空管线 06.0933

vent pipe 放空管 09.0720

vent stack 排气竖管 09.0719

vertical accretion 垂向加积 02.0218

vertical electric sounding 垂向电测深，＊电测深 03.0209

vertical field balance 垂直磁力仪，＊垂直分量磁秤 03.0176

vertical fracture 垂直裂缝 06.0794

vertical geophone 垂直检波器 03.0492

vertical migration 垂向运移 02.0595

vertical movement 垂直运动 02.0028

vertical multiphase flow 多相垂直管流 06.0574

vertical permeability 垂向渗透率 06.0031

vertical polarization 垂直极性 09.0165

vertical projection of borehole 井身垂直投影图 05.0362

vertical resolution 垂向分辨率 03.0419

vertical sectional model 纵向剖面模型 06.0336

vertical seismic profile log 垂直地震剖面测井 04.0222

vertical seismic profiling 垂直地震剖面法 03.0581

vertical stacking 垂直叠加 03.0402

vertical sweep efficiency 垂向波及系数 06.0978

very high frequency telephone 甚高频电话 09.0408

VES 垂向电测深，＊电测深 03.0209

VES master curve 电测深量板曲线 03.0229

VGO 减压馏分油，＊减压瓦斯油 07.0018

vibrating fluid bed dryer 振动流化床干燥器 08.0523

vibration load 振动载荷 06.0642

vibrator 可控震源 03.0567，激振器 11.0269

vibrator point 震点 03.0461

vibratory pump 振动泵 11.0471

vibroseis 可控震源法 03.0566

vinyl acetate 乙酸乙烯，＊醋酸乙烯 08.0150

vinyl chloride 氯乙烯 08.0154

vinyl ether 乙烯基醚 08.0167

virgin zone 原状地层 04.0031

visbreaking 减粘裂化 07.0085

viscoelastic effect 粘弹效应 01.0112

viscoelastic fluid 粘弹性流体 01.0111

viscoelastic medium 粘弹介质 03.0307

viscoelastic rheometer 粘弹性流变仪 10.0055

viscosifier for drilling fluid 钻井液增粘剂 12.0110

viscosity-gel viscosimeter 粘度－切力计 05.0246

viscosity index 粘度指数 07.0353

viscosity index improver 粘度指数改进剂 07.0257

viscosity reducer by emulsification of crude oil 原油乳化降粘剂 12.0279

viscosity reduction 降粘 10.0075

viscosity standard oil 粘度标准油 07.0220

viscosity-temperature characteristics 粘温性 07.0303

viscosity-temperature coefficient 粘温系数 07.0352

viscosity-temperature curve 粘温曲线 10.0047

viscous acid 稠化酸 12.0151

viscous water flooding 稠化水驱 06.0983

viscous water fracturing fluid 稠化水压裂液 12.0175

visible record 明记录 04.0300

visual interpretation 目视判读 02.0965

vitrinite 镜质组 02.0352

vitrinite reflectance 镜质组反射率 02.0406

vitrinite reflectance determination 镜质组反射率测定 02.0996

V/Ni 钒－镍比 02.0287

Vogle's curve 无因次流入动态曲线，＊沃格尔曲线 06.0262

void fraction 含气率 06.0585

Voigt solid 粘弹介质 03.0307

volatile fraction in petroleum coke 石油焦挥发分 07.0377

volcanic gas 火山气 02.0488

volcanic mound facies 火山丘相 02.0905

volcanic mound seismic facies 火山丘地震相 03.0905

volcanoclastic rock 火山碎屑岩 02.0176

voltage of secondary field 二次场电位差 03.0244

volume resistivity 体积电阻率 08.0351

volume-temperature coefficient 体积温度系数 07.0329

volumetric efficiency 容积效率 11.0242

volumetric fracture of rock [岩石]体积破坏 05.0143

volumetric method 容积法 02.1051

vortex breaker 涡流消除器 09.0814

voted data 表决数据 09.0180

VP 震点 03.0461

VR 减压渣油，＊减压重油 07.0025

VSP 垂直地震剖面法 03.0581

VSP-CDP transform VSP－CDP 转换，＊垂直地震剖面－共深度点转换 03.0594

vug porosity 溶洞孔隙度 06.0022

vulcanization accelerator 硫化促进剂 08.0423

vulcanization activator 硫化活化剂 08.0424

vulcanization retarder 防焦剂，＊硫化延缓剂 08.0425

vulcanizator 硫化剂 08.0422

vulcanizing agent 硫化剂 08.0422

V-window opening 井架大门 11.0170

W

wait and weight method 等待加重法，＊工程师法 05.0418

walkaway seismic profiling 逐点激发地震剖面法 03.0582

walking beam 游梁 11.0415

wall building controlled fluid loss coefficient 造壁控制滤失系数 06.0810

wall building properties [of the fracturing fluid] [压裂液]造壁性能 06.0809

wall effect [of proppant setting] 支撑剂沉降缝壁效应 06.0828

wall hook 壁钩 05.0578

warning alarm 警报 09.0883

Warren-Root model 沃伦－鲁特模型 06.0036

washpipe 冲管 11.0188

washpipe packing 冲管密封 11.0192

washwater heater 清洗水加热器 09.0784

washwater tank 清洗水罐 09.0785

waste heat boiler 废热锅炉 07.0386

waste heat recovery unit 废热回收装置 09.0860

waste water disposal well 废水处理井 09.0783

water absorption 吸水性 08.0362

water allocating station 配水间 06.0734

water-base drilling fluid 水基钻井液 05.0153

water-base foam fracturing fluid 水基泡沫压裂液 12.0178

water-base fracturing fluid 水基压裂液 12.0174

water-base gel fracturing fluid 水基冻胶压裂液 12.0176

water-base paraffin remover 水基清蜡剂 12.0145

water-base water shutoff agent 水基堵水剂 12.0254

water blocking 水锁 05.0258

water boundary 含水边界 02.0739

water break section 水断道 09.0085

water breakthrough 突进，＊水突破 06.0465

water cement ratio 水灰比 05.0493

water compatibility 注入水配伍性 06.0716

water cone 水锥 06.0246

water contamination 水侵 05.0209

water crest 水脊 06.0248

water cresting 脊进 06.0247

water curtain 水帘 09.0937

water cut 水侵 05.0209

water cut limit 极限含水率 06.0495

water cut meter 含水率仪 04.0377

watercut oil 含水原油 06.0508

water deluge system 大水量喷洒系统 09.0940

water deoxygenation 水脱氧 06.0724

water distributing station 配水间 06.0734

water drive 水压驱动 06.0359

water drive gas reservoir 水驱气藏 06.0371

water drive reserves 水驱储量 06.0354

water drive with carbon dioxide slug 二氧化碳段塞水驱 06.1008

watered gas well 水淹气井 06.0507

watered-out interval 水淹层段 06.0513

watered producer 水淹生产井 06.0505

water extinguishing system 水灭火系统 09.0920

water filled tunnel 注水巷道 10.0472

water flooded interval　水淹层段　06.0513

water flooded layer　水淹层　06.0509

water flooding　注水　06.0392

water flooding curve　注水曲线　06.0518

water flooding regime　注水方式，*注采系统　06.0395

water flooding response　注水见效　06.0516

water flood pump　注水泵　11.0485

water flushed production period　水洗采油期　06.0546

water-free oil production period　无水采油期　06.0478

water-free recovery　无水采收率　06.0971

water-front advance map　水线推进图　06.0437

water-gas mixture flooding　混气水驱　06.0992

water gun　水枪　09.0034

water hold up　持水率　04.0376

water injection booster pump　注水增压泵　06.0729

water injection coarse filtration package　注水粗滤器组块　09.0803

[water] injection cycle　注水周期　06.0747

water-injection declining curve　注水量递减曲线　06.0762

water injection equipment　注水设备　11.0484

water injection fine filtration package　注水细滤器组块　09.0804

[water] injection IPR curve　注水井指示曲线，*注水井 IPR 曲线　06.0745

water injection line　注水管线　06.0733

water injection module　注水模块　09.0552

water injection profile　注水剖面　04.0348

[water] injection profile modification　吸水剖面调整，*调剖　06.0749

water injection pump　注水泵　11.0485

water injection rate　注水量　06.0498

water injection stage　注水开发阶段　06.0517

water injection station　注水站　06.0732

water injection string　注水管柱　06.0741

[water] injection threshold pressure　吸水启动压力　06.0754

water injection well　注水井　02.0787

[water] injection well performance　注水井动态　06.0755

[water] injection well stimulation　注水井增注，*增注　06.0759

[water] injection well testing　注水井测试，*注入井试井　06.0744

water-in-oil emulsion　反相乳化钻井液，*油包水钻井液　05.0168

water-in-oil fracturing fluid　油包水压裂液　12.0181

water intake capacity　吸水能力，*吸水量　06.0503

water intake interval　吸水层段　06.0511

water intake layer　吸水层位　06.0748

water intake per unit thickness　注水强度　06.0524

water invasion coefficient　水侵系数　06.0471

water-level controller　水位控制器　11.0104

water-line corrosion　水线腐蚀　10.0266

water loss　失水量　05.0198

water-oil contact　油水界面　02.0740

water-oil ratio control　水油比控制　06.0896

water pack off　机械堵水　06.0899

water permeability　透水性　08.0342

water phase　水相　02.0605

water potential analysis　水势分析，*总水头分析　02.0659

water production interval　出水层段　06.0512

water-proof automatic telephone　防水自动电话　09.0407

water-proofing agent　防水剂　08.0442

water purification　水净化，*水处理　06.0723

water quality monitoring　水质监测　06.0722

water quality standard　水质标准　06.0715

water saturation　含水饱和度　06.0071

water saturation of invaded zone　侵入带含水饱和度　04.0111

water seal　水封　09.0818

water-sealed retaining wall　水封挡土墙　10.0477

water-sensitive shale　水敏性页岩　05.0216

water sensitivity evaluation　水敏性评价　05.0261

water separation index　水分离指数　07.0343

water shut off　堵水　06.0894

water shutoff agent　堵水剂　12.0253

water softener　软水剂　08.0431

water-soluble acid　水溶性酸　07.0321

water-soluble alkali　水溶性碱　07.0322

water-soluble completion fluid　水溶性完井液
　05.0267

water-soluble polymer　水溶性聚合物　12.0075

water source well　水源井　06.0714

water-storage tunnel　储水巷道　10.0471

water swept gas reservoir　水淹气藏　06.0506

water table　天车台　11.0161

water table opening　[井架]上底尺寸　11.0168

watertight door　水密门　09.0404

watertight test　水密试验　09.0405

water trap　脱水器　11.0305

water treatment　水净化，＊水处理　06.0723

water washout characteristics　水淋性　07.0305

water-front advance velocity　水线推进速度
　06.0464

wave character　波形特征　03.0356

wave configuration　波状结构　02.0891

wave equation　波动方程　03.0300

wave equation datuming　波动方程基准面校正
　03.0797

wave equation migration　波动方程偏移　03.0767

wave field extrapolation　波场外推　03.0789

wave field separation　波场分离　03.0587

wave flow　波浪流　10.0071

wavefront method　波前法　03.0816

wavelet processing　子波处理　03.0693

wavelet record　子波记录　09.0049

wavelet shaping　子波整形　03.0690

wavelet test　子波测试　09.0047

wave number　波数　03.0361

wave propagation　波传播[地震]　03.0299

wax control　管道防蜡　10.0062

wax cracking　蜡裂化，＊[石]蜡裂解　07.0056

wax deoiling　蜡脱油　07.0044

wax deposition　管道结蜡　10.0060

wax precipitation point　析蜡点　10.0048

wax removal　管道清蜡　10.0061

waxy crude [oil]　含蜡原油　01.0038

w/c　水灰比　05.0493

wear coefficient of bearing　轴承磨损系数　05.0118

weatherability　耐候性　08.0335

weather deck　露天甲板　09.0546

weathering layer　风化层　03.0336

weathering shot　低速带测量，＊小折射　03.0345

weber　韦[伯]　03.0145

wedge　桩腿楔块　09.0396

wedge bracket　固桩架　09.0489

wedged facies　楔状相　02.0900

wedge-prograding complex　楔状前积体　02.0876

wedge seismic facies　楔状地震相　03.0908

weight dropper　重锤　03.0471

weighted drilling fluid　加重钻井液　05.0156

weighted stack　加权叠加　03.0756

weight indicator　指重表　05.0285

weighting material　加重材料　12.0117

weight on bit　钻压　05.0052

weight-set tester　重力型试压工具　09.0354

weld corrosion　焊缝腐蚀　10.0267

welded casing　焊接套管　11.0643

weld-on drill collar　对焊钻铤　11.0636

weld-on drill pipe　对焊钻杆　11.0611

weld-on kelly　对焊方钻杆　11.0630

weld-on tool joint　对焊[连接]钻杆接头　11.0619

weld point　烧结点　07.0362

well behavior analysis　油井动态分析　06.0430

well blowout　井喷　05.0415

wellbore　井眼　05.0001

wellbore damage　井壁污染　06.0291

wellbore pressure test　井筒试压　06.0936

wellbore quality　井身质量　05.0047

wellbore storage coefficient　井筒贮存系数
　06.0286

wellbore unloading　诱流　06.0925

well cleanout　洗井　06.0922

well cleanup　洗井　06.0922

well collision　井眼相碰　05.0390

well completing test　完井测试　05.0453

well completion　油井完成，＊完井　06.0554

well control simulator　井控模拟器　05.0449

well control system　井口压力控制系统，＊井控系
　统　11.0352

well deliverability equation　油井产能方程　06.0257

well density　井网密度　06.0387

well design　单井设计　02.0790，钻井设计
　05.0025

well geophone 井下检波器 03.0495

well group performance analysis 井组动态分析 06.0439

wellhead assembly 井口装置 11.0351

wellhead back pressure 井口回压 06.0572

wellhead cap 井口帽 09.0358

wellhead connector 井口连接器 09.0598

wellhead control valve 井口控制阀 11.0384

wellhead deck 井口甲板 09.0544

wellhead device 井口装置 11.0351

wellhead for drilling 钻井井口装置 11.0353

wellhead manifold 井口管汇 09.0577

wellhead metering system 井口计量系统 09.0580

wellhead module 井口模块 09.0550

wellhead platform 井口平台 09.0467

wellhead pressure 井口压力 06.0570

wellhead space 井口区 09.0743

well interference 井间干扰 06.0218

well interference test 干扰试井 06.0278

well killing job 压井作业 06.0921

well killing pump 压井泵 09.0788

well location 井位 05.0017

well logging 测井 04.0002

well pattern 布井系统 02.0789，开发井网 06.0384

well planning 钻井设计 05.0025

well pressure control system 井口压力控制系统，*井控系统 11.0352

well pressure-flow rate curve 油井压力－产量曲线 06.0591

well production profile 油井生产剖面 06.0520

well production rate 单井产量 02.0813

well service tank 修井液罐 09.0787

well servicing equipment 修井设备 11.0535

well servicing unit 修井机 11.0538

well simulation test 油井模拟试验 09.0425

well site 井场 05.0015

wellsite heater 井场加热炉 11.0400

well site layout 井场布置 05.0016

well spacing 井距 06.0388

well stimulation 增产措施 06.0764

well test analysis 试井分析 06.0270

well test by liquid level survey 探测液面法 06.0309

well testing 试井 02.0793

well testing truck 试井车 11.0537

well-tie 联井 03.0832

well total depth 井深 05.0298

well workover 修井 06.0901

Wenner electrode array 温纳[电极]排列 03.0213

wet blasting 湿喷射 10.0305

wet combustion process 湿式火烧油层，*湿式火驱采油 06.1018

wet gas 湿气 01.0058

wettability 润湿性 06.0081

wettability alteration flood 润湿性反转驱油 06.0082

wettability effect 润湿效应 06.0083

wettability index 油驱比，*润湿指数，*阿玛特油驱指数 06.0111

wetting agent 湿润剂 12.0240

wetting hysteresis 润湿滞后 06.0086

wetting phase 润湿相 06.0106

wet-type automatic sprinkler system 湿式自动喷洒灭火系统 09.0917

wet-type tree 湿式采油树 09.0683

wheeled extinguisher 轮式灭火器 09.0972

whipstock 斜向器 05.0395

whitening agent 增白剂 08.0415

white noise 白噪声，*白噪 03.0708

white oil 白油 07.0222

whole hanging method for installing wellhead 整体吊装法抢装井口 05.0458

wide angle reflection 广角反射 03.0435

wide line seismic 宽线地震 03.0597

Wiener filter 最小二乘滤波器，*维纳滤波器 03.0675

wiggle trace display 波形曲线显示 03.0538

wildcat 预探井，*野猫井 02.0780

winchman control panel 绞车控制面板 04.0310

wind shield 防风墙 09.0538

wing valve assembly 翼阀总成 09.0697

wire chaining 链尺定距 03.0454

wireline cutting tool 钢丝绳切割工具 11.0131

wireline formation tester 电缆式地层测试器 04.0412

wireline logging service 电缆测井服务 04.0017

wireline preventer 钢丝绳防喷器 11.0385

wireline pumping unit 钢丝绳抽油机 11.0430

wireline truck 试井车 11.0537

wirerope diameter 钢丝绳直径 11.0041

withered line 枯潮线 09.0056

withered zone 枯潮带 09.0057

witness point 引证点 09.0147

WLP 宽线地震 03.0597

WOB 钻压 05.0052

WOC 油水界面 02.0740

woody 木质 02.0362

work boat 工作艇 09.0201

working gage 工作规 11.0688

working ladder 工作梯 11.0157

working loss 收发油损耗 10.0240

working pressure of control system 控制系统工作压力 11.0374

working quarter 工作区 09.0393

working regime of economic hydraulic horsepower 经济水功率工作方式 05.0100

working regime of jet drilling 喷射钻井工作方式 05.0096

working regime of the maximum bit hydraulic horse-power 最大钻头水功率工作方式 05.0097

working regime of the maximum jet impact force 最大射流冲击力工作方式 05.0098

working regime of the maximum jet velocity 最大喷射速度工作方式 05.0099

working spheroid 参考球体 09.0148

working valve 工作阀 06.0602

workover module 修井模块 09.0548

workover rig 修井机 11.0538

workover vessel 修井船 09.0679

wrap around noise 卷绕噪声 03.0667

wrapping machine 缠绕机 10.0347

WSP 逐点激发地震剖面法 03.0582

X

xanthan gum 黄胞胶 12.0072

X-ray diffractometer X射线衍射仪 02.1017

X-ray tomography technique X射线层析技术 06.0078

xylene 二甲苯 08.0247

xylene isomerization 二甲苯异构化 08.0089

xylene isomerization catalyst 二甲苯异构化催化剂 08.0396

xylene separation 二甲苯分离 08.0090

Y

yaw 平摇 09.0256

years of stable production 稳产年限，*稳产期 06.0480

yield value 屈服值 01.0116

Y-type zeolite Y型沸石 07.0267

Z

zeolite cracking catalyst 沸石裂化催化剂，*分子筛裂化催化剂 07.0266

zero length 零长 04.0086

zero-length spring 零长弹簧 03.0070

zero-offset VSP 零井源距垂直剖面法 03.0583

zero phase 零相位 02.0933

zero-phase wavelet 零相位子波 03.0857

zero tail 零线 04.0084

Z-factor 天然气偏差系数，*压缩因子 06.0141

Zoeppritz equation 策普里兹方程 03.0352

zonal isolated interval 层间封隔段 05.0503

zonation 分层 04.0285

汉英索引

A

阿里逊变速箱　Allison transmission　11.0067

* 阿玛特水驱指数　displacement water ratio, Amott water ratio　06.0112

* 阿玛特油驱指数　wettability index, displacement oil ratio, Amott oil ratio　06.0111

阿奇公式　Archie equation　04.0047

艾里[均衡]假说　Airy hypothesis　03.0061

氨合成催化剂　ammonia synthesis catalyst　08.0400

氨基多羧酸盐防垢剂　aminopolycarboxylate anti-scaling agent　12.0212

氨基树脂　amino resin　08.0304

氨氧化催化剂　ammoxidation catalyst　08.0401

安全阀　mud relief valve, safety valve　11.0223

安全接头　safety joint, safety sub　05.0600

安全卡瓦　safety clamps　11.0717

安全区　safety zone　09.0980

安全停输时间　safety margin of pipeline shut down　10.0129

安全泄压阀　safety relief valve　10.0128

安全圆柱　safety cylinder　05.0375

暗点　dim spot　03.0872

岸堤　bank　02.0263

岸上定位网　land-based positioning network　09.0133

岸台网络　station network　09.0118

胺型表面活性剂　amine surfactant　12.0022

胺盐型表面活性剂　amine salt surfactant　12.0011

凹凸棒粘土　attapulgite clay　05.0230

凹陷　sag, concave　02.0065

奥利烷　oleanane　02.0462

拗拉槽盆地　aulacogen basin　02.0129

拗陷　depression　02.0063

B

八侧向测井　laterolog 8　04.0131

巴克斯滤波器　Bacus filter　03.0375

* 巴拉斯钻头　ballaset bit, BDC bit　11.0333

拔顶蒸馏　topping, skimming　07.0026

拔杆　gin pole　05.0023

拔头馏分　tops　07.0012

拔头原油　topped crude　01.0036

拔桩　pile extracting　09.0640

靶点　target point　05.0342

靶区　target area　05.0344

靶心　target center　05.0343

* 白石蜡　semi-refined paraffin wax　07.0234

白土精制　clay treatment, clay treating　07.0105

白油　white oil　07.0222

白云石化作用　dolomitization　02.0543

白云岩　dolomite, dolostone　02.0179

* 白噪　white noise　03.0708

白噪声　white noise　03.0708

* 百分比频率效应　percent frequency effect, PFE　03.0248

百分巷　centi-lane　09.0117

百米桩　hundred-metre spacing stake　10.0396

百年一遇　a-hundred-year return period　09.1021

板翅式换热器　plate type finned heat exchanger　08.0507

板块边界　plate boundary　02.0112

板块构造学　plate tectonics　02.0021

板块碰撞　plate collision　02.0120

板块运动　plate movement　02.0106

板式换热器　plate type heat exchanger

07.0396

伴热管线 heat traced pipeline 09.0815

伴热输送 heat tracing pipelining 10.0008

伴生气 associated gas 01.0062

伴随波 ghost 03.0372

* 半层甲板 mezzanine deck 09.0545

半地堑 half-graben 02.0098

半幅值宽度 half-width 03.0113

半合成沸石裂化催化剂 semi-synthetic zeolite cracking catalyst 07.0265

半精制石蜡 semi-refined paraffin wax 07.0234

半潜式多用工作船 semisubmersible multi-service vessel 09.0458

* 半潜式钻井船 semisubmersible drilling platform, semisubmersible rig 09.0189

半潜式钻井平台 semisubmersible drilling platform, semisubmersible rig 09.0189

半乳甘露聚糖 galactomannan 12.0050

半深海相 bathyal facies 02.0227

半丝质体 semifusinite 02.0359

傍轴近似 paraxial approximation 03.0793

包装机 packing machine 08.0536

孢粉鉴定 sporopollen identification 02.0982

孢粉颜色测定 sporopollen color determination 02.0997

孢粉颜色指数 sporopollen color index 02.0408

孢子体 sporinite 02.0348

* 剥落 sloughing, heaving 06.0212

薄层 thin bed 02.0934

薄层技术 thin bed technique 04.0077

薄层调谐 thin layer tuning 03.0860

薄管板废热锅炉 Borsig waste heat boiler 08.0511

薄互层 thin interbed 04.0078

薄膜分离器 membrane separator 08.0499

薄膜扩展剂 thin film spreading agent 12.0244

薄膜调节阀 diaphragm valve 09.0819

薄膜外观 film appearance 08.0340

薄膜蒸发器 film-type evaporator 08.0500

保持振幅处理 preserved amplitude processing 02.0929

保护电位范围 protective potential range 10.0351

保护器 protector 11.0460

保护套管 protective casing 10.0446

保径钻头 gage protecting bit 11.0321

保压取心 coring drilling with keep-up pressure, pressure coring 05.0566

饱和度间断 saturation discontinuity 06.0231

饱和度指数 saturation exponent 04.0049

饱和凝析油 saturated condensate 06.0160

饱和潜水表 saturation diving table 09.0607

饱和潜水系统 saturation diving system 09.0606

饱和压力 saturation pressure, bubble point pressure 06.0172

饱和盐水水泥浆 salt saturated slurry 05.0506

饱和盐水钻井液 saturated salt-water drilling fluid 05.0162

饱和油气藏 saturated hydrocarbon reservoir 02.0719

饱和蒸气压 saturated vapor pressure 01.0098

饱气带 aeration zone 02.0509

报废井 abandoned well 05.0013

报警灯测试开关 alarm lamp test switch 09.0891

报警确认开关 alarm acknowledge switch 09.0892

鲍马序列 Bouma sequence 02.0270

爆发脉冲 blast 09.0072

爆破成沟法 explosion ditching method 10.0437

爆炸反射面 exploding-reflector 03.0784

爆炸机 blasting machine, blaster 03.0470

爆炸解卡法 explosive releasing stuck, freeing by explosion 05.0591

爆炸灭火法 explosion extinguishing method, fire extinguishing by explos 05.0461

爆炸松扣 breakouting by explosion, free point tool 05.0617

爆炸下限 low explosion limit, LEL 09.0987

爆炸信号 time break 03.0511

爆炸钻井 explosive drilling 05.0036

背斜 anticline 02.0071

背斜理论 anticlinal theory 02.0682

背斜油气藏 anticlinal hydrocarbon reservoir 02.0689

背斜油气藏参数 parameter of anticlinal reservoir 02.0721

贝尼奥夫带 Benioff zone 02.0107

钡基润滑脂 barium soap base grease 07.0207

倍半萜 sesquiterpene 02.0472

363

备用泵　jury pump, stand-by pump　10.0234

备用电站　stand-by power station　09.0840

被动大陆边缘　passive continental margin　02.0118

被动方式　passive mode　09.0109

被驱替相　displaced phase　06.0994

苯　benzene　08.0221

苯胺　aniline　08.0242

苯胺点　aniline point　07.0356

苯酚　phenol　08.0233

苯酚加氢　phenol hydrogenation　08.0055

苯酚与丙酮缩合　phenol condensation with acetone　08.0099

苯酚与烯烃烷基化　phenol alkylation with olefin　08.0052

苯加氢　benzene hydrogenation　08.0054

苯甲醛　benzaldehyde　08.0245

苯甲酸　benzoic acid　08.0246

苯烷基化　benzene alkylation　08.0049

苯乙烯　styrene　08.0230

苯乙烯－丁二烯－苯乙烯嵌段共聚物　styrene-butadiene-styrene block copolymer, SBS block copolymer　08.0275

苯乙烯－丁二烯－丙烯腈聚合　butadiene-styrene-acrylonitrile polymerization　08.0125

苯乙烯聚合　styrene polymerization　08.0123

苯与丙烯烷基化　benzene alkylation with propylene　08.0051

苯与乙烯烷基化　benzene alkylation with ethylene　08.0050

本体聚合釜　bulk polymerizer　08.0487

绷绳锚　guy-line anchor　11.0164

[泵]冲程　[pump] stroke　11.0236

泵冲数计数器　pump stroke counter　04.0344

[泵]冲速　[pump] speed　11.0237

泵的漏失　pump leakage　06.0657

[泵]动力端　power end [of pump]　11.0202

泵阀　pump valve　11.0219

泵后加砂装置　downstream sand injector　11.0517

* 泵口压力　pump intake pressure　06.0662

泵理论排量　theoretical displacement of pump　06.0655

[泵]输入功率　[pump] input power　11.0238

泵送性　pumpability　07.0296

泵筒　pump barrel　11.0451

泵效　pumping efficiency　06.0656

[泵]扬程　[pumping] head　10.0235

[泵]液力端　fluid end [of pump]　11.0203

比例泵　dosing pump　10.0233

吡啶盐型表面活性剂　pyridine salt surfactant　12.0013

* 闭端孔隙　blind pore, dead-end pore　06.0067

闭合度　closure　02.0724

闭合方位　direction of closure, closure azimuth　05.0349

闭合面　plane of closure　05.0377

闭合面积　closure area　02.0723

闭合应力　fracture closure stress　06.0825

闭式动力液系统　closed type power fluid system, CPF system　06.0694

闭式固控系统　closed solid control system　11.0248

闭式泥浆处理系统　closed mud disposal system　11.0294

闭式排放罐　closed drain tank　09.0813

闭式[气举]装置　closed [gas-lift] installation　06.0614

壁钩　wall hook　05.0578

壁厚千分卡　pipe wall micrometer　11.0681

边界条件　boundary condition　03.0785

边界效应　boundary effect　06.0236

边内注水　inner edge water flooding　06.0398

边水　edge water　02.0730

边水侵入量　cumulative edge water invasion　06.0470

边水驱动　edge water drive　06.0368

* 边滩沉积　point bar deposit　02.0210

边外注水　outside edge water flooding　06.0397

边缘海　margin sea　02.0276

边缘海盆地　marginal sea basin　02.0128

边缘注水　periferal water flooding　06.0396

扁平电缆　flat cable　06.0707

便携式救生电台　portable radio for life-boat　09.1015

变道距程序插件　group length module　09.0063

变动水位式　mobile water bed　10.0480

Z 变换　Z-transform　03.0020

τ－p变换　τ-p transform　03.0620

变径刮蜡器　variable diameter paraffin scraper　06.0884

变径管　telescoping pipeline　10.0142

变径闸板　variable diameter ram　11.0366

变密度显示　variable density display　03.0540

变面积显示　variable area display　03.0539

变生作用　metagenesis　02.0170

变向器　rebel tool　05.0401

变压器油　transformer oil　07.0184

变质岩气　metamorphic rock gas　02.0492

辫状河沉积　braided stream deposit　02.0206

标定罐　calibration tank　10.0212

标量阻抗　scalar impedance　03.0263

标准测井　standard logging　04.0027

标准层　marker bed, key bed, datum bed　02.0796

标准密度　standard density　07.0326

标准粘度液　standard viscosity liquid　10.0057

标准体积　standard volume　07.0330

标准体积管　standard pipe prover　10.0039

标准重力值　gravity standard　03.0059

表层速度结构　shallow velocity structure　03.0823

表层速度异常　dimple　03.0824

表层套管　surface casing　05.0462

表观流速　superficial velocity　06.0586

表观粘度　apparent viscosity　01.0121

表决数据　voted data　09.0180

表面活性剂　surfactant, surface active agent　12.0002

表面活性剂体系　surfactant system　12.0223

表面活性剂型防垢剂　surfactant-type anti-scaling agent　12.0213

表面活性剂型防蜡剂　surfactant-type paraffin inhibitor　12.0139

表面预处理　surface preparation　10.0302

表内储量　tabulated reserves　02.1046

表皮系数　skin factor　06.0294

表皮效应　skin effect　06.0293

表外储量　untabulated reserves　02.1047

蹩钻　bit bouncing　05.0062

滨海相　littoral facies　02.0230

宾厄姆流体　Bingham fluid　01.0105

＊宾汉流体　Bingham fluid　01.0105

冰川相　glacial facies　02.0222

丙二醇　propylene glycol　08.0177

＊丙纶　polypropylene fibre　08.0326

丙醛　propionaldehyde　08.0159

＊丙三醇　glycerol, glycerine　08.0179

丙酮　acetone　08.0170

丙烷　propane　08.0014

丙烷脱沥青　propane deasphalting　07.0053

丙烷蒸汽裂解　propane steam cracking　08.0025

丙烯　propylene　08.0168

丙烯氨解氧化固定床反应器　fixed bed reactor for propylene ammoxidation　08.0480

丙烯氨解氧化流化床反应器　fluidized bed reactor for propylene ammoxidation　08.0481

丙烯本体法聚合　bulk polymerization of propylene　08.0118

丙烯醇　allyl alcohol　08.0181

丙烯精馏塔　propylene rectification tower　08.0494

丙烯歧化　propylene disproportionation　08.0087

丙烯气相法聚合　vapor phase propylene polymerization　08.0116

丙烯醛　acrolein, acryl aldehyde　08.0180

丙烯醛氧化　acrolein oxidation　08.0066

丙烯溶液法聚合　solution polymerization of propylene　08.0117

丙烯水合　propylene hydration　08.0079

丙烯酸　acrylic acid　08.0182

丙烯酸酯　acrylic ester　08.0183

丙烯酸酯化　acroleic acid esterification　08.0100

丙烯压缩机　propylene compressor　08.0527

丙烯氧化　propylene oxidation　08.0065

丙烯氧氯化　propylene oxychlorination　08.0109

丙烯腈　acrylonitrile　08.0184

丙烯腈－苯乙烯树脂　acrylonitrile-styrene resin, AS resin　08.0281

丙烯腈－丁二烯－苯乙烯树脂　acrylonitrile-butadiene-styrene resin, ABS resin　08.0280

丙烯腈水解　acrylonitrile hydrolysis　08.0086

丙烯羰基合成　propylene oxo-synthesis　08.0094

丙烯酰胺　acrylamide　08.0189

并联管网　parallel pipeline　10.0144

玻璃衬里油管　glass liner tubing　11.0654

玻璃化温度　glass temperature　08.0350

* P波 longitudinal wave, dilational wave, P wave 03.0310

* S波 transverse wave, shear wave, S wave 03.0311

* SH波 SH wave 03.0312

* SV波 SV wave 03.0313

波场分离 wave field separation 03.0587

波场外推 wave field extrapolation 03.0789

波传播[地震] wave propagation 03.0299

波动方程 wave equation 03.0300

波动方程基准面校正 wave equation datuming 03.0797

波动方程偏移 wave equation migration 03.0767

波段比值图象 band ratio image 02.0958

波及面积 swept area 06.0514

波及系数 sweep efficiency 06.0977

波浪流 wave flow 10.0071

波美度 Baumé degree 01.0046

波谱分析 spectral analysis 02.0954

波前法 wavefront method 03.0816

波数 wave number, spatial frequency 03.0361

波特兰水泥 Portland cement 05.0476

波纹板隔油器 corrugated plate interceptor, CPI 09.0576

波纹管气举阀 bellows gas-lift valve 11.0476

波纹塔板 ripple tray 07.0424

波形曲线显示 wiggle trace display 03.0538

波形特征 wave character, character 03.0356

波状结构 wave configuration 02.0891

波兹兰水泥系列 Pozzolan-cement system 05.0475

博斯蒂克反演 Bostick inversion 03.0272

铂重整 platinum catalytic reforming 07.0070

铂重整催化剂 platinum reforming catalyst 07.0271

泊松关系式 Poisson relation 03.0118

捕液器 liquid trap 09.0810

补偿地层密度测井 compensated densilog, compen-sated density log, compensated formation density log 04.0172

补偿中子测井 compensated neutron log 04.0174

补给水泵 jockey pump 09.0915

补伤 repair of coating defects 10.0330

补身烷 drimane 02.0467

卟啉 porphyrin 02.0485

不饱和聚酯 unsaturated polyester 08.0299

不分散低固相钻井液 non-dispersed low solid drilling fluid 05.0158

不规则网格 irregular grid 06.0326

不规则状油气藏 irregular hydrocarbon reservoir 02.0716

* 不互渗流体 immiscible fluid 06.0135

不极化电极 non-polarizing electrode 03.0220

不加厚油管螺纹 non-upset tubing thread 11.0672

不均匀系数 nonuniform coefficient 06.0013

不满流 slack flow 10.0181

不停机动力仪 no-stop dynamometer 06.0965

不同井深叠加 uphole stacking 03.0373

不透水层 aquifuge 02.0645

不稳定试井 transient well test 06.0267

不压井起下作业 snubbing service 06.0902

不压井修井机 pressure balanced workover rig 11.0542

不整合 unconformity 02.0101

不整一 unconcordance 02.0847

布格校正 Bouguer correction 03.0092

布格异常 Bouguer anomaly 03.0096

布井系统 well pattern 02.0789

步长 step distance, step length 04.0238

部分润湿性 fractional wettability 06.0087

部分水解聚丙烯腈 partially hydrolyzed polyacry-lonitrile 12.0059

部分水解聚丙烯酰胺 partially hydrolyzed polyacry-lamide 12.0060

C

材料库房 material room 09.0371

采出程度 degree of reserve recovery 06.0479

采集面元 acquisition binning 09.0051

采集系统 acquisition system 09.0023

采集形式 acquisition geometry 03.0501

采集站 remote data unit, RDU, remote data acquisition unit, RDAU 03.0564

采气管线 gas flow line 10.0086

采气树 christmas tree 11.0399

采气指数 gas productivity index 06.0264

采收率 recovery efficiency, recovery factor
06.0970

采样 – 保持单元 sample and hold unit 03.0554

采样不足 undersampling 03.0646

采样率 sampling rate 03.0546

采样密度 sampling density 04.0319

采液强度 liquid production per unit thickness
06.0488

采油方法 oil production method 06.0564

采油工程 petroleum production engineering
06.0552

采油井口[装置] production wellhead 11.0391

采油强度 oil production per unit thickness
06.0487

采油曲线 production curve 06.0519

采油树 christmas tree 11.0398

采油树导向架 tree guide frame 09.0693

采油树导向喇叭口 tree guide funnel 09.0694

采油树控制系统 tree control system 09.0692

采油树帽 tree cap 09.0696

采油树液压连接器 hydraulic tree connector
09.0695

* 采油速度 oil production rate 06.0475

采油速率 oil production rate 06.0475

采油指数 oil productivity index 06.0263

彩色合成图象 color-composite image, color imagery
02.0953

彩色显示 color display 03.0876

参比电极 reference electrode 10.0284

参比油 reference oil 07.0218

* 参考道 pilot trace 03.0735

参考面 reference surface 03.0731

参考球体 reference spheroid, working spheroid
09.0148

参考台 reference station 09.0119

参数集总 lumping 04.0297

参数井 parameter well 02.0778

参数转换 transform of parameter 04.0294

残留大洋盆地 remnant ocean basin 02.0142

残留物百分数 percentage residue 07.0315

残余油饱和度 residual oil saturation 06.0074

残余阻力系数 residual resistance factor 06.0985

舱底[水]泵 bilge pump 09.0286

[舱底]污水井 bilge well 09.0866

舱底污水 – 消防两用泵 bilge-fire pump 09.0923

操作控制系统 operating control system 11.0033

操作弹性 operating flexibility 10.0159

槽波 guided wave, channel wave 03.0320

草质 herbaceous 02.0361

策普里兹方程 Zoeppritz equation 03.0352

* 侧壁岩心分析 sidewall core analysis 06.0005

侧变式生储盖组合 lateral changed SRCA
02.0587

侧部驱动钻井系统 side drive drilling system
11.0034

侧兜式工作筒 side-pocket mandrel 06.0872

侧反射 sideswipe out of plane reflection 03.0840

侧向测井 laterolog 04.0115

侧向加积 lateral accretion 02.0217

侧向力 side force 05.0323

侧向泄油井 horizontal drain hole 05.0313

侧向运移 lateral migration 02.0594

侧压系数 coefficient of lateral pressure 05.0145

侧钻 side tracking, sidetrack 05.0071

侧钻井 sidetracked hole 05.0006

测罐内空高 outage gaging 10.0245

测罐内油高 innage gaging 10.0244

测井 well logging 04.0002

测井车 logging truck 04.0308

测井电缆 logging cable 04.0015

测井分析 log analysis 04.0243

测井技术 logging technique 04.0005

测井解释工作站 log interpretation workstation
04.0244

测井解释模型 log interpretation model 04.0249

测井刻度 log calibration 04.0080

测井理论 logging theory 04.0004

测井曲线 log curve 04.0010

测井曲线图头 log heading 04.0024

测井数据 log data 04.0011

测井数据采集 logging data acquisition 04.0318

测井数据处理 log data processing 04.0246

测井数据归一化　log data normalization　04.0295

测井速度　logging speed　04.0013

测井系列　logging suite, logging program　04.0006

测井下井仪　downhole tool, subsurface instrument　04.0014

测井相　log facies　02.0918

测井响应　log response　04.0012

测井响应方程　log response equation　04.0250

测井信号模拟器　signal simulator　04.0328

测井质量控制　log quality control　04.0079

测井综合解释　comprehensive log interpretation　04.0245

测井作业　logging operation　04.0007

测径板　gaging plate　10.0246

测径器　gaging scraper　10.0247

测卡仪　sticking point instrument, free point indicator　05.0618

测量电极　measuring electrode　04.0097

测量距离　measured range　09.0169

测量深度　measured depth, MD　05.0381

测深管　sounding pipe　09.0298

测深孔　sounding hole　09.0296

测势面　potentiometric surface　02.0651

测试阀　test valve　11.0589

测试管柱　test string　11.0584

测试桩　test pile　10.0353

测网　survey grid, network　03.0011

测温火灾报警系统　heat actuating alarm system　09.0956

测线　line　03.0010

测线布设　line layout　03.0451

测线偏离效应　herringbone effect　03.0192

测斜　inclination survey　05.0379

测压面　piezometric surface　02.0650

测-注-测技术　log-injected-log technique　04.0387

层叠式筛网　layer screen cloth　11.0266

层厚校正　bed thickness correction, shoulder-bed correction　04.0135

层间窜流　cross flow　06.0249

层间多次波　interbed multiples　03.0370

层间封隔段　zonal isolated interval　05.0503

层间干扰　interlayer interference　06.0466

层间水　interlayer water　02.0625

* 层间越流　cross flow　06.0249

层矩阵　layer matrix　03.0623

层拉平　flattening　03.0883

层流　laminar flow　01.0100

层面　horizon　03.0829

层内干扰　in-layer interference　06.0467

层内运移　internal migration　02.0590

* 层速度　interval velocity　03.0724

层替换　layer replacement　03.0798

* 层位标定　identification of event　03 0855

层位确定　identification of event　03.0855

层位追踪　tracing of horizons　03.0833

层析地震成象　seismic tomography, ST　03.0599

层序　sequence　02.0861

层序地层学　sequence stratigraphy　02.0834

层状介质　layered medium　03.0028

层状泥质　laminar shale　04.0051

层状油气藏　stratified hydrocarbon reservoir　02.0714

插入式注水泥　stab-in cementing　05.0524

插入式注水泥接箍　stab-in cementing collar　05.0525

插入式注水泥鞋　stab-in cementing shoe　05.0526

差动式水力活塞泵　differential hydraulic pump　11.0468

差热分析　differential thermal analysis, DTA　02.0979

差压控制阀　differential pressure control valve　09.0830

差异分离　differential liberation, multistage liberation　06.0164

差异聚集　differential accumulation　02.0681

柴油　diesel fuel　07.0124

柴油舱　diesel oil tank　09.0381

柴油过滤净化装置　diesel filter coalescer　09.0862

柴油机油　diesel engine oil　07.0154

掺液输送　liquid blended pipelining　10.0009

缠绕机　wrapping machine　10.0347

* 铲形断层　listric fault　02.0094

产出流体　produced fluid　06.0133

产出剖面　production profile　04.0351

产量指数递减　exponential decline of oil production

06.0443

产能试井　deliverability testing　06.0254

产能系数　permeability-thickness product, flow capacity　06.0300

产气层　gas pay　06.0536

产油层　oil pay　06.0534

场源矩　source moment　03.0288

[场]源偶极子赤道轴　equatorial axis of source dipole　03.0289

常闭阀　normally close valve　09.0824

[常规]回压试井　back-pressure well testing　06.0255

常规式游梁抽油机　conventional beam-pumping unit　11.0412

常规岩心分析　conventional core analysis　06.0004

常规组合　conventional array　09.0044

常开阀　normally open valve　09.0823

常压舱　atmospheric compartment　09.0610

常压潜水系统　atmospheric diving system, unpressurized diving system　09.0605

*常压瓦斯油　atmospheric heavy distillate, atmospheric gas oil, AGO　07.0017

常压渣油　atmospheric residue, AR　07.0024

常压蒸馏　atmospheric distillation　07.0027

常压重馏分油　atmospheric heavy distillate, atmospheric gas oil, AGO　07.0017

长波长静校正量　long-wavelength statics　03.0744

长电位　long normal　04.0095

长距离输油管道　long distance oil pipeline　10.0114

长偏距瞬变电磁法　long offset transient electromagnetic method, LOTEM　03.0293

长筒取心　coring drilling with long core barrel　05.0565

长垣　placanticline　02.0066

长垣背斜油气藏　placanticline anticline hydrocarbon reservoir　02.0691

长源距　long space　04.0062

长源距声波测井　long-spacing sonic logging　04.0210

长周期多次波　long period multiples　03.0369

*畅流量　open flow capacity　06.0312

超层序　supersequence　02.0860

超长电极距测井　ultralong-spaced electric log　04.0114

超长组合　super-long array　09.0045

超导磁力仪　superconductive magnetometer　03.0185

超低界面张力　ultralow interfacial tension　12.0236

超低密度聚乙烯　ultralow density polyethylene　08.0268

超短曲率半径水平井　ultrashort turning-radius horizontal well　05.0325

超高压变压器油　ultrahigh voltage transformer oil　07.0185

超宽组合　super-wide array　09.0046

超临界溶剂抽提　supercritical solvent extraction　07.0040

超毛细管空隙　super-capillary interstice　02.0566

超热中子测井　epithermal neutron log　04.0184

超深井　ultradeep well　05.0027

超声波成象仪　ultrasonic imager　04.0213

超声波粘度计　ultrasonic viscometer　10.0054

超稳 Y 型沸石　ultrastable Y-type zeolite, US Y-type zeolite　07.0268

超选择性裂解　ultra-selective cracking, USC　08.0032

*超压　abnormal pressure, overpressure　02.0665

超压保护　overpressure protection　10.0124

超越[点]距离　cross-over distance　03.0343

超越离合器　overrunning clutch　11.0073

潮差　tide-thrust　09.0058

潮间带　intertidal zone　02.0257

*潮坪　tidal flat　02.0253

潮上带　supratidal zone　02.0256

潮滩　tidal flat　02.0253

潮汐带地震勘探　tidal zone seismic　09.0011

潮汐三角洲　tidal delta　02.0255

潮汐通道　tidal channel　02.0254

潮汐校正　tidal correction　03.0087

潮汐效应　tidal effect　03.0085

潮下带　subtidal zone　02.0258

车辆齿轮油　automotive gear oil　07.0145

车用汽油　motor gasoline, petrol　07.0113

车轴油　axle oil　07.0142

车装式底座　truck mounted substructure　11.0148

车装式钻机　truck mounted rig　11.0005

沉垫　mat　09.0502

* 沉垫自升式钻井船　mat support self-elevating platform, mat support jack-up rig　09.0195

沉垫自升式钻井平台　mat support self-elevating platform, mat support jack-up rig　09.0195

沉淀罐　setting tank　11.0486

沉淀型缓蚀剂　precipitation-type corrosion inhibitor　12.0204

沉淀型调剖剂　precipitation-type profile control agent　12.0249

沉积分异作用　sedimentary differentiation　02.0165

沉积盖层　sedimentary cover　02.0048

沉积环境　sedimentary environment　02.0191

沉积环境图　depositional environment map　02.0921

沉积间断　hiatus　02.0859

沉积体积速率法　sedimentary volumetric rate method　02.1062

沉积体系　sedimentary system, depositional system　02.0193

沉积体系域　systems tract　03.0911

沉积条件　sedimentary condition　02.0192

沉积物　sediment　02.0162

沉积物和底水　basic sediment and water, BSW　10.0028

沉积相　sedimentary facies　02.0194

沉积旋回　sedimentary cycle, depositional cycle　02.0166

沉积旋回对比　sedimentary cycle correlation　02.0756

沉积学　sedimentology　02.0161

沉积岩　sedimentary rock　02.0163

沉积中心　depocenter　02.0188

沉积作用　sedimentation, deposition　02.0164

沉降罐　settling tank　10.0024

沉降离心机　sedimentation centrifuge　08.0538

沉降器　settler　07.0442

沉降式离心机　decanting centrifuge　11.0279

沉降中心　subsiding center　02.0189

沉没度　submergence　06.0660

沉没压力　pump intake pressure　06.0662

沉砂罐　mud settling tank, sand tank　11.0292

沉速分析　settling velocity analysis　06.0009

沉箱　caisson　09.0504

沉箱式采油树　caisson type christmas tree　09.0685

* 衬管　liner　05.0521

衬管完井　liner completion　06.0557

衬里　lining　10.0314

衬套　barrel liner　11.0452

撑杆　supporting pole　11.0154

成膜型缓蚀剂　film-forming-type corrosion inhibitor　12.0163

成熟期　mature phase　02.0383

成熟作用　maturation　02.0402

成象射线　imaging ray　03.0775

成型炸药　packaged explosive　03.0464

成岩裂缝　diagenetic fracture　02.0562

成岩圈闭　diagenetic trap　02.0677

成岩作用　diagenesis　02.0168

成因层序地层学　genetic sequence stratigraphy　02.0835

成因地层单位　genetic stratigraphic unit　02.0922

成组安装　package installation　05.0024

程序液压控制系统　sequence hydraulic control system　09.0902

程序增益控制　programmed gain control　03.0631

承压区　confined area　02.0642

承压水　confined water　02.0647

承压水头　pressure head, confined head　02.0638

吃水标尺　draught gauge　09.0874

吃水标志　draft mark　09.0263

持水率　water hold up　04.0376

持液率　liquid hold up　06.0584

齿轮传动钻机　gear drive rig　11.0021

齿轮试验机　gear test machine　07.0472

齿轮油　gear oil　07.0144

赤铁矿　hematite　02.0370

翅管换热器　finned tube heat exchanger　07.0397

充满系数　pump volumetric efficiency　06.0658

充气差异电池　differential aeration cell　10.0288

充气加压气举阀　aeration-loaded gas-lift valve　11.0478

充气钻井液　aerated drilling fluid　05.0172

充填工具　service seal unit, gravel packing device　06.0867

充填相　filled facies　02.0906

充填效率　packing efficiency　06.0864

充油丁苯橡胶　oil extended styrene-butadiene rubber　08.0313

冲程损失　loss of plunger stroke　06.0646

*冲次　[pump] speed　11.0237

冲断层　thrust　02.0087

冲管　washpipe　11.0188

冲管密封　washpipe packing　11.0192

冲击射流　impact jet flow, impact jet　05.0083

冲击式井壁取心器　percussion type sidewall sampler　04.0407

冲击旋转钻机　combination drill, combination drilling rig　11.0015

冲击钻机　cable-tool [rig], churn drill, spudder　11.0014

冲积扇相　alluvial fan facies　02.0204

冲激响应　impulse response　03.0410

冲砂　sand clean out, sand washing　06.0859

冲砂液　sand cleaning fluid　06.0860

冲蚀　erosion　10.0281

*冲数　[pump] speed　11.0237

冲洗带　flushed zone　04.0028

冲洗带电阻率　flushed zone resistivity　04.0104

冲桩　pile washing out　09.0642

冲桩管线　jetting pipeline　09.0270

重采样　resampling　03.0647

重叠法　overlay method　04.0270

重返井口导向索　reentry guideline　09.0700

重返井口喇叭口　reentry funnel　09.0440

重复测量井段　repeat section　04.0088

重复压裂　refracturing　06.0834

重排甾烷　rearranged sterane　02.0449

重整汽油　reformed gasoline　07.0111

*抽道集　sorting　03.0636

*抽共面元道集　common-cell sorting　03.0803

*抽共中心点道集　CMP sorting　03.0637

抽汲　swabbing　06.0926

抽汲压力　swabbing pressure　05.0426

抽空控制　pump off control　06.0689

抽提沥青　extractable bitumen　02.0318

抽提溶剂油　solvent for extraction　07.0135

*MAB 抽提物　methanol-acetone-benzene extract　02.0321

抽油泵　oil well pump, deep well pump　11.0440

抽油泵泵径　pump size　06.0650

抽油泵冲速　pumping speed, number of stroke　06.0648

抽油参数优选　optimization of pumping parameters　06.0654

抽油动态预测　pumping behavior prediction　06.0688

抽油杆　sucker rod　11.0432

抽油杆导向器　rod guide　11.0728

抽油杆吊卡　rod elevator　11.0727

抽油杆断脱　rod parting　06.0685

抽油杆刮蜡器　rod scraper　06.0886

抽油杆夹持器　rod holder　11.0730

抽油杆接箍　sucker rod coupling　11.0433

抽油杆钳　rod tong, rod wrench　11.0733

抽油杆提升器　rod lifter　11.0731

抽油杆悬挂器　rod hanger　11.0729

抽油杆旋紧扭矩　sucker rod tightening torque　06.0666

抽油杆柱　sucker rod string　06.0664

抽油杆自动旋转器　rod rotor　11.0732

抽油机　pumping unit　11.0410

抽油机结构不平衡值　structural unbalance　06.0632

[抽油机]驴头　horsehead [of pumping unit]　11.0416

抽油机平衡方式　balance system of pumping unit　06.0623

抽油机[曲柄轴]扭矩　net [crank shaft] torque　06.0634

抽油机效率　efficiency of the pumping unit　06.0651

抽油机最大扭矩　peak torque　06.0635

抽油井诊断技术　diagnostic technique [pumping well]　06.0687

抽油装置提升效率　lifting efficiency of pumping unit　06.0652

抽油装置总效率　total efficiency of the pumping system　06.0653

抽余油　raffinate oil　08.0011

稠度系数　consistency coefficient　01.0118

稠度仪　consistometer　05.0234

稠化剂　thickener　12.0218

稠化水驱　viscous water flooding　06.0983

稠化水压裂液　viscous water fracturing fluid　12.0175

稠化酸　viscous acid, gelled acid　12.0151

稠化油压裂液　gelled oil fracturing fluid　12.0180

稠油开采蒸汽发生器　steam generator for heavy oil recovery　11.0545

初次运移　primary migration　02.0592

初横稳心高度　initial transverse metacentric height　09.0232

初馏点　initial boiling point　07.0309

初馏塔　primary tower　07.0406

初滤失量　spurt loss　06.0806

初凝　initial set　05.0486

初期压实阶段　initial compaction stage　02.0616

初切力　initial gel strength　05.0247

初始结蜡温度　initial crystallizing point of paraffin　06.0878

初始运移　initial migration　02.0589

初稳性　initial stability　09.0231

初至波　first arrival　03.0325

初至波静校正　first arrival refraction static correction　03.0818

初纵稳心高度　initial longitudinal metacentric height　09.0233

出口温度　temperature out　05.0296

出砂层　sanding formation　06.0843

出砂量　sand influx, sand production rate　06.0844

出射角　emergence angle　03.0432

出水层段　water production interval　06.0512

出油管导向喇叭口　flowline guide funnel　09.0626

出油管连接器　flowline connector　09.0597

出油管线　flow line, lead line　10.0006

出油管线定位栓　flowline position latch　09.0625

出油管线对中结构　flowline alignment structure　09.0627

出油管线回路　flowline loop　09.0623

除尘　dust removal　10.0083

除钙剂　calcium remover　12.0115

除垢剂　scale remover　12.0215

除菌剂　bacteria remover　12.0198

除泥器　desilter　11.0275

除气器　degasser　11.0276

除砂　desanding　10.0076

除砂器　desander　11.0274

除锈等级　derusting grade　10.0311

除氧剂　oxygen scavenger　12.0205

除油器　oil remover　11.0304

储层参数　reservoir parameter　04.0248

储层地震地层学　reservoir seismic stratigraphy　02.0833

储层地质学　reservoir geology　02.0005

储层非均质性　reservoir heterogeneity　02.0533

储层连续性　reservoir continuity　02.0532

储层敏感性评价　reservoir sensitivity evaluation　05.0259

储层性质　reservoir property　02.0565

储层综合压缩系数　composite compressibility of reservoir　06.0041

储罐－外输关断盘　tank and loading shutdown panel, TLSDP　09.0877

储灰罐　bulk cement storage tank　11.0524

储集层　reservoir bed　02.0523

储集空间　reservoir space　02.0545

储集岩　reservoir rock　02.0522

储量　reserves　02.1029

储量丰度　reserves abundance　02.1049

储量增长率　reserves increase ratio　02.0816

储气构造　gas-bearing structure　02.0685

储气罐　gas holder, gas tank　10.0112

储气库　gas storage　10.0108

储水巷道　water-storage tunnel　10.0471

储油驳船　oil storage barge　09.0676

储油构造　oil-bearing structure　02.0684

储油罐　oil tank　10.0200

储油平台　oil storage platform　09.0462

触变性流体　thixotropic fluid　01.0109

穿晶腐蚀　transgranular corrosion　10.0269

穿时性　diachronism　02.0926

穿梭输油船　shuttle tanker　09.0677

传播效应　propagation effect, skin effect　04.0150

传动轴　transmission shaft, jack shaft　11.0112

传热介质油提升泵　heating medium lift pump　09.0857

传热介质油装载泵　heating medium loading pump　09.0858

船生噪声　ship-induced noise　09.0178

船首绞车　bow winch　09.0726

[船体]型宽　breadth moulded　09.0216

[船体]总长度　overall length　09.0215

船尾绞车　aft winch　09.0727

船用柴油　marine diesel fuel　07.0126

船用柴油机油　marine diesel engine oil　07.0157

船用燃料油　marine fuel oil　07.0130

船载重力仪　shipboard gravimeter　03.0073

串絮系泊　tandem mooring　09.0836

串絮装油系统　tandem loading system　09.0535

串联泵　tandem pumps　06.0672

串联偏移　cascade migration　03.0779

串联质谱法　tandem mass spectrometry　02.1011

吹扫/引燃气组块　purge/pilot gas package　09.0761

垂向波及系数　vertical sweep efficiency　06.0978

垂向电测深　vertical electric sounding, VES　03.0209

垂向分辨率　vertical resolution　03.0419

垂向加积　vertical accretion　02.0218

垂向渗透率　vertical permeability　06.0031

垂向运移　vertical migration　02.0595

垂直磁力仪　vertical field balance　03.0176

垂直地震剖面测井　vertical seismic profile log　04.0222

垂直地震剖面法　vertical seismic profiling, VSP　03.0581

* 垂直地震剖面-共深度点转换　VSP-CDP transform　03.0594

垂直叠加　vertical stacking　03.0402

* 垂直分量磁秤　vertical field balance　03.0176

垂直极性　vertical polarization　09.0165

垂直检波器　vertical geophone　03.0492

垂直裂缝　vertical fracture　06.0794

垂直运动　vertical movement　02.0028

醇基堵水剂　alcohol-base water shutoff agent　12.0256

醇基压裂液　alcohol-base fracturing fluid　12.0182

醇类氨脱水　alcohol dehydration with ammonia　08.0084

醇酸树脂　alkyd resin　08.0310

纯净地层　clean formation　04.0020

纯砂岩模型　clean sand model　04.0252

纯油带面积　area of inner-boundary of oil zone　02.0735

纯油流　pure oil flow　06.0576

磁饱和　magnetic saturation　03.0155

* 磁饱和式磁力仪　flux-gate magnetometer　03.0178

磁暴　magnetic storm　03.0172

磁北　magnetic north　03.0131

磁标势　magnetic scalar potential　03.0137

磁测基点　magnetic base station　03.0169

磁[场]敏感器　magnetic sensor　03.0258

磁场强度　magnetic field strength　03.0142

磁秤　magnetic balance, Schmidt field balance　03.0175

磁赤道　magnetic equator, aclinic line　03.0127

磁带机　tape transport, tape drive　03.0560

磁带记录仪　magnetic tape recorder　04.0302

磁带[模拟]录制　magnetic tape [analog] recording　03.0525

磁导[率]　[magnetic] permeability, magnetic conductivity　03.0147

磁法测量　magnetic survey　03.0121

磁法勘探　magnetic prospecting　03.0120

磁方位　magnetic bearing　03.0132

磁方位校正　correction for magnetic direction　05.0388

磁防蜡　magnetic paraffin control　06.0893

磁粉刹车　magnetic powder brake　11.0107

磁感应强度　magnetic induction　03.0143

磁鼓　magnetic drum　03.0526

磁化干扰　magnetism disturbance　04.0333

磁化率　magnetic susceptibility　03.0149

磁化强度　magnetization　03.0141

磁化曲线　magnetization curve　03.0154

磁记录器　magnetic recorder　05.0301

磁矩　magnetic moment　03.0139

磁力低　magnetic low　03.0196

磁力分离器　magnetic separator　08.0497

磁力高　magnetic high　03.0195

磁力工具面角　magnetic toolface angle, MTF angle

05.0366

磁力仪　magnetometer　03.0174

磁偶极子　magnetic dipole　03.0138

磁偏角　declination　03.0129

磁倾角　inclination　03.0128

磁扰　magnetic disturbance　03.0170

磁势　magnetic potential　03.0136

磁梯度仪　magnetic gradiometer　03.0189

磁通[量]　magnetic flux　03.0144

磁通门磁力仪　flux-gate magnetometer　03.0178

磁性　magnetism　03.0135

磁性薄层　thin magnetic layer　03.0199

磁性单点测量仪　magnetic single-shot survey instru-
ment　05.0384

磁性地层学　magnetostratigraphy　02.0838

磁性多点测量仪　magnetic multi-shot survey instru-
ment　05.0386

磁性基底　magnetic basement　03.0197

磁性记号　magnetic mark　04.0307

磁性线性结构　magnetic lineation　03.0202

磁性柱塞抽油泵　magnetic plunger pump　11.0449

磁滞　magnetic retardation, magnetic hysteresis
03.0153

* 刺穿构造　diapiric structure　02.0078

刺穿盐丘　salt diapir　02.0080

次氯酸钠发生器　hypochlorite generator　09.0593

次生孔隙　secondary pore　02.0547

次生孔隙度　secondary porosity　06.0016

次生孔隙度指数　secondary porosity index
04.0280

次生 γ 能谱测井　induced gamma-ray spectrometry
log　04.0195

次生悬浮物　secondary suspended solid　06.0720

次生油气藏　secondary hydrocarbon reservoir
02.0687

次石墨　graphitoid, schungite　02.0307

丛式井　cluster well, multiple well　05.0307

丛式井基盘　clustered well template　09.0311

丛式井口　clustered well heads　09.0318

粗糙度　roughness　10.0185

* 醋酸　acetic acid　08.0144

* 醋酸丁酯　n-butyl acetate　08.0146

* 醋酸酐　acetic anhydride　08.0145

* 醋酸乙烯　vinyl acetate　08.0150

促进剂　accelerating agent　08.0453

窜槽　channelling　06.0938

催化重整　catalytic reforming　07.0069

催化重整催化剂　catalytic reforming catalyst
07.0270

催化剂载体　catalyst support　08.0403

催化裂化　catalytic cracking　07.0057

催化裂化催化剂　catalytic cracking catalyst
07.0263

催化[裂化]汽油　catalytic gasoline　07.0110

催化蒸馏　catalytic distillation　07.0081

脆化温度　brittle temperature　08.0349

脆沥青　grahamite　02.0300

脆性岩石　brittle rock　05.0137

萃取塔　extraction column　08.0488

* 淬火油　quenching oil　07.0200

存水率　injection water retaining in reservoir
06.0547

错扣　thread alternating, cross threading　05.0592

D

达西定律　Darcy law　02.0576

达西粘度　Darcy viscosity　06.0180

达西渗流　Darcy flow　06.0188

打开程度不完善　partial penetration　06.0292

打捞　fishing　05.0574

打捞杯　fishing cup, junk sub　05.0576

打捞工具　fishing tool　05.0569

打捞筒　overshot, fishing socket　05.0575

打捞震击器　fishing jar　05.0613

打捞抓　finger catcher, fingergrip　05.0580

打捞钻柱　fishing string　05.0573

打桩　piling　09.0639

打桩船　piling barge　09.0450

* 大补心　master bushing　11.0183

大地电磁法　magnetotelluric method, MT
03.0252

大地电流法　telluric current method　03.0251

大地构造学　geotectonics　02.0020

大地滤波　earth filtering　03.0426

大地热流值　terrestrial heat flow value　02.0671

大地水准面　geoid　03.0058

大钩　hook　11.0122

大钩最大静载　max.static hook load　11.0166

[大]角焊缝　fillet weld　10.0455

大井眼钻井　large hole drilling　05.0039

大陆边缘　continental margin　02.0116

大陆边缘断陷盆地　continent-marginal faulted basin
02.0132

大陆边缘三角洲盆地　continent-marginal delta basin
02.0133

大陆漂移　continental drift　02.0119

大陆增生　continental accretion　02.0121

大泡沫量喷洒系统　foam deluge system　09.0936

大气除气器　atmospheric degasser, atm-degasser
11.0278

大气腐蚀　atmospheric corrosion　10.0259

大钳　tongs　11.0705

大水量灭火系统　fire water deluge system　09.0914

大水量喷洒系统　water deluge system　09.0940

＊大小头　adapter substitute, adapter　11.0660

大斜度井　high angle hole　05.0359

大斜度井测井　high-angle borehole logging
04.0415

大型压裂　massive hydraulic fracturing, MHF
06.0829

大油气田　large oil-gas field　01.0020

带孔管　ported sub　06.0874

＊带宽　bandwidth　03.0640

带帽子压井法　hatting kill well method　05.0459

带式刹车　band brake　11.0093

带通滤波器　bandpass filter　03.0651

带限白噪　bandlimited white noise　03.0709

带状油气藏　banded hydrocarbon reservoir　02.0713

袋装[材料]舱　sack storage room　09.0372

单瓣螺杆钻具　single-lobe motor　11.0571

单边排列　end-on spread, single ended spread
03.0503

单边算子　one-sided operator　03.0704

单层突进　breakthrough along a single layer, mono-
layer breakthrough　06.0468

单程传播时间　one way travel time　09.0157

单程距离　one way distance　09.0158

单齿额定静载能力　maximum holding capacity after
elevating a pinion　09.0403

单齿额定升降能力　maximum jacking capacity while
elevating a pinion　09.0402

单储系数　unit reserve factor　02.1048

单点系泊　single point mooring, SPM　09.0506

单点系泊终端　single point mooring terminal
09.0508

单独驱动　individual drive　11.0059

单浮简系泊　single buoy mooring, SBM　09.0507

单根　single, single joint　05.0072

单级抽油杆柱　single rod string　06.0665

单井产量　well production rate　02.0813

单井浮式采油系统　single well.oil production
system, SWOPS　09.0672

单井控制储量　single well controlled reserves
06.0355

单井设计　well design　02.0790

单井卫星采油树　single well satellite tree　09.0686

单矿物模型　single-mineral model　04.0261

单螺杆挤出机　single screw extruder　08.0532

单锚腿系泊　single anchor leg mooring, SALM
09.0509

单盘浮船　single deck pontoon　10.0451

单枪　single gun　09.0032

单塞水泥头　single plug cement head　05.0539

单舌法撕破强力试验方法　tearing strength by
tongue method　08.0353

单线控制井下安全阀　single-line subsurface safety
valve　09.0613

单相渗流　single-phase fluid flow　06.0195

单相液流　single-phase liquid flow　06.0582

＊单向阀　check valve　11.0301

单斜　monocline　02.0073

单眼钻头　one-eyed bit, big-eyed bit　11.0324

单液法调剖剂　profile control agent for single-fluid
method　12.0246

单翼控制头　single wing control head　11.0600

单用户作业　single-user operation　09.0111

单油管采油井口　single tubing wellhead　11.0392

单元环 unit ground loop, elemental loop 04.0145

单元环涡流 unit loop eddy current 04.0146

单元码 element number 09.0150

单闸板防喷器 single ram type BOP 11.0360

单轴惯性振动筛 single shaft inertia shaker 11.0251

单轴绞车 single shaft drawworks 11.0085

胆甾烷 cholestane 02.0443

氮气保护 nitrogen protection 10.0099

氮气驱 nitrogen flooding 06.1010

淡水钻井液 fresh-water drilling fluid 05.0157

* 弹弓式底座 slingshot substructure 11.0147

当量循环密度 equivalent circulating density 05.0197

挡土墙 retaining wall 10.0476

倒装钻具 inverted drill string 05.0409

岛弧 island arc 02.0122

导爆索 detonating cord 03.0469

* 导波 guided wave, channel wave 03.0320

* 导磁系数 [magnetic] permeability, magnetic conductivity 03.0147

导管安装台 conductor installation platform 09.0717

导管架 jacket 09.0476

导管架吊耳 jacket lifting eye 09.0478

导管架定位 jacket positioning 09.0635

导管架扶正 jacket handling 09.0637

导管架固定 jacket securing 09.0638

导管架竖立 jacket upending 09.0636

导管架腿柱 jacket leg 09.0477

导管架下水 jacket launching 09.0634

[导管架]下水驳 [jacket] launching barge 09.0447

导管架装船 jacket loadout 09.0632

导管架走道 jacket walkway 09.0716

导管架组对 jacket panel assembly 09.0480

导管架组片 jacket panel 09.0479

导管头总成 conductor head assembly 09.0349

导轨油 rail oil, slide rail oil 07.0165

导航灯 navigational light 09.0905

导缆器 fairleader 09.0386

导链器 fairleader 09.0387

导流开挖法 diversion excavation method 10.0441

* 导热油 heat transfer oil 07.0189

导向滑车系统 guide dolly system 11.0032

导向基座 guide base 09.0323

导向结构 guide structure 09.0324

导向绳控制盘 guide line control panel 09.0332

导向绳张紧器 guide line tensioner 09.0331

导向索 guideline 09.0341

导向索气动张紧器 pneumatic guide line tensioner 09.0340

导向索液压张紧器 hydraulic guide line tensioner 09.0339

导向误差 steering error 05.0369

* 导向仪 steering tool 05.0385

导向柱 guide post 09.0701

导向钻头 pilot bit 11.0341

导鞋 muleshoe guide 06.0870

导压系数 pressure transmitting coefficient 06.0039

倒扣捞矛 left hand fishing spear 05.0583

倒装法 installation in reverse order 10.0454

道距 group interval 03.0500

道路沥青 road asphalt, road bitumen 07.0238

灯用煤油 lamp oil 07.0121

* 灯油 lamp oil 07.0121

等磁偏角图 isogonic chart 05.0387

等磁偏线 isogon 03.0133

等磁倾线 isocline 03.0134

等待加重法 wait and weight method, engineer's method 05.0418

等反射角剖面 constant reflection angle section 03.0866

[等浮]电缆跟踪系统 streamer tracking system 09.0093

等浮电缆故障寻找器 streamer fault locator 09.0062

等浮电缆绞车 streamer winch 09.0080

等浮电缆平衡 streamer balancing 09.0087

等浮电缆图象 streamer image 09.0090

等孔隙度图 isoporosity map 06.0426

等离子裂解炉 ionospheric plasma cracking furnace 08.0463

等深流丘状地震相 contourite mound seismic facies 03.0903

等渗透率图 isoperm map 06.0427

等时距离 time-equivalent distance 09.0160

等时试井 isochronal well testing 06.0256

等时线绘制 isotime contouring 03.0846

等时性 isochronism 02.0925

等势面 isopotential surface 02.0660

等温反应器 isothermal reactor 08.0470

等温输送 isothermal pipelining 10.0117

等效烷烃碳数 equivalent alkane carbon number 12.0235

等效原理 principle of equivalence 03.0231

等压面 isopressure surface 02.0661

等压图 isobaric map 06.0433

等压线 isobar 06.0202

等有效厚度图 effective isopach 06.0425

低－低压开关 low-low pressure switch, LLPS 09.0889

低电阻层 conductive bed 04.0022

低电阻率环带 low resistivity annulus 04.0038

低毒油包水乳化泥浆 low toxicity water in oil emulsion drilling fluid 09.1000

低分子烃 low molecular hydrocarbons 08.0012

低截滤波器 low cut filter 03.0542

低密度高温水泥 light density thermal cement 05.0483

低密度聚乙烯 low density polyethylene, LDPE 08.0266

低浓度可燃气报警 low concentration gas alarm 09.0961

低水位期 lowstand period 02.0866

低水位体系域 low system tract, LST 02.0868

低速层 low velocity layer, LVL 03.0337

低速带测量 weathering shot 03.0345

低速涡轮钻具 low speed turbodrill 11.0555

低通滤波器 low-pass filter 03.0652

低温变换催化剂 low temperature shift catalyst 08.0399

低温分离 low temperature separation 10.0067

低温润滑脂 low temperature grease 07.0214

低温液压油 low temperature hydraulic oil 07.0171

低限流量 flow low limit 09.0833

低压报警器 low pressure alarm 11.0309

低压火炬 low pressure flare 09.0766

低压火炬气分液器 low pressure flare knock-out drum 09.0757

低压聚合釜 low pressure polymerizer 08.0483

低压凝析油罐 low pressure condensate tank 09.0790

低压气分液器 low pressure gas knock-out drum 09.0755

低压气净化器 low pressure scrubber 09.0770

低造浆粘土 low-yield clay 05.0221

滴点 drop point, dropping point 07.0370

滴流床反应器 trickle bed reactor 08.0469

滴状油罐 spheroidal tank 10.0208

迪克斯公式 Dix formula 03.0446

* 涤纶 polyester fibre 08.0324

底辟背斜油气藏 diapir anticline hydrocarbon reservoir 02.0692

底辟构造 diapiric structure 02.0078

底超 baselap 02.0856

底甲板 cellar deck 09.0277

* 底胶 primer 10.0312

底漆 primer 10.0312

底水 bottom water 02.0731

底水封堵 bottom water plugging 06.0900

底水驱动 bottom water drive 06.0367

底水锥进 bottom water coning 06.0245

底图 base map 03.0044

底座高度 substructure height 11.0051

地饱压差 difference between reservoir pressure and saturation pressure 06.0461

地背斜 geoanticline 02.0059

[地表]位置测量 surface location survey 03.0042

地表形态分析 landform analysis 02.0971

地表一致性反褶积 surface-consistent deconvolution 03.0687

地表一致性剩余静校正量 surface-consistent residual statics 03.0736

地波干扰 ground-wave interference 09.0128

地槽 geosyncline 02.0051

地层不整合油气藏 stratigraphic unconformity reservoir 02.0704

地层测试 formation testing 06.0920

[地层]测试器 formation tester 11.0583

地层超覆油气藏 stratigraphic onlap hydrocarbon

reservoir 02.0703

地层电阻率指数 formation resistivity index 04.0046

地层对比 stratigraphic correlation 02.0807

地层反褶积 stratigraphic deconvolution 03.0694

地层各向异性 formation anisotropy 05.0322

地层焦化固砂 formation sand coking 06.0851

地层流体压力 formation fluid pressure 05.0413

* 地层滤波 earth filtering 03.0426

地层膨胀卡钻 formation swelling sticking 05.0607

地层评价 formation evaluation 04.0247

地层倾角 dip angle 04.0228

地层倾角测井 dip log, dipmeter log 04.0225

地层砂胶结 formation sand consolidation 06.0850

地层视电阻率 apparent formation resistivity 04.0102

地层水 formation water 04.0105

地层水电阻率 formation water resistivity 04.0106

地层水矿化度 formation water salinity 04.0108

地层损害 formation damage 05.0251

地层坍塌卡钻 sloughing hole sticking 05.0608

地层微电阻扫描测井 formation microscanner log, FMS log 04.0158

*地层系数 permeability-thickness product, flow capacity 06.0300

地层学高分辨地层倾角测井仪 stratigraphic high resolution dipmeter tool, SHDT 04.0227

地层压力 formation pressure 02.0629

地层压力检测方法 formation pressure detection method 05.0450

地层研磨性系数 factor of formation abrasiveness 05.0116

地层因数 formation factor 04.0044

地层油气藏 stratigraphic hydrocarbon reservoir 02.0702

地层真电阻率 true formation resistivity 04.0101

地磁场 geomagnetic field 03.0124

地磁极 geomagnetic pole 03.0125

地磁极性倒转 geomagnetic polarity reversal 03.0126

地磁日变 magnetic diurnal variation 03.0171

地磁图 geomagnetic chart 03.0130

地磁[学] terrestrial magnetism, geomagnetism 03.0123

地电剖面 geoelectric cross section 03.0232

地盾 shield 02.0056

地滚波 ground roll 03.0377

地基残留冻土层 foundation residual frozen soil zone 10.0468

地基冻胀 foundation frost heaving 10.0466

地基融沉 foundation thaw collapse 10.0467

地静压力 geostatic pressure 02.0633

地壳均衡[说] isostasy 03.0060

地壳运动 crustal movement 02.0026

地块 massif 02.0057

地蜡 ceresin, ceresine 07.0231

地垒 horst 02.0097

地理遥感 geographical remote sensing 02.0942

地沥青 asphalt 02.0297

地沥青化作用 asphaltization 02.0308

地裂运动 taphrogeny 02.0105

地幔隆起 mantle bulge 02.0045

地幔柱 mantle plume 02.0046

地貌恢复 land restoration 10.0417

地面安全阀 surface safety valve, SSV 09.0793

地面分辨率 ground resolution 02.0955

地面设备 surface equipment 04.0016

地面示功图 surface dynamometer card 06.0683

地面下击器 surface bumper jar 05.0616

地堑 graben 02.0096

地堑盆地 graben basin 02.0154

地球扁率 flattening of the earth 03.0057

地球动力学 geodynamics 02.0022

* 地球化学测井 geochemical well logging 04.0200

地球化学化石 geochemical fossil 02.0433

地球化学勘探 geochemical exploration 02.0012

地球化学相 geochemical facies 02.0197

地球物理测井 geophysical well logging 01.0003

地球物理测井学 borehole geophysics 04.0001

地球物理勘探 geophysical exploration 02.0011

地球资源技术卫星 earth resources technology satellite, ERTS 02.0944

* 地区规 regional master gage 11.0686

地热 geotherm, terrestrial heat 02.0668

地热测井 geothermal logging 04.0159

地热勘探 geothermal exploration 02.0014

地热气 geothermal gas 02.0508

地热梯度 geothermal gradient 02.0672

地热田 geothermal field, terrestrial heat field 02.0669

地热增温级 geothermal degree 02.0673

地台 platform 02.0052

地图投影转换 map projection transformation 02.0961

地网 ground network 09.0127

* 地温梯度 geothermal gradient 02.0672

地物干扰 clutter 09.0161

地下储气库 underground gas storage 10.0113

地下地质 subsurface geology 02.0776

地下焦点 buried focus 03.0835

地下井喷 underground blowout 05.0431

地下聚焦[效应] buried focus effect 03.0836

地下水封石洞油库 underground water-sealed oil storage in rock caverns 10.0469

地响应函数 earth response function, ERF 03.0262

地向斜 geosyncline 02.0058

地形校正 terrain correction, topographic correction 03.0093

地压 geopressure 02.0667

地震波识别 identification of seismic event 03.0353

地震测井 check shot 03.0409

地震测深 seismic sounding 03.0298

地震层序 seismic sequence 02.0877

地震储层研究 seismic reservoir study 03.0854

地震放大器 seismic amplifier 03.0520

地震[记录]仪 seismic recording instrument, seismograph 03.0514

[地震]加长电缆 jumper 03.0480

地震勘探船 seismic survey vessel 09.0013

地震[勘探]等浮电缆 seismic streamer, streamer 09.0075

地震勘探法 seismic prospecting method 03.0295

地震模型 seismic model 02.0930

地震相 seismic facies 02.0878

地震相单元 seismic facies unit 02.0915

地震相分析 seismic facies analysis 02.0916

地震相图 seismic facies map 02.0917

地震岩性学 seismic lithology 02.0839

地震钻机 seismic drilling rig 11.0009

地植物法 geobotanical method 02.0829

地质测量 geological survey 02.0748

地质构型 geological configuration 02.0437

地质勘探 geological exploration 02.0010

地质类比法 geologic analogy method 02.1058

地质力学 geomechanics 02.0023

地质录井 geological logging 02.0798

地质模拟 geologic modelling 02.0775

地质模型 geologic model 02.0774

地质剖面 geologic section 02.0750

地质统计储层模拟 geostatistical reservoir modeling 02.0843

地质卫星 geologic satellite 02.0945

蒂姆肯试验机 Timken test machine 07.0471

递减率 declining rate 06.0448

递减系数 decline factor 06.0447

递减指数 decline exponent 06.0446

碘值 iodine number, iodine value 07.0325

点汇 point convergence, point sink 06.0207

* 点沙坝沉积 point bar deposit 02.0210

点蚀 spot corrosion 10.0263

点源 point source 06.0206

点质量 point mass 03.0111

点状注水 scattered flooding 06.0413

点子量板 graticule, dot chart 03.0114

* 典型曲线拟合 type-curve matching method 06.0304

垫圈流量计 orifice type critical flow prover [low pressure] 06.0949

电－液控制系统 electrohydraulic control system 09.0952

电伴热 electric tracing 10.0042

电测井 electrical logging, electric log 04.0089

* 电测深 vertical electric sounding, VES 03.0209

电测深量板曲线 VES master curve 03.0229

电场 electric field 03.0225

电[场]敏感器 electric sensor 03.0259

电磁波传播测井 electromagnetic propagation log

04.0152

电磁测厚仪 electromagnetic thickness tool 04.0381

电磁法测深 electromagnetic sounding 03.0285

电磁刹车 electromagnetic brake 11.0105

电磁涡流刹车 electromagnetic eddy current brake 11.0106

电磁振动筛 electromagnetic shaker 11.0257

电导率结构 conductivity structure 03.0276

电动动力钳 electric power tongs 11.0708

电动绞盘 electric capstan 09.0734

电动潜油泵 electric submersible pump 06.0704

电动潜油离心泵 electric submersible centrifugal pump 06.0705

电动软管卷盘 electric powered hose reel 09.0343

电动钻具 electrodrill 11.0578

电法勘探 electrical prospecting 03.0204

电弧裂解炉 arc cracking furnace 08.0462

电弧钻井 electric arc drilling 05.0037

电化学保护 electrochemical protection 10.0292

电化学腐蚀 electrochemical corrosion 10.0256

电激发源 electrically stimulated source 04.0076

电极电位 electrode potential 10.0283

电极电阻 electrode resistance 03.0217

电极极化 electrode polarization 10.0285

电极排列 electrode array 03.0212

电极系 electrode array, sonde 04.0092

电极系分布比 distribution ratio of sonde 04.0125

电极系聚焦系数 focusing coefficient of sonde 04.0124

* 电极装置 electrode array 03.0212

电解法防[海生物]污着系统 electrolytic antifouling system 09.1026

* 电解氯化装置 electrochlorination unit 09.0593

电精制 electrofining, electrorefining 07.0099

电缆 cable 03.0479

电缆测井 wireline well logging 04.0003

电缆测井服务 wireline logging service 04.0017

电缆传输系统 cable communication system 04.0331

电缆护罩 cable guard 06.0708

电缆连接器 bridle 04.0312

电缆式地层测试器 wireline formation tester

04.0412

电缆头 logging head, cable head 04.0313

电缆悬挂泵 cable-suspended pump 06.0709

电缆油 cable oil 07.0186

电缆张力 cable stretch 04.0314

电雷管 electric blasting cap 03.0467

电离层干扰 ionospheric disturbance 09.0122

电零 electrical zero 04.0085

电流密度 current density 03.0226

* 电破乳器 electrical dehydrator, electrical demulsifier 10.0027

电气辅助设备模块 electrical support module 09.0559

* 电潜泵 electric submersible pump 06.0704

电潜泵特性曲线 electric submersible pump performance curve 06.0706

电潜单螺杆泵 electric submersible single screw pump 11.0465

电潜隔膜泵 electric submersible membrane pump 11.0466

电潜离心泵机组 submersible electric centrifugal pump unit 11.0457

电驱动绞车 electrical drawworks 11.0084

电驱动钻机 electric drive rig 11.0022

电热清蜡 electrothermal paraffin removal 06.0887

电热清蜡车 electrothermal paraffin vehicle 11.0403

电容排流 capacitance drainage 10.0385

电容器油 capacitor oil 07.0187

电脱水器 electrical dehydrator, electrical demulsifier 10.0027

电脱盐 electrostatic desalting 07.0038

电位电极系 normal electrode configuration, normal sonde 04.0093

电相 electrofacies 04.0296

电信号手动开关 hand switch for electric signal 09.0829

电液控制中心 electric-hydraulic control center 09.0292

电子密度指数 electron density index 04.0179

电子探针 electronic probe microscopy, EPM 02.1005

电子线路短节 electronic cartridge 04.0070

电子自旋共振信号 electron spin resonance signal, ESR signal 02.0417

电阻率测井 resistivity log 04.0090

电阻率测深 resistivity sounding 03.0210

电阻率仪 resistivity meter 05.0236

*电阻增大率 formation resistivity index 04.0046

掉格 tare, tear 03.0084

吊管带 pipe sling 10.0431

吊管机 sideboom, pipelayer 10.0423

吊环 elevator links, links 11.0124

吊环防碰器 link bumper 11.0195

吊环倾斜装置 link tilt assembly 11.0031

吊卡 elevator 11.0712

蝶阀 butterfly valve 07.0438

叠合催化剂 polymerization catalyst 07.0279

叠后偏移 poststack migration 03.0759

叠加次数 [stacking] fold 03.0405

叠加剖面 stacked section 03.0408

叠加速度 stacking velocity 03.0726

叠加图 stacking chart, layout chart 03.0407

叠加原理 principle of superposition 06.0204

叠前部分偏移 prestack partial migration 03.0796

叠前偏移 prestack migration 03.0758

叠瓦状结构 shingled configuration 03.0897

叠瓦状前积结构 shingled progradation configuration 02.0883

叠箱式底座 box-on-box type substructure 11.0144

丁苯橡胶 styrene-butadiene rubber, SBR 08.0312

2－丁醇脱氢 2-butanol dehydrogenation 08.0062

1,4－丁二醇 1,4-butanediol 08.0162

丁二烯 butadiene 08.0205

丁二烯－苯乙烯嵌段共聚 butadiene-styrene block copolymerization 08.0124

丁基橡胶 butyl rubber, BR 08.0316

丁腈橡胶 nitrile butadiene rubber, NBR 08.0317

γ－丁内酯 γ-butyrolactone 08.0200

丁醛 butyraldehyde 08.0190

丁烷脱氢 butane dehydrogenation 08.0058

丁烯 butene 08.0196

2－丁烯 2-butene 08.0195

丁烯脱氢 butylene dehydrogenation 08.0060

丁烯氧化 butylene oxidation 08.0067

顶部驱动钻井系统 top drive drilling system 11.0027

顶部压井法 top kill method 05.0421

顶部注水 crest water flooding 06.0410

顶超 toplap 02.0850

顶管法 push pipe method 10.0438

顶替压力 displacement pressure 05.0495

顶替液 displacement fluid 05.0527

*锭子油 high speed machine oil, spindle oil 07.0164

*定常渗流 steady state fluid flow through porous medium 06.0185

定期检验 periodical survey 09.0226

*定深器 depth controller 09.0091

定态水侵 steady state water invasion 06.0472

定碳比 carbon ratio 02.0407

定筒杆式泵 stationary barrel rod pump 11.0443

[定位]台链 [positioning] chain 09.0121

定位系统 positioning system 03.0043

定向井 directional well 05.0305

定向井测量 directional well survey 05.0380

定向井三维设计 three dimensional design of directional well 05.0331

定向取心 orientational coring 05.0568

定向药包 directional charge 03.0466

定向钻法 directional drilling method 10.0435

定向钻井 directional drilling 05.0333

定向钻头 directional bit 11.0322

定压单流阀 constant pressure check valve 06.0916

定子 stator 11.0567

丢失巷 lane loss 09.0116

动磁式检波器 moving-magnet type geophone 03.0488

*动校 NMO correction 03.0747

动校正 NMO correction 03.0747

动校正拉伸 NMO stretching 03.0748

动校正速度 NMO velocity 03.0725

动力舱 engine room 09.0285

动力大钳 power tongs 11.0706

动力定位 dynamic-positioning 09.0561

动力定位半潜式钻井船 dynamic-positioning semisubmersible rig 09.0194

动力定位浮式钻井船 dynamic-positioning drillship 09.0193

动力定位模拟控制器　analog DP controller 09.0562

动力定位钻井船　dynamic-positioning rig 09.0192

动力机冷却系统　motor cooling system 11.0029

* 动力井架　dynamic derrick 11.0139

动力粘度　dynamic viscosity 01.0119

动力卡瓦　power slips 11.0716

动力软管卷盘　power hose reel 09.0342

动力水龙头　power swivel 11.0187

动力套管钳　power casing tongs 11.0711

动力液　power fluid 06.0692

动力仪　dynamometer 06.0963

动力油管钳　power tubing tongs 11.0736

动滤失量　dynamic filtration 05.0181

动圈式检波器　moving-coil type geophone 03.0487

动水压力　hydrodynamic pressure 02.0635

动态范围　dynamic range 03.0535

动态井架　dynamic derrick 11.0139

动态裂缝尺寸　dynamic fracture size 06.0815

动态滤失试验　dynamic fluid loss test 06.0805

动态图象分析　dynamic image analysis 02.0966

动筒杆式泵　travelling barrel rod pump 11.0444

动稳性力臂　dynamical stability lever 09.0246

动物论　animal theory 02.0331

动液面　dynamic liquid level 02.0653

动用储量　producing reserves 02.1044

动植物混合论　animal-plant theory 02.0333

冻胶型调剖剂　gel-type profile control agent 12.0251

洞罐水垫层　cavern water cushion 10.0478

豆甾烷　stigmastane 02.0445

读卡仪　chart reader 11.0605

堵漏材料　lost circulation material 12.0118

堵漏垫　collision mat 09.0406

堵塞炮眼　plugged perforation, perforation plugging 06.0929

堵水　water shut off 06.0894

堵水剂　water shutoff agent 12.0253

杜松烷　cadinane 02.0465

API 度　API degree 01.0045

端点效应　end effect 06.0105

短抽油杆　pony rod 11.0437

短电位　short normal 04.0094

短起下钻　short trip 05.0076

短曲率半径水平井　short turning radius horizontal well 05.0326

短索　pendant line 09.0389

短停留时间裂解　short residence time cracking 08.0033

短弯钻铤　short bent collar 05.0397

短涡轮钻具　short turbodrill 11.0557

短源距　short space 04.0061

段塞流　slug flow 06.0578

段塞流捕集器　slug catcher 09.0575

断层　fault 02.0082

断层对比　fault correlation 03.0882

断层迹象　evidences of faulting 03.0851

断层生长指数　fault growth index 02.0083

断层遮挡油气藏　fault-screened hydrocarbon reservoir 02.0696

断电电位　switch-off potential 10.0355

断开结构　disrupted configuration 02.0893

断块油气藏　fault block hydrocarbon reservoir 02.0697

断面反射　fault plane reflection 03.0853

断钻具　drilling tool twisting off 05.0570

煅烧焦　calcined coke 07.0243

堆放区　laydown area 09.0721

堆放台　laydown platform 09.0722

堆料区　store space 09.0395

对苯二酚　p-dihydroxy-benzene 08.0235

对苯二甲酸　terephthalic acid 08.0254

对苯二甲酸二甲酯　dimethyl terephthalate 08.0256

对苯二甲酸酯化　p-phthalic acid esterification 08.0101

对比测井　correlation logging 04.0026

对比长度　correlation interval 04.0235

* 对比井　control well 05.0108

对比曲线　correlation curve 04.0234

对比温度　reduced temperature 06.0152

对比压力　reduced pressure 06.0151

对比折射法　correlative refraction method 03.0334

对二甲苯　p-xylene 08.0251

对二甲苯氧化　p-xylene oxidation 08.0073

对焊方钻杆　weld-on kelly 11.0630

对焊[连接]钻杆接头　weld-on tool joint　11.0619

对焊钻杆　weld-on drill pipe　11.0611

对焊钻铤　weld-on drill collar　11.0636

对甲基苯乙烯　p-methylstyrene　08.0231

对口　line up　10.0400

对流层散射　tropospheric scatter　09.0171

对流段　convection section　08.0035

对数比例　logarithmic scale　04.0305

* 对数谱　cepstrum　03.0716

顿钻　cable drilling　05.0032

* 顿钻钻机　cable-tool [rig], churn drill, spudder　11.0014

钝化　passivation　10.0255

多瓣螺杆钻具　multi-lobe motor　11.0572

多臂井径仪　multi-arm caliper　04.0364

多层完井气举　multiple completion gas lift　06.0617

多触点套管井径仪　multifeeler casing caliper　04.0365

多次覆盖　multiple coverage　03.0404

多次接触混相驱　multi-contact miscible flooding drive　06.0998

多道滤波器　multichannel filter　03.0660

多底井　multi-bore well　05.0306

多点系泊　multi-point mooring, spread mooring　09.0505

多浮筒系泊系统　multi-buoy mooring system　09.0511

多功能采集和成象系统　multitask acquisition and imaging system　04.0327

多级抽油杆柱　tapered rod string, compound rod string　06.0667

多级分离　multistage separation　10.0013

多级离心泵　multistage centrifugal pump　11.0458

多级润滑油　multigrade lubricating oil　07.0160

* 多级脱气　differential liberation, multi-stage liberation　06.0164

多级压裂　multiple stage fracturing　06.0832

多级注水泥　multistage cementing　05.0468 ·

多金属重整　multimetallic catalytic reforming 07.0072

多金属重整催化剂　multimetallic reforming catalyst　07.0273

多井分析　multiwell analysis　04.0293

多井基盘系统　multiwell template system　09.0312

多孔隔板法　porous diaphragm method　06.0120

多孔介质　porous medium　06.0194

多矿物模型　multi-mineral model　04.0263

多流量试井　multiple-rate well testing　06.0283

多路编排器　multiplexer　03.0553

[多路]解编　demultiplex　03.0628

多目标井　multi-target well　05.0311

多普勒声呐　Doppler sonar　09.0143

多谱段扫描系统　multispectral scanner system, MSS　02.0950

多谱段图象　multispectral image　02.0951

多枪　multigun　09.0033

* 多糖　polysaccharide　12.0040

多萜　polyterpene　02.0475

多通道旋转头　multi-path swivel　09.0724

多头计量泵　multihead metering pump　09.0873

多线电测仪　multichannel logging unit　04.0299

多相垂直管流　vertical multiphase flow　06.0574

多相流　multiphase flow　10.0069

多相渗流　multiple-phase fluid flow　06.0223

多项式法　polynomial method　03.0105

多效润滑脂　multipurpose grease　07.0217

多效添加剂　multipurpose additive　07.0245

多旋回盆地　polycyclic basin　02.0152

多异氰酸酯　polyisocyanate　08.0188

多用户作业　multi-user operation　09.0110

多油管采油井口　multi-tubing wellhead　11.0394

多轴绞车　multiaxial drawworks　11.0086

多组分渗流　multi-compositional fluid flow　06.0224

多组分酸酸化　multicomponent acid treatment　06.0782

惰性气　inert gas　02.0292

惰性气体发生器　inert gas generator　09.0587

惰质组　inertinite　02.0355

E

鹅颈管 gooseneck 11.0190

额定泵压 rated pump pressure 11.0232

额定最大风速 max. wind rating 11.0167

厄特沃什效应 Eotvos effect 03.0088

恩氏粘度 Engler viscosity 07.0351

二苯醚 diphenyl ether 08.0237

二层台 racking platform, racking board 11.0159

二层台高度 height of racking platform 11.0173

二层台容量 setback capacity 11.0172

二冲程内燃机油 two-cycle engine oil 07.0158

二次采油 secondary oil recovery 06.0974

二次场电位差 voltage of secondary field 03.0244

二次沉淀 secondary precipitation 12.0157

二次导数图 second derivative map 03.0107

二次生油 secondary generation of oil 02.0390

二次循环法 driller's method 05.0419

二次运移 secondary migration 02.0593

二级压缩泵 two-stage compression pump 06.0670

二甲苯 xylene 08.0247

二甲苯分离 xylene separation 08.0090

二甲苯异构化 xylene isomerization 08.0089

二甲苯异构化催化剂 xylene isomerization catalyst 08.0396

二甲基环戊烷 dimethyl cyclopentane 02.0513

二甲基甲酰胺 dimethyl formamide 08.0130

二甲基乙酰胺 dimethyl acetamide 08.0131

二进制增益 binary gain 03.0549

二氯乙烷 dichloroethane 08.0151

二氯乙烷氧氯化 dichloroethane oxychlorination 08.0110

二萜 diterpene 02.0473

二维地震 2D seismic 03.0595

二维两相渗流 two-dimensional and two-phase fluid flow 06.0201

二维渗流 two-dimensional fluid flow 06.0199

*二项式方程 turbulent-flow equation [for gas well] 06.0259

二项式流动方程 turbulent-flow equation [for gas well] 06.0259

二氧化碳段塞水驱 water drive with carbon dioxide slug 06.1008

二氧化碳灭火器 carbon dioxide extinguisher 09.0968

二氧化碳灭火系统 carbon dioxide fire extinguishing system 09.0969

二氧化碳驱 carbon dioxide flooding 06.1007

二氧化碳压缩机 CO_2 compressor 08.0531

二乙苯 diethyl benzene 08.0253

二乙二醇 diethylene glycol 08.0136

二异氰酸酯 diisocyanate 08.0187

二元乙丙橡胶 ethylene-propylene rubber, ethylene-propylene monomer, EPM 08.0319

F

发电机组模块 power generation module 09.0557

发动机燃料 motor fuel 07.0106

发动机油 engine oil 07.0151

发汗 sweating 07.0046

发泡剂 blowing agent, foaming agent 08.0409

发散结构 divergent configuration 02.0894

发射线圈 transmitter coil, emitter coil 04.0143

发送道 launching way 10.0442

发现井 discovery well 02.0781

发现率外推法 extrapolated method of discovery

ratio 02.1065

阀体 valve body 11.0221

阀箱 valve pot 11.0222

阀座 valve seat 11.0220

阀座拉拔器 valve seat puller 11.0225

ABC法 ABC method 03.0814

MBH法 Mathews-Brons-Hazebroek method 06.0276

MDH法 Miller-Dyes-Hutchinson method 06.0275

法定检验 statutory survey 09.0227

法呢烷　farnesane　02.0484

法向入射　normal incidence　03.0434

法向入射射线　normal incident ray　03.0776

翻越点　Перевальная Точка（俄）　10.0178

翻转法抢装井口　turning-up-installing wellhead
　05.0457

钒钝化剂　vanadium passivator　07.0284

钒－镍比　vanadium to nickel ratio, V/Ni　02.0287

* 凡尔　pump valve　11.0219

* 凡尔座　valve seat　11.0220

* 凡士林　petrolatum, vaseline　07.0227

反冲洗水罐　backwash tank　09.0780

反冲洗循环泵　backwash return pump　09.0781

反电位法　opposite potential method　10.0369

* 反丁烯二酸　fumaric acid　08.0201

反九点法注水　inverted nine-spot water flooding
　pattern　06.0406

反扣公锥　back taper　05.0598

反滤波器　inverse filter　03.0674

反Q滤波器　inverse Q filter　03.0678

反凝析　retrograde condensation　01.0096

反射标准层　key horizon, marker　03.0831

反射法　reflection method　03.0296

反射结构　reflection configuration　02.0879

反射解释　reflection interpretation　03.0826

反射连续性　reflection continuity　02.0907

反射率　reflectivity　03.0350

反射面　reflector　03.0830

反射强度　reflection strength　02.0936

反射外形　reflection external form　02.0897

反射系数　reflection coefficient　03.0349

反射折射波　reflected refraction　03.0379

反射终端　reflection termination　02.0845

* 反射终止　reflection termination　02.0845

反渗析装置　reverse osmosis unit, ROU　09.0591

反输　reverse pumping　10.0157

反投影　back projection　03.0603

反洗　inverse well-flushing　06.0924

反相乳化钻井液　invert-emulsion drilling fluid,
　water-in-oil emulsion　05.0168

反循环　inverse circulation　06.0935

反循环打捞篮　reverse circulation junk basket
　05.0577

反循环阀　reverse circulation valve　11.0591

反演　inversion　03.0032

反演模拟　inverse modeling　02.0931

反应井　observation well, responding well　06.0280

反应器　reactor　07.0428

反注　inverse water injection, annulus water injection
　06.0740

反转角　twist angle　05.0374

反转凝析气　retrograde condensate gas　06.0171

反转凝析现象　retrograde condensate phenomenon
　06.0168

反转凝析压力　retrograde condensate pressure
　06.0169

反褶积　deconvolution　03.0024

返回距离　layback　09.0151

芳构化　aromatization　07.0079

芳烃抽提　aromatic extraction　07.0041

芳烃加氢　aromatic hydrogenation, hydrodearoma-
　tization　07.0068

芳香基原油　aromatic base crude [oil]　01.0034

芳香烃　aromatic hydrocarbon, arene　01.0075

芳香烃结构分布指数　aromatic structural index,
　ASI　02.0415

方补心　master bushing　11.0183

* ADIP方法　alternating direction implicit technique
　06.0346

方入　kelly-in　05.0060

方位　azimuth　05.0338

方位控制　directional control, orientation control
　05.0357

方位频率图　azimuth frequency diagram　04.0241

方位校正　directional correction, azimuth correction
　05.0365

方向滤波　trend-pass filtering　03.0201

方向渗透率　directional permeability　06.0032

方向特性图　directivity graph　03.0398

方余　kelly-up　05.0059

方钻杆　kelly, kelly bar　11.0627

方钻杆补心　kelly bushing　11.0184

方钻杆接头　kelly joint, kelly bar sub　11.0631

方钻杆套筒量规　square sleeve gage　11.0682

方钻杆旋扣器　kelly spinner　11.0721

方钻杆旋塞阀　kelly cock, kelly valve　11.0379

方钻铤 square drill collar 11.0633

防爆间隔舱壁 explosion proof divisional bulkhead 09.0981

防爆设备 explosion proof equipment 09.0978

防冰添加剂 anti-icing additive 07.0252

防沉板 mud mat 09.0484

防冲距 dead space 06.0690

防毒面具 breathing apparatus, respirator 09.0962

防风墙 wind shield 09.0538

防辐射添加剂 antiradiation additive 08.0418

[防腐层]剥离试验 peel test [of coating] 10.0343

[防腐层]抗流淌温度 sag resistance temperature [of coating] 10.0336

[防腐层]可弯曲性 bendability [of coating] 10.0335

防腐[蚀]涂料 anti-corrosion paint 12.0206

防腐性 anti-corrosive property 07.0298

防垢剂 anti-scaling agent, scale inhibitor 12.0210

[防寒]救生服 immersion suit 09.1008

防火堤 fire dike 10.0216

防火风门 fire damper 09.0947

防火风门复位开关 damper reset valve 09.0948

防火距离 exposure distance 09.0988

防火门 fire door closer, fire proof door 09.0963

防焦剂 anti-scorching agent, vulcanization retarder 08.0425

防蜡 paraffin control 06.0880

防蜡剂 paraffin inhibitor 12.0138

* 防浪阀 storm valve 09.0295

防老剂 antiager, age resister 08.0421

防雷接地 lightning grounding 10.0238

防霉剂 mildew inhibitor 08.0411

防磨接头 blast joint 06.0875

防喷器 blowout preventer, BOP 11.0358

防喷器吊车 blowout preventer crane, blowout preventer carrier 09.0348

防喷器控制系统 preventer control system 11.0369

防喷器试验桩 blowout preventer test stump 09.0351

防喷器通径 bore diameter of preventer 11.0373

防喷器应急回收系统 emergency BOP recovery system 09.0907

防喷器组 blowout preventer unit, blowout preventer stack 11.0357

防喷罩 oil saver, spray guard 11.0356

防碰块 bumper block 09.1033

防碰系统 anticollision system 09.0563

* 防气窜水泥 gas block cement, gasblock 05.0485

防乳化剂 emulsion inhibitor 12.0164

防砂技术 sand control technique 06.0846

防砂砾石 sand control gravel 06.0855

防砂筛管 sand control liner 06.0854

防砂效果 result of sand control 06.0853

防砂有效期 life of sand control 06.0852

防水剂 water-proofing agent 08.0442

防水自动电话 water-proof automatic telephone 09.0407

防跳轴承 hold down bearing, upthrust bearing 11.0178

防污染系统 antipollution system 11.0295

防雾剂 antifogging agent 08.0417

防锈抗氧汽轮机油 rust preventing and anti-oxidation turbine oil 07.0194

防锈润滑脂 anti-rust grease, preservative grease 07.0216

防锈添加剂 rust preventive inhibitor 07.0253

防锈性 anti-rust property, rust-preventing characteristics 07.0297

防淤渣剂 sludge inhibitor, sludge preventive 12.0167

纺丝油剂 spining finish 08.0446

纺丝助剂 spin finish aid 08.0440

纺织助剂 textile auxiliary 08.0438

放空管 vent pipe 09.0720

放空管线 vent line 06.0933

放炮序列 shooting sequence 09.0071

* 放喷管 blooie line 11.0383

放射虫鉴定 radiolaria identification 02.0986

* 放射性测井 nuclear logging 04.0165

放射性测量 radioactive survey 02.0830

放射性示踪剂 radioactive tracer 12.0262

放射性示踪流量计 radioactive-tracer flowmeter 04.0371

放射性同位素测井　radioisotope log　04.0199

放线艇　spread laying boat　09.0017

非常规气　unconventional gas　02.0507

非常规油气资源　unconventional petroleum resources　02.1028

非磁性稳定器　non-magnetic stabilizer　05.0403

非达西渗流　non-Darcy flow　06.0189

*非定常渗流　unsteady state flow through porous medium　06.0187

非定态水侵　non-steady state water invasion　06.0473

非混相流体　immiscible fluid　06.0135

非混相驱替　immiscible displacement　06.0225

非活塞式驱替　non-piston-like displacement　06.0229

非接触式井径仪　uncontact caliper　04.0363

非均匀介质　inhomogeneous medium　03.0027

非离子型表面活性剂　nonionic surfactant　12.0014

非离子型高分子破乳剂　nonionic macromolecular demulsifier　12.0274

非离子型聚合物　nonionic polymer　12.0079

非零井源距垂直剖面法　nonzero-offset VSP　03.0584

非牛顿流体　non-Newtonian fluid　01.0104

非前积反射结构　nonprogradational reflection configuration　02.0887

非润湿相　non-wetting phase　06.0107

非弹性吸收　anelastic absorption　03.0427

非稳定渗流　unsteady state flow through porous medium　06.0187

非线性扫描　non-linear sweep　03.0571

非线性渗流　non-linear fluid flow through porous medium　06.0192

非选择性堵水剂　nonselective water shutoff agent　12.0258

非氧化型杀菌剂　nonoxidation-type bactericide　12.0196

非皂基润滑脂　non-soap base grease　07.0203

非整一　discordance　03.0894

非纵丁字形排列　broadside T spread　03.0507

非纵剖面折射法　broadside refraction shooting　03.0332

废弃河道沉积　abandoned channel deposit　02.0214

废热锅炉　waste heat boiler　07.0386

废热回收装置　waste heat recovery unit　09.0860

废水处理井　waste water disposal well　09.0783

沸石裂化催化剂　zeolite cracking catalyst, molecular sieve cracking catalyst　07.0266

沸腾床反应器　ebullated bed reactor　08.0467

沸腾干燥器　ebullated dryer　08.0520

费马原理　Fermat principle　03.0301

酚精制　phenol refining　07.0103

酚醛树脂　phenol-formaldehyde resin, phenolic resin　08.0300

分辨率　resolution　02.0928

分辨能力　resolving power　03.0858

分布式仪器　distributed instrument　03.0563

分层　zonation　04.0285

分层定值　blocking　04.0284

分层堵水　separate-layer water shut off　06.0898

分层防砂　separate-layer sand control　06.0849

*分层改造　separated-layer stimulation　06.0765

分层流　stratified flow　10.0070

分层压裂　separate-layer fracturing　06.0830

分层增产作业　separated-layer stimulation　06.0765

分层注水　separated-zone water injection　06.0738

分抽泵　oil well pump for"separated zone"operation　06.0673

分带图板　zone chart　03.0094

分段试压　pipe section pressure test　10.0419

分隔式筛框　divided deck　11.0268

分光光度法　spectrophotometry　02.1018

分井计量多通阀　multipass valve　10.0078

分井计量站　satellite station　10.0017

C_4分离　C_4 fractionation　08.0048

分馏　fractionation　07.0029

分馏塔　fractionating tower, fractionating column　07.0407

分流方程　fractional flow equation　06.0233

分流间湾沉积　interdistributary bay deposit　02.0249

分流器　diverter　09.0350

分流线　diverting stream line　06.0210

分配系数　partition coefficient　12.0233

分散剂　dispersing agent　08.0456

分散沥青　dispersed bitumen　02.0322

分散泥质　dispersed shale　04.0050

分散气浮选器　dispersed gas floatator　09.0776

分散有机质　dispersed organic matter　02.0335

分散钻井液　dispersed drilling fluid　05.0154

分形几何　fractal geometry　06.0079

＊分油罐　skim tank　10.0025

分子量调节剂　molecular weight regulator　08.0448

＊分子筛裂化催化剂　zeolite cracking catalyst, molecular sieve cracking catalyst　07.0266

分子筛脱蜡　molecular sieve dewaxing　07.0047

分组驱动　group drive　11.0060

焚烧炉　incinerator　09.0588

粉焦量　powder coke content　07.0379

粉砂岩　siltstone　02.0173

粉砂指数　silt index　04.0257

粪甾烷　coprostane　02.0446

＊封包气举阀　bellows gas-lift valve　11.0476

封闭边界　sealed boundary　06.0235

封堵器　stopper , blockage　10.0160

封隔器　packer　06.0904

封隔器坐封距　packer setting travel　06.0914

封隔器坐封深度　packer setting depth　06.0865

封隔液　packer fluid　05.0273

风暴吃水　storm draft　09.0265

风暴阀　storm valve　09.0295

＊风暴浪底　storm wave base　02.0236

风暴浪基面　storm wave base　02.0236

风成沉积　eolian deposit　02.0224

风化层　weathering layer　03.0336

风险分析　risk analysis　02.1073

风险系数　risk coefficient　02.1072

缝合线　stylolite　02.0564

缝隙腐蚀　crevice corrosion　10.0265

呋喃树脂　furan resin　12.0067

敷管船　[pipeline] laying barge, lay barge　09.0451

敷缆船　cable layer　09.0452

扶正器　centralizer　04.0059

扶正台　stabbing board　11.0162

扶正轴承　alignment bearing　11.0191

辐射段　radiation section　08.0036

辐射力　radiation force　09.0650

辐射炉　radiant-type furnace　07.0384

＊辐射式系泊系统　multi-point mooring, spread mooring　09.0505

幅－距分析　amplitude versus offset analysis, AVO analysis　03.0863

氟碳油　fluorocarbon oil　07.0196

符号位录制　sign-bit recording　03.0565

浮顶升降试验　floating roof floation test　10.0456

浮顶油罐　floating roof tank　10.0205

浮动定子涡轮钻具　turbodrill with floating stators　11.0563

浮动转子涡轮钻具　turbodrill with floating rotors　11.0564

浮阀塔板　floating valve tray　07.0422

浮箍　float collar　05.0519

浮力　buoyancy　02.0663

浮球　floating ball　09.0021

浮球控制阀　floater controlled valve　09.0821

浮式储油装置　floating oil storage unit　09.0674

浮式生产储油外输船　floating production storage and off-loading tanker, FPSO tan　09.0673

浮式生产储油装置　floating production storage unit, FPSU　09.0675

浮式生产平台　floating production platform　09.0669

浮式生产系统　floating production system, FPS　09.0671

浮式输油软管　floating cargo hose　09.0564

浮式转塔系泊　buoyant turret mooring　09.0517

浮式装油软管　floating loading hose　09.0565

浮式自动灌注设备　automatic fill-up floating equipment　09.0409

浮式钻井船　drillship, drilling ship　09.0191

浮筒　pontoon　09.0022

浮鞋　float shoe　05.0542

浮心　center of buoyancy　09.0260

浮选剂　floatation agent　12.0193

浮子式井下流量计　bottom hole float type flowmeter　06.0960

福斯特公式　Faust equation　03.0448

辅助导航系统　secondary navigation system　09.0104

辅助管束回路　service loop　09.0368

辅助环路管线终端盒　service loop termination kit　09.0369

辅助绞车　auxiliary hoist　11.0082

辅助刹车　auxiliary brake　11.0102

辅助阳极　impressed current anode　10.0366

辅助阴极　auxiliary cathode　10.0370

俯冲　subduction　02.0110

釜式反应器　tank reactor　08.0472

腐泥化作用　saprofication　02.0338

腐泥型干酪根　sapropel-type kerogen, I -type kerogen　02.0343

腐泥型裂解气　sapropel-type cracking gas　02.0505

腐泥型天然气　sapropel-type natural gas　02.0496

腐泥质　sapropelic substance　02.0337

腐蚀产物　corrosion product　10.0251

腐蚀电池　corrosion cell　10.0286

腐蚀电位　corrosion potential　10.0291

腐蚀环境　corrosion environment　10.0249

腐蚀深度　corrosion depth　10.0252

腐蚀速率　corrosion rate　10.0253

腐蚀体系　corrosion system　10.0250

腐蚀裕量　corrosion allowance　09.1028

腐殖化作用　humification　02.0341

腐殖煤型天然气　humolith-type natural gas　02.0498

腐殖酸　humic acid　02.0340

腐殖酸盐　humate　12.0057

腐殖碳质沥青　гуминокериты(俄)　02.0305

腐殖型干酪根　humic-type kerogen, III -type kerogen　02.0345

腐殖型裂解气　humic-type cracking gas　02.0506

腐殖型天然气　humic-type natural gas　02.0497

腐殖质　humic substance　02.0339

副标准燃料　secondary reference fuel　07.0133

副管　looped pipeline　10.0143

覆盖百分比　percentage of coverage　03.0406

覆盖层　coating　10.0296

复壁管　composite pipe　10.0447

复合反射波　composite reflection　03.0413

复合平衡抽油机　compound-balanced pumping unit　11.0421

复合驱　combination flooding　06.0989

复合型盆地　composite basin　02.0140

复合皂基润滑脂　complex soap base grease　07.0204

复式混合器　compound blender　11.0519

复式涡轮钻具　compound turbodrill, sectional turbodrill　11.0561

复数道　complex trace　03.0614

复位开关　reset switch　09.0894

复线　double pipeline　10.0146

复杂岩性　complex lithology　04.0021

复杂岩性储层　complex lithology reservoir　04.0276

负荷磨损指数　load wear index　07.0364

负荷试运转　on load test run　10.0462

负压闪蒸　vacuum flash evaporation　10.0032

负压射孔　underbalanced perforation　04.0403

负异常　negative anomaly　03.0040

富化剂　enriching agent　12.0242

富马酸　fumaric acid　08.0201

富气驱　enriched gas drive　06.1006

附加水量　additional water flowing rate　06.0736

G

伽　Gal　03.0066

改性剂　modifier　08.0454

*概算储量　probable reserves, estimated reserves　02.1034

钙处理钻井液　calcium treated drilling fluid　05.0163

钙基润滑脂　calcium soap base grease　07.0205

钙膨润土　calcium bentonite　05.0217

钙侵　calcium contamination　05.0207

钙质超微化石鉴定　calc-nannofossil identification　02.0989

盖层　caprock　02.0579

盖面焊道　cap bead　10.0407

干点　dry point　07.0312

干粉灭火器　dry chemical extinguisher　09.0966

干酪根　kerogen　02.0342

干酪根降解论　kerogen degradation theory　02.0334

干酪根降解数学模拟法 mathematic simulation method of kerogen degradation 02.1060

干酪根类型鉴定 kerogen type identification 02.0994

干喷射 dry blasting 10.0304

干气 dry gas 01.0059

干扰测试 interference test 11.0581

干扰沉降 interfered setting 06.0827

干扰试井 well interference test 06.0278

干涉 interference 03.0841

干式采油树 dry-type tree 09.0682

干式自动喷洒灭火系统 dry-type automatic sprinkler system 09.0918

干舷甲板 freeboard deck 09.0279

干燥剂 drying agent 08.0445

干燥系数 drying coefficient 02.0516

干钻 drilling at circulation break, drilling dry 05.0064

甘油 glycerol, glycerine 08.0179

杆式泵 rod pump 11.0442

杆状图 stick plot 04.0242

感铅性 lead susceptibility 07.0302

感应测井 induction logging 04.0136

感应式磁力仪 coil magnetometer 03.0186

刚性水压驱动 rigid water drive 06.0360

钢齿钻头 milled tooth bit, steel tooth bit 11.0316

钢丝绳抽油机 wireline pumping unit 11.0430

钢丝绳防喷器 wireline preventer 11.0385

钢丝绳切割工具 wireline cutting tool 11.0131

钢丝绳许用载荷 allowable rope load 11.0126

钢丝绳直径 wirerope diameter 11.0041

钢性涡轮钻具组合 stiff turbo-drill assembly 05.0410

钢质插入式裙板 steel penetration skirt 09.0483

缸套 cylinder liner 11.0216

缸套拉拔器 liner puller 11.0224

缸套密封 liner packing 11.0218

* 缸套盘根 liner packing 11.0218

缸套喷淋器 liner spray 11.0226

高pH钻井液 high-pH drilling fluid 05.0177

高－低压开关 high-low pressure switch, HLPS 09.0887

高－高压开关 high-high pressure switch, HHPS 09.0888

高程差 curve displacement 04.0232

高程水头 elevation head 02.0639

高程校正 elevation correction 03.0090

高氮沥青 algarite 02.0295

高低压安全切断系统 Hi-Lo safety system 10.0103

高电阻层 resistive bed 04.0023

高分辨地层倾角测井仪 high resolution dipmeter tool, HDT 04.0226

高分辨率 high resolution 03.0862

高分辨率图象 high resolution picture 02.0959

高分子表面活性剂 macromolecular surfactant 12.0031

高分子破乳剂 macromolecular demulsifier 12.0272

高含水油层 high watercut layer 06.0535

高含油浓度报警 high oil content alarm 09.0899

高级地球资源观测系统 Advanced Earth Resource Observation System, AEROS 02.0948

高架罐 elevated tank 10.0214

高截滤波器 high cut filter 03.0541

高抗冲聚苯乙烯 high-impact polystyrene, HIPS 08.0278

高抗硫水泥 high sulfate resistant cement, HSR cement 05.0479

高灵敏流量计 high sensitivity flowmeter 04.0370

高岭石 kaolinite 05.0226

高密度固相 high specific density solid 05.0240

高密度聚乙烯 high density polyethylene, HDPE 08.0265

高密封浮鞋 super seal floating shoe 09.0416

高能气体压裂 high enegry gas fracturing 06.0833

高粘度润滑油 high viscosity lubricating oil 07.0139

高粘度指数液压油 high viscosity index hydraulic oil 07.0170

高浓度可燃气报警 high concentration gas alarm 09.0960

高强度套管 high strength casing 11.0646

高强度油管 high strength tubing 11.0651

* 高水敏性粘土 gumbo 05.0231

高水位期 highstand period 02.0865

高水位体系域 high system tract, HST 02.0870

高速层 high velocity layer 03.0338

高速机械油 high speed machine oil, spindle oil 07.0164

高速涡轮钻具 high speed turbodrill 11.0556

高碳青质 carboid 02.0311

高碳脂肪胺 higher aliphatic amine 08.0220

高碳脂肪酸 higher aliphatic acid 08.0218

高碳脂肪烃 higher aliphatic hydrocarbon 08.0215

高通滤波器 high-pass filter 03.0653

高温高压滤失量 high temperature and high pressure filtration 05.0184

高温高压滤失仪 high pressure high temperature filter tester 05.0243

高温起泡剂 high temperature foamer 12.0243

高温热裂解 high temperature pyrolysis 08.0021

高温润滑脂 high temperature grease 07.0213

高温水泥 thermal cement 05.0484

高限流量 flow high limit 09.0832

高辛烷值汽油 high octane gasoline 07.0117

高压报警器 high pressure alarm 09.0886

高压电干扰 high line interference 03.0544

高压火炬 high pressure flare 09.0758

高压火炬气分液器 high pressure flare knock-out drum 09.0756

高压聚合釜 high pressure polymerizer 08.0482

高压凝析油罐 high pressure condensate tank 09.0789

高压气分液器 high pressure gas knock-out drum 09.0754

高压气净化器 high pressure scrubber 09.0771

高压潜水系统 hyperbaric diving system, pressurized diving system 09.0604

高压物性仪 PVT apparatus set 06.0177

高压再启动泵 high pressure restart pump 09.0797

高压钻井 high pressure drilling 05.0044

高造浆率钻井粘土 high-yield clay 05.0232

割铣解卡法 releasing stuck by cutting 05.0589

隔层 barrier bed, impervious bed 02.0581

隔环 spacer ring 09.0421

隔离球 batching sphere 10.0155

隔离塞 batching pig, batching plug 10.0154

隔离液 spacer 05.0505

隔热层 insulated coating 10.0344

隔热衬里 insulated lining 10.0345

隔热管柱 heat insulated tubing string 06.1048

隔热海底管线 heat insulated subsea pipeline 09.0595

隔热油管 heat-proof tubing 11.0547

隔水导管卡盘 riser spider 09.0359

隔水导管张紧器 riser tensioner 09.0319

各向异性系数 coefficient of anisotropy 03.0224

根部焊道 root bead 10.0404

更新井 renewed well 06.0550

庚烷值 heptane value 02.0514

工程测井 engineering log 04.0346

工程船舶 engineering vessel 09.0444

工程地质船 engineering geotechnical vessel 09.0446

*工程师法 wait and weight method, engineer's method 05.0418

工具面方位 toolface orientation, toolface azimuth, toolface setting 05.0361

工具面角 toolface azimuth 05.0360

工业齿轮油 industrial gear oil 07.0146

*工业储量 recoverable reserves, industrial reserves 02.1033

工业凡士林 industrial vaseline 07.0229

工业干扰 cultural interference 03.0254

工业勘探 industrial exploration 02.0745

*工业油气藏 commercial hydrocarbon reservoir 01.0016

工艺舱 process tank 09.0281

工艺模块 process module 09.0555

工作段 active section, live section 09.0082

工作阀 operating valve, working valve 06.0602

工作规 working gage 11.0688

工作区 working quarter 09.0393

工作梯 working ladder 11.0157

工作艇 work boat 09.0201

功率谱 power spectrum 03.0642

功能节点 functional node 06.0590

功能选单 functional menu 03.0880

供给边界 supply boundary 06.0238

*供氢剂裂化 hydrogen donor cracking 07.0065

供氢裂化 hydrogen donor cracking 07.0065

供水区　recharge area　02.0641

供应船　supply ship　09.0199

公称钻深[范围]　nominal drilling depth range 11.0036

公共自动增益控制　ganged automatic gain control, GAGC　03.0531

*公接头　tool joint pin　11.0625

*公控　ganged automatic gain control, GAGC 03.0531

公用设施模块　utility module　09.0560

公用设施平台　utility platform　09.0463

公锥　taper tap　05.0597

拱顶油罐　dome roof tank　10.0204

共存水饱和度　coexisting water saturation　06.0072

共反射点道集　CRP gather　03.0750

*共反射点面元　bin　03.0801

共接收点道集　common receiving point gather 03.0670

共面元选排　common-cell sorting　03.0803

共炮点道集　common shot point gather　03.0669

共炮检距剖面　common-offset section　03.0638

共中心点　common midpoint, CMP　03.0752

共中心点道集　CMP gather　03.0751

共中心点叠加　common midpoint stack, CMP stack 03.0753

共中心点选排　CMP sorting　03.0637

共转换点道集　common-conversion point gather 03.0671

沟边组装　assembling beside ditch　10.0412

沟底组装　assembling in ditch　10.0411

沟弧盆系　trench-arc-basin system　02.0124

垢转化剂　scale converter　12.0216

构造　structure　02.0024

构造鼻　structural nose　02.0070

构造单元　tectonic unit　02.0050

构造地质测量　structural geological survey 02.0749

构造地质学　structural geology　02.0019

*构造风格　structural style　02.0032

构造格架　tectonic framework　02.0034

构造类型　tectonic type　02.0033

构造裂缝　structural fracture　02.0561

构造模式　structural model　02.0031

构造剖面　structural section　02.0751

构造显示　structural lead　03.0849

构造型异常高压层　structural abnormal pressure formation　05.0439

构造旋回　tectonic cycle　02.0049

构造样式　structural style　02.0032

构造异常　structure anomaly　02.0973

构造油气藏　structural hydrocarbon reservoir 02.0688

构造作用　tectonism　02.0025

构造作用力　tectonic force　02.0662

鼓泡反应器　bubbling reactor　08.0468

古地磁地层学　paleomagnetic stratigraphy　03.0168

古地磁对比　paleomagnetic correlation　02.0759

古地磁学　paleomagnetism　03.0167

古海岸沙洲油气藏　palaeooffshore bar hydrocarbon reservoir　02.0712

古河道油气藏　palaeochannel hydrocarbon reservoir 02.0711

古生物对比　palaeontological correlation　02.0755

古生物鉴定　paleontology identification　02.0980

古植物鉴定　paleobotany identification　02.0988

骨架参数　matrix parameter　04.0265

骨架矿物　matrix mineral　04.0019

骨架密度　matrix density, grain density　04.0177

骨架识别图　matrix identification plot　04.0292

谷甾烷　sitostane　02.0444

故障查寻　trouble shooting　09.0069

固定床反应器　fixed bed reactor　07.0432

固定阀　standing valve　11.0454

固定式平台　fixed platform　09.0468

固定式生产平台　fixed production platform 09.0668

固定式钻井平台　fixed drilling platform　09.0185

固定水位式　fixed water bed　10.0479

固化点　setting point　07.0354

固化剂　curing agent　12.0132

固井　cementing　02.0792

固井船　cementing vessel　09.0197

固井设备　cementing equipment　11.0492

固井设备舱　cementing unit room　09.0370

*固控系统　solid control system, drilling fluid cleaning system　11.0246

固控指数　solid control index　11.0249

固色剂　colouring stabilizer　08.0434

固砂技术　sand consolidation technique　06.0847

固砂树脂　sand consolidation resin　12.0131

固体潮　[solid] Earth tide　03.0064

固体沥青　solid bitumen　02.0293

固相　solid phase　02.0607

固相含量　solid content　05.0187

＊固相含量测定仪　mud still　05.0238

固相控制　solid control　05.0239

固相控制系统　solid control system, drilling fluid cleaning system　11.0246

固相侵入　solid invasion　05.0257

固有衰减　intrinsic attenuation　03.0429

固桩架　wedge bracket　09.0489

刮刀钻头　drag bit　11.0328

刮蜡片　paraffin knife, paraffin scraper　06.0883

刮蜡器　paraffin scraper　11.0397

刮泥器　scratcher　05.0516

瓜尔胶　guar gum　12.0052

关断阀　shutdown valve　09.0880

关断开关　shutdown switch　09.0881

关井　close in, shut in　05.0422

关井比　closing ratio　05.0446

关井前稳定生产期　pre-shut-in constant-rate period　06.0274

关井套管压力　shut-in casing pressure, SICP, closed-in casing pressure　05.0428

关井钻杆压力　closed-in drill-pipe pressure　05.0425

观测点　observation point　03.0009

观测现场　observation site　03.0008

观察窗　sight flow glass　09.0811

＊管波　casing wave　03.0589

管道泵　inline pump　10.0229

管道穿越　pipeline crossing　10.0168

管道调合　inline blending　10.0221

管道定位器　pipeline locater　10.0196

管道防蜡　wax control　10.0062

管道浮拖法　*pipeline float and drag method*　10.0439

管道固定墩　pipeline anchor　10.0177

管道结蜡　wax deposition　10.0060

管道跨越　pipeline spanning　10.0165

管道清蜡　wax removal　10.0061

管道清洗剂　pipeline cleaning agent　12.0280

管道通过权　right of way, ROW　10.0136

管道自由端　free end of pipeline　10.0179

管段吹扫　section purging　10.0418

管段下沟　pipe section lowering in　10.0413

管拱　arched pipeline　10.0164

管汇　manifold　10.0138

管汇车　manifold truck　11.0527

管架　pipe rack　10.0139

管壳式换热器　shell and tube type heat exchanger　07.0394

管口清理　pipe-end cleaning　10.0399

管口预热　pipe-end preheating　10.0401

管廊　pipeline lane　10.0141

管路特性曲线　characteristic curve of pipeline　10.0118

管路纵断面图　pipeline route profile　10.0176

管内摄录器　pipeline camera pig　10.0197

管内射线探伤器　radiographic detector in pipe　10.0434

管式泵　tubing pump　11.0441

管式反应器　tubular reactor　07.0431

管式加热炉　pipe still [heater], pipe furnace, tubular heater　07.0383

管式炉热裂解　pyrolysis in tubular furnace　08.0029

管网　pipeline network　10.0140

管线管螺纹　line pipe thread　11.0674

管柱　pipe string　06.0943

管状接头　tubular joint　09.0487

管子分析仪　pipe analysis tool　04.0382

罐顶气分析　headspace gas analysis　02.0998

惯性刹车　inertia brake　11.0074

惯性湍流效应　inertial-turbulent flow effect　06.0289

惯性载荷　inertial polished rod force　06.0641

灌桶　canning　10.0219

灌油栓　filling nozzle　10.0224

灌注泵　charge pump　11.0243

灌注管线　fill-up line　11.0382

贯眼完井　full hole completion　06.0555

贯眼[型]钻杆接头 full hole tool joint, FH
11.0623

光泵磁力仪 optically pumped magnetometer
03.0182

* 光点记录 paper record 03.0013

* 光点录制 paper recording 03.0012

光电吸收截面指数 photoelectric absorption cross
section index 04.0175

光杆 polished rod 11.0431

光杆功率 polished rod horsepower 06.0649

* 光杆示功图 surface dynamometer card 06.0683

* 光杆载荷 polished rod load 06.0638

光亮油 bright stock 07.0140

光栅－矢量转换 raster-to-vector conversion
02.0963

光稳定剂 light stabilizer 08.0407

光稳定性 light stability 08.0370

光吸收型磁力仪 optical absorption magnetometer
03.0183

光纤等浮电缆 optic fiber streamer 09.0078

光纤电缆 fiber optics cable 03.0481

光学记录系统 optical recording system 04.0330

广海 open sea 02.0273

广海陆架相 open sea shelf facies 02.0279

广角反射 wide angle reflection 03.0435

广谱杀菌剂 universal bactericide 12.0197

广义反演 generalized inversion 03.0273

广义互换法 generalized reciprocal method, GRM
03.0746

广义线性反演 generalized linear inversion, GLI
03.0745

规则网格 regular grid 06.0325

* 规则甾烷 regular sterane 02.0448

硅铝裂化催化剂 silica-alumina cracking catalyst
07.0264

硅油 silicone oil 07.0197

轨道式卡瓦封隔器 track-slip type packer 06.0913

辊轴发送道 roller launching way 10.0443

滚动背斜 rollover anticline 02.0075

滚动背斜油气藏 rollover anticline hydrocarbon
reservoir 02.0693

滚动道 roll along trace 09.0061

滚动轴承防水罩 roller bearing water barrage
09.0739

滚轮方补心 kelly roller bushing 11.0725

滚筒 drum 11.0088

滚筒低速离合器 low drum clutch 11.0076

滚筒高速离合器 high drum clutch 11.0077

滚筒轴 drum shaft 11.0109

滚子链 roller chain 11.0068

国际重力公式 international gravity formula
03.0054

过渡舱 access chamber 09.0611

过渡带 transition zone 04.0029

过渡带地震勘探 transitional zone seismic 09.0010

过渡壳型盆地 transition-crust type basin 02.0150

过渡流 transition flow 06.0579

过渡润湿性 transitional wettability 06.0089

过渡相 transition facies 02.0237

过渡型侵入剖面 transition profile of invasion
04.0036

过滤器 filter 11.0487

过熟期 postmature phase 02.0384

过氧化值 peroxide number 07.0373

过油管井径仪 through-tubing caliper 04.0362

过油管射孔 through-tubing perforating 04.0393

H

海岸沙丘 coastal dune 02.0232

海床承载力 seafloor bearing capacity 09.0647

海底地貌测绘仪 bottom-charting fathometer, sea
floor charter 09.0615

海底地震[勘探]电缆 bay cable 09.0079

海底管线 subsea pipeline 09.0621

海底扇 submarine fan 02.0269

海沟 trench 02.0123

海进体系域 transgressive system tract, TST
02.0869

海面浮油分散剂 oil spill dispersant on the sea
12.0285

海面浮油清净剂 oil spill cleanup agent on the sea
12.0284

海面浮油收集剂 oil spill collector on the sea 12.0286

海泡石 sepiolite 05.0222

海上测井拖橇 offshore unit, skid unit 04.0309

海上地球物理勘探 offshore geophysical exploration 09.0002

海上地震勘探 marine seismic 09.0003

海上地震[数据]采集 marine seismic acquisition 09.0004

[海上工程船舶]动员 mobilization 09.0655

[海上工程船舶]复员 demobilization 09.0656

海上结构 offshore structure 09.0454

海上联接 offshore hook-up 09.0653

海上生产测试设备 offshore production test equipment 09.0710

海上生产系统 offshore production system 09.0618

海上石油污染 offshore oil pollution 09.0992

海上污染 marine pollution 09.0991

海上卸油 offshore unloading 09.0620

海上油气勘探 offshore petroleum exploration 02.0013

海上装油 offshore loading 09.0619

海上钻井设施 offshore drilling installation 09.0183

海上钻井装置 offshore drilling rig 09.0184

海生物 marine growth 09.1025

海事通讯系统 marine radio system 09.1016

海水柜 sea chest 09.0801

海水门 seawater gate 09.0800

海水泥浆 seawater mud 09.0426

海水提升泵 seawater lift pump 09.0802

海水脱盐装置 desalination unit 09.0590

海水钻井液 seawater drilling fluid 05.0176

海松烷 pimarane 02.0468

海滩 beach 02.0261

海相 marine facies 02.0225

海相生油 marine origin 02.0388

海洋测井 offshore logging 09.0441

海洋测井深度补偿 offshore logging depth compensation 09.0443

海洋测井拖橇 offshore logging skid 09.0442

海洋调查船 oceanographic research vessel 09.0445

海洋建筑物涂装 painting for marine construction 09.0481

海洋石油技术 offshore oil technique 01.0009

海洋石油勘探 offshore oil exploration 09.0001

海洋卫星 Seasat 02.0946

海洋重力仪 marine gravimeter 03.0072

氦同位素比率 helium isotope ratio 02.0520

含醇汽油 alcohol blended fuel, alcogas 07.0118

含氮化合物 nitrogen compound 01.0077

含氟表面活性剂 fluorine-containing surfactant 12.0036

含硅表面活性剂 silicon-containing surfactant 12.0035

含蜡原油 waxy crude [oil] 01.0038

含硫化合物 sulfur compound 01.0078

含硫原油 sulfur-bearing crude, sour crude 01.0035

含泥质岩石模型 shaly rock model 04.0253

含气饱和度 gas saturation 06.0070

含气边界 gas boundary 02.0738

含气率 void fraction 06.0585

含气面积 gas-bearing area 02.0734

含铅汽油 leaded gasoline 07.0115

含氢指数 hydrogen index 04.0189

含砂量 sand content 05.0186

含水饱和度 water saturation 06.0071

含水边界 water boundary 02.0739

含水层 aquifer 02.0644

含水率仪 water cut meter, hydro tool 04.0377

含水上升速度 rate of water cut increase 06.0494

含水原油 watercut oil 06.0508

含氧化合物 oxygen compound 01.0076

含油饱和度 oil saturation 06.0069

含油边界 oil boundary 02.0737

含油边缘推进图 oil boundary advance map 06.0436

含油层 oil-bearing horizon 02.0524

含油层系 oil-bearing sequence 02.0525

含油范围 oil domain 06.0537

* 含油构造 oil-bearing structure 02.0684

含油级别 oil-bearing grade 02.0808

含油量 oil content 05.0175

含油面积 oil-bearing area 02.0733

含油气大区 petroliferous province 02.0155

含油气盆地　petroliferous basin　02.0156

含油气区　petroliferous region　02.0157

含油污水舱　oily water tank　09.0746

含油污水处理设施　oily water treatment facility　09.0570

焊缝腐蚀　weld corrosion　10.0267

焊接套管　welded casing　11.0643

行列井网　line well pattern　06.0385

行列式切割注水　line cutting water flooding　06.0409

行列注水　line water flooding　06.0407

航磁梯度仪　aeromagnetic gradiometer　03.0190

航空磁测　aeromagnetic survey　03.0122

航空发动机油　aviation engine oil　07.0155

航空汽油　aviation gasoline　07.0114

航空燃料油泵送装置　aviation fuel pumping unit　09.0863

航空梯度仪　airborne gradiometer　03.0077

航空涡轮发动机燃料　aviation turbine fuel, jet fuel　07.0123

航空涡轮机油　aviation turbine oil　07.0156

航空遥感　aerial remote sensing　02.0943

航空液压油　aviation hydraulic oil　07.0177

航空障碍灯　aviation obstruction beacon　09.1032

航空重力测量　airborne gravity survey　03.0048

航空重力仪　airborne gravimeter　03.0074

巷模糊　lane ambiguity　09.0115

巷识别　lane identification　09.0114

毫秒炉　millisecond furnace　08.0461

毫伽　milligal, mGal　03.0067

耗汽率　steam consumption rate　06.1043

耗氧量　oxygen consumption　02.0401

Ⅰ号电极方位角　azimuth of Ⅰ electrode　04.0233

核爆炸压裂　nuclear fracturing　06.0839

核爆炸增产措施　nuclear stimulation　06.0838

核测井　nuclear logging　04.0165

核磁测井　nuclear magnetic resonance log, nuclear magnetism log　04.0197

核磁共振技术　nuclear magnetic resonance technique, NMR technique　02.1024

＊核旋磁力仪　nuclear precession magnetometer　03.0180

核子共振磁力仪　nuclear resonance magnetometer　03.0181

核子旋进磁力仪　nuclear precession magnetometer　03.0180

合采井　commingled oil producing well, multi-layer producer　06.0540

合成表面活性剂　synthetic surfactant　12.0034

合成地震记录　synthetic seismogram　03.0412

合成胶乳　synthetic latex　08.0322

合成聚合物　synthetic polymer　12.0058

合成气　syngas, synthesis gas　08.0008

合成润滑油　synthetic lubricating oil　07.0136

合成声波测井　synthetic sonic log, synthetic acoustic impedance section　03.0626

＊合成声阻抗剖面　synthetic sonic log, synthetic acoustic impedance section　03.0626

合成橡胶　synthetic rubber　08.0321

合成液压液　synthetic hydraulic fluid　07.0169

合成原油　synthetic crude　01.0039

合注井　commingled water injection well, multi-layer injector　06.0539

河床滞留沉积　channel-lag deposit　02.0209

河口沙坝　river mouth bar　02.0245

河口湾沉积　estuary deposit　02.0250

河流相　fluvial facies　02.0205

河漫滩沉积　flood-plain deposit　02.0216

赫尔默特重力公式　Helmert gravity formula　03.0055

黑白图象　monochrome　02.0952

黑沥青　albertite　02.0301

黑油模拟器　black-oil simulator　06.0338

黑油模型　black-oil model　06.0337

亨布尔公式　Humble formula　04.0048

横波　transverse wave, shear wave, S wave　03.0311

横波分裂　shear wave splitting　03.0316

横荡　sway　09.0255

横杆　gird　11.0152

横流　crossing current　09.0060

横倾　heel　09.0249

横倾力矩　moment of transverse inclination　09.0235

横线方向　crossline direction　03.0808

横向比例　grid scale　04.0303

横向电阻 transverse resistance 03.0230

横向电阻率 transverse resistivity 03.0223

横向分辨率 lateral resolution 03.0420

横向偏振横波 SH wave 03.0312

* 横向渗透率 horizontal permeability 06.0030

横向同性 transversely isotropic 03.0029

横向预测 lateral prediction 02.0840

横摇 roll 09.0251

横摇 – 纵摇铰接头 roll-pitch articulation 09.0741

恒电流仪 galvanostat 10.0363

恒电位仪 potentiostat 10.0362

恒流量控制阀 constant flow control valve 06.0695

烘装钻杆接头 shrunk-on tool joint 11.0620

虹吸测斜仪 syphon inclinometer 05.0389

* 洪泛平原沉积 flood-plain deposit 02.0216

红外摄影 infrared photograph 02.0949

红外吸收光谱法 infrared absorption spectrometry, IR 02.1012

喉道 throat 02.0578

喉管 throat 06.0700

*厚壁钻杆 heavy weight drill pipe, heavy wall drill pipe 11.0615

后绘图 post-plot 03.0458

后冷器 aftercooler 07.0404

后期电阻率 late time resistivity 03.0292

后期运移 postchronous migration 02.0599

后生作用 epigenesis, catagenesis 02.0169

后退角 receding angle 06.0094

后至虚象 distortion tail 03.0580

呼吸损耗 breathing loss 10.0241

胡芦巴胶 fenugreek gum 12.0051

胡萝卜烷 carotane 02.0476

湖岸上超 coastal onlap 02.0853

湖泊相 lacustrine facies 02.0219

湖底扇 sublacustrine fan 02.0268

湖滩 beach 02.0262

弧后盆地 back-arc basin, retroarc basin 02.0126

弧后前陆盆地 retroarc foreland basin 02.0137

弧间盆地 interarc basin 02.0127

弧前盆地 fore-arc basin 02.0125

护岸 shore protection 10.0482

护航船 chase boat 09.0018

护坡 revetment 10.0483

护丝 thread protector 11.0662

互换位置法 transposed method 03.0510

互换原理 principle of reciprocity 03.0330

互溶剂 mutual solvent 12.0159

互溶性 miscibility 07.0288

滑动接头 slip joint 11.0550

滑阀 slide valve 07.0437

滑扣 thread slipping 05.0596

* 滑块 crosshead 11.0211

滑爽剂 slip agent 08.0458

滑塌地震相 slump seismic facies 03.0902

滑塌块体 slump block 02.0874

滑塌扇 slump fan 02.0875

滑塌相 slump facies 02.0904

滑套取样器 sleeve sampler 11.0593

滑脱 slippage effect, slip 06.0583

滑脱断层 detachment fault 02.0095

滑脱速度 slippage velocity 04.0375

滑脱效应 slippage effect, Klinkenberg effect 06.0080

滑行波 slide wave 04.0203

划眼 redressing, hole redressing 05.0066

化[到地磁]极 reduction to the pole 03.0194

化学堵水 chemical water shut off 06.0895

化学防蜡 chemical paraffin control 12.0137

化学防砂 chemical sand control 12.0130

化学腐蚀 chemical corrosion 10.0257

化学改性 chemical modification 12.0081

化学剂注入车 chemical injection truck, hot oil paraffin vehicle 11.0406

化学剂注入组块 chemical injection package 09.0574

化学降解 chemical degradation 12.0097

化学密封 chemical seal 09.0817

化学清蜡 chemical paraffin removal 12.0143

化学驱模型 chemical displacement model, chemical flooding model 06.0342

化学示踪剂 chemical tracer 12.0263

化学脱盐 chemical desalting 07.0037

化学稳定性 chemical stability 12.0100

化学药剂注入系统 chemical injection system 09.1027

环带侵入剖面 annulus profile of invasion 04.0037

环丁砜抽提　sulfolane extraction　07.0042

环己醇　cyclohexanol　08.0223

环己酮　cyclohexanone　08.0224

环己酮肟化法　cyclohexanone oxime synthesis　08.0105

环己烷　cyclohexane　08.0222

环己烷氧化　cyclohexane oxidation　08.0069

环境校正　environmental correction　04.0132

环境应力开裂　environment stress cracking　10.0339

环境噪声　ambient noise, background noise, ground unrest　03.0383

环空测井　annular space log, through annular space log　04.0354

环空流速　annular velocity　05.0094

＊环空试压　annular pressure test　06.0937

环空体积　annular volume　04.0343

环空压力　annular pressure　05.0297

环空岩屑浓度　solid concentration in annular space　05.0106

环空闸板　annular pipe ram　11.0365

环空找水仪　annular water detector　04.0355

＊环空注入　inverse water injection, annulus water injection　06.0740

环流反应器　circulation flow reactor　08.0474

环烷基原油　naphthene-base crude [oil]　01.0032

环烷烃　naphthenic hydrocarbon　01.0074

环烷烃指数　naphthene index, NI　02.0414

环戊二烯　cyclopentadiene　08.0209

环线法　loop method　03.0611

环形防喷器　annular blowout preventer　11.0363

环形构造　circular structure　02.0970

环形胶芯　annular rubber core　11.0368

环形空间试压　annular pressure test　06.0937

环形声波测井　circumferential acoustilog　04.0219

环氧丙烷　propylene oxide　08.0176

环氧氯丙烷　epichlorohydrin　08.0178

环氧氯丙烷水合　epichlorohydrin hydration　08.0082

环氧煤沥青防腐层　epoxy coal tar pitch coating　10.0318

环氧树脂　epoxy resin　08.0303

环氧树脂粉末防腐层　epoxy resin powder coating　10.0322

环氧乙烷　ethylene oxide　08.0134

环氧乙烷氨化　ethylene oxide ammoniation　08.0104

环氧乙烷醚化　ethylene oxide etherification　08.0102

环氧乙烷水合　ethylene oxide hydration　08.0081

环晕效应　halo effect　03.0108

环状管网　looped network　10.0145

环状流　annular flow　06.0580

环状注水　radial water flooding　06.0399

还原环境　reducing environment　02.0364

还原硫　reduced sulfur　02.0366

还原－氧化剂　reducer-oxidant　08.0432

缓冲罐　surge tank　07.0426

缓冲接头　cushion sub, bumper sub　05.0621

缓和加氢裂化　mild hydrocracking　07.0064

缓慢沉积剖面　condensed section　02.0864

缓凝　retardation setting　05.0469

缓凝剂　retarder, retarding agent　05.0501

缓凝水泥　retarded cement　05.0471

缓速剂　retardant　12.0160

缓速酸　retarded acid　12.0150

换向电流　commutated current　03.0227

黄胞胶　xanthan gum　12.0072

黄铁矿　pyrite　02.0368

磺化剂　sulfonating agent　12.0091

磺化钛氰钴脱硫醇　sulfonated cobalt phthalocyanine sweetening　07.0101

磺甲基酚醛树脂　sulfomethylated phenolic resin　12.0070

磺甲基腐殖酸　sulfomethylated humic acid　12.0056

磺甲基化　sulfomethylation　12.0092

磺酸盐型表面活性剂　sulfonate surfactant　12.0005

灰度　gray scale　02.0956

灰量调节阀　bulk cement control valve　09.0410

辉光值　luminometer number　07.0344

辉光值测定仪　luminometer　07.0461

恢复循环　break circulation　05.0213

回采　back production　06.0713

回访浮筒　recall buoy　09.0329

回放　playback　03.0537

回复力矩　righting moment　09.0234

回火焊道　temper bead　10.0458

回火油　tempering oil　07.0199

回接变径接头　tie-back adapter　09.0703

回接短尾管　tie-back stub liner　05.0532

回接工具　tie-back tool　09.0702

回接工具内套筒　tie-back tool inner sleeve
　09.0705

回接工具外套筒　tie-back tool outer sleeve
　09.0706

回接套管　tie-back casing　05.0530

回接套管挂　tie-back casing hanger　09.0704

回流罐　reflux accumulator　07.0427

回流冷凝器　reflux condenser　07.0400

回声仪　echometer　06.0968

回填　backfill　10.0416

回音标　reflector　06.0676

回转波　bow-tie　03.0837

回转反射支　reverse branch　03.0839

惠更斯原理　Huygens principle　03.0305

会聚边界　convergent boundary　02.0114

汇点反映法　sink-point image method　06.0217

汇管　header　10.0137

汇流点　confluence point　10.0390

汇源反映法　sink-source image method　06.0216

混波　mixing　03.0524

混层粘土　mixed-layer clay　05.0228

* 混叠　aliasing　03.0551

混合泵　mixing pump　11.0501

混合比例　hybrid scale　04.0306

混合芳烃　BTX aromatics　08.0020

* 混合基原油　intermediate-base crude [oil]
　01.0033

混合平衡　combined balance system　06.0628

混合器　mixer　07.0440

混合润湿性　mixed wettability　06.0088

混合室　production inlet chamber　06.0702

混合网格　hybrid grid　06.0328

混合相位　mixed phase　03.0701

混合型干酪根　mixed-type kerogen, Ⅱ-type kerogen
　02.0344

混凝剂　coagulant　12.0190

混凝土加重层　concrete weight coating　10.0448

* 混凝土连续覆盖层　concrete weight coating
　10.0448

混凝土平台　concrete platform　09.0470

混气水驱　water-gas mixture flooding　06.0992

混溶剂　miscible agent　12.0241

混砂罐　mixing tank　11.0507

混相带　miscible zone　06.1000

混相段塞驱　miscible slug-flooding　06.1002

混相过渡带　miscible transition zone　06.1001

混相流体　miscible fluid　06.0134

混相驱　miscible displacement, miscible flooding
　06.0995

混相驱模型　miscible displacement model　06.0341

混油长度　mixture spread　10.0151

混油界面　batching interface　10.0152

混油浓度　mixing concentration　10.0150

混油乳化钻井液　oil emulsion drilling fluid,
　oil-in-water drilling fluid　05.0165

活动大陆边缘　active continental margin　02.0117

活动管汇　steel flow hose　11.0602

活动基础　removable foundation　05.0021

活化剂　activator　08.0451

活化液　activate fluids　04.0353

活塞　piston　11.0207

活塞超行程　plunger overtravel　06.0647

活塞冲程　plunger stroke　06.0645

活塞杆　piston rod　11.0208

活塞杆密封　rod packing　11.0215

* 活塞气举　plunger lift　06.0609

活塞式保护器　piston type protector　11.0461

活塞式驱替　piston-like displacement　06.0228

活性剂驱　surfactant flooding　06.0986

火箭降落伞[遇险]焰火信号　rocket parachute flare
　09.1005

火炬臂　flare boom　09.0753

火炬点燃组块　flare ignition package　09.0760

火炬塔　flare tower　09.0752

火炬引燃气　flare pilot gas　09.0759

火炬总成　flare assembly　09.0751

* 火驱　in situ combustion, underground combustion
　06.1015

火驱采油设备　fire flooding recovery equipment

11.0551

火山气　volcanic gas　02.0488

火山丘地震相　volcanic mound seismic facies
03.0905

火山丘相　volcanic mound facies　02.0905

火山碎屑岩　pyroclastic rock, volcanoclastic rock
02.0176

火烧油层　in situ combustion, underground combustion　06.1015

火灾警笛　fire alarm siren　09.0965

火灾盘　fire panel　09.0909

火灾探测系统　fire detecting system　09.0911

火灾自动报警系统　auto fire alarm system
09.0955

霍纳法　Horner method　06.0272

藿烷　hopane　02.0456

货油舱总监控盘　cargo master panel　09.0875

货油舱总监控系统　cargo master system　09.0896

J

＊击穿强度　dielectric strength　07.0359

基础沉降观测　foundation settlement survey
10.0457

基础井网　basic well pattern　06.0390

基底　substrate　10.0299

基底胶结　basal cement　02.0536

基尔霍夫偏移　Kirchhoff summation migration
03.0769

基尔沥青　kir　02.0294

基内岩体　intrabasement body　03.0198

基盘　template　09.0307

基盘调平工具　template leveling tool　09.0314

基盘调平系统　template leveling system　09.0313

基体金属　base metal　10.0298

基线　baseline　09.0136

基线偏置　baseline offset　04.0335

基线漂移　baseline drift　04.0334

基线校正　transit calibration　09.0130

基岩油气藏　basement hydrocarbon reservoir
02.0706

基准点　fiducial point　03.0456

基准点校正　bench mark correction　09.0131

基准规　regional master gage　11.0686

＊基准井　parameter well　02.0778

基准面　datum level　06.0310

＊基准面压力　reduced reservoir pressure, datum
pressure　06.0455

基座式吊机　pedestal crane　09.0848

＊机舱　engine room　09.0285

＊机械采油　artificial lift　06.0597

机械采油设备　mechanical oil recovery equipment,

artificial lift equipment　11.0408

机械传动　mechanical transmission　11.0061

机械传动绞车　mechanical drawworks　11.0083

机械堵水　water pack off, mechanical water shut off
06.0899

机械封堵　mechanical plugging　10.0421

机械加压割断岩心　core cutting by mechanical
loading　05.0553

机械甲板　machinery deck　09.0276

机械摩擦离合器　mechanical friction clutch
11.0075

机械清蜡　mechanical paraffin removal　06.0882

机械效率　mechanical efficiency　11.0240

机械油　machine oil　07.0141

机械杂质　mechanical impurities　07.0355

机械钻速　penetration rate, rate of penetration
05.0061

积分波形　integrated waveform　03.0417

＊箕状凹陷　half-graben　02.0098

＊饥饿剖面　condensed section　02.0864

＊激电效应　effect of induced polarization　03.0241

激动井　active well, interfering well　06.0279

激动压力　surge pressure, surging pressure
05.0427

激发极化　induced polarization, IP　03.0240

激发极化测井　induced polarization log　04.0164

激发极化效应　effect of induced polarization
03.0241

激发偶极子强度　transmitter dipole strength
03.0279

激光显微光谱分析　laser microspectrography

02.1021

激振器　vibrator　11.0269

吉布斯现象　Gibbs phenomenon　03.0656

极板型下井仪　pad-type tool　04.0069

极化处理　polarization treatment　10.0328

极化电池　polarization cell　10.0389

极化电位　polarization potential　03.0218

极化率　chargeability　03.0246

* 极粘土　gumbo　05.0231

极浅海地震勘探　extreme shallow water seismic　09.0007

极限产量　production rate limit　06.0483

极限含水率　water cut limit　06.0495

极限水油比　limited water-oil ratio　06.0497

极性　polarity　02.0910

极性反转　polarity reversal　03.0874

极性逆转　polarity reversal　10.0376

极性排流　polarized electric drainage　10.0383

极压润滑脂　extreme pressure grease　07.0215

极压添加剂　extreme pressure additive　07.0259

极压性　extreme pressure property　07.0293

极硬地层　extremely hard formation　05.0127

集成管束　umbilical line　09.0601

集肤电伴热　skin electric current tracing, SECT　10.0041

集流式流量计　packer flowmeter　04.0366

集气管网　gas gathering network　10.0087

集气站　gas gathering station　10.0088

集油管网　oil gathering network　10.0007

集油面积　collecting area　02.0683

集中处理站　central treating station　10.0020

急冷　quenching　08.0041

急冷水塔　quenching water column　08.0492

急冷油　quenching oil　07.0200

急冷油塔　quenching oil column　08.0491

A 级波特兰水泥　class A Portland cement　05.0482

级次流度缓冲带　tapered mobility buffer　06.0980

G 级水泥　class G cement　05.0480

挤出成型法　extrusion moulding　10.0324

挤出机　extruder　10.0348

* 挤离断层　detachment fault　02.0095

挤水泥　squeeze cementing, cement squeeze　05.0465

挤水泥封隔器　squeeze packer　09.0418

挤压背斜油气藏　squeezed anticline hydrocarbon reservoir　02.0690

挤压聚乙烯防腐层　extruding polyethylene coating　10.0320

挤压作用　compression　02.0039

挤注试验　squeeze test　06.0862

几何校正　geometric correction　02.0957

几何扩展　geometrical spreading　03.0424

几何扩展校正　geometric spreading correction　03.0630

几何因子理论　geometrical factor theory　04.0147

脊进　water cresting　06.0247

脊肋图　spine-and-ribs plot　04.0181

己二胺　hexane diamine　08.0227

己二腈　adiponitrile　08.0226

己二腈加氢　adipic dinitrile hydrogenation　08.0057

己二酸　hexane diacid, adipic acid　08.0225

己内酰胺　caprolactam　08.0228

己烯　hexene　08.0210

季节性冻土地基　seasonally frozen soil foundation　10.0465

季戊四醇　pentaerythritol　08.0129

季铵盐型表面活性剂　quaternary ammonium salt surfactant　12.0012

计量泵　metering pump　10.0231

计量分离器　test separator　10.0015

计量分离器关断盘　test separator shutdown panel, TSSP　09.0878

计量管汇　metering manifold　09.0579

计量罐　gage tank　10.0213

计量设施　metering facility　09.0571

计时线　timing line　03.0515

计算长度　calculated length　10.0180

计算机化动力仪　computerized dynamometer　06.0967

计算机控制测井仪　computerized logging unit　04.0326

计算排量　calculated pump rate　05.0299

记录点　measuring point　04.0056

记录头　header　03.0557

记录系统　recording system　09.0024

记录终了标志　end-of-file mark, EOF　03.0559

记忆分量　memory component　03.0706

夹层　intercalated bed　02.0580

夹层甲板　mezzanine deck　09.0545

加长喷嘴钻头　extended nozzle bit　11.0325

加德纳法则　Gardner rule　03.0117

加工流程　process scheme　07.0002

加减法　plus-minus method　03.0817

加氢装置　chlorination unit　06.0730

加密井　infill well　06.0551

加密井网　infilled well pattern　06 0389

加密桩　additional stake　10.0398

加密钻井　infill drilling　05.0010

加气浮选器　induced gas floatator　09.0777

加强筋　reinforcement　09.0486

加氢　hydrogenation　07.0062

加氢补充精制　hydro-finishing　07.0089

加氢处理　hydrotreating　07.0087

加氢处理催化剂　hydrotreating catalyst　07.0275

加氢催化剂　hydrogenation catalyst　08.0384

加氢精制　hydrorefining　07.0088

加氢精制催化剂　hydrofining catalyst　07.0274

加氢裂化　hydrocracking　07.0063

加氢裂化催化剂　hydrocracking catalyst　07.0276

加氢脱氮　hydrodenitrogenation, HDN　07.0091

加氢脱金属　hydrodemetalization, hydrodeme-
talation, HDM　07.0092

加氢脱硫　hydrodesulfurization, HDS　07.0090

加氢脱烷基催化剂　hydrodealkylation catalyst
08.0393

加权叠加　weighted stack　03.0756

加热管　heating pipe　07.0393

加热盘管　heating coil　07.0388

加热闪蒸　heating flash evaporation　10.0031

加热输送　heated oil pipelining　10.0044

加斯曼公式　Gassman equation　03.0449

加速度检波器　accelerometer　03.0491

加速老化试验　accelerated deterioration test
10.0340

加重材料　weighting material　12.0117

加重抽油杆　sinker bar, sinking bar　11.0434

加重钻杆　heavy weight drill pipe, heavy wall drill
pipe　11.0615

加重钻井液　weighted drilling fluid　05.0156

甲板舱口　access hatch　09.0284

甲板吊车　deck crane　09.0288

甲板水封装置　deck water seal unit　09.0849

甲苯　toluene　08.0244

甲苯歧化　toluene disproportionation　08.0088

甲苯歧化催化剂　toluene disproportionation catalyst
08.0395

甲苯脱烷基　toluene dealkylation　08.0053

甲苯氧化　toluene oxidation　08.0071

甲醇　methanol　08.0126

甲醇氨脱水　methanol dehydration with ammonia
08.0083

甲醇-丙酮-苯抽提物　methanol-acetone-benzene
extract　02.0321

甲醇羰基合成　methanol oxo-synthesis　08.0093

甲醇氧化　methanol oxidation　08.0077

N-甲基-2-吡咯烷酮　N-methyl-2-pyrrolidone
08.0164

甲基吡咯烷酮精制　MP lube oil refining, n-methyl-
-2-pyrrolidone lube oil refini　07.0104

甲基丙烯酸甲酯-丁二烯-苯乙烯树脂　methyl
methacrylate-butadiene-styrene resin, MBS resin
08.0282

甲基丙烯酸甲酯　methyl methacrylate　08.0172

甲基环己烷　methylcyclohexane　02.0512

甲基叔丁基醚　methyl tert-butyl ether, MTBE
08.0132

甲基叔丁基醚分解　methyl tert-butyl ether decom-
position　08.0092

甲基乙基甲酮　methyl ethyl ketone　08.0198

甲基乙烯基酮　methyl vinyl ketone　08.0166

甲基异丁基酮　methyl isobutyl ketone, MIBK
08.0171

甲基异丁基酮蜡脱油　methyl isobutyl ketone wax
deoiling, MIBK wax deoiling　07.0045

甲醛　formaldehyde　08.0128

甲醛和乙醛醛醇缩合　formaldehyde and acetalde-
hyde aldol condensation　08.0096

甲酸甲酯水解　methyl formate hydrolysis　08.0085

甲烷化催化剂　methanation catalyst　08.0387

甲烷化反应器　methanator　08.0478

甲烷氯化　methane chlorination　08.0106

甲烷系数　methane coefficient　02.0515

甲烷增生作用 methane accreting, methane generating 02.0628

* 甲乙酮 methyl ethyl ketone 08.0198

甲乙酮脱蜡 methyl ethyl ketone dewaxing, MEK dewaxing 07.0049

钾离子含量 potassium content 05.0190

钾石灰钻井液 potassium lime drilling fluid 05.0155

钾盐钻井液 potassium drilling fluid 05.0164

假静自然电位 pseudostatic spontaneous potential 04.0161

假频 aliasing 03.0551

假塑性流体 pseudoplastic fluid 01.0107

假想层[面] phantom horizon 03.0834

假整合 disconformity 02.0102

架空管道 aerial pipeline 10.0163

监测井 monitor well 06.0548

监控和数据采集系统 supervisory control and data aquisition system, SCADA system 10.0132

监视记录 monitor record 03.0016

监听时间 listening period 03.0573

间苯二酚 m-dihydroxy-benzene 08.0236

间苯二甲酸 m-phthalic acid, isophthalic acid 08.0255

间二甲苯 m-xylene 08.0252

间二甲苯–萘氧化 m-xylene-naphthalene oxidation 08.0075

间隔基盘 spacer template 09.0498

间隔时间 interval time 03.0859

间隔速度 interval velocity 03.0724

间接解释标志 mark of indirect interpretation 02.0968

间接油气显示 indirect hydrocarbon indication, IHI 02.0763

间距 span 04.0064

间喷现象 heading phenomenon 06.0594

间隙器 stand-off 04.0058

间歇抽油 intermittent pumping 06.0659

间歇反应器 batch reactor 08.0464

间歇气举 intermittent gas-lift 06.0607

间歇气举阀 intermittent gas-lift valve 11.0475

间歇气举控制器 intermitter 06.0608

间歇气举设备 intermittent gas-lift equipment 11.0482

间歇气举周期 intermittent gas lift cycle 06.0621

间歇输送 intermittent pipelining 10.0162

间歇注水 intermittent water flooding 06.0419

间歇自喷 intermittent flow 06.0595

检波器 geophone, jug 03.0483

检波器串 [geophone] string 03.0496

[检波器]排列 spread 03.0499

检波器组合 pattern geophones, geophone array 03.0393

* 检查点 gravity control point 03.0081

检查片 coupon 10.0352

检查样片 check piece 11.0697

检流计 galvanometer 03.0518

检流计系统 galvanometer system 04.0301

检修套管 service casing 10.0481

检验环 test ring 11.0699

碱耗 alkaline consumption 12.0221

碱剂 alkaline agent 12.0220

碱木[质]素 alkaline lignin 12.0054

碱水驱 alkaline-flooding 06.0981

碱洗 caustic washing, alkaline washing 07.0097

碱洗塔 alkaline washing tower 08.0513

碱系数 caustic coefficient 12.0222

碱值 alkali number, base number 07.0320

* 剪切波 transverse wave, shear wave, S wave 03.0311

剪切降解 shear degradation 12.0096

剪切率 shear rate 01.0115

剪切稳定性 shear stability 12.0099

剪应力 shear stress 02.0038

减粘裂化 visbreaking 07.0085

减压馏程 vacuum distillation range 07.0316

减压馏分油 vacuum distillate, vacuum gas oil, VGO 07.0018

减压塔 vacuum tower 07.0410

* 减压瓦斯油 vacuum distillate, vacuum gas oil, VGO 07.0018

减压渣油 vacuum residue, VR 07.0025

减压站 pressure reduction station 10.0175

减压蒸馏 vacuum distillation 07.0028

* 减压重油 vacuum residue, VR 07.0025

减震器 damper, dampener 09.0816

减震器油 damper oil 07.0224

减阻 drag reduction 10.0058

减阻侵入 decreased resistance invasion 04.0113

键槽卡钻 keyseat sticking 05.0606

键槽破坏器 keyseat wiper 05.0411

舰用燃料油 naval fuel oil 07.0131

渐变阻抗函数 ramp impedance function 03.0416

* 建场法 transient electromagnetic method 03.0284

建设性三角洲 constructive delta 02.0243

建筑沥青 building asphalt 07.0239

将军柱 kingpost 09.0731

浆液反应器 slurry-phase reactor 08.0473

桨式搅拌器 paddle agitator 08.0505

降藿烷 norhopane 02.0457

降姥鲛烷 norpristane 02.0483

降滤失添加剂 fluid loss reducing agent 06.0808

降莫烷 normoretane 02.0460

降粘 viscosity reduction 10.0075

降凝 pour point depression 10.0074

* 降凝剂 pour point depressant 07.0260

降频扫描 downsweep 03.0570

降斜 drop angle, drop off 05.0341

降斜井段 drop-off interval 05.0348

降斜率 drop-off rate 05.0347

降甾烷 norsterane 02.0442

焦化釜 coking still 07.0390

焦炭塔 coke chamber 07.0418

焦性沥青 impsonite 02.0302

* 焦油砂 tar sand 02.0771

胶结类型 cementation type 02.0535

胶结指数 cementation factor 04.0045

胶结作用 cementation 02.0534

胶囊封隔器测试管柱 inflatable packer test string 11.0588

胶凝强度 bonding strength, gel strength 05.0492

* 胶溶剂 peptizer 08.0427

胶乳促进剂 latex accelerator 08.0428

胶束溶液驱 micellar solution flooding 06.0988

胶体安定性 colloid stability 07.0304

胶体分散体型调剖剂 colloidal dispersant-type profile control agent 12.0252

胶质 gum 01.0049

交错排状注水 staggered line flooding 06.0408

交代作用 replacement 02.0542

M-N交会图 M-N plot 04.0288

交会图技术 crossplot technique 04.0286

交汇点 line intersection 09.0172

交接计量站 metering station 10.0018

交联 crosslinking 12.0094

交联剂 crosslinking agent 08.0412

交流电法 alternating current method 03.0208

交流电驱动钻机 AC drive rig 11.0023

交流腐蚀 AC corrosion 10.0276

交流干扰 AC interference 10.0380

交替方向显式法 alternating direction explicit technique 06.0345

交替方向隐式法 alternating direction implicit technique 06.0346

交替注水 alternate water injection 06.0421

浇铸成型法 casting moulding 10.0326

铰接出油管橇块 articulated flowline skid 09.0596

铰接式托管架 articulated stinger 09.0459

铰接式装油塔 articulated loading tower 09.0519

* 铰接塔 articulated column 09.0522

铰接塔系泊系统 articulated tower mooring system 09.0512

铰接柱 articulated column 09.0522

铰链式套管卡瓦 hinged casing slip 11.0723

矫顽力 coercive force 03.0157

角砾岩 breccia 02.0175

角鲨烷 squalane 02.0470

角质体 cutinite 02.0349

绞车 drawworks 11.0081

绞车额定功率 power rating of drawworks 11.0039

绞车[滚筒]挡数 hoisting speeds, drawworks drum speeds 11.0046

绞车控制面板 winchman control panel 04.0310

[绞车]猫头 cathead [of drawworks] 11.0113

绞盘 capstan 09.0376

校对规 reference master gage 11.0687

校后时距曲线 reduced travel time curve 03.0820

校直试验 alignment test 10.0188

接触分离 flash liberation, single stage liberation 06.0163

接触胶结 contact cement 02.0538

接触角 contact angle 06.0090

接触角滞后 contact angle hysteresis 06.0096

接地垫 ground mat 10.0388

接地电阻 ground resistance 10.0358

接地排流 electric drainage by grounding 10.0381

接箍 coupling 11.0656

接箍定位器 collar locator 04.0380

接收点 receiver point, RP 03.0498

接收点静校正量 receiver statics 03.0740

接收点相对静校[量] differential receiver statics, DRS 03.0822

接收机动态范围 receiver dynamic range 09.0142

接收系统 receiving system 09.0025

接收线圈 receiver coil 04.0144

接头 substitute, sub 11.0616

接头台肩修整工具 shoulder dressing tool, shoulder refacing tool 11.0698

接枝共聚物 graft copolymer 12.0080

接转站 transfer station 10.0019

阶地 terrace 02.0069

阶梯式塔板 cascade tray 07.0423

截断效应 cut-off effect 03.0271

* 截距时 delay time, intercept time 03.0344

截止值 cutoff 04.0298

节点分析 nodal analysis 06.0588

节点系统分析 nodal system analysis 06.0587

节流阀 throttle valve 11.0387

节流喷嘴 throttle nozzle 11.0386

节流压力 choke pressure 05.0429

节流致冷 throttling refrigeration 10.0064

结垢 fouling 08.0040

结构镜质体 telinite 02.0353

结构泥质 structural shale 04.0052

结构水 textural water 02.0627

结构粘度 structural viscosity 01.0124

结合水 bound water 04.0040

结焦 coking 08.0037

结焦带 coke zone 06.1021

结晶基底 crystalline basement 02.0047

结晶水 crystalline water 02.0624

结晶岩类储集层 crystalline reservoir 02.0528

结蜡 paraffin deposit, paraffinning 06.0877

解堵剂 blocking remover 12.0172

解卡方法 releasing stuck method 05.0586

解卡工具 releasing tool 05.0611

解卡剂 pipe-freeing agent 12.0113

解卡浸泡液 stuck freeing soaking fluid 05.0173

解链器 releasing gear 09.0388

解释工作站 interpretative workstation 03.0879

解调 demodulation 03.0536

界面检测 interface detection 10.0153

介电测井 dielectric log 04.0151

介电强度 dielectric strength 07.0359

介电损耗因子 dielectric dissipation factor 07.0358

* 介电损失角正切 dielectric dissipation factor 07.0358

介杆 intermediate rod 11.0209

介形虫鉴定 ostracoda identification 02.0983

金刚石取心钻头 diamond core bit 11.0336

金刚石钻头 diamond bit 11.0330

金属钝化剂 metal deactivator 07.0249

金属加工液 metal working fluid 07.0179

紧密距 stand-off 11.0689

紧密压实阶段 close compaction stage 02.0619

* 锦纶 polyamide fibre 08.0325

进入油层点 landing point 05.0370

禁火三角形 fire triangle 09.0977

近场 near field 03.0282

近场校正 near field correction 03.0283

近程定位系统 short-range positioning system 09.0102

近地点 perigee 09.0145

浸蚀 etching 10.0280

晶间腐蚀 intergranular corrosion 10.0268

晶间孔隙 intercrystalline pore 02.0553

* 精白蜡 refined paraffin wax 07.0235

精馏 rectification 07.0031

精馏塔 rectification tower 07.0409

精密分馏 precise fractionation 07.0030

精确定层 pin pointing of event 03.0856

经济水功率工作方式 working regime of economic hydraulic horsepower 05.0100

* 腈纶 polyacrylonitrile fibre 08.0327

井壁 borehole wall 05.0002

井壁取心 sidewall coring 04.0405

井壁污染　wellbore damage　06.0291

井壁岩心分析　sidewall core analysis　06.0005

井壁中子测井　sidewall neutron log　04.0187

井场　drilling site, well site　05.0015

井场布置　well site layout　05.0016

井场加热炉　wellsite heater　11.0400

井场值班房　dog house　05.0018

井底　bottom hole　05.0003

井底定向接头　bottom hole orientation sub, BHO
　11.0661

井底静压　static bottom hole pressure　06.0458

井底流动压力　bottom hole flowing pressure
　06.0573

井底取样器　bottom hole sampler　06.0958

井底温度　bottom hole temperature　06.0522

井底钻具组合三维模式　three-dimensional bottom-
　hole assembly model　05.0332

井架　derrick　11.0133

井架安装　derrick installation　05.0022

井架安装车　derrick erecting truck　11.0529

井架绷绳　derrick guy, guy line　11.0163

井架大门　V-window opening　11.0170

[井架]大门高度　height of V-window opening, vee
　door　11.0171

井架大腿　derrick leg　11.0151

井架底座　derrick substructure　11.0140

井架公称高度　nominal height of derrick　11.0049

井架构件　derrick member　11.0150

[井架]上底尺寸　water table opening,
　top square, derrick top size　11.0168

[井架]下底尺寸　base square, derrick base size
　11.0169

井架有效高度　clear derrick height　11.0050

井间地震　crosshole seismic　03.0598

井间干扰　well interference　06.0218

井间示踪剂测试　interwell tracer test　06.0307

井间瞬变压力测试　interwell transient pressure test
　06.0308

井径仪　caliper　04.0360

井距　well spacing　06.0388

井控模拟器　well control simulator　05.0449

* 井控系统　well pressure control system, well
　control system　11.0352

井口保护器　tree-protector　11.0532

井口管汇　wellhead manifold　09.0577

井口回压　wellhead back pressure　06.0572

井口计量系统　wellhead metering system　09.0580

井口甲板　wellhead deck　09.0544

井口检波器　uphole geophone　03.0513

井口控制阀　wellhead control valve　11.0384

井口连接器　wellhead connector　09.0598

井口帽　wellhead cap　09.0358

井口模块　wellhead module　09.0550

井口平台　wellhead platform　09.0467

井口区　wellhead space　09.0743

井口时间　uphole time　03.0512

井口时间校正　uphole correction　03.0738

井口系统关断盘　cellar shutdown panel, CSDP
　09.0879

井口压力　wellhead pressure　06.0570

井口压力控制系统　well pressure control system,
　well control system　11.0352

井口装置　wellhead assembly, wellhead device
　11.0351

井漏　circulation loss　05.0214

井喷　well blowout　05.0415

井喷失控　blowout out of control　05.0423

井喷噪声　hole-blow noise　03.0385

* 井区　drainage area　06.0240

井身垂直投影图　vertical projection of borehole
　05.0362

井身结构　casing programme　02.0791

井身水平投影图　horizontal projection of borehole
　05.0364

井身质量　wellbore quality　05.0047

井深　well total depth　05.0298

井筒波　tube wave　03.0588

井筒热循环　hot fluid circulation　06.0889

井筒试压　wellbore pressure test　06.0936

井筒贮存系数　wellbore storage coefficient
　06.0286

井网密度　well density　06.0387

井位　well location　05.0017

井位标　location buoy　09.0698

井下安全阀　subsurface safety valve, SSSV
　09.0794

井下测量 downhole measurement 06.0951

井下磁力仪 borehole magnetometer 03.0188

井下电热器 downhole electric heater 06.0888

井下电子压力计 downhole electronic pressure bomb 06.0955

井下动力钻具 downhole motor, mud motor 11.0552

井下动力钻具钻井 downhole motor drilling 05.0398

* 井下防喷阀 inside blowout preventer 11.0381

[井下工具可]通过型出油管回路 through flowline loop, TFL loop 09.0624

井下检波器 well geophone 03.0495

井下流量计 bottom hole flowmeter 06.0959

井下螺杆泵 subsurface progressing cavity pump 06.0710

* 井下马达 downhole motor, mud motor 11.0552

井下密度计 bottom hole densimeter 06.0962

井下配产器 bottom hole production allocator 06.0711

井下配水器 downhole water flow regulator 06.0742

井下配水嘴 downhole choke 06.0743

井下取样器 downhole sampler 06.0178

井下声波电视测井 borehole televiewer log 04.0221

井下示功图 downhole dynagraph 06.0684

井下温度计 bottom hole temperature bomb, bottom hole temperature recorder 06.0957

井下涡轮流量计 bottom hole turbine flowmeter 06.0961

井下压力计 pressure bomb 06.0952

井下仪器 downhole instrument 06.0950

井下油－气分离器 downhole gas-oil separator 06.0674

井下振弦压力计 downhole vibrating wire strain gauge 06.0956

井下蒸汽发生器 downhole steam generator 11.0546

井下重力仪 borehole gravimeter, BHGM 03.0075

井下轴流涡轮泵 downhole axial flow turbine-pump unit 06.0703

井下作业 downhole operation 06.0928

井斜 hole inclination, hole deviation 05.0336

井斜测量 inclination logging 04.0413

井斜角 angle of deviation, angle of inclination 05.0335

井斜控制 deviation control 05.0376

井斜平面图 drill-hole inclination plan 02.0806

井眼 wellbore 05.0001

井眼补偿声波测井 borehole compensated acoustic logging 04.0208

井眼方位角 hole azimuth angle, hole direction 05.0351

井眼校正 borehole correction 04.0133

井眼曲率 hole curvature, dog leg severity 05.0352

井眼条件 borehole condition 04.0073

井眼相碰 drilling collision, well collision 05.0390

井眼液柱压力 drilling fluid column pressure 05.0412

井涌 kick 05.0414

井涌井喷控制 control of well kick and blowout 05.0430

井中激发垂直地震剖面 inverse VSP 04.0223

井组动态分析 well group performance analysis 06.0439

警报 warning alarm 09.0883

静电分离器 electrostatic separator 08.0498

静电积累 accumulation of static electricity 10.0236

静电接地 static electricity earth 09.0989

静电释放 static electricity discharge 09.0979

静电消除器 apparatus of reducing static electricity 10.0237

静校正 static correction 03.0732

静校正量 statics 03.0730

静滤失量 static filtration 05.0180

静水压力 hydrostatic pressure 02.0634

静态滤失试验 static fluid loss test 06.0804

静态移动 static shift 03.0277

静稳性力臂 statical stability lever 09.0245

静稳性曲线 curve of statical stability 09.0239

静压梯度 static pressure gradient 06.0451

静液面 static liquid level 02.0652

静自然电位 static spontaneous potential 04.0160

镜象反映　mirror image　06.0214

镜象井　imaginary well, image well　06.0215

镜质组　vitrinite　02.0352

镜质组反射率　vitrinite reflectance　02.0406

镜质组反射率测定　vitrinite reflectance determination　02.0996

径向反应器　radial reactor　07.0433

径向积分几何因子　integrated radial geometric factor　04.0148

径向微差井温测井　radial differential temperature log　04.0357

净化　conditioning　10.0080

净化水罐　treated water tank　09.0763

净化水缓冲罐　clean water surge tank　09.0782

* 净扭矩　net [crank shaft] torque　06.0634

净气　sweet gas　01.0061

* 净正吸入压头　net positive suction head, NPSH　10.0121

净注率　net injection volume　06.0529

纠斜　hole straightening　05.0070

纠斜速度　skew velocity　03.0819

九点法注水　nine-spot water flooding pattern　06.0405

酒精－苯沥青　alcohol-benzene bitumen　02.0320

救生带　survival belt　09.1009

救生筏　life-raft, life-float　09.1011

救生艇　life-boat　09.1010

救生艇登乘处　life-boat embarkation area　09.1014

救生系统　life-saving system　09.1012

救援船　salvage vessel　09.0457

救援井　relief well　05.0308

救助艇　rescue boat　09.1013

居里点　Curie temperature, Curie point　03.0166

局部腐蚀　local corrosion　10.0277

[局部]图象放大　zooming　03.0884

局部异常　local anomaly　03.0038

局部运移　local migration　02.0597

局限海　restricted sea　02.0272

矩形函数　boxcar function　03.0654

聚氨酯　polyurethane　08.0296

聚胺盐　polyamine salt　12.0061

聚苯醚　polyphenylene oxide, PPO　08.0295

聚苯乙烯　polystyrene, PS　08.0276

聚丙烯　polypropylene, PP　08.0269

聚丙烯腈纤维　polyacrylonitrile fibre　08.0321

聚丙烯均聚物　polypropylene homopolymer　08.0270

聚丙烯抗冲共聚物　polypropylene impact copolymer　08.0271

聚丙烯酸酯　polyacrylate　08.0309

聚丙烯无规共聚物　polypropylene random copolymer　08.0272

聚丙烯纤维　polypropylene fibre　08.0326

聚丙烯酰胺　polyacrylamide　08.0307

聚－1丁烯　poly 1-butene　08.0273

聚对苯二甲酸丁二醇酯　polybutylene terephthalate, PBT　08.0289

聚对苯二甲酸乙二醇酯　polyethylene terephthalate, PET　08.0288

聚二甲基硅氧烷　dimethyl silicone polymer　12.0066

聚合　polymerization　07.0078

聚合催化剂　polymerization catalyst　08.0389

聚合剂加入器　polymer handler　11.0513

聚合物　polymer　12.0037

聚合物减阻　drag reduction by polymer　10.0040

聚合物驱　polymer flooding　06.0984

聚合物型防垢剂　polymer-type anti-scaling agent　12.0214

聚合物型防蜡剂　polymer-type paraffin inhibitor　12.0140

聚合物钻井液　polymer drilling fluid　05.0159

聚集系数法　accumulative coefficient method　02.1057

聚己二酰己二胺　polyhexamethylene adipamide, nylon-66　08.0293

聚己内酰胺　polycaprolactam, nylon-6　08.0292

聚季铵盐　polyquaternary ammonium salt　12.0062

聚甲基丙烯酸甲酯　polymethyl methacrylate, PMMA　08.0284

聚甲醛　polyformaldehyde　08.0287

聚结　aggregation　05.0219

聚结隔油器　coalescer　09.0775

聚晶[复合片]金刚石取心钻头　polycrystalline diamond core bit, compact core bit　11.0338

聚晶[复合片]金刚石钻头　polycrystalline diamond

compact bit, PDC bit 11.0332

聚氯乙烯 polyvinyl chloride, PVC 08.0283

聚氯乙烯纤维 polyvinyl chloride fibre 08.0329

聚醚 polyether 08.0308

聚醚多元醇 polyether glycol 08.0138

聚能射孔弹 shaped charge 04.0389

聚碳酸酯 polycarbonate, PC 08.0286

聚糖 polysaccharide 12.0040

聚氧乙烯胺 polyoxyethylated amine 12.0023

聚氧乙烯聚氧丙烯多乙烯多胺 polyoxyethylene polyoxypropylene polyethylene polyamine 12.0024

聚氧乙烯聚氧丙烯二醇[醚] polyoxyethylene polyoxypropylene glycol 12.0020

聚氧乙烯聚氧丙烯酚醛树脂 polyoxyethylene polyoxypropylene phenolic resin 12.0021

聚氧乙烯羧酸酯 polyoxyethylated carboxylate 12.0016

聚氧乙烯烷基醇[醚] polyoxyethylated alkyl alcohol 12.0018

聚氧乙烯烷基酚[醚] polyoxyethylated alkyl phenol 12.0019

聚氧乙烯酰胺 polyoxyethylated amide 12.0026

聚乙酸乙烯酯 polyvinyl acetate 12.0063

聚乙烯 polyethylene 08.0264

聚乙烯醇 polyvinyl alcohol 08.0155

聚乙烯醇纤维 polyvinyl alcohol fibre 08.0328

聚阴离子纤维素 polyanionic cellulose 12.0045

聚酰胺 polyamide 08.0290

聚酰胺纤维 polyamide fibre 08.0325

聚酰亚胺 polyimide 08.0291

聚酯 polyester 08.0285

聚酯纤维 polyester fibre 08.0324

*巨型压裂 massive hydraulic fracturing, MHF 06.0829

*巨型油气田 giant oil-gas field 01.0021

距离方式 range-range mode 09.0105

距离重复精度 range redundance 09.0137

*卷积 convolution 03.0023

卷曲率 crimp percentage 08.0375

卷绕噪声 wrap around noise 03.0667

决口扇沉积 crevasse-splay deposit 02.0213

*绝对孔隙度 total porosity 02.0570

绝对粘度 absolute viscosity 01.0122

绝对渗透率 absolute permeability 06.0024

绝对速度 absolute velocity 02.0938

绝对无阻流量 absolute open flow, absolute open flow capacity 06.0311

绝热反应器 adiabatic reactor 08.0471

绝缘检漏仪 holiday detector 10.0193

绝缘胶冻裂点 freezing breakage point of insulating gel 07.0380

绝缘胶收缩率 contraction ratio of insulating gel 07.0381

绝缘胶粘附率 adherence ratio of insulatng gel 07.0382

绝缘接头 insulating joint 10.0354

绝缘油 insulating oil 07.0183

均苯四[甲]酸二酐 pyromellitic dianhydride 08.0262

均方根速度 rms velocity 03.0445

均化器 evener 11.0515

均三甲苯 1,3,5-trimethylbenzene, sym-trimethyl benzene 08.0258

均四甲苯 durene 08.0261

均匀腐蚀 uniform corrosion 10.0262

均匀介质 homogeneous medium 03.0026

菌类体 sclerotinite 02.0357

K

喀斯特油气藏 karst hydrocarbon reservoir 02.0717

*卡宾 carbene 02.0310

卡点 sticking point 05.0610

卡点指示器 stuck point indicator 04.0411

卡帕仪 magnetic susceptibility Kappameter 03.0191

卡瓦 slips 11.0715

卡瓦式吊卡 slip-elevator 11.0718

卡瓦式封隔器 slip-type packer 06.0906

卡瓦式闸板防喷器 slip ram preventer 11.0362

卡西尼重力公式 Cassini gravity formula 03.0056

卡钻 drill pipe sticking 05.0604

开采工艺 production practice, oil production technology 06.0553

开采现状图 current status of exploitation 06.0441

开发层系 layer series of development 06.0391

开发程序 development sequence 06.0380

开发储量 development reserves 02.1036

开发方式 development regime, development model 06.0379

开发井 development well 02.0785

开发井网 well pattern 06.0384

开发先导试验区 pilot test area [in oil field development] 06.0383

开发钻井 development drilling 05.0009

开关柜与电机控制中心模块 switchgear & MCC module 09.0558

开关油 switch oil 07.0188

开井比 opening ratio 05.0447

* 开阔海 open sea 02.0273

开式动力液系统 open type power fluid system, OPF system 06.0693

开式排放罐 open drain tank 09.0812

开式[气举]装置 open [gas-lift] installation 06.0613

开式油气收集工艺 opened oil and gas gathering process 10.0004

开钻 spud-in, spuding 05.0056

开钻钻井液 spud mud 05.0178

勘探成本 exploration cost 02.0818

勘探地球物理[学] exploration geophysics 03.0001

勘探效率 exploration efficiency 02.0817

勘探钻井 exploratory drilling 05.0008

康氏残炭 Conradson carbon residue 07.0346

康氏残炭测定仪 apparatus for determining Conradson carbon residue 07.0460

糠醇树脂 furfuryl alcohol resin 12.0069

糠醛精制 furfural refining 07.0102

糠醛树脂 furfural resin 12.0068

抗爆剂 anti-knock additive 07.0246

抗爆性 anti-knock property 07.0301

抗爆指数 anti-knock index 07.0338

抗冰结构 ice resistant structure 09.0503

抗磁性 diamagnetism 03.0163

抗腐蚀添加剂 anti-corrosion additive 07.0250

抗干扰性 immunity 09.0175

抗滑稳性 stability against sliding 09.0646

抗静电剂 antistatic agent 08.0410

抗静电添加剂 antistatic additive, static dissipator additive 07.0251

抗磨添加剂 antiwear additive 07.0261

抗磨性 antiwear property 07.0292

抗磨液压油 antiwear hydraulic oil 07.0172

抗倾稳性 stability against overturning, overturning stability 09.0645

抗压强度 compressive strength 05.0490

靠船碰垫 barge bumper 09.0723

靠船台 boat landing platform 09.0715

* 颗粒密度 matrix density, grain density 04.0177

颗粒运移 particle migration 05.0255

颗粒组成 grain composition 06.0007

科里奥利效应 Coriolis effect 03.0089

可变载荷 variable load 09.0220

可采储量 recoverable reserves, industrial reserves 02.1033

可动水图 movable water plot 04.0275

可动油图 movable oil plot 04.0274

可发性聚苯乙烯 expandable polystyrene, EPS 08.0279

可纺性 spinnability 08.0365

可解脱式系泊系统 disconnectable mooring system 09.0514

可控导向动力钻具系统 steerable motor system 05.0408

可控硅[整流]直流电驱动钻机 AC-SCR-DC drive rig 11.0025

可控弯接头 variable-angle bent sub, controllable sub 05.0406

可控源声频大地电磁法 controlled source audio-frequency magnetotelluric method, CS 03.0278

可控震源 vibrator 03.0567

可控震源法 vibroseis 03.0566

可燃度极限 flammability limits 09.0990

可燃气探测系统 gas detecting system 09.0910

可燃气体报警系统 gas detecting alarm system

09.0973

可燃有机岩 caustobiolith 02.0187

可染性 dyeability 08.0377

可退开的捞矛 releasing spear, retrievable spear 05.0585

可行性分析 feasibility analysis 02.1075

[可]压缩性 compressibility 07.0291

可移式底座 movable substructure 11.0142

克拉通 craton 02.0053

克劳德子波 Klauder wavelet 03.0576

克劳斯硫回收法 Claus sulfur recovery 10.0091

克劳斯尾气处理 Claus tail-gas clean-up 10.0097

克林肯贝格渗透率 Klinkenberg permeability 06.0025

* 克林肯贝格效应 slippage effect, Klinkenberg effect 06.0080

刻度井 calibration pit, test pit 04.0082

刻度器 calibrator 04.0083

刻度线 calibration tail 04.0081

坑道采油 gallery oil mining 06.1054

坑蚀 pitting corrosion 10.0264

空船排水量 light ship displacement 09.0218

空船重量 light ship weight 09.0217

* 空化射流 cavitation jet 05.0084

空间假频 spatial aliasing 03.0645

空间滤波 spatial filtering, ground mixing 03.0391

空气波 air wave 03.0381

空气干燥器 air dryer 11.0303

空气过滤器 air filter 11.0306

空气冷却器 air cooler 07.0402

空气释放性 air release property 07.0295

空气调节装置 air handling unit 09.0847

空气钻 air drill 03.0463

空气钻井 air drilling 05.0033

空心抽油杆 hollow rod, hollow sucker rod 11.0435

空心微珠 hollow microsphere 05.0504

空载试运转 noload test run 10.0461

空中爆炸法 air shooting, Poulter method 03.0472

空中巡线 aerial surveillance 10.0134

孔板流量计 orifice meter 10.0034

孔道侧穴 pockets of channel 06.0066

孔腹 bulge 06.0064

孔喉 pore throat, pore constriction 06.0065

孔隙 pore 02.0577

孔隙大小分布 pore size distribution 06.0048

孔隙大小分布频谱 pore size distribution spectrum 06.0051

孔隙大小平均值 mean pore size, average pore size 06.0049

孔隙大小中值 median pore size 06.0050

孔隙度 porosity 02.0569

孔隙胶结 porous cement 02.0537

孔隙结构 pore structure, pore geometry 06.0052

孔隙结构参数 parameter of pore structure 06.0055

孔隙结构非均质性 heterogeneity of pore structure 06.0053

孔隙结构各向异性 anisotropy of pore structure 06.0056

孔隙结构模型 pore structure model 06.0058

孔隙空间骨架 skeleton of pore space 06.0063

孔隙流体压力 pore fluid pressure 02.0632

孔隙体积 pore volume 06.0047

孔隙网络拓扑结构 topology of pore structure 06.0054

孔隙型储集层 porous-type reservoir 02.0530

* 孔隙压力 pore fluid pressure 02.0632

孔隙铸体 pore cast 06.0057

孔眼排列方式 perforation pattern 04.0398

控制储量 probable reserves, estimated reserves 02.1034

控制管汇 control manifold 11.0371

控制井 control well 05.0108

控制头 control head 11.0599

控制系统工作压力 working pressure of control system 11.0374

扣装法抢装井口 buckling-up-installing wellhead 05.0456

枯潮带 withered zone 09.0057

枯潮线 withered line 09.0056

库埃特流 Couette flow 10.0056

跨接软管 jump hose, jumper hose 09.0712

块断盆地 block fault basin 02.0153

块断作用 block faulting 02.0103

块装式钻机 packaged rig, skid-mounted rig

11.0007

块状油气藏 massive hydrocarbon reservoir 02.0715

快开盲板 fast-opening blind 10.0395

快绳 fast line 11.0127

快速解脱钩 quick release hook 09.0740

快速盲法兰 blind spectacle flange 09.0831

快速排气阀 quick exhaust valve 11.0302

快速直观解释法 quick-look interpretation method 04.0269

宽线地震 wide line seismic, WLP 03.0597

框式桨搅拌器 frame agitator 08.0502

矿场自动交接系统 lease automatic custody transfer system, LACT system 10.0077

矿物对 mineral pair 04.0264

矿物微粒稳定剂 mineral fines stabilizer 12.0208

矿脂 petrolatum, vaseline 07.0227

扩散 diffusion 02.0664

扩散泵油 diffusion pump oil 07.0150

扩散电场 diffusing electric field 03.0219

扩散管 diffuser 06.0701

扩散深度 diffusion depth 03.0294

扩眼 reaming, hole reaming 05.0067

扩展排列 expanded spread 03.0509

L

垃圾压实器 rubbish compactor 09.0589

拉拔润滑剂 drawing compound 07.0180

拉铲 dragline-type shovel 10.0430

拉分盆地 pull-apart basin 02.0148

* 拉杆盘根 rod packing 11.0215

拉筋 bracing 09.0485

拉索塔平台 guyed tower platform 09.0472

拉张作用 extension 02.0040

喇叭口短节 bell nipple 11.0377

喇叭口就位环 funnel-shapped landing ring 09.0495

蜡堵 paraffin plugging, paraffin blockage 06.0879

蜡分散剂 paraffin dispersant 12.0141

蜡晶改性剂 paraffin crystal modifier 12.0142

蜡裂化 wax cracking 07.0056

蜡脱油 wax deoiling 07.0044

γ蜡烷 gammacerane 02.0461

莱弗里特J函数 Leverett J function 06.0119

莱文森递推 Levinson recursion 03.0711

兰氏残炭 Ramsbottom carbon residue 07.0345

[缆绳]张紧器 tensioner 09.0531

捞锚钩 chain chaser 09.0390

捞砂滚筒 sand reel, bailing drum 11.0090

捞砂筒 sand bailer 06.0858

姥鲛烷 pristane 02.0481

姥植比 pristane to phytane ratio, Pr/Ph 02.0482

勒夫波 Love wave 03.0318

* 雷德蒸气压 Reid vapor pressure 01.0097

雷电干扰 sferics 03.0255

* 雷克子波 Ricker wavelet 03.0411

累积产量 cumulative production 02.1050

累积产水量 cumulative water production 06.0489

累积产油量 cumulative oil production 06.0490

累积生产气油比 cumulative produced gas-oil ratio 06.0491

累积注采比 cumulative injection-production ratio 06.0528

累积注水量 cumulative water injection volume 06.0499

累计流量计 flow quantity recorder, FQ recorder 09.0872

类胡萝卜素 carotenoid 02.0477

类异戊二烯 isoprenoid 02.0478

类异戊二烯烃 isoprenoid hydrocarbon 02.0479

冷冻封堵 freeze plugging 10.0422

冷冻机油 refrigerator oil 07.0148

冷冻岩心 freezing core 06.0003

冷工作业 cold work 09.0986

冷滤点 cold filter plugging point 07.0342

冷凝液罐 condensate drum 09.0786

冷却器 cooler 08.0509

冷弯弯管机 cold bending machine 10.0426

冷运[转] cold test run 10.0463

冷榨脱蜡 cold pressing dewaxing 07.0052

犁式断层 listric fault 02.0094

离开排列 in-line offset spread 03.0504

离散边界　divergent boundary　02.0113

离散密度　divergent density　09.0179

离心泵特性曲线　characteristic curve of centrifugal pump　10.0119

离心法［测毛细管压力］　centrifugal method　06.0126

离心过滤机　centrifugal filter　08.0537

离子交换树脂　ion exchange resin　08.0306

理论示功图　theoretical dynamometer card　06.0682

里德蒸气压　Reid vapor pressure　01.0097

里克子波　Ricker wavelet　03.0411

锂基润滑脂　lithium soap base grease　07.0208

砾砂直径比　gravel-sand size ratio　06.0856

砾石充填完井　gravel packing completion　06.0558

砾岩　conglomerate　02.0174

历史拟合　history matching　06.0351

立根　stand　05.0074

立根盒　pipe setback　11.0158

＊立根盒容量　setback capacity　11.0172

立管　standpipe, riser　11.0199

立管基盘　riser template　09.0496

立管压力　standpipe pressure　05.0304

立管支架　riser cradle　09.0600

立式圆柱形油罐　cylindrical tank　10.0201

立体异构化　stereoisomerism　02.0438

立体异构体　stereoisomer, stereomer　02.0439

粒度分布曲线　particle size distribution curve　06.0011

粒度分析　grain-size analysis　02.0977

粒度累积分布曲线　cumulative distribution curve of particle size　06.0012

粒间孔隙　intergranular pore　02.0548

粒间溶孔　intergranular dissolved pore　02.0556

粒内孔隙　intragranular pore　02.0549

粒内溶孔　intragranular dissolved pore　02.0555

沥青　bitumen, asphalt　01.0047

沥青测量　bitumen survey　02.0824

沥青成型机　asphalt brick former　07.0447

沥青湖　pitch lake　02.0768

沥青化作用　bituminization　02.0309

＊沥青基原油　naphthene-base crude［oil］　01.0032

沥青脉　bituminous vein　02.0770

沥青苗　asphalt seepage　02.0767

沥青丘　asphalt mound　02.0769

沥青溶解度　bitumen solubility　07.0376

沥青塞封闭油藏　asphalt-sealed oil reservoir　02.0718

沥青砂　tar sand　02.0771

＊沥青伸长度　bitumen ductility　07.0375

沥青系数　bitumen coefficient　02.0421

沥青延度　bitumen ductility　07.0375

沥青氧化　asphalt oxidation, asphalt blowing　07.0086

沥青质　asphaltene　01.0048

联苯　diphenyl　08.0243

联合驱动　compound drive　11.0058

联井　well-tie　03.0832

联立解法　simultaneous solution method, SS method　06.0343

联络测线　tie line　03.0453

连杆　connection rod　11.0210

连接盒　junction box　09.0346

连通孔隙度　interconnected porosity　06.0017

连续变频信号　chirp　03.0568

连续催化重整　continuous catalytic reforming　07.0073

连续搅拌［反应］器　continuous stirred tank reactor　08.0466

＊连续卷盘油管　continuous reeled tubing　11.0655

连续流量计　continuous flowmeter　04.0367

连续气举　continuous gas-lift　06.0606

连续气举阀　continuous gas-lift valve　11.0474

连续气举设备　continuous gas-lift equipment　11.0481

连续性　continuity　03.0359

连续油相　oil-continuous phase　02.0609

链尺定距　wire chaining　03.0454

链条并车箱　compound chain box　11.0065

链条抽油机　chain drive pumping unit　11.0429

链条传动钻机　chain drive rig　11.0020

炼厂气　refinery gas　07.0010

炼油厂　petroleum refinery, refinery　07.0004

炼油工艺装置　refining process unit　07.0007

炼油设备 refining equipment 07.0008

梁式跨越 beam pipeline spanning 10.0166

两步法三维偏移 two-pass 3D migration 03.0811

两步气举法 two-step gas lift method 06.0616

两流量试井 two-rate well testing 06.0282

两栖地震勘探作业 amphibious seismic operation 09.0008

两相渗流 two-phase fluid flow 06.0219

两相体积系数 two-phase formation volume factor 06.0174

两性表面活性剂 amphoteric surfactant 12.0027

两翼刮刀钻头 two blade bit, fishtail bit 11.0329

量油孔 gaging hatch 10.0211

亮点 bright spot 03.0871

裂缝 fracture, fissure 02.0560

裂缝闭合压力 fracture closure pressure 06.0824

裂缝穿透系数 fracture penetration coefficient 06.0818

裂缝导流能力 fracture conductivity 06.0816

裂缝方位 fracture azimuth 06.0793

裂缝高度 fracture height 06.0800

裂缝-基质系统渗透率 permeability of fracture-matrix system 06.0033

裂缝几何参数 fracture geometry parameter 06.0797

裂缝孔隙度 fracture porosity 06.0021

裂缝孔隙度分布指数 fracture porosity partitioning coefficient 04.0278

裂缝宽度 fracture width 06.0798

裂缝密度 fracture density 02.0572

裂缝强度指数 fracture intensity index, FII 02.0574

裂缝渗透率 fracture permeability 06.0035

裂缝识别测井 fracture identification log 04.0279

裂缝探测 fracture detection 04.0287

裂缝系数 fracture coefficient 02.0573

裂缝形状 fracture shape, fracture geometry 06.0796

裂缝延伸 fracture propagation 06.0791

裂缝延伸长度 fracture penetration 06.0799

裂缝延伸压力 fracture propagation pressure 06.0792

裂缝油气藏 fractured hydrocarbon reservoir 02.0698

裂缝指数 fracture index 04.0282

裂谷盆地 rift basin 02.0134

裂解焦油 pyrolysis tar oil 08.0018

裂解气干燥塔 drying tower of cracking gas 08.0495

裂解气压缩机 cracking gas compressor 08.0528

裂解汽油加氢反应器 hydrogenation reactor of pyrolysis gasoline 08.0479

裂解轻汽油 pyrolysis gasoline 08.0017

裂隙型储集层 fractured reservoir 02.0531

磷酸酯盐型表面活性剂 phosphate surfactant 12.0009

临界点 critical point 01.0081

临界反射 critical reflection 03.0436

临界井深 critical well depth 05.0103

临界距离 critical distance 03.0342

临界流速流量计 critical flow prover 06.0948

临界凝析温度 cricondentherm 01.0086

临界凝析压力 cricondenbar 01.0087

*临界驱替比 capillary number, capillary displacement ratio 06.0125

临界体积 critical volume 01.0083

临界温度 critical temperature 01.0084

临界压力 critical pressure 01.0085

临界盐度 critical salt concentration 05.0265

临界状态 critical state 01.0082

临界阻尼 critical damping 03.0486

临氢降凝 hydrodewaxing 07.0067

临时导向基盘 temporary guide base, TGB 09.0337

临时导向架 temporary guide structure, TGS 09.0335

邻苯二甲酸酐 phthalic anhydride 08.0249

邻苯二甲酸酯 phthalate 08.0250

邻层影响 shoulder-bed effect, adjacent bed effect 04.0110

邻队[激发]干扰 crew noise 03.0384

邻二甲苯 o-xylene 08.0248

邻二甲苯氧化 o-xylene oxidation 08.0074

邻近侧向测井 proximity log 04.0128

膦酸盐防垢剂 phosphonate anti-scaling agent 12.0211

菱铁矿　siderite　02.0369
零长　distance of zero mark, zero length　04.0086
零长弹簧　zero-length spring　03.0070
零点漂移　drift, null offset　03.0083
零点漂移校正　drift correction　03.0086
零井源距垂直剖面法　zero-offset VSP　03.0583
* 零倾线　magnetic equator, aclinic line　03.0127
零位油罐　self-unloading tank　10.0202
零线　zero tail　04.0084
零相位　zero phase　02.0933
零相位化　dephasing　03.0689
零相位子波　zero-phase wavelet　03.0857
零效应　null-effect　09.0155
零源距　critical detector-source spacing　04.0063
* 领眼钻头　pilot bit　11.0341
硫醇硫　mercaptan sulfur　07.0347
硫化促进剂　vulcanization accelerator　08.0423
硫化活化剂　vulcanization activator　08.0424
硫化剂　vulcanizing agent, vulcanizator　08.0422
硫化氢检测仪　H2S detector　05.0444
硫化氢探测报警系统　hydrogen sulfide detecting alarm system　09.0976
硫化物应力开裂　sulfide stress cracking, SSC　10.0272
* 硫化延缓剂　anti-scorching agent, vulcanization retarder　08.0425
硫磺成型　sulfur moulding　10.0095
硫磺回收率　sulfur recovery rate　10.0094
硫磺转化率　sulfur conversion rate　10.0093
硫容量　sulfur capacity　10.0092
硫酸烷基化　sulfuric acid alkylation　07.0075
硫酸酯盐型表面活性剂　sulfate surfactant　12.0008
馏程　distillation range　07.0308
馏分　fraction, distillate　07.0011
C4馏分　C4 fraction　08.0015
C5馏分　C5 fraction　08.0016
* 馏分油　fraction, distillate　07.0011
馏分油精制　distillate treating　07.0094
流变行为指数　rheological behavior index　01.0117
流变性　rheological characteristic　01.0102
流变学　rheology　01.0101
流程图　flow sheet, flow diagram　07.0003

流出动态曲线　discharge performance relationship curve　06.0261
流[动]度控制剂　mobility control agent　12.0219
流动方程　flow equation　06.0234
流动孔隙度　flowing porosity　06.0018
流动势　flow potential　06.0205
流动系数　mobility-thickness product, transmissibility　06.0301
流动效率　flow efficiency　06.0297
流动性改进剂　flow improver　07.0254
流度　mobility　06.0226
流度比　mobility ratio　06.0227
流管分析法　stream tube approach method　06.0251
流化床反应器　fluidized bed reactor　07.0429
流化催化裂化　fluid catalytic cracking, FCC　07.0058
流化焦化　fluid coking　07.0083
流量　flow rate　11.0228
流量不均度　flow nonuniformity　11.0230
流量计标定装置　meter prover　10.0038
流量显示器　flow indicator, FI　09.0871
流平性　levelling property　10.0341
流容模型　capacitance model　06.0062
流入动态曲线　inflow performance relationship curve　06.0260
流体包裹体分析系统　fluid-inclusion analysis system　02.1025
流体参数　parameter　04.0266
流体降解　degradation　10.0059
流体密度　fluid density　04.0176
流体密度计　densimeter　04.0378
流体压缩系数　fluid compressibility　06.0042
流线型抽油泵　streamlined pump　06.0671
流型　flow pattern　06.0575
* 流压　bottom hole flowing pressure　06.0573
流压梯度　flowing pressure gradient　06.0452
六方钻杆　hexagonal kelly　11.0629
隆起　uplift　02.0062
漏出型波　leaking mode　03.0329
漏斗粘度　funnel viscosity　05.0250
漏失试验法　leak-off test, leakage test method　05.0454

漏[铁]点　holiday　10.0333

卤化烃管线　halogenated hydrocarbon line　09.0945

卤化烃就地控制盘　halogenated hydrocarbon local panel　09.0944

卤化烃灭火器　halogenated hydrocarbon extinguisher　09.0967

卤化烃灭火系统　halogenated hydrocarbon fire extinguishing system　09.0941

卤化烃喷嘴　halogenated hydrocarbon nozzle　09.0946

卤化烃瓶　halogenated hydrocarbon cylinder　09.0942

卤化烃瓶储藏间　halogenated hydrocarbon cylinder cubicle　09.0943

卤化烃释放报警铃　halogenated hydrocarbon discharge alarm bell　09.0950

卤化烃释放手动开关　halogenated hydrocarbon discharge manual actuator　09.0951

卤化烃释放指示器　halogenated hydrocarbon discharge indicator　09.0949

鲁茨流量计　Roots meter　10.0036

露点　dew point　01.0088

露点曲线　dew point curve　01.0089

露点压力　dew point pressure　06.0170

露天采油　open-pit oil mining　06.1053

露天甲板　weather deck, open deck　09.0546

露头　outcrop　02.0760

录制格式　format　03.0556

陆表海　epicontinental sea, epeiric sea　02.0274

＊陆潮　[solid] earth tide　03.0064

陆地卫星　Landsat　02.0947

陆架边缘体系域　shelf margin system tract, SMST　02.0871

陆亮型盆地　continent-crust type basin　02.0151

＊陆台　platform　02.0052

陆相　nonmarine facies, continental facies　02.0231

陆相生油　nonmarine origin　02.0389

陆缘海　pericontinental sea　02.0275

铝合金钻杆　aluminium drill pipe　11.0612

铝基润滑脂　aluminium soap base grease　07.0209

铝艇　aluminium boat　09.0020

旅行时层析成象　travel time tomography　03.0600

＊滤失量　filtration rate　05.0203

氯苯　chlorobenzene　08.0240

3-氯丙烯　allyl chloride　08.0174

氯测井　chlorine log　04.0186

氯丁二烯　chloroprene　08.0165

氯丁橡胶　chloroprene rubber, CR　08.0318

氯仿沥青　chloroform bitumen　02.0319

氯仿沥青"A"法　chloroform bitumen "A" method　02.1054

氯化石蜡　chloroparaffin　07.0237

＊氯纶　polyvinyl chloride fibre　08.0329

氯乙酸　chloroacetic acid　08.0147

氯乙烷　ethyl chloride　08.0158

氯乙烯　vinyl chloride, VC　08.0154

氯乙烯本体聚合　bulk polymerization of VC　08.0121

氯乙烯乳液聚合　emulsion polymerization of VC　08.0120

氯乙烯悬浮聚合　suspension polymerization of VC　08.0119

滤饼　filter cake, mud cake　05.0185

滤饼厚度　filter cake thickness　05.0201

滤饼结构　filter cake texture　05.0200

滤波　filtering　03.0639

滤波器系数　filter coefficient　03.0703

滤砂器　sand filter　06.0680

滤失　filtration　05.0182

API 滤失量　API filtration　05.0183

滤失能力　filtration capacity　05.0202

滤失速度　filtration rate　05.0203

API 滤失仪　API filter tester　05.0244

滤液酚酞碱度　Pf alkalinity of filtrate　05.0193

滤液甲基橙碱度　Mf alkalinity of filtrate　05.0194

绿泥石　chlorite　05.0227

乱岗状结构　hummocky configuration　02.0890

轮式灭火器　wheeled extinguisher　09.0972

轮数　number of sheaves　11.0121

轮藻鉴定　charophyta identification　02.0987

螺杆　screw　11.0573

螺杆钻具　screwdrill, positive displacement drill　11.0570

螺尾量表　run-out gage　11.0692

螺纹规　thread gage　11.0683

螺纹[连接]钻杆接头　screw-on tool joint　11.0618

螺纹轮廓显微镜　thread-contour microscope 11 11.0695

[螺纹牙高]校正试块　check block 11.0694

[螺纹]牙高量表　thread-height gage 11.0693

螺纹脂　thread compound 11.0700

螺旋管换热器　spiral tube heat exchanger 08.0508

螺旋管式废热锅炉　M-TLX waste heat boiler 08 08.0512

螺旋桨式搅拌器　propeller agitator 08.0504

螺旋输砂器　screw conveyer 11.0511

螺旋钻铤　spiral drill collar, fluted drill collar 11 11.0634

罗汉松烷　podocarpane 02.0469

罗经段　compass section 09.0086

裸眼单封隔器测试管柱　open hole single packer test string 11.0585

裸眼封隔器　open hole packer 06.0915

裸眼井　open hole, uncased hole 05.0005

裸眼井测井　open hole logging 04.0053

裸眼井砾石充填　open hole gravel pack 06.0562

裸眼跨隔测试管柱　open hole straddle packer test string 11.0586

裸眼完井　open hole completion 06.0556

落锤法撕破强力试验方法　tearing strength by falling pendulum apparatus 08.0355

落球粘度计　falling ball viscometer 10.0053

落物　junk 05.0572

落鱼　fish 05.0571

络合分离　clathrate separation 08.0044

M

马达法辛烷值　motor octane number, MON 07.07.0336

马达驱动稳定器　motor driven stabilizer 05.0405

马达取心筒　motorized core barrel 05.0407

马丁耐热试验　Martin heat resistance test 08.0347

* 马来酸酐　maleic anhydride 08.0199

马什漏斗　Marsh funnel 05.0242

马什漏斗粘度　Marsh funnel viscosity, seconds API 05.05.0199

马斯卡特法　Muskat method 06.0273

麦角甾烷　ergostane 02.0447

脉冲反褶积　spiking deconvolution 03.0681

脉冲宽度调制　pulse-width modulation 03.0530

脉冲试井　pulse testing 06.0281

* 脉冲响应　impulse response 03.0410

脉冲中子测井　pulsed neutron log 04.0191

脉冲中子发生器　pulsed neutron generator 04.04.0190

脉冲注水　pulse water flooding 06.0420

满管流动　tight flow 10.0182

满眼钻具　packed hole assembly 05.0399

慢度　slowness 03.0601

漫流　cross flow 05.0086

幔源气　mantle source gas 02.0490

* 盲板　blind ram 11.0364

盲孔　blind pore, dead-end pore 06.0067

猫头轴　catshaft 11.0110

锚标　anchor buoy 09.0274

锚泊定位　anchor moored positioning 09.0527

锚泊浮筒　anchoring buoy 09.0529

锚机　anchor winch 09.0383

锚机控制室　anchor winch control house 09.0391

锚架　anchor rack 09.0278

锚链舱　chain locker 09.0384

锚链管　chain pipe 09.0385

锚链张紧器　chain tensioner 09.0530

锚式搅拌器　anchor agitator 08.0503

锚桩　anchor pile 09.0528

毛细管空隙　capillary interstice 02.0567

毛细管粘度计　capillary viscometer 10.0052

* 毛细管数　capillary number, capillary displacement ratio 06.0125

* 毛细管压力界限值　threshold [capillary] pressure 06.0116

毛细管压力曲线　capillary pressure curve 06.0104

[毛细管]阈压　threshold [capillary] pressure 06.0116

毛细管滞后特征　capillary hysteresis 06.0118

毛细管准数　capillary number, capillary displacement ratio 06.0125

冒地斜棱柱体 miogeocline prism 02.0131

煤层气 coal seam gas 02.0504

煤成气 coal-genetic gas 02.0502

煤焦油沥青防腐层 coal tar pitch coating 10.0317

* 煤素质 maceral 02.0346

煤系气 coal-measure gas 02.0503

煤型气 coaliferous gas 02.0501

煤油 kerosene 07.0120

煤质 coaly 02.0363

* 门尼粘度 Mooney viscosity 08.0332

蒙特卡洛法 Monte-Carlo method 02.1064

醚化 etherification 07.0080

醚化剂 etherifying agent 12.0082

醚型表面活性剂 ether surfactant 12.0017

密闭取心 sealing core drilling, sealed coring
    05.0567

密闭输送流程 tight line process 10.0116

密闭液 sealing fluid 05.0170

密闭油气收集工艺 tight line oil and gas gathering
    process 10.0005

密度测井 density log 04.0171

密度测井刻度块 density calibration block 04.0180

密度差 density contrast 03.0065

密度温度系数 density-temperature coefficient
    07.0328

密封补心 packoff bushing 09.0412

密封滚动轴承钻头 sealed roller bearing bit
    11.0318

密封滑动轴承镶齿钻头 sealed journal bearing insert
    bit 11.0319

密封接头 sealing adapter 09.0419

密封孔 seal bore 06.0876

密封冷却器 seal cooler 09.0856

密封适应性 seal compatibility 07.0300

密相输送 dense phase pipelining 10.0010

幂律流体 power law fluid 01.0113

面波 surface wave 03.0309

面积波及系数 areal sweep efficiency 06.0979

面积井网 areal pattern, geometric well pattern
    06.0386

面积注水 pattern water flooding 06.0400

面积组合 areal array 03.0395

面极化 surface polarization 03.0242

面漆 top coat, surface paint 10.0313

面容比 area-volume ratio 06.0777

面元 bin 03.0801

面元划分 binning 03.0802

敏感性分析 sensitivity analysis 02.1074

明火点 open firing point 09.0985

明火作业 hot work 09.0984

明记录 visible record 04.0300

鸣震 ringing, reverberation 03.0374

鸣震波 ringing wave 09.0050

模块式基盘 modular template 09.0309

模拟等浮电缆 analog streamer 09.0076

模拟记录测井仪 analog recording logging unit
    04.0324

模拟录制 analogue recording 03.0014

模拟移动床分离器 simulated moving bed separator
    08.0501

模数转换器 analog to digital converter 03.0555

* α－模型 compositional simulator 06.0340

* β－模型 black-oil model 06.0337

模型模拟 modeling 03.0624

模型预演 presurvey modeling 03.0450

模型正演 forward modeling 03.0031

膜滤系数 membrane filtration factor 06.0721

磨合油 break-in oil 07.0219

磨铣工具 milling tool 05.0601

磨铣解卡法 milling releasing stuck 05.0590

摩擦猫头 frictional cathead 11.0116

摩阻损失 friction loss 10.0184

魔芋胶 "mo yu" gum, konjak gum 12.0049

末端阀 bottom valve 06.0603

莫烷 moretane 02.0459

* 母接头 tool joint box 11.0626

母锥 box tap 05.0599

木质 woody 02.0362

木[质]素磺酸盐 lignosulfonate 12.0055

目标自动识别 automatic target recognition
    02.0960

目的层 target stratum 02.0797

目前油藏压力 current reservoir pressure 06.0457

目视判读 visual interpretation 02.0965

穆尼粘度 Mooney viscosity 08.0332

N

钠基钠基润滑脂 sodium soap base grease 07.0206

钠膨润钠膨润土 sodium bentonite 05.0218

纳特纳特 nanotesla 03.0151

萘 萘 naphthalene 08.0263

耐电耐电弧性 arc resistance 08.0363

耐光耐光色牢度 colour fastness to light 08.0358

耐汗耐汗汗渍色牢度 colour fastness to perspiration 08 08.0360

耐候耐候性 resistance to natural weathering, weather-ab ability 08.0335

耐化耐化学性 chemical resistance 08.0364

耐久耐久性 permanence 08.0371

耐磨耐磨性 abrasion resistance 08.0368

耐磨耐磨指数 abrasion resistance index 08.0334

耐摩耐摩擦色牢度 colour fastness to rubbing 08.0357

耐气耐气候色牢度 colour fastness to weathering 08.08.0361

耐燃耐燃性 flame resistance 08.0372

耐热耐热性 resistance to heating 08.0336

耐溶剂耐溶剂性 resistance to solvent 08.0338

耐溶胀耐溶胀性 resistance to swelling 08.0339

耐蚀耐蚀性 corrosion resistance 10.0254

耐微生耐微生物腐蚀性 microbial corrosion resistance 10.10.0337

耐洗色耐洗色牢度 colour fastness to washing 08.0359

耐液体耐液体性 resistance to liquid 08.0337

耐油耐油性 oil resistance 08.0373

奈奎斯特波数 Nyquist wavenumber 03.0649

奈奎斯特频率 Nyquist frequency, folding frequency 03.03.0648

挠曲试验 flex test 08.0376

挠性波导 flexible waveguide 09.0144

挠性接头 flex joint 09.0363

内爆 implosion 09.0035

内爆震震源 implosive source 09.0036

内波纹纹管隔热管 heat-proof tubing of inner-corru-gated(ated expansion joint 11.0549

内对口对口器 internal [line-up] clamp 10.0432

内防喷喷阀 inner blowout preventer valve 09.0304

内防喷器 inner blowout preventer 05.0440

内浮顶油罐 internal floating roof tank 10.0206

内护丝 internal thread protector 11.0664

内加厚油管 internal upset tubing 11.0648

内加厚钻杆 internal upset drill pipe, IU drill pipe 11.0608

内接套总成 inboard hub assembly 09.0327

内克拉通盆地 intracratonic basin 02.0135

内陆沙丘 interior dune 02.0233

内螺纹锥度卡尺 internal-thread taper caliper 11.0691

内螺纹钻杆接头 tool joint box 11.0626

内平[型]钻杆接头 internal flush tool joint, IF 11.0622

内燃机油 internal combustion engine oil 07.0152

内涂层油管 internal coating tubing 11.0653

内涂层钻杆 internal coating drill pipe 11.0613

内外加厚油管 internal external upset tubing 11.0650

内外加厚钻杆 internal external upset drill pipe, IEU drill pipe 11.0610

内岩心筒 inside core barrel, inner tube 05.0556

能量束 energy beam 09.0164

能谱仪 energy spectrometer 02.1022

能油比 thermal-energy oil ratio 06.1044

* 泥饼 filter cake, mud cake 05.0185

泥饼电阻率 mud cake resistivity 04.0100

泥灰岩 marl 02.0180

泥火山 mud volcano 02.0773

泥火山气 mud volcano gas 02.0291

泥火山遮挡油气藏 mud volcano screened hydrocar-bon reservoir 02.0700

泥浆 mud 05.0152

×泥浆泵 drilling pump, slush pump, mud pump 11.0201

泥浆波 mud wave 04.0205

泥浆槽 mud ditch 11.0287

泥浆池 mud pit 11.0288

泥浆池容积 pit volume 05.0293

泥浆池液面指示器 pit level indicator 05.0441

泥浆池液体增量 pit gain 05.0433

泥浆迟到时间 lag time 04.0342

泥浆储备池 [mud] reserve pit 09.0364

泥浆处理量 mud capacity 11.0259

泥浆处理系统 mud disposal system 11.0293

泥浆电阻率 mud resistivity 04.0098

泥浆电阻率测定器 electronic mud tester, EMT 04.0336

泥浆顶替技术 mud displacement technique 05.0496

泥浆管汇 mud manifold 11.0227

泥浆管线 drilling fluid line, mud line 11.0290

泥浆罐 mud tank 11.0289

泥浆缓冲盒 mud cushion box 11.0270

泥浆搅拌器 mud agitator, mud mixer 11.0281

* 泥浆净化系统 solids control system, drilling fluid cleaning system 11.0246

泥浆冷却塔 mud cooling tower 11.0286

泥浆流 mud stream 04.0341

泥浆录井 mud logging 02.0804

泥浆滤液电阻率 mud filtrate resistivity 04.0099

泥浆密度 mud density 05.0294

泥浆密度计 mud scale, mud balance, densimeter 05.0235

泥浆密度记录器 mud density recorder 05.0448

泥浆－气体分离器 mud-gas separator 11.0285

泥浆枪 mud gun 11.0282

[泥浆]清洁器 [mud] cleaner 11.0271

泥浆设计 mud program 05.0174

泥浆体积累加器 mud volume totalizer 05.0291

* 泥浆天平 mud scale, mud balance, densimeter 05.0235

泥浆蒸馏器 mud still 05.0238

泥浆总量表 level totalizer 09.0429

泥石流沉积 mud-debris flow deposit 02.0203

泥线 mudline 09.0433

泥线悬挂器 mudline hanger 09.0434

泥岩 mudstone 02.0183

泥质含量 shale content, shaliness 04.0255

泥质砂岩电阻率方程 shaly sand resistivity equation 04.0267

泥质岩 argillite 02.0182

泥质岩类储集层 argillaceous reservoir 02.0529

泥质指示 shale indicator 04.0258

* 尼龙－6 polycaprolactam, nylon-6 08.0292

* 尼龙－66 polyhexamethylene adipamide, nylon-66 08.0293

拟定态水侵 pseudo-steady state water invasion 06.0474

拟稳定渗流 pseudo-steady state fluid flow through porous medium 06.0186

拟压力 pseudo pressure 06.0221

拟重力场 pseudo gravity 03.0119

逆断层 reverse fault 02.0086

逆流 counter current 09.0059

逆燃法 reverse combustion process 06.1017

逆时偏移 reverse time migration 03.0774

* 逆掩断层 overthrust 02.0088

逆蒸发 retrograde evaporation 01.0095

粘弹介质 viscoelastic medium, Voigt solid 03.0307

粘弹效应 viscoelastic effect 01.0112

粘弹性流变仪 viscoelastic rheometer 10.0055

粘弹性流体 viscoelastic fluid 01.0111

粘度标准油 viscosity standard oil 07.0220

粘度反常点 abnormal point of viscosity 10.0049

粘度－切力计 viscosity-gel viscosimeter 05.0246

粘度指数 viscosity index 07.0353

粘度指数改进剂 viscosity index improver 07.0257

粘合剂 adhesive 08.0437

粘环和活塞沉积物 ring sticking and piston deposits 07.0365

粘泥岩 gumbo 05.0231

粘软地层 soft formation with sticky layer 05.0122

粘土堵塞 clay blocking 05.0272

粘土防膨剂 anti-clay-swelling agent 12.0207

粘土含量 clay content 04.0256

粘土晶格膨胀 clay lattice expansion 05.0256

粘土矿物分析 clay mineral analysis 02.0978

粘土膨胀 clay swelling 05.0253

粘土侵 clay contamination 05.0205

粘土水 clay water 04.0043

粘土酸 clay acid 12.0156

粘土脱水作用 clay dehydration 02.0623

粘土稳定剂 clay stabilizer 12.0209

O

P

hydrocarbon, critical release factor of oil and gas
02.0612

排烃效率　expulsion efficiency of hydrocarbon
02.0613

排屑管线　blooie line　11.0383

排屑量　solid capacity, solid separation capacity
11.0263

* 排状注水　line water flooding　06.0407

盘式气动离合器　disc type air actuated friction
clutch　11.0072

旁接油罐流程　floating tank process　10.0115

旁通阀　by-pass valve　11.0575

抛标艇　buoy dropping boat　09.0016

抛缆枪　line throwing gun　09.0272

抛绳装置　line throwing apparatus　09.1002

抛丸　impeller blasting　10.0308

抛掷指数　throwing index　11.0260

炮点　shot point, source point, SP　03.0460

炮点静校正量　shot statics　03.0739

炮点相对静校[量]　differential shot statics, DSS
03.0821

炮间距　shot interval　09.0052

炮检方位　source-receiver azimuth　03.0804

炮井　shot hole　03.0462

炮井组合　pattern shot holes　03.0392

炮眼充填　perforation packing　06.0871

泡点　bubble point　01.0092

泡点曲线　bubble point curve　01.0093

* 泡点压力　saturation pressure, bubble point
pressure　06.0172

泡帽塔　bubble cap tower　07.0420

泡沫－水枪　foam-water gun　09.0934

泡沫泵　foam pump　09.0929

泡沫泵控制盘　foam pump control panel　09.0931

泡沫发生器　foam generator　06.0991

泡沫隔热层　insulated foam coating　10.0346

泡沫罐　foam tank　09.0928

泡沫混合器　foam mixer　09.0927

泡沫灭火器　foam extinguisher　09.0970

泡沫灭火系统　foam extinguishing system　09.0925

泡沫炮遥控盘　foam monitor remote control panel
09.0954

泡沫驱　foam flooding　06.0990

泡沫软管消防箱　foam hose station　09.0933

泡沫水泥　foamed cement　05.0477

泡沫酸　foamed acid　12.0154

泡沫特征值　foam quality　12.0237

泡沫压裂　foam fracturing　06.0837

泡沫站　foam station　09.0926

泡沫钻井　foam drilling　05.0038

泡沫钻井液　foam drilling fluid　05.0169

泡酸解卡法　releasing stuck by acidizing　05.0588

泡油解卡法　releasing stuck by oil spotting
05.0587

泡状流　bubble flow　06.0577

配产配注　production and injection proration
06.0423

配气管网　gas distributing network　10.0110

配气站　gas distributing station　10.0109

配水间　water distributing station, water allocating
station　06.0734

配位数　coordination number　06.0117

配伍性　compatibility　12.0234

喷金属丝段　cut wire blasting　10.0309

喷棱角砂　grit blasting　10.0306

喷淋塔　spray column　08.0489

* 喷气燃料　aviation turbine fuel, jet fuel
07.0123

喷气燃料热氧化安定性测定仪　jet fuel thermal
oxidation stability tester　07.0463

喷砂　sand blasting　10.0310

喷砂嘴　sand spit, sand jet　06.0919

喷射泵　jet pump　10.0228

喷射成型法　spray up moulding　10.0327

喷射冲击钻头　jet spud bit　11.0327

喷射混合器　jet blender　11.0518

喷射冷凝器　jet condenser　07.0398

喷射漏斗　jet hopper　11.0283

* 喷射速度　jet velocity　05.0087

喷射钻井　jet drilling, jet bit drilling　05.0041

喷射钻井工作方式　working regime of jet drilling
05.0096

喷射钻头　jet bit　11.0320

喷丸　shot blasting　10.0307

喷雾干燥器　spray dryer　08.0524

喷嘴　nozzle　06.0699

平衡流速 equilibrium velocity 06.0823

平衡露点 equilibrium dew point 01.0091

平衡扭矩 counter balance torque 06.0630

平衡效应 counter balance effect 06.0633

平衡蒸发曲线 equilibrium-flash-vaporization curve 07.0314

平衡正切法 balanced tangential method 05.0317

平衡重 counterbalance, balance weight 11.0418

平均单井日产量 average daily production per well 06.0486

平均角法 average angle method 05.0316

平均速度 average velocity 03.0443

平面波 plane wave 03.0421

平面波分解 plane-wave decomposition 03.0619

平面径向流 radial fluid flow 06.0197

平面偏振 plane polarization 03.0314

平面图褶积 map convolution 03.0106

平台-海岸无线电系统 platform-to-shore radio system 09.1018

平台甲板 platform deck 09.0540

平台结构 platform structure 09.0473

平台上部设施 topside facility 09.0568

* 平坦结构 even configuration 03.0900

平行结构 parallel configuration 02.0888

平行油管柱装置 parallel tubing string installation 06.0619

平摇 yaw 09.0256

评价井 assessment well, appraisal well, evaluation well 02.0784

* 屏蔽层 hidden layer 03.0339

屏蔽电极 shielded electrode, guarded electrode, bucking electrode 04.0122

屏蔽电流 guard current, bucking current 04.0123

屏流比 bucking current ratio 04.0126

* 坡缕石 attapulgite clay 05.0230

破冰船 ice-breaker 09.0202

破坏性三角洲 destructive delta 02.0244

破裂前陆盆地 broken foreland basin 02.0138

* 破裂梯度 fracture pressure gradient 06.0789

破裂压力 breakdown pressure, fracturing pressure 06.0788

破裂压力梯度 fracture pressure gradient 06.0789

破乳电压 emulsion-breaking voltage 05.0196

破乳剂 demulsifier 12.0269

破损稳性 damage stability 09.0230

剖面设计 profile designing 05.0330

剖面形式 profile type 05.0329

葡甘露聚糖 glucomannan 12.0048

葡聚糖 glucosan 12.0041

普查 reconnaissance 03.0006

普拉特[均衡]假说 Pratt hypothesis 03.0062

普通电阻率测井 electrical survey, ES, conventional electric logging 04.0091

普通型气胎离合器 conventional air-tube friction clutch 11.0070

谱白化 spectral whitening 03.0691

谱分解 spectral decomposition 03.0622

谱拉平 spectral flattening 03.0692

Q

期望输出 desired output 03.0712

七侧向测井 laterolog 7 04.0118

七点法注水 seven-spot water flooding pattern 06.0404

漆膜 paint film 10.0300

奇偶校验 parity check 03.0558

奇偶优势 odd-even predominance, OEP 02.0412

歧化催化剂 disproportionation catalyst 08.0394

齐整结构 even configuration 03.0900

起爆药包 primer 03.0468

起泡 foaming 10.0072

起泡剂 foamer, foaming agent 12.0112

起泡性 foaming characteristics 07.0294

起始增益 initial gain 03.0532

起下钻 trip 05.0075

起下钻井涌 trip kick 05.0416

起下钻泥浆罐 trip mud tank 09.0302

起下钻自动化装置 automated round trip sets 11.0703

起重船 crane barge, crane vessel 09.0448

起钻 pulling out, pull out 05.0077

启动阀 kick-off valve, unloading valve 06.0601

启动孔　kick-off orifice　06.0600

气饱和输送　gas-saturated pipelining　10.0011

气藏　gas reservoir　01.0015

气藏工程学　gas reservoir engineering　06.0369

气藏气　gas of gas reservoir　06.0140

气藏驱动方式　gas driving mechanism　06.0370

气藏压降法储量　pressure drop gas reserves
　　　06.0373

气测井　mud logging, drill returns log　04.0337

气涤器　scrubber　10.0079

气垫驳船　hoverbarge　09.0019

气顶　gas cap　02.0729

气顶驱动　gas cap drive　06.0363

气动抽油机　pneumatic pumping unit　11.0427

气动动力钳　pneumatic tongs　11.0709

气动绞车　air winch　09.0300

气动摩擦离合器　air operated friction clutch
　　　11.0069

气动平衡　air-balance　06.0631

气动平衡抽油机　air-balanced pumping unit
　　　11.0422

气动刹车　pneumatic brake　11.0108

气动输砂器　pneumatic conveyer　11.0512

气动舷梯　pneumatic gangway ladder　09.0725

气固相氧化催化剂　gas-solid phase oxidation catalyst
　　　08.0379

气灰分离器　air-cement separator　11.0525

气井　gas producing well, gas well　06.0541

气井产能　gas well deliverability, gas well productivi-
　　　ty　06.0265

气井废弃压力　gas well abandonment pressure
　　　06.0945

气举采油　gas lift production　06.0598

气举成沟法　airlift ditching method　10.0436

气举动态曲线　gas lift performance curve　06.0620

气举阀　gas-lift valve　11.0473

气举管柱　gas lift string　06.0611

气举启动压力　kick-off pressure　06.0599

气举设备　gas-lift equipment　11.0472

气举装置　gas lift installation　06.0612

气控管线　pneumatic line　09.0808

气流干燥器　pneumatic dryer　08.0519

气锚　gas anchor　06.0678

气密性试验　air-tight test　10.0393

气苗　gas seepage　02.0766

气泡　gas bubble　02.0610

气泡比　bubble ratio　09.0074

气泡效应　bubbling effect　09.0055

气枪控制器　air gun controller　09.0030

气枪容积　gun volume　09.0027

气枪压力　air gun pressure　09.0031

气枪震源　air gun source　09.0026

气枪组合　air gun array　09.0039

气枪组合方式　air gun configuration　09.0041

气枪组合型式　air gun pattern　09.0040

气侵　gas invasion, gas cut, gas cutting　05.0210

气驱气藏　gas drive gas reservoir　06.0372

气砂锚　gas-sand anchor　06.0679

气蚀　cavitation　10.0120

气蚀射流　cavitation jet　05.0084

气蚀余量　net positive suction head, NPSH
　　　10.0121

气势分析　gas potential analysis　02.0657

气室　air chamber　09.0028

气水比　gas-water ratio　06.0545

气锁　gas locking　06.0663

气锁水泥　gas block cement, gasblock　05.0485

气体比耗量　specific gas consumption　06.0605

气体测量　gas survey　02.0823

* 气体除油器　scrubber　10.0079

气体处理设施　gas treatment facility　09.0569

气体分析系统　gas analysis system　04.0340

气体腐蚀　gaseous corrosion　10.0258

气体净化　gas purification　06.0181

气体净化催化剂　gas purification catalyst　08.0397

气体膨胀　gas expansion　06.0182

气体示踪剂　tracer for gas　12.0260

气体湍流系数　gas turbulence factor　06.0290

气体脱硫装置　gas desulphurization unit　08.0516

气体逸出　gas liberation　06.0544

气体越顶流　gas override　06.0250

气田　gas field　01.0019

气田集气流程　gas field gathering process　10.0084

气隙　air gap　09.0219

气相　gas phase　02.0611

气相饱和度　gas phase saturation　06.0076

气相聚合釜 vapor phase polymerizer 08.0484

气相色谱－质谱法 gas chromatography-mass spectrometry, GC-MS 02.1010

气压驱动 gas drive 06.0362

气压试验 air pressure test 10.0187

气油比 gas-oil ratio, gas factor 06.0147

气源层 gas source bed 02.0393

气源对比 gas and source rock correlation 02.0432

气柱高度 gas column height 02.0728

弃船 ship abandonment 09.0882

汽车罐车 truck tank 10.0227

汽缸油 cylinder oil 07.0226

汽轮机油 steam turbine oil, turbine oil 07.0193

汽提 stripping 07.0034

汽提塔 stripper, stripping tower 07.0412

汽油 gasoline 07.0108

汽油比 steam-oil ratio 06.1045

汽油机油 gasoline engine oil 07.0153

汽油诱导期测定仪 oxidation bomb for stability test of gasoline 07.0458

牵引褶皱 drag fold 02.0076

铅基润滑脂 lead soap base grease 07.0210

铅印模 lead stamp 05.0579

迁移波状地震相 migrating wave seismic facies 03.0904

钳位式排流 limiting potential drainage 10.0386

前导段 lead-in section 09.0083

前绘图 pre-plot 03.0457

前积反射结构 progradational reflection configuration 02.0880

前积结构 progradational configuration 03.0912

前积－退积结构 progradation-retrogradation config-uration 02.0886

前进角 advancing angle 06.0093

前开口井架 cantilever mast 11.0136

前期电阻率 early time resistivity 03.0291

前三角洲 prodelta 02.0242

前身物 precursor 02.0336

前缘不稳定性 front instability 06.0232

前缘推进 frontal advance 06.0230

前缘走廊 front corridor 03.0590

前置[放大器]滤波器 preamplifier filter 03.0548

前置[放大器]增益 preamplifier gain 03.0547

前置式游梁抽油机 back-crank pumping unit, front mounted beam-pumping unit 11.0413

前置液 pad fluid 06.0786

前置液冲洗 preflush 06.0773

前置液酸化 prepad acid fracturing 06.0774

潜山油气藏 buried hill hydrocarbon reservoir 02.0705

潜水 phreatic water 02.0649

潜水泵 diving pump, submersible pump 09.0367

潜水面 phreatic water table 02.0654

潜水钟 diving bell 09.0665

潜水作业船 diver support vessel 09.0456

潜油泵电缆 electric cable of submersible pump 11.0464

潜油电动机 submersible electric motor 11.0459

潜在产能 potential productivity 06.0313

潜在储量 potential reserves 02.1031

潜在胶质 potential gum 07.0332

潜在酸 latent acid, acid precursor 12.0155

潜在烃源层 potential source bed 02.0396

浅侧向测井 shallow investigation laterolog 04.0121

浅海地震勘探 shallow water seismic 09.0006

浅海陆架相 neritic shelf facies 02.0229

浅海相 neritic facies 02.0228

浅埋阳极[地床] shallow anode ground bed 10.0368

浅水顶超 shallow-water toplap 02.0851

浅滩 shoal 02.0260

浅滩钻机 shoal rig 11.0012

欠压保护 underpressure protection 10.0125

欠压实页岩 undercompaction shale 02.0620

强度试验 strength test 10.0391

强度衰减 strength retrogression 05.0491

* 强化采油 enhanced oil recovery, EOR 06.0969

强化注水 enhanced water injection 06.0422

强碱弱酸法装置 Alkazid unit 08.0514

强隐式法 strongly implicit procedure technique, SIP technique 06.0347

强制电流 impressed current 10.0360

强制排流 forced electric drainage 10.0384

羟丙基化 hydroxypropylation 12.0087

羟烷基化 hydroxyalkylation 12.0088

羟烷基－羧甲基化　hydroxyalkyl-carboxymethy-
　lation　12.0090
羟乙基淀粉　hydroxyethyl starch　12.0047
羟乙基化　hydroxyethylation　12.0086
羟乙基纤维素　hydroxyethyl cellulose, HEC
　12.0043
壳质组　exinite, liptinite　02.0347
橇装混砂机　skid-mounted blender　11.0516
橇装水泥泵　skid-mounted cementing pump
　11.0502
橇装压裂泵　skid-mounted fracturing pump
　11.0494
桥塞　bridge plug　05.0534
切饼滤波器　pie slice filter　03.0665
切除　muting, fading　03.0634
切割距　cutting distance for flooding　06.0417
切割区　cutting area　06.0418
切割式井壁取心器　core slicer　04.0408
切片机　slicer　08.0534
＊切线法　slope-distance rule　03.0203
切削油　cutting oil　07.0181
侵入带　invaded zone　04.0030
侵入带电阻率　invaded zone resistivity　04.0103
侵入带含水饱和度　water saturation of invaded zone
　04.0111
侵入校正　invasion correction　04.0134
侵入剖面　invasion profile　04.0032
侵入深度　invasion depth　04.0034
侵入直径　invasion diameter　04.0033
亲水　hydrophilic　06.0101
亲水亲油平衡值　hydrophile-lyophile balance value
　05.0204
亲油　oleophilic, lipophilic　06.0102
轻便自动水泥记录仪　portable automatic cementing
　· recorder　05.0544
轻便钻机　portable rig　11.0003
轻柴油　light diesel fuel　07.0125
轻馏分油　light distillate　07.0014
轻烃　light hydrocarbon　01.0071
轻循环油　light cycle oil, LCO　07.0019
轻质可燃气体探测器　light type combustible gas
　detector　09.0974
氢脆　hydrogen embrittlement　10.0279

氢氟酸烷基化　hydrofluoric acid alkylation
　07.0076
氢腐蚀　hydrogen attack, hydrogen corrosion
　10.0278
氢离子传质速率　mass transfer rate of hydrogen ion
　06.0776
氢氰酸　hydrocyanic acid　08.0185
氢碳原子比　hydrogen to carbon atomic ratio, H/C
　02.0426
氢同位素　hydrogen isotope　02.0518
氢指数　hydrogen index, HI　02.0429
氢致开裂　hydrogen induced cracking, HIC
　10.0273
倾点　pour point　01.0051
倾点降低剂　pour point depressant　07.0260
倾覆力臂　capsizing lever　09.0238
倾覆力矩　capsizing moment　09.0237
倾角滤波　dip filtering　03.0661
倾角时差　dip moveout　03.0357
倾角时差校正　dip moveout, DMO　03.0749
倾角矢量图　arrow plot, tadpole plot　04.0239
＊倾析式离心机　decanting centrifuge　11.0279
倾向滑动断层　dip-slip fault　02.0093
倾斜叠加　slant stack　03.0755
倾斜方位角　dip azimuth angle　04.0231
倾斜距离　slant range　09.0170
倾斜式修井机　inclined workover rig　11.0541
倾斜试验　inclination experiment　09.0221
倾子　tipper　03.0269
清管　pigging, pipeline cleaning　10.0190
清管器　scraper, pig　10.0189
清管器收发装置　scraper launching and receiving
　trap　10.0192
清管器通行检测器　pig passage detector, pig
　signaller　10.0195
清管器信号仪　pig signaller　10.0191
清焦　coke cleaning　08.0038
清焦周期　coke cleaning period　08.0039
清洁度　cleaness　08.0344
清洁盐水　clear brine　05.0254
＊清净剂　detergent　08.0430
清净添加剂　detergent additive　07.0255
清蜡　paraffin removal　06.0881

清蜡剂　paraffin remover　12.0144

清蜡绞车　paraffin hoist　11.0402

清蜡闸阀　paraffin valve　11.0407

清蜡钻头　paraffin bit　06.0885

清砂　sand removal　06.0857

清洗井底　bottom hole cleaning　05.0091

清洗水罐　washwater tank　09.0785

清洗水加热器　washwater heater　09.0784

穹窿　dome　02.0074

丘状相　mounded facies　02.0901

球阀取样器　ball valve sampler　11.0594

球罐带装法　sphere sectional assembling　10.0459

球罐散装法　sphere assembling by piecemeal　10.0460

球接头　ball joint　09.0362

球面波　spherical wave　03.0422

球面发散　spherical divergence　03.0423

球面扩散　spherical spreading　09.0181

球面扩展校正　spherical spreading correction　03.0629

球形径向流　spherical fluid flow　06.0198

球形聚焦测井　spherically focused log　04.0129

球形油罐　spherical tank　10.0207

求解节点　solution node　06.0589

求剩余方法　residualizing method　03.0102

趋肤深度　skin depth　03.0261

* 趋肤效应　propagation effect, skin effect　04.0150

区带评价　play assessment　02.1070

区块动态分析　block performance analysis　06.0440

* 区域背景　regional gravity　03.0099

区域[场]校正　regional correction　03.0100

区域地层对比　regional stratigraphic correlation　02.0753

区域地震地层学　regional seismic stratigraphy　02.0832

区域勘探　regional exploration　02.0744

区域评价　regional assessment　02.1068

区域异常　regional anomaly　03.0037

区域运移　regional migration　02.0596

区域重力[场]　regional gravity　03.0099

区域综合大剖面　regional comprehensive section, regional composite cross sec　02.0752

曲柄　crank　11.0213

曲柄连杆无游梁抽油机　crank-guide blue elephant　11.0426

曲柄偏置角　offset angle of crank　06.0627

曲柄平衡　crank balance　06.0625

曲柄平衡抽油机　crank-balanced pumping unit　11.0420

曲柄轴　crankshaft　11.0212

曲流河沉积　meandering stream deposit　02.0207

曲率半径　radius of curvature　05.0350

曲率半径法　radius of curvature method　05.0319

* DPR 曲线　discharge performance relationship curve　06.0261

* IPR 曲线　inflow performance relationship curve　06.0260

曲线网格　curve grid　06.0327

屈服幂律流体　modified power law fluid　01.0114

屈服值　yield value　01.0116

驱动电压　driving voltage　10.0375

驱动机组底座　drive group substructure　11.0149

驱动能量　drive energy　06.0357

驱动指数　drive index　06.0469

* 驱扫效率　sweep efficiency　06.0977

驱替　displacement　06.0110

驱替特征曲线　displacement characteristics curve　06.0442

驱替相　displacing phase　06.0993

驱油剂　oil displacement agent　12.0217

驱油效率　displacement efficiency　06.0976

渠道流　channel flow　06.0077

取暖用油　heating oil, furnace oil　07.0122

取心地层　coring formation　05.0560

取心工具　coring tool　05.0564

取心进尺　coring footage　05.0046

取心井　coring hole　02.0777

取心井段　cored interval　05.0558

取心螺杆钻具　coring screwdrill　11.0576

取心设备　coring equipment　05.0559

取心涡轮钻具　coring turbodrill　11.0559

取心牙轮钻头　roller core bit　11.0335

取心钻机　core drilling rig, coring rig, exploratory rig　11.0010

取心钻进　core drilling　05.0551

取 取心钻头 coring bit, core bit 11.0334
取 取心钻压 coring weight 05.0561
取 取心作业 coring operation 05.0563
取 取岩心 coring 05.0547
取 取样接头 sample connection 09.0809
去 去白云石化作用 dedolomitization 02.0544
去 去假频滤波器 alias filter 03.0552
去 去交混回响 dereverberation 03.0644
* * 去鸣震 dereverberation 03.0644
去 去气泡 debubbling 03.0650
去 去野值 elimination of burst noise 03.0635
圈 圈闭 trap 02.0674
圈 圈闭发现率 trap discovery ratio 02.0810
圈 圈闭勘探成功率 trap exploration success ratio
0 02.0815
圈 圈闭评价 trap assessment 02.1071
圈 圈闭容积 trap volume 02.0722
圈 圈闭体积法 trap volume method 02.1063
全 全部检验 major survey 09.0225
全 全程多次波 simple multiples 03.0368
全 全封剪断闸板 blind-shear ram 11.0367
全 全封闸板 blind ram 11.0364
全 全回转式起重船 revolving derrick barge 09.0449
全 全角变化率 rate of whole angle change, dog leg

severity 05.0339
全精制石蜡 refined paraffin wax 07.0235
全井眼流量计 fullbore spinner flowmeter
04.0368
全径岩心 full diameter core 06.0002
全球差分定位系统 global differential positioning
system 09.0097
全球定位系统 global positioning system, GPS
09.0096
[全球性]海平面变化 eustatic change 03.0895
全三维偏移 full 3D migration 03.0809
全向示位航标系统 non-directional navigation
beacon system 09.1020
全自动钻机 full automatic drilling rig 11.0026
炔烃加氢反应器 alkyne hydrogenation reactor
08.0477
确定性储层模拟 deterministic reservoir modeling
02.0841
确定性反褶积 deterministic deconvolution
03.0672
裙板 skirt plate 09.0493
裙桩 skirt pile 09.0494
群速度 group velocity 03.0322

R

燃点 fire point 01.0054
燃火加热器 fired heater 09.0859
燃料甲醇 fuel methanol 08.0127
燃料型炼油厂 fuel type refinery 07.0005
燃料油 fuel oil 07.0129
燃料油排放舱 fuel oil drain tank 09.0869
燃料油排放罐 fuel oil drain tank 09.0870
燃气气轮机燃料 gas turbine fuel 07.0128
燃烧臂 burner boom 09.0711
燃烧前缘 burning front 06.1019
燃烧性 burning property 07.0306
扰动力 exciting force 09.0649
绕射波层析成象 diffraction wave tomography
03 03.0607
绕射波后支 backward branch of diffraction curve
03 03.0365

绕射波前支 forward branch of diffraction curve
03.0364
绕射反射波 diffracted reflection 03.0366
绕射函数 diffraction function 03.0655
绕射力 diffraction force 09.0651
绕射求和 diffraction summation 03.0770
绕射曲线 diffraction curve 03.0363
绕障 avoidance of underground obstacle, obstacle by
passing 05.0371
热变指数 thermal alteration index, TAI 02.0409
热补偿器 expansion compensator 10.0156
热采方法 thermal process 06.1012
热采封隔器 thermal recovery packer 06.1039
热采井 thermal production well 06.1049
热采模拟器 thermal drive reservoir simulator
06.0349

热采设备　thermal recovery equipment　11.0544

热处理器　heater treater　09.0768

热处理器供液泵　heater treater feed pump　09.0769

热处理输送　heat treated oil pipelining　10.0045

热处理油　heat treating oil　07.0198

热传导液　heat transfer oil　07.0189

热催化生油气阶段　thermo-catalytic oil-gas-genous stage　02.0379

热段塞驱　thermal slug process　06.1014

热分离机　heat separator　10.0101

热管反应器　hot tube reactor　08.0475

热焊道　hot bead　10.0405

热化学处理　hot chemical treatment　06.0772

热挤塑法　thermoset extrusion　10.0325

热降解　thermal degradation　12.0095

热解气相色谱法　pyrolysis gas chromatography, PY-GC　02.1009

热解色谱法　pyrolysis chromatography method　02.1056

热介质油储存舱　heating medium storage tank　09.0867

热介质油储存罐　heating medium storage tank　09.0868

热力采油　thermal recovery　06.1011

热力驱油　thermal drive, thermal flooding　06.1013

热力增产措施　thermal stimulation　06.1047

热裂化　thermal cracking　07.0055

热裂解气　pyrolysis gas　08.0009

热裂解生凝析气阶段　thermo-cracking condensate-genous stage　02.0380

热模拟试验　thermal simulating test　02.1026

热[收]缩套　heat shrink sleeve　10.0331

热水驱　hot water flooding　06.1050

热水吞吐　hot water soak　06.1051

热水循环　hot water circulation　06.0890

热水循环泵　hot water circulating pump　09.0861

热塑性弹性体　thermoplastic elastomer　08.0294

热酸处理　hot acid treatment　06.0771

热稳定剂　thermal stabilizer　08.0406

热稳定性　thermal stability　12.0098

热稳聚晶金刚石取心钻头　ballaset core bit　11.0339

热稳聚晶金刚石钻头　ballaset bit, BDC bit　11.0333

热氧化安定性　thermal oxidation stability　07.0286

热油清蜡车　hot oiling truck　11.0405

热油循环　hot oiling　06.0891

热运[转]　hot test run　10.0464

热载体裂解　heat carrier cracking　08.0031

热中子测井　thermal neutron log　04.0183

热中子衰减时间测井　thermal decay time log　04.0194

壬烯　nonene·　08.0212

人工场方法　artificial sources method　03.0205

人工岛　artificial island　05.0378

人工解释　manual interpretation　04.0281

人工举升　artificial lift　06.0597

人工水驱　artificial water drive　06.0521

人工震源　artificial seismic source　03.0459

人机[交互]联作解释　interactive interpretation　02.0844

人为磁效应　magnetic artifact　03.0173

人造石油　artificial oil　01.0028

人字架　gin pole, A-frame　11.0165

任意垂直剖面　arbitrary vertical section　03.0889

日产能力　daily production capacity　06.0485

日产油量　daily oil production　06.0484

日常油柜　daily tank　09.0291

熔点　melting point　01.0050

熔融指数　fusion index　08.0345

熔体指数　melt index　08.0346

溶洞　dissolved cavern　02.0558

溶洞孔隙度　vug porosity　06.0022

溶缝　dissolved fracture　02.0559

溶剂抽提　solvent extraction　07.0039

溶剂抽提塔　solvent extraction tower　07.0416

溶剂段塞驱　solvent slug-flooding　06.1003

溶剂脱蜡　solvent dewaxing　07.0048

溶剂脱沥青　solvent deasphalting　07.0054

溶剂稀释型防锈油　solvent cutback rust preventing oil　07.0190

＊溶剂萃取　solvent extraction　07.0039

溶解气　dissolved gas　02.0289

溶解气储量　solution gas in-place　02.1042

溶解气驱动　solution gas drive　06.0364

溶解气油比　solution gas-oil ratio　06.0148
溶解烃　dissolved hydrocarbon　02.0315
溶解系数　solubility factor　06.0146
溶解作用　dissolution　02.0540
溶孔　dissolved pore　02.0554
*溶模孔隙　moldic pore　02.0557
容积法　volumetric method　02.1051
容积式流量计　displacement meter　10.0037
容积效率　volumetric efficiency　11.0242
柔杆钻机　continuous rod rig　11.0016
柔软剂　softening agent　08.0441
柔性抽油杆　flexible rod, flexible sucker rod
　11.0436
柔性段　compliant section　09.0081
柔性刚臂系泊系统　soft yoke mooring system
　09.0515
柔性连续油管　continuous reeled tubing　11.0655
柔性钻具组合　flexible string assembly　05.0402
铷频标　rubidium frequency standard　09.0112
铷蒸气磁力仪　rubidium vapor magnetometer
　03.0184
乳化降粘　reducing viscosity by emulsification
　10.0043
乳化沥青　emulsified asphalt, emulsified bitumen
　07.0240
乳化酸　emulsified acid　12.0152
乳化型液压液　emulsified hydraulic fluid　07.0173
乳化性　emulsibility　07.0287
乳化油舱　emulsion tank　09.0749
乳化油输送泵　emulsion transfer pump　09.0750
入港声呐系统　docking sonar system　09.1019
入级检验　classification survey　09.0222
入口温度　temperature in　05.0295
软磁磁化　soft magnetization　03.0164
软地层　soft formation　05.0123
软关井　soft closing　05.0435
软管吊臂　hose boom　09.0567
软管起升吊机　hose handling crane　09.0846
软管束　hose bundle　09.0566
软管站　hose station　09.0924

软管总成　hose assembly　09.0435
软化点　softening point　07.0374
软化剂　softener　08.0426
软沥青　maltha　02.0296
软水剂　water softener　08.0431
软－中地层　soft-to-medium formation　05.0124
瑞利波　Rayleigh wave　03.0317
润滑剂承载能力　load-carrying capacity of lubricant
　07.0361
润滑剂相容性　lubricant compatibility　07.0289
润滑性　lubricity　07.0307
润滑油　lubricating oil　07.0137
润滑油传输泵　lubricant oil transfer pump　09.0864
润滑油基础油　lube oil base stock　07.0138
润滑油加氢　lube oil hydrogenation　07.0066
润滑油馏分　lube fraction, lube oil distillate
　07.0022
润滑油型防锈油　lubricating type rust preventing oil
　07.0191
润滑油型炼油厂　lube type refinery　07.0006
润滑油氧化安定性测定仪　oxidation stability tester
　of lubricating oil　07.0464
润滑脂　lubricating grease, grease　07.0201
润滑脂滴点测定仪　dropping point tester of lubricat-
　ing grease　07.0467
润滑脂滚筒安定性测定仪　roll stability tester of
　lubricating grease　07.0468
润滑脂氧化安定性测定仪　oxidation stability tester
　of lubricating grease　07.0465
润滑脂皂分　soap content in grease　07.0371
润滑脂锥入度测定仪　cone penetrometer of lubricat-
　ing grease　07.0466
润湿相　wetting phase　06.0106
润湿效应　wettability effect　06.0083
润湿性　wettability　06.0081
润湿性反转驱油　wettability alteration flood
　06.0082
*润湿指数　wettability index, displacement
　oil ratio, Amott oil ratio　06.0111
润湿滞后　wetting hysteresis　06.0086

S

塞卜哈环境　Sabkha environment　02.0259

塞流反应器　plug-flow reactor　08.0465

三表量表　3-dial gage instrument　11.0696

三参数压缩系数　compressibility factor expressed by three parameters　06.0153

三侧向测井　laterolog 3　04.0116

三层模型　three-layer model　03.0233

三次采油　tertiary oil recovery　06.0975

三电极测深　tri-electrode sounding　03.0215

三分量检波器　three component geophone　03.0494

三缸单作用泵　triplex single action pump　11.0205

三环萜烷　tricyclic terpane　02.0453

三甲苯氧化　trimethyl benzene oxidation　08.0076

三角洲平原　delta plain, deltaic plain　02.0240

三角洲前缘　delta front, deltaic front　02.0241

三角洲前缘席状砂　delta front sheet sand　02.0248

三角洲相　delta facies　02.0238

三聚氰胺-甲醛树脂　melamine resin　08.0302

三距交汇　three range fix　09.0126

三氯乙烷　1,1,1-trichloroethane　08.0152

三氯乙烯　trichloroethylene　08.0156

三萜　triterpene　02.0474

三维地震　3D seismic　03.0608

三维计算　3D calculation　03.0115

三维渗流　three-dimensional fluid flow　06.0200

三维数据处理　3D data processing　03.0800

三维速度分析　3D velocity analysis　03.0805

三相分离器　three phase separator　09.0767

三相渗流　three-phase fluid flow　06.0222

三乙二醇　triethylene glycol　08.0137

三应答器　trisponder　09.0141

三用工作船　towing/anchor handling/supply vessel　09.0455

三元乙丙橡胶　ethylene-propylene terpolymer, EPT　08.0320

栅状显示　polygon display, fence diagram　03.0890

伞式流量计　basket flowmeter　04.0369

散装[材料]舱　bulk room　09.0373

[散装水泥]吹灰装置　bulk facility　09.0428

[散装]运灰车　bulk cement truck　11.0523

散装转运　bulk transfer　10.0217

扫舱泵　stripping pump　09.0841

扫舱吸入器　stripping eductor　09.0843

扫描电镜　scanning electron microscopy, SEM　02.1004

扫描时间　sweeping period　03.0572

扫铅剂　lead scavenger　07.0248

＊扫油面积　swept area　06.0514

色标　color code　03.0877

色度　colority　07.0349

色牢度　colour fastness　08.0356

色谱分析　chromatographic analysis　02.1008

色谱气测仪　partition gas chromatograph　04.0338

铯频标　caesium frequency standard　09.0113

砂泵　sand pump　11.0291

砂比　proppant concentration　06.0813

砂堤平衡高度　sand equilibrium bank height　06.0822

砂堵　sand fill, sand up, sand plug　06.0841

砂滤效率　sand filtering efficiency　06.0861

砂滤装置　sand filter unit　09.0762

砂锚　sand anchor　06.0677

砂桥　sand bridge　06.0842

砂桥卡钻　sand bridging, sand sticking　05.0605

砂侵　sand contamination　05.0208

砂岩　sandstone　02.0172

砂岩百分含量　sandstone percent content　02.0912

刹把　brake handle, brake lever　11.0099

刹车鼓　brake drum, brake rim　11.0095

刹车机构　brake mechanism　11.0096

刹车块　brake block　11.0098

刹车轮辋直径　brake rim diameter　11.0043

刹车气缸　brake cylinder　11.0299

刹车液　brake fluid　07.0178

刹带　brake band　11.0097

沙漠沙丘　desert dune　02.0234

沙漠相　desert facies　02.0223

沙漠钻机　desert rig　11.0011

沙漠钻井　desert drilling　05.0012

* 沙洲　shoal　02.0260

筛板塔　sieve-tray tower, sieve-plate tower　07.0421

筛管完成　sand control liner completion　06.0561

筛滤器　screen filter　08.0496

筛面倾角　leaning angle of screen　11.0261

筛筒式离心机　rotary mud separator, RMS, perforated rotor centrifuge　11.0280

筛网　screen cloth, screen　11.0265

筛析　sieve analysis　06.0008

山根　root　03.0063

山间盆地　intermontane basin　02.0141

山麓洪积相　piedmont pluvial facies　02.0201

山前拗陷盆地　piedmont depression basin　02.0139

* 山软木粘土　attapulgite clay　05.0230

闪点　flash point　01.0053

闪蒸　flash　07.0033

闪蒸平衡　flash vaporization equilibrium　06.0162

闪蒸塔　flash tower　07.0411

扇三角洲相　fan-delta facies　02.0239

扇形滤波器　fan filter　03.0664

扇形[排列]折射法　fan shooting　03.0333

商业油气藏　commercial hydrocarbon reservoir　01.0016

商业油气流　commercial oil and gas flow　02.0811

上部结构　topside structure, upper structure　09.0539

上超　onlap　02.0848

上冲断层　overthrust　02.0088

上冲席　overthrust sheet　02.0090

上覆岩层压力　overburden pressure　02.0630

上击器　top jar, up jar　05.0615

上甲板　upper deck　09.0541

上胶塞　top plug　05.0517

上扣　make-up　05.0079

上相微乳　upper phase microemulsion　12.0225

上向焊　up hill welding　10.0402

上卸扣猫头　dead cathead　11.0114

上行波　upgoing wave　03.0586

上行测井　logged up　04.0008

上游相对渗透率　upstream relative permeability　06.0331

烧焦试验　scorch test　08.0333

烧结点　weld point　07.0362

蛇纹石化生油论　serpentinization theory　02.0329

舌进　tongued advance, tonguing　06.0211

射孔　perforation　04.0388

射孔穿透深度　perforation penetration　04.0401

射孔井段　perforation interval　04.0396

射孔孔径　perforation diameter　04.0400

射孔密度　shot density, perforation density　04.0399

射孔器　perforator　04.0390

* 射孔枪　perforator　04.0390

射孔完井　perforation completion　06.0560

射孔效率　perforation efficiency　04.0395

射孔液　perforation fluid　04.0397

射流　jet flow, jet　05.0082

射流冲击力　jet impact force　05.0089

射流等速核　potential core of jet　05.0085

射流动压力　dynamic pressure of jet　05.0088

射流灭火法　jet flow extinguishing　05.0460

射流水功率　jet hydraulic power　05.0090

射流速度　jet velocity　05.0087

射线参数　ray parameter　03.0438

射线层析成象　ray path tomography　03.0604

X 射线层析技术　X-ray tomography technique　06.0078

射线理论　ray path theory　03.0302

X 射线衍射仪　X-ray diffractometer　02.1017

射线折转　ray bending　03.0439

射线追踪　ray tracing　03.0605

伸缩臂　telescopic arm　09.0299

伸缩隔水导管　telescopic conductor　09.0301

伸缩接头　telescopic joint　09.0328

伸缩式井架　telescoping mast　11.0137

* 深变作用　metagenesis　02.0170

深部高温生气阶段　deep pyrometric gas-genous stage　02.0381

深侧向测井　deep investigation laterolog　04.0120

深床式海水过滤器　deep bed seawater filter　09.0592

深度比例　depth scale　04.0087

深度编码盘　depth encoder　04.0323

深度测量系统　depth-measuring system　04.0311

深度传感器　depth transducer　09.0084

深度对齐　depth match　04.0322

深度法则　depth rule　03.0109

深度基准　depth datum　04.0321

深度加工　deep processing　07.0001

深度控制器　depth controller　09.0091

＊深度匹配　depth match　04.0322

深度偏移　depth migration　03.0760

深度剖面　depth section　03.0764

深度延迟　depth delay　04.0320

深感应测井　deep investigation induction log　04.0138

深海地震勘探　deep water seismic　09.0005

深海平原　abyssal plain　02.0278

深海平原盆地　deep-sea plain basin　02.0145

深海相　abyssal facies　02.0226

深井　deep well　05.0004

＊深井泵　oil well pump, deep well pump　11.0440

深井泵采油法　oil well pumping method　06.0622

深井阳极　deep well anode　10.0367

深井钻井　deep drilling　05.0011

深冷分离　cryogenic separation　08.0042

深冷压缩机　deep freeze compressor　09.0845

深水顶超　deep-water toplap　02.0852

深水上超　deep-water onlap　02.0854

深水重力塔　deepwater gravity tower　09.0549

深水[装卸油]终端　deepwater terminal　09.0551

深源气　deep source gas　02.0489

甚高频电话　very high frequency telephone　09.0408

渗流　fluid flow through porous medium　06.0184

渗流雷诺数　Reynolds number in fluid flow through porous medium　06.0193

渗流力学　fluid mechanics in porous medium　06.0183

渗流速度　flow velocity through porous medium　06.0190

渗漏地层　absorbent formation　05.0445

渗滤系数　filtering factor　06.0191

渗透剂　penetrant　08.0429

渗透漏失　seepage loss　05.0619

渗透率　permeability　02.0575

渗透率变异系数　coefficient of permeability variation　06.0038

渗透率各向异性　permeability anisotropy　06.0029

＊渗透作用　osmosis　02.0622

渗析作用　osmosis　02.0622

渗吸　imbibition　06.0109

渗吸毛细管压力曲线　imbibition capillary pressure curve　06.0114

声波变密度测井　acoustic variable density log　04.0217

声波测井　acoustic logging, sonic logging　04.0201

声波定位设备　acoustic positioning equipment　09.0616

声波全波测井　acoustic wavetrain logging, acoustic full waveform log　04.0218

声波时差　interval transit time, slowness　04.0206

声幅测井　acoustic amplitude logging　04.0214

声速测井　acoustic velocity logging　04.0202

声系　acoustic sonde　04.0204

声响报警　audible alarm　09.0964

声响信号器　annunciator　09.0890

声阻抗　acoustic impedance　03.0347

声阻抗差　acoustic impedance difference　02.0940

生产测井　production log　04.0345

生产分离器　production separator　10.0016

生产管汇　production manifold　09.0578

生产管柱　production string　09.0718

生产甲板　production deck　09.0714

生产井　producing well, producer　02.0786

生产井测井　production well log　04.0384

生产立管　production riser　09.0599

生产平台　production platform　09.0461

生产水油比　production water-oil ratio　06.0496

生产系列关断盘　production train shutdown panel　09.0773

生产系列控制盘　production train control panel　09.0774

生产系统关断盘　production shutdown panel, PSDP　09.0876

生产巷道　production tunnel　10.0474

生产压差　production pressure differential　06.0460

＊生产指数　oil productivity index　06.0263

生储盖组合　source-reservoir-caprock assemblage, SRCA　02.0585

生存条件 survival conditions 09.0210

生存状态 survival state 09.0209

生活海水泵 domestic sea water pump 09.0865

生活模块 accommodation module 09.0500

生活平台 accommodation platform 09.0460

生活区 living quarter 09.0392

生活污水处理装置 sewage treatment unit 09.0851

生活污渣泵 sludge pump 09.0852

* 生气层 gas source bed 02.0393

生气率 gas-generating ratio 02.0423

* 生烃率 transformation ratio, hydrocarbon-generating ratio 02.0420

生物标志[化合]物 biomarker, biological marker 02.0435

生物标志[化合]物鉴定 biomarker identification 02.1003

生物表面活性剂 biosurfactant 12.0033

生物地层学 biostratigraphy 02.0837

生物构型 biological configuration 02.0436

生物骨架孔隙 bioskeleton pore 02.0550

生物化学降解作用 biochemical degradation 02.0376

* 生物化学气 biogenic gas, bacterial gas 02.0499

生物化学生气阶段 biochemical gas-genous stage 02.0378

生物监测 biomonitoring 09.1029

生物降解[作用] biodegradation 01.0128

生物礁块油气藏 reef hydrocarbon reservoir, bioherm hydrocarbon reservoir 02.0707

生物礁相 organic reef facies 02.0282

生物聚合物 biopolymer 12.0071

生物聚合物钻井液 biopolymer drilling fluid 05.0166

生物葡聚糖 dextran 12.0074

生物气 biogenic gas, bacterial gas 02.0499

生物丘相 biohermal facies 02.0281

生物稳定性 biostability 12.0101

生物相 biofacies 02.0196

生物钻孔孔隙 bioboring pore 02.0551

* 生油层 oil source bed 02.0392

* 生油层系 oil source sequence 02.0394

生油量 oil-generating quantity 02.0424

生油率 oil-generating ratio 02.0422

生油门限 threshold of oil generation 02.0385

* 生油气岩 source rock 02.0391

生油潜量 potential oil-generating quantity 02.0425

生油指标 source rock index 02.0398

升沉 heave 09.0253

升沉补偿器 motion compensator 09.0330

升沉补偿装置 heave compensation system 09.0322

升降电机 jacking motor 09.0401

升降条件 jacking conditions 09.0206

升降系统 jacking system 09.0399

升降装置 jacking device 09.0400

升降状态 jacking state 09.0205

升频扫描 upsweep 03.0569

绳卡 clip 11.0130

剩[余]磁[性] residual magnetism 03.0165

剩余静校正 residual static correction 03.0734

剩余可采储量 remaining recoverable reserves 02.1045

剩余偏移 residual migration 03.0778

剩余异常 residual anomaly 03.0101

剩余油饱和度 remaining oil saturation 06.0075

剩余油气地质储量 remaining petroleum in-place 02.1039

剩余钻井液 surplus drilling fluid 09.0997

失水量 filtrate, water loss 05.0198

施工巷道 construction tunnel 10.0473

施伦贝格尔排列 Schlumberger electrode array 03.0214

施密特图 Schmidt diagram 04.0240

湿喷射 wet blasting 10.0305

湿气 wet gas 01.0058

湿润剂 wetting agent 12.0240

湿式采油树 wet-type tree 09.0683

* 湿式火驱采油 wet combustion process 06.1018

湿式火烧油层 wet combustion process 06.1018

湿式自动喷洒灭火系统 wet-type automatic sprinkler system 09.0917

十二烷基苯 dodecyl benzene 08.0238

十二烯 dodecene 08.0213

十六烷值　cetane number　07.0340

十六烷值机　cetane number testing machine
　07.0470

十六烷指数　cetane index　07.0341

十字放炮法　cross shooting method　03.0609

十字排列　cross spread　03.0508

十字排列装置　cross array　03.0260

十字头　crosshead　11.0211

石灰含量　lime content　05.0191

石灰岩　limestone　02.0178

石蜡　paraffin wax　07.0230

石蜡含油量　oil content in paraffin wax　07.0372

石蜡基原油　paraffin-base crude [oil]　01.0031

* [石]蜡裂解　wax cracking　07.0056

石蜡氧化　paraffin oxidation　08.0070

石沥青　asphaltite　02.0298

石棉　asbestos　05.0223

石脑油　naphtha　08.0010

石脑油脱硫装置　naphtha desulphurization unit
　08.0517

石脑油蒸汽裂解　naphtha steam cracking　08.0026

石油　petroleum　01.0026

石油冰点测定仪　petroleum freezing point tester
　07.0453

石油地球化学　petroleum geochemistry　02.0004

石油地球物理　petroleum geophysics　01.0002

石油地质学　petroleum geology　02.0002

[石油]高温成因论　pyrogenetic theory　02.0328

石油工程　petroleum engineering　01.0004

石油化工　petrochemical processing　01.0008

石油化工厂　petrochemical complex, petrochemical
　plant　08.0004

石油化工过程　petrochemical process　08.0003

石油化工设备　petrochemical equipment　08.0006

石油化工装置　petrochemical unit　08.0005

石油化学　petrochemistry　08.0002

石油化学工业　petrochemical industry　08.0001

石油化学品　petrochemical　08.0007

石油磺酸盐　petroleum sulfonate　12.0006

石油灰分　oil ash　02.0286

石油基液压油　petroleum base hydraulic oil
　07.0168

石油及天然气地质学　geology of oil and gas
　02.0001

石油焦　petroleum coke　07.0241

石油焦挥发分　volatile fraction in petroleum coke
　07.0377

石油焦机械强度　mechanical strength of petroleum
　coke　07.0378

石油沥青防腐层　asphalt coating　10.0316

石油沥青软化点测定仪　softening point tester of
　petroleum asphalt　07.0475

石油沥青延伸度测定仪　ductility tester of petroleum
　asphalt　07.0476

石油沥青针入度测定仪　penetrometer of petroleum
　asphalt　07.0474

石油炼制　petroleum processing　01.0007

石油密度　oil density　01.0044

石油倾点测定仪　petroleum pour point tester
　07.0451

石油溶剂　petroleum solvent　07.0134

石油树脂　petroleum resin　08.0305

石油酸类　petroleum acids　07.0225

石油旋光性　oil rotary polarization　02.0285

石油颜色　oil colour　01.0043

石油荧光性　oil fluorescence　02.0284

石油浊点测定仪　petroleum cloud point tester
　07.0452

石油钻采机械与设备　petroleum drilling and produc-
　tion equipment　01.0011

拾取反射时　reflection time picking　03.0845

时变静校正　time-varying static correction　03.0737

时变滤波　time-variant filtering, time variable
　filtering　03.0657

* 时断信号　time break　03.0511

时间分辨率　temporal resolution　03.0418

时间平均公式　time average equation　03.0447

时间剖面　time section　03.0763

时间切片　time slice　03.0886

时间推移测井　time-lapse logging　04.0386

时间－温度指数　time-temperature index, TTI
　02.0405

时[间]域　time domain　03.0021

时间域测深　time domain sounding, TDEM
　03.0287

时[间]域激发极化法　time domain IP　03.0245

时距曲面　surface hodograph　03.0341

时距曲线　time-distance curve, hodograph　03.0340

时深转换　time to depth conversion　03.0848

食品用石蜡　food grade paraffin wax　07.0236

蚀坑　pit　10.0282

实沸点蒸馏曲线　true boiling point curve　07.0313

实际垂直深度　true vertical depth, TVD　05.0358

实际胶质　existent gum　07.0331

实际胶质测定仪　apparatus for determining existent gum　07.0457

实际输出　actual output　03.0713

实时处理　real time processing　09.0054

实时系统　real time system　03.0017

实验室分析　laboratory analysis　02.0017

矢端图　hodogram　03.0593

矢量化　vectorization　02.0962

示范道　pilot trace　03.0735

示功图　dynamometer card, dynagraph　06.0681

示踪剂　tracer　12.0259

示踪剂背景浓度　background concentration of tracer　12.0264

示踪剂产出曲线　production curve of tracer　12.0268

示踪剂突破时间　breakthrough time of tracer　12.0267

示踪剂最低检出极限　minimum detectable limit of tracer　12.0265

示踪剂最高采出浓度　peak producing concentration of tracer　12.0266

示踪流量测井　tracer flow survey　04.0372

势分析　potential analysis　02.0656

适航固定　sea fastening　09.0633

视闭合压力　apparent sealing pressure　06.0037

视表皮系数　apparent skin factor　06.0295

视地层水电阻率　apparent formation water resistivity　04.0107

视地层水电阻率法　apparent formation water resistivity technique　04.0272

视电阻率　apparent resistivity　03.0221

视电阻率剖面　apparent resistivity section　03.0239

TE 视电阻率曲线　transverse electrical mode, TE mode　03.0274

TM 视电阻率曲线　transverse magnetic mode, TM mode　03.0275

视接触角　apparent contact angle　06.0091

视觉三色原理　trichromatic theory of vision　02.0964

视慢度　apparent slowness　03.0602

视密度　observent density　01.0125

视倾角　apparent dip　04.0229

视衰减　apparent attenuation　03.0430

视速度　apparent velocity　03.0441

视吸水指数　apparent [water] injectivity index　06.0746

视削截　apparent truncation　02.0858

* 视削蚀　apparent truncation　02.0858

试采　production testing　02.0795

试井　well testing　02.0793

试井车　well testing truck, wireline truck　11.0537

试井分析　well test analysis　06.0270

试井解释　interpretation of well testing data　06.0271

试井解释图版　type-curve for well test interpretation　06.0303

试验井　test well　05.0028

试油　testing for oil　02.0794

试运投产　commissioning trial　10.0131

试注　injection test, pilot flood　06.0523

收发油损耗　working loss　10.0240

收敛压力　convergence pressure　06.0176

手动复位电磁阀　solenoid operated with manual reset valve　09.0828

手动复位气动阀　pneumatic operated with manual reset valve　09.0827

手动-自动锁定选择开关　auto-manual locked-out selector switch　09.0953

手提式卤化烃灭火器　halogenated hydrocarbon portable extinguisher　09.0971

首波　head wave　03.0326

艏尖压载舱　fore peak ballast tank　09.0282

艏倾　trim by the bow　09.0248

售油立管　sales riser　09.0622

输差　measurement shortage　10.0158

输导层　carrier bed　02.0604

输气管道　gas transmission pipeline　10.0104

输送顺序　sequence of batching products　10.0148

输液泵　transfer pump　11.0506

输油泵　oil transfer pump　10.0171

输油末站　oil pipeline terminal　10.0172

输油首站　head station of oil pipeline　10.0170

叔丁醇　tert-butyl alcohol　08.0203

鼠洞　rat hole　05.0080

属性　attribute　03.0878

* ABS 树脂　acrylonitrile-butadiene-styrene resin, ABS resin　08.0280

* AS 树脂　acrylonitrile-styrene resin, AS resin　08.0281

* MBS 树脂　methyl methacrylate-butadiene-styrene resin, MBS resin　08.0282

* SBS 树脂　styrene-butadiene-styrene block copolymer, SBS block copoly　08.0275

树脂体　resinite　02.0351

树脂涂敷砂　resin-coated sand　12.0134

树脂型调剖剂　resin-type profile control agent　12.0248

树脂整理剂　resin finishing agent　08.0439

束缚沥青　fixed bitumen　02.0317

束缚水　irreducible water　04.0041

束缚水饱和度　irreducible water saturation　06.0073

束线法　swath shooting method　03.0610

数据编辑　data editing　03.0633

数据采集单元　data acquisition unit　09.0066

数据处理　data processing　03.0019

数据处理流程　flow chart of data processing　03.0612

数据换算　data reduction　03.0018

* 数据解释　data interpretation　03.0025

数据链　data link　09.0138

数据体　data volume　03.0885

* 数控测井仪　computerized logging unit　04.0326

数学地质[学]　mathematical geology　02.0015

数值模拟　numerical simulation　03.0625

数字传输　digital transmission　03.0482

数字磁带测井记录仪　digital logging recorder　04.0317

数字等浮电缆　digital streamer　09.0077

数字记录测井仪　digital recording logging unit　04.0325

数字距离测量装置　digital distance measurement unit, DDMU　09.0139

数字录制　digital recording　03.0015

数字型螺纹　NC style connection thread　11.0666

数字型钻杆接头　NC style tool joint　11.0621

数字仪器　digital instruments, digital recording system　04.0545

双壁钻杆　double-wall drill pipe　11.0614

双边离开排列　split spread with shot point gap　03.0506

双边排列　split spread　03.0505

双边算子　two-sided operator　03.0705

双侧向测井　dual laterolog　04.0119

双层阀抽油泵　dual valve pump　11.0448

双层取心筒　double core barrel　05.0549

双层振动筛　dual tandem shaker, tandem deck shaker　11.0255

双程旅行时　two-way time, TWT　03.0437

双程延迟时间　turn-around delay, TAD　09.0159

双重孔隙度　double porosity, dual porosity　06.0019

双重孔隙度模型　dual-porosity model　04.0277

双重孔隙系统　dual-porosity system, double porosity system　06.0243

双重渗透系统　dual-permeability system　06.0244

双船法　double boat method　03.0476

双[等浮]电缆　dual streamers　09.0088

双电层　electrostatic double layer　01.0126

双酚 A　bisphenol A　08.0175

双感应测井　dual induction log　04.0137

双缸双作用泵　duplex double action pump　11.0206

双根　double, double joint　05.0073

双管采油　dual tubing production　06.0712

双管封隔器　dual tubing packing　06.0873

双滚筒绞车　double drum drawworks　11.0087

双极性显示　dual polarity display　03.0875

双级注水泥　two-stage cementing　05.0467

双剪切密封件　dual shear seal　09.0903

双金属重整催化剂　bimetallic reforming catalyst　07.0272

双金属催化重整　bimetallic catalytic reforming　07.0071

双金属腐蚀　bimetallic corrosion　10.0290

双金属干扰　bimetallism disturbance　04.0332

双金属缸套　bi-metal liner　11.0217

双孔隙度法　dual-porosity method　04.0271

双矿物模型　dual-mineral model　04.0262

双缆单源法　double streamer single source method 03.0474

双联抽油泵　double-ply pump　11.0450

双联振动筛　dual shale shaker　11.0256

双驴头装置　dual horsehead unit　11.0423

双螺杆挤出机　double screw extruder　08.0533

双盘浮船　double deck pontoon　10.0452

双频操作　dual frequency operation　09.0124

双平方根方程　double-square-root equation 03.0792

双曲线递减　hyperbolic decline　06.0444

双曲线方式　hyperbolic mode　09.0106

双塞水泥头　double plug cement head　05.0540

双升式底座　slingshot substructure　11.0147

双水模型　dual water model　04.0254

双筒井　dual well　05.0309

双线控制井下安全阀　dual-line subsurface safety valve　09.0614

双液法调剖剂　profile control agent for double-fluid method　12.0247

双翼控制头　double wing control head　11.0601

双油管采油井口　dual tubing wellhead　11.0393

双源单缆法　double source single streamer method 03.0473

双源双缆法　double source double streamer method 03.0475

双闸板防喷器　double ram type BOP　11.0361

双折射　birefringence　03.0440

双轴惯性振动筛　double shaft inertia shaker 11.0252

双柱塞抽油泵　dual plunger sucker rod pump 11.0446

双作用抽油泵　double-acting sucker rod pump 11.0445

双作用式水力活塞泵　double-acting hydraulic pump 11.0469

水包油乳状液破乳剂　demulsifier for oil-in-water emulsion　12.0270

水包油型清蜡剂　oil-in-water paraffin remover 12.0147

水包油压裂液　oil-in-water fracturing fluid 12.0177

* 水包油钻井液　oil emulsion drilling fluid, oil-in-water drilling fluid　05.0165

* 水处理　water purification, water treatment 06.0723

水底拖管法　underwater pipeline dragging method 10.0440

* 水动力　hydrodynamic pressure　02.0635

水动力圈闭　hydrodynamic trap　02.0678

水断道　water break section　09.0085

水分离指数　water separation index　07.0343

水封　water seal　09.0818

水封挡土墙　water-sealed retaining wall　10.0477

* 水功率　hydraulic power, effective power 11.0239

水合催化剂　hydration catalyst　08.0391

水合作用　hydration　01.0127

水化学测量　hydrochemical survey　02.0825

* 水化作用　hydration　01.0127

水灰比　water cement ratio, w/c　05.0493

水击　surge　10.0122

水击超前控制　rarefaction control　10.0126

水击泄压罐　surge tank　10.0127

水击压力波　surge pressure wave　10.0123

水基冻胶压裂液　water-base gel fracturing fluid 12.0176

水基堵水剂　water-base water shutoff agent 12.0254

水基泡沫压裂液　water-base foam fracturing fluid 12.0178

水基清蜡剂　water-base paraffin remover　12.0145

水基压裂液　water-base fracturing fluid　12.0174

水基钻井液　water-base drilling fluid　05.0153

水脊　water crest　06.0248

水净化　water purification, water treatment 06.0723

水力定向接头　hydraulic orientation sub　05.0394

水力动力仪　hydraulic dynamometer　06.0964

水力分散器　hydro-disperser　11.0284

水力功率　hydraulic power, effective power 11.0239

水力混砂器　hydraulic mixer　11.0508

水力活塞泵　hydraulic piston pump, hydraulic pump　06.0691

水力活塞泵井诊断技术　hydraulic pumping diagnostic technique　06.0697

水力活塞泵装置　hydraulic pumping unit　11.0467

水力机械式封隔器　hydraulic mechanical packer　06.0912

水力锚　hydraulic anchor　06.0917

水力密闭式封隔器　hydraulic allyclosed packer　06.0910

水力喷砂射孔器　sand jet perforator　06.0918

水力坡降　hydraulic gradient　10.0183

水力梯度　hydraulic gradient　02.0655

水力效率　hydraulic efficiency　11.0241

水力斜向器　hydraulic whipstock　05.0396

水力旋流器　hydroclone, hydrocyclone　11.0272

水力压差式封隔器　hydraulic pressure differential packer　06.0908

水力压缩式封隔器　hydraulic compressive packer　06.0911

水力自封式封隔器　hydraulic self-sealing packer　06.0909

水帘　water curtain　09.0937

水淋冷凝器　drip condenser　07.0401

水淋性　water washout characteristics　07.0305

水龙带　rotary hose　11.0198

水龙头　swivel　11.0185

水龙头额定工作载荷　rated working load of swivel　11.0197

水龙头额定静载荷　static load rating of swivel, dead load capacity　11.0196

水龙头接头　swivel sub　11.0194

水龙头中心管　swivel stem　11.0193

水密门　watertight door　09.0404

水密试验　watertight test　09.0405

水灭火系统　water extinguishing system　09.0920

水敏性评价　water sensitivity evaluation　05.0261

水敏性页岩　water-sensitive shale　05.0216

水泥泵　cementing pump　11.0500

水泥车　cementing truck　11.0499

水泥承转器　cement retainer　05.0511

水泥池　cement pit　11.0521

水泥促凝剂　accelerator for cement slurry　12.0120

水泥窜槽　cement channeling　05.0545

水泥地层交界面　cement-formation interface　05.0508

水泥防漏外掺料　lost-circulation-control admixture for cement slurry　12.0129

水泥防气窜剂　gas channeling inhibitor for cement slurry　12.0125

水泥封隔性能　cement packing property　05.0499

* 水泥刮　scratcher　05.0516

水泥缓凝剂　retarder for cement slurry　12.0121

水泥加重外掺料　heavy-weight admixture for cement slurry　12.0128

水泥减轻外掺料　light-weight admixture for cement slurry　12.0127

水泥减阻剂　friction reducer for cement slurry　12.0122

水泥浆　cement slurry　05.0473

水泥浆稠化时间　cement slurry thickening time　05.0498

水泥浆含水量　slurry water content　05.0510

水泥浆流变学　cement slurry rheology　05.0497

水泥浆密度　cement slurry density　05.0494

水泥浆－泥浆隔离液配伍性　cement-spacer-mud compatibility　05.0533

水泥浆－泥浆污染　slurry-mud contamination, cement cut mud　05.0543

水泥降滤失剂　filtrate reducer for cement slurry　12.0124

水泥胶结测井　cement bond log　04.0215

水泥[胶结]评价测井　cement evaluation log　04.0216

水泥搅拌器　cement blender　11.0520

水泥膨胀剂　expansive agent for cement slurry　12.0123

水泥强度　cement strength　05.0474

水泥塞　cement plug　05.0466

水泥伞　cement basket　05.0520

水泥砂浆　sand-cement slurry　12.0135

水泥砂浆衬里　cement-mortar lining　10.0315

水泥套管交界面　cement-casing interface　05.0507

水泥外掺料　admixture for cement slurry　12.0126

水泥外加剂　additive for cement slurry　12.0119

水泥鞋　cement shoe　05.0535

水泥造浆量　slurry yield　05.0509

水平磁力仪　horizontal field balance　03.0177

水平叠加　horizontal stacking　03.0403

水平定向钻机　horizontal directional drilling machine
　　10.0428

*水平分量磁秤　horizontal field balance　03.0177

水平极性　horizontal polarization　09.0166

水平检波器　horizontal geophone　03.0493

水平井　lateral well, horizontal well　05.0310

水平井测井　horizontal well logging　04.0416

水平井段　horizontal section　05.0354

水平距离　horizontal range　09.0168

水平裂缝　horizontal fracture　06.0795

水平切片　horizontal section, horizontal slice
　　03.0887

水平渗透率　horizontal permeability　06.0030

水平位移　horizontal displacement　05.0363

水平运动　horizontal movement　02.0027

水平钻井　horizontal drilling　05.0356

水平钻孔机　horizontal boring machine　10.0427

水枪　water gun　09.0034

水侵　water contamination, water cut　05.0209

水侵系数　water invasion coefficient　06.0471

水驱比　displacement water ratio, Amott water ratio
　　06.0112

水驱储量　water drive reserves　06.0354

水驱气藏　water drive gas reservoir　06.0371

水渠发送道　canal launching way　10.0444

水热增压作用　aquathermal pressuring　02.0621

水溶性碱　water-soluble alkali　07.0322

水溶性聚合物　water-soluble polymer　12.0075

水溶性酸　water-soluble acid　07.0321

水溶性完井液　water-soluble completion fluid
　　05.0267

水刹车　hydromatic brake　11.0103

水上防喷器组　surface blowout preventer stack
　　09.0352

水深测量　bathymetric survey　09.0667

*水势　total head　02.0637

水势分析　water potential analysis　02.0659

水锁　water blocking　05.0258

水套加热炉　jacket heater　06.0569

*水突破　water breakthrough　06.0465

水脱氧　water deoxygenation　06.0724

水位控制器　water-level controller　11.0104

水文地球化学测量　hydrogeochemical survey
　　02.0826

水洗采油期　water flushed production period
　　06.0546

水洗油砂体　flushed sand body　06.0510

水系格局　drainage pattern　02.0972

水下安装　underwater installing　09.0662

水下采油树总成　subsea christmas tree assembly
　　09.0684

水下常压工作站　subsea atmospheric station
　　09.0630

水下出油管线　subsea flowline, SFL　09.0594

水下储油罐　underwater oil storage tank　09.0536

水下穿越　underwater crossing　10.0169

水下打桩机　underwater pile driver　09.0663

水下电视系统　underwater television system, subsea
　　television system　09.0305

水下对接　underwater mating　09.0660

水下防喷器控制盒　subsea blowout preventer control
　　pod　09.0355

水下防喷器组　underwater blowout preventer stack
　　09.0357

水下固井设备　subsea cementing equipment
　　09.0420

水下管汇中心　underwater manifold center
　　09.0581

水下焊接　underwater welding　09.0661

水下混凝土浇注　underwater concreting　09.0657

水下基盘　subsea template　09.0308

水下检查　underwater inspection　09.0664

水下井口　subsea wellhead　09.0629

水下井口回接系统　subsea well tie-back system
　　09.0699

水下控制阀　subsea control valve, SSC valve
　　09.0413

水下粘合　underwater adhesion　09.0658

水下切割　underwater cut　09.0659

[水下]摄象机起下装置　camera hoisting equipment
　　09.0306

水下生产系统　subsea production system　09.0617

水下释放塞 subsea release cementing plug, SSR cementing plug 09.0415

水下释放塞注水泥系统 subsea release cementing system, SSR cementing system 09.0414

水下完井 subsea completion, underwater completion 09.0431

水下完井系统 subsea completion system 09.0432

水下卫星井 subsea satellite well 09.0628

水下系泊装置 underwater mooring device 09.0518

[水下用]隔水采油树 encapsulating tree 09.0691

水线腐蚀 water-line corrosion 10.0266

水线推进速度 water-front advance velocity 06.0464

水线推进图 water-front advance map 06.0437

水相 water phase 02.0605

水箱式冷凝器 submerged coil condenser 07.0399

水压驱动 water drive 06.0359

水淹层 water flooded layer, swept layer 06.0509

水淹层段 water flooded interval, watered-out interval 06.0513

水淹气藏 water swept gas reservoir, flooded gas reservoir 06.0506

水淹气井 flooded gas well, watered gas well 06.0507

水淹区 swept area, flooded area 06.0504

水淹生产井 flooded producer, watered producer 06.0505

水用检波器 hydrophone, piezoelectric detector 09.0067

水油比控制 water-oil ratio control 06.0896

水源井 water source well 06.0714

水质标准 water quality standard 06.0715

水质监测 water quality monitoring 06.0722

水锥 water cone 06.0246

水准点 benchmark 03.0455

瞬变场电磁法 transient electromagnetic method 03.0284

瞬变磁场 transient magnetic field 03.0290

瞬变流 transient flow 10.0161

瞬时浮点增益 instantaneous floating point gain 03.0550

瞬时关井压力 instantaneous shut-in pressure, ISIP 06.0821

瞬时频率 instantaneous frequency 03.0617

瞬时属性 instantaneous attribute 03.0615

瞬时相位 instantaneous phase 03.0616

顺磁磁化率 paramagnetic susceptibility 02.0418

顺磁性 paramagnetism 03.0162

顺丁烯二酸酐 maleic anhydride 08.0199

顺丁橡胶 *cis*-1,4-polybutadiene rubber, CPBR 08.0314

顺序解法 sequential solution method, SEQ method 06.0344

顺序输送 batch pipelining 10.0147

顺应式结构 compliant structure 09.0482

斯内尔定律 Snell law 03.0303

斯通莱波 Stoneley wave 03.0319

斯托尔特拉伸因子 Stolt stretch factor 03.0777

斯托尔特偏移 Stolt migration 03.0772

斯托克斯公式 Stokes formula 06.0010

撕裂强度 tear strength 08.0352

* 司钻法 driller's method 05.0419

司钻房 driller house 09.0290

司钻控制台 driller's console 11.0117

丝扣粘结剂 thread lock 09.0430

丝质体 fusinite 02.0358

* 丝扣油 thread compound 11.0700

* 死猫头 dead cathead 11.0114

死绳 dead line, deadline 11.0128

死绳固定器 deadline anchor 11.0129

死亡线 death line 02.0387

死油区 dead oil area 06.0432

四点法注水 four-spot water flooding pattern 06.0402

四方钻杆 square kelly 11.0628

四环萜烷 tetracyclic terpane 02.0454

四氯乙烯 perchlorethylene 08.0157

四氢呋喃 tetrahydrofuran 08.0163

四球试验机 four-ball tester 07.0473

四乙二醇醚抽提 tetraglycol extraction 07.0043

* 伺服台 servo station 09.0119

松弛因子 relaxation parameter, relaxation factor 06.0329

松香烷 abietane 02.0464

送钻 bit feed 05.0058

速度分析　velocity analysis　03.0721
速度估算　velocity estimation　03.0727
速度函数　velocity function　03.0444
速度检波器　velocity geophone　03.0490
速度聚焦　velocity focusing　03.0825
速度滤波器　velocity filter　03.0663
速度门值　velocity gating　09.0174
速度模型　velocity model　03.0606
速度偏斜　velocity skew　09.0152
速度谱　velocity spectrum　03.0722
速度扫描　velocity scan　03.0723
速度上拉　velocity pull-up　03.0867
速度-深度模型　velocity-depth model　03.0766
速度下拉　velocity pull-down, velocity sag　03.0868
速度陷井　velocity pitfalls　03.0869
速敏性评价　rate sensitivity evaluation　05.0262
速凝　acceleration setting　05.0470
速凝剂　accelerator, accelerated agent　05.0500
速凝水泥　accelerated cement　05.0472
速凝外加剂　set-accelerating additive　05.0502
塑解剂　peptizer　08.0427
塑料粉末防腐层　plastic powder coating　10.0321
塑料胶粘带防腐层　plastic tape coating　10.0319
塑料助剂　additives for plastics　08.0404
塑性流体　plastic fluid　01.0106
塑性岩石　plastic rock　05.0138
酸泵　acid pump　11.0498
酸罐车　acid tank truck　11.0526
* 酸化　acid treatment, acidizing　06.0767
酸化设备　acidizing equipment　11.0491
酸化压裂泵　acid fracturing pump　11.0497
酸化压裂车　acid fracturing truck　11.0496
酸[化]液　acidizing fluid　12.0148
酸基压裂液　acid-base fracturing fluid　12.0183
酸碱洗涤　acid-alkali washing　07.0098
酸浸　acid soak　06.0769
酸敏性评价　acid sensitivity evaluation　05.0263
酸气　sour gas　01.0060
酸溶性完井液　acid-soluble completion fluid　05.0269
酸洗　acid wash, acid cleaning　06.0770

酸性碳质沥青　оксикериты(俄)　02.0304
酸-岩反应动力模拟　dynamic simulation of acid-rock reaction　06.0781
酸-岩反应动态模拟试验　simulated flow test of acid-rock reaction　06.0780
酸-岩反应静态试验　static test of acid-rock reaction　06.0779
酸-岩反应速率　acid-rock reaction rate　06.0775
酸液缓蚀剂　corrosion inhibitor for acidizing fluid　12.0161
酸液添加剂　additive for acidizing fluid　12.0158
酸液有效作用距离　effective distance of live acid　06.0778
酸值　acid number　07.0319
酸着色试验　acid wash color test　07.0350
算子　operator　03.0702
随机性储层模拟　stochastic reservoir modeling　02.0842
随机噪声　random noise　03.0382
随钻测井　logging while drilling, LWD　04.0410
随钻测量　measurement while drilling, MWD　04.0409
随钻测量仪　steering tool　05.0385
碎屑流沉积　debris flow deposit　02.0202
碎屑岩　clastic rock, detrital rock　02.0171
碎屑岩类储集层　clastic reservoir　02.0526
缩合催化剂　condensation catalyst　08.0390
羧基丁苯胶乳　carboxylic styrene butadiene latex　08.0323
羧甲基淀粉　carboxymethyl starch　12.0046
羧甲基化　carboxymethylation　12.0085
羧甲基纤维素　carboxymethyl cellulose, CMC　12.0042
羧甲基-羟烷基化　carboxymethyl-hydroxyalky-lation　12.0089
羧甲基羟乙基纤维素　carboxymethyl hydroxyethyl cellulose　12.0044
羧酸盐型表面活性剂　carboxylate surfactant　12.0004
锁紧卡环　shackle　09.0275

T

塔顶馏出物　overhead　07.0013

塔式反应器　tower reactor　08.0476

台背斜　platform anticlise　02.0061

台地边缘浅滩相　shoal facies of platform margin　02.0283

台地前缘斜坡相　platform foreslope facies　02.0280

台阶型侵入剖面　step profile of invasion　04.0035

台向斜　platform syneclise　02.0060

太阳风　solar wind　03.0257

钛铁矿　ilmenite　05.0229

坍塌　sloughing, heaving　05.0212

滩状地震相　bank seismic facies　03.0909

滩状相　bank facies　02.0902

弹簧管井下压力计　Bourdon-type pressure bomb　06.0953

弹簧加压气举阀　spring-loaded gas-lift valve　11.0477

弹簧式井下压力计　spring-type pressure bomb　06.0954

弹性介质　elastic medium　03.0306

弹性驱动　elastic drive　06.0358

*弹性容量　composite compressibility of reservoir　06.0041

弹性水压驱动　elastic water drive　06.0361

弹性系泊索　elastic mooring line　09.0524

△碳法　delta-carbon method　02.0820

碳化物论　carbide theory　02.0325

碳化作用　carbonization　02.0377

碳沥青　anthraxolite　02.0306

碳青质　carbene　02.0310

*碳氢化合物　hydrocarbon　01.0070

碳酸水驱　carbonated water flooding　06.0982

碳酸盐台地　carbonate platform　02.0271

碳酸盐岩　carbonate rock　02.0177

碳酸盐岩类储集层　carbonate reservoir　02.0527

碳同位素　carbon isotope　02.0517

碳纤维　carbon fibre　08.0331

碳氧比测井　carbon/oxygen log　04.0192

碳优势指数　carbon preference index, CPI　02.0411

碳质沥青　кериты(俄)　02.0303

碳羰基合成催化剂　oxo catalyst　08.0388

探边测试　reservoir delineation test　06.0277

探边井　delineation well, extension well　02.0783

探测器　detector　04.0067

探测深度　depth of investigation　03.0030

探测液面法　well test by liquid level survey　06.0309

探井　prospecting well, exploratory well　02.0779

探井成本　cost of prospecting well　02.0819

探明储量　demonstrated reserves, proved reserves　02.1035

探索长度　search length　04.0236

探索角　search angle　04.0237

探头　sonde　04.0066

逃生线路　escape route　09.1001

套管　casing　11.0642

套管波　casing wave　03.0589

套管补贴　casing patch　06.0939

套管测试管柱　casing test string　11.0587

套管长圆螺纹　casing long-thread　11.0669

套管吊卡　casing elevator　11.0714

套管吊卡盘　casing elevator-spider　11.0724

套管短圆螺纹　casing short-thread　11.0668

套管封隔液　casing packing fluid　05.0274

套管扶正器　casing centralizer　05.0515

套管钢级　casing grade　05.0531

套管灌泥浆装置　casing fill-up equipment　05.0537

套管换热器　double pipe heat exchanger　07.0395

套管接箍　casing coupling, casing collar　11.0657

套管接箍定位器　casing collar locator　04.0414

套管结晶器　double pipe crystallizer　07.0441

套管井测井　cased-hole logging　04.0054

套管开窗　casing sidetracking　05.0314

套管内径测井　casing caliper log　04.0359

套管偏梯形螺纹　buttress casing thread　11.0670

套管破裂　casing collapse　06.0942

套管卡盘　casing spider　11.0722

套管卡子　casing clamps, casing grip　11.0726

套管钳　casing tongs　11.0710

套管损坏　casing wear　06.0941

套管头　casing head　11.0354

套管头四通　casing head spool　11.0376

套管头总成　casing head housing　09.0353

套管下扩眼　underream　05.0068

套管修复　casing repair　06.0940

套管悬挂器　casing hanger　11.0355

套管压力气举阀　casing-pressure gas-lift valve　11.0479

套管圆螺纹　casing round thread　11.0667

套管胀管器　casing roller　05.0620

套筒连接器　collet connector　09.0361

套筒气枪　sleeve gun　09.0038

* 套压气举阀　casing-pressure gas-lift valve　11.0479

特大油气田　giant oil-gas field　01.0021

* 特纳型孔隙结构　Turner type pore structure　06.0060

特殊岩心分析　special core analysis　06.0006

特[斯拉]　tesla　03.0150

特种合成纤维　specialty synthetic fibre　08.0330

特种润滑脂　specialty grease　07.0212

梯度电极系　lateral electrode configuration, lateral sonde　04.0096

梯形法撕破强力试验方法　tearing strength by trapezoid method　08.0354

提高采收率　enhanced oil recovery, EOR　06.0969

提氦　helium extraction　10.0082

提环　bail　11.0189

提捞　bailing　06.0927

提升管催化裂化　riser catalytic cracking　07.0060

提升管反应器　riser reactor　07.0434

提升滚筒直径　hoisting drum diameter　11.0042

提升轮系绳数　lines strung of hoisting system　11.0040

体波　body wave　03.0308

体积电阻率　volume resistivity　08.0351

体积密度　bulk density　04.0178

体积温度系数　volume-temperature coefficient　07.0329

体积系数　formation volume factor　06.0173

体极化　body polarization　03.0243

体系域　system tract　02.0867

替换动校正　replacement dynamics　03.0799

* 替换室气举　chamber lift　06.0610

替载电阻　dummy load resistance　03.0228

天波干扰　sky wave interference　09.0123

天车　crown block　11.0119

天车防碰装置　crown-block protector, crown-block saver　11.0132

天车台　water table　11.0161

天然表面活性剂　natural surfactant　12.0032

天然堤沉积　natural levee deposit　02.0212

天然金刚石取心钻头　natural diamond core bit　11.0337

天然金刚石钻头　natural diamond bit　11.0331

天然聚合物　natural polymer　12.0038

天然气　natural gas　01.0057

天然气爆炸性　inflammability of natural gas　06.0157

天然气成因类型　genetic types of natural gas　02.0486

天然气导热系数　heat conduction factor [of natural gas]　06.0156

天然气等温压缩系数　isothermal compressibility [of natural gas]　06.0154

天然气地质储量　original gas in-place, OGIP　02.1041

天然气地质学　geology of natural gas　02.0003

天然气发热量　calorific capacity of natural gas　01.0067

天然气净化处理剂　treating agent for natural gas purification　12.0281

天然气绝对湿度　absolute humidity of natural gas　01.0063

天然气临界凝析参数　critical condensate parameter [of natural gas]　06.0159

天然气密度　natural gas density　01.0065

天然气偏差系数　gas deviation factor, Z-factor, super compressibility　06.0141

天然气[燃烧]热值　heating value of natural gas　01.0068

天然气热裂解　pyrolysis of natural gas　08.0022

天然气溶解度　natural gas solubility　01.0066

天然气水合物抑制剂 hydrate inhibitor for natural gas 12.0282

天然气体积系数 gas formation volume factor 06.0155

天然气添味 natural gas odorization 10.0111

天然气添味剂 odorant for natural gas 12.0283

天然气脱油 condensate removal [from natural gas] 06.0946

天然气外输设施 gas export facility 09.0573

天然气相对湿度 relative humidity of natural gas 01.0064

天然气虚拟对比参数 pseudo-reduced parameter of natural gas 06.0150

天然气虚拟临界温度 natural gas pseudocritical temperature 06.0143

天然气虚拟临界压力 natural gas pseudocritical pressure 06.0142

天然气压缩系数 natural gas compressibility factor 06.0144

天然气液 natural gas liquid, NGL 01.0079

天然气液化 natural gas liquefaction 10.0098

天然气引射器 gas ejector 10.0100

天然气组成 composition of natural gas 06.0149

天然气钻井 gas drilling 05.0034

天然石油 natural oil 01.0027

添加剂 additive 07.0244

填充焊道 fill bead 10.0406

填充剂 filler 08.0419

填料塔 packed tower 07.0419

填砂裂缝 sand packed fracture, packed fracture 06.0811

田菁胶 "tian jing" gum, sesbania gum 12.0053

甜气 sweet gas 01.0061

调和递减 harmonic decline 06.0445

调节剂 regulator 08.0457

调聚剂 telomer 08.0459

*调剖 [water] injection profile modification, injection profile adjustment 06.0749

调剖剂 profile control agent 12.0245

调向[叠加] beam steering 03.0668

调谐厚度 tuning thickness 02.0935

调压计量站 regulating-metering station 10.0089

跳钻 bit jumping 05.0063

萜类 terpenoid 02.0451

萜烷 terpane 02.0452

* 萜族化合物 terpenoid 02.0451

铁螯合剂 iron chelating agent, iron sequestering agent 12.0165

铁磁性 ferromagnetism 03.0159

铁磁性岩墙[侵入体] mafic dike intrusion 03.0200

铁还原系数 reduced coefficient of ferrite 02.0365

铁路柴油机油 railroad diesel engine oil 07.0159

铁路油罐车 rail tank car 10.0226

铁稳定剂 iron stabilizer 12.0166

铁氧体 ferrite 03.0161

烃 hydrocarbon 01.0070

烃类法 hydrocarbon method 02.1055

烃类混相驱 hydrocarbon miscible flooding 06.0996

烃类热裂解 hydrocarbon pyrolysis 08.0023

烃类微渗漏 hydrocarbon microseepage 02.0974

烃类系统相态 phase state of hydrocarbon system 06.0165

烃类显示 hydrocarbon indicators, HCI 03.0870

烃露点 hydrocarbon dew point 01.0090

烃相 hydrocarbon phase 02.0606

烃源岩 source rock 02.0391

停喷压力 quit flowing pressure 06.0592

通放区 pass region 03.0401

通风型气胎离合器 ventilated air-tube friction clutch 11.0071

通井机 tractor hoist 11.0536

通信集成管 communication umbilical 09.0602

通用导向架 universal guide frame 09.0338

通用聚苯乙烯 general purpose polystyrene, GPPS 08.0277

通用内燃机油 general service oil, universal internal combustion engine oil 07.0161

酮苯脱蜡 acetone-benzene dewaxing 07.0050

同步信号 synchronized signal 09.0053

同沟敷设 laying in one ditch 10.0414

同期运移 synchronous migration 02.0598

同生断层 contemporaneous fault, synsedimentary fault, growth fault 02.0084

同生式生储盖组合 syngenetic SRCA 02.0588

同生作用 syngenesis 02.0167
同态反褶积 homomorphic deconvolution 03.0683
同态滤波 liftering 03.0718
同态频率 quefrency 03.0717
同态谱 cepstrum 03.0716
同态相位 saphe 03.0720
同态振幅 lampitude 03.0719
同位素分析 isotope analysis 02.1001
同位素质谱分析 mass-spectrometric analysis for isotope 02.1023
同相排齐 line-up 03.0827
同相位值 in-phase value 03.0267
同相轴 event 03.0828
同相轴合并 merging of events 03.0844
同心管式修井机 concentric tubing workover rig 11.0540
同心油管柱装置 concentric tubing string installation 06.0618
同心圆观测 concentric circle observation 03.0478
同轴圆筒旋转粘度计 coaxial cylinder rotational viscometer 10.0050
桶装转运 canning transfer 10.0218
PVT 筒 PVT cell 06.0179
统计法 statistical method 02.1059
统计性反褶积 statistic deconvolution 03.0673
投杆器 bar dropper assembly 11.0604
投球器 ball injector 11.0531
投入式止回阀 drop-in check valve 09.0303
透光率 light transmittance 08.0341
透镜状地震相 lens seismic facies 03.0910
透镜状结构 lenticular configuration 03.0901
透镜状相 lens facies 02.0903
透平膨胀机 turbo-expander 10.0068
* 透平油 steam turbine oil, turbine oil 07.0193
透气性 gas permeability 08.0343
透射损耗 transmission loss 03.0425
透射系数 transmission coefficient 03.0351
透水性 water permeability 08.0342
凸岸坝沉积 point bar deposit 02.0210
凸起 swell, convex 02.0064
突变压实阶段 saltatory compaction stage 02.0618
突进 water breakthrough 06.0465
突破时间 breakthrough time 02.0584

突破压力 breakthrough pressure 02.0583
图解法 graphical method 03.0103
图面空间校正 map migration 03.0847
涂层剂 coating agent 08.0443
涂覆 painting 10.0297
涂料油管 coated tubing 06.0892
涂漆 painting 09.0654
土堤敷设 pipe laying in embankment 10.0415
土壤电阻率 soil resistivity 10.0356
土壤腐蚀 soil corrosion 10.0260
土壤水 soil water 02.0648
土壤盐测量 soil salt survey 02.0828
土壤氧化还原电位 soil redox potential 10.0357
土酸 mud acid 12.0149
湍流 turbulent flow 01.0099
推测储量 inferred reserves, possible reserves 02.1032
推覆体 nappe 02.0099
推靠器 eccentering arm 04.0315
推算定位 reckoning positioning 09.0099
退覆 offlap 02.0849
退汞曲线 mercury withdrawal curve 06.0123
退汞效率 efficiency of mercury withdrawal 06.0124
拖车式钻机 trailer mounted rig 11.0006
拖航 tow 09.0652
拖航配置 towing arrangement 09.0269
拖航条件 towing conditions 09.0268
拖航状态 towing state 09.0267
拖缆 towing hawser 09.0273
拖力 towing force 09.0271
拖力计 towing meter 09.0837
拖轮 towing vessel, tug boat 09.0200
脱丙烷 depropanization 08.0047
脱臭 sweetening 07.0100
脱附量 desorption rate 04.0352
脱甲烷 demethanation 08.0045
脱接器 connecting-tripping device 11.0439
脱扣 thread off 05.0594
脱硫 desulfurization 10.0081
脱硫厂 desulfurization plant 10.0090
脱硫催化剂 desulphurization catalyst 08.0402
脱硫装置 desulphurization unit 08.0515

脱模剂　mold release agent　08.0413
脱模油　mold oil, mold lubricant　07.0143
脱气　degassing　07.0036
脱气器　gas trap　04.0339
脱气油　degassed oil, dead oil　06.0137
脱氢　dehydrogenation　07.0082
脱氢催化剂　dehydrogenation catalyst　08.0386
脱色　decolorizing, decoloration　07.0096
脱砂压力　sand out pressure　06.0863
脱砷塔　dearsenicator　08.0518
脱水　dehydration, dewatering　07.0035
脱水舱　dehydration tank　09.0745
脱水催化剂　dehydration catalyst　08.0392

脱水器　water trap, dehydrator　11.0305
脱水塔　dehydration tower　08.0490
脱水预热器　dehydration preheater　09.0744
脱盐罐　desalter　07.0425
脱[氧化]硫剂　SOx reduction agent, SOx transfer-catalyst　07.0282
脱氧塔　deaeration tower　06.0727
脱氧真空装置　deaeration vacuum unit　06.0728
脱乙烷　deethanation　08.0046
陀螺仪测量　gyroscope survey　05.0391
椭圆极化　ellipse polarization　03.0265
椭圆集流管板废热锅炉　Schmidt waste heat boiler　08.0510

W

挖沟机　ditching machine　10.0429
挖掘效应　excavation effect　04.0185
挖泥船　dredger　09.0453
瓦斯油蒸汽裂解　gas oil steam cracking　08.0027
外波纹管隔热管　heat-proof tubing of outer-corrugated expansion joint　11.0548
外部边界　external boundary　06.0237
外对口器　external [line-up] clamp　10.0433
外护丝　external thread protector　11.0663
* 外加电流　impressed current　10.0360
外加厚油管　external upset tubing　11.0649
外加厚油管螺纹　external upset tubing thread　11.0673
外加厚钻杆　external upset drill pipe, EU drill pipe　11.0609
外接套总成　outboard hub assembly　09.0326
外螺纹锥度卡尺　external-thread taper caliper　11.0690
外螺纹钻杆接头　tool joint pin　11.0625
外输油轮　export tanker　09.0835
外岩心筒　outside core barrel, outer tube, outer barrel　05.0555
弯接头　bent sub　05.0392
弯螺杆钻具　bended screwdrill　11.0577
弯曲井眼　crooked-hole　05.0353
弯涡轮钻具　bent turbodrill　11.0558
弯线地震　crooked line seismic　03.0596

弯钻杆　bent drill pipe　05.0584
顽磁性　magnetic retentivity　03.0156
C_{1-6}烷基胺　C_{16} alkylamine　08.0219
烷基酚　alkyl phenol　08.0234
烷基化　alkylation　07.0074
烷基化催化剂　alkylation catalyst　07.0277
烷基化油　alkylate　07.0112
烷烃　paraffin hydrocarbon, alkane　01.0072
* 完井　well completion　06.0551
完井测试　well completing test　05.0453
完井方案　completion program　02.0809
完井[隔水]立管　completion riser　09.0321
完井液　completion fluid　05.0266
完整稳性　intact stability　09.0229
完钻　finishing drilling　05.0057
* 晚期成岩作用　epigenesis, catagenesis　02.0169
晚期注水　late water flooding　06.0394
* 万能防喷器　annular blowout preventer　11.0363
万向底座　gimballed base　09.0584
万向联轴节　universal coupling　11.0574
万有引力　universal gravitation　03.0049
[万有]引力常量　gravitational constant, the universal constant　03.0052
网格法　gridding method　03.0104
网格系统　grid system　06.0324
网络模型　network model　06.0059

网状河沉积　anastomosed stream deposit　02.0208

微波测距　microwave ranging　09.0156

微波定位　microwave positioning　09.0098

微侧向侧井　microlaterolog　04.0127

微差井径曲线　differential caliper log　04.0361

微差井温测井　differential temperature survey　04.0358

微地震测井　uphole shooting　03.0346

微电极测井　microelectrode log, minilog　04.0154

微电位　micronormal　04.0156

微电阻率测井　microresistivity log　04.0155

微分波形　differentiated waveform　03.0415

微古生物鉴定　micropaleontology identification　02.0981

微环隙　microannulus　04.0224

微晶高岭土　micromontomarillonite　05.0233

微晶蜡　micro-crystalline wax　07.0233

微粒体　micrinite　02.0356

微粒运移　fine migration　05.0252

微毛细管空隙　micro-capillary interstice　02.0568

微球形聚焦测井　microspherically focused log　04.0130

微屈多次波　pegleg multiples　03.0371

微乳驱　microemulsion flooding　06.0987

微乳酸　microemulsified acid　12.0153

微乳相态　phase behavior of microemulsion　12.0228

微乳[状液]　microemulsion　12.0224

微生物采油　in situ biological process for oil production　06.1052

微生物腐蚀　microbial corrosion　10.0261

微生物强化采油　microbial enhanced oil recovery, MEOR　06.1055

微梯度　microinverse　04.0157

微形旋流器　microclone　11.0273

危险区划分　hazardous area classification　09.0982

韦[伯]　weber　03.0145

桅式井架　mast　11.0134

围压　confining pressure　05.0146

围岩电阻率　adjacent bed resistivity　04.0109

围油栅　oil boom, oil fence　09.0995

围油栅卷筒　oil fence reel　09.0998

* 维纶　polyvinyl alcohol fibre　08.0328

* 维纳滤波器　least-square filter, Wiener filter　03.0675

尾标　tail buoy　09.0092

尾端校正　end-correction　03.0116

尾管　liner　05.0521

尾管固井　liner cementing　05.0522

尾管回接　tie-back liner　05.0523

尾管水泥头　liner cementing head　05.0528

尾管悬挂器　liner hanger　05.0529

尾管坐入工具　liner setting tool　05.0538

舱尖压载舱　aft peak ballast tank　09.0283

舱倾　trim by the stern　09.0247

未开发探明储量　undeveloped proven reserves　02.1038

未熟期　immature phase　02.0382

卫星导航系统　satellite navigation system　09.0095

卫星平台　satellite platform　09.0466

卫星预报　satellite alert　09.0149

温度测井　temperature logging　04.0356

温度场　temperature field　10.0186

温度稳定剂　temperature stability agent　12.0116

温度显示器　temperature indicator　05.0290

温纳[电极]排列　Wenner electrode array　03.0213

稳产年限　years of stable production, stable production period　06.0480

* 稳产期　years of stable production, stable production period　06.0480

稳产期采收率　recovery at stable production phase　06.0481

稳定立柱　stability column　09.0492

稳定凝析油　steady state condensate　06.0161

稳定泡床　stable foam　05.0171

稳定渗流　steady state fluid flow through porous medium　06.0185

稳定试井　steady state well testing　06.0252

稳定塔　stabilizer　07.0413

稳定压实阶段　steady compaction stage　02.0617

* 稳定组　exinite, liptinite　02.0347

稳管桩　pipe-stabilizing pile　10.0449

稳斜　hold angle　05.0340

稳心　metacenter　09.0262

稳性储备　stability margin　09.0259

稳性范围　range of stability　09.0243

稳性交叉曲线　cross-curves of stability　09.0244

稳性消失角　angle of vanishing stability　09.0242

＊稳性裕量　stability margin　09.0259

涡流式检波器　eddy-current type geophone　03.0489

涡流消除器　vortex breaker　09.0814

涡轮泵　turbo-pump, turbine pump　11.0470

涡轮级　turbine stage　11.0560

涡轮节　turbine section　11.0566

涡轮流量计　turbine meter　10.0033

涡轮偏心短节　turbo-eccentric sub　05.0400

涡轮式搅拌器　turbine type agitator　08.0506

涡轮钻井　turbodrilling　05.0035

涡轮钻具　turbodrill　11.0553

卧式油罐　horizontal tank　10.0209

＊沃格尔曲线　Vogle's curve　06.0262

沃伦－鲁特模型　Warren-Root model　06.0036

乌散烷　ulsane　02.0463

污染比　damage ratio　06.0298

污染系数　damage factor　06.0296

污水报警系统　bilge alarm system　09.0993

＊污水处理　produced-water disposal, salt water disposal　06.0726

[污水]含油浓度　oil concentration　09.1023

[污水]含油浓度监控仪　oil content monitor　09.0939

＊污水回注　produced-water reinjection　06.0725

污油罐　slop tank　09.0796

污油回收船　oil recovery vessel　09.0999

污渣混合罐　sludge mixing tank　09.0853

污渣磨碎机　sludge mixing mill　09.0854

污渣送烧泵　sludge burning pump　09.0855

无磁传感器　non-magnetic sensor　05.0383

无磁钻铤　non-magnetic drill collar　11.0635

[无导绳]重返井口加强喇叭口　solid funnel for [guidelineless] reentry　09.0438

无导绳重返井口组合工具　guidelineless reentry assembly　09.0437

无电缆射孔　tubing conveyed perforation　04.0402

无定形　amorphous　02.0360

无反射结构　reflection-free configuration　02.0896

无缝套管　seamless casing　11.0644

无杆泵　rodless pump　06.0669

无杆抽油设备　rodless pumping unit　11.0456

无故障解脱　trouble-free disconnect　09.0439

无固相重盐水完井液　solid-free heavy brine completion fluid　05.0270

无管抽油泵　tubingless sucker rod pump　11.0447

无灰分散添加剂　ashless dispersant　07.0256

无机成因论　inorganic origin theory　02.0324

无机成因气　inorganic genetic gas, abiogenetic gas　02.0487

无机碳分析　inorganic carbon analysis　02.0992

无机盐类分解气　decomposition gas of inorganic salt　02.0494

无接箍套管　integral joint casing　11.0645

无接箍油管　integral joint tubing　11.0652

无结构镜质体　collinite　02.0354

无铅汽油　unleaded gasoline　07.0116

无枪身射孔器　retrievable wire perforator　04.0392

无水采收率　water-free recovery　06.0971

无水采油期　water-free oil production period　06.0478

无线电定位系统　radio positioning system　09.0094

无线电遥测地震[数据]采集　radio telemetry seismic data acquisition　09.0014

无焰燃烧炉　flameless burning heater　07.0387

无因次井筒贮存系数　dimensionless wellbore storage factor　06.0305

无因次流入动态曲线　Vogle's curve　06.0262

无引导式采油树　guidelineless tree　09.0689

无游梁抽油机　blue elephant　11.0425

无阻流量　open flow capacity　06.0312

＊无阻流量计　orifice type critical flow prover [low pressure]　06.0949

五点法注水　five-spot water flooding pattern　06.0403

五环三萜烷　pentacyclic triterpane　02.0455

五十年一遇　fifty year return period　09.1022

戊烯　amylene　08.0206

雾笛　fog horn, fog signal　09.0906

雾化加油器　atomized lubricator　11.0307

雾状流　mist flow　06.0581

物探船　geophysical survey vessel　09.0012

物质平衡法　material balance method　02.1052

误差三角形 error-triangle 09.0176

X

析蜡点 wax precipitation point 10.0048

析气性 degassing property 07.0290

吸附分离 adsorption separation 08.0043

吸附剂 adsorbent 08.0444

吸附精制 adsorption refining 07.0095

吸附水 adsorbed water 02.0626

吸附烃 adsorbed hydrocarbon 02.0314

吸附烃法 adsorbed hydrocarbon method 02.0822

吸附型缓蚀剂 adsorption-type corrosion inhibitor 12.0162

* 吸入阀 standing valve 11.0454

吸入空气包 suction dampener, suction desurger 11.0244

吸入口滤器 suction filter 09.0850

吸入压力 suction pressure 11.0233

吸收边界条件 absorbing side boundary condition 03.0786

吸收塔 absorber 07.0414

吸收脱吸塔 absorbing-desorption tower 07.0415

吸收系数 absorption coefficient 03.0428

吸收油 absorption oil 07.0223

吸收致冷 absorption refrigeration 10.0065

吸水层段 water intake interval 06.0511

吸水层位 water intake layer 06.0748

* 吸水量 water intake capacity 06.0503

吸水能力 water intake capacity 06.0503

* 吸水剖面 injection profile 04.0347

吸水剖面调整 [water] injection profile modification, injection profile adjustment 06.0749

吸水启动压力 [water] injection threshold pressure 06.0754

吸水性 water absorption 08.0362

吸水指数 injectivity index 06.0735

* 吸吮 imbibition 06.0109

牺牲剂 sacrificial agent 12.0239

牺牲阳极 sacrificial anode 10.0371

[牺牲阳极]闭路电位 closed circuit potential 10.0374

[牺牲阳极]电流效率 current efficiency 10.0372

[牺牲阳极]开路电位 open circuit potential 10.0373

牺牲阳极排流 sacrificial anode drainage 10.0387

稀释输送 diluted oil pipelining 10.0046

稀土 Y 型沸石 rare earth Y-type zeolite, RE Y-type zeolite 07.0269

* 烯丙基氯 allyl chloride 08.0174

烯烃 olefin, alkene 01.0073

α - 烯烃 α-olefin 08.0214

α - 烯烃磺酸盐 α-olefin sulfonate 12.0007

α - 烯烃羰基合成 α-olefin oxo-synthesis 08.0095

席状地震相 sheet seismic facies 03.0906

席状披盖地震相 sheet drape seismic facies 03.0907

席状披盖相 sheet drape facies 02.0899

席状相 sheet facies 02.0898

铣鞋 mill shoe 05.0581

洗舱机 cargo tank cleaning machine 09.0842

洗涤剂 detergent 08.0430

洗涤剂醇 detergent alcohol 08.0217

洗井 well cleanout, well cleanup 06.0922

洗井强度 rate of well-flushing, flushing fluid capacity 06.0756

洗井时间 duration of well-flushing 06.0757

洗井周期 period between well-flushing 06.0758

潟湖相 lagoon facies 02.0251

系泊 mooring 09.0501

系泊导管架 mooring jacket 09.0730

系泊刚臂 mooring yoke 09.0534

系泊基盘 mooring template 09.0497

系泊绞车 mooring winch 09.0735

系泊结构 mooring structure 09.0736

系泊缆绳 mooring cable 09.0526

系泊缆索 mooring hawser 09.0521

系泊力 mooring force 09.0525

系泊配重 mooring weight 09.0733

系泊弹性 elasticity of mooring 09.0523

系泊头 mooring head 09.0729

系泊头纵摇轴承 mooring head pitch bearing

09.0737

系泊腿 mooring leg 09.0732

系泊羊角 mooring cleat 09.0738

系缆柱 bitt 09.0533

系缆桩 dolphin 09.0532

系统试井 systematic well testing, oil well potential test 06.0253

细菌勘探 bacteria prospecting 02.0827

* 细菌气 biogenic gas, bacterial gas 02.0499

细滤器冲刷风机 fine filtration blower 09.0805

细筛网振动筛 fine screen shaker 11.0258

下部结构 sub-structure 09.0475

下超 downlap 02.0855

下冲断层 underthrust 02.0089

下船体 pontoon 09.0379

下击器 bumper jar 05.0614

下胶塞 bottom plug 05.0518

下井仪器串 tool string 04.0071

下套管 casing running 05.0514

下相微乳 lower phase microemulsion 12.0227

下向焊 down hill welding 10.0403

下行波 downgoing wave 03.0585

下行测井 logged down 04.0009

下游相对渗透率 downstream relative permeability 06.0332

下钻 going in, go in, going down 05.0078

先期防砂 pre-completion sand control 06.0845

先期砾石充填筛管 prepacked gravel liner 06.0559

先至虚象 distortion forerunner 03.0579

酰胺型表面活性剂 amide surfactant 12.0025

纤维疵点 fibre defect, flaw 08.0367

纤维强度 fibre strength 08.0366

纤维支数 fibre count 08.0369

纤维状材料 fibrous material 05.0220

舷侧压载舱 ballast wing tank 09.0280

舷外排放 overboard discharge 09.0631

显式算子 explicit operator 03.0782

显示 display 03.0613

显微光度法 microphotometry 02.1020

显微组分 maceral 02.0346

[现场]补口 field joint coating 10.0329

现场测定 on-site measurement 03.0004

现场处理 field processing 09.0064

现代试井分析 modern well test analysis 06.0302

陷波器 notch filter 03.0543

限流法压裂 limited entry fracturing 06.0835

限流射孔技术 limited entry perforation technique 06.0836

限制区 restricted area 09.0983

线路航摄镶嵌图 mosaic 10.0135

线膨胀系数 linear expansion coefficient 08.0348

* 线圈式磁力仪 coil magnetometer 03.0186

线圈系 coil array 04.0142

* 线松弛法 successive overrelaxation 06.0330

线型低密度聚乙烯 linear low density polyethylene, LLDPE 08.0267

线性比例 linear scale 04.0304

线性构造 linear structure 02.0969

线性极化 linear polarization 03.0266

* 线性渗流 one-dimensional fluid flow, linear fluid flow 06.0196

线性系泊系统 linear mooring system 09.0520

线性组合 linear array 03.0394

线源 line source 06.0208

线质量 line mass 03.0112

相对沉没度 relative submergence 06.0604

相对磁导率 relative permeability 03.0148

* 相对电阻率 formation factor 04.0044

相对方位角 relative bearing 04.0230

相对粘度 relative viscosity 01.0123

相对驱替指数 Amott-Harrey relative displacement index 06.0113

相对渗透率 relative permeability 06.0026

相对渗透率曲线 relative permeability curve 06.0027

相对速度 relative velocity 02.0937

相对吸水量 relative [water] injectivity 06.0751

相干性 coherence 03.0354

相干噪声 coherent noise 03.0378

相关窗口 correlation window 03.0741

相关器 correlator 03.0575

相关虚象 correlation ghost 03.0578

* 相容性 compatibility 12.0234

相似度 semblance 03.0621

相消干涉 destructive interference 03.0843

泄漏报警装置　leakage alarm device　10.0194

泄水区　discharge area　02.0643

[泄压]爆破盘　rupture disk　09.1024

泄压放空系统　relief and blow-down system　10.0102

泄油半径　drainage radius　06.0241

泄油边界　drainage boundary　06.0239

* 泄油边缘　drainage boundary　06.0239

泄油井　drain hole　05.0312

泄油面积　drainage area　06.0240

泄油面积形状因子　drainage area shape factor　06.0242

* 泻湖相　lagoon facies　02.0251

辛烷值　octane number　07.0335

辛烷值机　octane number testing machine　07.0469

辛烷值助剂　octane enhancing additive, octane enhancer　07.0281

辛烯　octene　08.0211

新配方汽油　reformulated gasoline　07.0119

新生大洋盆地　nascent ocean basin　02.0144

心滩沉积　mid-channel bar deposit　02.0211

信标　beacon　09.0134

信号筛管　tell-tale screen　06.0868

信号源致噪声　signal-generated noise　03.0389

信噪比　signal to noise ratio, S/N　03.0376

Y 型沸石　Y-type zeolite　07.0267

A 型俯冲　A-subduction　02.0108

B 型俯冲　B-subduction　02.0109

* Ⅰ型干酪根　sapropel-type kerogen, Ⅰ-type kerogen　02.0343

* Ⅱ型干酪根　mixed-type kerogen, Ⅱ-type kerogen　02.0344

* Ⅲ型干酪根　humic-type kerogen, Ⅲ-type kerogen　02.0345

A 型剖面　A-type section　03.0236

H 型剖面　H-type section　03.0234

K 型剖面　K-type section　03.0235

Q 型剖面　Q-type section　03.0237

S 形结构　sigmoid configuration　03.0896

A 形井架　A-mast　11.0135

S 形前积结构　sigmoid progradation configuration　02.0881

S 形斜交复合结构　complex sigmoid-oblique configuration　03.0899

行星变速箱　planetary transmission　11.0066

行星猫头　planetary cathead　11.0115

修井　well workover　06.0901

修井船　workover vessel　09.0679

修井机　workover rig, well servicing unit　11.0538

修井模块　workover module　09.0548

修井设备　well servicing equipment　11.0535

修井液罐　well service tank　09.0787

修正率　update rate　09.0154

溴价　bromine number, bromine value　07.0323

溴指数　bromine index　07.0324

* 虚反射　ghost　03.0372

* 虚拟井　imaginary well, image well　06.0215

蓄能器　accumulator　11.0372

蓄热炉热裂解　regenerative furnace pyrolysis　08.0030

絮凝剂　flocculant　12.0189

续流　afterflow　06.0284

续流校正　afterflow correction　06.0285

续至波　second arrival　03.0335

悬臂式井口模块　cantilever well module　09.0317

* 悬臂自升式钻井船　cantilever self-elevating platform, cantilever jack-up rig　09.0188

悬臂自升式钻井平台　cantilever self-elevating platform, cantilever jack-up rig　09.0188

悬点动载荷　dynamic load　06.0640

悬点静载荷　static polished rod load　06.0639

悬点载荷　polished rod load　06.0638

悬点最大载荷　maximum polished rod load　06.0643

悬点最小载荷　minimum polished rod load　06.0644

悬浮聚合釜　suspension polymerizer　08.0486

悬浮物　suspended solid　06.0718

悬链锚腿系泊　catenary anchor leg mooring, CALM　09.0510

悬链线剖面　catenary shape profile　05.0315

悬绳器　polished rod eye　11.0417

悬丝式磁力仪　suspension wire magnetometer　03.0187

悬索管桥　suspension pipeline bridge　10.0167

悬重　total weight, hook load　05.0053

旋回式生储盖组合　cyclic SRCA　02.0586

旋扣器　spinner　11.0719

旋流分离器　cyclone separator　07.0436

旋流离心分离器　cyclone centrifugal separator, cyclone separator　06.0696

旋塞阀　plug valve　07.0439

旋升式底座　swing up substructure　11.0146

旋转臂　turning arm　09.0583

旋转防喷器　rotating blowout preventer　11.0378

旋转接头　swivel joint　11.0308

旋转驴头抽油机　rotating horsehead pumping unit　11.0424

旋转粘度计　rotational viscosimeter　05.0245

＊旋转平衡　crank balance　06.0625

旋转燃烧器　rotary oil burner　09.0838

＊旋转筛筒式离心机　rotary mud separator, RMS, perforated rotor centrifuge　11.0280

旋转式气体分离器　rotary gas separator　06.0675

旋转水龙头　rotary swivel　11.0186

旋转锁定油管挂　rotation-lock tubing hanger　09.0707

旋转头剪切短节　swivel shear sub　06.0869

旋转头装置　rotating head device　11.0030

旋转头总成　swivel assembly　09.0582

旋转销　rotating dog　09.0297

旋转性孔隙结构　Turner type pore structure　06.0060

旋转钻机　rotary drilling rig　11.0013

旋转钻井　rotary drilling　05.0031

选排　sorting　03.0636

选择加氢催化剂　selective hydrogenation catalyst　08.0385

选择射孔　selective perforation　04.0394

选择性堵水　selective water shut off　06.0897

选择性堵水剂　selective water shutoff agent　12.0257

选择性防砂　selective sand control　06.0848

选择性井口监测　option well monitoring　09.0904

选择性润湿　preferential wettability　06.0084

选择性压裂　selective fracturing　06.0831

雪松烷　cedarane　02.0466

循环阀　circulating valve　11.0489

循环检验　continuous survey　09.0223

循环孔　circulation port　06.0866

循环气压缩机　recycle gas compressor　08.0530

循环周期　period of batching cycle　10.0149

循环注气　gas recycling　06.0543

询问脉冲　interrogation pulse　09.0140

Y

压差卡钻　differential pressure sticking　05.0211

压差密度计　gradiomanometer　04.0379

压持效应　chip hold down effect　05.0148

＊压电检波器　hydrophone, piezoelectric detector　09.0067

压汞法　mercury injection method　06.0121

压汞曲线　intrusive mercury curve, mercury injection curve　06.0122

＊压剪　transpression　02.0041

＊压降法试井　pressure drawdown test　06.0269

压降漏斗　pressure drawdown distribution　06.0203

压井　killing well　05.0372

压井泵　well killing pump　09.0788

压井阀　kill valve　11.0389

压井管汇　kill manifold　11.0388

压井管线　kill line, pour into line, fill-up line　05.0424

压井液　kill fluid　05.0373

压井作业　well killing job　06.0921

压力补偿器　pressure compensator　04.0316

压力不均度　pressure nonuniformity　11.0235

压力导数解释法　pressure derivative method [for well test data interpretation]　06.0306

压力动态边界效应　effect of reservoir boundary on pressure behavior　06.0288

压力封闭　pressure seal　02.0679

压力函数　pressure function　06.0220

压力恢复测试　pressure build-up test　11.0580

压力恢复曲线"驼峰"　hump on the pressure build-up curve　06.0287

压力恢复试井　pressure build-up test　06.0268

压力监控　pressure monitor　05.0438

压力降落法试井　pressure drawdown test　06.0269

压力梯度　pressure gradient　05.0437

压力系数　pressure coefficient　02.0640

* 压裂　hydraulic fracturing　06.0787

压裂泵　fracturing pump　11.0495

压裂参数　fracturing parameter　06.0802

压裂车　fracturing truck　11.0493

压裂管柱　frac-string　11.0533

[压裂]混砂车　fracturing blender truck　11.0504

[压裂]混砂机　fracturing blender　11.0505

压裂监视器　frac-monitor　11.0530

压裂喷砂器　frac-sand jet　11.0534

压裂砂泵　fracturing sand pump　11.0510

压裂设备　fracturing equipment　11.0490

压裂施工参数曲线　fracturing curve　06.0820

压裂液　fracturing fluid　12.0173

压裂液减阻剂　drag reducer for fracturing fluid 12.0186

压裂液降滤失剂　filtrate reducer for fracturing fluid 12.0187

压裂液利用效率　fracture fluid coefficient　06.0819

压裂液滤失性　fracturing fluid loss property 06.0803

压裂液破胶剂　gel breaker for fracturing fluid 12.0185

压裂液添加剂　additive for fracturing fluid 12.0184

[压裂液]造壁性能　wall building properties [of the fracturing fluid]　06.0809

压扭作用　transpression　02.0041

压气站　compressor station　10.0105

压溶裂缝　pressolutional fracture　02.0563

压溶作用　pressolution　02.0541

压实校正　compaction correction　04.0209

压实[作用]　compaction　02.0615

压缩比　compression ratio　10.0106

* 压缩波　longitudinal wave, dilational wave, P wave　03.0310

压缩机喘振　compressor surging　10.0107

压缩机平台　compression platform　09.0465

压缩机油　compressor oil　07.0147

[压缩空气]供气系统　air supply system　11.0056

* 压缩率　compressibility　06.0040

压缩系数　compressibility　06.0040

* 压缩因子　gas deviation factor, Z-factor, super compressibility　06.0141

压[缩]应力　compressive stress　02.0036

压缩致冷　compression refrigeration　10.0066

压延油　rolling oil　07.0182

压载控制室　ballast control room　09.0375

压载水泵　ballast pump　09.0585

压制器　suppressor　03.0523

压制区　reject region　03.0400

压重块　saddle weight　10.0450

牙齿磨损系数　tooth wear coefficient　05.0117

牙轮齿　cutter teeth　11.0315

牙轮轴倾角　journal angle　11.0342

牙轮钻头　roller bit, rock bit　11.0311

牙嵌离合器　jaw clutch　11.0079

牙形石鉴定　conodont identification　02.0984

牙形石色变指数　conodont alteration index, CAI 02.0410

亚层序　subsequence　02.0862

亚平行结构　subparallel configuration　02.0889

亚铁磁性　ferrimagnetism　03.0160

氩同位素比率　argon isotope ratio　02.0521

烟道气驱　flue gas flooding　06.1009

烟点　smoke point　07.0348

烟气轮机　flue gas turbine expander　07.0446

烟雾探测报警系统　smoke detecting alarm system 09.0958

烟雾探测器　smoke detector　09.0957

烟雾信号　smoke signal　09.1007

盐度敏感性评价　salinity sensitivity evaluation 05.0264

盐构造作用　halokinesis　02.0081

盐湖相　salt-lake facies　02.0220

盐丘　salt dome　02.0079

盐丘遮挡油气藏　salt diapir screened hydrocarbon reservoir　02.0699

盐水顶替　brine displacement　05.0513

盐水侵　salt water contamination　05.0206

盐水钻井液　salt-water drilling fluid　05.0161

盐酸处理　hydrochloric acid treatment　06.0768

盐雾试验　salt spray test　10.0342

盐岩　salt rock　02.0186

严密性试验 leak test 10.0392

研究法辛烷值 research octane number, RON 07.0337

岩电地层单位 litho-electric stratigraphic unit 02.0924

岩洞罐 rock cavern 10.0470

岩浆论 magmatic theory 02.0327

岩浆岩气 magmatic rock gas 02.0491

岩浆柱遮挡油气藏 magmatic plug screened hydrocarbon reservoir 02.0701

岩矿鉴定 rock-mineral identification 02.0975

岩石比面 specific surface of rock 06.0046

岩石表面粗糙度 roughness of rock surface 06.0095

[岩石]表面破碎 surface failure of rock 05.0141

[岩石]泊松比 Poisson's ratio of rock 05.0129

[岩石]单位体积破坏功 specific volumetric fracture work of rock 05.0144

岩石骨架 rock matrix 04.0018

岩石基质孔隙度 matrix porosity 06.0020

岩石基质渗透率 matrix permeability 06.0034

[岩石]假塑性破坏 pseudo-plastic failure of rock 05.0139

[岩石]剪切模量 shear modulus of rock 05.0131

[岩石]抗剪强度 shear strength of rock 05.0135

[岩石]抗拉强度 tensile strength of rock 05.0132

岩石抗压强度 compressive strength of rock 05.0133

岩石可钻性 drillability of rock 05.0149

岩石孔隙度 rock porosity 06.0014

岩石孔隙压缩系数 pore space compressibility of rock 06.0044

岩石快速热解分析 Rock-Eval pyrolysis 02.1007

[岩石]疲劳破坏 fatigue failure of rock 05.0142

岩石热导率 thermal conductivity of rock 02.0670

[岩石]三轴强度试验 triaxial test of rock 05.0136

岩石渗透率 rock permeability 06.0023

[岩石]塑性系数 plasticity coefficient of rock 05.0140

[岩石]弹性模量 elastic modulus of rock 05.0128

岩石体积模型 physical model of bulk-volume rock 04.0251

[岩石]体积破坏 volumetric fracture of rock 05.0143

[岩石]物理机械性质 physical-mechanical properties of rock 05.0130

岩石物理学 petrophysics 01.0023

岩石物性 physical properties of rock 01.0022

岩石压力 rock pressure 02.0631

岩石压缩系数 rock compressibility 06.0043

岩石研磨性 rock abrasiveness 05.0150

[岩石]硬度 hardness of rock 05.0134

岩石总压缩系数 total compressibility of rock 06.0045

岩相 lithofacies 02.0195

岩相古地理 lithofacies palaeogeography 02.0190

岩屑录井 cutting logging 02.0800

岩屑气 cutting gas 02.0313

岩屑运移比 cutting transportation ratio 05.0105

岩屑滞后时间 lag time of cutting 02.0801

岩心流动试验 core flow test 05.0260

岩心录井 core logging 02.0799

岩心收获率 core recovery, recovery of core 05.0562

岩心筒 core barrel 05.0548

岩心相 core facies 02.0919

岩心直径 core diameter 05.0557

岩心爪 core catcher, core gripper 05.0554

岩性对比 lithological correlation 02.0754

岩性尖灭油气藏 lithologic pinchout hydrocarbon reservoir 02.0709

岩性-密度测井 litho-density log 04.0173

岩性模型 lithology model 04.0260

岩性透镜体油气藏 lithologic lenticular hydrocarbon reservoir 02.0710

岩性油气藏 lithologic hydrocarbon reservoir 02.0708

岩性指数 lithologic index 02.0911

延迟焦化 delayed coking 07.0084

延迟时 delay time, intercept time 03.0344

延迟时法 delay time method 03.0813

延拓 continuation 03.0033

延拓步长 step size 03.0783

沿层切片 horizon slice, amplitude map 03.0888

沿层速度分析 horizon velocity analysis 03.0728

液体隔热管柱　liquid heat-insulation string
06.1038

液体密度计　hydrometer　05.0237

液体石蜡　liquid paraffin, liquid petrolatum
07.0232

液体示踪剂　tracer for liquid　12.0261

液相聚合釜　liquid phase polymerizer　08.0485

液相氧化催化剂　liquid-phase oxidation catalyst
08.0380

液压抽油机　hydraulic pumping unit　11.0428

液压传动油　hydraulic transmission oil　07.0175

液压打桩锤　hydraulic pile-driving hammer
09.0643

液压动力钳　hydraulic power tongs　11.0707

液压割断岩心　core cutting by hydraulic pressure
05.0552

液压管线　hydraulic line　09.0806

液压绞车组块　hydraulic winch package　09.0728

液压控制采油树　hydraulic controlled tree　09.0690

液压控制集成管　hydraulic control umbilical
09.0603

液压控制软管　hydraulic control hose　09.0345

液压盘式刹车　hydraulic disc brake　11.0094

液压式不压井修井机　hydraulic pressure balanced
workover rig　11.0543

液压锁定油管挂　hydraulic-lock tubing hanger
09.0708

液压液　hydraulic fluid　07.0167

液压油　hydraulic oil　07.0166

液压主控盘　master hydraulic control panel
09.0294

液压钻机　hydraulic drilling rig　11.0008

一步法三维偏移　one-pass 3D migration　03.0810

*一步式固控装置　vacuum filtering solid control
unit, one step mud processor　11.0264

一次采油　primary oil recovery　06.0973

一次[反射]波　primary reflection　03.0367

一次接触混相驱　first contact miscible flooding drive
06.0997

*一次脱气　flash liberation, single stage liberation
06.0163

一维渗流　one-dimensional fluid flow, linear fluid
flow　06.0196

一氧化碳助燃剂　CO combustion promoter
07.0280

医药凡士林　medicinal vaseline　07.0228

伊顿法　Eaton method　05.0455

伊利石　illite　05.0225

移动床催化裂化　moving bed catalytic cracking
07.0059

移动床反应器　moving bed reactor　07.0430

移动[定位]台　mobile station　09.0132

移动式钻机　movable rig　11.0004

移动式钻井平台　mobile drilling platform, mobile
drilling rig　09.0186

移航条件　transit condition, transit criteria
09.0212

移航状态　transit state　09.0211

移位吃水　transit draft　09.0264

*PVT仪　PVT apparatus set　06.0177

仪表车　measuring truck, instrument truck
11.0528

仪表控制管线　instrument capillary tube　09.0807

仪表油　instrument oil　07.0163

仪表总控制间　instrument master control room
09.0895

仪器常数　tool factor　04.0055

仪器接口　tool interface system　'04.0329

椅状显示　chair display　03.0891

倚方位速度　azimuth-dependent velocity　03.0806

已开发探明储量　developed proven reserves
02.1037

已燃区　burned region　06.1020

乙苯　ethyl benzene　08.0229

乙苯脱氢　ethyl benzene dehydrogenation　08.0061

乙撑胺　ethyleneamines　08.0153

乙醇　ethanol　08.0148

乙醇胺　ethanolamine　08.0142

乙二醇　ethylene glycol　08.0135

乙二醇单丁醚　ethylene glycol monobutyl ether
08.0141

乙二醇单乙醚　ethylene glycol monoethyl ether
08.0140

乙二醇醚　glycol ethers　08.0139

2-乙基己醇　2-ethyl hexanol　08.0192

乙基液　ethyl fluid　07.0247

乙醚　diethyl ether　08.0149

乙醛　acetaldehyde　08.0143

乙醛缩合　acetaldehyde condensation　08.0097

乙醛氧化　acetaldehyde oxidation　08.0064

乙炔　acetylene　08.0161

乙酸　acetic acid　08.0144

乙酸酐　acetic anhydride　08.0145

乙酸纤维素　cellulose acetate　08.0298

乙酸乙烯　vinyl acetate　08.0150

乙酸正丁酯　*n*-butyl acetate　08.0146

乙烷　ethane　08.0013

乙烷蒸汽裂解　ethane steam cracking　08.0024

乙烯　ethylene　08.0133

乙烯－乙酸乙烯树脂　ethylene-vinyl acetate resin, EVA resin　08.0274

乙烯本体法聚合　bulk polymerization of ethylene　08.0115

乙烯丙烯聚合　ethylene-propylene polymerization　08.0122

乙烯－丙烯酸酯共聚物　ethylene-acrylate copolymer　12.0065

乙烯低压法聚合　low pressure ethylene polymerization　08.0113

乙烯二聚　ethylene dimerization　08.0111

乙烯高压法聚合　high pressure ethylene polymerization　08.0112

乙烯基醚　vinyl ether　08.0167

乙烯精馏塔　ethylene rectification tower　08.0493

乙烯氯化　ethylene chlorination　08.0107

乙烯球罐　ethylene spherical tank　08.0539

乙烯溶液法聚合　solution polymerization of ethylene　08.0114

乙烯水合　ethylene hydration　08.0078

乙烯酮　ketene　08.0173

乙烯压缩机　ethylene compressor　08.0526

乙烯氧化　ethylene oxidation　08.0063

乙烯氧氯化　ethylene oxychlorination　08.0108

乙烯－乙酸乙烯酯共聚物　ethylene-vinyl acetate copolymer　12.0064

抑制性钻井液　inhibitive drilling fluid　05.0160

易井斜地区　crooked-hole area, easy-to-crook hole area　05.0355

易熔塞　fusible plug　09.0825

溢出点　spill point　02.0725

* 溢流　kick　05.0414

溢油　oil spill　09.0994

溢油回收　spilled oil recovery　09.0996

异丙苯　isopropyl benzene, cumene　08.0232

异丙苯氧化　cumene oxidation　08.0072

异丙醇　isopropyl alcohol　08.0169

异常　anomaly　03.0036

异常低压　subnormal pressure, subpressure　02.0666

异常高压　abnormal pressure, overpressure　02.0665

异常流体压力　abnormal fluid pressure　05.0443

异丁醇　isobutyl alcohol　08.0194

异丁醛　iso-butyraldehyde　08.0191

异丁烷－正丁烷比　isobutane to normal butane ratio　02.0510

异丁烯　isobutene　08.0202

异丁烯分离　isobutylene separation　08.0091

异丁烯与甲醇醚化　isobutylene etherification with methanol　08.0103

异构化　isomerization　07.0077

异构化催化剂　isomerization catalyst　07.0278

异氰酸盐　isocyanate　08.0186

* 异氰酸酯　isocyanate　08.0186

异戊醇　isoamyl alcohol　08.0204

异戊二烯　isoprene　08.0208

异戊烯　isoamylene　08.0207

异戊橡胶　isoprene rubber, IR　08.0315

异相曲柄平衡　non-synchronous crank balance　06.0626

翼阀总成　wing valve assembly　09.0697

因果子波　causal wavelet　03.0696

k 因子　k-factor　03.0815

音频信号检漏　leaks detecting with sound signal　10.0334

阴极剥离　cathodic disbonding　10.0338

阴极保护　cathodic protection　10.0294

阴极保护电流密度　cathodic protection current density　10.0295

阴极保护站　cathodic protection station　10.0364

阴极场　cathodic field　10.0379

阴极发光　cathodoluminescence microscopy, CLM

02.1006

阴极极化　cathodic polarization　10.0361

阴极型缓蚀剂　cathodic corrosion inhibitor
12.0200

阴极－阳极型缓蚀剂　cathodic-anodic corrosion
inhibitor　12.0202

阴离子－非离子型表面活性剂　anionic-nonionic
surfactant　12.0029

阴离子型表面活性剂　anionic surfactant　12.0003

阴离子型聚合物　anionic polymer　12.0077

阴离子－阳离子型表面活性剂　anionic-cationic
surfactant　12.0028

饮用水舱　potable water tank　09.0378

引导式采油树　guideline tree　09.0688

引发剂　initiator　08.0447

引鞋　guide shoe　05.0541

引证点　witness point　09.0147

隐蔽层　hidden layer　03.0339

隐蔽圈闭　subtle trap　02.0676

隐式算子　implicit operator　03.0781

隐压显饱法　implicit pressure-explicit saturation
method, IMPES method　06.0348

印模孔隙　moldic pore　02.0557

印模孔隙度　moldic porosity　06.0061

印染助剂　dyeing and printing auxiliary　08.0433

应急灯　emergency light　09.0898

应急关断联锁程序　emergency shutdown interlock
and sequence　09.0893

应急关断系统　emergency shutdown system
09.0612

应急计划制订　emergency planning　09.0897

应急开关柜　emergency switch board　09.0900

应急空气罐　emergency air reservoir　09.0885

应急无线电系统　emergency radio system　09.1017

应急压载控制系统　emergency ballast control system
09.0901

应力腐蚀　stress corrosion　10.0270

应力腐蚀开裂　stress corrosion cracking, SCC
10.0271

应力开裂　stress cracks　08.0374

应力型式　stress pattern　02.0035

应用地球物理学　applied geophysics　02.0008

荧光沥青　fluorescent bitumen　02.0323

荧光录井　fluorescent logging　02.0805

荧光显微镜　fluorescence microscope　02.1016

影区　shadow zone　03.0852

硬地层　hard formation　05:0126

硬关井　hard closing　05.0434

硬沥青　gilsonite　02.0299

硬葡聚糖　scleroglucan　12.0073

硬质聚氨酯泡沫塑料防腐隔热层　rigid
polyurethane foam insulation coating　10.0323

永磁性　permanent magnetism　03.0152

永久导向基盘　permanent guide base, PGB
09.0334

永久导向架　permanent guide structure, PGS
09.0333

永久导向结构　permanent guide structure　09.0499

永久性完井　permanent completion　06.0563

永久性系泊系统　permanent mooring system
09.0513

优化钻井技术　optimum drilling technique
05.0107

* 优势频率　dominant frequency　03.0360

优选参数钻井　drilling with optimized parameter
05.0043

油包水乳状液破乳剂　demulsifier for water-in-oil
emulsion　12.0271

油包水压裂液　water-in-oil fracturing fluid
12.0181

* 油包水钻井液　invert-emulsion drilling fluid,
water in oil emulsion　05.0168

油驳　oil barge　10.0239

油舱清洗加热器　cargo tank cleaning heater
09.0844

油藏　oil reservoir　01.0014

油藏边界　oil reservoir boundary　06.0502

油藏表征　reservoir characterization　06.0353

油藏电解模型　reservoir electrolytic model　06.0320

油藏电模型　reservoir electrical model　06.0319

油藏动态分析　reservoir performance analysis
06.0428

油藏动态资料　reservoir behavior data　06.0429

油藏工程　petroleum reservoir engineering　06.0352

油藏管理测井　reservoir management log　04.0385

油藏规模分布法　reservoir size distribution method

02.1066

油藏计算机模型　reservoir computer model
06.0333

油藏静态资料　reservoir static data　06.0424

油藏流体　reservoir fluid　06.0131

油藏流体性质　reservoir fluid properties　06.0139

油藏描述　reservoir description　02.0742

油藏模拟　petroleum reservoir simulation, reservoir
modeling　06.0314

油藏模拟模型　reservoir simulation model　06.0316

油藏模拟器　reservoir simulator　06.0335

油藏模拟软件　reservoir simulation software
06.0334

油藏模型　reservoir model　06.0315

油藏评价　reservoir evaluation, pool evaluation
02.0743

油藏驱动机理　reservoir drive mechanism　02.0812

油藏驱动类型　drive type of reservoir　06.0356

油藏数学模型　reservoir mathematical model
06.0323

油藏数值模拟　numerical reservoir simulation
06.0322

* 油藏特征化　reservoir characterization　06.0353

油藏体积法　reservoir volume method　02.1061

油藏烃类　hydrocarbons in the reservoir　06.0138

[油藏烃类]相图　phase diagram [of reservoir
hydrocarbon]　06.0166

油藏微观模型　reservoir micromodel　06.0321

* 油藏物理　reservoir physics　06.0001

油藏物理模拟　reservoir physical simulation
06.0317

油藏物理模型　reservoir physical model　06.0318

油藏压力　reservoir pressure　06.0453

油藏压力系数　reservoir pressure coefficient
06.0456

油藏油　reservoir oil　06.0136

油藏注水程度　degree of water injection　06.0525

[油藏]总压降　total reservoir pressure drop
06.0459

油层爆炸处理　oil well shooting, squibbing, explo-
sive treatment　06.0766

油层产出水处理　produced-water disposal, salt water
disposal　06.0726

油层产出水回注　produced-water reinjection
06.0725

油层产出水结垢　produced-water scaling　06.0731

* 油层驱动机理　reservoir drive mechanism
02.0812

油层水力压裂　hydraulic fracturing　06.0787

油层酸处理　acid treatment, acidizing　06.0767

油层套管　production casing　05.0464

油层物理　reservoir physics　06.0001

油管　tubing　11.0647

* 油管传送射孔　tubing conveyed perforation
04.0402

油管打捞矛　tubing spear　06.0931

油管打捞筒　tubing socket　06.0930

油管打捞作业　tubing fishing operation　06.0932

油管堵塞器　tubing plug　06.0903

油管挂定位槽　tubing hanger alignment slot
09.0709

油管接箍　tubing coupling　11.0658

油管卡盘　tubing spider　11.0734

油管锚　tubing anchor　11.0737

油管钳　tubing tongs　11.0735

油管头　tubing head　11.0395

油管悬挂器　tubing hanger　11.0396

油管压力　tubing pressure　06.0571

油管压力气举阀　tubing-pressure gas-lift valve
11.0480

油管[圆]螺纹　tubing round thread　11.0671

油管柱　tubing string　06.0567

油罐呼吸阀　breathing vent　10.0210

[油罐]检尺　gaging　10.0243

油基堵水剂　oil-base water shutoff agent　12.0255

油基清蜡剂　oil-base paraffin remover　12.0146

油基压裂液　oil-base fracturing fluid　12.0179

油基钻井液　oil-base drilling fluid　05.0167

油浆　slurry oil　07.0021

油井产能方程　well deliverability equation　06.0257

油井出砂　sand production　06.0840

油井动态分析　well behavior analysis　06.0430

油井工作制度　production well proration　06.0266

[油井]流饱压差　difference between downhole flow-
ing pressure and saturation　06.0462

油井模拟试验　well simulation test　09.0425

油井清蜡设备　oil well paraffin removal equipment 11.0401

油井生产剖面　well production profile　06.0520

油井完成　well completion　06.0554

油井压力-产量曲线　well pressure-flow rate curve 06.0591

*油井有效半径　effective wellbore radius 06.0299

油井折算半径　effective wellbore radius　06.0299

油井综合测试仪　composite production test device 04.0374

油矿专用管材　oil-country tubular goods　11.0606

油轮　oil tanker　10.0225

油苗　oil seepage　02.0765

*油母　kerogen　02.0342

*油母质　kerogen　02.0342

油泥　sludge　07.0360

油品闭口闪点测定仪　closed cup flash point tester of petroleum products　07.0450

油品恩氏粘度测定仪　Engler viscometer of petroleum products　07.0455

油品开口闪点测定仪　open cup flash point tester of petroleum products　07.0449

油品里德蒸气压测定仪　apparatus for Reid vapor pressure test of petroleum products　07.0456

油品赛氏比色计　Saybolt chromometer of petroleum products　07.0462

油品调合　products blending　10.0220

油品铜片腐蚀试验仪　copper strip corrosion tester of petroleum products　07.0459

油品运动粘度测定仪　kinematic viscometer of petroleum products　07.0454

油品蒸馏测定仪　distillation apparatus of petroleum products　07.0448

油漆房　paint locker　09.0394

油气藏　hydrocarbon reservoir　01.0013

油气藏高度　height of hydrocarbon pool, height of hydrocarbon reservoir　02.0726

油气地质勘探　petroleum and gas geology and exploration　01.0001

油气分离　oil-gas separation　10.0012

[油气]分离模块　separation module　09.0556

油气分离器　oil-gas separator　10.0014

油气混输　oil and gas multiphase flow　10.0002

油气集输　oil and gas gathering and transferring 10.0001

油气集输流程　oil and gas gathering and transferring process　10.0003

油气集输与储运工程　oil and gas gathering-transportation and storage engineering　01.0010

油气检测　hydrocarbon detection　02.0939

油气界面　gas-oil contact, GOC　02.0741

油气聚集带　petroleum accumulation zone　02.0158

油气开采设备　oil-gas production equipment 11.0390

*油气临界释放因子　expulsion threshold value of hydrocarbon, critical release factor of oil and gas 02.0612

油气苗　oil and gas seepage　02.0764

油气水分析　oil gas and water analysis　02.1002

油气田　oil-gas field　01.0017

油气田地质学　geology of oil and gas field　02.0006

油气田开发与开采　oil-gas field development and exploitation　01.0006

油气田勘探　exploration of oil and gas field 02.0009

油气田水文地质学　hydrogeology of oil and gas field 02.0007

油气系统相图　phase diagram of oil-gas system 01.0094

油气显示　indication of oil and gas, oil and gas show 02.0761

油气资源　petroleum resources　02.1027

油气资源预测　assessment of petroleum resources 02.0018

油驱比　wettability index, displacement oil ratio, Amott oil ratio　06.0111

油溶性聚合物　oil-soluble polymer　12.0076

油溶性完井液　oil-soluble completion fluid　05.0268

油砂　oil sand　02.0772

油势分析　oil potential analysis　02.0658

油水分离　oil-water separation　10.0023

油水过渡带面积　area of transitional zone from oil to water　02.0736

油水界面　water-oil contact, WOC　02.0740

[油水界面的]非活塞推进　non-piston-like frontal

advance [of oil-water contact]   06.0435

[油水界面的]活塞式推进   piston-like frontal
advance [of oil-water contact]   06.0434

油水界面能   oil-water interfacial energy   06.0098

油水界面张力   oil-water interfacial tension
06.0099

油田   oil field   01.0018

油田产能   oilfield productivity   06.0482

油田规模序列法   field size order method   02.1067

油田化学   oilfield chemistry   01.0012

油田化学剂   oilfield chemicals   12.0001

[油田]开发地球物理[学]   production geophysics
03.0002

[油田]开发地震   production seismic   03.0003

油田开发方案   oilfield development scheme, oilfield
exploitation scheme   06.0377

油田开发阶段   phase of development, development
stage   06.0381

油田开发模式   oilfield development model
06.0382

油田开发设计   oilfield development design
06.0378

油田开发与开采   oilfield development and exploita-
tion   06.0376

油田设备   oilfield equipment   11.0001

油外输设施   oil export facility   09.0572

油雾含量   oil moisture content   09.1031

油型气   petroliferous gas   02.0500

油性添加剂   oiliness additive   07.0262

* 油压   tubing pressure   06.0571

油页岩   oil shale   02.0397

油源层   oil source bed   02.0392

油源层系   oil source sequence   02.0394

油源对比   oil and source rock correlation   02.0431

油珠   oil droplet   02.0608

油柱高度   oil column height   02.0727

油嘴   flowing bean, choke   06.0568

游车大钩   hook block   11.0123

游动阀   travelling valve   11.0453

游动滑车   travelling block   11.0120

游离沥青   free bitumen   02.0316

游离气   free gas   02.0288

游离水分离器   free water knockout   10.0029

游梁   walking beam, beam   11.0415

游梁抽油机   beam-pumping unit   11.0411

游梁平衡   beam balance   06.0624

游梁平衡抽油机   beam-balanced pumping unit
11.0419

游散电流   stray current   03.0253

有杆泵   sucker rod pump   06.0668

有杆抽油装置   suker rod pumping equipment
11.0409

有机变质程度   level of organic metamorphism, LOM
02.0404

有机成因论   organic origin theory   02.0330

有机成因气   organic genetic gas   02.0495

有机硅树脂   silicone resin   08.0311

有机碳   organic carbon   02.0400

有机碳法   organic carbon method   02.1053

有机碳分析   organic carbon analysis   02.0991

有机质变生作用   organic matter metagenesis
02.0374

有机质变质作用   organic matter metamorphism
02.0375

有机质成熟度   organic matter maturity   02.0403

有机质成熟度光学鉴定   optical identification of
organic matter maturity   02.0995

有机质成岩作用   organic matter diagenesis
02.0372

有机质丰度   organic matter abundance   02.0399

有机质丰度测定   organic matter abundance measure-
ment   02.0990

有机质后生作用   organic matter catagenesis
02.0373

有机质类型鉴定   organic matter type identification
02.0993

* 有机质退化作用   organic matter catagenesis
02.0373

有机质演化   organic matter evolution   02.0371

有孔虫鉴定   foraminifera identification   02.0985

有枪身射孔器   hollow carrier gun   04.0391

有限差分偏移   finite-difference migration   03.0768

有效厚度   net-pay thickness   02.0732

有效孔隙度   effective porosity   02.0571

有效排烃厚度   effective thickness of expulsion
hydrocarbon   02.0614

* 有效平衡值 counter balance effect 06.0633

有效气油比 effective gas-oil ratio 06.0593

有效圈闭 effective trap 02.0675

有效筛面 effective screening area 11.0262

有效渗透率 effective permeability, phase permeability 06.0028

有效烃源层 effective source bed 02.0395

有效应力 effective stress 05.0147

有效注水压力 effective [water] injection pressure 06.0752

右旋 dextral rotation, right lateral 02.0044

诱导期 induction period 07.0317

诱流 wellbore unloading 06.0925

迂曲度 tortuosity 06.0068

* 鱼尾钻头 two blade bit, fishtail bit 11.0329

宇宙论 universal theory 02.0326

宇宙气 universal gas 02.0493

羽角 feathering angle 09.0089

羽扇烷 lupane 02.0458

[遇险]红星火箭 red star rocket 09.1004

遇险呼救信号 distress signal 09.1003

[遇险]手持红光信号 red hand flare 09.1006

预白百分率 percent prewhitening 03.0715

预白化 prewhitening 03.0714

预测反褶积 predictive deconvolution 03.0682

预测间隔 prediction distance 03.0710

预测滤波器 prediction filter 03.0677

预测误差滤波器 prediction error filter 03.0676

预处理 preprocessing 03.0627

预见分量 anticipation component 03.0707

预解释 pre-interpretation 04.0283

预精制 prerefining 07.0093

预警报 precaution alarm 09.0884

预留头 reserved outlet 10.0409

预热启动 pipeline start up by preheating 10.0130

预探 preliminary prospecting 02.0746

预探井 preliminary prospecting well, wildcat 02.0780

预压载舱 preload tank 09.0382

预应力隔热管柱 prestressed heat-insulation string 06.1037

元素测井 geochemical well logging 04.0200

元素对比 element correlation 02.0758

元素分析 element analysis 02.0999

原地成酸酸化 in situ generating acid treatment 06.0784

原地成酸体系 in situ acid generating system 06.0783

原地应力 in situ geostress 06.0790

原料气压缩机 feed gas compressor 08.0529

原料油 feed stock 07.0009

原生孔隙 primary pore 02.0546

原生孔隙度 primary porosity 06.0015

原生悬浮物 primary suspended solid 06.0719 .

原生油气藏 primary hydrocarbon reservoir 02.0686

原始大洋裂谷盆地 protoceanic rift basin 02.0143

原始规 grand master gage 11.0685

原始距离 raw range 09.0125

原始排驱曲线族 primary drainage scanning curve 06.0130

原始渗吸曲线族 primary imbibition scanning curve 06.0129

原始油藏压力 initial reservoir pressure 06.0454

原油 crude oil 01.0029

原油地质储量 original oil in-place, OOIP 02.1040

原油分析 crude oil analysis, crude assay 01.0041

原油换热器 crude heat exchanger 09.0772

原油计量加热器 test crude heater 09.0765

原油计量总管 test crude header 09.0764

原油减阻剂 drag reducer for crude oil 12.0278

原油降凝剂 pour point depressant for crude oil 12.0277

原油净化 crude oil purification 10.0021

原油冷却器 crude cooler 09.0795

原油流动性改进剂 flow improver for crude oil 12.0276

原油评价 crude oil evaluation 01.0042

原油破乳 crude oil demulsification 10.0026

原油乳化降粘剂 viscosity reducer by emulsification of crude oil 12.0279

原油脱水 crude oil dehydration 10.0022

原油稳定 crude oil stabilization 10.0030

原油吸入滤器 crude suction strainer 09.0799

原油性质 oil property 01.0030

原油抑泡剂 foam inhibitor for crude oil 12.0275

原状地层　virgin zone, uninvaded zone　04.0031

原子吸收分光光度法　atom absorption spectrophotometry　02.1019

原子吸收光谱法　atomic absorption spectrometry　02.1014

原子荧光光谱法　atomic fluorescence spectrometry　02.1015

圆弧法　arc method　05.0321

圆井　cellar　05.0020

圆筒炉　cylindrical furnace　07.0385

圆形观测　circle observation　03.0477

圆形钻井振动筛　circular shale shaker　11.0254

*圆圆方式　circle mode　09.0105

源　source　04.0065

γ-源　gamma ray source, γ-source　04.0075

源距　spacing　04.0060

源室　source storage container　04.0068

源岩评价仪　Rock-Eval　02.0428

源致噪声　source-generated noise　03.0388

远场　far field　03.0281

远程定位系统　long-range positioning system　09.0100

远程控制台　remote control console　11.0370

远程终端　remote terminal unit, RTU　10.0133

远传示功仪　teledynamometer　06.0966

远道变弱效应　dimming out effect　03.0864

远道增强效应　brighten out effect　03.0865

远地点　apogee　09.0146

远方参考站　remote reference station　03.0256

远景储量　prospective reserves　02.1030

远景地区　prospect　02.0927

远沙坝　distal bar　02.0246

远水　far water　04.0042

*越域权　right of way, ROW　10.0136

月池甲板　moonpool deck　09.0543

匀染剂　levelling agent　08.0435

运动传感器　motion sensor　05.0382

运动粘度　kinematical viscosity　01.0120

运砂车　sand-transport truck　11.0522

运输燃料　transport fuel, transportation fuel　07.0107

运移方向　migration direction　02.0600

运移距离　migration distance　02.0602

运移时期　migration period　02.0603

运移通道　migration pathway　02.0601

孕甾烷　pregnane　02.0450

Z

杂乱胶结　chaotic cement　02.0539

杂乱结构　chaotic configuration　02.0895

杂乱前积结构　chaotic progradation configuration　02.0885

杂乱散射　side scattering　03.0380

杂散电流腐蚀　stray current corrosion　10.0275

甾类　steroid　02.0440

甾烷　sterane　02.0441

甾烷-藿烷比　sterane to hopane ratio　02.0471

*甾族化合物　steroid　02.0440

载荷添加剂　load-carrying additive　07.0258

载人密闭工作舱　manned work enclosure　09.0609

再生器　regenerator　07.0435

再蒸馏　redistillation　07.0032

暂堵剂　temporary blocking agent　12.0170

藻类体　alginite　02.0350

早期生产系统　early production system, EPS　09.0670

早期注水　early water flooding　06.0393

早强水泥　early strength cement　05.0478

噪声测井　noise logging　04.0220

噪声分析　noise analysis　03.0387

噪声观测剖面　noise profile, microspread　03.0386

造壁控制滤失系数　wall building controlled fluid loss coefficient　06.0810

造浆率　mud yield　05.0195

造扣　cut thread　05.0593

造粒机　pelletizer　08.0535

造陆运动　epeirogeny　02.0030

造山运动　orogeny　02.0029

造斜点　kick-off point, KOP　05.0345

造斜工具　deflecting tool　05.0393

造斜钻头　deviation bit　11.0323

皂化值　saponification number　07.0357

皂基润滑脂　soap base grease　07.0202

增白剂　whitening agent　08.0415

增产倍数　stimulation ratio　06.0817

* 增产比　stimulation ratio　06.0817

增产措施　well stimulation　06.0764

增孔液　pore retaining fluid　12.0136

增能剂　energizer　12.0169

增强剂　reinforcing agent　08.0416

增韧剂　flexibilizer　08.0455

增溶参数　solubilization parameter　12.0231

增溶剂　solubilizer　12.0232

增溶作用　solubilization　12.0230

增塑剂　plasticizer　08.0405

增塑剂醇　plasticizer alcohol　08.0216

增效膨润土　extended bentonite　05.0215

增斜　build up, building angle　05.0337

增斜率　build up rate　05.0346

增压泵　booster pump　09.0586

增压风机　auxiliary air blower, booster fan
07.0444

增压集气　gas gathering by booster　10.0085

增益道　gain trace　03.0534

增益恢复　gain recovery　03.0632

增益控制　gain control　03.0521

* 增注　[water] injection well stimulation
06.0759

增阻侵入　increased resistance invasion　04.0112

憎水　hydrophobic　06.0100

憎油　oleophobic, lipophobic　06.0103

渣油　residue, residual oil　07.0023

渣油催化裂化　residue cracking, residual oil cracking
07.0061

渣滓油泵　scum pump　09.0778

渣滓油罐　scum vessel　09.0779

[轧制]氧化皮　[mill] scale　10.0301

闸板防喷器　ram-type preventer, ram blowout
preventer　11.0359

粘扣　thread gluing　05.0595

展期检验　extension survey　09.0224

站间试压　[final] pressure test between stations
10.0420

* 张剪　transtension　02.0042

张紧[隔水]立管　tensioned riser　09.0320

张力腿平台　tension leg platform, TLP　09.0471

张量阻抗　tensor impedance　03.0264

张扭作用　transtension　02.0042

张应力　tensile stress　02.0037

胀流型流体　dilatant fluid　01.0108

障壁岛　barrier island　02.0264

沼气　marsh gas　02.0290

沼泽地震勘探　swamp seismic, marsh seismic
09.0009

沼泽相　swamp facies　02.0221

照相盒　camera　03.0519

照相记录　paper record　03.0013

照相记录仪　photographic recorder　04.0072

照相录制　paper recording　03.0012

折叠式井架　jackknife mast　11.0138

折干计算　dry basis　09.0423

折射法　refraction method　03.0297

折射角　refraction angle　03.0433

折射解释　refraction interpretation　03.0812

折射静校正量　refraction statics　03.0742

折算采油速率　reduced oil production　06.0477

折算沉没度　reduced submergence　06.0661

折算年产量　reduced annual production　06.0476

折算压力　reduced pressure　02.0636

折算油藏压力　reduced reservoir pressure, datum
pressure　06.0455

* 褶叠频率　Nyquist frequency, folding frequency
03.0648

褶积　convolution　03.0023

褶皱　fold　02.0067

真接触角　true contact angle　06.0092

真空泵　vacuum pump　10.0230

真空泵油　vacuum pump oil　07.0149

真空除气器　vacuum degasser　11.0277

真空封脂　vacuum sealing grease　07.0221

真空干燥器　vacuum dryer　08.0525

真空过滤式固控装置　vacuum filtering solid control
unit, one step mud processor　11.0264

真空试验　vacuum test　10.0394

真空消除器　vacuum breaker　09.0822

真密度　true density　07.0327

真实气体势函数　potential function of real gas
06.0145

真速度 true velocity 03.0442

真振幅保持 true-amplitude preservation 03.0754

针孔 pin hole 10.0332

针入度 needle penetration 07.0367

针入度比 penetration ratio 07.0368

针入度指数 penetration index 07.0369

针状焦 needle coke 07.0242

诊断检测 diagnostic tests 09.0070

震次 times of vibration 03.0574

震点 vibrator point, VP 03.0461

震击器 bumper sub 05.0612

震凝性流体 rheopectic fluid 01.0110

震源艇 source boat 09.0015

震源信号处理 signature processing 03.0695

震源讯号记录 source signature record 09.0048

震源子波 source wavelet 03.0697

震源组合 source array 09.0042

振动泵 vibratory pump, sonic pump 11.0471

振动流化床干燥器 vibrating fluid bed dryer 08.0523

振动载荷 vibration load 06.0642

振幅 amplitude 02.0908

振幅包络 amplitude envelope 03.0618

振幅分析 amplitude analysis 03.0861

振幅谱 amplitude spectrum 03.0641

振幅随炮检距变化 amplitude versus offset, AVO 02.0941

振幅调制 amplitude modulation 03.0528

振幅突出 amplitude standout 03.0355

阵列感应成象仪 array induction imager 04.0141

阵列声波测井 array sonic log 04.0211

蒸发残余物 evaporation residue 07.0333

蒸发损失 evaporation loss 07.0334

蒸发塔 evaporator, evaporating tower, evaporating column 07.0408

蒸发岩 evaporite 02.0185

蒸发岩相 evaporite facies 02.0252

蒸馏塔 distillation tower 07.0405

蒸汽窜槽 steam channeling 06.1040

蒸汽带 steam zone 06.1026

蒸汽段塞 steam slug 06.1025

蒸汽发生器 steam generator 06.1046

蒸汽分配系统 steam distribution system 09.0792

蒸汽干度 steam quality 06.1041

蒸汽凝结前缘 steam condensation front 06.1027

蒸汽凝结速率 steam condensation rate 06.1028

蒸汽前缘 steam front 06.1033

蒸汽前缘稳定性 steam front stability 06.1034

蒸汽清蜡车 steam paraffin vehicle 11.0404

蒸汽驱 steam flooding, steam drive 06.1024

蒸汽驱面积 steam flood area 06.1029

蒸汽散热器 steam radiator 09.0791

蒸汽突破区 steam breakthrough area 06.1035

蒸汽吞吐 steam soak, steam huff and puff 06.1031

蒸汽压力 steam pressure 06.1042

整合 conformity 02.0100

整体吊装法抢装井口 whole hanging method for installing wellhead 05.0458

整体接头油管螺纹 integral joint tubing thread 11.0676

整体式采油树 unitized solid-block tree 09.0687

整体式抽油杆 one-piece sucker rod 11.0438

整体式固控系统 integrated solid control system, ISCS 11.0247

整体式基盘 unitized template 09.0310

整形滤波器 shaping filter 03.0679

整一 concordance 02.0846

正标准燃料 primary reference fuel 07.0132

正丙醇 n-propanol 08.0160

正常反射支 normal branch 03.0838

* 正常浪底 normal wave base 02.0235

正常浪基面 normal wave base 02.0235

正常时差 normal moveout 03.0358

* 正常时差速度 NMO velocity 03.0725

正常重力[值] normal gravity 03.0053

正常甾烷 regular sterane 02.0448

正丁醇 n-butyl alcohol 08.0193

正丁醛缩合 n-butyraldehyde aldolization 08.0098

正丁烷氧化 n-butane oxidation 08.0068

正丁烯水合 n-butylene hydration 08.0080

正断层 normal fault 02.0085

正庚烷 normal heptane 02.0511

正规[型]钻杆接头 regular tool joint, REG 11.0624

正交值 quadrature value 03.0268

正频散　normal dispersion　03.0324

正切法　tangential method　05.0320

正燃法　forward combustion process　06.1016

正态分布法　normal distribution method　04.0273

正烷烃成熟指数　normal paraffin maturity index,
　　NPMI　02.0413

正洗　conventional well-flushing　06.0923

正循环　normal circulation　06.0934

正压射孔　overbalanced perforation　04.0404

正异常　positive anomaly　03.0039

正注　conventional water injection　06.0739

正装法　installation in regular order　10.0453

* 证实储量　demonstrated reserves, proved reserves
　　02.1035

支撑剂　proppant　06.0811

支撑剂沉降缝壁效应　wall effect [of proppant
　　setting]　06.0828

支撑剂自由沉降　free setting of proppant　06.0826

支撑裂缝面积　propped fracture area　06.0801

支撑式封隔器　support-type packer　06.0905

支承节　bearing section　11.0565

支承节式涡轮钻具　spindle turbodrill, cartridge
　　turbodrill　11.0562

脂肪腈加氢　nitrile hydrogenation　08.0056

脂型防锈油　grease type rust preventing oil
　　07.0192

直达波　direct wave　03.0327

直读粘度计　direct-indicating viscometer　05.0249

直方图　histogram　04.0289

直接解释标志　mark of direct interpretation
　　02.0967

直接录制　direct recording　03.0527

直接排流　direct electric drainage　10.0382

直接油气显示　direct hydrocarbon indication, DHI
　　02.0762

直井涡轮钻具　straight-hole turbodrill　11.0554

直连型[无接箍]套管螺纹　extreme-line casing
　　thread　11.0675

直链烷基苯　linear alkylbenzene　08.0239

直链烷烃脱氢　linear alkanes dehydrogenation
　　08.0059

直馏汽油　straight-run gasoline　07.0109

直流电法　direct current method　03.0207

直流电驱动钻机　DC drive rig　11.0024

直流干扰　DC interference　10.0377

直升机坪　helideck　09.0377

[直升机]起落扇形区　approach-departure sector
　　09.1034

直线传播　straight-line propagation　09.0162

直线途径　straight-line path　09.0163

植烷　phytane　02.0480

植物胶　natural plant gum　12.0039

植物论　plant theory　02.0332

值班船　stand-by ship　09.0198

pH 值控制剂　pH control agent　12.0111

Z 值图　Z-plot　04.0290

酯化剂　esterifying agent　12.0093

酯型表面活性剂　ester surfactant　12.0015

指进　fingering　06.0212

指梁　fingerboard　11.0160

d 指数　d-exponent　05.0300

dc 指数法　dc-exponent method　05.0451

* 指数方程　exponential flow equation　06.0258

指数流动方程　exponential flow equation　06.0258

K－V 指纹法　K-V fingerprint technique　02.0821

指纹化合物　fingerprint compound　02.0434

指重表　weight indicator　05.0285

指状沙坝　finger bar　02.0247

止回阀　check valve　11.0301

置换压井法　displacement kill method　05.0420

制动功率　brake horsepower, BHP　11.0101

制动能力　braking capacity　11.0100

* 制动液　brake fluid　07.0178

制动爪　lock pawl　11.0179

制链器　chain stopper　09.0287

质量流量计　mass flowmeter　04.0373

质子旋进磁力仪　proton precession magnetometer
　　03.0179

滞后环　hysteresis loop　06.0127

滞后效应　hysteresis effect　06.0128

滞油区　bypassed oil area　06.0431

中长曲率半径水平井　long-medium turning radius
　　horizontal well　05.0328

中程定位系统　mid-range positioning system
　　09.0101

中沸点　mid-boiling point　07.0310

中感应测井 medium investigation induction log 04.0139

中和点 neutral point 05.0055

中和值 neutralization value 07.0318

* 中间放炮 split spread 03.0505

* 中间罐 surge tank 07.0426

中间基原油 intermediate-base crude [oil] 01.0033

中间加热站 intermediate heating station 10.0174

中间加压站 booster station of oil pipeline 10.0173

中间馏分油 middle distillate 07.0015

中间套管 intermediate casing, technical casing 05.0463

中曲率半径水平井 medium radius horizontal well 05.0327

中温变换催化剂 medium temperature shift catalyst 08.0398

中相微乳 middle phase microemulsion 12.0226

中心处理平台 central processing platform 09.0464

中心点[线]深度 depth to center 03.0110

中心悬挂结构 center hang-off structure 09.0315

中心注水 central water flooding 06.0411

中性润湿 intermediate wettability 06.0085

中央数据记录仪 central data recording unit 09.0065

中－硬地层 medium-to-hard formation 05.0125

中值滤波 median filtering 03.0659

中子γ测井 neutron gamma-ray log 04.0182

中子测井刻度井 neutron log test pit 04.0168

中子活化测井 neutron activation log 04.0196

中子孔隙度 neutron porosity 04.0188

中子寿命测井 neutron lifetime log 04.0193

中子源 neutron source 04.0074

终了增益 final gain 03.0533

终馏点 final boiling point, end point 07.0311

终凝 final set 05.0487

终凝强度 final set strength 05.0488

终切力 10-minute gel strength 05.0248

终止剂 termination agent 08.0449

重柴油 heavy diesel fuel 07.0127

重锤 weight dropper, "Thumper" 03.0471

重芳烃 heavy aromatics 08.0019 ·

重沸器 reboiler 07.0389

重晶石 barite 05.0224

重晶石罐 barite tank 09.0427

重力 gravity 03.0045

重力测点 gravity station 03.0079

重力测量 gravity survey 03.0047

重力单位 gravity unit, G unit 03.0068

重力低 gravity low 03.0098

重力分异 gravitational differentiation 02.0680

重力高 gravity high 03.0097

重力工具面角 gravity toolface angle, GTF angle 05.0367

重力滑动作用 gravitational sliding 02.0104

重力换算 gravity reduction 03.0082

重力基点 gravity base point 03.0080

重力勘探法 gravity prospecting method 03.0046

重力控制点 gravity control point 03.0081

重力驱动 gravity drive 06.0365

重力矢量 gravitational vector 03.0050

重力式基础 gravity type foundation 09.0474

重力式平台 gravity platform 09.0469

重力势 gravitational potential 03.0051

重力梯度 gravity gradient 03.0076

重力图 gravity map 03.0095

* 重力位 gravitational potential 03.0051

* 重力向量 gravitational vector 03.0050

重力型试压工具 weight-set tester 09.0354

重力仪 gravimeter 03.0069

重馏分油 heavy distillate 07.0016

重砂矿物对比 placer mineral correlation 02.0757

重砂矿物分析 placer mineral analysis 02.0976

重循环油 heavy cycle oil, HCO 07.0020

重液隔离式保护器 heavy liquid isolated protector 11.0463

重油裂解 heavy oil pyrolysis 08.0028

* 重油砂 tar sand 02.0771

重质可燃气体探测器 heavy type combustible gas detector 09.0975

重质原油 heavy crude [oil] 01.0037

仲丁醇 sec-butyl alcohol 08.0197

周波跳跃 cycle skip 04.0207

周缘前陆盆地 peripheral foreland basin 02.0136

周转系数 turnover coefficient 10.0198

轴承磨损系数 wear coefficient of bearing 05.0118

轴承油 bearing oil 07.0162

轴向力　axial force　05.0324

轴向切割注水　axial cutting water flooding, axial flooding　06.0412

肘节　knuckle joint　05.0582

帚状前积结构　brush progradation configuration　02.0884

* 逐次变流量试井　back-pressure well testing　06.0255

逐次超松弛法　successive overrelaxation　06.0330

逐点激发地震剖面法　walkaway seismic profiling, WSP　03.0582

主测线　dip line　03.0452

主导航系统　primary navigation system　09.0103

主电极　center electrode　04.0117

主电站　main power station　09.0839

主动方式　active mode　09.0108

主风机　main air blower　07.0443

主滚筒　main drum, drum　11.0089

主甲板　main deck　09.0542

主井筒　main hole　05.0334

主控台　master control station　05.0303

主离合器　master clutch　11.0091

主流线　main stream line　06.0209

主频　dominant frequency　03.0360

主刹车　main brake, drum brake　11.0092

* 主要生油期　liquid window　02.0386

柱塞　plunger　11.0214

柱塞配合间隙　plunger fitting clearance　11.0455

柱塞气举　plunger lift　06.0609

柱塞气举设备　plunger gas-lift equipment　11.0483

助表面活性剂　cosurfactant　12.0238

助动重力仪　astatic gravimeter　03.0071

助滤剂　filter aid　12.0192

助凝剂　coagulant aid　12.0191

助排剂　cleanup additive　12.0168

注采比　injection-production ratio　06.0527

注采单元　flooding unit　06.0401

注采井距　injector-producer distance　06.0416

注采井数比　injector-producer ratio　06.0531

注采井转换　injector-producer conversion　06.0760

注采平衡　injection and production balance, balance between injection and production　06.0500

* 注采系统　water flooding regime, injection-production system　06.0395

注采周期　injection-production cycle　06.0532

注富气　enriched gas injection　06.1005

注气井　gas injection well　02.0788

注气模块　gas injection module　09.0554

注气剖面　gas injection profile　04.0349

注气前缘　injection gas front　06.0501

注气周期　gas injection cycle　06.0542

注汽采油工艺　steam process production technology　06.1036

* 注汽井　steam injection well, steamed well　06.1023

注汽剖面　steam injection profile　04.0350

注汽压力　steam injection pressure　06.1030

* 注入倍数　injected water volume in pore volume, total injection volume　06.0526

注入层段　injection interval, intake interval　06.0533

注入井　injection well　06.0549

注入井测井　injection well log　04.0383

* 注入井试井　[water] injection well testing　06.0744

注入孔隙体积　injected water volume in pore volume, total injection volume　06.0526

* 注入量　injection rate　06.0761

注入流体　injected fluid　06.0132

注入率　injection rate　06.0761

注入剖面　injection profile　04.0347

注入剖面厚度　injection profile thickness　06.0530

注入水缓蚀剂　corrosion inhibitor for injection water　12.0199

注入水机械杂质　particles in injected water　06.0717

注入水净化剂　clarificant for injection water　12.0188

注入水配伍性　water compatibility　06.0716

注入水杀菌剂　bactericide for injection water　12.0194

* 注入相　displacing phase　06.0993

注入压力　injection pressure　06.0750

注水　water flooding　06.0392

注水保持压力　pressure maintenance by water flooding　06.0515

注水泵 water injection pump, water flood pump 11.0485

注水粗滤器组块 water injection coarse filtration package 09.0803

注水动态分析 injection behavior analysis 06.0438

注水方式 water flooding regime, injection-production system 06.0395

注水管线 water injection line 06.0733

注水管柱 water injection string 06.0741

注水巷道 water filled tunnel 10.0472

注水见效 effective response for water flood, water flooding response 06.0516

注水井 water injection well, injector 02.0787

注水井测试 [water] injection well testing 06.0744

注水井动态 [water] injection well performance 06.0755

注水井井距 injection well spacing 06.0415

注水井井口装置 injection well head assembly 06.0737

* 注水井IPR曲线 [water] injection IPR curve 06.0745

注水井网 injection well pattern 06.0414

注水井增注 [water] injection well stimulation 06.0759

注水井指示曲线 [water] injection IPR curve 06.0745

注水开发阶段 water injection stage 06.0517

注水量 water injection rate 06.0498

注水量递减曲线 water-injection declining curve 06.0762

注水模块 water injection module 09.0552

注水泥回堵 plug back 05.0546

注水泥接箍 cementing collar 05.0536

注水剖面 water injection profile 04.0348

注水强度 water intake per unit thickness 06.0524

注水曲线 water flooding curve 06.0518

注水设备 water injection equipment 11.0484

注水细滤器组块 water injection fine filtration package 09.0804

注水压差 difference between reservoir pressure and injection pressure 06.0463

注水增压泵 water injection booster pump 06.0729

注水站 water injection station 06.0732

注水周期 [water] injection cycle 06.0747

注蒸汽 steam injection 06.1022

注蒸汽井 steam injection well, steamed well 06.1023

注蒸汽周期 steam injection cycle 06.1032

驻人平台 manned platform 09.0680

抓管机 pipe graber 10.0424

* 专项岩心分析 special core analysis 06.0006

转鼓干燥器 rotary drum dryer 08.0522

转鼓式真空过滤机 rotary drum vacuum filter 07.0445

转化率 transformation ratio, hydrocarbon-generating ratio 02.0420

VSP – CDP转换 VSP-CDP transform 03.0594

转换边界 transform boundary 02.0115

转换波 converted wave 03.0315

转换断层 transform fault 02.0092

转换接箍 combination coupling, combination collar 11.0659

转换接头 adapter substitute, adapter 11.0660

转角桩 turning point stake 10.0397

转盘 rotary table, rotary 11.0175

转盘传动轴 rotary countershaft 11.0111

转盘挡数 rotary table speeds, rotary speeds 11.0047

转盘额定功率 rated power of rotary 11.0182

转盘额定静载荷 rated static rotary load, static load rating of rotary 11.0180

转盘开口直径 rotary table opening, table opening 11.0048

转盘扭矩仪 rotary torque indicator 05.0286

转盘驱动离合器 rotary drive clutch 11.0078

转盘塔 rotating disc contactor 07.0417

转盘主轴承 main bearing of rotary 11.0177

转盘转速计 rotary speed tacheometer 05.0288

转盘最大转速 max. speed of rotary 11.0181

转速 rotary speed 05.0054

转塔式系泊系统 turret mooring system 09.0516

转台 gear table 11.0176

转向剂 diverting agent 12.0171

转注井 an oil well transfer to an injection well 06.0538

转子　rotor　11.0568

转子流量计　rotameter　10.0035

桩脚　spud　09.0491

桩脚靴　spud can　09.0380

桩帽　pile cap　09.0490

桩腿楔块　wedge　09.0396

桩柱导向套　pile guide housing　09.0336

桩柱调平接收器　leveling pile receptacle　09.0325

装机功率　installed power rating　11.0044

装卸油泵　cargo pump　10.0232

装卸油鹤管　loading and unloading arm　10.0223

装卸油栈桥　loading and unloading rack　10.0222

装油量　innage　10.0248

* 装置角　toolface orientation, toolface azimuth, toolface setting　05.0361

锥板粘度计　cone and plate viscometer　10.0051

锥顶油罐　cone roof tank　10.0203

锥度规　taper gage　11.0684

锥进模型　coning model　06.0350

锥入度　cone penetration　07.0366

准地槽　parageosyncline　02.0054

准地台　paraplatform　02.0055

着色剂　colorant　08.0414

浊点　cloud point　01.0055

浊积岩　turbidite　02.0266

浊积岩相　turbidite facies　02.0267

浊流　turbidity current　02.0265

资料解释　data interpretation　03.0025

资源评价系统方法　systematic approach of resource appraisal　02.1076

紫外可见光谱法　ultraviolet-visible spectrometry, UV　02.1013

紫外线探测器　ultraviolet detector, UV detector　09.0959

子波测试　wavelet test　09.0047

子波处理　wavelet processing　03.0693

子波记录　signature record, wavelet record　09.0049

子波整形　wavelet shaping　03.0690

子组合　subarray　09.0043

自定中心振动筛　self-centering shaker　11.0253

自动触发　autotrigger　09.0129

自动传动液　automatic transmission fluid　07.0176

自动调压阀　automatic pressure regulator　06.0947

自动混合器　automixer　11.0514

自动静校正　automated static correction　03.0733

自动控制系统　automatic control system, ACS　11.0297

自动排放阀　auto-drain valve　09.0820

自动喷淋系统　automatic spraying system　09.0912

自动喷洒系统　automatic sprinkler system　09.0913

自动送钻装置　automatic driller, automatic drilling feed control　11.0118

自动旋扣器　automatic spinner　11.0720

自动增益控制　automatic gain control, AGC　03.0522

自动追踪　auto-tracing, auto-tracking　03.0881

自给式潜水呼吸装置　self-contained underwater breathing apparatus, SCUBA　09.0608

自给式压力调节阀　self-contained pressure regulator　09.0826

自灌式浮阀　self fill-up floating valve　09.0417

自洁式筛网　self-cleaning screen cloth　11.0267

自流水　artesian water　02.0646

自喷采油　flowing production　06.0565

自喷井　flowing well　06.0566

自然 γ 测井　natural gamma-ray log　04.0166

自然场方法　natural sources method　03.0206

API 自然 γ 单位　API gamma-ray unit　04.0169

自然递减率　natural declining rate　06.0449

自然电位测井　spontaneous potential log　04.0153

自然电位基线漂移　SP baseline drift　04.0163

自然电位泥岩基线　SP shale baseline　04.0162

自然 γ 刻度井　gamma-ray test pit　04.0167

自然 γ 能谱测井　natural gamma-ray spectral log　04.0170

自然频率　natural frequency　03.0484

自生矿物　authigenic mineral　02.0367

* 自生自储式生储盖组合　syngenetic SRCA　02.0588

自升式底座　self-elevating substructure　11.0145

* 自升式钻井船　self-elevating drilling platform, jack-up rig　09.0187

自升式钻井平台　self-elevating drilling platform, jack-up rig　09.0187

Q 自适应反褶积　Q-adaptive deconvolution

03.0686

自适应滤波器 adaptive filter 03.0680

自行式修井机 self-propelled workover rig, truck mounted workover rig 11.0539

*自行式钻机 truck mounted rig 11.0005

自旋密度 spin density 02.0419

自由基浓度 number of free radical 02.0416

自由空间磁导率 permeability of free space 03.0146

自由空间衰减 free-space attenuation 09.0173

自由空气校正 free air correction 03.0091

自由流体指数 free fluid index 04.0198

自由式射流泵 free jet pump 06.0698

自由水 free water 04.0039

自由液面修正值 free surface correction 09.0258

自增强液力端 autofrettaged fluid end 11.0204

综合导航系统 integrated navigation system 09.0107

综合递减率 composite declining rate 06.0450

综合含水率 composite water cut 06.0493

综合回声测距与测深 combined echo ranging and echo sounding, CERES 09.0666

综合解释 integrated interpretation 03.0041

综合录井 compound logging 05.0283

综合驱动 composite drive 06.0366

综合生产气油比 composite produced gas-oil ratio 06.0492

总地磁强度 total magnetic intensity 03.0193

*总电导 longitudinal conductance, total conductance 03.0238

总和校验 check sum 09.0182

总孔隙度 total porosity 02.0570

总滤失系数 total fluid loss coefficient 06.0807

总水头 total head 02.0637

*总水头分析 water potential analysis 02.0659

总烃 total hydrocarbon 02.0312

纵波 longitudinal wave, dilational wave, P wave 03.0310

纵测线折射法 in-line refraction profiling 03.0328

纵荡 surge 09.0254

纵电导 longitudinal conductance, total conductance 03.0238

纵倾 trim 09.0250

纵倾力矩 moment of longitudinal inclination 09.0236

纵线方向 in-line direction 03.0807

纵向电阻率 longitudinal resistivity 03.0222

纵向积分几何因子 integrated vertical geometric factor 04.0149

纵向偏振横波 SV wave 03.0313

纵向剖面模型 vertical sectional model 06.0336

纵摇 pitch 09.0252

走滑断层 strike-slip fault 02.0091

走廊叠加 corridor stack 03.0591

*走时层析成象 travel time tomography 03.0600

阻火器 spark arrestor 10.0215

阻聚剂 polymerization inhibitor 08.0452

阻抗差 impedance contrast 03.0348

阻尼 damping 03.0485

阻燃剂 flame retardant 08.0408

阻燃汽轮机油 fire resistant steam turbine oil 07.0195

阻燃性 fire resistance property 07.0299

阻燃液压液 fire resistant hydraulic fluid 07.0174

阻滞剂 retarder 08.0460

组分分析 component analysis 02.1000

组分模拟器 compositional simulator 06.0340

组分模型 compositional model 06.0339

组合 array, group 03.0390

组合测井 combination logging 04.0025

*组合抽油杆柱 tapered rod string, compound rod string 06.0667

组合基距 array length, grouping length 03.0397

组合基盘 assembled template 09.0316

[组合检波]组内距 geophone interval 03.0396

组合枪 gun array 09.0037

组合响应曲线 pattern response curve 03.0399

组块设备 package equipment 09.0713

钻杆 drill pipe 11.0607

钻杆安全阀 drill pipe safety valve 11.0380

钻杆标志 marking of drill pipe 11.0679

钻杆测试 drill stem test, DST 11.0582

钻杆测试安全接头 safety joint for drill stem test 11.0595

钻杆测试地面设备 surface equipment for drill stem test 11.0598

钻杆测试封隔器　packer for drill stem test　11.0592

钻杆测试工具　drill stem testing tools　11.0579

钻杆测试旁通阀　by-pass valve for drill stem test　11.0590

钻杆测试筛管　screen casing for drill stem test　11.0597

钻杆测试震击器　jar for drill stem test　11.0596

钻杆吊卡　drill pipe elevator　11.0713

钻杆校直装置　drill pipe straightener　11.0701

钻杆级别　drill pipe grade　11.0678

钻杆检查　drill pipe inspection　11.0677

钻杆接头　tool joint, drill pipe sub　11.0617

钻杆接头螺纹　tool joint thread　11.0665

钻杆内割刀　internal drill pipe cutter　05.0602

钻杆排放系统　pipe pick-up and lay-down system　11.0702

钻杆识别槽　identification groove of drill pipe　11.0680

钻杆外割刀　external drill pipe cutter　05.0603

钻机　drilling rig　11.0002

钻机安装　rig up　11.0052

钻机拆卸　rig down　11.0053

钻机的旋转系统　rotating system of rig　11.0174

钻机底座　rig substructure　11.0141

钻机技术规范　specification of drilling rig　11.0035

钻机控制系统　control system of rig　11.0296

钻机气控制系统　pneumatic control system of rig　11.0298

钻机驱动机组　drive group of rig　11.0057

钻机提升系统　hoisting system of rig　11.0080

钻机维修　rig maintenance　11.0055

钻机修理　rig repair　11.0054

钻机循环系统　circulating system of rig　11.0200

钻进　drilling　05.0049

钻进式井壁取心器　rotary sidewall sampler　04.0406

钻进数学模型　mathematical model for drilling procedure　05.0112

钻井泵　drilling pump, slush pump, mud pump　11.0201

钻井泵工作状态　the working regime of drilling pump　05.0104

钻井泵功率　power of slush pump, power of drilling pump　11.0045

钻井不可控参数·　non controllable drilling parameter　05.0110

钻井采油专用工具　special tools for drilling and production　11.0704

钻井参数　drilling parameter　05.0051

钻井参数传感装置　drilling parameter sensoring unit　05.0281

钻井程序　drilling program　05.0026

*钻井船　mobile drilling platform, mobile drilling rig　09.0186

[钻井船]监控摄象机　rig camera　09.0366

钻井船移位　rig move　09.0120

[钻井船]月池　moon pool　09.0360

钻井－地震相剖面图　drill seismic facies section　02.0920

钻井动力机　drilling motor　11.0028

钻井方法　drilling method　05.0030

钻井辅助船　drilling tender ship　09.0196

钻井钢丝绳　drilling line, main hoist line　11.0125

钻井工程　drilling engineering　01.0005

钻井工程模拟　drilling engineering simulation　05.0120

钻井工程模拟器　drilling engineering simulator　05.0121

钻井基盘　drilling template　09.0347

钻井技术　drilling technology　05.0050

钻井记录仪　drilling recorder unit　09.0289

钻井监测系统　drilling monitor system　05.0292

钻井进尺　drilling footage, footage　05.0045

钻井井口装置　wellhead for drilling　11.0353

钻井可控参数　controllable drilling parameter　05.0109

钻井控制台　drilling control console　05.0287

钻井理论　drilling theory　05.0029

钻井模块　drilling module　09.0547

钻井目标函数　objective function of drilling procedure　05.0111

钻井设计　well design, well planning　05.0025

钻井实时数据中心　real-time drilling data center　05.0278

钻井数据采集装置　drilling data acquisition unit

最大锚纹深度　maximum anchor pattern　10.0303

最大凝析压力　maximum condensate pressure　06.0158

最大喷射速度工作方式　working regime of the maximum jet velocity　05.0099

最大熵反褶积　maximum entropy deconvolution　03.0684

最大熵谱分析　maximum entropy spectrum analysis　03.0688

最大射流冲击力工作方式　working regime of the maximum jet impact force　05.0098

最大凸度曲线　curve of maximum convexity　03.0362

最大稳性力臂　lever of maximum stability　09.0240

最大稳性力矩　moment of maximum stability　09.0241

最大无卡咬负荷　last non-seizure load　07.0363

最大相干性滤波　maximum coherency filtering　03.0666

最大相位　maximum phase　03.0700

最大允许钻压　maximum allowable weight on bit　05.0114

最大自喷产量　maximum flow rate　06.0596

最大钻井深度　maximum drilling depth　09.0398

最大钻头水功率工作方式　working regime of the maximum bit hydraulic horsepower　05.0097

最大钻柱载荷　max. weight of drill stem, max. drilling string load　11.0038

最低混相压力　minimum miscible pressure　06.0999

最高泵压　max. pump pressure　11.0231

最佳含盐量　optimal salinity　12.0229

最小保护电位　minimum protective potential　10.0349

最小二乘滤波器　least-square filter, Wiener filter　03.0675

最小曲率法　minimum curvature method　05.0318

最小熵反褶积　minimum entropy deconvolution　03.0685

最小时间路径　minimum time path　03.0304

最小相位　minimum phase　03.0699

最优化钻井　optimized drilling, optimization drilling　05.0042

最优泥浆排量　optimum rate of mud flow, optimum flow rate　05.0101

最优喷嘴直径　optimum nozzle diameter　05.0102

最优钻压　optimum weight on bit　05.0115

最终采收率　ultimate recovery　06.0972

左旋　sinistral rotation, left lateral　02.0043

作业吃水　operation draft　09.0266

作业巷道　service tunnel　10.0475

作业条件　operating conditions, operating criteria　09.0214

作业状态　operating state　09.0213

坐底　sitting on the sea bed　09.0641

* 坐底式钻井船　bottom sitting drilling platform, submersible rig　09.0190

坐底式钻井平台　bottom sitting drilling platform, submersible rig　09.0190

坐底稳性　sit-on bottom stability　09.0644